Studienbücher Chemie

Reihe herausgegeben von

Jürgen Heck, Hamburg, Deutschland

Burkhard König, Regensburg, Deutschland

Die „Studienbücher Chemie" sollen in Form einzelner Bausteine grundlegende und weiterführende Themen aus allen Gebieten der Chemie abdecken. Sie streben dabei nicht unbedingt die Breite eines umfassenden Lehrbuchs oder einer umfangreichen Monographie an, sondern sollen Studierende der Chemie – durch ihren Praxisbezug aber auch bereits im Berufsleben stehende Chemiker – kompakt und dennoch kompetent in aktuelle Gebiete der Chemie einführen. Die Bücher sind zum Gebrauch neben der Vorlesung, aber auch anstelle von Vorlesungen geeignet. Die Reihe richtet sich auch an Studierende anderer Naturwissenschaften, die an einer exemplarischen Darstellung der Chemie interessiert sind.

Weitere Bände in der Reihe https://link.springer.com/bookseries/12700

Rudi Hutterer

Fit in Organik

Das Prüfungstraining für alle
Naturwissenschaftler und Mediziner

4. Auflage

 Springer Spektrum

Rudi Hutterer
Institut für Analytische Chemie
Universität Regensburg
Regensburg, Deutschland

ISSN 2627-2970   ISSN 2627-2989 (electronic)
Studienbücher Chemie
ISBN 978-3-662-64602-1   ISBN 978-3-662-64603-8 (eBook)
https://doi.org/10.1007/978-3-662-64603-8

Die Deutsche Nationalbibliothek verzeichnet diese Publikation in der Deutschen Nationalbiblio-grafie; detaillierte bibliografische Daten sind im Internet über http://dnb.d-nb.de abrufbar.

Planung/Lektorat: Désirée Claus
Springer Spektrum ist ein Imprint der eingetragenen Gesellschaft Springer-Verlag GmbH, DE und ist ein Teil von Springer Nature.
Die Anschrift der Gesellschaft ist: Heidelberger Platz 3, 14197 Berlin, Germany

Vorwort

Das Lernen allein genügt nicht,
Hinzukommen müssen Übung und Gewöhnung.

Epiktet

„Was raten Sie mir als Vorbereitung für die Klausur – gibt es ein empfehlenswertes Übungsbuch?"

Mit dieser Frage wurde ich immer wieder konfrontiert, seit ich hier in Regensburg Studenten der Medizin, der Zahnmedizin und der molekularen Medizin auf dem Weg durch zwei Semester Chemie begleite. Und in der Tat, Aufgaben mit medizinischem Hintergrund, chemischer Denksport also, mit dem Anspruch, Gelerntes nicht nur zu reproduzieren sondern anzuwenden, mit ausführlich diskutierten Lösungen, schienen Mangelware zu sein.

Den Anfang machte eine Aufgabensammlung zur organischen Chemie mit dem Titel „Fit in Organik", erschienen im Jahr 2006. Die positive Resonanz von Seiten der Studierenden motivierte, auch für die allgemeine und anorganische Chemie sowie die Biochemie ein derartiges Werk zusammenzustellen.

Erneut ist der Titel „Fit in Organik" zugleich Programm: Fitness erfordert fleißiges Training – nicht das Reproduzieren von Fakten ist gefragt, sondern aktives Lösen von Problemen. Viel zu viel wird im Medizinstudium nur auswendig gelernt, zuwenig problemorientiertes Denken verlangt und gefördert. Die Chemie ist für die Medizin nur eine Hilfswissenschaft. Umso mehr scheint es geboten, anhand möglichst praxisrelevanter Beispiele, v. a. auch aus der Welt der Arzneistoffe, zu zeigen, warum die organische Chemie auch für den angehenden Mediziner, Zahnmediziner, molekularen Mediziner oder Biologen eine wichtige Rolle spielt.

Die nun vorliegende 4. Auflage wurde komplett neu überarbeitet und erweitert und enthält zahlreiche neue Aufgaben. Einige Probleme, insbesondere in Kapitel 5 zu Synthesestrategien, liegen sicherlich jenseits dessen, was in den Kursen für Mediziner bewältigt werden kann. Sie sollen v. a. Studierende der Chemie (und auch der Biologie und der Biochemie) ansprechen, die hier Übungsmaterial zum typischen Stoff einer Grundvorlesung in organischer Chemie finden, denn auch hier gilt:

Übung macht den Meister!

Manche Probleme mögen aus der Sicht des erfahrenen organischen Chemikers zu stark vereinfacht sein, manche Reaktionen nur „auf dem Papier" und nicht im Labor ablaufen. Diese Vereinfachungen werden in Kauf genommen, insbesondere, um mit dem beschränkten Repertoire, das Medizinstudenten zur Verfügung steht, dennoch Aufgaben formulieren zu können, die allgemeine Reaktionsprinzipien an interessanten, weil praxisrelevanten, Verbindungen zeigen. Häufig beinhaltet die Fragestellung einige Hintergrundinformationen zu Vorkommen, Bedeutung oder medizinischer Wirkung der Verbindung, auf die sich die Aufgabe bezieht.

Wie in den früheren Auflagen enthält Kapitel 1 Aufgaben vom Multiple-Choice-Typus, wie sie im Physikum vorgelegt werden. Der zugehörige Lösungsteil diskutiert jede einzelne Antwortmöglichkeit, so dass die Studenten exakt nachvollziehen können, warum eine einzelne Antwort richtig oder falsch ist. So werden einzelne Sachverhalte immer wieder wiederholt, prägen sich ins Gedächtnis ein und stehen für die Lösung ähnlicher Aufgaben zur Verfügung.

Kapitel 2 ist ähnlich gestaltet, nur handelt es sich hier um Multiple-Choice-Aufgaben, bei denen jeweils mehrere Antworten als richtig bzw. falsch zu identifizieren sind. Durch die nicht bekannte Anzahl richtiger Antworten ist es hier erforderlich, jede Antwortalternative genau zu prüfen.

Die folgenden Kapitel schließlich umfassen Aufgaben, bei denen Antworten frei formuliert werden sollen. Gefordert werden hier Berechnungen, Erklärungen, Identifizierung funktioneller Gruppen, Ergänzung von Reaktionsschemata und v. a. die Formulierung von Reaktionsgleichungen für einfache Synthesen, typische Metabolisierungsreaktionen und einige häufige Reaktionsmechanismen. Es wurde versucht, hierbei eine grobe inhaltliche Sortierung vorzunehmen – allerdings ließen sich viele Aufgaben problemlos mehreren Kapiteln zuordnen, da in einzelnen Teilaufgaben oft verschiedene unterschiedliche Aspekte zu einer Verbindung angesprochen werden.

In den Lösungen wird Wert darauf gelegt, die Antworten so verständlich wie möglich zu gestalten. Neben meist ausführlichen Begründungen spielt der Einsatz von Farbe und Elektronenpfeilen eine wichtige Rolle bei der Veranschaulichung von Reaktionsabläufen. Die meisten organischen Reaktionen, mit denen Studenten der medizinischen Fächer, aber auch die Chemiestudenten in der Grundvorlesung, konfrontiert werden, beinhalten die Wechselwirkung eines Nucleophils mit einem Elektrophil; dieses allgemeine Reaktionsmuster sollte in den Lösungen klar herausgearbeitet werden. Wo immer dieses Schema erkennbar ist, sind daher nucleophile Reaktionspartner, wie z. B. N- oder O-Atome in Amino- bzw. Hydroxygruppen, rot geschrieben, das entsprechende Elektrophil, z. B. ein Carbonyl-C-Atom, dagegen blau. Gute Abgangsgruppen sind grün gekennzeichnet. Dies soll dem Leser helfen, beim Nachvollziehen der Lösung das allgemeine Prinzip zu erkennen, anstatt zu versuchen, einzelne Reaktionen auswendig zu lernen.

Komplett neu in dieser Auflage ist ein großer „Werkzeugkasten", der in mehrere „Fächer" unterteilt ist: Hier sind in knapper Form die wichtigsten Begriffe und Gleichungen zusammengestellt, so dass ein rascher Zugriff auf das wichtigste zur Lösung der Aufgaben erforderliche Handwerkszeug gegeben ist. Diese „Toolbox" kann natürlich weder eine Vorlesung noch ein Lehrbuch ersetzen, sollte aber für eine kurze Wiederholung nützlich sein.

So will dieses Buch Lust machen auf das Lösen chemischer Probleme mit medizinischem, pharmazeutischem oder toxikologischem Hintergrund und dazu beitragen, sich durch Anwendung von Gelerntem auf Prüfungssituationen besser vorzubereiten.

Mein Dank gilt allen Studierenden, die durch ihre Fragen und Anregungen mithelfen, die Lehre weiter zu verbessern und mich auf Fehler aufmerksam gemacht haben, sowie dem Verlag Springer Spektrum für die Realisierung dieser Neuauflage.

Regensburg, im Oktober 2021   Rudi Hutterer

Inhalt

Hinweise zur Benutzung

Folgende Symbole und Farbcodes werden benutzt:

In Reaktionsgleichungen:

Δ Erhitzen (höhere Temperatur)

rot: nucleophile Gruppe / nucleophiles Atom
mit negativer Ladung oder zumindest negativer Partialladung (δ^-):
Diese Gruppen besitzen stets mindestens ein freies Elektronenpaar, das der
Übersichtlichkeit halber nicht in allen Fällen explizit gezeichnet ist.

blau: elektrophile Gruppe / elektrophiles Zentrum
mit positiver Ladung oder zumindest positiver Partialladung (δ^+):

grün: gute Abgangsgruppe (schwach basisch)

A_E: Elektrophile Addition

A_N: Nucleophile Addition

AE_N: Nucleophile Acylsubstitution (Additions-Eliminierungs-Mechanismus)

E: Eliminierung

S_E: Elektrophile (aromatische) Substitution

S_N: Nucleophile Substitution

S_R: Radikalische Substitution

Elektronenpfeile:

Gehen stets aus von einem freien (nicht immer explizit gezeichnet) oder gebundenen
Elektronenpaar hin zur neuen Lokalisation des Elektronenpaars

Reagieren gleichzeitig mehrere Gruppen in gleicher Weise, wurde auf die Angabe von
Elektronenpfeilen verzichtet.

Dieser Pfeil kennzeichnet retrosynthetische Analysen: $\Rightarrow$

In Lösungen zu Aufgaben, in denen funktionelle Gruppen identifiziert werden sollen:

rot:	Alkohol	orange:	Amin
violett:	Thiol / Enol	blau:	Alken / Alkin
ocker:	Halogen	hellblau:	Aldehyd / Keton
grün:	Carbonsäure / -Derivate	pink:	Ether / Thioether

Ions: Die Icons in den Werkzeugkästen wurden von www.flaticon.com angefertigt.

Wo ein Wille
ist oft auch ein Weg….

Nicht immer aber
ist
der gerade Weg
auch
der Richtige…

Kapitel 1

Multiple-Choice-Aufgaben (Einfachauswahl)

Aufgabe 1

Ordnen Sie folgende Verbindungen nach zunehmender Acidität:

(A) $2 < 3 < 6 < 1 < 5 \approx 4$

(B) $1 < 2 < 4 < 5 < 3 < 6$

(C) $1 < 3 < 2 \approx 4 < 5 < 6$

(D) $3 < 1 < 2 < 6 < 4 < 5$

(E) $1 < 2 \approx 4 < 3 < 6 < 5$

(F) $5 < 6 < 1 < 2 \approx 4 < 3$

Aufgabe 2

Welche Angabe zu den abgebildeten Verbindungen ist falsch?

(A) Beide Verbindungen sind aliphatische Dicarbonsäuren.

(B) Für beide Verbindungen gilt, dass das erste acide Proton leichter abgegeben wird als das zweite, d. h. $pK_{S1} < pK_{S2}$.

(C) Beide Verbindungen lösen sich unter CO_2-Entwicklung in einer wässrigen $NaHCO_3$-Lösung.

(D) Wegen der in beiden Verbindungen relativ geringen Anzahl von C-Atomen handelt es sich bei beiden Verbindungen um leicht flüchtige Flüssigkeiten.

(E) Beide Verbindungen können sowohl Mono- als auch Diester bilden.

(F) Die Verbindungen können durch eine Redoxreaktion ineinander umgewandelt werden; sie sind also Bestandteil eines Redoxpaares.

© Der/die Autor(en), exklusiv lizenziert durch
Springer-Verlag GmbH, DE, ein Teil von Springer Nature 2021
R. Hutterer, *Fit in Organik*, Studienbücher Chemie,
https://doi.org/10.1007/978-3-662-64603-8_1

Aufgabe 3

Ordnen Sie die folgenden Verbindungen nach abnehmender Basizität!

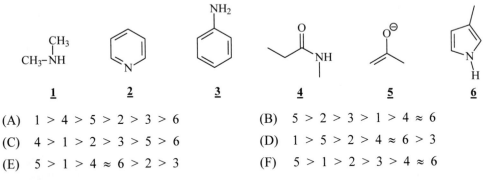

$$CH_3-\underset{\underset{CH_3}{|}}{NH}$$

1   **2**   **3**   **4**   **5**   **6**

(A) 1 > 4 > 5 > 2 > 3 > 6   (B) 5 > 2 > 3 > 1 > 4 ≈ 6

(C) 4 > 1 > 2 > 3 > 5 > 6   (D) 1 > 5 > 2 > 4 ≈ 6 > 3

(E) 5 > 1 > 4 ≈ 6 > 2 > 3   (F) 5 > 1 > 2 > 3 > 4 ≈ 6

Aufgabe 4

Welche Aussage zur Verbindung Cyclohexen ist richtig?

(A) Die Doppelbindung im Cyclohexen ist *trans*-konfiguriert, da *trans*-Alkene stabiler sind als *cis*-Alkene.

(B) Der Cyclohexenring ist planar.

(C) Cyclohexen enthält vier sp³-hybridisierte und zwei sp²-hybridisierte C-Atome.

(D) Die Verbindung kann zu einem tertiären Alkohol hydratisiert werden.

(E) Im Vergleich zu Cyclobuten ist Cyclohexen erheblich weniger stabil, weil der Ring größer ist.

(F) Die Verbindung ist ein Isomer des Hexens.

Aufgabe 5

Vergleichen Sie die beiden Verbindungen Pyridin und Pyrrol.

Welche Aussage trifft zu?

(A) Nur Pyridin besitzt ein aromatisches 6π-Elektronensystem.

(B) Beide sind Amine und besitzen deshalb sehr ähnliche Basizität.

(C) Pyridin kann durch eine katalytische Hydrierung in Piperidin übergeführt werden.

(D) Beide Verbindungen zeigen ähnliche Reaktivität bei einer elektrophilen Substitution.

(E) Das freie Elektronenpaar am Stickstoff im Pyridin trägt zum aromatischen System bei.

(F) Pyridin findet sich als Base in den Nucleinsäuren.

Aufgabe 6

Welche Aussage zu Acetaldehyd (Ethanal) ist falsch?

(A) Acetaldehyd hat verglichen mit Acetessigester eine geringere Tendenz zur Ausbildung eines Enols.

(B) Acetaldehyd reagiert mit einem primären Amin unter Ausbildung eines Imins (Schiff'-sche Base).

(C) Acetaldehyd kann mit einer schwachen Base wie HCO_3^- in das entsprechende Enolat überführt werden.

(D) Acetaldehyd kann im Organismus durch eine NAD^+-abhängige Oxidation entstehen.

(E) Acetaldehyd hat einen niedrigeren Siedepunkt als Essigsäure (Ethansäure).

(F) Acetaldehyd kann mit einem Alkohol zu einem Halbacetal reagieren.

Aufgabe 7

Welche Angabe zu folgenden Verbindungen trifft zu?

Es handelt sich um

(A) Diastereomere   (B) Phenole

(C) tertiäre Amine   (D) Enantiomere

(E) aromatische Amine   (F) Konstitutionsisomere

Aufgabe 8

Im Folgenden sind mehrere Aussagen zur Stereochemie und absoluten Nomenklatur gegeben.

Welche der Aussagen ist richtig?

(A) Eine Verbindung mit mehreren Chiralitätszentren ist stets chiral.

(B) Sind an ein Chiralitätszentrum zwei identische Atome gebunden, so ist keine Klassifizierung nach (R/S) möglich.

(C) Eine C–O-Gruppe besitzt niedrigere Priorität als eine C≡N-Gruppe.

(D) Die Verbindung *trans*-2-Penten besitzt *E*-Konfiguration.

(E) Ein Chiralitätszentrum in einem Molekül ist immer ein C-Atom.

(F) Fluor hat höhere Priorität als Chlor, weil es das elektronegativere Element ist.

Aufgabe 9

Welche Aussage zu den beiden Verbindungen Cyclohexanol und Phenol ist richtig?

(A) Beide sind Alkohole und besitzen deshalb vergleichbare Acidität.

(B) Beide Verbindungen lassen sich ohne Weiteres oxidieren.

(C) Es handelt sich in beiden Fällen um aromatische Verbindungen.

(D) Phenol kann durch eine katalytische Hydrierung in Cyclohexanol überführt werden.

(E) Eine Unterscheidung beider Verbindungen ist leicht möglich, da sich nur Phenol gut in verdünnter HCl löst.

(F) Nur eine der beiden Verbindungen kann ohne Weiteres acyliert werden.

Aufgabe 10

Welche Aussage zur Bindung in organischen Molekülen trifft zu?

(A) Ein Kohlenstoffatom kann nicht gleichzeitig an zwei Doppelbindungen beteiligt sein.

(B) Ein sp^2-Hybridorbital entsteht, wenn man die Wellenfunktion für ein p-Orbital quadriert und mit derjenigen für das s-Orbital multipliziert.

(C) Aus den Valenzorbitalen des Kohlenstoffs können nach Hybridisierung durch Überlappung mit Atomorbitalen von Wasserstoffatomen vier bindende Molekülorbitale gebildet werden.

(D) Aus der Lewis-Schreibweise des Ethens geht hervor, dass zwischen den beiden C-Atomen zwei identische Bindungen vorliegen.

(E) Werden zwei sp^2-hybridisierte C-Atome miteinander verknüpft, so verbleiben die beiden nicht in die Hybridisierung miteinbezogenen p-Orbitale als nichtbindende Orbitale am Kohlenstoff.

(F) Die Bindung im Benzolmolekül lässt sich durch ein System aus alternierenden Einfach- und Doppelbindungen beschreiben.

Aufgabe 11

Welche Aussage zu Carbanionen bzw. Carbenium-Ionen ist richtig?

(A) Carbenium-Ionen sind gute Nucleophile.

(B) Ein Carbenium-Ion entspricht dem Übergangszustand im Zuge einer S_N1-Reaktion.

(C) Ein Carbanion, das eine benachbarte Carbonylgruppe aufweist, kann an zwei unterschiedlichen Positionen protoniert werden.

(D) Ein Carbanion besteht aus einem C-Atom mit drei Nachbar-Kohlenstoffatomen und ist deshalb trigonal planar (sp^2).

(E)   Ein Carbenium-Ion kann durch eine benachbarte (α-ständige) Carbonylgruppe mesome-
       riestabilisiert werden.

(F)   Ein Enolat-Ion ist die tautomere Form zu einem Carbanion.

Aufgabe 12

Von den beiden gezeigten Verbindungen **1** und **2** ist Verbindung **1** nur analgetisch (schmerz-
lindernd) wirksam, Verbindung **2** dagegen sowohl analgetisch als auch antiphlogistisch (entzündungshemmend).

Welche Aussage zu den beiden Verbindungen ist richtig?

(A)   Beide Verbindungen sind identisch. Sie unterscheiden sich nur in ihrer pharmakologi-
       schen Wirksamkeit.

(B)   Es handelt sich bei **1** und **2** um Enantiomere.

(C)   Verbindung **1** ist acider und deshalb stärker analgetisch wirksam als Verbindung **2**.

(D)   Verbindung **2** ist hydrophiler als Verbindung **1** und deshalb antiphlogistisch wirksam.

(E)   Es handelt sich bei **1** und **2** um Verbindungen mit unterschiedlicher Konstitution.

(F)   **1** und **2** sind zwei Verbindungen, die sich leicht ineinander umwandeln.

Aufgabe 13

Welche Definition ist richtig? Diastereomere sind

(A)   Verbindungen, die sich wie Bild und Spiegelbild verhalten.

(B)   eine spezielle Art von Enantiomeren.

(C)   Verbindungen mit unterschiedlicher Verknüpfung der Atome untereinander.

(D)   Stereoisomere, die keine optische Aktivität zeigen.

(E)   Verbindungen, die die Ebene von linear polarisiertem Licht um den gleichen Betrag,
       aber in verschiedene Richtungen drehen.

(F)   Konfigurationsisomere, die sich nicht wie Bild und Spiegelbild verhalten.

Aufgabe 14

Kautschuk und Guttapercha sind zwei Materialien, die in der Zahnmedizin wegen ihrer Elastizität für Wurzelfüllungen verwendet werden. Es handelt sich um zwei Polymere; folgende Abbildung zeigt Ausschnitte aus der jeweiligen Polymerkette.

a) Bei den beiden Polymeren handelt es sich um

(A)   Konstitutionsisomere

(B)   Enantiomere

(C)   Konfigurationsisomere

(D)   Konformationsisomere

(E)   Tautomere

(F)   Identische Moleküle (nur unterschiedlcih gezeichnet)

b) Beide Polymere entstehen durch Polymerisation desselben Monomers. Aus welchem der Monomere können Guttapercha bzw. Kautschuk entstehen?

(A) **1**   (B) **2**   (C) **3**   (D) **4**   (E) **5**   (F) **6**

Aufgabe 15

Abgebildet ist ein Ausschnitt aus der Kette eines Polymers, das als biologisch abbaubarer Kunststoff im medizinischen Bereich, z. B. als chirurgisches Nahtmaterial, Verwendung findet.

Welche der folgenden Aussagen zu diesem Kunststoff ist falsch?

(A)   Bei dem Monomeren, aus dem der polymere Kunststoff aufgebaut ist, handelt es sich um α-Hydroxypropansäure.

(B)   Die Bildung des polymeren Kunststoffs aus dem Monomer kann man als Polykondensation bezeichnen.

(C)   Wenn man das O-Atom in der Polymerkette durch die NH-Gruppe ersetzt, hat man ein Polypeptid vor sich, das nur aus Alanin aufgebaut ist.

(D)   Der Kunststoff ist biologisch abbaubar, weil er Esterbindungen enthält.

(E)   Die Abbaureaktion des Kunststoffs kann man als Hydrolyse bezeichnen.

(F)   Der Kunststoff ist im Magen beständig und kann deshalb zur Einkapselung von Medikamenten benutzt werden, die nicht im Magen in Freiheit gesetzt werden sollen.

Aufgabe 16

Die Verbindung 4-(4-Hydroxyphenyl)butan-2-on wurde erstmals 1939 in freier Form in Himbeeren gefunden; sie besitzt eine sehr niedrige Geruchsschwelle (1 µg/kg) und gilt daher als Schlüsselkomponente des Himbeeraromas („Himbeerketon"). Sie zeigt zudem antibakterielle Eigenschaften und wirkt als Lockstoff für Honigbienen.

Welche der folgenden Aussagen ist falsch?

(A)   Die Verbindung kann durch Oxidation aus einem sekundären Alkohol entstehen.

(B)   Bei einer Reduktion, z. B. mit dem biologischen Reduktionsmittel NADH, können zwei enantiomere Alkohole entstehen.

(C)   Die Verbindung zeigt schwach saure Eigenschaften.

(D)   Die Verbindung kann als *para*-substituiertes Phenol bezeichnet werden.

(E)   Die Verbindung addiert leicht Brom.

(F)   Eine weitere Oxidation der Verbindung ohne Zerstörung des Kohlenstoffgerüstes ist nicht möglich.

Aufgabe 17

Bei den beiden Teilfragen a) und b) geht es um die sechs Verbindungen **1** – **6**.

$$H_3C-(CH_2)_4-CH_2-NH_2 \qquad C_6H_5-NH_2 \qquad C_6H_{11}-NH_2$$

1   **2**   **3**

4   **5**   **6**

a) Nur eine der Verbindungen hat keine basischen Eigenschaften. Welche Verbindung ist das?

(A) **1**   (B) **2**   (C) **3**   (D) **4**   (E) **5**   (F) **6**

b) Welche Aussage zu den Verbindungen ist falsch?

(A)   Die Verbindungen **1**, **2** und **3** sind primäre Amine.

(B)   Wenn man die Verbindungen **1**, **2** und **3** mit HCl behandelt, entstehen die entsprechen-den Ammoniumsalze.

(C)   Wenn man die Verbindungen **4** und **6** in wässriger Salzsäure hydrolysiert, entstehen Ammonium-Ionen und Carbonsäuren.

(D)   Wenn man die Verbindungen **4** und **6** in wässriger NaOH hydrolysiert, entstehen Ammoniak und die Anionen von Carbonsäuren.

(E)   Verbindung **3** ist eine stärkere Base als **2**.

(F)   Verbindung **6** ist ein Aminodiketon.

Aufgabe 18

Welche Aussage zu den abgebildeten Verbindungen ist richtig?

1   **2**

(A)   Bei **1** handelt es sich um Acetylessigsäure.

(B)   Bei der Decarboxylierung von **1** entsteht Aceton.

(C)   Verbindung **2** kann Keto-Enol-Tautomerie zeigen.

(D)   Die Verbindungen können durch eine Redoxreaktion ineinander umgewandelt werden.

(E)   Beide Verbindungen kann man als α-Hydroxymonocarbonsäuren bezeichnen.

(F)   Beide Verbindungen liegen bei niedrigen pH-Werten kationisch vor.

Aufgabe 19

Viele chemische Reaktionen können durch entsprechende Berücksichtigung von elektronischen Effekten in den beteiligten Reaktionspartnern vorhergesagt werden; dabei unterscheidet man induktive und mesomere Effekte.

Welche der folgenden Aussagen ist falsch?

(A)   Induktive Effekte beruhen auf Elektronegativitätsunterschieden zwischen den Bindungspartnern.

(B)   Manche Substituenten zeigen negative induktive, aber positive mesomere Effekte.

(C)   Mesomere Effekte können nur auftreten, wenn ein π-Elektronensystem vorliegt.

(D)   Induktive Effekte spielen i. A. eine größere Rolle, weil ihre Reichweite größer ist.

(E)   Induktive Effekte sind additiv.

(F)   Elektronenarme Teilchen, wie z. B. ein Carbenium-Ion, können durch Substituenten mit +I-Effekt stabilisiert werden.

Aufgabe 20

Welche Aussage zu den folgenden Carbonsäuren trifft zu?

(A)   **1** weist drei konjugierte Doppelbindungen auf.

(B)   **1** hat einen höheren Schmelzpunkt als **2**.

(C)   **2** ist unter dem Trivialnamen Ölsäure bekannt.

(D)   **3** gehört zur Stoffklasse der Carbonsäurechloride.

(E)   **3** weist eine deutlich höhere Säurestärke auf als **2**.

(F)   **1** ist die essentielle Fettsäure mit Namen Linolsäure.

Aufgabe 21

Welche der folgenden Aussagen zu aromatischen Verbindungen trifft zu?

(A) Die Einführung eines Chloratoms am Aromaten (z. B. die Bildung von Chlorbenzol) erfolgt durch eine radikalische Substitution.

(B) Substitutionsreaktionen am Benzol (nach IUPAC: Benzen; vgl. Aufgabe 24) verlaufen analog zu S_N2-Substitutionen in einem Schritt ab.

(C) Die Umwandlung von Benzol (Benzen) in Phenol erfordert eine mehrstufige Synthese.

(D) Die Reaktion von Benzol (Benzen) mit Brom liefert das Produkt 1,2-Dibrombenzen.

(E) Die Einführung einer Aminogruppe in einen Benzolring (Herstellung von Anilin) gelingt durch Umsetzung von Benzol mit Ammoniak.

(F) Aromatische Verbindungen reagieren aufgrund ihrer elektronenreichen Doppelbindungen leicht bevorzugt nach einer elektrophilen Addition.

Aufgabe 22

Die nachfolgend gezeigten Aromaten unterscheiden sich in ihrer Reaktivität bei einer elektrophilen Substitution, beispielsweise mit Br_2.

Sortieren Sie nach zunehmender Reaktivität.

1   **2**   **3**   **4**   **5**   **6**

(A) $1 < 3 < 2 < 5 < 4 < 6$ (B) $2 < 3 < 5 < 1 < 4 < 6$

(C) $2 < 5 < 1 < 6 < 3 < 4$ (D) $2 < 1 < 5 < 3 < 6 < 4$

(E) $4 < 6 < 3 < 1 < 5 < 2$ (F) $5 < 2 < 1 < 3 < 6 < 4$

Aufgabe 23

Die folgenden Alkohole unterscheiden sich in ihrer Acidität.

Reihen Sie die Verbindungen in Richtung abnehmenden pK_S-Wertes.

1	**2**	**3**	**4**	**5**	**6**

(A) 2 > 4 > 5 > 1 > 3 > 6   (B) 2 > 4 > 5 > 3 > 1 > 6

(C) 6 > 1 > 3 > 4 > 2 > 5   (D) 5 > 4 > 3 > 1 > 6 > 2

(E) 2 > 5 > 4 > 3 > 1 > 6   (F) 4 > 2 > 1 > 3 > 5 > 6

Aufgabe 24 *)

Welche der folgenden Aussagen zu Reaktionen aromatischer Verbindungen ist richtig?

(A) Die Einführung eines Chloratoms (Bildung von Chlorbenzol) erfolgt durch eine radikalische Substitution.

(B) Die Bromierung von Phenol verläuft langsamer als bei Benzen (Benzol), da der Ring durch den –I-Effekt der OH-Gruppe desaktiviert wird.

(C) Aufgrund des stark ungesättigten Charakters von Benzen (Benzol) verläuft die Addition von Wasserstoff zu Cyclohexan sehr leicht.

(D) Eine Umsetzung von Benzoesäure mit Brom liefert als Hauptprodukt die Verbindung 4-Brombenzoesäure.

(E) Bei der Reduktion von Nitrobenzol zu Anilin erhält man aus einem reaktiven Aromaten (z. B. bzl. einer Bromierung) einen wenig reaktiven Aromaten.

(F) Aromatische Sechsring-Heterocyclen sind i. A. wesentlich weniger reaktiv als analoge Verbindungen mit fünf Ringatomen.

*) Anmerkung: Benzol und die (korrektere) Bezeichnung Benzen werden in diesem Buch synonym benutzt, um Sie mit den beiden gängigen Tivialnamen vertraut zu machen.

Aufgabe 25

Reihen Sie die folgenden Radikale in Reihenfolge abnehmender Stabilität.

1	**2**	**3**	**4**	**5**	**6**

(A) 2 > 1 > 4 > 3 > 5 > 6   (B) 2 > 1 > 5 > 4 > 3 > 6

(C) 5 > 6 > 4 > 3 > 2 > 1   (D) 6 > 5 > 3 > 4 > 2 > 1

(E) 6 > 5 > 4 > 3 > 2 > 1   (F) 3 > 6 > 5 > 4 > 1 > 2

Aufgabe 26

Welche der folgenden Aussagen zu funktionellen Gruppen trifft nicht zu?

(A) Butanol und Diethylether sind Konstitutionsisomere.

(B) Carbonylgruppen werden i. A. leichter durch Nucleophile angegriffen als C=C-Doppelbindungen.

(C) Der Oxidationszustand des funktionellen C-Atoms in einem Imin entspricht dem eines Aldehyds.

(D) Funktionelle Gruppen enthalten nicht zwingend Heteroatome.

(E) Ein Nitril und ein Carbonsäureamid können ohne eine Änderung des Oxidationszustands ineinander überführt werden.

(F) Ein Molekül kann nur eine chemische Reaktion eingehen, wenn eine funktionelle Gruppe vorhanden ist.

Aufgabe 27

Welche der folgenden Aussagen zur Stoffklasse der Acetale ist falsch?

(A) Für die Bildung des Acetals aus einem Halbacetal ist die Anwesenheit von H^+-Ionen als Katalysator erforderlich.

(B) Die Bildung eines cyclischen Acetals ist gegenüber derjenigen eines offenkettigen aus entropischer Sicht bevorzugt.

(C) Ein 1,2-Diol kann – z. B. zur Verhinderung einer Oxidation – durch Überführung in ein cyclisches Acetal geschützt werden.

(D) Die Bildung eines cyclischen Acetals mit Hilfe von Propan-1,3-diol ist aufgrund der Ringspannung gegenüber einem offenkettigen Acetal benachteiligt.

(E) Nur unter neutralen/basischen Reaktionsbedingungen sind Acetale als Schutzgruppen für Aldehyde gegenüber dem Angriff eines Nucleophils geeignet.

(F) Eine glykosidische Bindung zwischen zwei Monosacchariden entspricht der funktionellen Gruppe eines Acetals.

Aufgabe 28

Welche der folgenden Aussagen zur Stoffklasse der Imine ist falsch?

(A) Imine befinden sich im gleichen Oxidationszustand wie Aldehyde und Ketone und können als Stickstoffderivate von letzteren aufgefasst werden.

(B) Imine entstehen durch Angriff von primären Aminen auf Aldehyde bzw. Ketone.

(C) Damit das angreifende Amin keinesfalls protoniert wird und so seine nucleophile Eigenschaft verliert muss die Bildung eines Imins bei basischen pH-Werten durchgeführt werden.

(D) Imine werden leicht durch wässrige Säuren hydrolysiert.

(E) Imine sind wichtige Intermediate bei der sogenannten Transaminierung im Aminosäurestoffwechsel.

(F) Imine sind schwächere Basen als aliphatische Amine.

Aufgabe 29

Welche der folgenden Aussagen zu (substituierten) Cycloalkanen ist richtig?

(A) Wäre das Cyclopentan planar, würde es erhebliche Winkelspannung aufweisen.

(B) Für die Verbindung cis-1-tert-Butyl-2-methylcyclohexan ist zu erwarten, dass sich der Methylrest überwiegend in axialer Position befindet.

(C) Die beiden substituierten Cyclohexane cis-1,2-Dichlor- und trans-1,2-Dichlorcyclohexan können durch „Umklappen" des Rings ineinander überführt werden.

(D) Da das C-Gerüst von Cyclopropan notwendigerweise planar ist, sind die C-Atome sp^2-hybridisiert.

(E) Die beiden Sesselkonformationen von trans-1,2-Dimethylcyclohexan können leicht ineinander übergehen und sind energiegleich.

(F) Von einem 1,2-Dibromcyclopentan existieren vier Stereoisomere.

Aufgabe 30

Welche der folgenden Aussagen zur Isomerie ist richtig?

(A) Es existieren insgesamt vier konstitutionsisomere Pentane.

(B) Propan und Cyclopropan sind Konstitutionsisomere.

(C) Die anti-Konformation von Butan ist energetisch etwas günstiger als die gauche-Konformation.

(D) Es existieren genau zwei stereoisomere 1,2-Dimethylcyclohexane.

(E) Hexan und Cyclohexan bestehen beide aus sechs miteinander verknüpften Kohlenstoffatomen und sind daher Stereoisomere.

(F) Isomere sind aus den gleichen Atomen aufgebaut und besitzen deshalb sehr ähnliche Eigenschaften.

Aufgabe 31

Welche der folgenden Aussagen zu Aldehyden trifft nicht zu?

(A) In einem Aldehyd wird am leichtesten das am Carbonyl-C-Atom gebundene H-Atom abgespalten.

(B) Das bei der Deprotonierung eines Aldehyds gebildete Anion wird durch zwei mesomere Grenzstrukturen beschrieben.

(C) Wird das bei der Deprotonierung eines Aldehyds gebildete Anion wieder protoniert, können zwei Konstitutionsisomere gebildet werden.

(D) Die Anwesenheit eines Fluoratoms am α-C-Atom eines Aldehyds erhöht dessen Acidität.

(E) Durch eine Säure-Base-Reaktion kann aus einem elektrophilen Aldehyd eine nucleophile Spezies erhalten werden.

(F) Aldehyde, die kein α-ständiges H-Atom aufweisen, können mit sich selber nicht in einer Aldolkondensation reagieren.

Aufgabe 32

Das gezeigte Di-*n*-Octylphthalat ist als Weichmacher ein Bestandteil verschiedener Kunststoffe. Nach oraler Aufnahme des Stoffes lassen sich diverse Abbauprodukte im Urin nachweisen.

Welche der folgenden Aussagen zum Abbau der gezeigten Verbindung ist richtig?

(A) Es werden zwei Anhydridbindungen gespalten.

(B) Als ein Reaktionsprodukt entsteht eine Dicarbonsäure.

(C) Es werden zwei Etherbindungen gespalten.

(D) Es werden zwei Fettsäuren freigesetzt.

(E) Die Schädlichkeit des Stoffes beruht auf der Freisetzung von Benzen (Benzol).

(F) Um die Wasserlöslichkeit zu verbessern, wird die gezeigte Verbindung mit Glucuronsäure gekoppelt.

Aufgabe 33

Nebenstehend gezeigt ist ein Cumarin-Derivat, das zur Fluoreszenzmarkierung von Biomolekülen eingesetzt werden kann. Auf diese Weise lassen sich Biomoleküle, die selbst keine Emission von Licht im sichtbaren Spektralbereich zeigen, sichtbar machen, z. B. mit Hilfe eines Fluoreszenzmikroskops.

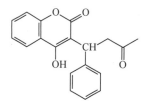

Welche Aussage zu dem gezeigten Cumarin-Derivat ist falsch?

(A)   Die Verbindung ist ein Lacton.

(B)   Durch eine basische Hydrolyse können zwei Bindungen hydrolysiert werden.

(C)   Die Verbindung kann im Sinne einer nucleophilen Substitution nach dem S_N2-Mechanismus reagieren.

(D)   Die Verbindung enthält zwei basisch reagierende tertiäre Aminogruppen.

(E)   Bei einer sauren Hydrolyse der Verbindung entstünde u. a. 2-Iodessigsäure.

(F)   Die Verbindung absorbiert Licht im sichtbaren Spektralbereich, weil sie ein ausgedehntes π-Elektronensystem aufweist.

Aufgabe 34

Warfarin, ein Cumarin-Derivat, ist eines der am häufigsten eingesetzten Anticoagulantien. Cumarine behindern die Synthese der Vitamin K-abhängigen Gerinnungsfaktoren II, VII, IX und X. Der Vitamin K-abhängige Schritt beinhaltet eine Carboxylierung von Glutamatresten und erfordert die Regeneration von Vitamin K in seine reduzierte Form, was durch Cumarin-Derivate wie Warfarin verhindert wird. Neben seinem therapeutischen Einsatz fand die Verbindung v. a. früher breite Verwendung als Rhodentizid zur Bekämpfung unerwünschter Nagetiere.

Welche Aussage zu Warfarin ist falsch?

(A)   Warfarin enthält die funktionelle Gruppe eines Enols.

(B)   Die Verbindung zeigt Keto-Enol-Tautomerie.

(C)   Warfarin kommt in Form von zwei Enantiomeren vor.

(D)   Warfarin kann als Lactam bezeichnet werden.

(E)   Bei der Hydrolyse von Warfarin erhält man eine sauer reagierende Verbindung.

(F)   Setzt man die Verbindung mit einer Brom-Lösung in Anwesenheit von $FeBr_3$ um, so erhält man als Nebenprodukt HBr.

Aufgabe 35

Eine unbekannte Verbindung zeigt folgende Eigenschaften:

Sie löst sich mäßig in Wasser und verursacht dabei keine merkliche Veränderung des pH-Werts. Die Zugabe von HCl verbessert die Löslichkeit nicht. Bei der Zugabe von schwefelsaurer $K_2Cr_2O_7$-Lösung wird die Bildung grün-blauer Cr^{3+}-Ionen beobachtet. Das isolierte Reaktionsprodukt reagiert mit Ammoniak-Lösung zu einem Salz.

Welcher Substanzklasse gehört die unbekannte Verbindung an?

(A)   sekundärer Alkohol   (B)   Halbacetal

(C)   Carbonsäureester   (D)   Keton

(E)   primärer Alkohol   (F)   sekundäres Amin

Aufgabe 36

Mit welchem der folgenden Reagenzien kann man ein Amin leicht acetylieren?

$$CH_3-CH_2-Cl$$

1

$$CH_3-C\overset{O}{\underset{OH}{}}$$

2

$$CH_3-C\overset{O}{\underset{Cl}{}}$$

3

$$CH_3-C\overset{O}{\underset{O^{\ominus}\,Na^{\oplus}}{}}$$

4

(Benzoyl) $C\overset{O}{\underset{Cl}{}}$

5

$$CH_3-C\overset{O}{\underset{NH-CH_3}{}}$$

6

(A) **1**   (B) **2**   (C) **3**   (D) **4**   (E) **5**   (F) **6**

Aufgabe 37

Welche Aussage zu folgender Reaktion ist falsch?

$$\text{Chlorbenzol} + Br_2 \xrightarrow{FeBr_3} \text{4-Brom-chlorbenzol} + HBr$$

(A)   Das Brom reagiert als Elektrophil.

(B)   Die Reaktion läuft in Abwesenheit des Katalysators $FeBr_3$ nur sehr langsam ab, da Chlorbenzol ein wenig reaktiver Aromat ist.

(C) Neben dem gezeigten *para*-Substitutionsprodukt kann auch das *ortho*-Produkt entstehen.

(D) Es handelt sich um eine Reaktion vom Typ „elektrophile aromatische Substitution".

(E) FeBr$_3$ fungiert als Lewis-Säure und erleichtert die Spaltung der Br–Br-Bindung.

(F) Wenn der Katalysator weggelassen wird, reagiert das Brom unter Addition an Chlorbenzol.

Aufgabe 38

Welche Aussage zu folgender Reaktion ist falsch?

(A) Es handelt sich um eine Reaktion vom Typ bimolekulare nucleophile Substitution (S$_N$2).

(B) Das Cyanid-Ion reagiert als Nucleophil.

(C) Die Reaktion kann nicht ablaufen, weil der Kohlenstoff, der das Iodatom trägt, schon gesättigt ist.

(D) Die Reaktion verläuft in einem Schritt ohne detektierbares Zwischenprodukt.

(E) Die Reaktion könnte auch mit dem entsprechenden Bromalkan durchgeführt werden.

(F) Eine Beschleunigung der Reaktion durch Säurekatalyse ist nicht zu erwarten.

Aufgabe 39

Welche Aussage zu elektrophilen Additionen ist richtig?

(A) Für die elektrophile Addition von HBr an 1-Buten ist ein regioselektiver Verlauf zu erwarten.

(B) Die elektrophile Addition von HBr an Benzol liefert Brombenzol.

(C) Carbanionen sind typische Intermediate bei einer elektrophilen Addition.

(D) Die elektrophile Addition von Wasser an 2-Buten liefert eine optisch aktive Verbindung.

(E) Die Addition von Brom an Cyclohexen liefert selektiv das *cis*-1,2-Dibromcyclohexan.

(F) Die elektrophile Addition von Wasser an ein Alken wird durch OH$^-$-Ionen katalysiert.

Aufgabe 40

Gegeben sind die beiden folgenden Verbindungen:

1   **2**

Welche der folgenden Aussagen ist richtig?

(A) Beide Verbindungen können keine Konstitutionsisomere sein, da sie unterschiedliche funktionelle Gruppen enthalten.

(B) Nur die Verbindung **1** lässt sich mit $K_2Cr_2O_7$ in saurer Lösung oxidieren.

(C) Nur Verbindung **2** kann durch einen Hydrid (H^-)-Donor, z. B. NADH, zu einem Diol reduziert werden.

(D) Verbindung **1** bildet leicht ein cyclisches Halbacetal.

(E) Die Verbindungen **1** und **2** sind Isomere und wandeln sich deshalb leicht ineinander um.

(F) Beide Verbindungen zeigen stark unterschiedliche Acidität.

Aufgabe 41

Welche Aussage zu folgender Reaktion ist richtig?

(A) Der Erstsubstituent erhöht die Reaktivität des aromatischen Rings im Vergleich zu Methoxybenzol.

(B) Als Produkt entsteht ein Gemisch zweier Enantiomere.

(C) Die Reaktion erfordert die Katalyse einer Lewis-Säure, um die Elektrophilie des Broms zu erhöhen.

(D) Für den positiv geladenen σ-Komplex kann eine mesomere Grenzstruktur formuliert werden, bei der alle Atome (außer H) ein Oktett aufweisen.

(E) Die Reaktion liefert als Produkt den 2,4-Dibrombenzoesäuremethylester.

(F) Es findet eine nucleophile Substitution an der Methylgruppe statt.

Aufgabe 42

Benzen (Benzol) ist seit langem als krebserregend eingestuft. Obwohl der Wirkmechanismus komplex ist, geht man davon aus, dass initial eine Oxidation durch Cytochrom-P450-abhängige mischfunktionelle Monooxygenasen stattfindet und dadurch Benzenepoxid gebildet wird, das für die kanzerogene Wirkung sorgt. Im Gegensatz dazu ist Toluen („alte" Bezeichnung: Toluol = Methylbenzen) zumindest derzeit (noch) nicht als Cancerogen eingestuft.

Welcher Mechanismus kommt als Erklärung für das niedrigere cancerogene Gefahrenpotenzial des Toluens in Frage?

(A) Toluen ist deutlich hydrophiler als Benzol und kann so direkt über die Niere ausgeschieden werden.

(B) Toluen wird in Phenol und Methanol gespalten.

(C) Toluen wird NAD(P)H-abhängig zu Methylcyclohexan reduziert.

(D) Toluen wird oxidativ zu Dihydroxyaceton und D-Threose gespalten.

(E) Toluen wird zu Benzoesäure bzw. Benzoat oxidiert.

(F) Toluen wird rasch an Glucuronsäure gekoppelt und mit dem Urin ausgeschieden.

Aufgabe 43

Es soll die Gleichgewichtskonstante $K_{\text{Hydrolyse}}$ für die säurekatalysierte Spaltung von Acetyl-CoA, einem Thioester, bestimmt werden. Sie starten die Reaktion mit einer Anfangskonzentration von Acetyl-CoA bzw. Wasser von jeweils 1,0 mol/L; die Gleichgewichtskonzentration der Carbonsäure wird durch Titration mit KOH-Lösung ($c = 0{,}20$ mol/L) ermittelt. Bei der letzten Titration nach einer Reaktionsdauer von 2 h einer 5,0 mL-Probe des Reaktionsgemisches benötigen Sie 23,5 mL der KOH-Lösung bis zum Äquivalenzpunkt.

Wie groß ist $K_{\text{Hydrolyse}}$ für die vorliegende Reaktion?

(A) 24,5   (B) $4{,}07 \cdot 10^{-3}$ (C) 245

(D) 15,7   (E) 0,0634   (F) 235

Aufgabe 44

Aldolreaktionen sind für die Bildung von C–C-Bindungen von großer Bedeutung.

Welche der Formeln zeigt das Reaktionsprodukt der Aldoladdition von Propanal?

$$\underline{1} \qquad \underline{2} \qquad \underline{3}$$

$$\underline{4} \qquad\qquad \underline{5}$$

(A) **1**   (B) **2**   (C) **3**   (D) **4**   (E) **5**   (F) keine

Aufgabe 45

Während der Fettsäure-Biosynthese wird die gebildete Acetessigsäure, die über eine Thio-estergruppe an die zentrale SH-Gruppe des Multienzymkomplexes (MEK) gebunden ist, in folgender Weise verändert:

Welche Klassifizierung der jeweiligen Reaktion ist nicht richtig?

(A)   Reaktion **1**: Reduktion   (B)   Reaktion **1**: Hydrierung

(C)   Reaktion **2**: Eliminierung   (D)   Reaktion **2**: Dehydratisierung

(E)   Reaktion **3**: Hydrierung   (F)   Reaktion **3**: Oxidation

Aufgabe 46

Welche Aussage zu folgender Reaktion ist falsch?

(A)   Die Reaktion läuft nach dem Typ einer bimolekularen nucleophilen Substitution ab.

(B)   Wasser reagiert als Nucleophil.

(C)   Das Chiralitätszentrum im Edukt racemisiert im Zuge der Reaktion.

(D)   Die Reaktion verläuft in zwei Schritten.

(E)   Die Reaktion könnte auch mit dem entsprechenden Iodalkan durchgeführt werden.

(F)   Eine Beschleunigung der Reaktion durch Säurekatalyse ist nicht zu erwarten.

Aufgabe 47

Gegeben ist das folgende Reaktionsenergiediagramm.

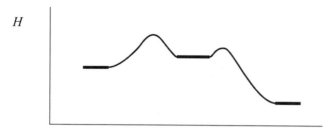

Welche der folgenden Aussagen ist falsch?

(A)   Es handelt sich um eine exotherme Reaktion.

(B)   Die Reaktion verläuft über zwei Zwischenprodukte.

(C)   Der erste Reaktionsschritt ist geschwindigkeitsbestimmend.

(D)   Wenn das Diagramm eine Eliminierung beschreiben soll, handelt es sich um eine E1-Reaktion.

(E)   Der erste Übergangszustand ähnelt mehr dem Zwischenprodukt als den Edukten.

(F)   Die Reaktion kann, muss aber nicht rasch verlaufen.

Aufgabe 48

Welche der folgenden Aussagen zu einer radikalischen Halogenierung eines Kohlenwasserstoffs trifft zu?

(A)   Die Reaktion beinhaltet zwei Kettenfortpflanzungsschritte, bei denen jeweils ein Radikal gebildet wird.

(B)   Bei einer radikalischen Bromierung von Propan entstehen 1-Brompropan und 2-Brompropan im Verhältnis 3:1, da dreimal so viele primäre H-Atome zur Substitution zur Verfügung stehen.

(C) Primäre H-Atome werden gegenüber tertiären und sekundären bevorzugt substituiert.

(D) Eine radikalische Bromierung, z. B. von Methan, verläuft stärker exotherm als die Chlorierung.

(E) Eine radikalische Chlorierung ist zur Herstellung von 1-Chlorhexan besser geeignet als zur Herstellung von Chlorcyclohexan.

(F) Eine radikalische Halogenierung findet bevorzugt an aromatischen Kohlenwasserstoffen statt.

Aufgabe 49

Geplant ist die folgende Umsetzung:

$$H_3C-O^\ominus \ + \ \text{(Br)} \ \longrightarrow \ \text{(OCH}_3\text{)} \ + \ Br^\ominus$$

Welche der nachfolgenden Aussagen hierzu ist falsch?

(A) Das gewünschte Produkt ist ein Ether.

(B) Bei der Umsetzung der beiden Edukte ist v. a. mit Eliminierungsprodukten zu rechnen.

(C) Die Reaktion verläuft nach einem S_N1-Mechanismus.

(D) Das Halogenalkan enthält eine gute Abgangsgruppe.

(E) Um zum gewünschten Produkt zu gelangen sollte das tertiäre Alkoholat-Ion und Brommethan eingesetzt werden.

(F) Das gezeigte Produkt kommt als Solvens für Reaktionen mit stark basischen Reagenzien, wie z. B. LiAlH$_4$ in Frage.

Aufgabe 50

Welche Aussage zur abgebildeten Form der Aminosäure Prolin ist falsch?

(A) Es ist die Form dargestellt, die am isoelektrischen Punkt vorliegt.

(B) Es ist das L-Enantiomer dargestellt.

(C) Die dargestellte Form enthält eine protonierte sekundäre Aminogruppe.

(D) Der N-Heterocyclus im Prolin kann durch eine Hydrolysereaktion nicht geöffnet werden.

(E) Prolin ist die einzige der natürlich vorkommenden Aminosäuren, die in einem Protein nicht endständig am C-Terminus auftreten kann.

(F) Prolin ist wesentlicher Bestandteil des Strukturproteins Kollagen.

Aufgabe 51

Die drei Aminosäuren Leucin, Serin und Lysin werden miteinander zu Tripeptiden verknüpft, wobei jede der drei Aminosäuren in dem gebildeten Tripeptid nur einmal vorkommen soll.

Welche der folgenden Aussagen trifft zu?

(A) Durch Zugabe von etwas verdünnter HCl-Lösung werden die Peptide leicht in die einzelnen Aminosäuren gespalten.

(B) Bei einem pH-Wert von 11 tragen die Tripeptide drei negative Ladungen, da jede Aminosäure in der basischen Form vorliegt.

(C) Die unterschiedlichen Tripeptide (z. B. Leu–Ser–Lys und Ser–Lys–Leu) lassen sich durch Ionenaustauschchromatographie nicht trennen.

(D) Will man das Tripeptid Leu–Ser–Lys herstellen, müssen die drei Aminosäuren in der angegebenen Reihenfolge unter Säurekatalyse zusammengegeben und erhitzt werden.

(E) Bei der Bildung eines solchen Tripeptids werden drei Peptidbindungen geknüpft.

(F) Die Tripeptide sind bei neutralem pH-Wert ungeladen.

Aufgabe 52

Die Verbindung Isatisin A wurde im Jahr 2007 auf der Suche nach anti-HIV wirksamen Verbindungen aus den Blättern der Indigopflanze *Isatis indigotica* isoliert, die traditionell in der chinesischen Medizin zur Behandlung viraler Krankheiten wie Influenza, Mumps und Hepatitis eingesetzt wird.

Welche der folgenden Aussagen ist falsch?

(A) Die Verbindung ist ein tertiäres Amid.

(B) Die Verbindung enthält fünf chirale C-Atome.

(C) Die Verbindung könnte mit Aceton zu einem Ketal umgesetzt werden.

(D) Die Verbindung verhält sich in wässriger Lösung deutlich basisch.

(E) Isatisin A enthält ein Indol-Ringsystem.

(F) Behandelt man Isatisin A mit $Cr_2O_7^{2-}$, so lässt sich als Produkt eine sauer reagierende Verbindung isolieren.

Aufgabe 53

Welche Aussage zu folgender Verbindung ist falsch?

(A)   Die gezeigte Verbindung kann als reaktives Carbonsäu-
      rederivat bezeichnet werden.

(B)   Bei der Verbindung handelt es sich um einen Phosphor-
      säureester.

(C)   Die Verbindung leitet sich von der Aminosäure Glutaminsäure ab.

(D)   Die Verbindung lässt sich leicht hydrolysieren.

(E)   Die Verbindung liegt nur bei etwa neutralen pH-Werten in der gezeigten Form vor.

(F)   Bei der Reaktion obiger Verbindung mit der Aminosäure Alanin entsteht ein Dipeptid.

Aufgabe 54

Welche Aussage zu nebenstehender Verbindung ist falsch?

(A)   Die Verbindung gehört zu den Aldotriosen.

(B)   Die Verbindung kann leicht oxidiert werden.

(C)   Die Verbindung lässt sich leicht hydrolysieren.

(D)   Die Verbindung leitet sich von der Verbindung Glycerolaldehyd ab.

(E)   Bei der Verbindung handelt es sich um einen Phosphorsäureester.

(F)   Die Verbindung besitzt (S)-Konfiguration.

Aufgabe 55

Gegeben ist das folgende Lipid:

Welche der folgenden Aussagen ist falsch?

(A)   Die Verbindung lässt sich durch Hydrolyse unter basischen Bedingungen spalten. Dabei entstehen u. a. zwei unterschiedliche Seifen.

(B)   Die Verbindung ist kein Fett.

(C)   Versetzt man eine Lösung dieser Verbindung mit etwas Brom-Lösung, so beobachtet man Entfärbung der zugesetzten Brom-Lösung.

(D)   Die Verbindung ist ein Phosphatidylcholin.

(E)   Verbindungen dieses Typs sind wesentlich am Aufbau von Zellmembranen beteiligt.

(F)   In Anwesenheit eines Katalysators wie z. B. Raney-Ni lässt sich die Verbindung hydrieren.

Aufgabe 56

Nebenstehend ist ein Kohlenhydrat in der Sesselform gezeigt.

Welche Aussage zu der Verbindung ist falsch?

(A)   Es handelt sich um eine Aldohexose.

(B)   Die Verbindung könnte noch mehrfach acetyliert werden.

(C)   Bei einer Hydrolyse der Verbindung entsteht 2-Amino-galaktose.

(D)   Die Verbindung ist der Monomerbaustein des Polysaccharids Chitin.

(E)   Die Verbindung zeigt reduzierende Eigenschaften gegenüber Ag^+-Ionen.

(F)   Die Verbindung gehört zur Reihe der D-Zucker.

Aufgabe 57

Cocain ist ein Tropan-Alkaloid, das aus den Blättern des Coca-Strauchs (bot. *Erythroxylum coca*) gewonnen wird. Der Gehalt an Alkaloiden in der Pflanze beträgt zwischen 0,1 und 1,8 Prozent. In den Ursprungsländern wurden die Blätter des Coca-Strauchs gekaut, um den Hunger zu vertreiben und euphorische Gefühle zu erzeugen. Angebaut wird die Coca-Pflanze in Südamerika (Bolivien, Peru, Kolumbien) und Java in einer Höhe zwischen 600 und 1000 m.

Physiologisch wirkt Cocain vor allem auf die Nerven, betäubt die Ganglien und macht sie unempfindlich gegen Reize. Deshalb wurde es in der Medizin auch zur Lokalanästhesie benutzt. Schwächere Dosen erregen das Zentralnervensystem, bei größeren Dosen herrschen Lähmungserscheinungen vor.

Cocain

Pseudococain

Welche Aussage zu den beiden folgenden Verbindungen ist richtig?

Die beiden Verbindungen sind

(A) Konstitutionsisomere

(B) Carbonsäureamide

(C) Enantiomere

(D) achiral

(E) Diastereomere

(F) Pyridin-Derivate

Aufgabe 58

Welche der folgenden linearen Atomketten bildet das Rückgrat von Peptiden und Proteinen?

(A) –C–C–C–N–C–C–C–N–C–C–C–N–

(B) –C–C–O–N–C–C–O–N–C–C–O–N–

(C) –H–C–C–H–N–C–C–N–H–C–C–H–

(D) –H–O–C–C–N–H–O–C–C–N–H–

(E) –N–C–C–N–C–C–N–C–C–N–C–C–

(F) –N–C–O–N–C–O–N–C–O–N–C–O–

Aufgabe 59

Die folgende Verbindung mit Namen Atropin gehört zu den sogenannten Alkaloiden, von denen viele Substanzen starke pharmakologische Wirkung zeigen. Atropin ist eine giftige Verbindung, die in der Natur in Nachtschattengewächsen wie Alraune, Engelstrompete, Stechapfel, Tollkirsche oder Bilsenkraut vorkommt.

Eine der ersten medizinischen Anwendungen des Atropins war die Asthmabehandlung; dagegen wird Atropin heute überwiegend in der Notfallmedizin sowie topisch in der Augenheilkunde (medikamentöse Mydriasis) eingesetzt.

Atropin kann verwendet werden, um den Parasympathikus zu blockieren, indem die Signaltransduktion in der Nervenleitung unterbrochen wird. Atropin hemmt die muskarinartigen Wirkungen des Acetylcholins durch kompetitive Inhibition der Acetylcholin-Rezeptoren im synaptischen Spalt. Aus diesem Grund wird es als Antidot gegen Nervenkampfstoffe eingesetzt, deren toxische Wirkung auf einer Hemmung der Acetylcholinesterase beruhen.

Welche der folgenden Aussagen ist falsch?

(A) Atropin enthält die funktionelle Gruppe eines tertiären Amins.

(B) Atropin kann durch Oxidationsmittel wie $K_2Cr_2O_7$ leicht oxidiert werden.

(C) Bei der Hydrolyse von Atropin entsteht eine β-Hydroxycarbonsäure.

(D) Atropin enthält das heterocyclische Pyrrol-Ringsystem.

(E) Atropin enthält die funktionelle Gruppe eines Carbonsäureesters.

(F) Atropin kann als Paar von Enantiomeren vorkommen.

Aufgabe 60

Die Verbindung Colchicin ist bekannt als das Hauptalkaloid (und damit der Hauptträger der giftigen Wirkung) der einheimischen Herbstzeitlose, *Colchicum autumnale*. Die Alkaloide der Colchicin-Gruppe umfassen etwa 40 Vertreter; ihr Vorkommen in der Natur ist beschränkt auf einige Gattungen der Familie *Liliaceae*. Der Naturstoff ist ein starkes Mitosegift; er verhindert die Ausbildung des mikrotubulären Systems und des Spindelapparates der Zellen im Verlauf der Zellteilung. Eine Vergiftung beim Menschen führt u. a. zur Beeinträchtigung der Leukozytenbeweglichkeit und der Phagozytose, zur Schädigung von Nervenzellen, zu Störungen der sensiblen Nervenfunktion (zunächst Erregung, später Lähmung) und zur Lähmung des Vasomotorenzentrums. In der Medizin wird Colchicin als wirksames Medikament zur Therapie bzw. Vorbeugung des akuten Gichtanfalls eingesetzt; es wirkt hierbei entzündungshemmend und schmerzstillend.

Welche der folgenden Aussagen zu diesem Molekül ist falsch?

(A) Colchicin enthält mehrere Methoxygruppen.

(B) Colchicin kommt als Paar von Enantiomeren vor.

(C) Colchicin bildet bei Reduktion mit einem Hydrid-Donor ein Paar von Diastereomeren.

(D) Colchicin kann als acetyliertes primäres Amin bezeichnet werden.

(E) Colchicin besitzt (R)-Konfiguration.

(F) Colchicin kann hydrolytisch gespalten werden.

Aufgabe 61

Welche Aussage zu Disulfidbrücken ist richtig?

(A) Von Disulfidbrücken spricht man, wenn sich zwei –SH-Gruppen unter Ausbildung starker Wasserstoffbrücken zusammenlagern.

(B) Bei der oxidativen Spaltung von Disulfidbrücken entstehen zwei Mercaptogruppen.

(C) Zur Ausbildung von Disulfidbrücken sind die beiden schwefelhaltigen proteinogenen Aminosäuren in der Lage.

(D) Behandelt man ein Protein mit dem Detergenz Natriumdodecylsulfat (SDS), werden alle Disulfidbrücken gebrochen.

(E) Das Tripeptid Glutathion (γ-Glu–Cys–Gly) fungiert als Reduktionsmittel in vielen Zellen und wird dabei unter Ausbildung einer Disulfidbrücke oxidiert.

(F) Die Aminosäuresequenz eines Proteins zeigt, wo sich innerhalb des Proteins Disulfidbrücken befinden.

Aufgabe 62

Die nebenstehend abgebildete Glykocholsäure ist ein Hauptbestandteil der Gallenflüssigkeit. Sie spielt eine wesentliche Rolle beim Verdau von Fetten, da sie zur
Emulgation von Fetten beiträgt und so die
Einwirkung fettspaltender Enzyme ermöglicht.

Welche Aussage zu dieser Verbindung ist
falsch?

(A)   Glykocholsäure enthält eine Amidbindung und ist deshalb gegen Hydrolyse recht stabil.

(B)   Bei der Hydrolyse entsteht die Aminosäure Glycin.

(C)   Glykocholsäure enthält neben einer sauren auch eine basische Gruppe und liegt deshalb
      bei einem schwach sauren pH-Wert als Zwitterion vor.

(D)   Glykocholsäure kann mit Glucose zu einem Glykosid verknüpft werden.

(E)   Glykocholsäure entwickelt mit einer wässrigen Lösung von Natriumhydrogencarbonat
      langsam CO_2.

(F)   Glykocholsäure enthält drei sekundäre aliphatische Hydroxygruppen.

Aufgabe 63

Verschiedene Lipidspezies lassen sich beispielsweise durch Dünnschichtchromatographie
relativ gut trennen. Gesetzt den Fall, Sie verwenden eine polare stationäre Phase (z. B. Kieselgel) und ein unpolares Laufmittel (z. B. Petrolether; ein Gemisch von Kohlenwasserstoffen), in welcher Reihenfolge sollten die R_F-Werte für die folgenden Verbindungen zunehmen?

(Zur Erinnerung: der R_F-Wert beschreibt den Quotient aus Laufstrecke des Lipids und Front
der mobilen Phase).

1   Palmitinsäure

2   Cholesterol

3   Cholesterolester

4   Tripalmitoylglycerol („Tripalmitin")

5   Phosphatidylcholin (Lecithin)

6   Sphingomyelin

(A) $1 < 2 < 5 \approx 6 < 3 \approx 4$ (B) $5 < 4 \approx 3 < 1 \approx 6 < 2$

(C) $5 \approx 6 < 1 < 2 < 3 \approx 4$ (D) $4 \approx 3 < 1 < 2 < 5 \approx 6$

(E) $5 \approx 6 < 1 < 3 \approx 4 < 2$ (F) $6 < 3 < 2 < 1 < 4 < 5$

Aufgabe 64

Die wohlbekannte Verbindung Nikotin ist nach Jean Nicot benannt; es handelt sich um ein Alkaloid, das in besonders hoher Konzentration in den Blättern der Tabakpflanze vorkommt. Es ist stark giftig für höhere Tiere, da es die Ganglien des vegetativen Nervensystems blockiert. Nikotin führt außerdem zu einer Aktivierung der Thrombozyten, was wahrscheinlich der Hauptgrund für die vermehrten Gefäßerkrankungen bei Rauchern ist. In kleinen Konzentrationen hat es einen stimulierenden Effekt; es beschleunigt den Herzschlag, erhöht den Blutdruck und verringert den Appetit. Daneben zeigt Nikotin insektizide Wirkung und wurde daher früher als Pflanzenschutzmittel eingesetzt.

Welche Aussage zum Nikotin ist falsch?

(A)   Die abgebildete Verbindung ist ein Derivat des Pyridins.

(B)   Eine elektrophile aromatische Substitution am Nikotin gelingt wesentlich schwieriger (erfordert drastische Reaktionsbedingungen) als z. B. am Anilin (Aminobenzen).

(C)   Die Verbindung lässt sich mit einem Alkylierungsmittel wie CH_3-I methylieren.

(D)   Eine Protonierung von Nikotin erfolgt bevorzugt am Stickstoffatom im Sechsring.

(E)   Nikotin kommt als Paar von zwei Enantiomeren vor.

(F)   In der gezeigten Form liegt Nikotin nur bei höheren pH-Werten vor.

Aufgabe 65

Vitamin B_6 umfasst eine Gruppe von Vitameren. Neben Pyridoxin sind die wichtigsten Vitamin-B_6-aktiven Verbindungen Pyridoxal und Pyridoxamin. Pyridoxin ist überwiegend in Pflanzen vorhanden, während Pyridoxal und Pyridoxamin hauptsächlich in Lebensmitteln tierischer Herkunft vorkommen. Chemisch unterscheiden sie sich nur durch verschiedene Seitengruppen. Physikalisch reagieren sie unterschiedlich auf Hitze. Pyridoxin ist dabei verglichen mit Pyridoxal und Pyridoxamin relativ hitzestabil.

Welche Aussage zur abgebildeten Verbindung trifft nicht zu?

(A)   Sie enthält einen Pyridinring.

(B)   Sie kann am N-Atom protoniert werden.

(C)   Wird die primäre Alkoholgruppe mit Phosphorsäure verestert, so liegt das Coenzym Pyridoxalphosphat vor.

(D)   Sie kann an der Aldehydgruppe zum Pyridoxol (Pyridoxin) reduziert werden.

(E)   Sie gehört zu den fettlöslichen Vitaminen.

(F)   Mit Aminosäuren kann die Verbindung zu einer Schiff'schen Base reagieren.

Aufgabe 66

Nystatin A1, das aus *Streptomyces noursei* gewonnen wird, ist eine ziemlich komplexe Verbindung aus der Gruppe der Polyen-Antibiotika, die gegen Hefepilze (v. a. *Candida albicans*) eingesetzt werden kann. Seine Wirkung beruht auf einer Komplexbildung mit Sterolen in der Cytoplasmamembran der Pilze.

Nystatin A1

Welche der folgenden Aussagen ist falsch?

(A) Nystatin A1 könnte zu einem Polyketon oxidiert werden.

(B) Die Verbindung sollte bei neutralem pH-Wert in zwitterionischer Form vorliegen.

(C) Die Verbindung enthält drei hydrolysierbare Bindungen.

(D) Nystatin A1 kann als Glykosid bezeichnet werden.

(E) Nystatin A1 besitzt ein ausgedehntes System kumulierter Doppelbindungen.

(F) Nystatin A1 ist ein makrocyclisches Lacton.

Aufgabe 67

In der traditionellen chinesischen Pflanzenheilkunde kommt die getrocknete Rinde reifer Früchte von *Citrus reticulata Blanca*, der „Mandarinorange" vor. Sie wirkt temperatursenkend, appetitanregend und stimulierend auf das Immunsystem und enthält u. a. die Verbindungen Hesperidin (HP) und Synephrin (SP).

Hesperidin (HP)

Synephrin (SP)

Welche der folgenden Aussagen ist falsch?

(A)   Beide enthalten die funktionelle Gruppe der Phenole.

(B)   HP lässt sich mit einem biologischen Hydrid-Überträger wie NADH/H$^+$ reduzieren.

(C)   HP enthält eine Esterbindung, die unter basischen Bedingungen hydrolysiert wird; dabei entsteht Methanol.

(D)   SP kann mit einem Monosaccharid zu einem Glykosid umgesetzt werden.

(E)   SP lässt sich relativ leicht dehydrieren.

(F)   SP kann in einer nucleophilen Substitution mit einem Methylierungsmittel wie CH$_3$–I reagieren.

Aufgabe 68

Domoinsäure, auch als „Amnesic Shellfish Poison" (ASP) bezeichnet, ist ein Phycotoxin, das von verschiedenen Algenarten gebildet wird. Die Verbindung akkumuliert leicht in Meeresorganismen, die sich von Phytoplankton ernähren, wie z. B. Schellfisch, Anchovis und Sardinen. Domoinsäure wirkt im Säugerorganismus als potentes Neurotoxin. Es bindet sehr fest an den Glutamat-Rezeptor im Gehirn. Zunächst kommt es häufig zu gastrointestinalen Symptomen, wie z. B. Übelkeit und Durchfall, bevor mit einer Verzögerung von einigen Stunden bis Tagen die neurologischen Symptome, die in schweren Fällen zum Tod führen können, auftreten.

Welche Aussage zu dieser Verbindung ist falsch?

(A)   Die Verbindung ist ein Prolin-Derivat.

(B)   Man kann die Verbindung als Aminotricarbonsäure bezeichnen.

(C)   Der isoelektrische Punkt der Verbindung wird im sauren pH-Bereich deutlich unterhalb von pH = 7 liegen.

(D)   Die Verbindung ist ein konjugiertes Dien.

(E)   Domoinsäure enthält drei Chiralitätszentren.

(F)   Bei einer katalytischen Hydrierung können zwei Mol Wasserstoff an ein Mol der Domoinsäure angelagert werden.

Aufgabe 69

Folgende drei Verbindungen sind gegeben:

1   **2**   **3**

Welche Aussage zu den Verbindungen ist falsch?

(A) **1** und **3** sind proteinogene Aminosäuren.

(B) Es handelt sich bei allen drei Verbindungen um α-Aminosäuren.

(C) Anhand der Formeln sind die Konstitution und die Konfiguration zu erkennen, die Konformation jedoch ist unklar.

(D) Alle Verbindungen weisen als funktionelle Gruppe eine primäre Aminogruppe auf.

(E) Alle Verbindungen sind Ampholyte.

(F) Nur die Verbindungen **2** und **3** liegen bei neutralem pH-Wert überwiegend in der gezeigten Form vor.

Aufgabe 70

Die unten gezeigte Verbindung Leiodermatolid ist ein Makrolid mit potenter antimitotischer Wirkung, das von dem marinen Schwamm *Leiodermatium sp.* produziert wird.

Welche der folgenden Aussagen ist falsch?

Die Verbindung

(A) sollte an genau einer der funktionellen Gruppen mit saurer $Cr_2O_7^{2-}$-Lösung reagieren.

(B) zeigt in wässriger Lösung keine ausgeprägten sauren oder basischen Eigenschaften.

(C) enthält vier hydrolysierbare Bindungen.

(D) weist neun Chiralitätszentren auf.

(E) ist farbig, weil sie zahlreiche Doppelbindungen enthält.

(F) enthält ein C-Atom in seiner höchstmöglichen Oxidationsstufe.

Aufgabe 71

Von der Kletterpflanze Yams gibt es etwa 650 Arten in Asien, Afrika und Südamerika. In Westafrika und in der Karibik sind Yamswurzeln Hauptnahrungsmittel; sie werden wie Kartoffeln zubereitet. Besondere Bedeutung als Naturarznei hat die mexikanische Yamswurzel, deren Gehalt an Diosgenin, dem Hauptwirkstoff der Wurzel, wesentlich höher ist als in anderen Arten. Diosgenin wird von japanischen Forschern bereits seit 1936 untersucht.

Yamswurzel und Diosgenin regen die körpereigene Synthese von Dehydroepiandrosteron (DHEA) in der Nebennierenrinde an. Diosgenin wird technisch als natürlicher Ausgangsstoff für industrielle Partialsynthesen von in Antikontrazeptiva enthaltenen Gestagenen eingesetzt. Bis in die 80er-Jahre deckte Diogenin etwa 80 % der Weltproduktion an Steroiden ab.

Welche Aussage zu dieser Verbindung ist falsch?

(A)   Die Verbindung kann unter Säurekatalyse dehydratisiert werden.

(B)   Durch schwefelsaure $Cr_2O_7^{2-}$- Lösung wird Diosgenin zu einem Keton oxidiert.

(C)   Die Verbindung kann zu einem Glykosid reagieren.

(D)   Durch eine saure Hydrolyse werden zwei der insgesamt sechs Ringe geöffnet.

(E)   Diosgenin kann als Diether bezeichnet werden.

(F)   Gibt man zu einer Lösung der Verbindung etwas Brom-Lösung, so verschwindet die braune Farbe des Broms.

Aufgabe 72

Nebenstehend gezeigt ist das Antibiotikum Erythromycin. Erythromycin ist ein natürliches, bakteriostatisch wirksames sogenanntes Makrolid-Antibiotikum, das vom Pilz *Streptomyces erythraeus* gebildet wird. Erythromycin hemmt die bakterielle Proteinsynthese, indem es an die 50S-Untereinheit der bakteriellen Ribosomen bindet. Durch diese Bindung verhindert es den Transfer der Peptidyl-tRNA von der Akzeptorstelle zur Donorstelle des Ribosoms. Dabei wird die Peptidyl-tRNA an der Akzeptorstelle fixiert und die Proteinsynthese unterbrochen.

Erythromycin wirkt gegen ein breites Spektrum grampositiver Erreger, wobei die Wirksamkeit gegenüber Staphylokokken durch Resistenzentwicklung vermindert sein kann. Weiterhin ist es wirksam gegen einzelne gramnegative Bakterien (z. B. Legionellen) und Bakterien ohne Zellwand (Chlamydien). Zur äußeren Anwendung kommt Erythromycin bei allen Formen der *Akne vulgaris*.

Welche der folgenden Aussagen ist falsch?

(A) Die Verbindung kann durch Erhitzen in NaOH-Lösung in eine offenkettige Verbindung überführt werden.

(B) Die Verbindung ist ein Lacton.

(C) Von dieser Verbindung existieren mehr als acht Stereoisomere.

(D) Mit einem geeigneten Oxidationsmittel wie $K_2Cr_2O_7$ kann Erythromycin zu einer Verbindung mit vier Ketogruppen oxidiert werden.

(E) Bei Reduktion der Verbindung mit einem geeigneten Hydrid-Donor entsteht ein weiteres Chiralitätszentrum.

(F) Erythromycin besitzt gleich viele saure wie basische Gruppen und liegt daher bei pH 7 überwiegend als Zwitterion vor.

Aufgabe 73

Chlorogensäure ist ein Naturstoff, der in zahlreichen Pflanzen vorkommt; chemisch gesehen ist die Verbindung ein Ester der Kaffeesäure mit der Chinasäure als alkoholischer Komponente. Chlorogensäure wird unter anderem für Beschwerden bei magenempfindlichen Kaffeetrinkern verantwortlich gemacht, weshalb der Chlorogensäuregehalt durch spezielle Röstverfahren reduziert wird.

Welche der folgenden Aussagen ist falsch?

(A) Die Chinasäure enthält eine Spiegelebene und ist daher achiral.

(B) Chlorogensäure ist eine α-Hydroxycarbonsäure.

(C) Um die beiden Hydroxygruppen am Cyclohexanring vor Oxidation zu schützen, könnte man sie in ein cyclisches Acetal umwandeln.

(D) Zur Synthese der Kaffeesäure käme eine Aldolkondensation ausgehend von 3,4-Dihydroxybenzaldehyd in Betracht.

(E) Die Doppelbindung der Kaffeesäure ist *E*-konfiguriert.

(F) Das mit einem Stern markierte Chiralitätszentrum ist (*S*)-konfiguriert.

Aufgabe 74

Licochalcon A ist ein sogenanntes Flavonoid, das aus der Wurzel des chinesischen Süßholzes (*Glycyrrhiza inflata*) extrahiert werden kann. Neben der bekannten antientzündlichen Wirkung konnten bisher in Laborstudien antibakterielle, antiparasitäre und krebshemmende Wirkungen nachgewiesen werden.

Welche der folgenden Aussagen zu Lidochalcon A trifft nicht zu?

(A) Die Wasserlöslichkeit der Verbindung verbessert sich durch Zusatz von etwas NaOH-Lösung.

(B) Es ist zu erwarten, dass die Substanz im sichtbaren Spektralbereich absorbiert.

(C) Die Verbindung lässt sich leicht zu einem Triketon oxidieren.

(D) Für die Knüpfung der zentralen C=C-Doppelbindung käme eine Aldolkondensation in Betracht.

(E) Zu der gezeigten Struktur existiert kein Enantiomer, wohl aber ein Diastereomer.

(F) Bei einer Reduktion der Verbindung mit $NaBH_4$ ist die Bildung eines Racemats zu erwarten.

Aufgabe 75

Gitogenin gehört zu den sogenannten Steroid-Saponinen, die als Ausgangsmaterial für eine Reihe von kommerziell hergestellten Steroiden dienen.

Welche Aussage zu dieser Verbindung ist falsch?

(A) Die Verbindung könnte unter Säurekatalyse zu einem Trien dehydratisiert werden.

(B) Durch schwefelsaure $Cr_2O_7^{2-}$- Lösung wird Gitogenin zu einem Triketon oxidiert.

(C) Die Verbindung kann als Aglykon aus einem Glykosid entstehen.

(D) Durch eine basische Hydrolyse werden zwei der insgesamt sechs Ringe geöffnet.

(E) Durch eine Reaktion mit Methanal (Formaldehyd) unter H^+-Katalyse könnte es zur Ausbildung eines weiteren Ringes kommen.

(F) Gibt man zu einer Lösung der Verbindung etwas Brom-Lösung, so verschwindet die braune Farbe des Broms nicht.

Aufgabe 76

Methenolon-Acetat (17β-Acetoxy-1-methyl-5α-androst-1-en-3-on) gehört zu der Gruppe anaboler Steroide, die gerne zu Dopingzwecken missbraucht werden, da sie sich oral applizieren
lassen und hohe anabole Wirksamkeit aufweisen. Bei der Untersuchung der Biotransformation dieser Verbindung im Organismus wurden u. a. folgende Verbindungen gefunden:

Welche Aussage zu den gezeigten Metaboliten ist falsch?

(A)   Die Umwandlung von **1** in **2** ist eine Oxidation.

(B)   Die Umwandlung von **2** in **3** ist eine Hydroxylierung.

(C)   Alle Verbindungen außer **4** sind α,β-ungesättigte Carbonylverbindungen.

(D)   Die Umwandlung von **5** in **6** erfordert eine Reduktion.

(E)   Die Verbindungen **3**, **4** und **6** sind Isomere.

(F)   Die Verbindung **1** (1-Methyl-5α-androst-1-en-17β-ol-3-on) entsteht aus Methenolon-
       Acetat (17β-Acetoxy-1-methyl-5α-androst-1-en-3-on) durch eine Hydrolyse.

Aufgabe 77

Die Verbindung Patulin zählt zu den Mykotoxinen; sie wird von einigen Pilzen der *Penicillium*- und *Aspergillus*-Arten gebildet. *P. expansum* ist die
Hauptursache der Fäulnis von Äpfeln und vielen anderen Früchten und Ge-
müsen. Daher wird Patulin meist in Obst und Gemüse gefunden, wobei besonders braunfaule Äpfel dieses Toxin enthalten können. Aber auch andere
Lebensmittel, wie Brot und Fleischprodukte, bieten diesen Pilzen gute
Wachstumsbedingungen und können daher Patulin enthalten.

Anders als die meisten anderen Mykotoxine wird Patulin durch längeres Kochen, beim Vergä-
ren von Fruchtsäften oder durch Bakterien abgebaut. Die Gesundheitsgefährdung durch Patulin wird daher im Vergleich zu anderen Mykotoxinen als eher gering erachtet.

Welche Aussage zu der gezeigten Verbindung ist falsch?

(A) Patulin enthält zwei E-konfigurierte Doppelbindungen.

(B) Patulin ist ein cyclisches Halbacetal.

(C) Patulin wird leicht oxidiert.

(D) Die Verbindung ist planar.

(E) Bei einer Hydrolyse von Patulin entsteht eine Verbindung, die einem Keto-Enol-Gleichgewicht unterliegt.

(F) Patulin kann als Paar von Enantiomeren vorliegen.

Aufgabe 78

Chemotherapien und Zytostatika sollen bei der Krebsbehandlung ein Selbstmordprogramm der Tumorzellen auslösen. Einer neuen Untersuchung an der Universität Ulm zufolge kann das Polyphenol-Derivat Resveratrol, das in Rotwein vorkommt, die Tumorzellen für eine Therapie wieder zugänglich machen. Der Verbindung wird bislang v. a. eine vorbeugende Wirkung gegen Herz-Kreislauf-Erkrankungen nachgesagt. Jetzt wurde herausgefunden, dass Resveratrol auch das Apoptose-hemmende Protein Survivin blockiert und dass es rascher zum Selbstmord von Krebszellen kommt, wenn man den Stoff zusammen mit Zytostatika verabreicht. Diese Befunde wecken nun Hoffnungen auf neue Kombinationstherapien gegen Krebs.

Welche Aussage zum Resveratrol ist falsch?

(A) Resveratrol kann mehrfach acyliert werden.

(B) Die Verbindung zeigt in wässriger Lösung schwach saure Eigenschaften.

(C) Resveratrol weist nur sp^2-hybridisierte C-Atome auf.

(D) *Trans*-Resveratrol steht bei Raumtemperatur im Gleichgewicht mit der entsprechenden *cis*-Verbindung.

(E) Resveratrol kann nach zwei unterschiedlichen Mechanismen mit Brom reagieren.

(F) Resveratrol kommt als Aglykon in verschiedenen Glykosiden in Frage.

Aufgabe 79

Frisch gepresstes Olivenöl enthält, wie vor einigen Jahren in *Nature* zu lesen (437 (2005) 45–46), die Verbindung Oleocanthal **1**. Diese verursacht ein Brennen im Hals, ähnlich wie der seit langem bekannte und eingesetzte Wirkstoff Ibuprofen **2**. Letzterer hemmt bekanntlich die Cyclooxygenase-Enzyme COX-1 und COX-2 unspezifisch, nicht aber die Lipoxygenase, die bei Entzündungsreaktionen entlang des Arachidonsäure-Pfades eingreift. Oleocanthal hemmt ebenso wie Ibuprofen die COX-Enzyme im Stoffwechsel, zeigt aber *in vitro* keinen Effekt auf die Lipoxygenase. Damit könnte eine mögliche Erklärung für die gesundheitsfördernde Wirkung einer „mediterranen" Diät mit viel Olivenöl gefunden sein.

(–)-Oleocanthal **1**   Ibuprofen **2**

Welche Aussage zu den beiden Verbindungen ist richtig?

(A)   Die beiden Verbindungen können als Phenole bezeichnet werden.

(B)   Oleocanthal kann durch Oxidation und nachfolgende Hydrolyse zu einer Tricarbonsäure umgesetzt werden.

(C)   Oleocanthal besitzt in wässriger Lösung stärker sauren Charakter als Ibuprofen.

(D)   Nur eine der beiden Verbindungen ist chiral.

(E)   Die beiden Verbindungen enthalten jeweils eine hydrolysierbare Bindung.

(F)   Beide Verbindungen reagieren leicht unter Addition von Brom.

Aufgabe 80

Der nachfolgend gezeigte Naturstoff gehört zu einer Gruppe von Zimtsäure-Derivaten, die aus der sogenannten Kandelaber-Silberkerze isoliert wurden.

Welche der folgenden Aussagen trifft nicht zu?

(A)   Die Verbindung ist ein β-Glykosid.

(B)   Ein Bestandteil der Verbindung ist das Tyramin, das Decarboxylierungsprodukt der Aminosäure Tyrosin.

(C)   Die Verbindung kann nach zwei verschiedenen Mechanismen mit Brom reagieren.

(D)   Die zentrale C=C-Doppelbindung könnte durch Aldolkondensation geknüpft werden.

(E)   Eine saure Hydrolyse der Verbindung liefert u. a. Glucose.

(F)   Die Verbindung ist ein Amid eines sogenannten biogenen Amins.

Aufgabe 81

Die Bildung neuer Blutgefäße – Angiogenese oder Neovascularisation – ist nicht nur von fundamentaler Bedeutung für Embryonalentwicklung und Wundheilung, sondern auch für pathologische Prozesse, wie z. B. Tumorwachstum und Tumormetastasierung. Aus diesen Gründen hat sich die Angiogenese zu einem attraktiven Ansatzpunkt bei der Behandlung bösartiger Krankheiten entwickelt. Eine vielversprechende Strategie die Bildung neuer Blutgefäße zu inhibieren ist die Blockierung der Biosynthese angiogenese-relevanter Enzyme und Proteine, wie z. B. Serin- und Matrixmetallo-Proteinasen, die für den Abbau der die Gefäße umgebenden Basalmembran verantwortlich sind. Es konnte gezeigt werden, dass der Pilzmetabolit Fumagillin die Ets-1 Expression drastisch reduziert. Sein synthetisches Analogon TNP-470 war der erste antiangiogene Wirkstoff, der in klinischen Studien angewendet wurde.

Fumagillin

TNP-470

Welche Aussage zum Fumagillin ist falsch?

(A) Fumagillin enthält dreimal die funktionelle Gruppe eines Ethers.

(B) Fumagillin besitzt ein ausgedehntes delokalisiertes π-Elektronensystem.

(C) Bei einer Hydrolyse der Verbindung entsteht eine mehrfach ungesättigte Dicarbonsäure.

(D) Fumagillin ist ein Glykosid.

(E) Eine der Doppelbindungen kann nicht durch die Z/E-Klassifikation beschrieben werden.

(F) Bei einer Synthese von Fumagillin bzw. TNP-470 könnte man von dem gleichen Alkohol ausgehen.

Aufgabe 82

Azithromycin (Handelsname Zithromax®) gehört zur Gruppe der sogenannten Makrolid-Antibiotika. Azithromycin wird gegen bestimmte bakterielle Infektionen, wie Bronchitis, Lungenentzündung und sexuell übertragbare Krankheiten eingesetzt. Wie alle Vertreter dieser Klasse von Antibiotika weist es eine sehr komplizierte Struktur mit zahlreichen Chiralitätszentren auf.

Welche Aussage zum dem gezeigten Antibiotikum ist falsch?

(A) Von den 15 Ringatomen, die den Makrocyclus bilden, sind 10 Chiralitätszentren.

(B) Von den im Molekül vorhandenen OH-Gruppen können genau drei oxidiert werden.

(C) Hydrolysiert man die gezeigte Verbindung in basischer wässriger Lösung, so erhält man nur ein (organisches) Reaktionsprodukt.

(D) Eine Hydrolyse unter sauren Bedingungen liefert dagegen zwei Reaktionsprodukte.

(E) Azithromycin enthält zwei tertiäre Aminogruppen.

(F) Die Reaktion, die zum Ringschluss des 15-gliedrigen Ringes führen kann, kann man als intramolekulare Acylierung eines sekundären Alkohols bezeichnen.

Aufgabe 83

Die schwefelhaltige Verbindung Isoalliin ist ein schwefelhaltiger Inhalts-stoff der Speisezwiebel (*Allium cepa*); er ist für den typischen Geruch und die Tränenreizung, z. B. beim Aufschneiden einer Zwiebel, verant-wortlich. Vermutlich dient die Verbindung als Abwehrstoff gegen Fress-feinde im Tierreich und Krankheitserreger.

Welche Aussage trifft zu?

(A) Die Doppelbindung ist Z-konfiguriert.

(B) Isoalliin enthält ein (S)-konfiguriertes stereogenes Zentrum.

(C) Die Verbindung ist ein Sulfonamid.

(D) Es handelt sich um ein Thiol.

(E) Die Formel zeigt eine heterocyclische Verbindung.

(F) Isoalliin liegt überwiegend in einer zwitterionischen Struktur vor.

Aufgabe 84

1992 entdeckten der tschechische Physiologe J. Vesely und der französische Biologe L. Meijer die Verbindung Olomou-cin, die nach der nordmährischen Stadt Olomouc (Olmütz) benannt wurde. Die Wissenschaftler untersuchten Substan-zen, die das Wachstum von Pflanzen stimulierten und stießen dabei auf das Olomoucin, eine Substanz mit genau dem ge-genteiligen Effekt. Die Verbindung erwies sich als potenter Inhibitor Cyclin-abhängiger Kinasen, die sich aus einer Kompetition um die ATP-Bindungs-stelle der Enzyme ergibt. Diese Spezifität gegenüber an der Regulation des Zellzyklus betei-ligten Enzymen erweckte Hoffnungen, dass Olomoucin als Anti-Krebsmedikament geeignet sein könnte.

Welche Aussage zum Olomoucin ist falsch?

(A) Die Verbindung ist ein Purin-Derivat.

(B) Olomoucin weist mehrere basische Gruppen auf.

(C) Die Verbindung besitzt ein Chiralitätszentrum und ist somit chiral.

(D) Olomoucin kann mit einem Monosaccharid wie Ribose sowohl eine *N*- als auch eine *O*-glykosidische Bindung ausbilden.

(E) Eines der C-Atome im Olomoucin liegt in seiner höchstmöglichen Oxidationsstufe vor.

(F) Olomoucin kann als substituiertes Ethanolamin aufgefasst werden.

Aufgabe 85

Die Fusarien sind eine Gruppe von wenig spezialisierten Krankheitserregern an Kulturpflanzen, insbesondere an allen Getreidearten. Die bedeutendsten Mykotoxine im Getreideanbau sind heute Deoxynivalenol und Nivalenol aus der Gruppe der Typ B Trichothecene, wobei Deoxynivalenol wahrscheinlich das am häufigsten vorkommende Mykotoxin in Nahrungs- und Futtermitteln ist. Beide Toxine werden vor allem durch *F. graminearum*, daneben auch durch *F. culmorum* und *F. crookwellense* gebildet. Nivalenol kommt weniger häufig in Getreide vor als Deoxynivalenol; gleichzeitig weiß man viel weniger über die Toxizität von Nivalenol.

Die Trichothecene sind starke Hemmstoffe der Proteinsynthese. Allgemein wirken Trichothecen daher zellschädigend. Sie sind nicht erbschädigend; die häufigsten Substanzen wie Nivalenol und Deoxynivalenol sind durch die International Agency for Research in Cancer (IARC) als nicht krebserzeugend eingestuft. Trichothecene sind hauttoxisch und greifen zunächst den Verdauungstrakt an, aber auch das Nervensystem und die Blutbildung werden beeinträchtigt. Außerdem stören sie das Immunsystem und führen dadurch zu erhöhter Anfälligkeit gegenüber Infektionskrankheiten. Beim Menschen sind Erbrechen, Durchfall und Hautreaktionen die häufigsten Beschwerden bei Aufnahme von Trichothecenen durch die Nahrung.

Welche der folgenden Aussagen zur Verbindung Nivalenol ist falsch?

(A) Nivalenol könnte zu einer Tetraoxocarbonsäure oxidiert werden.

(B) Sechsring und Fünfring im Nivalenol sind *cis*-verknüpft.

(C) Nivalenol enthält einen Epoxidring.

(D) Bei einer Reduktion der Verbindung kann ein zusätzliches Chiralitätszentrum entstehen.

(E) Die Verbindung zeigt keine ausgeprägt sauren oder basischen Eigenschaften.

(F) Die beiden Ethergruppen im Molekül besitzen sehr ähnliche Reaktivität.

Aufgabe 86

Zubereitungen aus den Wurzeln der im Süden Afrikas heimischen Teufelskralle *Harpagophytum procumbens* und *Harpagophytum zeyheri* werden entzündungshemmende und schmerzlindernde Eigenschaften zugeschrieben. Sie werden zur Behandlung von Schmerzen bei Verschleißerkrankungen des Bewegungsapparates (z. B. Arthrosen), Rückenschmerzen und Verdauungsstörungen eingesetzt. Charakteristische Inhaltsstoffe sind Iridoide wie die oben gezeigte Verbindung mit dem Namen Harpagosid.

Welche der folgenden Aussagen trifft nicht zu?

(A)   Die Verbindung kann als β-Glucosid bezeichnet werden.

(B)   Eine säurekatalysierte Hydrolyse von Harpagosid liefert drei Produkte.

(C)   Es wäre prinzipiell möglich, die Verbindung in einer Lösung nach der Methode „Iodzahlbestimmung" zu quantifizieren.

(D)   Harpagosid ist ein Derivat der Phenylessigsäure.

(E)   Mit Methanal könnte ein cyclisches Vollacetal gebildet werden.

(F)   Harpagosid weist primäre, sekundäre und tertiäre Hydroxygruppen auf.

Aufgabe 87

Forscher vom Max-Planck-Institut für molekulare Physiologie in Dortmund haben gemeinsam mit Kollegen aus Berlin und Leeds herausgefunden, dass das nebenstehende Molekül (Englerin-A) die Calciumkonzentration in den Zellen stark erhöht. Englerin-A aktiviert dabei ausschließlich Calciumkanäle von Nierenkrebszellen, nicht jedoch von gesunden Zellen.

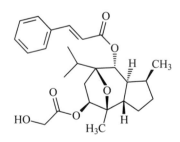

Welche der folgenden Aussagen ist falsch?

(A)   Die Verbindung weist sieben Chiralitätszentren auf.

(B)   Es handelt sich um einen Ester der 3-Phenylpropensäure.

(C)   Bei einer Hydrolyse von Englerin A entsteht u. a. eine substituierte Essigsäure.

(D)   Englerin A weist die funktionelle Gruppe eines Vollacetals auf.

(E)   Für die Verbindung ist eine geringe Löslichkeit in Wasser und annähernd neutrales Verhalten zu erwarten.

(F)   Es liegen zwei *trans*-verknüpfte Ringe und eine *E*-konfigurierte Doppelbindung vor.

Aufgabe 88

Colchicin ist ein toxisches Alkaloid aus der Gruppe der Colchicin-Alkaloide; es ist nach der Herbstzeitlose (*Colchicum autumnale*) benannt und gilt als erbgutverändernd. Colchicin ist ein sogenannter Mitose-Hemmstoff, der die Ausbildung der Spindelfasern hemmt, indem er an freie Mikrotubuli-Untereinheiten bindet und diese nicht mehr für den Spindelfaseraufbau zur Verfügung stehen.

Welche der folgenden Aussagen trifft zu?

(A) Die Verbindung kann als Carbonsäureester bezeichnet werden.

(B) Colchicin weist drei Methoxygruppen auf.

(C) Es existieren mehrere hydrolysierbare Gruppen, so dass das Molekül durch Versetzen mit verdünnter Säure mehrfach gespalten wird.

(D) Es ist das (*R*)-Enantiomer des Colchicins gezeigt.

(E) Behandelt man die Verbindung mit einem Reduktionsmittel wie NaBH₄, erhält man ein Paar von Diastereomeren.

(F) Es handelt sich um ein Diketon.

Aufgabe 89

Die nebenstehend gezeigte Verbindung Enalapril kommt bei der Bekämpfung von Bluthochdruck zum Einsatz. Dabei hemmt ein Metabolit der Verbindung das Angiotensin I-konvertierende Enzym.

Welche Aussage zur gezeigten Verbindung ist falsch?

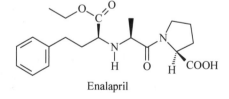

Enalapril

(A) Bei einer sauren Hydrolyse von Enanapril entsteht Ethanol.

(B) Bei neutralem pH-Wert liegt die Verbindung bevorzugt als Kation vor.

(C) Zusätzlich zu dem gezeigten Stereoisomer existieren zu der Verbindung prinzipiell noch sieben weitere Stereoisomere.

(D) Setzt man die Verbindung mit Essigsäurechlorid um, so erhält man das *N*-Acetyl-Derivat von Enanapril.

(E) Die Verbindung reagiert mit einer wässrigen NaHCO₃-Lösung.

(F) Bei einer Hydrolyse der Verbindung erhält man u. a. die Aminosäure Prolin.

Aufgabe 90

Die Verbindung Carbazolol (4-(2-Hydroxy-3-isopropyl-aminopropoxy)carbazol) wird in der Veterinärmedizin als β-Blocker für Schweine verwendet, zur Stressminderung auf dem Weg zum Schlachthof und zur Verhinderung eines stressbedingten beschleunigten Glykogenstoffwechsels, der zur Bildung von sogenanntem „PSE-Fleisch" („pale, soft, exudative" – also „blass, weich, wässrig") führt.

Welche der folgenden Aussagen zu dieser Verbindung ist falsch?

(A) Carbazolol besitzt ein heterocyclisches aromatisches Ringsystem.

(B) Bei Reaktion mit Essigsäureanhydrid kann ein dreifach acetyliertes Produkt entstehen.

(C) Die Verbindung zeigt basische Eigenschaften.

(D) Die Verbindung wird sehr leicht hydrolysiert.

(E) Durch Einführung einer Sulfonsäuregruppe in das aromatische System könnte die Wasserlöslichkeit der Verbindung noch verbessert werden.

(F) Die Verbindung besitzt ein Chiralitätszentrum.

Aufgabe 91

Die nebenstehende Verbindung mit dem Namen Fentanyl wurde erstmals in den späten 50er-Jahren des vergangenen Jahrhunderts in Belgien hergestellt und unter dem Markennamen Sublimaze® in die medizinische Praxis eingeführt. Es handelt sich um eine sehr stark analgetisch wirksame Substanz, die in der schmerzstillenden Wirkung sogar das Morphin etwa 80-fach übertrifft. Ab den 1970er-Jahren kam es auch vermehrt zu illegalem Gebrauch dieser Verbindungen in der Drogenszene, da die Fentanyle analoge biologische Effekte zeigen, wie Heroin.

Welche Aussage zum Fentanyl ist falsch?

(A) Die Verbindung kann unter energischen Bedingungen hydrolysiert werden.

(B) Man kann die Verbindung als Acylderivat eines aromatischen Amins bezeichnen.

(C) Die Verbindung enthält zwei tertiäre Aminogruppen.

(D) Die Verbindung enthält das heterocyclische Ringsystem des Piperidins.

(E) Die Verbindung zeigt basische Eigenschaften.

(F) Eine elektrophile Addition von Brom ist nicht zu erwarten.

Aufgabe 92

Gestrinon kann in das „Designer-Steroid" Tetrahydrogestrinon umgewandelt werden, das vor einigen Jahren von Forschern des Dopingkontroll-Labors der Universität von Californien nachgewiesen worden ist. Tetrahydrogestrinon wurde speziell zu Dopingzwecken entwickelt; medizinische Wirkungen sind nicht bekannt. Es wird angenommen, dass die Wirkungen mit denjenigen von Gestrinon vergleichbar sind und es keine bis kaum anabole Wirkung zeigt. In Kombination mit dem nicht nachweisbaren Wachstumshormon Somatotropin soll jedoch eine schnellere Regeneration erzielt werden können.

Gestrinon

Tetrahydrogestrinon

Welche Aussage ist falsch?

(A)   Gestrinon enthält ein konjugiertes π-Elektronensystem.

(B)   Gestrinon kann durch ein geeignetes Enzym in Anwesenheit von NADH/H$^+$ als Coenzym zu einem sekundären Alkohol reduziert werden.

(C)   Die Umwandlung in Tetrahydrogestrinon erfordert vier Mol Wasserstoffgas pro Mol Gestrinon.

(D)   Es ist ein selektiver Katalysator notwendig, um die Hydrierung von Gestrinon zu Tetrahydrogestrinon zu bewerkstelligen.

(E)   Gestrinon kann nicht zu einem Diketon oxidiert werden.

(F)   Eine Addition von Wasser unter H$^+$-Katalyse an Gestrinon könnte zu einem Enol führen, welches zur entsprechenden Keto-Verbindung tautomerisiert.

Aufgabe 93

Die Substanz Lisinopril ist ein Therapeutikum für Herz-Kreislauf-Erkrankungen; es wird eingesetzt gegen Bluthochdruck und Herzversagen. Herzleistung und Blutdruck werden laufend durch ein kompliziertes System aus verschiedenen Botenstoffen und Nervensignalen den Bedürfnissen des Körpers angepasst. Einer der Botenstoffe, die an der normalen Blutdruckeinstellung im Körper beteiligt sind, ist das Hormon Angiotensin II. Es erhöht den Blutdruck durch eine Verengung der Blutgefäße. Gleichzeitig regt es in der Nebenniere die Bildung des Hormons Aldosteron an. Lisinopril blockiert das Angiotensin-Converting Enzyme, kurz ACE genannt. Durch diese Blockade wird weniger Angiotensin gebildet. In der Folge erweitern sich die Gefäße, das Herz wird entlastet und der Blutdruck sinkt.

Welche der folgenden Aussagen ist richtig?

(A)   Lisinopril enthält drei proteinogene Aminosäuren.

(B)   Lisinopril kann insgesamt in Form von acht verschiedenen Stereoisomeren vorliegen.

(C)   Lisinopril enthält die funktionelle Gruppe eines sekundären Amids.

(D)   Lisinopril sollte bei pH-Wert 7 etwa zwei negative Nettoladungen aufweisen.

(E)   Lisinopril addiert leicht ein Molekül Brom.

(F)   Lisinopril ist ein Derivat der Benzoesäure.

Aufgabe 94

Nichtsteroidale entzündungshemmende Substanzen (NSAIDs) wie Sulindac und das nebenstehend gezeigte Indomethacin sind schon lange als Wirkstoffe zur Behandlung von Schmerzen und Entzündungen bekannt. Ihre Wirkung ist auf die Fähigkeit, die enzymatische Aktivität von Cyclooxygenasen (COX) zu inhibieren, zurückzuführen. Es konnte gezeigt werden, dass NSAIDs einen abwehrenden Effekt gegen Darmkrebs und Herz-Kreislauf-Erkrankungen besitzen.

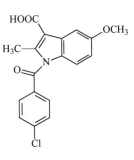

Welche der folgenden Aussagen ist falsch?

(A)   Indomethacin ist ein Derivat der 4-Chlorbenzoesäure.

(B)   Die Verbindung besitzt ein substituiertes Indol-Ringsystem.

(C)   Indomethacin wird in verdünnter wässriger Säure nur langsam hydrolysiert.

(D)   Indomethacin besitzt neben einer sauren auch eine basische Gruppe.

(E)   Indomethacin reagiert mit NH_3 unter Bildung eines Salzes.

(F)   Die Verbindung besitzt einen *para*-disubstituierten Benzolring.

Aufgabe 95

Sulpirid nimmt eine Zwischenstellung zwischen den Neuroleptika und den Antidepressiva ein, da es sowohl neuroleptische als auch antidepressive Eigenschaften besitzt. Es greift modulierend in das gestörte Botenstoffsystem ein und wirkt sowohl gegen Halluzinationen und Verfolgungswahn als auch gegen Antriebslosigkeit, sozialen Rückzug und Depressionen. Sulpirid gehört zu den modernen, atypischen Neuroleptika. Unerwünschte Störungen im Bewegungsablauf des Körpers, wie Zittern und Krämpfe, wie sie bei den klassischen Neuroleptika auftreten, kommen bei der Behandlung mit Sulpirid seltener vor.

Welche der folgenden Aussagen ist falsch?

(A) Die Verbindung gehört zur Substanzklasse der Sulfonamide.

(B) Sulpirid besitzt eine basisch reagierende Gruppe.

(C) In der Verbindung kommt das heterocyclische Pyrrol-Ringsystem vor.

(D) Bei einer Hydrolyse der Verbindung erhält man ein Derivat der Salicylsäure.

(E) Aus der gezeigten Verbindung kann Ammoniak freigesetzt werden.

(F) Sulpirid ist eine chirale Verbindung.

Aufgabe 96

Das Präparat Lysthenon ist ein kurzwirkendes depolarisierendes peripheres Muskelrelaxans; es bewirkt eine periphere Lähmung der quergestreiften Muskulatur, die nach i. v. Injektion binnen einer Minute eintritt und binnen 8–10 Minuten abklingt. Lysthenon zeigt wesentlich geringere muskarinartige Wirkungen als Acetylcholin. Wie dieses bewirkt es eine Depolarisation der Muskelzellmembran. Es wird nicht durch die Acetylcholinesterase des Gewebes, sondern durch die Serumcholinesterase inaktiviert. Daher bleibt die Depolarisation und somit die Unerregbarkeit gegen Nervenimpulse so lange bestehen, bis Lysthenon infolge Abfalls seiner Serumkonzentration aus dem Gewebe abdiffundiert. Durch Dauerinfusion oder wiederholte Injektion kann eine Dauerrelaxation erzielt werden, deren Stärke den Erfordernissen bei einer Operation rasch angepasst werden kann.

Welche Aussage zur abgebildeten Verbindung trifft nicht zu?

(A) Sie ist ein quartäres Ammoniumsalz.

(B) Sie ist ein Diester der Bernsteinsäure (Butandisäure).

(C) Wird die Verbindung hydrolysiert, so erhält man Cholin.

(D) Bei der alkalischen Verseifung von einem Mol der abgebildeten Verbindung werden zwei Mol NaOH verbraucht.

(E) Die Verbindung ist ein Diacylglycerol.

(F) Die Verbindung ist trotz der beiden positiven Ladungen stabil.

Aufgabe 97

Nelfinavir (Handelsname Viracept®), 1997 von der FDA zu Therapiezwecken zugelassen, gehört zur Klasse der antiretroviralen Substanzen, die Protease-Inhibitoren genannt werden. Die Wirkungsweise dieser Substanzen besteht in der Hemmung eines viruseigenen Enzyms, der HIV-Protease. Die Verbindung verhindert die Spaltung des viralen *gag-pol*-Proteins.

Dies führt zu unreifen, nicht-infektiösen Viren und verhindert deshalb bei HIV-infizierten Personen neue Infektionszyklen. Zwischen den einzelnen Protease-Inhibitoren besteht eine weitgehende Kreuzresistenz; d. h. gegen Viren, die auf die eine Substanz unempfindlich geworden sind, wirken auch die anderen Medikamente dieser Substanzklasse nicht mehr, oder zumindest nicht mehr zuverlässig.

Welche der folgenden Aussagen trifft zu?

(A)   Die Verbindung enthält drei basische Gruppen.

(B)   Die Verbindung reagiert mit HCO_3^- unter stürmischer Freisetzung von CO_2.

(C)   Bei einer Hydrolyse der Verbindung erhält man eine sauer und eine basisch reagierende Verbindung.

(D)   Die Verbindung enthält die funktionelle Gruppe eines Thiols.

(E)   Die Verbindung kann nicht ohne Zerstörung des Kohlenstoffgerüstes oxidiert werden.

(F)   Mit Aldehyden kann die Verbindung zu einem Imin reagieren.

Aufgabe 98

Ganciclovir ist ein synthetisches Nucleosid-Analogon mit enger chemischer Verwandtschaft zum Aciclovir (ZOVIRAX). Ganciclovir hemmt *in vitro* (in Zellkulturen) verschiedene Viren der Herpes-Gruppe bereits bei Konzentrationen, die deutlich unter den *in vivo* erreichbaren Spiegeln liegen. Intrazellulär wird Ganciclovir zunächst durch zelluläre Kinasen in das entsprechende Triphosphat umgewandelt. Dieses wird in die DNA der Zelle anstelle des physiologischen Substrates eingebaut und bewirkt eine Hemmung der DNA-Replikation. Zum Anwendungsspektrum des Ganciclovir gehören neben Zytomegalie-Viren auch die Herpes simplex-Viren Typ 1 und 2 sowie das Epstein-Barr- und das Varizella-Zoster-Virus.

Welche Aussage zu der Verbindung Ganciclovir ist richtig?

(A)   Die Verbindung ist ein Pyridin-Derivat.

(B)   Die höchste Oxidationsstufe eines C-Atoms im Ganciclovir ist +3.

(C)   Die Verbindung ist ein Keton.

(D)   Ganciclovir gibt in wässriger Lösung zwei Protonen ab und reagiert zu einem Dianion.

(E)   Ganciclovir kann als Monoether des Glycerols bezeichnet werden.

(F)   Bei der Umwandlung von Ganciclovir in das Ganciclovirmonophosphat entsteht ein Phosphorsäureanhydrid.

Aufgabe 99

Die HMG-CoA-Reduktase ist das geschwindigkeitsbestimmende Enzym der Cholesterol-Biosynthese; dementsprechend spielt die Regulation dieses Enzyms im Stoffwechsel eine wichtige Rolle. Eine Möglichkeit zur Behandlung einer Hypercholesterolämie besteht daher in der Gabe kompetitiver Inhibitoren der HMG-CoA-Reduktase. Ein derartiger Inhibitor ist das Lovostatin, ein Produkt aus Pilzen, dessen Wirkung auf seiner Ähnlichkeit eines Strukturteils mit dem Mevalonat, dem Substrat der HMG-CoA-Reduktase, beruht.

Welche der folgenden Aussagen zu den beiden gezeigten Verbindungen ist falsch?

(A) Beide Verbindungen können eine säurekatalysierte Ringschlussreaktion eingehen.

(B) Die beiden Verbindungen sind chiral.

(C) Eine der beiden Verbindungen kann hydrolytisch gespalten werden.

(D) Beide Verbindungen liefern bei einer Oxidation eine oder mehrere Ketogruppen.

(E) Lovostatin reagiert in Anwesenheit von Raney-Nickel mit Wasserstoff.

(F) Lovostatin enthält sechs sp^2-hybridisierte C-Atome.

Aufgabe 100

Das Hormon Adrenalin und der pharmazeutische Wirkstoff Clenbuterol haben eine ähnliche chemische Struktur. Clenbuterol ist während einer der letzten Olympiaden als Dopingmittel bekannt geworden. Es ist aber auch bei Tierärzten bekannt, denn es zeigt ebenso gute Ergebnisse bei der Kälbermast wie beim Muskelaufbau von Sportlern.

Welche Aussage zu den beiden Verbindungen ist falsch?

(A) Beide Verbindungen enthalten die funktionelle Gruppe eines sekundären Amins.

(B) Beide Verbindungen enthalten die funktionelle Gruppe eines sekundären Alkohols.

(C) Beide Verbindungen sind zu Ketonen oxidierbar.

(D) Beide Verbindungen weisen eine hydrolysierbare Bindung auf.

(E) Beide Verbindungen sind mehrfach acetylierbar.

(F) Beide Verbindungen enthalten ein Chiralitätszentrum.

Aufgabe 101

Eine vermehrte Ablagerung von Cholesterol und Fetten an den Wänden der Blutgefäße (häufig als Arteriosklerose bezeichnet) verringert den Blutfluss und damit die Sauerstoffversorgung für Herz, Gehirn und andere Organe. Häufig wird daher angestrebt, erhöhte Werte von Cholesterol und Fetten medikamentös zu senken, um die Gefahr von Herzkrankheiten zu verringern. Eine Behandlung mit Statinen ist eine der Hauptinterventionen bei Patienten mit Herz-Kreislauf-Erkrankungen. Wie in kontrollierten Vergleichsstudien wiederholt gezeigt wurde, haben Statine bei Patienten mehrere Effekte. Offenbar senken sie nicht nur den Cholesterolspiegel, sondern beeinflussen beispielsweise auch die Gerinnungsfähigkeit des Blutes. Zudem können sie entzündungshemmend wirken.

Die gezeigte Verbindung Atorvastatin gehört zu den sogenannten HMG-CoA Reduktase-Inhibitoren und trägt zu einer Senkung der körpereigenen Cholesterolproduktion bei. Eine vom Atorvastatin-Hersteller Pfizer reklamierte Überlegenheit des Präparats gegenüber anderen Statinen wurde in einer Studie des Instituts für Qualität und Wirtschaftlichkeit im Gesundheitswesen (IQWiG) jedoch nicht bestätigt.

Welche Aussage zur Verbindung Atorvastatin ist richtig?

(A)   Bei neutralen pH-Werten liegt die Verbindung als Zwitterion vor, da sowohl eine saure als auch eine basische Gruppe vorhanden ist.

(B)   Die Verbindung ist ein mehrfach substituiertes Pyridin-Derivat.

(C)   Die Verbindung enthält zwei Chiralitätszentren mit (S)-Konfiguration.

(D)   Mit Methanal kann die Verbindung zu einem cyclischen Acetal reagieren.

(E)   Atorvastatin wird in verdünnter wässriger Säure leicht unter Freisetzung von Anilin hydrolysiert.

(F)   Die Verbindung ist nur unter gleichzeitiger Zerstörung des Kohlenstoffgerüsts oxidierbar.

Aufgabe 102

Ofloxacin gehört ebenso wie Ciprofloxacin zu einer Klasse von synthetischen Antibiotika, die als Fluoroquinolone bezeichnet werden und inzwischen seit ca. 20 Jahren im Einsatz sind. Die Wirkung von Ofloxacin beruht auf der Hemmung der bakteriellen DNA-Gyrase sowie der DNA Topoisomerase IV. Im Vergleich zu den älteren verwandten Derivaten betragen die minimalen Hemmkonzentrationen oftmals nur ein Hundertstel oder weniger. Neben *Staphylokokken*, *Streptokokken*, *Neisseria gonorrhoeae*, *Hämophilus influenza*, *E. coli* und anderen Enterobakterien gehören auch „Problemkeime" wie *Proteus spez.* oder *Pseudomonas aeruginosa* zum Spektrum der Anwendung von Ofloxacin.

Ofloxacin

Ciprofloxacin

Welche Aussage zu den beiden gezeigten Verbindungen ist falsch?

(A) Beide Verbindungen können als β-Ketocarbonsäuren bezeichnet werden.

(B) Ciprofloxacin besitzt zwei aromatische Aminogruppen.

(C) Ofloxacin kann als cyclischer Ether bezeichnet werden.

(D) Man kann erwarten, dass beide Verbindungen bei neutralem pH-Wert überwiegend als Zwitterionen vorliegen.

(E) Die beiden Verbindungen sind chiral.

(F) Die beiden N-Atome, die sich im gleichen Sechsring befinden, weisen jeweils deutlich unterschiedliche Basizität auf.

Aufgabe 103

Die Verbindung Meloxicam ist ein relativ neuer nicht-steroidaler Entzündungshemmer. Im Gegensatz zu anderen derartigen bislang erhältlichen Verbindungen soll Meloxicam eine stärkere Hemmwirkung auf das induzierbare Isomer des Enzyms Cyclooxygenase (welches an entzündlichen Reaktionen beteiligt ist) ausüben als auf das konstitutive Isomer, dessen Hemmung unerwünschte Nebenwirkungen hervorruft. Im Jahr 2000 wurde die Verbindung von der FDA als Mittel zur Behandlung rheumatoider Arthritis zugelassen.

Welche Aussage zur Verbindung Meloxicam ist falsch?

(A) Die gezeigte Verbindung liegt in der Enolform vor.

(B) Es handelt sich um ein cyclisches Sulfonsäureamid.

(C) Die Verbindung enthält einen Imidazolring.

(D) Meloxicam enthält zwei hydrolysierbare Bindungen.

(E) Der Fünfring in Meloxicam besitzt aromatischen Charakter.

(F) Die Verbindung kann in eine aromatische Sulfonsäure umgewandelt werden.

Aufgabe 104

Losartan ist der erste Angiotensin-Antagonist, der
oral verabreicht werden kann. Losartan blockiert
die Angiotensin-Rezeptoren selektiv, kompetitiv
und ohne agonistische Aktivität. Das Medikament
geht nur mit einem der zwei zur Zeit bekannten
Angiotensin II-Rezeptoren (AT$_1$) eine Bindung
ein. Dies bewirkt, dass alle wesentlichen biologischen Wirkungen von Angiotensin II, die zur
Entstehung einer Hypertonie beitragen können,
hochspezifisch antagonisiert werden. Unter Losartan steigen die Plasma-Renin-Aktivität und die
Angiotensin II-Spiegel im Plasma an.

Losartan, bisher nur zur Behandlung der Hypertonie zugelassen, ist auch bei Kranken mit
Herzinsuffizienz untersucht worden. In der sogenannten LIFE-Studie (LIFE steht für „*Losartan Intervention For Endpoint Reduction in Hypertension*" (Losartan-Therapie zur Reduktion des Risikos von Bluthochdruck-bedingten Folgeerkrankungen und Tod)) wurde nachgewiesen, dass Losartan das Risiko eines Herzinfarkts oder eines Schlaganfalls in Folge von
Bluthochdruck sowie das Risiko, vorzeitig an einer Herz-Kreislauf-Erkrankung zu versterben,
stärker senkt als ein anderes Bluthochdruck-Medikament.

Welche Aussage zu der gezeigten Verbindung ist richtig?

(A)   Die Verbindung ist ein Zwitterion.

(B)   Losartan enthält einen Pyrrolring.

(C)   Losartan weist ein Chiralitätszentrum auf.

(D)   Losartan wird leicht zu einem Keton oxidiert.

(E)   Es handelt sich um ein mehrfach substituiertes Imidazol-Derivat.

(F)   Eines der Stickstoffatome ist sp^3-hybridisiert.

Aufgabe 105

Einer der Botenstoffe, die an der normalen Blutdruckeinstellung im
Körper beteigt sind, ist das Hormon Angiotensin II. Es erhöht den
Blutdruck durch eine Verengung der Blutgefäße und regt die Bildung
des Hormons Aldosteron an. Aldosteron beeinflusst den Wassergehalt
des Körpers, indem es die Salz- und Wasserausscheidung über die
Niere verringert. Wie das Lisinopril (Aufgabe 93) ist auch die hier
gezeigte Verbindung Captopril ein Hemmerstoff des an der Herstellung von Angiotensin
beteiligten Angiotensin-Converting Enzymes (ACE). In der Folge wird weniger Angiotensin
gebildet, die Gefäße erweitern sich und der Blutdruck sinkt.

Welche der Aussagen zur Verbindung Captopril ist falsch?

(A) Captopril ist ein Derivat der natürlich vorkommenden Aminosäure L-Prolin.

(B) Die Verbindung könnte zu einem Disulfid oxidiert werden.

(C) Captopril kann ausgehend von einem reaktiven Derivat der 3-Mercapto-2-methylpropansäure synthetisiert werden.

(D) Zu der gezeigten Verbindung existiert sowohl eine enantiomere als auch eine diastereomere Verbindung.

(E) Captopril liegt überwiegend in einer zwitterionischen Form vor.

(F) Die Verbindung kann zu einem Thioester acyliert werden.

Aufgabe 106

Das bereits 1958/59 entwickelte Haloperidol ist ein in Deutschland zugelassenes und sehr potentes Neuroleptikum (Markenname z. B. Haldol®). Haloperidol hat gegenüber der „Ursubstanz" einen in etwa 50-fach höheren antipsychotischen Effekt bei verringerten vegetativen Nebenwirkungen (wie z. B. Mundtrockenheit, Tachykardie usw.).

Die genaue Wirkungsweise ist nicht bekannt. Man nimmt an, dass Haloperidol spezifische Dopamin-Rezeptoren blockiert, während die Blockade der Rezeptoren, die vor allem Nebenwirkungen erzeugen eher weniger ausgeprägt ist. Wie bei allen Neurolcptika sind zwei Wirkungen voneinander zu unterscheiden: eine akute und eine langfristige. Die Primärwirkung ist dämpfend und sedierend, kann also bei Erregungszuständen gewünscht sein. Erst bei längerfristiger Anwendung tritt die eigentliche Heilwirkung ein: Haloperidol wirkt stark antipsychotisch und kann als medikamentöse Begleittherapie helfen, Krankheiten wie z. B. die Schizophrenie effektiver zu behandeln.

Welche Aussage zu Haloperidol ist richtig?

(A) Haloperidol ist ein aromatischer Aldehyd.

(B) Haloperidol wird leicht zu einem Diketon oxidiert.

(C) Die beiden aromatischen Ringe sind verglichen mit Benzol wesentlich reaktiver gegenüber einer elektrophilen aromatischen Substitution.

(D) Haloperidol ist achiral.

(E) Haloperidol besitzt sowohl saure als auch basische Eigenschaften und liegt daher in wässriger Lösung als Zwitterion vor.

(F) Der Stickstoff im Haloperidol ist sp^2-hybridisiert.

Aufgabe 107

Das rechts gezeigte Epirubicin gehört ebenso wie z. B. Doxorubicin und Daunorubicin zu den Anthracyclinen. Anthracycline sind Antibiotika, die auch als Chemotherapeutika gegen verschiedene Krebsarten eingesetzt werden. Sie hemmen die Nucleinsäuresynthese und die Zellteilung, indem sie zum einen durch Intercalation zwischen die Basenstapel an DNA binden und zum anderen die DNA-Topoisomerase II in ihrer Aktivität hemmen. Durch das schnelle Wachstum der Krebszellen werden diese stärker gestört als gesunde Zellen. Allerdings werden auch gesunde Körperzellen angegriffen, was zu schweren Nebenwirkungen, u. a. Cardiotoxizität, Knochenmarktoxizität (Myelosuppression), Alopezie, Nausea und Erbrechen führen kann.

Welche der folgenden Aussagen zum Epirubicin ist falsch?

(A)   Epirubicin besitzt eine Vollacetal-Struktur.

(B)   Einer der Ringe in Epirubicin weist eine chinoide Struktur auf.

(C)   Durch Oxidation von Epirubicin kann man eine α-Ketocarbonsäure erhalten.

(D)   Alle Ringatome der vier kondensierten Ringe liegen in einer Ebene.

(E)   Der aminosubstituierte Ring lässt sich unter sauren Bedingungen hydrolytisch vom Rest des Moleküls abspalten.

(F)   Man kann erwarten, dass die Verbindung intramolekulare Wasserstoffbrücken ausbildet.

Aufgabe 108

Triclosan ist ein Bakterizid, das in Zahnpasta oder Seife eingesetzt wird, ebenso wie in Desinfektionsmitteln und Haushaltsreinigern. Da die Gefahr der Resistenzbildung bei Bakterien besteht, ist der Einsatz der Substanz umstritten.

Welche der folgenden Aussagen trifft zu?

(A)   Für die Verbindung sind keine sauren oder basischen Eigenschaften zu erwarten.

(B)   Die Verbindung könnte im Organismus mit aktivierter Glucuronsäure in ein Glucuronid umgewandelt werden.

(C)   Die Verbindung ist leicht hydrolytisch spaltbar.

(D)   Eine elektrophile Substitution ist am ehesten zwischen den beiden Cl-Atomen des linken Rings zu erwarten.

(E)   Triclosan ist zum Keton oxidierbar.

(F)   Die Wirkung von Triclosan beruht darauf, dass es leicht HCl abspaltet.

Aufgabe 109

Oliceridin ist ein experimenteller Arzneistoff zur intravenösen Behandlung akuter starker Schmerzen. Die US-amerikanische Zulassungsbehörde FDA gewährte ihm im Februar 2016 den *Break Through Therapy*-Status. Oliceridin ist ein funktionell selektiver Agonist am μ-Opioidrezeptor und entfaltet seine Wirkung über die Aktivierung des G-Protein-Signalpfads mit ähnlicher Potenz wie Morphin.

Welche der folgenden Aussagen ist richtig?

(A) Die Verbindung enthält einen aromatischen Pyrrolring.

(B) Es handelt sich um ein Acetal.

(C) Die gezeigte Struktur wird leicht hydrolysiert.

(D) Der Thiophenring trägt einen Acetylrest.

(E) Das Chiralitätszentrum weist (*R*)-Konfiguration auf.

(F) Eine elektrophile Substitution würde bevorzugt am Sechsring-Aromaten erfolgen.

Aufgabe 110

In Deutschland sind ca. 16 Millionen Menschen zur Gruppe der Hypertoniker zu zählen. Nach Vorgaben der WHO wird als Zielwert für jüngere Patienten (< 65 Jahre) und Diabetiker ein Blutdruck von 130/85 mm Hg angegeben. Zur Erreichung dieser Zielwerte erhalten die Patienten oft eine Kombinationstherapie, wobei Diuretika zu den Mitteln der ersten Wahl gehören. Empfohlen werden Antihypertensiva, die in niedriger Dosierung den Blutdruck effektiv senken und zugleich die Stoffwechselparameter nicht negativ beeinflussen.

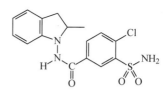

Die nebenstehende Verbindung Indapamid wurde speziell für die Therapie der Hypertonie entwickelt. Die Substanz besitzt einen dualen Wirkmechanismus. Schon in niedrigen Dosierungen bewirkt sie eine Senkung des peripheren Gefäßwiderstands; bei höheren Dosierungen kommt zusätzlich eine saluretische Komponente zum Tragen.

Welche Aussage zu der Verbindung Indapamid ist falsch?

(A) Indapamid enthält ein teilweise hydriertes Indol-Ringsystem.

(B) Die Verbindung weist ein C-Atom mit vier verschiedenen Substituenten auf, ist also chiral.

(C) Indapamid gehört zu den Sulfonamiden.

(D) Bei einer basischen Hydrolyse von Indapamid werden zwei Bindungen gebrochen; es entsteht Ammoniak.

(E) Indapamid kann zu einem sekundären Alkohol reduziert werden.

(F) Indapamid könnte sulfoniert werden, um die Wasserlöslichkeit zu verbessern.

Aufgabe 111

Benzodiazepine stellen die wichtigste Gruppe der Tran-
quilizer dar. Sie werden heute vielfach eingesetzt und
sind wegen ihrer großen therapeutischen Breite relativ
sicher. Dennoch werden diese Medikamente aber auch in
suizidaler Absicht überdosiert.

Flumazenil, Handelsname Anexate®, ist das Antidot für
Medikamente der Benzodiazepin-Gruppe und kann sämtliche derer Wirkungen aufheben,
indem es als kompetitiver Antagonist am GABA-Rezeptor wirkt. Es muss allerdings intravenös gegeben werden, da es bei oraler Gabe weitgehend von der Leber abgebaut wird. Die
Wirkung setzt innerhalb weniger Minuten ein, hält aber auch nur relativ kurz an (ca. zwei
Stunden). Daher besteht bei längerwirksamen Benzodiazepinen die Gefahr des *Rebounds*, der
wiedereinsetzenden Wirkung nach dieser Zeit.

Welche Aussage zum Flumazenil ist richtig?

(A)   Flumazenil weist ein substituiertes Imidazol-Ringsystem auf.

(B)   Bei einer säurekatalysierten Hydrolyse zerfällt Flumazenil in drei Verbindungen.

(C)   Die Verbindung kann als Lacton bezeichnet werden.

(D)   Flumazenil enthält die funktionelle Gruppe eines sekundären Amids.

(E)   Die Verbindung enthält C-Atome in ihrer höchstmöglichen Oxidationsstufe.

(F)   Die Verbindung reagiert mit $NaHCO_3$-Lösung unter Gasentwicklung.

Aufgabe 112

Die meisten der heute therapeutisch verwendeten Virustatika
sind Nucleosidanaloga – die Moleküle dieser Arzneimittel bestehen aus einem Zuckeranteil und einer Base. Im Vergleich zu
den physiologischen DNA-Bausteinen wurde der Zuckeranteil
derart chemisch modifiziert, dass es zu einer Störung der Nu-
cleinsäure-Synthese durch Kettenabbruch oder Polymerase-
Hemmung kommt. Im Gegensatz zu den bisher verfügbaren
Nucleosidanaloga ist das nebenstehend gezeigte Ribavirin
(Virazol®) eine Substanz mit veränderter Base.

Der Wirkungsmechanismus dieses Antimetaboliten ist noch nicht genau bekannt. Beschrieben
wurden bislang eine Hemmung der Synthese von Guanosin-Nucleosiden, eine Hemmung der
RNA-Polymerase und eine indirekte Hemmung der Proteinbiosynthese. Ribavirin wirkt zwar
gegen ein recht breites Spektrum von Viren (z. B. Hepatitis A-, Influenza-, Masern-, Herpes-
und HI-Viren); therapeutisch relevant ist jedoch nur die Aktivität gegen RS-Viren (= *Respira-
tory-Syncytial-*Viren). Unter experimentellen und therapeutischen Bedingungen wurde bisher
keine Resistenzentwicklung beobachtet, wie sie von anderen Virustatika (z. B. Aciclovir (Zo-
virax®) oder Zidovudin (Retrovir®)) bekannt ist.

Welche Aussage zum Ribavirin ist falsch?

(A) Die Verbindung kann als Ribose-Derivat bezeichnet werden.

(B) Durch Veresterung mit Phosphorsäure entsteht aus dem Ribavirin ein Nucleotid.

(C) Bei der Verbindung handelt es sich um ein *N*-Glykosid.

(D) Die Verbindung kann als primäres Amin bezeichnet werden.

(E) Durch Umsetzung mit Methanal kann es zur Bildung eines Vollacetals kommen.

(F) Bei einer sauren Hydrolyse von Ribavirin entstehen Ammonium-Ionen.

Aufgabe 113

Fluopyram ist eine Verbindung aus der Gruppe der Pyridinylethylbenzamide. Es wirkt als Fungizid und hemmt den Komplex II der Atmungskette. Fluopyram wird zur Saatgutbeizung sowie gegen Pilzkrankheiten der Sonderkulturen wie Grauschimmelfäule (*Botrytis*), Echtem Mehltau, Apfelschorf, Alternaria, Sclerotinia oder Monilinia eingesetzt.

Welche der folgenden Aussagen ist falsch?

(A) Die Verbindung sollte nur unter ziemlich drastischen Bedingungen eine elektrophile Substitution eingehen.

(B) Die Verbindung reagiert stark basisch, da sie zwei basische Stickstoffatome aufweist.

(C) Eine Hydrolyse ist unter sauren oder basischen pH-Bedingungen möglich.

(D) Die Verbindung ist achiral.

(E) Die Trifluormethylgruppen üben einen –I-Effekt auf die Aromaten aus.

(F) Mit $LiAlH_4$ ließe sich Fluopyram zu einem sekundären Amin reduzieren.

Aufgabe 114

Empenthrin ist ein synthetisches Pyrethroid, das insbesondere als Insektizid zum Einsatz kommt. Es wird vor allem wegen seiner Effektivität gegen ein breites Spektrum an fliegenden Insekten (einschließlich Motten und andere textilschädigende Haushaltsschädlinge) genutzt. Man findet es in Mottenpapier (ca. 1 g pro kg), während das früher in Mottenkugeln benutzte Naphthalin seit 2008 in der EU verboten ist.

Welche der folgenden Aussagen trifft nicht zu?

(A)   Empenthrin enthält zwei *E*-konfigurierte Doppelbindungen.

(B)   Die Verbindung besitzt drei Chiralitätszentren.

(C)   Hydriert man die Verbindung in Anwesenheit des sogenannten Lindlar-Katalysators, wird ein Mol Wasserstoffgas pro Mol Empenthrin addiert.

(D)   Die Verbindung kann durch eine sehr starke Base wie $NaNH_2$ deprotoniert werden.

(E)   Eine Hydrolyse von Empenthrin kann unter sauren oder auch basischen Bedingungen erfolgen.

(F)   Bei einer säurekatalysierten Addition von Wasser könnte eine Ketogruppe entstehen.

Aufgabe 115

Wieder ein Skandal um Eier... Wie die Süddeutsche Zeitung am 3.8.17 meldete, soll das in Millionen verseuchten Eiern gefundene Insektizid Fipronil auch in mindestens vier deutschen Legehennenbetrieben als Reinigungsmittel genutzt worden sein. Es handelt sich um ein Kontaktgift mit schneller und lang anhaltender Wirkung gegen Ektoparasiten wie Flöhe, Haarlinge, Läuse, Zecken etc.

Welche der folgenden Aussagen ist falsch?

(A)   Bei der gezeigten Struktur handelt es sich um das (*R*)-Enantiomer.

(B)   Die Verbindung enthält einen Imidazolring.

(C)   Die Verbindung kann unter Bildung einer Carboxylgruppe hydrolysiert werden.

(D)   Der Chlor-substituierte Ring ist wenig reaktiv gegenüber Elektrophilen.

(E)   Bei der für die Chiralität verantwortliche Gruppe handelt es sich um ein Sulfoxid.

(F)   Man kann erwarten, dass alle N-Atome unterschiedlichen basischen Charakter aufweisen.

Aufgabe 116

Paroxetin ist ein antidepressiv wirkender Arzneistoff aus der Gruppe der selektiven Serotonin-Wiederaufnahmehemmer (SSRI), entwickelt von GlaxoSmithKline. Die Substanz wird zur Behandlung von Depressionen, Zwangsstörungen, Panikstörungen, sozialen Angststörungen, generalisierten Angststörungen, posttraumatischen Belastungsstörungen und Fibromyalgie eingesetzt.

Welche der folgenden Aussagen ist richtig?

(A)   Die Verbindung kann unter Bildung von Methanol hydrolysiert werden.

(B)   Paroxetin weist drei Ethergruppen auf.

(C)   Zu der gezeigten Verbindung existieren drei weitere Stereoisomere.

(D)   Bei hohen pH-Werten ist eine Verbesserung der Löslichkeit zu erwarten.

(E)   Die Verbindung addiert leicht Brom.

(F)   Paroxetin enthält einen Pyridinring.

Aufgabe 117

Gezeigt ist der Protonenpumpenhemmer Omepra-zol, der zur Behandlung von Magen- und Zwölffin-gerdarmgeschwüren sowie bei Refluxösophagitis eingesetzt wird.

Welche der folgenden Aussagen ist richtig?

(A)   Die Verbindung enthält einen Indolring.

(B)   Omeprazol weist ein chirales C-Atom auf.

(C)   Eine Protonierung an einem der N-Atome würde die Aromatizität beider Heterocyclen zerstören.

(D)   Die Verbindung enthält einen Pyrimidinring.

(E)   Die Verbindung kann als Sulfonamid klassifiziert werden.

(F)   Omeprazol ist chiral; das (S)-Enantiomer ist als Esomeprazol im Handel.

Aufgabe 118

Vor nicht allzu langer Zeit wurde in der Zeitschrift *Nature* berichtet, dass ein internationales Wissen-schaftlerkonsortium einen neuen, hochpotenten Wirk-stoff gegen die Tropenkrankheit Malaria entwickelt hat. Die Substanz DDD107498 hat sich im Labor gleich gegen mehrere Stadien im komplexen Lebens-zyklus des Malariaparasiten *Plasmodium falciparum* als effektiv erwiesen. Dabei wirkt der Stoff unter ande-rem gegen jene Formen des Parasiten, die für eine Übertragung vom Menschen auf Mücken verantwortlich sind, also für die Verbreitung der Krankheit.

Welche der folgenden Aussagen zu dieser neuen Verbindung ist richtig?

(A) Die Substanz wird in wässriger Lösung leicht hydrolysiert.

(B) Das aromatische Chinolin-Ringsystem wird leicht von Elektrophilen angegriffen.

(C) Die Substanz besitzt ein Chiralitätszentrum und sollte daher vor Verabreichung in die beiden Enantiomere getrennt werden, um eine ähnliche Tragödie wie im Fall des Thalidomids („Contergan"®) in den 1960er Jahren zu verhindern.

(D) Die Verbindung lässt sich mit Iodmethan leicht zu einem zweifach positiv geladenen Ammoniumsalz umsetzen.

(E) Die vier Stickstoffatome weisen in etwa vergleichbare Basizität auf.

(F) Die Verbindung enthält einen Pyrrolring.

Aufgabe 119

Die nebenstehend gezeigte Verbindung, über die 2013 berichtet wurde, erregte Interesse, da sie methicillinresistente Stämme von *Staphylococcus aureus* (MRSA-Stämme) selektiv wieder für β-Lactamantibiotika sensibilisiert.

Welche der Aussagen zu dieser Verbindung ist falsch?

(A) Die Verbindung enthält eine Sulfongruppe.

(B) Zu der Verbindung sind drei weitere Stereoisomere denkbar.

(C) Eine säurekatalysierte Addition von Wasser liefert v. a. einen primären Alkohol.

(D) Fünf- und Sechsring sind *cis*-verknüpft.

(E) Die Verbindung kann auf zwei unterschiedliche Weisen mit Brom reagieren.

(F) Die Verbindung enthält ein Indol-Ringsystem.

Aufgabe 120

Glyphosat ist die biologisch wirksame Hauptkomponente einiger Breitbandherbizide und wird seit der zweiten Hälfte der 1970er Jahre in der konventionellen Landwirtschaft weltweit sowohl zur Unkrautbekämpfung als auch zur Beschleunigung der Erntereife von Nutzpflanzen eingesetzt. Die Einstufung als „wahrscheinlich krebserregend" durch die WHO-Krebsexperten sorgt seit einiger Zeit für hitzige Diskussionen in der Öffentlichkeit und den Medien.

Welche der folgenden Aussagen ist richtig?

(A) Es handelt sich um einen Ester der Phosphorsäure.

(B) Die Verbindung könnte mit sich selbst zu einem Anhydrid reagieren.

(C) Glyphosat liegt als Gemisch von zwei Enantiomeren vor.

(D)   Bei Glyphosat handelt es sich um ein Derivat einer nicht-proteinogenen Aminosäure.

(E)   Glyphosat ist ein phosphoryliertes Carbonsäureamid.

(F)   Die gezeigte Struktur entspricht derjenigen, die auch unter physiologischen Bedingungen zu erwarten ist.

Aufgabe 121

Die Firma Dow AgroScience führte in den Jahren 2007/2008 als Fungizid zur Bekämpfung von Echtem Mehltau im Weinbau die nebenstehend gezeigte Verbindung mit der Bezeichnung Meptyldinocap ein.

Welche der folgenden Aussagen zu diesem Fungizid ist falsch?

(A)   Bei Hydrolyse der Verbindung mit wässriger NaOH-Lösung würden zwei mesomeriestabilisierte Anionen erhalten.

(B)   Eine Synthese der Verbindung wäre ausgehend von 2-(1-Methylheptyl)phenol möglich.

(C)   Von Meptyldinocap existiert eine (S)- und eine (R)-Form.

(D)   Die bei einer sauren Hydrolyse von Meptyldinocap entstehende aromatische Verbindung weist in etwa ähnliche Acidität auf, wie das zweite Hydrolyseprodukt.

(E)   Die Doppelbindung im Meptyldinocap wird besonders leicht von Elektrophilen unter Bildung der entsprechenden Additionsprodukte angegriffen.

(F)   Es liegt ein Ester der E-2-Butensäure vor.

Aufgabe 122

Tofacitinib ist ein Wirkstoff aus der Gruppe der Januskinase-Inhibitoren mit immunmodulierenden Eigenschaften. Es wird zur Behandlung der rheumatoiden Arthritis eingesetzt, falls Methotrexat nicht ausreichend wirksam oder verträglich ist.

Welche der folgenden Aussagen trifft zu?

(A)   Die Verbindung ist ein (substituiertes) Purin.

(B)   Tofacitinib enthält die funktionelle Gruppe eines Ketons.

(C)   Bei Hydrolyse von Tofacitinib unter stark sauren Bedingungen erhält man die Propandisäure (Malonsäure).

(D)   Aufgrund des planaren aromatischen Systems ist die Verbindung achiral.

(E)   Eine Protonierung von Tofacitinib erfolgt am ehesten an dem Stickstoff, der Bestandteil des gesättigten Sechsrings ist.

(F)   Die Basizität von OH⁻-Ionen reicht nicht aus, um Tofacinib zu deprotonieren.

Aufgabe 123

Nebenstehend gezeigt ist das an der Universität Houston entdeckte Antiepileptikum „Vimpat", dessen antikonvulsive
Wirkung auf einem dualen Wirkmechanismus beruht.

Welche der folgenden Aussagen zu diesem Wirkstoff trifft
zu?

(A)   Die Verbindung kann als Diketon bezeichnet werden.

(B)   Vimpat zeigt in wässriger Lösung basische Eigenschaften.

(C)   Es handelt sich um ein Phenylalanin-Derivat.

(D)   Die Verbindung ist ein Derivat der nicht-proteinogenen Aminosäure D-Serin.

(E)   Vimpat weist drei hydrolysierbare Bindungen auf, die in verdünnter Säure leicht hydro-
      lysiert werden.

(F)   Die Wirkung von Vimpat beruht auf dem Vorhandensein einer guten Abgangsgruppe.

Aufgabe 124

In einem Begleitschreiben „An den Hausarzt" ist folgende Information zu finden:

„Bei Kataraktoperationen besteht die notwendige Lokalanästhesie aus:

2,5 mL Xylonest 1 %, 2,5 mL Carbostetin 0,5 %, Hylase 75 I.E."

Bei den beiden erstgenannten handelt es sich um die Verbindungen mit der chemischen Bezeichnung Prilocainhydrochlorid sowie Bupivacainhydrochlorid, deren korrespondierenden
Basen im Folgenden gezeigt sind.

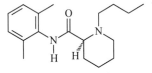

Prilocain   Bupivacain

Welche der folgenden Aussagen ist falsch?

(A)   Die beiden Verbindungen können als Derivate des Anilins aufgefasst werden.

(B)   Die Protonierung zum jeweiligen Hydrochlorid erfolgt jeweils bevorzugt an dem an den
      aromatischen Ring gebundenen Stickstoff.

(C)   Von beiden Lokalanästhetika ist das (S)-Isomer gezeigt.

(D)   Prilocain könnte ausgehend von einer proteinogenen Aminosäure synthetisiert werden.

(E)   Eine Hydrolyse von Bupivacain ist möglich, erfordert aber voraussichtlich erhöhte
      Temperatur und längere Reaktionszeit.

(F)   Bupivacain enthält einen Piperidinring.

Aufgabe 125

Die gezeigte Substanz Alogliptin besitzt antidiabetische Eigenschaften, die auf der selektiven Inhibition der Dipeptidylpeptidase-4 (DPP-4) beruhen. Alogliptin fördert die Insulinsynthese und -freisetzung aus den Betazellen der Pankreas, verbessert die Empfindlichkeit der Betazellen auf Glucose und erhöht dessen Aufnahme in die Gewebe. Es reduziert die Glucagonsekretion aus den Alphazellen und führt dadurch zu einer verminderten Glucoseproduktion in der Leber.

Welche der folgenden Aussagen ist richtig?

(A) Alogliptin enthält ein C-Atom in der höchstmöglichen Oxidationsstufe.

(B) Die Verbindung weist eine sekundäre Aminogruppe auf.

(C) Aufgrund der aktivierenden Substituenten wird der aromatische Ring leicht elektrophil substituiert.

(D) Eine Protonierung von Alogliptin erfolgt bevorzugt an einem der Ring-Stickstoffe.

(E) Die im Alogliptin vorhandene Cyanogruppe kann durch eine S_N2-Substitution in das Molekül eingeführt werden.

(F) Die Verbindung ist (S)-konfiguriert.

Aufgabe 126

Carbapeneme sind Substanzen, die aufgrund ihres breiten antimikrobiellen Wirkspektrums als Arzneistoffe verwendet werden, beispielsweise zur Therapie von schweren nosokomialen Infektionen, die durch das Bakterium *Pseudomonas aeruginosa* hervorgerufen werden können.

Welche der folgenden Aussagen zu dem gezeigten Meropenem ist falsch?

(A) Die Verbindung enthält einen β-Lactamring.

(B) Meropenem weist vier benachbarte Chiralitätszentren auf.

(C) Es handelt sich um ein Derivat der Aminosäure Histidin.

(D) Es ist zu erwarten, dass Meropenem bei physiologischen pH-Werten überwiegend zwitterionisch vorliegt.

(E) Meropenem weist zwei hydrolysierbare Bindungen auf, die unterschiedliche Reaktivität aufweisen.

(F) Meropenem ist ein Sulfid.

Aufgabe 127

Paracetamol ist ein fiebersenkender und schmerzlindernder Arzneistoff aus der Gruppe der Nichtopioid-Analgetika. Wie auch Aspirin wird die Verbindung zur Selbstmedikation als Monopräparat oder Bestandteil verschiedener Kombinationspräparate zur symptomatischen Behandlung von Schmerzen sowie Erkältungsbeschwerden angewendet. Der Abbau von Paracetamol erfolgt v. a. in der Leber; dabei kann als sehr reaktionsfähiger Metabolit das NAPQI gebildet werden.

Paracetamol   NAPQI

Welche Aussage trifft zu?

(A) Beide Verbindungen tragen eine *N*-Formylgruppe.

(B) Die Umwandlung in das NAPQI ist eine Reduktion.

(C) Durch die Umwandlung nimmt die Löslichkeit in Wasser stark zu.

(D) Durch die Umwandlung entsteht ein Enamin.

(E) Der gebildete Metabolit NAPQI ist acider als das Paracetamol.

(F) Die Bildung von NAPQI verläuft in Konkurrenz zu einer Glucuronidierung des Paracetamols.

Aufgabe 128

Auch nachdem 1960/61 die ersten oralen Kontrazeptiva auf den Markt gekommen waren, ging die Suche nach neuen Wirkstoffen und Rezepturen weiter. Die Entdeckung des Progesteron-Rezeptors führte zu der Idee, Progesteron so zu modifizieren, dass es sich als kompetitiver Hemmstoff verhält, d. h. an den Rezeptor bindet, aber keine Wirkung auslöst. Tatsächlich konnte ein Steroidabkömmling mit den gewünschten Eigenschaften hergestellt werden, der unter der firmeninternen Abkürzung RU-486 bekannt wurde, die sogenannte Abtreibungspille. Da Ru-486 ca. sechs bis acht mal stärker an den Progesteron-Rezeptor bindet, als das Progesteron selbst, kann dieses kaum mehr an den Rezeptor binden. Dies wird vom Hormonregelsystem fälschlicherweise als eine geringe Progesteron-Konzentration und in der Folge als das Fehlen einer Schwangerschaft interpretiert. Die nächste Regelblutung wird eingeleitet, mit der das bereits eingenistete und befruchtete Ei abgestoßen wird.

Mifepriston (RU-486)

Welche Aussage zu der gezeigten Verbindung ist falsch?

(A) Die Verbindung enthält einen elektronenreichen Aromaten, der leicht durch Elektrophile angreifbar ist.

(B) Mit einem reaktiven Carbonsäurederivat kann das Mifepriston zum Carbonsäureamid umgesetzt werden.

(C) Die beiden C=C-Doppelbindungen sind unterschiedlich konfiguriert.

(D) Die Verbindung könnte zu einem Diol umgesetzt werden.

(E) Das Chiralitätszentrum, das die Methylgruppe trägt, ist (S)-konfiguriert.

(F) Mifepriston kann aus einem Diketon und Propin synthetisiert werden.

Aufgabe 129

Praktisch alle heute als Süßstoffe zugelassenen Verbindungen wurden mehr oder weniger zufällig entdeckt. Den Weltrekord hinsichtlich der Süßkraft hielt (Stand 2014) eine 1990 entdeckte Verbindung mit der Bezeichnung Sucrononsäure. Ob die Verbindung aber jemals auf den Markt kommt, ist sehr fraglich, da das Zulassungsverfahren äußerst aufwendig und kostspielig ist.

Sucrononsäure

Welche der folgenden Aussagen zu dieser „süßen Verführung" trifft nicht zu?

(A) Ein Bestandteil der Sucrononsäure ist eine proteinogene Aminosäure.

(B) Die Verbindung ist ein Derivat des Guanidins.

(C) Die Sucrononsäure enthält ein C-Atom in der höchstmöglichen Oxidationsstufe.

(D) Die Verbindung könnte unter Bildung von p-Aminobenzoesäure gespalten werden.

(E) Sucrononsäure ist ein planares Molekül.

(F) Eine elektrophile Substitution wäre in meta-Position zur Cyanogruppe zu erwarten.

Aufgabe 130

Sie haben beschlossen, Ihr eigenes Aspirin herzustellen, um künftig autark zu sein. Hierzu setzen Sie 69 g Salicylsäure (2-Hydroxybenzoesäure) mit 60 g Essigsäure um und erhalten dabei 72 g reines Aspirin. Berechnen Sie Ihre Ausbeute in Prozent der theoretisch möglichen Ausbeute!

Relative Atommassen: $M_r(C) = 12$; $M_r(H) = 1$; $M_r(O) = 16$

(A) 80 %   (B) 90 %   (C) 72 %

(D) 75 %   (E) 40 %   (F) 60 %

Kapitel 2

Multiple-Choice-Aufgaben (Mehrfachauswahl)

Aufgabe 131

D-Glucopyranose kann mit verschiedenen anderen D-Aldohexopyranosen über eine glykosidische Bindung zu Disacchariden verknüpft werden.

Welche Aussagen zu den entstehenden Disacchariden sind richtig?

(A) Die entstehenden Disaccharide unterscheiden sich in der Summenformel, je nach dem, ob die zweite Aldohexopyranose Glucose, Mannose oder Galaktose ist.

(B) Mit D-Glucopyranose als zweitem Monosaccharid können mehrere konstitutionsisomere Disaccharide entstehen.

(C) Alle Disaccharide, die nur aus D-Glucopyranose bestehen, haben auch identische Schmelzpunkte.

(D) Die Art der Verknüpfung beider Monosaccharide ist entscheidend für die Zuordnung zur D- bzw. L-Reihe.

(E) Durch Verknüpfung von zwei Molekülen D-Glucopyranose kann sowohl ein reduzierendes als auch ein nicht-reduzierendes Disaccharid entstehen.

(F) Bei einer 1→4-Verknüpfung zweier Moleküle D-Glucopyranose können zwei Produkte entstehen, die sich im Ausmaß der Drehung der Ebene linear polarisierten Lichts (bei gleicher Konzentration im gleichen Lösungsmittel) unterscheiden.

(G) Bei einer Hydrolyse des entstandenen Disaccharids entstehen die gleichen Produkte unabhängig davon, ob es sich bei der ursprünglichen D-Glucopyranose um die α- oder die β-Form gehandelt hat.

(H) Das Disaccharid besitzt die funktionelle Gruppe eines Acetals.

(I) Die Hydrolyse des entstandenen Disaccharids erfordert drastische Bedingungen, z. B. Einwirkung von konz. HCl bei 110 °C über mehrere Stunden.

(J) Für die Geschwindigkeit einer enzymatisch katalysierten Hydrolysereaktion spielt es keine Rolle, ob das Disaccharid eine α- oder β-glykosidische Bindung enthält.

© Der/die Autor(en), exklusiv lizenziert durch
Springer-Verlag GmbH, DE, ein Teil von Springer Nature 2021
R. Hutterer, *Fit in Organik*, Studienbücher Chemie,
https://doi.org/10.1007/978-3-662-64603-8_2

Aufgabe 132

Gegeben sind im Folgenden die Strukturformeln von sechs Verbindungen, denen Sie die unten genannten Eigenschaften zuordnen sollen. Mindestens eine der Verbindungen erfüllt die Anforderungen immer; es können aber auch mehrere Verbindungen die genannte Eigenschaft besitzen.

Folgende Eigenschaft trifft zu auf Verbindung Nr.	1	2	3	4	5	6
a) Die Verbindung kann leicht oxidiert werden.						
b) Die Verbindung enthält ein oder mehrere Chiralitätszentren.						
c) Die Verbindung ist ein Carbonsäurederivat.						
d) Die Verbindung ist durch Hydrierung in einen primären Alkohol überführbar.						
e) Die Verbindung kann mit einem primären Amin zu einem Imin reagieren.						
f) Die Verbindung entfärbt Bromwasser.						
g) Die Verbindung ist hydrolysierbar.						
h) Die Verbindung kann leicht decarboxylieren.						
i) Die Verbindung ist durch Nucleophile leicht angreifbar.						

Aufgabe 133

Welche Aussagen zur folgenden Verbindung sind richtig?

(A) Es handelt sich um einen Zucker der D-Reihe.

(B) Es handelt sich um einen Zucker in der Furanoseform.

(C) Man kann nicht a priori sagen, ob die Verbindung rechts- (+) oder links- (–) drehend ist.

(D) Es handelt sich um einen acetylierten Aminozucker.

(E) Die Verbindung ist ein Derivat der Galaktose.

(F) Die Verbindung zeigt reduzierende Eigenschaften.

(G) Durch Umsetzung mit Methanol lässt sich die Verbindung in ein cyclisches Halbacetal überführen.

(H) Das anomere C-Atom besitzt β-Konfiguration.

(I) Bei säurekatalysierter Hydrolyse der Verbindung erhält man Essigsäure.

(J) Bei Reaktion mit einem Molekül Glucose kann sowohl ein reduzierender als auch ein nicht-reduzierend wirkender Zucker entstehen.

Aufgabe 134

Welche Aussagen zu Verbindungen, die als „Fette" bezeichnet werden, treffen zu?

(A) Fette sind chemisch gesehen Triacylglycerole.

(B) Bei saurer Hydrolyse von Fetten werden diese quantitativ unter Bildung der entsprechenden Fettsäuren gespalten.

(C) Fette sind als amphiphile Verbindungen am Aufbau von Biomembranen beteiligt.

(D) Die ungesättigten Fettsäuren in Fetten weisen überwiegend die stabilere *trans*-Konfiguration auf.

(E) Je höher der Anteil an ungesättigten Fettsäuren, desto höher liegt auch der Schmelzpunkt des Fettes.

(F) Fette entstehen bei der Veresterung eines Diacylglycerols mit einer langkettigen Fettsäure.

(G) Fette werden alternativ auch als Phospholipide bezeichnet.

(H) Fette bilden in wässriger Lösung Micellen aus.

(I) Fette zeigen bei Dünnschichtchromatographie mit einer polaren stationären und einer unpolaren mobilen Phase recht hohe R_F-Werte.

(J) Fette sind gut löslich in Lösungsmitteln wie Dichlormethan.

(K) Fette sind Derivate des Alkohols Glykol.

Aufgabe 135

Welche Aussagen zu den Eigenschaften von Kohlenhydraten treffen zu?

(A)   Kohlenhydrate umfassen Mono-, Di- und Polysaccharide.

(B)   Kohlenhydrate lassen sich alle durch die gemeinsame Summenformel $C_n(H_2O)_n$ beschreiben.

(C)   Polysaccharide sind synthetische Polymere.

(D)   Polysaccharide gehören zu den hydrolysierbaren Verbindungen.

(E)   In Kohlenhydraten sind die einzelnen Aminosäuren über Amidbindungen verknüpft.

(F)   Bei der Reaktion von Monosacchariden mit Alkoholen entstehen Glykoside.

(G)   Monosaccharide sind am Aufbau von Nucleinsäuren beteiligt.

(H)   Kohlenhydrate erkennt man an ihrem süßen Geschmack nach Zucker.

(I)   Kohlenhydrate sind stets chiral.

(J)   Die Blutgruppenantigene werden durch unterschiedliche Oligosaccharide auf Zelloberflächen determiniert.

(K)   Reduzierende Disaccharide zeigen das Phänomen der Mutarotation.

(L)   Polysaccharide entstehen aus Monosacchariden durch Polymerisation.

(M) Chitin ist ein Polysaccharid, das aus acetylierten 2-Aminoglucose-Monomeren besteht.

(N)   Saccharose ist ein nicht-reduzierendes Disaccharid.

(O)   Epimere sind Verbindungen, die sich wie Bild und Spiegelbild verhalten.

(P)   In Nucleotiden ist der Zucker Ribose durch eine Amidbindung mit der Base verknüpft.

(Q)   Saccharose besteht aus einer Hexose und einer Pentose.

Aufgabe 136

Welche Aussagen zu den Eigenschaften von Proteinen treffen zu?

(A)   Proteine bestehen aus den essentiellen Aminosäuren.

(B)   Proteine sind synthetische Polymere.

(C)   Proteine gehören zu den nicht-hydrolysierbaren Verbindungen.

(D)   Proteine werden bei längerer Reaktion mit konz. HCl hydrolysiert.

(E)   Die Information für die dreidimensionale Faltung von Proteinen steckt in der Aminosäuresequenz.

(F)   In Proteinen sind die einzelnen Aminosäuren über glykosidische Bindungen verknüpft.

(G)   Proteine sind ebenso wie Nucleinsäuren lineare Polykondensationsprodukte.

(H)   Die Aminosäurekette eines Proteins ist fast immer stark verzweigt.

(I)   Proteine besitzen einen isoelektrischen Punkt.

(J) Da Nucleinsäuren bei physiologischen pH-Werten negativ geladen sind, ist zu erwarten, dass Proteine, die eine starke Wechselwirkung mit DNA zeigen, viele Lysin- und Argininreste enthalten.

(K) Die Ausbildung von Disulfidbrücken ist auch zwischen Cysteinresten möglich, die in der Aminosäuresequenz weit voneinander entfernt sind.

(L) Es gibt sogenannte Transmembranproteine, die biologische Membranen durchspannen.

(M) Proteine, die eine Quartärstruktur aufweisen, können i.A nicht denaturiert werden.

(N) Bei der Trennung von Proteinen durch SDS-Polyacrylamidgelelektrophorese ist die Wanderungsgeschwindigkeit der Proteine direkt proportional zu ihrer molaren Masse.

Aufgabe 137

Die nebenstehend abgebildete Taurocholsäure ist ein wesentlicher Bestandteil der Gallenflüssigkeit. Gallensäuren spielen im Organismus eine wichtige Rolle bei der Emulgation von Fetten im Lipidstoffwechsel.

Welche der folgenden Aussagen treffen zu?

Taurocholsäure

(A) enthält eine Esterbindung, die leicht hydrolysiert werden kann.

(B) besitzt ein freies Elektronenpaar am Stickstoff und liegt deshalb bei pH-Wert 4 als Kation vor.

(C) setzt bei der Hydrolyse eine Aminosulfonsäure frei.

(D) kann unter Säurekatalyse dehydratisiert werden.

(E) besitzt mehrere acide Protonen, die mit HCO_3^- unter CO_2-Bildung reagieren.

(F) wandert auf einer DC-Platte aus Kieselgel mit einem unpolaren Laufmittel schneller als Cholesterol.

(G) addiert leicht Brom.

(H) kann zu einem Triketon oxidiert werden.

(I) gehört zur Substanzklasse der Fette.

(J) kann über eine glykosidische Bindung mit Zuckerresten verknüpft werden.

(K) kann mit einem weiteren Taurocholsäure-Molekül eine Disulfidbrücke bilden.

(L) weist eine *trans*-Verknüpfung zwischen Fünf- und Sechsring auf.

Aufgabe 138

Folgende Verbindungen sind in klassischen Pflanzendrogen der chinesischen Medizin gefunden worden; man schreibt ihnen u. a. hustenlindernde und antiallergene Eigenschaften zu:

Kreuzen Sie an, welche Verbindungen die genannten Eigenschaften aufweisen!

Folgende Eigenschaft trifft zu auf Verbindung Nr.	1	2	3
a) addiert Brom			
b) enthält ein oder mehrere Chiralitätszentren			
c) kann als Glykosid bezeichnet werden			
d) kann unter milden Bedingungen hydrolysiert werden			
e) kann Wasser unter Bildung eines tertiären Alkohols addieren			
f) lässt sich mit einem reaktiven Carbonsäurederivat acylieren			
g) kann als α,β-ungesättigte Carbonylverbindung bezeichnet werden			
h) zeigt in wässriger Lösung basische Eigenschaften			
i) enthält das Naphthalin-Grundgerüst			
k) setzt bei Reaktion mit $NaHCO_3$-Lösung CO_2 frei			
l) enthält eine Methoxygruppe			

Aufgabe 139

Die drei im Folgenden gezeigten Verbindungen gehören zu den sogenannten „β-Blockern":

Propanolol
1

Bupranolol
2

Oxtrenolol
3

Kreuzen Sie jeweils an, welche Eigenschaften auf die Verbindungen zutreffen.

Folgende Eigenschaft trifft zu auf Verbindung Nr.	1	2	3
a) besitzt eine tertiäre Butylgruppe			
b) ist ein aromatischer Ether			
c) ist ein tertiärer Alkohol			
d) besitzt in wässriger Lösung saure Eigenschaften			
e) addiert leicht Brom			
f) kann mehrfach acyliert werden			
g) wird leicht hydrolysiert			
h) reagiert mit Aldehyden zum entsprechenden Imin			
i) reagiert mit einer sauren Lösung von $Cr_2O_7^{2-}$ zu einem Keton			
k) kann als Naphthalin-Derivat bezeichnet werden			

Aufgabe 140

Im Folgenden sind einige weit verbreitete Pestizide gezeigt.

| Bentazon | 2,4-Dichlorphenoxyessigsäure | Propanil | Diuron |
| **1** | **2** | **3** | **4** |

Entscheiden Sie, welche Aussagen auf die einzelnen Verbindungen zutreffen.

Folgende Eigenschaft trifft zu auf Verbindung Nr.	**1**	**2**	**3**	**4**
a) Sie lässt sich in basischer Lösung hydrolysieren.				
b) Sie enthält die funktionelle Gruppe eines Alkohols.				
c) Sie kann als Sulfonsäureamid bezeichnet werden.				
d) Sie besitzt in wässriger Lösung saure Eigenschaften.				
e) Die Verbindung addiert leicht Brom.				
f) Die Verbindung ist ein Harnstoff-Derivat.				
g) Sie reagiert mit $NaHCO_3$ unter Gasentwicklung.				
h) Die Verbindung ist ein tertiäres Carbonsäureamid.				
i) Die Verbindung reagiert mit Aldehyden zum entsprechenden Imin.				
k) Die Verbindung setzt bei einer sauren Hydrolyse Propansäure frei.				
l) Die Verbindung lässt sich durch Reduktion in einen sekundären Alkohol überführen.				
m) Sie kann als Naphthalin-Derivat bezeichnet werden.				

Aufgabe 141

Treffen Sie eine Zuordnung zwischen den folgenden zehn Aussagen und den zehn Verbindungen, deren Strukturformeln im Folgenden angegeben sind. Jede Aussage ist eindeutig einer Verbindung zuzuordnen.

Aussage	Verbindung Nr.
1. Die Verbindung kann bei der Hydrolyse von Harnstoff entstehen.	
2. Die Verbindung entsteht bei der Hydrolyse eines cyclischen Esters.	
3. Die Verbindung entsteht bei der Oxidation eines cyclischen Halbacetals.	
4. Die Verbindung entsteht bei der Decarboxylierung von Acetylessigsäure (Acetessigsäure).	
5. Die Verbindung ist ein mögliches Ausgangsprodukt zur Herstellung von Essigsäure durch eine Oxidationsreaktion.	
6. Die Verbindung ist das Ausgangsprodukt zur Herstellung von Glycerol durch eine Reduktionsreaktion.	
7. Die Verbindung entsteht bei der nucleophilen Addition der endständigen Aminogruppe einer basischen Aminosäure an CO_2.	
8. Die Verbindung entsteht bei der intramolekularen Addition einer primären Hydroxygruppe an eine endständige Aldehydgruppe.	
9. Die Verbindung entsteht bei der Reaktion von Acetaldehyd mit Glycin.	
10. Die Verbindung entsteht bei der Decarboxylierung der heterocyclischen Aminosäure Histidin.	

Aufgabe 142

Reserpin ist das wichtigste der sogenannten *Rauwolfia*-Alkaloide. Seine biologische Wirkung besteht u. a. in der Be-
hinderung der Speicherung des Neurotransmitters Dopamin in synaptischen
Vesikeln. Als Sedativum und zur Blut-
drucksenkung in Medikamenten eingesetzt vermindert es die Herzfrequenz und
wirkt relaxierend auf die Blutgefäße.

Welche Aussagen zu der Verbindung Reserpin treffen zu?

(A)   Versetzt man Reserpin mit einer verdünnten Brom-Lösung, so erfolgt Addition an die
      Doppelbindungen.

(B)   Bei einer Hydrolyse in basischer Lösung werden zwei Bindungen gespalten.

(C)   Behandelt man die Verbindung mit wässriger Säure, so entsteht u. a. 3,4,5-Trimethoxy-
      benzoesäure.

(D)   Die Verbindung enthält zwei sp^3-hybridisierte Stickstoffatome.

(E)   Nur eines der beiden N-Atome zeigt in wässriger Lösung merklich basische Eigen-
      schaften.

(F)   Die Verbindung kann als Triketon bezeichnet werden.

(G)   Die Verbindung zeigt saure Eigenschaften.

(H)   Die Verbindung besitzt die funktionelle Gruppe eines tertiären Amids.

(I)   Es handelt sich um ein Glykosid.

(J)   Mit einem Alkylierungsmittel wie z. B. CH_3–I könnte eine quartäre Ammonium-Ver-
      bindung entstehen.

(K)   Die Verbindung enthält zwei Chiralitätszentren.

(L)   Die Verbindung lässt sich zu einem sekundären Alkohol reduzieren.

Aufgabe 143

Verschiedene Mikroorganismen der
Gattung *Streptomyces* erzeugen Makrolid-Antibiotika, die gewöhnlich aus
einem 12-, 14- oder 16-gliedrigen
makrocyclischen Lacton sowie Ami-
no- und Desoxyzuckern bestehen. In
letzter Zeit erregte die anti-
Chlamydia- und anti-Mycoplasma-
aktivität dieser Verbindungen einige
Aufmerksamkeit.

Je nach anwesenden Substituenten am Ring lässt sich eine große Zahl verschiedener Verbindungen unterscheiden; ein Vertreter, das Leucomycin U ist nebenstehend gezeigt.

Welche Aussagen zu der gezeigten Verbindung treffen zu?

(A) Die Verbindung enthält zwei kumulierte Doppelbindungen.

(B) Die zwei Zuckerreste können in wässriger Säure vom Makrocyclus abgespalten werden.

(C) Die Verbindung weist zwei Vollacetalgruppen auf.

(D) Mit Acetyl-CoA könnte die Verbindung mehrfach acetyliert werden.

(E) Für eine Lösung der Verbindung in Wasser ist die Einstellung eines pH-Werts < 7 zu erwarten.

(F) Die Verbindung reagiert mit saurer $Cr_2O_7^{2-}$-Lösung zu einer Verbindung mit einer aciden Gruppe.

(G) Der makrocyclische Ring lässt sich durch Reaktion mit wässriger NaOH öffnen.

(H) Bei einer Hydrolyse der Verbindung entsteht u. a. Glucose.

(I) Die beiden Doppelbindungen sind Z-konfiguriert.

(J) Die Verbindung enthält eine sekundäre Aminogruppe.

(K) Mit Acetaldehyd (Ethanal) in basischer Lösung könnte eine Aldolkondensation erfolgen.

(L) Mit Formaldehyd (Methanal) könnte die Verbindung ein cyclisches Vollacetal bilden.

Aufgabe 144

Welche der folgenden funktionellen Gruppen bzw. Verbindungen sind bereits mit relativ schwachen Oxidationsmitteln und ohne Zerstörung der Kohlenstoffkette oxidierbar (dehydrierbar)?

(A) $R-\overset{H}{\underset{H}{C}}-O-R$ (B) $R-\overset{H}{\underset{H}{C}}-OH$ (C) $R-\overset{H}{\underset{OH}{C}}-OH$ (D) $R-\overset{H}{\underset{O-R}{C}}-OH$

(E) $R-\overset{R}{\underset{OH}{C}}-OH$ (F) $R-\overset{OH}{\underset{H}{C}}-NH-R$ (G) $R-\overset{H}{\underset{O-R}{C}}-O-R$ (H) $R-\overset{O}{C}-NH-R$

(I) $R-\overset{}{\underset{R}{C}}=N-R$ (J) $H-\overset{O}{C}-OH$ (K)   (L)

Aufgabe 145

Entscheiden Sie für die folgenden Paare von Verbindungen jeweils, ob es sich um Konstitutionsisomere (K), Diastereomere (D), Enantiomere (E) oder mesomere Grenzstrukturen (M) handelt und tragen Sie das entsprechende Symbol in das Kästchen ein.

1 □

2 □

3 □

4 □

5 □

6 □

7 □

8 □

9 □

10 □

Aufgabe 146

Entscheiden Sie für die folgenden Paare von Verbindungen, welche stabiler ist und kreuzen Sie entsprechend an.

Aufgabe 147

Welche Aussagen zu den beiden Verbindungen, die unten abgebildet sind, treffen zu?

1

2

(A) Die beiden Verbindungen sind typische Bestandteile des Körperfetts.

(B) In wässriger Lösung bilden beide Verbindungen Lipiddoppelschichten.

(C) Bei einem pH-Wert von 6 liegt nur Verbindung **1** überwiegend in der gezeigten Form vor.

(D) Beide Verbindungen enthalten genau vier hydrolysierbare Bindungen.

(E) Verbindung **1** kann als gesättigtes Lecithin bezeichnet werden.

(F) Es ist anzunehmen, dass die Phasenübergangstemperatur von Verbindung **1** deutlich höher liegt, als von Verbindung **2**.

(G) Verbindung **2** ist ein Phosphorsäurediester.

(H) Bei einer sauren Hydrolyse von Verbindung **2** entstehen u. a. Linol- und Ölsäure.

(I) Verbindung **2** entsteht bei einer Veresterung von Phosphatidsäure mit der Aminosäure Glycin.

(J) Es handelt sich um typische Micellbildner.

(K) Verbindung **2** wird durch Luftsauerstoff allmählich oxidiert, während **1** deutlich weniger oxidationsempfindlich ist.

(L) Durch eine dreifache Methylierung enthält man aus **1** das 1,2-Dipalmitoylphosphatidylcholin.

Aufgabe 148

Das Wachstum von schnell wachsenden Tumoren kann man dadurch zum Stillstand bringen, dass man die Neubildung von Blutgefäßen (Angiogenese), die den Tumor mit Nahrungsstoffen versorgen, behindert. Dies ist ein vielversprechender neuer Ansatz in der Tumortherapie.

Die Neubildung von Blutgefäßen wird z. B. durch das Peptid **1** behindert.

In Analogie zur Struktur von Peptid **1** ist der pharmazeutische Wirkstoff **2** so hergestellt worden, dass seine Struktur der Struktur des Peptids **1** in mancher Hinsicht ähnlich ist.

1   **2**

Welche der folgenden Aussagen zu den beiden Substanzen **1** und **2** sind richtig?

(A) Beide Verbindungen enthalten die funktionelle Gruppe des Guanidiniumsystems.

(B) Beide Verbindungen enthalten als Strukturbaustein die Aminosäure Glycin.

(C) Beide Verbindungen enthalten als Strukturbaustein die saure Aminosäure Glutaminsäure.

(D) Verbindung **1** ist ausschließlich aus α-Aminosäuren aufgebaut.

(E) Verbindung **2** enthält neben einer α-Aminosäure auch eine β-Aminosäure.

(F) Bei der Hydrolyse der Verbindung **1** werden fünf α-Aminosäuren gebildet.

(G) Bei der Hydrolyse der Verbindung **2** werden zwei verschiedene Verbindungen gebildet.

(H) Beide Verbindungen enthalten die gleiche Anzahl von sauren und basischen Gruppen im Molekül und haben deshalb einen ähnlichen isoelektrischen pH-Wert.

(I) Beide Verbindungen liegen im gezeigten Ladungszustand dann vor, wenn der pH-Wert kleiner ist als 4.

(J) Alle in Verbindung **2** enthaltenen funktionellen Gruppen befinden sich im gleichen Oxidationszustand.

Aufgabe 149

Flavonoide gehören zu einer Gruppe von polyphenolischen Verbindungen, die in der Natur weit verbreitet ist. Sie wirken als natürliche Antioxidantien und Radikalfänger. Es handelt sich zwar um keine essentiellen Nahrungsbestandteile, jedoch haben diese Verbindungen aufgrund ihrer potentiell gesundheitsförderlichen Eigenschaften breites Forschungsinteresse auf sich gezogen. In den zahlreichen Studien wird u. a. auf antivirale, antiallergische, „anti-aging" sowie entzündungshemmende Eigenschaften hingewiesen.

Im Folgenden gezeigt sind die Stammverbindungen einiger der Flavonoid-Klassen, von denen sich eine Vielzahl von Einzelverbindungen ableitet.

| Flavon | Flavonol | Isoflavon |

| Flavanon | Flavan-3-ol |

Welche Aussagen zu den gezeigten Flavonoiden sind falsch?

(A)   Flavon und Isoflavon sind Konstitutionsisomere.

(B)   Flavon und Isoflavon sind Diastereomere.

(C)   Flavonol kann als Oxidationsprodukt von Flavon aufgefasst werden.

(D)   Flavan-3-ol und Flavonol sind isomere Verbindungen.

(E)   Flavonol unterliegt der Keto-Enol-Tautomerie.

(F)   Flavan-3-ol und Flavonol bilden ein Redoxpaar.

(G)   Flavanon und Flavan-3-ol sind beides Phenole.

(H)   Von den gezeigten Verbindungen ist genau eine chiral.

(I)   Alle fünf Verbindungen können zu einem sekundären Alkohol reduziert werden.

(J)   Flavonol und Flavan-3-ol reagieren mit Glucuronsäure zu einem Glykosid.

(K)   Der hydrophile Charakter von Flavon ist weniger ausgeprägt als von Flavonol.

(L)   Flavanon kann mit Brom in einer elektrophilen Addition reagieren.

(M)   Führt man mit Flavanon eine elektrophile aromatische Substitution durch, kann man erwarten, dass diese bevorzugt am phenolischen Ring stattfindet.

Aufgabe 150

Im Folgenden gezeigt sind die drei Alkaloide Nicergolin, Lisurid und Haemanthamin, wobei sich die beiden ersten von der bekannten Lysergsäure ableiten.

Nicergolin   Lisurid   Haemanthamin

Bei dem synthetischen Mutterkornalkaloid-Derivat Nicergolin steht die alpha-sympatholytische, gefäßerweiternde Wirkung im Vordergrund. Nicergolin wird schnell und nahezu vollständig aus dem Magen-Darm-Trakt resorbiert. Durch Hydrolyse der Esterbindung und *N*-Demethylierung wird die Verbindung nahezu vollständig verstoffwechselt und die entstehenden, aktiven Metabolite glykosyliert.

Lisurid ist ein Dopamin-Agonist. Es kann im Gegensatz zu Dopamin die Blut-Hirn-Schranke passieren und bindet an Dopamin (D2)- und Serotonin (5-HT1A)-Rezeptoren. Durch Lisurid können die Symptome der Parkinson-Krankheit gebessert werden.

Haemanthamin findet sich zusammen mit einigen anderen Alkaloiden u. a. in verschiedenen Narzissengewächsen, wie dem Ritterstern.

Welche der folgenden Aussagen sind falsch?

(A)   Nicergolin und Lisurid enthalten das heterocyclische Indol-Ringsystem.

(B)   Nicergolin ist ein Pyrimidin-Derivat.

(C)   Lisurid kann als ein Derivat des Harnstoffs bezeichnet werden.

(D)   Nicergolin ist ein Nicotinsäureester.

(E)   Alle drei Verbindungen sind chiral.

(F)   Haemanthamin enthält einen Furanring.

(G)   Alle drei Verbindungen enthalten zumindest eine hydrolysierbare Bindung.

(H)   Lisurid enthält eine sekundäre Aminogruppe.

(I)   Bei der Umsetzung von Haemanthamin mit wässriger Säure enthält man zwei phenolische OH-Gruppen und einen leicht flüchtigen Aldehyd.

(J)   Alle Verbindungen reagieren mit Brom in einer elektrophilen Addition.

(K)   Alle Verbindungen zeigen basische Eigenschaften.

(L)   Haemanthamin kann zu einer Carbonsäure oxidiert werden.

(M)   Nach einer Hydrolyse von Nicergolin kann das tetracyclische Produkt mit Glucuronsäure konjugiert und so für eine Ausscheidung besser wasserlöslich gemacht werden.

Kapitel 3

Funktionelle Gruppen und Stereochemie

Aufgabe 151

Einige der folgenden Molekülformeln entsprechen stabilen Verbindungen. Wenn möglich, zeichnen Sie eine stabile Struktur zu jeder Formel.

CH_2	CH_3	CH_4	CH_5			
C_2H_2	C_2H_3	C_2H_4	C_2H_5	C_2H_6	C_2H_7	C_2H_8
C_3H_3	C_3H_4	C_3H_5	C_3H_6	C_3H_7	C_3H_8	C_3H_9

Gibt es eine allgemeine Regel für die Anzahl der H-Atome in stabilen Kohlenwasserstoffen?

Aufgabe 152

Erinnern Sie sich an die Elektronegativitäten der Elemente, und entscheiden Sie für die im Folgenden aufgeführten Bindungen,

a) die Richtung des Dipolmoments

b) ob das Dipolmoment relativ groß oder klein ist.

$$C—Cl \quad C—H \quad C—Li \quad C—N \quad C—O$$

$$C—Mg \quad N—H \quad O—H \quad C—Br \quad C—F$$

Aufgabe 153

a) Betrachten Sie drei isomere Pentane. Ihre Siedepunkte betragen 36 °C, 28 °C bzw. 9,5 °C. Ordnen Sie diese Siedepunkte den jeweiligen Strukturformeln zu und begründen Sie kurz.

b) Verringert man gegenüber den Pentanen die Anzahl der Wasserstoffatome um zwei, kann eine größere Zahl von Isomeren formuliert werden. Zeichnen Sie alle denkbaren unterscheidbaren Strukturen (keine Konformere). Welche davon sind Konstitutionsisomere? Existiert noch eine weitere Sorte von Isomeren?

© Der/die Autor(en), exklusiv lizenziert durch
Springer-Verlag GmbH, DE, ein Teil von Springer Nature 2021
R. Hutterer, *Fit in Organik*, Studienbücher Chemie,
https://doi.org/10.1007/978-3-662-64603-8_3

Aufgabe 154

Zeichnen Sie alle Isomere mit der Summenformel $C_5H_{11}Br$ und geben Sie systematische Namen für alle Isomere an.

Kennzeichnen Sie, welche davon primäre, sekundäre bzw. tertiäre Halogenalkane sind.

Aufgabe 155

Zur Summenformel C_4H_8O gibt es schon mehr als ein Dutzend isomerer Strukturen, die sich (auf Basis der jeweiligen funktionellen Gruppen) verschiedenen Stoffklassen zuordnen lassen. Geben Sie alle denkbaren Stoffklassen an und zeichnen Sie jeweils mindestens einen Vertreter davon. Benennen Sie Ihre Strukturen nach rationeller Nomenklatur.

Aufgabe 156

a) Gegeben sind die Verbindungen Propan, Dimethylether, Ethanamin, Methansäure und Ethanol. Folgende fünf Siedepunkte wurden gemessen: –42°, 78°, –24°, 101° und 16,5 °C. Ordnen Sie diese den gegebenen Verbindungen zu und begründen Sie anhand der herrschenden zwischenmolekularen Kräfte.

b) Warum steigt der Siedepunkt in der Reihe von Fluor- über Chlor- und Bromethan zum Iodethan hin, obwohl die Differenz der Elektronegativitäten der C–X-Bindung in der gleichen Reihe abnimmt?

Aufgabe 157

Gegeben sind die drei folgenden Strukturformeln. Benennen Sie die drei Verbindungen vollständig nach der rationellen Nomenklatur.

a   b   c

Aufgabe 158

Gegeben ist die Verbindung 2-Methylpentan. Betrachten Sie die Rotation um die Bindung zwischen C-3 und C-4 und zeichnen Sie Newman-Projektionen für alle Konformationen, die Maxima bzw. Minima der Energie darstellen. Ordnen Sie die Projektionen qualitativ in einer Auftragung der inneren Energie gegen den Torsionswinkel an.

Aufgabe 159

Niedere Thiole und Sulfide sind aufgrund ihres üblen Geruchs berühmt und berüchtigt. Beispielsweise nutzt das Stinktier die Verbindungen 3-Methyl-1-butanthiol und *trans*-2-Butenylmethyldisulfid, um seine Feinde in die Flucht zu schlagen. In sehr großer Verdünnung dagegen wirkt der Geruch von Schwefelverbindungen oft recht angenehm, z. B. ist das Dimethylsulfid ein Bestandteil des Aromas von schwarzem Tee.

Die nebenstehend gezeigte Verbindung ist für den einzigartigen Geruch von Grapefruits verantwortlich; dabei beträgt ihre Konzentration in der Frucht weniger als 1 ppb. Selbst bei einer Konzentration von nur 10^{-3} ppb kann die Verbindung noch wahrgenommen werden.

a) Geben Sie einen korrekten Namen für die Verbindung nach rationeller Nomenklatur an.

b) Gesetzt den Fall, die Verbindung wird in ein mit Wasser gefülltes Schwimmbecken gegeben (Länge = 50 m; Breite = 20 m; Tiefe = 2 m). Welche Stoffmenge müsste im Becken gelöst werden, damit die Verbindung bei obengenannter Geruchsschwelle noch wahrnehmbar wäre?

c) Geben Sie die Strukturformeln der beiden Schwefelverbindungen an, die das Stinktier zur Feindabwehr einsetzt.

Aufgabe 160

Zeichnen Sie zu den folgenden Verbindungen das tautomere Enol. Wenn mehrere Enole möglich ist, entscheiden Sie, welches das stabilere ist.

Aufgabe 161

a) Entscheiden Sie für die folgenden Paare von Verbindungen jeweils, ob es sich um Konstitutionsisomere (K), Diastereomere (D), Enantiomere (E), mesomere Grenzstrukturen (M), identische (I) oder nicht isomere Strukturen (∅) handelt und tragen Sie das entsprechende Symbol in das Kästchen ein.

a ☐

b ☐

c ☐

d ☐

e ☐

f ☐

b) Schreiben Sie die folgenden perspektivischen Formeln als Fischer-Projektionen und bezeichnen Sie die Chiralitätszentren nach (*R/S*)-Nomenklatur.

a

b

c

d

Aufgabe 162

Gegeben ist die nebenstehende Verbindung.

a) Geben Sie für alle Kohlenstoffatome die Art der Hybridisierung an (sp / sp^2 / sp^3).

b) Eines der H-Atome der gezeigten Verbindung ist deutlich acider als die anderen. Markieren Sie dieses H-Atom und begründen Sie mit einem Satz, worauf die höhere Acidität beruht. Ist die Verbindung chiral?

Aufgabe 163

Biologisch abbaubare Kunststoffe kommen für Anwendungen im medizinischen Bereich in Frage, wenn ein rascher Abbau der Verbindung erwünscht ist, z. B. bei der Verwendung als chirurgisches Nahtmaterial oder als Implantat zur kontrollierten Freisetzung von Arzneimitteln. Folgende Strukturformel zeigt einen Ausschnitt aus der Kette eines solchen Kunststoffs:

a) Zeichnen Sie die Strukturformel des Monomers und geben Sie seinen Namen an!

b) Durch welche funktionelle Gruppe wird die Kette des Polymers aufgebaut?

c) Durch welche chemische Reaktion wird die Kette des Polymers abgebaut?

d) Welche funktionelle Gruppe liegt in dem Polymer für den Fall vor, dass O durch NH ersetzt wird und wie heißt das zugehörige Monomer?

Aufgabe 164

Formulieren Sie Strukturformeln für alle Dicarbonsäuren, die folgende Kriterien erfüllen:

- nicht mehr als vier C-Atome, die durch Einfach- oder Mehrfachbindungen verknüpft sein können
- außer den beiden Carboxylgruppen keine weiteren funktionellen Gruppen mit Heteroatomen
- isomere Strukturen müssen deutlich gekennzeichnet sein

Aufgabe 165

Im Folgenden sind einige Verbindungen gezeigt, für die jeweils mehrere mesomere Grenzstrukturen formuliert werden können. Vernachlässigen Sie dabei besonders instabile Grenzstrukturen, für die nur ein sehr geringer Beitrag zur tatsächlichen Struktur zu erwarten ist und geben Sie jeweils an, welche Struktur den größten Beitrag leistet.

Gibt es unter den gezeigten Verbindungen welche, bei denen alle Grenzstrukturen den gleichen Beitrag leisten?

$$\underline{1} \qquad \underline{2} \qquad \underline{3} \qquad \underline{4}$$

$$\underline{5} \qquad \underline{6} \qquad \underline{7}$$

Aufgabe 166

a) Ordnen Sie den Heteroatomen in folgenden Verbindungen formale Ladungen zu:

$$H-\ddot{O}: \qquad CH_3-\underset{\underset{CH_3}{|}}{\overset{\overset{CH_3}{|}}{N}}-CH_3 \qquad H-\underset{\underset{H}{|}}{\overset{\overset{}{|}}{\ddot{C}}}-H \qquad CH_3-\underset{\underset{H}{|}}{\overset{}{\ddot{O}}}-CH_3 \qquad H-\underset{\underset{H}{|}}{\overset{\overset{H}{|}}{N}}-\underset{\underset{H}{|}}{\overset{\overset{H}{|}}{B}}-H$$

b) Geben Sie die Hybridisierungen für die C, O und N-Atome in folgenden Verbindungen an:

$$CH_3-CH=CH-CH=C=CH_2 \qquad \underset{H}{\overset{H}{>}}C=CHC\equiv C-H \qquad CH_3\overset{\overset{O}{\|}}{C}CH_2-OH \qquad CH_3NH-CH_2CH_2N=CHCH_3$$

$$\underline{a} \qquad\qquad\qquad \underline{b} \qquad\qquad \underline{c} \qquad\qquad \underline{d}$$

Aufgabe 167

Der Duft- und Aromastoff (–)-Menthol ist die Hauptkomponente verschiedener Minz- und Pfefferminzöle. Das kommerziell erhältliche (–)-Menthol stammt in den meisten Fällen aus Pfefferminzölen, die den Stoff schon durch einfaches Ausfrieren freigeben. Der aus praktischer Sicht bedeutsamste Terpenalkohol ist darüber hinaus verbreitet in weiteren natürlichen ätherischen Ölen, jedoch nur als Nebenkomponente. Geringe Mengen von Menthol sind z. B. enthalten in Kalaminthkrautöl (Bergmelisse), Geraniumöl Afrika (ca. 1 %) sowie – neben Menthon und Isomenthon – in Buccublätteröl. Nebenstehend gezeigt ist die Konstitution von Menthol.

Die Substanz wird in der Lebensmittel- und Kosmetikindustrie verbreitet eingesetzt, vor allem als Aromastoff für Süßwaren, Kaugummi, Liköre, Zahn- und Mundpflegemittel sowie für Zigaretten; weiterhin als duftender, erfrischender und desinfizierender Bestandteil von Kosmetika (Haar- und Körperpflegemittel, Lotionen, Balsame usw.). Die Pharmazie nutzt Menthol aufgrund seiner zahlreichen pharmakologischen Wirkungen.

a) Zeichnen Sie die Verbindung in ihrer stabilsten Konformation und bestimmen Sie für eventuell vorhandene Chiralitätszentren die absolute Konfiguration des von Ihnen gezeichneten Stereoisomers. Wieviele Stereoisomere kommen vor?

b) Welche Verbindung(en) entsteht/entstehen bei der säurekatalysierten Dehydratisierung aus Menthol? Falls mehrere Verbindungen entstehen können – entstehen sie in gleicher Menge? (kurze Begründung!)

c) Warum wird die unter b) genannte Reaktion bevorzugt mit H_2SO_4 durchgeführt und nicht etwa mit HCl?

Aufgabe 168

a) Betrachten Sie die Verbindung Propansäureethylester. An welchem der beiden Sauerstoffatome erwarten Sie die höhere Elektronendichte?

b) Gegeben sind die beiden Verbindungen N-Cyclohexylpropansäureamid und N-Phenylpropansäureamid. Welche der beiden Verbindungen weist die größere Elektronendichte am Sauerstoff auf?

c) Welche Art von Isomerie liegt bei den beiden folgenden Verbindungen vor? Unterscheiden sich die beiden Verbindungen hinsichtlich der Elektronendichte am Stickstoffatom?

Aufgabe 169

Mykotoxine sind sekundäre Metaboliten mit relativ niedrigen molaren Massen, die von bestimmten Pilzen bei ihrem Wachstum auf Lebensmitteln gebildet werden. Sie sind häufig Abkömmlinge von Peptiden, Aminosäuren, Phenolen oder Terpenen, welche die Pilze in ihrem normalen Stoffwechsel verwenden. Ein solches Mykotoxin ist das rechts gezeigte Ochratoxin A, das von *Penicillium*- und *Aspergillus*-Spezies gebildet wird. Es wurde erstmal 1969 auf einer amerikanischen Maisprobe entdeckt und wird als potentielles Carcinogen für den Menschen betrachtet.

a) Bezeichnen Sie alle Chiralitätszentren nach der (R/S)-Nomenklatur.

b) Unter stark sauren Bedingungen kann die Verbindung hydrolysiert werden. Formulieren Sie eine entsprechende Reaktionsgleichung.

Eines der Produkte sollte Ihnen bekannt vorkommen. Benennen Sie die Verbindung mit ihrem Trivial- sowie mit ihrem rationellen Namen.

Aufgabe 170

Die unten gezeigte Verbindung Cephalosporin C wird in der Natur von dem Schimmelpilz *Cephalosporium acremonium* gebildet. Cephalosporin C wurde 1978 entdeckt und dient bis heute als Grundsubstanz für die Herstellung zahlreicher weiterer (halbsynthetischer) Cephalosporine, die eine Gruppe von Breitband-Antibiotika für den medizinischen Einsatz darstellen. Wie auch die Penicilline gehören sie der Gruppe der β-Lactam-Antibiotika an. Sie wirken bakteriostatisch, d. h. sie hindern die Bakterien an der Vermehrung durch Eingriff in die Zellwandsynthese, töten sie jedoch nicht ab. Daher ist eine ausreichende Anwendungsdauer und -dosis entscheidend für den Erfolg der Therapie. Neben den „klassischen" Cephalosporinen gibt es eine Reihe von abgewandelten Verbindungen, die als Cephalosporine der zweiten und dritten Generation bezeichnet werden.

Der Vorteil der zweiten Generation ist eine bessere Resistenz gegen β-Lactamase, ein Enzym, mit dem Bakterien das Antibiotikum inaktivieren können. Die dritte Generation hat ein breiteres Wirkungsspektrum (also weniger Resistenzen). Mindestens 18 Substanzen waren in den 90er Jahren auf dem deutschen Markt zugelassen; nach einer Konsolidierungsphase enthält die „Rote Liste" jetzt noch neun Cephalosporine mit guter Verträglichkeit und Wirksamkeit.

a) Markieren und benennen Sie alle funktionellen Gruppen im Cephalosporin C.

b) Welche Produkte entstehen bei einer vollständigen basischen Hydrolyse dieser Verbindung? Zeichnen Sie die Strukturformeln für diese Hydrolyseprodukte.

Aufgabe 171

Das Glykosid Strophanthin kommt im Samen von verschiedenen afrikanischen Pflanzen der Gattung *Strophanthus* aus der Familie der Hundsgiftgewächse vor. Die jeweilige Substanz aus *Strophanthus kombe* und *gratus* gehört zu den herzwirksamen Digitaloiden und ist von den eigentlichen – aus dem Fingerhut (*Digitalis*) stammenden – Digitalisglykosiden zu unterscheiden. In höheren Konzentrationen hemmt der Wirkstoff die in der Zellwand lokalisierte Natrium-Kalium-ATPase, den Rezeptor für Herzglykoside. Dies ist die klassische Wirkung der Herzglykoside, die über den erhöhten zellulären Gehalt an Natrium und somit auch Calcium (via Natrium-Calcium-Austauscher) zu einer Steigerung der Kontraktionskraft der Herzmuskelzelle führt.

In geringen, physiologischen Konzentrationen, wie sie als Hormon, nach oraler Gabe sowie auch nach langsamer intravenöser Injektion in niedriger Dosierung gemessen werden, wirkt Strophanthin hingegen stimulierend auf die Natrium-Kalium-ATPase, was zur Senkung des zellulären Natrium- und Calciumgehalts führt.

Oben gezeigt ist das Aglykon von Strophanthin, das als Strophanthidin bezeichnet wird.

a) Markieren Sie alle funktionellen Gruppen im Molekül, indem Sie die daran beteiligten Atome einkreisen und benennen Sie die funktionellen Gruppen!

b) Strophanthin kann ohne Zerstörung des C-Gerüstes oxidiert werden. Formulieren Sie eine entsprechende Redoxteilgleichung für die vollständige Oxidation unter Erhalt des Kohlenstoffgerüsts.

c) Bei der Hydrolyse von Strophanthidin entstehen zwei neue funktionelle Gruppen. Welche sind dies?

Aufgabe 172

Das synthetische Antibiotikum Norfloxacin wurde 1984 als neues Präparat zur Behandlung von Harnwegsinfektionen eingeführt. Es zeigt breite Wirkungsspezifität gegen pathogene gramnegative und grampositive Bakterien. Die Wirkung beruht auf einer Wechselwirkung mit dem Enzym DNA-Gyrase, das für die Synthese bakterieller DNA erforderlich ist. Dadurch wird die Ausbildung der erforderlichen DNA-Quartärstruktur verhindert. Norfloxacin wird in Tablettenform als Noroxin hauptsächlich zur Behandlung von Harnwegsinfektionen und Gonorrhoe verschrieben. Die wichtigsten Nebenwirkungen sind Übelkeit, Appetitlosigkeit und Erbrechen.

a) Identifizieren Sie alle funktionellen Gruppen im Molekül und bezeichnen Sie diese eindeutig.

b) Mit einem geeigneten Elektrophil wie CH_3–I kann die Verbindung methyliert werden. Formulieren Sie eine entsprechende Reaktion.

Aufgabe 173

Gegeben sind die beiden Enantiomere D- und L-Milchsäure. Letztere kommt überwiegend natürlich vor, z. B. in Joghurt und anderen Milchprodukten. Als Endprodukt des Glucoseabbaus im Zuge der Glykolyse entsteht sie, wenn Pyruvat z. B. infolge starker Muskelaktivität und mangelnder Sauerstoffversorgung nicht rasch genug zu Acetyl-CoA abgebaut werden kann.

a) Zeichnen Sie beide Verbindungen in der Fischer-Projektion und benennen Sie die Milchsäure nach rationeller Nomenklatur.

b) In welchen Eigenschaften unterscheiden sich diese beiden Verbindungen?

c) Milchsäure kann zu einem Polykondensationsprodukt reagieren. Die Polymilchsäure (PLA) wird aus nachwachsenden Rohstoffen gewonnen. Der Kunststoff aus Milchsäure ist kohlendioxidneutral, wird umweltfreundlich auf biologische Weise abgebaut und bietet angesichts stetig steigender Ölpreise eine Werkstoffalternative auf heimischer Rohstoffbasis. Stärkehaltige Pflanzen wie Roggen, Mais oder Zuckerrüben liefern den Grundstoff für die Produktion des zukunftsträchtigen Polymerwerkstoffs.

Formulieren Sie diese Polykondensationsreaktion und markieren Sie die Wiederholeinheit im Polymerausschnitt durch eine eckige Klammer.

Aufgabe 174

Die Verbindung Nelfinavir-Mesylat (Handelsname Viracept®) gehört zur Klasse der antiretroviralen Substanzen, die Protease-Inhibitoren genannt werden. Nelfinavir-Mesylat hemmt ebenso wie die bisher bekannten Arzneistoffe aus dieser Gruppe (Indinavir (Crixivan®), Ritonavir (Norvir®) und Saquinavir (Invirase®, Fortovase®)) ein viruseigenes Enzym, die HIV-Protease, wodurch die Spaltung des viralen *gag-pol*-Proteins verhindert wird. Dies führt zu unreifen, nicht-infektiösen Viren, die keine weiteren Zellen mehr infizieren können.

Protease-Inhibitoren verhindern deshalb bei HIV-infizierten Personen neue Infektionszyklen. Zwischen den einzelnen Protease-Inhibitoren besteht eine weitgehende Kreuzresistenz; d. h. gegen Viren, die gegenüber einer Substanz unempfindlich geworden sind, wirken auch die anderen Medikamente dieser Substanzklasse nicht mehr, oder zumindest nicht mehr zuverlässig. Nelfinavir ist zugelassen zur Kombinationstherapie der HIV-Infektion; empfohlen wird vorzugsweise eine Kombination mit zwei Wirkstoffen aus der Gruppe der Nukleosid-Analoga.

a) Bezeichnen Sie alle funktionellen Gruppen im Molekül so exakt wie möglich.

b) Wie viele acylierbare Gruppen enthält Nelfinavir? Formulieren Sie eine Reaktionsgleichung für eine vollständige Acetylierung mit einem geeigneten Carbonsäurederivat.

Aufgabe 175

Nandrolon (auch als 19-Nortestosteron zu bezeichnen) gehört zu den anabolen Steroiden. Ebenso wie Testosteron
beeinflusst es die Entwicklung der männlichen Geschlechts-
organe und die Proteinsynthese in der Muskulatur. Da
Nandrolon eine wesentlich höhere Aktivität als Testosteron
aufweist und das Verhältnis zwischen virilisierender Wirkung und anaboler Wirkung zugunsten des Stoffwechselef-
fekts verschoben ist, ist es als Dopingmittel von Interesse
und als solches auch schon wiederholt in Erscheinung getreten. Einige Berühmtheit erlangte
im Jahr 1999 der Fall des Mittelstrecklers Dieter Baumann, dessen positiver Test auf Nandrolon für einigen Wirbel sorgte. Damals hatte das Kölner Doping-Labor von Wilhelm Schänzer
bei seinen Nachforschungen die Zahnpasta der Familie als mögliche Dopingquelle ausge-
macht. Die Creme sei offensichtlich mit Nandrolon oder dessen Vorläufersubstanzen durch-
setzt gewesen. Nebenstehend gezeigt ist die zweidimensionale Darstellung der Verbindung.

a) Leiten Sie aus dieser die vermutlich stabilste dreidimensionale Konformation ab.

b) Welche funktionellen Gruppen sind vorhanden? Welcher Reaktionstyp käme in Frage, um
den ungesättigten Ring aufzubauen?

Aufgabe 176

Natamycin ist ein Antimykotikum aus *Streptomyces natalensis*, einem Actinobacterium der
Gattung *Streptomyces*. Es ist ein Makrolid-Polyen-Antimykotikum und findet Verwendung
als Arzneimittel und in der Lebensmittelindustrie. Unter dem Kürzel E 235 ist die Verbindung
als Konservierungsmittel für die Oberflächenbehandlung von Käse und getrockneten bzw.
gepökelten Würsten zugelassen. In einigen Nicht-EU-Ländern ist der Einsatz von Natamycin
auch für andere Lebens- und Genussmittel
erlaubt, z. B. für Wein. Wie auf Spiegel Onli-
ne zu lesen war, wurden in Rheinland-Pfalz
103.000 Flaschen eines Weines mit der Bezeichnung „Villa Atuel 2008 San Rafael Sy-
rah Merlot, Argentina" sichergestellt bzw. aus
den Regalen genommen, der für eine Super-
marktkette abgefüllt worden war, weil sie das
Antibiotikum Natamycin enthielten. Die
Weinkontrolle in Rheinland-Pfalz hatte nach
Hinweisen auf belastete Importe aus Übersee
insgesamt 17 Kontrollen durchgeführt.

a) Nennen Sie alle funktionellen Gruppen, die Sie im Natamycin identifizieren können. Wie
viele hydrolysierbare Funktionalitäten sind vorhanden? Spielt dabei der pH-Wert eine Rolle?

b) Welchen Ladungszustand erwarten Sie für die Verbindung im neutralen pH-Bereich?

Aufgabe 177

1,8-Diazabicyclo[5.4.0]undec-7-en (DBU) ist eine farblose, mit Wasser frei mischbare Flüssigkeit, die auch in vielen organischen Lösungsmitteln löslich ist. Es handelt sich um eine sogenannte Amidin-Base, die aufgrund ihres sterischen Anspruchs häufig dann eingesetzt wird, wenn Nebenreaktionen durch die nucleophilen Eigenschaften des Stickstoffatoms von gewöhnlichen Aminen zu unerwünschten Nebenreaktionen wie z. B. S_N2-Reaktionen führen.

Wie schätzen Sie die Basenstärke von DBU im Vergleich zu gewöhnlichen aliphatischen Aminen ein und an welchem der beiden Stickstoffatome erwarten Sie die Protonierung?

Aufgabe 178

Reis ernährt weltweit mehr Menschen als jede andere Kulturpflanze. Erkrankungen der Reispflanzen durch Schimmelpilze können jedoch erhebliche Schäden in der Landwirtschaft verursachen. In allen bislang bekannten Fällen sind es die Pilze selbst, die Substanzen produzieren, welche die Pflanzen schwächen oder abtöten. Im Fachblatt *Nature* wurde vor einiger Zeit von einer Entdeckung mit weit reichender Bedeutung berichtet: Im Fall der Reiskeimlingsfäule nimmt sich der Pilz *Rhizopus microsporus* zur Produktion des Pflanzengiftes Bakterien zu Hilfe. Der Pilz, der die Wurzeln junger Reispflanzen befällt, beherbergt eine neue Bakterienart (*Burkholderia rhizoxinica*) als Endosymbiont, die das Pflanzengift Rhizoxin bildet, und nicht der Pilz, wie man bisher angenommen hatte.

Rhizoxin bindet an β-Tubulin in eukaryontischen Zellen und behindert die Ausbildung von Mikrotubuli, was letztlich die Ausbildung des Spindelapparats und damit die Zellteilung stört. Die Funktion von Rhizoxin ist damit ähnlich derjenigen der sogenannten Vinca-Alkaloide. Klinische Studien zum Einsatz von Rhizoxin als Krebsmedikament wurden jedoch aufgrund der relativ geringen *in vivo*-Aktivität wieder eingestellt.

Die Molekülstruktur von Rhizoxin ist offensichtlich einigermaßen kompliziert; es enthält mehrere Ringsysteme, eine längere ungesättigte Kette und zahlreiche Chiralitätszentren.

a) Versuchen Sie, die Ringsysteme im Rhizoxinmolekül zu benennen. Welche weiteren funktionellen Gruppen können Sie ermitteln?

b) Welche der Ringe können durch Hydrolyse unter basischen Bedingungen geöffnet werden? Welches Produkt würden Sie dabei erwarten?

Aufgabe 179

Benzol (nach IUPAC: Benzen; C_6H_6) kann als der Prototyp für die Klasse von Verbindungen angesehen werden, die als „aromatisch" bezeichnet werden.

a) Geben Sie die Kriterien für Aromatizität an. Was besagt die „Hückel-Regel"?

b) Aromatische Verbindungen müssen nicht neutral sein, sondern können auch eine Ladung aufweisen. Die Verbindung 1,3-Cyclopentadien (C_5H_6) ist ein Kohlenwasserstoff mit ungewöhnlich aciden Eigenschaften ($pK_S \approx 16$). Geben Sie eine Erklärung für dieses Verhalten.

c) Die Verbindung 5-Brom-5-methyl-1,3-cyclopentadien ist nur wenig polar und erwartungsgemäß kaum wasserlöslich. Das ähnlich schwach polare 7-Brom-7-methyl-1,3,5-cycloheptatrien bildet dagegen in Anwesenheit von Wasser rasch ein leicht lösliches Salz. Erklären Sie dieses unterschiedliche Verhalten.

Aufgabe 180

Die Verbindung Streptomycin ist der vermutlich bekannteste Vertreter aus der Gruppe der Aminoglycosid-Antibiotika, zu denen außerdem Vertreter der Neomycin- und der Kanamycin-Gentamicin-Gruppe gezählt werden. Ihre Wirkungsweise beruht auf einer irreversiblen Bindung an die 30S-Untereinheit der Ribosomen, was zur Störung der Proteinsynthese führt.

Dabei wird einerseits die Bindung von *N*-Formylmethionin-t-RNA an die 30S-Untereinheit blockiert, was den Start der Proteinsynthese unterdrückt, andererseits die Anlagerung von Aminoacyl-t-RNA verhindert, so dass eine Verlängerung bereits begonnener Peptidketten unterbleibt.

Das Streptomycin wurde 1943 als zweites therapeutisch verwendetes Antibiotikum aus *Streptomyces griseus* isoliert. Die Gabe erfolgt i. A. intramuskulär, da es bei oraler Gabe nur in sehr geringem Maß resorbiert wird. Streptomycin wirkt nur gegen extrazellulär lokalisierte Keime, da es praktisch nicht in die Zellen eindringen kann. Inzwischen ist es aufgrund der raschen Resistenzentwicklung trotz seines ursprünglich breiten Wirkungsspektrums im Wesentlichen nur noch gegen Tuberkulose (in Kombination mit anderen Präparaten, wie Isoniazid) indiziert.

a) Streptomycin weist zahlreiche funktionelle Gruppen auf. Welchen Ladungszustand erwarten Sie für das Molekül im physiologischen pH-Bereich? Korrespondiert dies mit seiner geringen Membrangängigkeit?

b) Benennen Sie den umrandeten Baustein des Streptomycinmoleküls.

c) Welche physiologisch bedeutsame Verbindung würden Sie erhalten, wenn Sie das Streptomycin einer vollständigen Hydrolyse unterwerfen?

Aufgabe 181

Antimykotika sind Wirkstoffe, die zur Behandlung von Pilzerkrankungen dienen. Hierzu gehören z. B. antimykotisch wirksame Antibiotika wie das Polyen-Antibiotikum Nystatin. Zu den Breitspektrum-Antimykotika, die sich in einem hohen Prozentsatz bei den verschiedensten Pilzerkrankungen als wirksam erwiesen haben, gehören die Substanzen der Miconazol-Gruppe, von denen das gezeigte Ketoconazol (Nizoral®) das bislang einzige ist, das oral appliziert werden kann. Es wird bei Haut-, Schleimhaut- und Haarmykosen, die lokal nicht ausreichend behandelt werden können, eingesetzt.

a) Benennen Sie die verschiedenen funktionellen Gruppen, die im Ketoconazol auftreten.

b) An welcher Stelle im Molekül würden Sie am ehesten eine Protonierung erwarten?

c) Welche Reaktionsbedingungen würden Sie wählen, um die Verbindung zu deacetylieren?

Aufgabe 182

Epothilone sind 16-gliedrige makrocyclische Verbindungen, die 1987 erstmals aus dem Myxobakterium *Sorangium cellulosum* von G. Höfle und H. Reichenbach an der ehemaligen Braunschweiger Gesellschaft für Biotechnologische Forschung (GBF, heute Helmholtz-Zentrum für Infektionsforschung) isoliert wurden. Beachtung gewannen die Strukturen erst, als in einem *in vitro*-Screening beim amerikanischen National Cancer Institute (NCI) die außergewöhnlich hohe Wirkung auf Brust- und Dickdarm-Tumorzellen festgestellt wurde. Als dann noch der Paclitaxel-artige Wirkmechanismus bekannt wurde und die Tatsache, dass das gezeigte Epothilon A Paclitaxel von dem Target verdrängt, also die stärkeren Wechselwirkungen besitzt, wurde Epothilon für die pharmazeutische Forschung interessant.

a) Welche funktionellen Gruppen sind vorhanden?

b) Wie viele Stereozentren besitzt das Epothilon und wie ändert sich die Zahl, wenn Sie die Verbindung mit

   i) $NaBH_4$

   ii) $Cr_2O_7^{2-}$ umsetzen?

Aufgabe 183

Betrachten Sie die folgenden Formelabbildungen und erklären Sie jeweils, was daran falsch ist.

a)

b)

c)

d)

e)

Aufgabe 184

Während offenkettige Amine der allgemeinen Form $NR^1R^2R^3$, d. h. mit drei Substituenten und einem freien Elektronenpaar, aufgrund rascher Inversion („Umklappen") am N-Atom keine optische Aktivität zeigen, kann dies der Fall sein, wenn der Stickstoff Teil eines starren Ringsystems ist. Dem freien Elektronenpaar ist dabei naheliegenderweise grundsätzlich die niedrigste Priorität zuzuordnen.

a) Bestimmen Sie für das gezeigt bicyclische Molekül die absolute Konfiguration an allen Chiralitätszentren.

b) Formulieren Sie eine Reaktion zur Überführung der gezeigten Verbindung in ein quartäres Ammoniumsalz. Welchen Reaktionsmechanismus erwarten Sie für die von Ihnen formulierte Reaktion?

Aufgabe 185

Die Verbindungen (*S*)-2-Hydroxybutansäure und (*S*)-2-Amino-4-mercaptobutansäure (Homocystein) weisen ein bzw. zwei Paar von prochiralen Wasserstoffatomen auf. Entscheiden Sie für alle diese H-Atome, ob sie *pro*-(*R*) oder *pro*-(*S*) sind.

Aufgabe 186

Die Einführung einer funktionellen Gruppe in ein Biomolekül durch eine enzymatische Reaktion muss nicht nur an der richtigen Stelle erfolgen („regiospezifisch") sondern i. A. auch mit der richtigen Stereochemie („stereospezifisch"). Ein typisches Beispiel ist die Biosynthese von Adrenalin, bei der im ersten Schritt aus dem achiralen Dopamin das (–)-Noradrenalin gebildet wird. Nur das (–)-Enantiomer ist physiologisch wirksam, d. h. die Synthese muss möglichst stereoselektiv verlaufen.

a) Wie ist die absolute Konfiguration im (–)-Noradrenalin?

b) Mit welcher stereochemischen Eigenschaft bezeichnet man die beiden Wasserstoffatome an der dem Ring benachbarten Methylengruppe, an denen die Reaktion stattfindet?

c) Angenommen, die Reaktion verläuft nicht in Anwesenheit eines Enzyms. Sind die beiden Übergangszustände, die bei einer radikalischen Oxidation unter Bildung von (+)- bzw. (–)-Noradrenalin durchlaufen werden, von gleicher oder unterschiedlicher Energie?

Wie beeinflusst das Enzym den Übergangszustand, damit die Bildung des (–)-Enantiomers begünstigt wird?

d) Wie könnten Sie aus racemischem Noradrenalin das reine (–)-Enantiomer gewinnen?

Aufgabe 187

Von dem chlorierten Kohlenwasserstoff 1,2,3,4,5,6-Hexachlorcyclohexan existieren mehrere *cis-trans*-Isomere.

a) Formulieren Sie alle Isomere mit Hilfe von Keilstrichformeln.

b) Die als γ-Isomer bezeichnete Verbindung ist unter dem Trivialnamen Lindan bekannt und wurde erstmals 1825 durch Michael Faraday hergestellt. Die insektizide Wirkung von Hexachlorcyclohexan wurde 1935 entdeckt; seit 1942 wird Lindan als Insektizid eingesetzt.

In Deutschland darf Lindan seit 1980 nur mehr in Form von isomerenreinem γ-Hexachlor-cyclohexan als Fraß- und Kontaktgift eingesetzt werden. Die früher mit ausgebrachten α- und β-Isomere erwiesen sich als toxischer und noch schwerer abbaubar als die ebenfalls nicht unproblematische γ-Struktur. Da Lindan relativ stark lipophil ist und nur langsam abgebaut wird, reichert es sich in der Nahrungskette des Menschen vor allem über Fische an. Die Substanz steht darüber hinaus im Verdacht, krebserregend zu sein.

Zeichnen Sie die beiden Sesselformen für Lindan und schätzen Sie ab, welche der beiden stabiler sein sollte.

c) Für welches der unter a) gezeichneten Isomere sollten sich die beiden Sesselformen in ihrer Energie maximal unterscheiden?

Kapitel 4

Grundlegende Reaktionstypen und Mechanismen

Aufgabe 188

Pyridin und Piperidin sind zwei typische organische Basen, die auch als Bausteine in vielen Naturstoffen eine wichtige Rolle spielen. Piperidin kann dabei durch eine einfache Reaktion aus Pyridin erhalten werden.

a) Geben Sie an, wie Pyridin in Piperidin umgewandelt werden kann und vergleichen Sie beide Verbindungen bzl. ihrer Basizität.

b) Ein weiteres Pyridin-Derivat ist die Verbindung 4-*N*,*N*-Di-methylaminopyridin. An welchem der beiden Stickstoffe sollte die Protonierung bevorzugt stattfinden? Wie ist die Basizität im Vergleich zur Stammverbindung Pyridin einzuschätzen?

Piperidin

Pyridin

Aufgabe 189

Setzt man Propanon (Aceton) mit Ethanolat-Ionen um, so erhält man im Gleichgewicht ca. 1 % des Enolat-Ions. Was ist zu erwarten, wenn Sie anstelle von Propanon die Verbindung Pentan-2,4-dion einsetzen?

Aufgabe 190

Aceton (Propanon) ist eine der wichtigsten organischen Grundchemikalien. Für ihre Herstellung kommt prinzipiell folgende Reaktionsfolge in Betracht:

1. Schritt: Elektrophile Addition an ein geeignetes Alken

2. Schritt: Oxidation des Reaktionsprodukts aus Schritt 1 zu Aceton

a) Formulieren Sie beide Reaktionen und entwickeln Sie die Gesamtgleichung für Schritt 2 aus zwei Redoxteilgleichungen. Als Oxidationsmittel kommt z. B. das bekannte $Cr_2O_7^{2-}$ in Betracht, das zu Cr^{3+} reduziert wird.

b) Wenn man anstelle von einem Alken von einem Alkin ausgeht, erübrigt sich die Oxidation im zweiten Schritt, da das zunächst gebildete Additionsprodukt spontan in Aceton umlagert. Formulieren Sie auch für diese Reaktion die entsprechende Gleichung (incl. dem sich umlagernden Primärprodukt). Zu welcher Stoffklasse gehört das zunächst gebildete Additionsprodukt?

© Der/die Autor(en), exklusiv lizenziert durch
Springer-Verlag GmbH, DE, ein Teil von Springer Nature 2021
R. Hutterer, *Fit in Organik*, Studienbücher Chemie,
https://doi.org/10.1007/978-3-662-64603-8_4

Aufgabe 191

Beim Verzehr von Knoblauch kommen Sie unweigerlich mit einer Substanz in Kontakt, die dafür verantwortlich ist, dass viele Menschen dieses Gewächs meiden: Es handelt sich um Dipropenyldisulfid, die Substanz, die für den Geruch von Knoblauch verantwortlich ist. Diese Verbindung kann im Prinzip durch Oxidation aus dem entsprechenden 2-Propen-1-thiol (3-Mercapto-1-propen) entstehen. Als Oxidationsmittel könnte z. B. die Verbindung *para*-Benzochinon dienen, die dabei zu *p*-Hydrochinon (1,4-Dihydroxybenzol) reduziert wird.

Formulieren Sie die Gesamtredoxgleichung ausgehend von den entsprechenden Teilgleichungen.

1. Oxidation von 2-Propen-1-thiol zu Dipropenyldisulfid
2. Reduktion von *para*-Benzochinon zu Hydrochinon

Aufgabe 192

Gezeigt ist die Verbindung 2-Hydroxybutandisäure (Äpfelsäure). Sie ist ein Zwischenprodukt im Citratcyclus und findet sich z. B. in unreifen Äpfeln, Quitten, Weintrauben, Berberitzenbeeren, Vogelbeeren und Stachelbeeren. Die Salze der Äpfelsäure heißen Malate. Äpfelsäure ist als Lebensmittelzusatzstoff E296 für Lebensmittel zugelassen und kann als Stoffwechselprodukt von Bakterien und Pilzen gewonnen werden. In der Praxis ist ihre Verwendung aufgrund des relativ hohen Preises eher gering; meist wird die günstigere Citronensäure oder auch Phosphorsäure verwendet.

a) Entscheiden Sie, ob die Verbindung chiral ist!

b) Äpfelsäure kann relativ leicht oxidiert werden. Als Oxidationsmittel kommt z. B. Kaliumdichromat ($K_2Cr_2O_7$) in Frage, das zum Cr^{3+} reduziert wird. Erstellen Sie die entsprechende Redoxgleichung aus den beiden Teilgleichungen.

c) Die bei der Oxidation entstandene Verbindung kann leicht decarboxylieren. Formulieren Sie diese Decarboxylierungsreaktion so, dass offensichtlich wird, warum die Decarboxylierung relativ leicht verläuft (cyclischer Übergangszustand!). Benennen Sie die entstehenden Produkte.

Aufgabe 193

Alles Käse?

Beim Reifungsprozess von Emmentaler-Käse (und natürlich auch anderen) spielen Änderungen in der Konzentration verschiedener Carbonylverbindungen eine wichtige Rolle. Einen wesentlichen Beitrag zur Aromaentwicklung leistet die Lipolyse, bei der aus Fettsäuren im Zuge der β-Oxidation β-Ketosäuren entstehen, die zu Ketonen decarboxylieren können.

Eine solche „Leitsubstanz", deren Konzentration im Zuge der Reifung ansteigt, ist 2-Heptanon. Diese Verbindung könnte in einem zweistufigen Prozess aus Octansäure entstehen. Dazu muss diese im 1. Schritt zur entsprechenden β-Ketosäure oxidiert werden, die anschließend decarboxyliert. Bei der Oxidation könnte eine sogenannte Oxygenase beteiligt sein, die O_2 als Oxidationsmittel verwendet und zu H_2O_2 reduziert.

Formulieren Sie die Redoxgleichung aus den Teilgleichungen sowie die sich anschließende Decarboxylierung. Zeigen Sie den Ablauf der Decarboxylierung mit Elektronenpfeilen. Warum verläuft letztere sehr leicht?

Aufgabe 194

Bei α,β-ungesättigten Carbonylverbindungen kann eine nucleophile Addition generell auf zwei Arten erfolgen: entweder das Nucleophil greift direkt das elektrophile Carbonyl-C-Atom an (1,2-Addition) oder die Addition erfolgt am β-C-Atom (konjugierte 1,4-Addition; sogenannte „Michael-Addition"). Dabei ist das Michael-Additionsprodukt das thermodynamisch stabilere; es wird bevorzugt mit weniger basischen Nucleophilen gebildet, während stark basische Nucleophile meist bevorzugt an der Carbonylgruppe angreifen. So findet man für die Nucleophile RLi, NH_2^-, RO^- sowie Hydrid-Reduktionsmittel überwiegend 1,2-Addition, wogegen RMgX (Grignard-Reagenzien), neutrale Amine, Thiolat-Ionen (RS^-) und stabilisierte Carbanionen eher eine Michael-Addition eingehen.

Der gezeigte α,β-ungesättigte Carbonsäureester kann demnach zu unterschiedlichen Produkten reduziert werden. Welches Reduktionsmittel würden Sie jeweils wählen, um zum entsprechenden Produkt zu gelangen?

Aufgabe 195

Der Oberbegriff „Kohlenwasserstoffe" umfasst mehrere unterschiedliche Substanzklassen, die sich auch in ihrem Reaktionsverhalten, beispielsweise gegenüber Halogenen, deutlich unterscheiden. Geben Sie drei Klassen von Kohlenwasserstoffen an, nennen Sie den charakteristischen Reaktionstyp und formulieren Sie jeweils ein Beispiel für die Umsetzung mit Brom-Lösung. Machen Sie dabei auch die jeweils erforderlichen Reaktionsbedingungen deutlich.

Aufgabe 196

2-Penten wird mit HBr behandelt.

Wie viele unterschiedliche Verbindungen können dabei entstehen?

Erwarten Sie einen regioselektiven Verlauf der Reaktion?

Eine analoge Reaktion mit HCN ist praktisch nicht zu beobachten. Warum nicht?

Aufgabe 197

Geben Sie die Edukte und Produkte folgender Umsetzungen an:

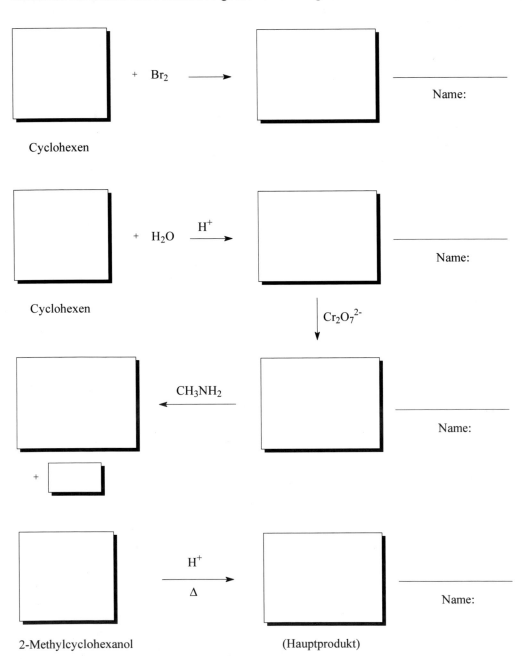

Cyclohexen   + Br$_2$ ⟶   Name:

Cyclohexen   + H$_2$O $\xrightarrow{\text{H}^+}$ Name:

Cr$_2$O$_7$$^{2-}$

$\xleftarrow{\text{CH}_3\text{NH}_2}$ Name:

+

2-Methylcyclohexanol $\xrightarrow[\Delta]{\text{H}^+}$ (Hauptprodukt)   Name:

Aufgabe 198

Cyclopentadien wird in einem Versuch in äquimolarem Verhältnis mit HBr umgesetzt; in einem weiteren analog mit Brom-Lösung.

a) Welcher Reaktionstyp ist zu erwarten?

b) Während im ersten Versuch nur ein Reaktionsprodukt erhalten wird (die Bildung von Stereoisomeren sei hierbei außer Betracht gelassen), ergibt die zweite Reaktion zwei Produkte (unter Vernachlässigung von Stereoisomeren). Erklären Sie diesen Befund anhand des Reaktionsablaufs und benennen Sie die jeweiligen Produkte.

Aufgabe 199

Betrachten Sie die elektrophile Addition von Brom an zwei stereoisomere Alkene.

a) Welche Produkte entstehen bei der Addition von Brom an

- *trans*-2-Buten
- *cis*-2-Buten?

Formulieren Sie die Additionsreaktionen und zeigen Sie dabei die entsprechenden Zwischenstufen in räumlicher Darstellung.

b) Welche der Produkte sind chiral?

Aufgabe 200

Bei der Addition von Halogenwasserstoffen (HX) an unsymmetrische Alkene wird i. A. bevorzugt das Halogenatom an das höher substituierte C-Atom addiert. Eine alternative Reaktionsführung zur Addition von HBr an Alkene erfolgt unter Anwesenheit eines Peroxids und Einwirkung von UV-Licht.

Erklären Sie, welchen Reaktionsverlauf Sie erwarten, wenn Sie 2-Methyl-1-buten mit HBr den oben genannten Bedingungen einer radikalischen Addition aussetzen.

Worauf könnte es zurückzuführen sein, dass eine analoge Reaktion weder mit HCl noch mit HI abläuft?

Aufgabe 201

Betrachten Sie folgende Additionsreaktionen an das Alken *E*-3-Methyl-3-hexen:

a) H_2 (in Anwesenheit eines heterogenen Katalysators, z. B. Pt)

b) HBr

c) Br_2 (in inertem LM)

Diskutieren Sie die Unterschiede im Mechanismus und berücksichtigen Sie die Regio- und Stereochemie der Additionen.

Aufgabe 202

Lässt man Alkene mit Brom in einem inerten Lösungsmittel reagieren, so erhält man in einer elektrophilen *anti*-Addition das entsprechende Dibromalkan. Führt man die Reaktion dagegen in Anwesenheit von Wasser durch, so beobachtet man einen anderen Reaktionsverlauf.

a) Erklären Sie, wie das Wasser den Reaktionsverlauf beeinflusst.

b) Formulieren Sie einen Mechanismus für die Reaktion von Brom mit 1-Ethylcyclohexen in Wasser. Spielt die Stereochemie bei dieser Reaktion eine Rolle?

Aufgabe 203

Neben der säurekatalysierten Addition von Wasser an Alkene und der Oxymercurierung/-Demercurierung steht mit der sogenannten Hydroborierung/Oxidation ein dritter Reaktionsweg zur Verfügung, um ein Alken in einen Alkohol umzuwandeln. Letzterer umfasst in einem ersten Schritt die Addition von Diboran (vereinfacht: BH_3) an die Doppelbindung, bevor in einem zweiten Schritt durch Oxidation der C–B-Bindung mit H_2O_2 in basischer Lösung der Alkohol entsteht.

Die Hydroborierung unterscheidet sich auf charakteristische Art und Weise von der säurekatalysierten Addition. Erklären Sie den zu erwartenden Reaktionsverlauf am Beispiel von 1-Methylcyclopenten.

Aufgabe 204

Enole sind Verbindungen, bei denen eine Hydroxygruppe an ein doppelt gebundenes C-Atom gebunden ist. Sie lagern sich i. A. sehr leicht in die entsprechende tautomere (isomere) Carbonylverbindung um:

Überlegen Sie, wie man die Verbindung Hexan-3-on ausgehend von einem Kohlenwasserstoff synthetisieren könnte!

Aufgabe 205

a) Nucleophile Substitutionen an einem gesättigten C-Atom können nach zwei unterschiedlichen Mechanismen ablaufen. Nennen Sie mindestens drei Charakteristika, in denen sich beide Mechanismen unterscheiden.

b) Gegeben ist die Verbindung 1-Brom-4-methylpentan, aus der 5-Methylhexansäure gebildet werden soll. Formulieren Sie die erforderlichen Reaktionsschritte.

Aufgabe 206

Natriumethanolat soll mit 1-Brompropan in Ethanol als Lösungsmittel umgesetzt werden.

a) Wie können Sie einfach eine Lösung von Natriumethanolat in Ethanol erhalten?

b) Formulieren den Mechanismus für die genannte Reaktion und achten Sie dabei auf korrekte dreidimensionale Darstellung der Stereochemie und Verwendung von Elektronenpfeilen.

c) Wie wird diese Reaktion beeinflusst, wenn folgende Änderungen vorgenommen werden:

1. Verwendung von 1-Fluorpropan anstelle von 1-Brompropan

2. Verwendung von Brommethan anstelle von 1-Brompropan

3. Verwendung von von Natriumethanthiolat ($NaSCH_2CH_3$) anstelle von Natriumethanolat

4. Verwendung von Dimethylformamid anstelle von Ethanol

Aufgabe 207

Halogenalkane dienen häufig als Edukte für nucleophile Substitutionen, die je nach Art des Halogenalkans und des Nucleophils nach einem monomolekularen (S_N1) oder einem bimolekularen Mechanismus (S_N2) verlaufen können. Für S_N2-Substitutionen beobachtet man dabei meist eine starke Erhöhung der Reaktionsgeschwindigkeit, wenn man von Methanol als Solvens zu Dimethylsulfoxid (DMSO) wechselt, obwohl es sich bei beiden um polare Lösungsmittel handelt.

Erklären Sie diesen Befund.

Aufgabe 208

Im Folgenden sind einige nucleophile Substitutionen gegeben. Entscheiden und begründen Sie jeweils, ob ein Reaktionsverlauf nach dem S_N1- oder nach dem S_N2-Mechanismus zu erwarten ist, formulieren Sie das entsprechende Produkt und beachten Sie dabei auch den stereochemischen Verlauf.

a) [structure: propyl iodide] + CN$^{\ominus}$ $\xrightarrow{\text{Solvens: DMSO}}$

b) [structure with Cl] + CH$_3$OH $\xrightarrow{\text{Solvens: CH}_3\text{OH}}$

c) [cyclohexane structure with Br and H$_3$C] + I$^{\ominus}$ $\xrightarrow{\text{Solvens:}}$ H$_3$C—C(=O)—CH$_3$

Aufgabe 209

a) Geben Sie für die folgenden Kohlenwasserstoffe das jeweilige Hauptprodukt bei einer radikalischen Bromierung an.

[cyclohexane] $\xrightarrow[h\nu]{\text{Br}_2}$

[cyclopentane]–CH$_3$ $\xrightarrow[h\nu]{\text{Br}_2}$

[benzene]–CH$_3$ $\xrightarrow[h\nu]{\text{Br}_2}$

[octahydronaphthalene] $\xrightarrow[h\nu]{\text{Br}_2}$ +   (2 Prod.)

b) Wie könnte man ausgehend vom Produkt der ersten Reaktion in zwei Schritten zu *trans*-1,2-Dibromcyclohexan gelangen?

Aufgabe 210

Die Verbindung (*R*)-2-Brombutan wird einer radikalischen Chlorierung unterworfen. Analysieren Sie die möglichen Produkte und achten Sie dabei auch auf stereochemische Aspekte.

Aufgabe 211

Die Verbindung 2-Methylbutan soll einfach chloriert werden.

a) Welche unterschiedlichen Produkte können dabei erhalten werden? Versuchen Sie, eine Aussage über die relativen Mengen zu treffen, in denen die Produkte entstehen.

b) Nach welchem Reaktionstyp verläuft diese Reaktion? Formulieren Sie den Mechanismus für eines der Produkte.

Aufgabe 212

Gegeben sind mehrere Substrate für eine nucleophile Substitution, die mit Natriumazid, NaN_3, in Ethanol als Lösungsmittel umgesetzt werden sollen.

a) Entscheiden Sie, für welche der nachfolgenden Verbindungen eine S_N2-Reaktion mit ausreichender Geschwindigkeit ablaufen sollte und begründen Sie Ihre Entscheidungen.

b) Durch welche Maßnahme könnte für das gegebene Nucleophil die Reaktivität nach S_N2 noch verbessert werden?

Aufgabe 213

Dimethylether und Ethanol sind isomere Verbindungen, verhalten sich aber physikalisch und chemisch sehr unterschiedlich.

a) Um welche Art von Isomerie handelt es sich?

b) Obwohl beide genannten Verbindungen ein ähnlich großes Dipolmoment aufweisen, siedet der Ether etwa 100 K niedriger als Ethanol. Begründen Sie.

c) Für eine Reduktion mit $LiAlH_4$ benötigen Sie ein Lösungsmittel. Zur Hand sind Aceton, Diethylether und Ethanol. Welches Lösungsmittel verwenden Sie? (Begründung!)

d) Methyl-*tert*-butylether (2-Methyl-2-methoxypropan) soll nach der Methode von Williamson synthetisiert werden. Welche Edukte eignen sich hierfür? Formulieren Sie eine entsprechende Synthese.

e) Warum ist es aus Sicherheitsaspekten sinnvoll, anstelle von Diethylether im Labor Methyl-*tert*-butylether als Lösungsmittel einzusetzen?

Aufgabe 214

a) Eine allgemein anwendbare Möglichkeit zur Synthese von Ethern
der Form R–CH$_2$–O–CH$_2$–R′ ist nach A.W. Williamson benannt und
beinhaltet eine S$_N$2-Reaktion. Diese Reaktion kann auch intramolekular ablaufen und ermöglich so die Bildung cyclischer Ether wie Tetra-
hydrofuran (= Oxacyclopentan).

Welches Edukt ist hierfür geeignet? Formulieren Sie den Reaktionsablauf unter Verwendung
von Elektronenpfeilen.

b) Ein weiterer wichtiger cyclischer Ether ist das Oxacyclopropan. Obwohl zur gleichen Substanzklasse gehörig unterscheiden sich beide in ihren Eigenschaften deutlich; so reagiert nur
einer von beiden in Anwesenheit katalytischer Mengen von H$^+$-Ionen mit Wasser. Begründen
Sie das unterschiedliche Verhalten und formulieren Sie den Ablauf der genannten Reaktion
mit Elektronenpfeilen.

c) Im Zuge einer metabolischen Aktivierung können auch (polycyclische) aromatische Kohlenwasserstoffe, wie z. B. Benzpyren, zu Epoxiden (Oxacyclopropan-Derivaten) reagieren.
Erklären Sie mit einem Satz, warum dies zu cancerogenen Eigenschaften führt.

Aufgabe 215

Welches Produkt / welche Produkte sind bei den folgenden Umsetzungen zu erwarten, sofern
eine Reaktion eintritt?

a) $\diagup\!\!\!\diagdown\!\!\!\diagup\!\!\!\diagdown\!\!\!\diagup$ +   Na$^\oplus$ Cl$^\ominus$ $\longrightarrow$

b) $\diagup\!\!\!\diagdown\!\!\!\diagup$Cl   +   CH$_3O^\ominus$ Na$^\oplus$ $\longrightarrow$

c)   Cl
     |
     C
H'''⁄ `\`CH$_3$ +   Na$^\oplus$ $^\ominus$SCH$_3$ $\longrightarrow$
H$_3$CCH$_2$⁄

d)   OH
     |
     $\diagdown\!\!\!\diagup\!\!\!\diagdown$ +   HBr $\longrightarrow$

Aufgabe 216

Eine Hydrolyse der nebenstehend gezeigten Verbindung führt zu
zwei verschiedenen Alkoholen. Weshalb? Benennen Sie die beiden
Produkte vollständig (Stereochemie beachten!).

Aufgabe 217

Die Verbindung (R)-2-Brombutan soll in den Alkohol (R)-2-Butanol umgewandelt werden. Denken Sie an den stereochemischen Verlauf von S_N2-Reaktionen und überlegen Sie, wie die erwünschte Umsetzung bewerkstelligt werden könnte. Sie können auf beliebige nucleophile Reagenzien zurückgreifen.

Aufgabe 218

Welche der folgenden Moleküle reagieren nach einem E2-Mechanismus? Formulieren Sie die entsprechenden Produkte und begründen Sie kurz.

a   **b**   **c**   **d**   **e**

Aufgabe 219

Die beiden Halogenalkane 1-Brombutan und 1-Brom-2-methylpropan werden mit Ethanolat-Ionen umgesetzt.

a) Handelt es sich bei den beiden Edukten um Isomere? Wenn ja – welche Art der Isomerie liegt vor?

b) Welche Produkte sind jeweils zu erwarten, nach welchem Mechanismus werden sie gebildet und welches erwarten Sie als das Hauptprodukt?

c) In einem weiteren Experiment wird das 1-Brom-2-methylpropan mit Iodid-Ionen in Aceton umgesetzt. Welches Produkt / Produkte erwarten Sie nun?

Aufgabe 220

Die Verbindung *trans*-1-Brom-2-ethylcyclohexan wird mit einer starken Base wie Methanolat (CH_3O^-) umgesetzt (E2-Bedingungen). Formulieren Sie die Reaktion unter Verwendung von Elektronenpfeilen und erklären Sie, welches Produkt zu erwarten ist.

Aufgabe 221

a) Die Verbindung 1-Chlor-2-buten reagiert leicht mit Wasser zu zwei regioisomeren Alkoholen. Erklären Sie, warum die Solvolyse in diesem Fall rasch verläuft und zeigen Sie den Reaktionsverlauf.

b) Mit guten Nucleophilen (z. B. I⁻) verläuft die Reaktion nach einem anderen Mechanismus, jedoch kann man auch hier die Bildung von zwei Produkten beobachten. Zudem verläuft die Reaktion wesentlich rascher als mit 1-Chlorbutan. Erklären Sie diese Befunde.

Aufgabe 222

Die unten gezeigte Verbindung wurde mit *tert*-Butanolat in 2-Methyl-2-propanol (*tert*-Butanol) umgesetzt, wobei zwei Verbindungen **A** und **B** im Verhältnis von etwa 20:80 erhalten wurden. In einem zweiten Experiment wurde die Reaktion mit Ethanolat-Ionen in Ethanol wiederholt, was in etwa das umgekehrte Produktverhältnis ergab.

Formulieren Sie die Reaktionen, die zu den beiden Produkten **A** und **B** führen und erklären Sie die jeweils beobachteten Produktverhältnisse.

Aufgabe 223

a) Eliminierungsreaktionen an mit einer Abgangsgruppe X substituierten Alkanen können nach zwei unterschiedlichen Mechanismen ablaufen. Charakterisieren Sie beide Mechanismen hinsichtlich der angegebenen Kriterien.

Bezeichnung	E1	E2
Reaktivität des Substrats		
Geschwindigkeitsgesetz		
Zwischenprodukt		
bevorzugter Solvenstyp		

b) Im Folgenden sind einige Eliminierungsreaktionen gezeigt. Entscheiden und begründen Sie jeweils, ob ein Reaktionsverlauf nach dem E1- oder nach dem E2-Mechanismus zu erwarten ist, formulieren Sie das entsprechende Produkt und beachten Sie dabei gegebenenfalls auch den stereochemischen Verlauf.

i)

ii)

iii)

Aufgabe 224

Sie wollen das Alken 2-Methyl-2-buten durch eine Eliminierungsreaktion aus einem Halogenalkan herstellen. Welches Halogenalkan würden Sie hierfür als Edukt verwenden und wie würden Sie die Reaktionsbedingungen wählen, um eine möglichst hohe Ausbeute des Eliminierungsprodukts (und möglichst wenige Nebenprodukte) zu erhalten?

Aufgabe 225

Versuchen Sie, die Produkte für eine E2-Eliminierung aus den beiden folgenden Edukten vorherzusagen und begrüden Sie den jeweiligen Reaktionsverlauf.

Aufgabe 226

Gegeben ist das folgende Reaktionsenergiediagramm.

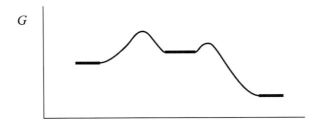

a) Tragen Sie die Freie Aktivierungsenthalpie für den ersten und den zweiten Reaktionsschritt ein. Wie viele Zwischenprodukte existieren?

b) Welcher Schritt ist bestimmend für die Gesamtgeschwindigkeit? Welcher Spezies ähnelt der zugehörige Übergangszustand am meisten – dem Edukt, dem Produkt, einem Zwischenprodukt?

c) Angenommen, das Diagramm beschreibt eine Eliminierung für eines der folgenden drei Bromcyclohexane – für welche der drei Verbindungen sollte dies der Fall sein?

Wie lautet das differentielle Geschwindigkeitsgesetz für diese Reaktion?

Aufgabe 227

Während gewöhnliche Ether sich den meisten Reagenzien gegenüber ziemlich inert verhalten, können Oxacyclopropane aufgrund ihres stark gespannten dreigliedrigen Ringsystems relativ leicht Ringöffnungsreaktionen mit Nucleophilen eingehen. Bei symmetrischen Strukturen verläuft der nucleophile Angriff dabei an beiden C-Atomen des Ethers mit gleicher Wahrscheinlichkeit:

$$H_2C-CH_2 \ + \ Nu^{\ominus} \ \longrightarrow \ \underset{-OH^{\ominus}}{\overset{H_2O}{\longrightarrow}} \ HO-CH_2-CH_2-Nu$$

Bei dieser nucleophilen Substitution fungiert das Sauerstoffatom des Ethers als Abgangsgruppe, was insofern ungewöhnlich ist, da das Alkoholat-Ion eine stark basische und daher sehr schlechte Abgangsgruppe darstellt. Die Triebkraft für die Reaktion kommt durch Auflösung der Ringspannung im Dreiring zustande.

Betrachtet man substituierte unsymmetrische Oxacyclopropane, wie z. B. das 2,2-Diethyloxacyclopropan, so können bei einer Ringöffnungsreaktion offensichtlich mehrere Produkte entstehen. Vergleichen Sie die Umsetzungen von 2,2-Diethyloxacyclopropan einerseits mit Na-Methanolat und anderseits mit Methanol unter Katalyse durch H_2SO_4 und versuchen Sie den jeweiligen Reaktionsverlauf zu erklären.

Aufgabe 228

a) Nennen Sie drei Bedingungen, die erfüllt sein müssen, damit eine Verbindung als „aromatisch" bezeichnet werden kann.

b) Für eine weiterführende Synthese wird als Edukt die Verbindung 1,3-Diaminobenzen benötigt. Ihr Laborkollege beschafft daher als Edukt Anilin (Aminobenzen) und macht sich ans Werk. Diskutieren Sie kurz, ob und ggf. welche Komplikationen zu erwarten sind und formulieren Sie den von Ihnen favorisierten Syntheseweg. Denken Sie dabei daran, dass aromatische Aminogruppen durch Reduktion einer anderen funktionellen Gruppe gebildet werden können.

c) Das erhaltene Produkt soll durch Schmelzpunktbestimmung charakterisiert werden. Da es jedoch flüssig ist, muss es dafür zunächst zu einem Feststoff derivatisiert werden. Schlagen Sie eine hierfür geeignete Reaktion vor und formulieren Sie diese.

Aufgabe 229

Bei der Herstellung mehrfach substituierter aromatischer Verbindungen spielt die Berücksichtigung der jeweiligen dirigierenden Wirkung der einzelnen Substituenten eine entscheidende Rolle. Danach richtet sich z. B. die Reihenfolge, in der die Substituenten einzuführen sind. Häufig sind dabei Umwandlungen von funktionellen Gruppen in andere Gruppen erforderlich, wodurch sich in vielen Fällen auch die dirigierende Wirkung umkehren lässt, z. B. durch Reduktion einer Nitrogruppe (*m*-dirigierend) in eine Aminogruppe (*o/p*-dirigierend) oder Oxidation einer Methylgruppe (*o/p*-dirigierend) zur Carboxylgruppe (*m*-dirigierend).

Schlagen Sie geeignete Synthesewege vor für

a) 1-Nitro-4-propylbenzol aus Benzol

b) 3-Bromanilin aus Benzol

c) 3-Chlor-4-acetamidobenzolsulfonsäure aus Anilin.

Aufgabe 230

Die im Folgenden gezeigten drei Substanzen sollen mit Hilfe von H_2SO_4 / SO_3 einer Sulfonierung unterzogen werden:

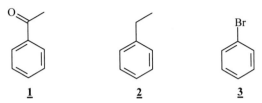

     1   **2**   **3**

a) Begründen Sie für jede der drei Verbindungen kurz, ob die Reaktion rascher oder langsamer als mit Benzen (Benzol) ablaufen wird.

b) Geben Sie die Strukturen für das jeweils zu erwartende Hauptprodukt / die Hauptprodukte an.

Aufgabe 231

Aufgrund ihres +M-Effekts wirkt die NH_2-Gruppe bekanntlich bei einer elektrophilen aromatischen Substitution stark aktivierend.

a) Wir betrachten im Folgenden die Umwandlung von Aminobenzol (Anilin) in 4-Nitroanilin. Dabei erweist sich ein Umweg über das Acetanilid (die Aminogruppe ist hierin zum Essigsäureamid derivatisiert) als nützlich. Formulieren Sie diese Reaktionsfolge zum 4-Nitroanilin, und versuchen Sie, den Grund dieses Vorgehens zu erklären.

b) Auch bei der Synthese von 1,3,5-Tribrombenzol spielt die Aminogruppe eine entscheidende Rolle. Können Sie dies erklären?

Aufgabe 232

Eine häufig erforderliche Reaktion ist die Substitution der Hydroxygruppe in Alkoholen beispielsweise durch ein Halogenid-Ion, Cyanid, o. ä.

a) Warum ist eine direkte Substitution der OH-Gruppe durch ein gutes Nucleophil wie Br^- nicht erfolgreich?

b) Typischerweise setzt man den in ein Halogenalkan umzuwandelnden Alkohol zunächst mit Thionylchlorid ($SOCl_2$) oder p-Toluolsulfonylchlorid („TsCl") um. Gängig sind auch die Verbindungen Methansulfonylchlorid ($H_3C–SO_2Cl$) sowie Trifluormethansulfonylchlorid ($F_3C–SO_2Cl$).

Formulieren Sie den Mechanismus für die Umsetzung von 1-Propanol mit einem der angegebenen Sulfonylchloride und die anschließende Bildung von 1-Brompropan.

Aufgabe 233

Es sollen die beiden gezeigten Verbindungen 3-Brom-acetophenon bzw. 4-Bromacetophenon ausgehend von Benzen hergestellt werden.

Skizzieren Sie für beide Verbindungen einen geeigneten Syntheseweg.

Aufgabe 234

Primäre Halogenalkane lassen sich durch eine nucleophile Substitution mit OH^--Ionen in die entsprechenden primären Alkohole überführen. Eine analoge Synthese primärer Amine mit NH_3 als Nucleophil ist zwar naheliegend und prinzipiell möglich, aber dennoch nicht empfehlenswert.

a) Erklären Sie, warum diese Synthesemethode wenig geeignet ist.

b) Da Azide ($R-N_3$) mit dem starken Hydrid-Donor $LiAlH_4$ zu primären Aminen reduziert werden können, stellt diese Route eine gute Alternative dar. Wie bei Reaktionen mit $LiAlH_4$ üblich, muss die Reaktion in einem aprotischen Lösungsmittel erfolgen. An den eigentlichen Reduktionsschritt schließt sich eine wässrige Aufarbeitung an, durch die das Amin freigesetzt und überschüssiges $LiAlH_4$ vernichtet wird.

Formulieren Sie eine entsprechende Synthese für 3-Methylbutan-1-amin.

Aufgabe 235

Gegeben ist die nebenstehend gezeigte Verbindung.

a) Zu welcher Stoffklasse gehört diese Verbindung?

b) Die Verbindung soll hydrolytisch gespalten werden. Begründen Sie anhand des Reaktionsablaufes, ob dafür vorzugsweise saure oder basische Reaktionsbedingungen benutzt werden sollten.

c) Betrachten Sie die Reaktion zur Bildung der beiden folgenden Verbindungen.

Für welche der beiden erwarten Sie eine günstigere Lage des Gleichgewichts (weiter auf der Seite der gezeigten Produkte) und welches Edukt würden Sie einsetzen, um die rechte Verbindung herzustellen?

Aufgabe 236

Im Folgenden sind einige typische Reaktionen von Aminen aufgeführt.

Ergänzen Sie die Reaktionsgleichungen durch die entsprechenden Produkte.

Aufgabe 237

Amine gehen weder unter sauren noch unter basischen Bedingungen nucleophile Substitutionen oder Eliminierungen ein, da einerseits ein Amid-Ion eine extrem schlechte (sehr stark basische) Abgangsgruppe ist, anderseits ein Ammonium-Ion (mit einem Amin als besserer Abgangsgruppe) mit basischen Nucleophilen unter Protonentransfer reagiert. Die einzige Möglichkeit für eine Eliminierung besteht mit quartären Ammoniumsalzen, die mit starker Base eine Eliminierung (bekannt als Hofmann-Abbau) eingehen können. Dazu wird, wie in folgendem Schema gezeigt, ein primäres, sekundäres oder tertiäres Amin durch Umsetzung mit Iodmethan erschöpfend zum quartären Ammonium-Ion methyliert. Das Iodid wird dann mit Silberoxid (Ag_2O) in das entsprechende Hydroxid umgewandelt, das beim Erhitzen auf Temperaturen > 100 °C das Alken und ein tertiäres Amin ergibt. Stehen an mehreren C-Atomen β-ständige H-Atome zur Eliminierung zur Verfügung, wird regioselektiv bevorzugt das weniger substituierte Alken gebildet.

Welche Produkte können bei einem Hofmann-Abbau (erschöpfende Methylierung + Eliminierung) aus den folgenden Aminen erhalten werden?

Aufgabe 238

Sie wollen die Verbindung 4-Oxopentanal in 4-Hydroxypentanal überführen und finden dafür folgenden Eintrag im Laborjournal ihres Kollegen:

a) Was ist hieran falsch; warum wird dieses Vorgehen nicht zum Erfolg führen? Nennen Sie zwei Gründe und erläutern Sie kurz.

b) Korrigieren Sie den Eintrag und schlagen Sie einen Weg vor, wie die gewünschte Umsetzung zu bewerkstelligen wäre.

Aufgabe 239

Die Umsetzung von Aceton mit einem Überschuss an Benzaldehyd unter alkalischen Bedingungen ergibt eine unter dem Namen Aldolkondensation bekannte Reaktion.

a) Geben Sie eine Summengleichung für die ablaufende Reaktion an und erklären Sie mit einem Satz, warum die Dehydratisierung der zunächst gebildeten β-Hydroxycarbonylverbindung im vorliegenden Fall besonders leicht verläuft.

b) Mit welcher einfachen Reaktion können Sie zeigen, dass die Dehydratisierung tatsächlich stattgefunden hat? Welche andere Beobachtung weist darauf hin?

c) Wie viele unterschiedliche Produkte erwarten Sie, wenn Sie die basenkatalysierte Aldolkondensation mit stöchiometrischen Mengen an Acetaldehyd und Aceton durchführen? Begründen Sie Ihre Antwort. Welche Verbindung sollte man bei dieser Reaktion als Hauptprodukt erwarten? Bezeichnen Sie dieses Produkt nach der rationellen Nomenklatur!

Aufgabe 240

Eine sehr wichtige Methode zur Knüpfung von C–C-Bindungen ist neben der Aldolkondensation auch die Esterkondensation („Claisen-Kondensation"), bei der ein Esterenolat-Ion mit einem weiteren Estermolekül in einer nucleophilen Acylsubstitution reagiert. Im einfachsten Fall reagieren dabei zwei Moleküle desselben Esters miteinander; falls nicht, spricht man von einer gekreuzten Claisen-Kondensation.

Betrachten Sie als einfaches Beispiel Essigsäureethylester.

a) Welche Base würden Sie zur Deprotonierung verwenden? Wirkt die Base katalytisch, oder müssen Sie diese in stöchiometrischer Menge einsetzen?

b) Formulieren Sie den Ablauf der Reaktion Schritt für Schritt. Wäre die Esterkondensation mit 2-Methylpropansäureethylester in gleicher Weise erfolgreich?

Aufgabe 241

Cystische Fibrose (CF) ist eine verhältnismäßig häufige genetisch bedingte Krankheit, die rezessiv vererbt wird. Im homozygoten Zustand verursacht der Gendefekt eine Störung des Wasser- und Salzhaushalts bei allen Drüsen, die häufig durch zähes Sekret verstopft sind. Zäher Schleim verschließt die Bronchien, so dass es oft zu Virus- und Bakterieninfektionen kommt.

Das CF-Gen codiert für ein Ionentransportprotein, das Chlorid-Ionen durch die Zellmembran transportiert (CFTR-Protein). Inzwischen weiß man, dass in 70 % aller Fälle eine Deletion von drei Basenpaaren vorliegt, die den Verlust eines Phenylalanins an Position 508 des Proteins zur Folge hat. Diese Deletion bewirkt Störungen bei der Membranlokalisation des Proteins. Inzwischen wurde entdeckt, dass die oben gezeigte Verbindung Curcumin an CFTR binden kann und so dessen Kanaleigenschaften modifiziert, was eine potentielle Therapiemöglichkeit erschließen könnte.

a) Curcumin steht im Gleichgewicht mit einer tautomeren Form. Um welche Art von Tautomerie handelt es sich? Formulieren Sie die tautomere Verbindung. Woran könnte es liegen, dass für Curcumin die gezeigte Form (entgegen sonstigen derartigen Gleichgewichten!) begünstigt ist?

b) Wenn es gelingt, die benötigte Dicarbonylverbindung mit fünf C-Atomen an den richtigen Stellen zu deprotonieren (was mit speziellen starken Basen möglich ist), könnte Curcumin durch eine zweifache Aldolkondensation mit dem entsprechenden aromatischen Aldehyd gebildet werden. Formulieren Sie diese Reaktionsfolge.

Aufgabe 242

Die Verbindung Gingerol ist die aktive Komponente in frischem Ingwer (*zingiber officinalis*), die ursächlich für dessen Schärfe ist. Sie ist verwandt mit Capsaicin und Piperin, die wiederum für die Schärfe von Chili und schwarzem Pfeffer verantwortlich sind.

a) Versuchen Sie, die Verbindung Gingerol nach der IUPAC-Nomenklatur zu benennen.

b) Bei Gingerol handelt es sich um eine β-Hydroxycarbonylverbindung, so dass man zur Synthese an eine Aldolreaktion denken könnte. Identifizieren Sie die dafür erforderlichen Bausteine und geben Sie an, welche Verbindung Sie als Hauptprodukt erwarten, wenn Sie die beiden Edukte in Anwesenheit von OH⁻-Ionen zur Reaktion bringen.

c) Dieses einfache Rezept ist offensichtlich nicht zufriedenstellend. Welches alternative Vorgehen halten Sie für geeigneter? Erklären Sie mit Hilfe der Strukturformeln.

Aufgabe 243

Das abgebildete Dobutamin gehört zur Gruppe der Catecholamine und wirkt primär positiv inotrop. Angriffspunkt hierbei ist der Beta-1-Rezeptor am Herz. Hierdurch erfolgt eine Erhöhung von Schlagvolumen und Herzzeitvolumen mit konsekutiver Verbesserung der Perfusion lebenswichtiger Organe (Gehirn, Niere etc.). Als Hauptanwendungsgebiet wird daher Herzinsuffizienz genannt.

Ein Molekülbestandteil leitet sich vom Dopamin ab, dem Decarboxylierungsprodukt der Aminosäure DOPA (3,4-Dihydroxyphenylalanin).

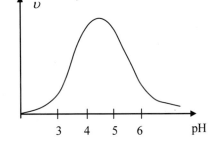

a) Welches Coenzym ist an der Decarboxylierung von DOPA zu Dopamin beteiligt? Welcher Bindungstyp wird zwischen diesem Coenzym und der Aminosäure ausgebildet? Formulieren Sie eine Strukturformel für dieses Addukt.

b) Welcher Reaktionstyp könnte Sie vom Dopamin zum Dobutamin bringen? Formulieren Sie eine entsprechende Reaktionsgleichung mit einem geeigneten Reaktionspartner.

Aufgabe 244

Die Addition von primären Aminen an Aldehyde und Ketone ist eine typische nucleophile Additionsreaktion. Untersucht man die Geschwindigkeit einer solchen Reaktion als Funktion des pH-Werts, so beobachtet man typischerweise einen Zusammenhang wie rechts gezeigt.

a) Erklären Sie mit Hilfe des Mechanismus, wie sich diese Abhängigkeit ergibt. Welche Substanzklasse wird dabei erhalten?

b) Anstelle von primären Aminen R–NH$_2$ kann man ganz analog auch das Hydroxylamin (H$_2$N–OH) mit Carbonylverbindungen umsetzen; die Produkte werden als Oxime bezeichnet. Ein in der Praxis bedeutsames Beispiel ist die Herstellung von Cyclohexanon-Oxim, da diese Verbindung unter stark sauren Bedingungen unter Ringerweiterung zum ε-Caprolactam umgelagert werden kann (sogenannte Beckmann-Umlagerung). Dieses wiederum wird im Megatonnenmaßstab produziert und zu Nylon 6 polykondensiert.

Versuchen Sie, den Mechanismus dieser Umlagerung zu formulieren und geben Sie eine Gleichung für die Polykondensationsreaktion mit einem Strukturausschnitt von Nylon 6 an.

Aufgabe 245

Die Verbindung γ-Aminobuttersäure (GABA; 4-Aminobutansäure) wird als „biogenes Amin" bezeichnet und ist der wichtigste inhibitorische (hemmende) Neurotransmitter im Zentralnervensystem.

GABA wird mit Hilfe der Glutamat-Decarboxylase aus Glutamat synthetisiert. wird So wird aus dem wichtigsten exzitatorischen in einem Schritt der wichtigste inhibitorische Neurotransmitter. GABA wird zum Teil in benachbarte Gliazellen transportiert. Dort wird es durch die GABA-Transaminase zu Glutamin umgewandelt, bei Bedarf wieder in die präsynaptische Zelle gebracht und in Glutamat umgewandelt (Glutaminzyklus). Danach kann es erneut in GABA umgewandelt werden. Der Neurotransmitter GABA kann nach seiner Verwendung entweder wieder in die präsynaptische Zelle aufgenommen und in Vesikeln gespeichert werden, durch die GABA-Transaminase metabolisiert, oder im Glutaminzyklus in Gliazellen weiterverarbeitet werden. Diese Decarboxylierung von Glutamat zu GABA wird durch Pyridoxalphosphat katalysiert. Es reagiert mit der primären Aminogruppe von Glutamat zu einem Imin. Ergänzen Sie:

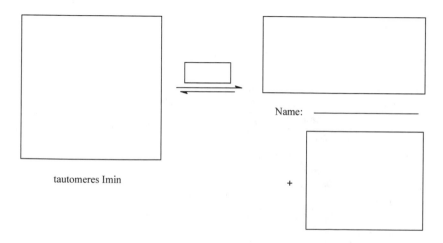

Dieses Imin kann anschließend decarboxylieren, wobei (nach Hydrolyse) obengenannte γ-Aminobuttersäure entsteht. Alternativ kann das Imin tautomerisieren und anschließend hydrolysiert werden. Geben Sie die Strukturen für das tautomere Imin und die Hydrolyseprodukte an. Benennen Sie das aus der Aminosäure entstandene Produkt.

Aufgabe 246

Imine sind wichtige Zwischenprodukte in vielen organischen Synthesen, u. a. bei einer schon sehr lange bekannten Methode zur Synthese von α-Aminosäuren, die auf Adolph Strecker (1822–1871) zurückgeht. Strecker fand, dass Aldehyde und Ketone zusammen mit Ammoniak und HCN (bzw. einer Mischung aus NH$_4$Cl und NaCN, die in wässriger Lösung mit NH$_3$, HCN und NaCl im Gleichgewicht steht) α-Aminonitrile ergeben, die in einem Folgeschritt zur Aminosäure hydrolysiert werden können. Dabei entsteht zunächst ein elektrophiles Iminium-Ion (protoniertes Imin), das anschließend von Cyanid unter Bildung des α-Aminonitrils angegriffen wird.

Formulieren Sie für die Aminosäure Phenylalanin den Mechanismus einer solchen Strecker-Synthese.

Aufgabe 247

Bei der Synthese von Peptiden, aber auch vielen anderen komplizierteren Synthesen ist es erforderlich, Aminogruppen mit einer Schutzgruppe zu versehen, um beispielsweise ihren Angriff auf Elektrophile zu verhindern. Dazu wird die Aminogruppe oft zu einem Carbamat (RNHCO$_2$R) umgesetzt, häufig unter Verwendung der *tert*-Butyloxycarbonyl (Boc)-Gruppe. Die Boc-Gruppe lässt sich durch Reaktion mit dem entsprechenden rechts gezeigten Anhydrid in Anwesenheit eines tertiären Amins einführen.

a) Formulieren Sie den Mechanismus für diese Reaktion und erklären Sie, warum das Carbonyl-C-Atom in der Boc-Gruppe relativ wenig reaktiv gegenüber Nucleophilen ist.

b) Eine weitere häufig benutzte Schutzgruppe für Amine zur Überführung in ein Carbamat ist die Benzyloxycarbonyl-Gruppe (Cbz), die durch Umsetzung des Amins mit Benzylchloroformiat (PhCH$_2$OCOCl) in Anwesenheit einer Base eingeführt wird.

Formulieren Sie diese Reaktion für den Methylester des Alanins.

Aufgabe 248

Carbonylverbindungen mit mindestens einem H-Atom am α-C-Atom stehen im Gleichgewicht mit dem korrespondierenden Enol (Keto-Enol-Tautomerie), wobei das Gleichgewicht meist weit auf der Seite der Ketoform liegt.

a) Eine Dicarbonylverbindung wie 3-Oxopentansäuremethylester kann dabei zwei unterschiedliche Enole ausbilden. Formulieren Sie das Keto-Enol-Gleichgewicht und erklären Sie, welche der beiden Enolformen bevorzugt ist.

b) In der Synthese spielen Enolat-Ionen von Aldehyden, Ketonen und Estern eine wichtige Rolle. Warum gilt dies nicht analog für Enolate von Carbonsäure und sekundären Amiden?

Aufgabe 249

Sie haben drei in Wasser ziemlich schlecht lösliche Substanzen auf dem Labortisch stehen, von denen Sie wissen, dass es sich um Pentan-3-on, 3-Methylhexan-1-ol und N,N-Dimethyl-aminocyclohexan handelt.

Leider haben Sie vergessen, die Gefäße entsprechend zu beschriften und wissen nun nicht mehr, welche der Verbindungen sich in welchem Präparateglas befindet.

Erklären Sie, wie Sie die Substanzen identifizieren könnten. Geben Sie für jede der obigen Verbindungen eine charakteristische Reaktion sowie Ihre Beobachtung an, mit Hilfe derer Sie die drei Substanzen eindeutig identifizieren können.

Aufgabe 250

Sie haben ein unbekanntes Amin vorliegen, von dem Sie vermuten, dass es sich um 4-Nitro-anilin handelt, und möchten es zur eindeutigen Identifizierung zu einem Benzoesäureamid mit bekanntem Schmelzpunkt derivatisieren. Sie vereinigen deshalb gleiche Stoffmengen an Benzoesäure und Amin in einem geeigneten Lösungsmittel. Da sie wissen, dass Benzoesäu-reamide schwer wasserlöslich sind, wundern Sie sich, dass sich durch Versetzen Ihrer Reakti-onsmischung mit Eiswasser kein Niederschlag ausfällen lässt.

a) Erklären Sie mit einem Satz, woran das liegt und formulieren Sie eine Reaktionsgleichung, die die tatsächlich abgelaufene Reaktion wiedergibt!

b) Wie müssen Sie Ihren obigen Versuch modifizieren, damit Sie das gewünschte Produkt erhalten? Formulieren Sie die entsprechende Reaktionsgleichung so, dass Sie Ihr Amin mög-lichst vollständig in das gewünschte Derivat umwandeln!

c) Gemäß des unter b) von Ihnen beschriebenen Verfahrens setzen Sie je 10 mmol des Amins (4-Nitroanilin) und des benötigten Reaktionspartners ein. Bei der Ermittlung der Ausbeute an Amid erhalten Sie eine Masse von 2,56 g.

Berechnen Sie die erzielte Ausbeute in Prozent der theoretisch möglichen Ausbeute. Sind Sie mit dem Ergebnis zufrieden? Kurze Begründung!

relative Atommassen: M_r (C) = 12; M_r (H) = 1; M_r (O) = 16; M_r (N) = 14

Aufgabe 251

Salene sind mehrzähnige Liganden, die stabile Komple-xe mit Übergangsmetallen bilden. Ein einfacher Vertre-ter dieser Stoffgruppe ist das N,N'-Bis(salicyden)-ethylendiamin. Die angesprochenen Komplexe wurden als Katalysatoren für verschiedene organische Reaktio-nen und in der Spurenanalytik eingesetzt.

Die gezeigte Verbindung (Salen I) lässt sich auf einfache Weise in zwei Schritten ausgehend von Salicylalkohol (2-Hydroxymethylphenol) oder Salicylsäure herstellen.

a) Welcher Reaktionstyp ist für den ersten Schritt erforderlich, wenn Sie von Salicylalkohol ausgehen, welcher, wenn Sie mit Salicylsäure starten? Formulieren Sie Teilgleichungen.

b) Im zweiten Schritt werden die beiden Aromaten verknüpft. Formulieren Sie auch diese Reaktion.

Aufgabe 252

Die nebenstehend gezeigte Verbindung wird bezeichnet als „Tri-*o*-Thymotid". Sie kann aufgrund ihrer drei Ringsauerstoffatome (besitzen je zwei freie Elektronenpaare) als Elektronendonor dienen und beispielsweise bestimmte Ionen im Inneren des Ringes komplexieren. Ganz aktuell wurde die Verwendung dieser Verbindung zur Fabrikation eines für Cr^{3+}-Ionen selektiven Sensors beschrieben. Obwohl die Verbindung auf den ersten Blick kompliziert aussieht, kann sie im Prinzip sehr einfach aus nur einem Molekül aufgebaut werden.

Geben Sie an, durch welchen Reaktionstyp Tri-*o*-Thymotid entstehen kann, welche funktionelle Gruppe dabei gebildet wird, und zeichnen Sie das benötigte Eduktmolekül. Benennen Sie dieses nach der rationellen Nomenklatur.

Aufgabe 253

Nach übermäßigem Ethanolgenuss greifen viele Menschen zu einer weiteren Chemikalie, die seit gut 100 Jahren unter der Handelsbezeichnung Aspirin bekannt ist. Der Wirkstoff ist bekanntlich eine einfache Substanz mit dem Namen Acetylsalicylsäure; Salicylsäure bezeichnet die 2-Hydroxybenzoesäure.

a) Zur Überprüfung dieser Behauptung soll die Acetylsalicylsäure durch Hydrolyse möglichst quantitativ in Salicylsäure übergeführt werden. Formulieren Sie die Reaktionsgleichung für einen entsprechenden zweistufigen Prozess!

1. Hydrolyse von Acetylsalicylsäure
2. Bildung der freien Salicylsäure

b) Eine Aspirintablette enthält laut Angabe des Herstellers 500 mg Acetylsalicylsäure. Nach Durchführung obiger Reaktion mit einer Tablette erhalten Sie schließlich 345 mg Salicylsäure. Errechnen Sie die prozentuale Ausbeute in Prozent der Theorie!

relative Atommassen: M_r (H) = 1; M_r (C) = 12; M_r (O) = 16

Aufgabe 254

Das nebenstehend gezeigte Diazinon gehört zur Gruppe der sogenannten Organophosphat-Insektizide und erfreut sich breiter Anwendung nicht nur in der Agrarwirtschaft, sondern auch im Heim- und Gartenbereich. Es verwundert daher nicht, dass die Verbindung eines der am häufigsten im Trinkwasser auffindbaren Insektizide darstellt.

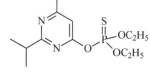

Das Bundesamt für Gesundheit (BAG) hat per Mai 2002 die Toleranzwerte für Diazinon denjenigen der EU angeglichen. Dies bedeutet, dass für einige Gemüsearten der Toleranzwert deutlich gesenkt wurde und für andere Arten jetzt kein Toleranzwert mehr festgelegt ist.

a) Wie bezeichnet man den heterocyclischen aromatischen Ring, der im Diazinon enthalten ist?

b) Nennen Sie drei Beispiele für natürlich vorkommende Vertreter mit diesem Heterocyclus und geben Sie entsprechende Strukturformeln an.

c) Welche Produkte erhalten Sie bei einer vollständigen Hydrolyse von Diazinon unter alkalischen Bedingungen? Formulieren Sie eine vollständige Reaktionsgleichung!

Aufgabe 255

Die Verbindung 7-Mercaptoheptanoylthreoninphosphat (7-HS-HTP) spielt eine Rolle als Coenzym in methanbildenden Bakterien.

a) Welche Produkte entstehen bei der sauren Hydrolyse dieser Verbindung? Formulieren Sie eine entsprechende Reaktionsgleichung und benennen Sie die Produkte.

b) Sowohl 7-HS-HTP wie auch das bekannte Ellman-Reagenz sind farblose Verbindungen. Bei der Umsetzung der beiden Verbindungen miteinander entsteht ein gelb gefärbtes Reaktionsprodukt. Formulieren Sie die Struktur dieser gefärbten Verbindung!

Aufgabe 256

Viele Kunststoffe werden durch Polymerisation hergestellt. Geben Sie mindestens drei Beispiele an, und zeichnen Sie die jeweiligen Monomerbausteine sowie einen Polymerausschnitt! Welche Arten von Zwischenstufen treten im Zuge der Polymerisation auf?

Aufgabe 257

Viele interessante wissenschaftliche Entdeckungen kommen durch Zufall zustande – so auch diejenige von Polytetrafluorethylen (PTFE), besser bekannt unter der Bezeichnung Teflon. In den 30er-Jahren des vergangenen Jahrhunderts arbeitete man bei der Chemiefirma DuPont an der Entwicklung neuer, nicht-toxischer Verbindungen als Kühlmittel. Dabei kam auch Tetrafluorethen zum Einsatz, ein Gas, das in Druckflaschen aufbewahrt wurde. Als eines Tages der Gasflasche kein Tetrafluorethen mehr zu entnehmen war, obwohl sich die Masse der Flasche nicht etwa durch ausgeströmtes Gas verringert hatte, ging man der Sache auf den Grund. Roy Plunkett öffnete den Zylinder und fand eine weiße wachsartige Masse vor, die sich als äußerst inert gegenüber verschiedenen aggressiven Chemikalien erwies. Es handelte sich um Polytetrafluorethen, das Polymerisationsprodukt von Tetrafluorethen.

1941 erhielt DuPont das Patent auf PTFE. Zunächst schien eine technische Nutzung der Entdeckung unmöglich, da die Herstellkosten zu hoch waren und keine Anwendung für das ausgesprochen inerte Material gesehen wurde. Im Jahre 1943 standen jedoch die Macher des Manhattan-Projektes zur Entwicklung der Atombombe vor dem Problem, mit der stark korrosiven Substanz Uranhexafluorid umzugehen, wofür ein geeignetes Behältermaterial gebraucht wurde. So kam das PTFE wieder ins Gespräch und es fand erstmals technische Verwendung als Korrosionsschutz beim Kernwaffenbau. Später beschichtete der französische Chemiker Marc Grégoire seine Angelschnur mit PTFE, um sie leichter entwirren zu können. Seine Ehefrau Colette kam dann 1954 auf die Idee, Töpfe und Pfannen damit zu beschichten.

PTFE ist sehr reaktionsträge. Selbst aggressive Säuren wie Königswasser können PTFE nicht angreifen. Der Grund liegt in der besonders starken Bindung zwischen den Kohlenstoff- und den Fluoratomen. Charakteristisch ist auch sein sehr geringer Reibungskoeffizient, was es als Trockenschmierstoff und als Beschichtung für Lager und Dichtungen interessant macht.

In der Medizin wird PTFE unter anderem für Implantate wie beispielsweise Gefäßprothesen verwendet. Zum einen sorgt seine chemische Beständigkeit für eine lange Lebensdauer und gute Verträglichkeit, zum anderen verringert die glatte Oberfläche die Entstehung von Blutgerinnseln. Aufgrund dieser Verträglichkeit findet es auch immer mehr Anwendung als Piercing-Schmuck. Weiterhin gibt es Implantate für das Gesicht aus PTFE, die in der Plastischen Chirurgie Verwendung finden.

Die Polymerisation von Tetrafluorethen verläuft nach einem Radikalmechanismus, wobei man als Radikalstarter meist ein organisches Peroxid einsetzt.

a) Erklären Sie, warum sich Peroxide hierfür besonders gut eignen.

b) Polymerisiert man ein unsymmetrisches Alken wie Phenylethen (Styrol), stellt sich die Frage nach der Regioselektivität der Reaktion. Formulieren Sie diese Polymerisation und erklären Sie ggf. eine zu beobachtende Regioselektivität.

Aufgabe 258

2-Cyanoacrylsäureethylester, auch Ethyl-2-cyanoacrylat genannt, ist ein Nitrilderivat des Ethylesters der Acrylsäure. Es handelt sich um eine farblose Flüssigkeit mit charakteristisch stechendem Geruch, die bei Kontakt mit Feuchtigkeit, Aminen, alkalischen Substanzen und Alkohol sehr schnell in einer exothermen Reaktion polymerisiert. Hauptsächlich wird die Verbindung als Sekundenkleber verwendet, aber auch in der Medizin für fadenlose Wundnähte eingesetzt. Daneben findet die Substanz Anwendung in der Forensik, um mit Hilfe von Cyanacrylat-Dämpfen Fingerabdrücke sichtbar zu machen.

a) Im ersten Schritt der Polymerisation kommt es zu einem nucleophilen Angriff z. B. durch anwesende Hydroxid-Ionen am β-C-Atom des Acrylsäureesters. Erklären Sie mit Hilfe geeigneter Grenzstrukturen, warum der Angriff bevorzugt hier erfolgt.

b) Formulieren Sie dann den Mechanismus für die folgenden Schritte der Polymerisationsreaktion, die durch Addition eines Protons (aus H_2O) im letzten Schritt abgeschlossen wird.

Aufgabe 259

Kationische Polyelektrolyte stellen eine wichtige Klasse von Polymeren dar, z. B. aufgrund ihrer Bindung an anionische Polymere wie die DNA. Gezeigt ist ein Ausschnitt aus der Verbindung Poly-(2-(dimethylamino)ethylmethacrylat), einem Ester der Methacrylsäure (= 2-Methylpropensäure). Bei hohen pH-Werten ist das Polymer praktisch ungeladen; erst bei niedrigeren pH-Werten entsteht ein Polykation.

a) Formulieren Sie die Strukturformel für das Monomer (2-Dimethylamino)ethylmethacrylat. Durch welchen Reaktionstyp könnte daraus das gezeigte Polymer hergestellt werden?

b) Während der Ladungszustand des gezeigten Polymers stark vom pH-Wert abhängt, kann daraus durch eine S_N2-Reaktion ein starker Polyelektrolyt gebildet werden, der pH-unabhängig pro Monomereinheit eine positive Ladung aufweist. Formulieren Sie eine hierfür geeignete Reaktion.

Aufgabe 260

Polycarbonate sind sogenannte thermoplastische Kunststoffe. Sie eignen sich zum Bau von Gehäusen für Küchenmaschinen, zur Herstellung von Geräten in der Elektrotechnik wie Schaltern oder Steckern, für den Fahrzeugbau, für Sicherheitsverglasungen oder für Schutzhelme. Ein solches Polycarbonat entsteht beispielsweise bei der Kondensation des gezeigten Bisphenol A (2,2-Bis(4-hydroxyphenyl)propan) mit Phosgen (Kohlensäuredichlorid).

Formulieren Sie die Polykondensation und kennzeichnen Sie die wiederkehrende Sequenz durch eine eckige Klammer.

Aufgabe 261

Mit einem neuen, u. a. von Freiburger Medizinern entwickel-
ten Klebstoff können Blutgefäße repariert werden. Dem gezeigten Präpolymer ist ein Fotoinitiator beigemischt; es lässt
sich über die defekte Stelle im Gewebe streichen und polymerisiert nach UV-Aktivierung rasch zu einem festen, aber elastischen Netzwerk.

Identifizieren und benennen Sie die drei Bausteine, aus denen
sich das gezeigte Präpolymer zusammensetzt, und in die es
hydrolytisch aufgespalten werden könnte.

Welcher Mechanismus ist für die angesprochene Fotopolymerisation zu erwarten?

Aufgabe 262

Polyester und Polyamide sind synthetische „Polymere" von enormer wirtschaftlicher Bedeutung, die aus dem Alltag nicht wegzudenken sind.

a) Was ist unter der Bezeichnung Nylon zu verstehen?

b) Worin unterscheidet sich die Herstellung von Polystyrol oder Polyvinylchlorid von der
Herstellung von Nylon (außer natürlich durch unterschiedliche Ausgangsmaterialien)?

c) Formulieren Sie die Synthese eines Polyamids aus zwei beliebigen, geeigneten Ausgangsmaterialien und kennzeichnen Sie die sich wiederholende Monomereinheit im Produkt durch
eine eckige Klammer!

Aufgabe 263

Polyethylenterephthalat (PET) ist ein Polyester, der jährlich in Mengen von mehr als 20 Millionen Tonnen produziert wird. Etwa 70 % davon werden zu Fasern versponnen (z. B. Tery-
len®, Dracon®), ca. 7 % werden für Polyesterfilme verwendet, knapp 20 % werden für Le-
bensmittelverpackungen eingesetzt, z. B. für Getränkeflaschen. Das PET ist ein thermoplasti-
sches Polymer, d. h. es erweicht beim Erhitzen und erhärtet wieder beim Abkühlen. Da dieser
Vorgang oftmals wiederholt werden kann, ohne dass sich die chemischen Eigenschaften des
Materials verändern, lässt es sich gut recyclen. PET-Flaschen verdrängen daher die klassische
Pfandflasche aus Glas mehr und mehr, was aus ökologischer Sicht zumindest bedenklich
erscheint.

Die Herstellung von PET erfolgt aus Ethan-1,2-diol und Benzol-1,4-dicarbonsäuredimethyl-
ester (Terephthalsäuredimethylester = Dimethylterephthalat). Formulieren Sie diesen Prozess
Schritt für Schritt. Was können Sie über die Lage des Gleichgewichts aussagen, und wie kann
es zugunsten des gewünschten Produkts beeinflusst werden?

Aufgabe 264

Eine unbekannte Verbindung zeigt folgende Eigenschaften:

Sie löst sich nur wenig in Wasser und verursacht dabei keine merkliche Veränderung des pH-Werts. In stark saurer Lösung bei erhöhter Temperatur wird ein Alken gebildet (Reaktion 1). Bei der Zugabe von schwefelsaurer $K_2Cr_2O_7$-Lösung wird eine Farbänderung nach grün-blau beobachtet; es entsteht Cr^{3+} (Reaktion 2). Das (organische) Reaktionsprodukt löst sich leicht in NaOH-Lösung (Reaktion 3) und kann unter Säurekatalyse mit einem Alkohol reagieren (Reaktion 4).

a) Welche funktionelle Gruppe enthielt die ursprüngliche Verbindung?

b) Formulieren Sie alle ablaufenden Reaktionen!

Aufgabe 265

In zahlreichen Industrieländern ist ein hoher Prozentsatz der Bevölkerung übergewichtig; dennoch sind viele Menschen nicht zum Verzicht auf schlechte Ernährungsgewohnheiten bereit. Die Nahrungsmittelindustrie schlägt daraus erfolgreich Kapital und bringt z. B. sogenannte „fettfreie" Kartoffelchips auf den Markt, die einen unverdaulichen „Null-Kalorien" Fettersatzstoff enthalten. Ein solcher ist z. B. „Olestra", das vermutlich aus sterischen Gründen nicht von den entsprechenden Verdauungsenzymen angegriffen werden kann. In der gezeigten Struktur symbolisieren die Reste „R" langkettige Alkylketten mit 8–22 C-Atomen.

a) Wählen Sie für „R" einen beliebigen geeigneten Rest, benennen Sie Ihre Edukte und formulieren Sie eine mögliche Synthese für „Olestra".

b) Eine chemische Hydrolyse von „Olestra" liefert (neben dem Kohlenhydratanteil) ein Gemisch aus Palmitat (12,5 %), zweifach ungesättigtem Linolat (37,5 %) und Oleat (50 %).

Wie viel Gramm Brom (M (Br$_2$) = 160 g/mol) können Sie an 0,20 mol „Olestra" addieren?

Aufgabe 266

Taurin (2-Aminoethansulfonsäure) kommt als Bestandteil der Taurocholsäure in der Galle vieler Tiere, v. a. der Rinder, vor. Es ist eine kristalline Substanz, die erst oberhalb von 240 °C schmilzt. Sie löst sich in neutraler Reaktion in Wasser, dagegen kaum in Ethanol oder Ether. Industriell fällt der Stoff als Zwischenprodukt bei der Herstellung von Waschmitteln an.

Taurin ist eine biologisch wichtige chemische Verbindung. Der erwachsene menschliche Körper kann Taurin aus Cystein und Vitamin B$_6$ (Pyridoxin) selbst herstellen. Bekannt ist Taurin als Zusatz in Energy Drinks. Da es vielen Stoffen, wie z. B. auch Koffein, den Übergang in die Blutbahn erleichtert, soll es beitragen, den Konsumenten beleben. Eine solche Wirkung ist nicht nachgewiesen, kann aber gesundheitlich unbedenklich angesehen werden.

a) Geben Sie die Strukturformel von Taurin an. Berücksichtigen Sie dabei die obengenannten Eigenschaften.

b) Die biochemische „Muttersubstanz" des Taurins ist die Aminosäure L-Cystein, aus der zunächst enzymatisch die Mercaptogruppe zur Sulfonsäuregruppe oxidiert wird. Das Produkt L-Cysteinsäure geht dann unter Wirkung einer spezifischen Decarboxylase in Taurin über. Formulieren Sie die Redoxteilgleichung für die Oxidation von Cystein zur Cysteinsäure.

c) Die Decarboxylierung verläuft unter Beteiligung des Coenzyms Pyridoxalphosphat, wobei sich zunächst das Imin bildet. Dieses decarboxyliert; das entstehende Produkt tautomerisiert und setzt anschließend durch Hydrolyse das Endprodukt Taurin frei.

Komplettieren Sie das Schema mit den entsprechenden Strukturformeln.

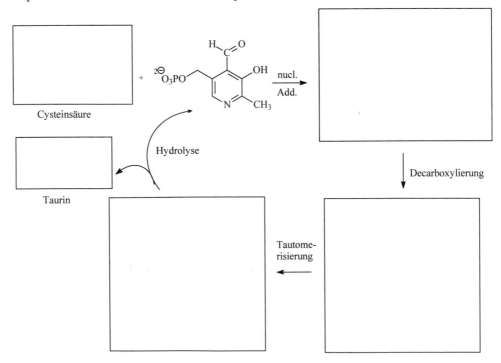

Aufgabe 267

Acetylsalicylsäure wird nach oraler Gabe rasch und zu einem hohen Prozentsatz resorbiert. Während ein Teil bereits während der Schleimhautpassage hydrolysiert wird, werden in der Leber – nach weiterer Hydrolyse – Glucuronide sowie Salicylursäure und, zu einem kleinen Teil, Gentisinsäure gebildet. Vervollständigen Sie das nachfolgende Schema!

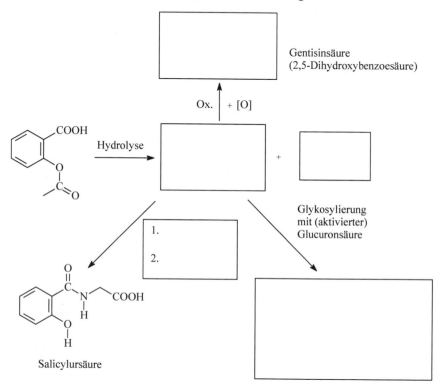

Gentisinsäure
(2,5-Dihydroxybenzoesäure)

Ox. | + [O]

Hydrolyse

+

Glykosylierung
mit (aktivierter)
Glucuronsäure

1.

2.

Salicylursäure

Aufgabe 268

Sie haben drei in Wasser ziemlich schlecht lösliche Substanzen auf dem Labortisch stehen, von denen Sie wissen, dass es sich um 4-Chlorbenzoesäure, 4-Methylhexan-2-ol und 2-Methylphenol handelt. Leider haben Sie vergessen, die Gefäße entsprechend zu beschriften und wissen nun nicht mehr, welche der Verbindungen sich in welchem Präparateglas befindet.

Überlegen Sie sich, wie Sie die einzelnen Substanzen identifizieren können. Geben Sie für jede der obigen Verbindungen eine charakteristische (d. h. mit den beiden anderen Verbindungen nicht ablaufende) Reaktion und Ihre Beobachtung an, die Ihnen zur Identifizierung dient.

Aufgabe 269

Die Verbindung *Z*-Ethyl-8-brom-7-hydroxyoct-5-enoat kann in drei Reaktionsschritten aus einem Alkin synthetisiert werden. Der Ablauf dieser Synthese ist im Folgenden gezeigt:

Es fällt auf, dass die Reaktion in jedem der Schritte selektiv verläuft, d. h. von mehreren prinzipiell denkbaren Produkten wird jeweils eines bevorzugt gebildet. Dabei lassen sich unterschiedliche Typen von Selektivität erkennen.

Ordnen Sie den einzelnen Schritten die jeweils beobachtbare Art von Selektivität zu und erklären Sie.

Aufgabe 270

Kartoffelchips mit Acrylamid belastet!

Als im Frühjahr 2002 solche Schlagzeilen durch die Medien gingen, schreckten viele Liebhaber von Pommes frites, Keksen, Chips, Kaffee und ähnlichen Nahrungsmitteln auf. Ein Team um die Umweltchemikerin Margareta Törnqvist von der Universität Stockholm hatte herausgefunden, dass beim Backen, Frittieren und Braten von stärkehaltigen Lebensmitteln die giftige Substanz Acrylamid (2-Propensäureamid) entsteht. Es bildet sich, wenn oberhalb von 120 °C die Aminosäure Asparagin mit Zuckermolekülen wie Glucose oder Fructose reagiert. Acrylamid gilt als starkes Nervengift, das in Tierversuchen Krebs auslöst und das Erbgut schädigt. Durch verbesserte Produktionsbedingungen und Rezepturen ist es inzwischen erfreulicherweise gelungen, den Acrylamid-Gehalt vieler Lebensmittel drastisch zu senken.

a) Im ersten Schritt der sogenannten Maillard-Reaktion, die letztlich zur Bildung von Acryl-amid führen kann, reagieren Asparagin und Glucose unter Ausbildung einer N-glykosidischen Bindung. Formulieren Sie diesen Schritt.

b) Acrylamid wird leicht durch Nucleophile wie z. B. Basen der DNA angegriffen. Formulie-ren Sie exemplarisch den nucleophilen Angriff der Aminogruppe eines Adenosinmoleküls auf Acrylamid.

c) Während Acrylamid in seiner monomeren Form daher stark toxisch ist, ist das daraus durch Polymerisation entstehende Polyacrylamid, das verbreitet für die Trennung von Proteinen durch Gelelektrophorese verwendet wird, unproblematisch. Formulieren Sie die Bildung von Polyacrylamid aus dem Monomer.

In der Praxis wird während der Polymerisation normalerweise ein sogenannter Quervernetzer wie N,N'-Methylenbisacrylamid zu-gesetzt. Erklären Sie dessen Rolle und versuchen Sie die Poly-merisation in Anwesenheit von N,N'-Methylenbisacrylamid zu formulieren.

Aufgabe 271

Die gezeigte Verbindung ist schon lange unter dem Na-men Salicin bekannt; neben mehreren Hydroxygruppen enthält sie eine weitere funktionelle Gruppe.

a) Zu welcher Stoffklasse gehört diese Verbindung?

b) Die Verbindung soll hydrolytisch gespalten werden, um den „Nicht-Zuckeranteil" (das „Aglykon") weiter zu verarbeiten. Begründen Sie anhand des Reaktionsablaufes, ob dafür vorzugsweise saure oder basische Reaktionsbedingungen benutzt werden sollten.

c) Das aromatische Hydrolyseprodukt lässt sich leicht zur Salicylsäure oxidieren. Formulieren Sie dafür eine Redoxgleichung aus den Teilgleichungen und benutzen Sie als Oxidationsmit-tel Dichromat ($Cr_2O_7^{2-}$), das hierbei zu Cr^{3+}-Ionen reduziert wird.

d) Wenn Sie die Salicylsäure acetylieren, erhalten Sie die nützliche Verbindung Acetylsali-cylsäure, bekannt als „Aspirin". Diese Reaktion ist eine typische Gleichgewichtsreaktion. Sie haben 0,50 mol der Salicylsäure mit 0,50 mol Essigsäure zur Reaktion gebracht. Angenom-men, die Gleichgewichtskonstante für diese Reaktion beträgt $K = 4,0$. Welche Stoffmenge an Acetylsalicylsäure sollte demnach im Gleichgewicht gebildet worden sein?

Aufgabe 272

Der Kohlenwasserstoff n-Hexan ist im Grunde eine sehr wenig reaktive und harmlose Ver-bindung; er kann aber durch Enzyme der Cytochrom P450-Familie zu 2,5-Hexandion oxidiert werden, das nervenschädigend ist. Dieser Effekt beruht auf einer Quervernetzung von Lysin-resten in Proteinen, was zur Degeneration peripherer Nerven führen kann.

a) Formulieren Sie eine entsprechende Teilgleichung für die Oxidation des *n*-Hexans zum 2,5-Hexandion.

b) Welche Reaktion findet mit den Lysinresten statt? Gehen Sie von zwei über das Peptidrückgrad verbundenen Lysinresten (schematisch nebenstehend gezeigt) aus, ersetzen Sie dabei „Lys" durch die entsprechende funktionelle Gruppe und formulieren Sie die entsprechende Reaktion. Welche funktionelle Gruppe entsteht dabei?

Aufgabe 273

Angestachelt durch die Gesundheitsversprechen eines Konzerns, der „probiotischen" Joghurt herstellt, möchte auch die Domspitz Molkerei in Regensburg ihren Joghurt mit etwas (S)-(+)-Milchsäure (= 2-Hydroxypropansäure) anreichern, die hierfür durch Reduktion von Brenztraubensäure (2-Oxopropansäure), dem Glykolyse-Endprodukt, gewonnen werden soll.

a) Als typisches Reduktionsmittel für Carbonylverbindungen wird hierfür NaBH$_4$ verwendet. Welches Produkt / welche Produkte werden erhalten? Begründen Sie.

Wie könnte der Prozess mit Hinblick auf die gewünschte Zielverbindung verbessert werden?

b) Eine Untersuchung der (S)-(+)-Milchsäure im Polarimeter ergab einen spezifischen Drehwinkel von +3,8° mL/g dm. Welcher Wert wäre für das unter a) synthetisierte Produkt zu erwarten, wenn davon eine Lösung von 0,5 g/mL in einer Küvette der Länge *l* = 1 dm untersucht wird?

Aufgabe 274

Unten gezeigt sind die beiden Steroide Cholesterol und Ethinylestradiol. Letzteres ist ein synthetischer Arzneistoff aus der Gruppe der Estrogene. Es ist ein Derivat des natürlichen vorkommenden Estradiols mit verstärkter estrogener Wirkung und wird vor allem zur Empfängnisverhütung eingesetzt.

a) Skizzieren Sie in wenigen Stichworten (keine Gleichungen formulieren!), wie Sie mit einer aus dem Praktikum bewährten Methode die Stoffmenge an Cholesterol in einer gegebenen Probe bestimmen könnten.

b) Auch für das Ethinylestradiol ist eine Reaktion mit diesem Reagenz zu erwarten. Formulieren Sie eine Reaktionsgleichung für das von Ihnen erwartete Produkt.

c) Die beiden oben gezeigten Alkohole unterscheiden sich signifikant in zwei typischen chemischen Eigenschaften (die i. A. auch im chemischen Praktikum untersucht werden). Begründen Sie.

Aufgabe 275

Die nebenstehende, vor einigen Jahren in der *Angewandten Chemie* publizierte Verbindung ist in der Lage, bereits in nanomolarer Konzentration sehr effektiv die Anzahl von wachstumsfähigen Zellen in Biofilmen zu reduzieren. Diese haben sich zu einem großen Problem bei klinischen Behandlungen entwickelt, da sie der körpereigenen Abwehr entgehen und gegenüber antimikrobiellen Substanzen resistent sind, unabhängig davon, ob sie auf natürlichen Geweben oder auf medizinischen Apparaten und Implantaten wachsen.

a) Bestimmen Sie die Konfiguration der beiden C=C-Doppelbindungen und die absolute Konfiguration an den mit einem Stern markierten Chiralitätszentren.

b) Welche funktionelle Gruppe muss ausgebildet werden, um ausgehend von einer offenkettigen Verbindung den Ring zu erhalten und welche Reaktion würden Sie dafür vorschlagen (die Tatsache, dass große Ringe wie der vorliegende relativ schwierig zu synthetisieren sind, bleibe außer Betracht)?

c) Angenommen, die Ketogruppe der gezeigten Verbindung soll mit Hilfe des biochemischen Reduktionsmittels NADH reduziert und im folgenden Schritt acyliert werden. Da hierbei auch mit einer Reaktion der beiden am Ring befindlichen Hydroxygruppen zu rechnen wäre, sollen diese vor der beabsichtigten Reaktion geschützt werden. Formulieren Sie zunächst eine für den Schutz der Hydroxygruppen geeignete Reaktion und in einem zweiten Schritt die folgende Reduktion der Ketogruppe mit NADH, wobei Sie den reaktiven Teil dieses Coenzyms ausformulieren und die stattfindende Reaktion mit Elektronenpfeilen kennzeichnen sollen. Nicht benötigte Molekülteile können abgekürzt werden.

Kapitel 5

Synthetische Fingerübungen

Aufgabe 276

Die Verbindung *N*-(4-Ethoxyphenyl)acetamid (Phenacetin) wurde bereits 1887 als Arzneistoff eingeführt und fand in zahlreichen Präparaten gegen Migräne, Neuralgien und Rheuma Verwendung. Wegen seiner gesundheitsschädlichen, insbesondere nierenschädigenden Wirkung in Kombination mit anderen Schmerzmedikamenten ist dieser Arzneistoff als Fertigarzneimittel jedoch seit 1986 nicht mehr im Handel.

Für die Wirkung im Organismus entscheidend ist das Hauptstoffwechselprodukt des Phenacetins, das Paracetamol (*N*-Acetyl-*p*-Aminophenol), das für die antipyretische und analgetische Wirkung verantwortlich ist.

Die Synthese von Phenacetin ist nicht besonders schwierig; eine mögliche Reaktionsfolge ist im Folgenden gezeigt.

Geben Sie für die einzelnen Schritte den jeweiligen Reaktionstyp an (z. B. elektrophile *trans*-Addition).

Aufgabe 277

Erbrechen ist ein häufiges und unspezifisches Symptom, dem viele Ursachen zugrunde liegen können, wie eine Magenerkrankung, Gallenblasenaffektionen, chronische Pankreatitis, Urämie, hepatisches Koma oder eine akute Infektion. Es ist außerdem ein Hauptsymptom der sogenannten Kinetosen (Bewegungskrankheiten), die bei Reisen auftreten können und auf schnellen, sich wiederholenden passiven Veränderungen des Gleichgewichts, mangelhafter Fixierung der rasch im Auge vorüberziehenden Gegenstände und psychischer Erregung beruhen. Antiemetika dienen zur Unterdrückung von Brechreiz und Erbrechen. Zu diesen gehört die Verbindung Metoclopramid (Gastrosil®), dessen Wirkung auf einer Blockade von Dopamin D$_2$-Rezeptoren beruht.

© Der/die Autor(en), exklusiv lizenziert durch
Springer-Verlag GmbH, DE, ein Teil von Springer Nature 2021
R. Hutterer, *Fit in Organik*, Studienbücher Chemie,
https://doi.org/10.1007/978-3-662-64603-8_5

a) Metoclopramid enthält drei Stickstoffatome mit freiem Elektronenpaar, die sich in ihrer Basizität erheblich unterscheiden. Erklären Sie.

b) Zur Herstellung von Metoclopramid könnte man von 4-Amino-2-methoxybenzoesäure ausgehen. Welche Reaktionen sind erforderlich, um ausgehend von dieser Verbindung zum gewünschten Präparat zu gelangen?

Aufgabe 278

Durch elektrophile aromatische Substitution an aktivierten Aromaten lassen sich sogenannte Azofarbstoffe herstellen, die früher z. B. in der Textilindustrie eine wichtige Rolle spielten. Inzwischen nimmt ihre Bedeutung zu diesem Zweck ab, da sich gezeigt hat, dass einige von ihnen zu cancerogenen Benzolaminen abgebaut werden. Verbindungen wie das „Buttergelb" (4-Dimethylaminoazobenzol) wurden früher auch als Lebensmittelzusatzstoffe verwendet. Ein bekannter Vertreter der Azofarbstoffe ist das Methylorange, das als pH-Indikator eingesetzt wird und im pH-Bereich um 4 seine Farbe ändert.

Formulieren Sie eine Synthese von Methylorange, ausgehend von 4-Aminobenzolsulfonsäure und *N,N*-Dimethylaminobenzol.

Aufgabe 279

Chloramphenicol ist ein Breitband-Antibiotikum, das erstmals 1947 aus *Streptomyces venezuelae* gewonnen wurde. Aufgrund seines breiten Wirkungsspektrums und seines günstigen Preises wurde es früher großflächig eingesetzt. Heute ist sein Einsatz in der Viehzucht – zumindest in der EU – aufgrund seiner Nebenwirkungen auf den Menschen untersagt. Aufgrund der potentiell lebensbedrohlichen Nebenwirkungen (Schädigung des Knochenmarks, aplastische Anämie) wird Chloramphenicol heute nur noch in der Klinik als Reserveantibiotikum verwendet, dessen Einsatz sorgfältig abgewogen werden muss. Chloramphenicol ist ein Translationshemmer, wirkt also blockierend auf die Knüpfung der Peptidbindung bei der Proteinsynthese an den prokaryotischen Ribosomen. Viele auch klinisch relevante Bakterien sind inzwischen durch eine kovalente Modifikation des Antibiotikums gegen Chloramphenicol resistent. Das Enzym Chloramphenicol-Acetyltransferase überträgt eine Acetylgruppe von Acetyl-CoA auf die primäre Hydroxygruppe des Chloramphenicols; das so modifizierte Antibiotikum bindet nicht mehr an Ribosomen.

Haupteinsatzgebiete für Chloramphenicol sind schwere, sonst nicht zu beherrschende Infektionskrankheiten wie Typhus, Paratyphus, Fleckfieber, Ruhr, Diphtherie und Malaria.

a) Sie sollen sich eine Synthese für diese Verbindung überlegen, ausgehend von 2,2-Dichlor-ethansäure und einem geeigneten zweiten (aromatischen) Ausgangsmaterial.

b) Mit welchen Nebenreaktionen müssten Sie rechnen?

c) Wie viele Chiralitätszentren besitzt Chloramphenicol? Zeichnen Sie Ihr Syntheseprodukt so, dass alle auftretenden Chiralitätszentren (S)-Konfiguration aufweisen.

Aufgabe 280

Jahr 1958 wurde die Verbindung (+)-Ophiobolin A erstmals aus der Kulturbrühe des pathogenen Pilzes *Ophiobolus miyabeanus* isoliert; 1965 konnte seine Struktur mittels Röntgenkristallographie aufgeklärt werden. Die Verbindung zeigt biologische Aktivität gegenüber Nematoden, Pilzen und Bakterien und hemmt die Calmodulin-aktivierte Phosphodiesterase, die cyclische Nucleotide spaltet.

a) Die gezeigte Verbindung weist C=C-Doppelbindungen auf. Für welche der beiden erwarten Sie, dass eine elektrophile Addition, beispielsweise von HBr, leichter verläuft? Welches Hauptprodukt würden Sie erwarten?

b) Für den Aufbau eines der Ringe (den Ringschluss) käme prinzipiell eine Aldolkondensation in Frage. Wie müsste das entsprechende Vorläufermolekül aussehen und welche Schwierigkeit wäre zu erwarten?

Aufgabe 281

Im Nobelaufsatz des Jahres 2011 von E. Negishi (Angew. Chem. 123 (2011) 6870), der sich mit Übergangsmetall-katalysierten Kreuzkupplungen befasst, findet sich neben vielen anderen auch die Verbindung Siphonarienon, für die im Jahr 2004 eine Totalsynthese publiziert worden war. Während der Aufbau der Kohlenstoffkette mit den Stereozentren sicherlich nicht einfach ist, könnte man die Doppelbindung prinzipiell relativ leicht durch eine bekannte organische Grundreaktion zur Ausbildung von C–C-Bindungen einführen.

Siphonarienon

Ein geeignetes Vorläufermolekül ist der gezeigte Alkohol, der sich in zwei Schritten zum Siphonarienon umsetzen lassen sollte. Formulieren Sie eine entsprechende Sequenz.

Welches Problem könnte dazu führen, dass in der publizierten Arbeit eine andere Reaktionssequenz zum Einsatz kam?

Aufgabe 282

Wie fast alle Verbindungen, die bis heute als Süßstoffe zugelassen worden sind, entstammt auch der erste Vertreter, das Saccharin, einer Zufallsentdeckung. Sie führte zu einer höchst spannenden Geschichte, angefangen mit einem lebenslangen Prioritätenstreit der beiden Entdecker, Schwierigkeiten bei der Herstellung bis hin zu extensiver Besteuerung und Schmuggelwesen – nachzulesen in „Die Saccharin-Saga" von K. Roth in „Chemie in unserer Zeit" 45 (2011) 406.

Ein billiges Edukt ist Toluol, das im ersten Schritt mit Chlorsulfonsäure zum reaktiven o-Toluolsulfonylchlorid umgesetzt wird. Dieses reagiert im nächsten Schritt mit Ammoniak. Dann muss die Methylgruppe zur Carbonsäure oxidiert werden. Das Produkt dieses Oxidationsschritts spaltet beim Erwärmen Wasser ab und liefert das gewünschte Produkt.

a) Ergänzen Sie das folgende Reaktionsschema.

b) Formulieren Sie eine Redoxgleichung für den Oxidationsschritt aus den Teilgleichungen. Als Oxidationsmittel dient Chromsäure (H_2CrO_4), die bekanntlich zu Cr^{3+} reduziert wird.

c) Das angeblich „reine Saccharin" wurde rasch ein großer Erfolg; jedoch stellte sich 1890/91 heraus, dass es bei Weitem nicht rein war, sondern rund 40 % eines Nebenprodukts enthielt. Ausgehend von der gezeigten Synthese – welches Nebenprodukt ist zu erwarten?

Glücklicherweise unterscheiden sich die pK_S-Werte der eigentlichen Zielverbindung Saccharin ($pK_S = 2{,}0$) und des Nebenprodukts ($pK_S = 3{,}6$), was den Weg wies zu einer zusätzlichen Reinigungsstufe. Was würden Sie vorschlagen – wie lassen sich die unterschiedlichen pK_S-Werte zur Reinigung des Saccharins ausnutzen?

Aufgabe 283

Der weibliche Menstruationscyclus wird von drei Proteinhormonen der Hypophyse kontrolliert: Das follikelstimulierende Hormon (FSH) induziert die Reifung der Eizelle, das luteinisierende Hormon (LH) den Eisprung. Das dritte im Bunde, das luteotrope Hormon schließlich bewirkt die Bildung des Gelbkörpers (*corpus luteum*). Durch regelmäßige Einnahme der Anti-Baby-Pille werden Eireifung und Eisprung verhindert, da dem Körper durch die Zufuhr stark wirksamer synthetischer Östrogen- und Progesteron-Derivate eine Schwangerschaft vorgetäuscht wird.

Eine typische im Handel erhältliche Pille enthält eine Kombination aus 0,05 mg Mestranol und 1 mg Norethynodrel. Mestranol enthält ebenso wie das natürlich vorkommende Hormon Östradiol einen aromatischen Ring und sollte sich aus diesem synthetisieren lassen.

Östradiol   Mestranol

a) Schlagen Sie eine plausible Syntheseroute für das Mestranol ausgehend von Östradiol vor.

b) Angenommen, es liegt eine Probe an Mestranol vor, die möglicherweise noch mit Östradiol verunreinigt ist. Wie sollte sich diese Verunreinigung relativ leicht von Mestranol abtrennen lassen?

Aufgabe 284

Die *p*-Aminobenzoesäure ist ein wichtiger Bakterienwuchsstoff und kommt als Baustein in der Folsäure vor. Ein Folsäuremangel wirkt sich u. a. auf die Biosynthese der Nucleinsäuren aus, da die Synthese der Purinvorstufen gestört wird. Ein Fehlen der Folsäure im Körper verändert das Blutbild und kann in der Schwangerschaft zu Fehlbildungen wie *Spina bifida*, einer Anencephalie des Neuralrohrs beim Embryo oder zu einer Frühgeburt führen.

Ausgangsstoff für die technische Synthese von *p*-Aminobenzoesäure ist *p*-Toluidin (4-Methylanilin bzw. 4-Aminotoluol). Vermeintlich kann die gewünschte Verbindung einfach durch eine einstufige Oxidation der Methylgruppe gewonnen werden; es zeigt sich aber, dass unter den erforderlichen Bedingungen auch die Aminogruppe oxidiert wird. Die Lösung ist ein Schutz der Aminogruppe durch Acetylierung, anschließend die Oxidation der Methylgruppe mit $KMnO_4$ und schließlich die Abspaltung der Schutzgruppe durch saure Hydrolyse.

a) Formulieren Sie die drei Reaktionsschritte. Die Redoxreaktion müssen Sie sich aus den Teilgleichungen erarbeiten (das Permanganat-Ion wird zu Mn^{2+} reduziert).

b) Durch zwei weitere Reaktionsschritte gelangt man von der *p*-Aminobenzoesäure zu dem als Lokalanästhetikum gebräuchlichen Tetracain (*p*-Butylaminobenzoesäure-β-dimethylaminoethylester.) Im ersten Schritt soll die Butylgruppe am Stickstoff eingeführt werden. Um welchen Reaktionstyp handelt es sich dabei? Mit welcher Verbindung würden Sie die *p*-Aminobenzoesäure umsetzen?

Im zweiten Schritt erfolgt dann die Veresterung mit dem entsprechenden Aminoalkohol. Müssen Sie befürchten, dass es zu einer Nebenreaktion mit der nucleophilen Aminogruppe des Aminoalkohols kommt?

Aufgabe 285

Alkylbenzene können durch Friedel-Crafts-Alkylierung oder – oftmals besser – mithilfe eines zusätzlichen Schritts durch Friedel-Crafts-Acylierung und nachfolgende Reduktion gewonnen werden. Die beiden folgenden Reaktionen an der Benzylposition erlauben es, dort eine Vielzahl weiterer Modifizierungen durchzuführen. Mit Hilfe der sogenannten Wohl-Ziegler-Bromierung, die radikalisch verläuft, lässt sich die Benzylposition bromieren. Durch ein starkes Oxidationsmittel wie $K_2Cr_2O_7$ oder $KMnO_4$ kann der Alkylrest zur Carbonsäure oxidiert werden.

Das Peroxid (meist: Dibenzoylperoxid) zerfällt bei Erwärmen homolytisch in zwei Radikale. Diese induzieren den Zerfall von *N*-Bromsuccinimid (NBS) in Bromatome, die die eigentliche Kettenreaktion in Gang setzen. Das Br-Radikal abstrahiert ein H-Atom in der Benzylposition zum Benzylradikal, das mit Br_2 zum Produkt und einem neuen Bromradikal reagiert. Das im ersten Schritt gebildete HBr reagiert in einem ionischen Zwischenschritt mit dem NBS unter Bildung von Br_2 und Succinimid.

Skizzieren Sie darauf aufbauend Synthesewege für die folgenden aromatischen Verbindungen, ausgehend von Ethylbenzen:

Die bereits erzeugten Produkte können für die Synthese der folgenden Verbindungen benutzt werden.

Aufgabe 286

Es soll die Verbindung 1,1-Dimethylethyl-2-nitrobenzol hergestellt werden. Welche Schwierigkeit ergibt sich aus der Tatsache, dass die *tert*-Butylgruppe sehr sperrig ist? Wie lässt sich dieses Problem lösen?

Aufgabe 287

Auf den ersten Blick scheint die Aminogruppe als stark aktivierender, *o/p*-dirigierender Substituent sehr gut geeignet für die Einführung weiterer Substituenten; die hohe Reaktivität verursacht aber auch einige Probleme. So würde eine Nitrierung zu einer Oxidation der Aminogruppe führen, während eine Friedel-Crafts-Reaktion an der Aminogruppe anstelle des aromatischen Rings erfolgen würde. Diese Schwierigkeiten lassen sich dadurch umgehen, dass die Aminogruppe zunächst acyliert wird; dies führt zu einer Abschwächung der aktivierenden Wirkung; die nach *o/p*-dirigierende Wirkung bleibt aber erhalten.

Erklären Sie, warum ein acyliertes Anilin weniger reaktiv ist als Anilin und skizzieren Sie eine Synthese für 4-Nitroanilin (4-Nitroaminobenzen) aus Benzen.

Aufgabe 288

Die Synthese einer Verbindung wie 1,3,5-Tribrombenzen scheint wegen der dirigierenden Wirkung der Br-Atome auf den ersten Blick ein schier unmögliches Unterfangen. Die Lösung besteht in der Einführung eines *o/p*-dirigierenden Substituenten, der nach Substitution der Br-Atome wieder entfernt werden kann.

Können Sie eine entsprechende Reaktionssequenz formulieren?

Aufgabe 289

Jede der vier folgenden Verbindungen kann in das entsprechende primäre Benzylamin umgewandelt werden. Geben Sie dafür jeweils eine geeignete Umsetzung an.

$\underline{a}$ $\underline{b}$ $\underline{c}$ $\underline{d}$

Aufgabe 290

Benzodiazepine wirken angstlösend, beruhigend, krampflösend und fördern den Schlaf. Die Effekte beruhen auf der allosterischen Bindung an den postsynaptischen $GABA_A$-Rezeptor, der Öffnung von Chloridkanälen und der Verstärkung der Wirkungen von GABA, des wichtigsten inhibitorischen Neurotransmitters im Gehirn. Es wurde eine Vielzahl an unterschiedlichen Derivaten synthetisiert; eines davon ist das Diazepam, das unter der Bezeichnung Valium vermarktet wurde. Da eine Langzeittherapie mit Diazepam zu psychischer und körperlicher Abhängigkeit führen kann, wird der Wirkstoff vorrangig in der Akuttherapie eingesetzt, also nicht länger als vier bis sechs Wochen.

Ergänzen Sie das nachfolgende Syntheseschema und bedenken Sie bei der ersten Umsetzung, dass Aniline bei einer Friedel-Crafts-Acylierung bevorzugt am Stickstoffatom reagieren.

Aufgabe 291

Captopril gehört zur Gruppe der Antihypertensiva, deren Wirkung vorwiegend auf einer Hemmung des Angiotensin Converting Enzymes (ACE) beruht. Dadurch wird die Umwandlung von Angiotensin I in Angiotensin II unterdrückt. Letzteres bewirkt eine Verengung der Blutgefäße und dadurch eine Erhöhung des Blutdrucks. Gleichzeitig regt es in der Nebenniere die Bildung des Hormons Aldosteron an. Dieses beeinflusst den Wassergehalt des Körpers, indem es die Salz- und Wasserausscheidung über die Niere verringert. Die Flüssigkeitsmenge nimmt zu und das Blutvolumen steigt – auch dies führt zu einem Blutdruckanstieg.

Eine Synthese der gezeigten Verbindung erscheint nicht allzu schwierig, da ein Baustein als Proteinbestandteil in großen Mengen günstig zur Verfügung steht. Allerdings könnte die nucleophile Eigenschaft der Mercaptogruppe des zweiten Bausteins Schwierigkeiten bereiten, da zu befürchten ist, dass diese Verbindung auch mit sich selbst reagiert.

Um dies zu verhindern, könnte man zunächst die leichte Oxidierbarkeit dieser Ausgangsverbindung ausnutzen, im nächsten Schritt die Kopplung mit dem zweiten Baustein durchführen und schließlich das Produkt reduktiv zur gewünschten Verbindung Captopril spalten.

Skizzieren Sie diese Reaktionsfolge.

Aufgabe 292

Bromhexin gehört zu den Sekretlösern (Mukolytica) und bewirkt
durch vermehrte Lysosomenbildung und Aktivierung hydrolytisch wirkender Enzyme den Abbau saurer Mucopolysaccharide.
Dadurch werden Fasern des Bronchialschleims abgebaut, so dass
mehr dünnflüssiges Sekret entsteht, und gleichzeitig seröse Drüsenzellen stimuliert. Bromhexin beugt so Entzündungen vor und
lindert Hustenattacken bei festsitzendem Husten.

Eine denkbare Synthese für diese Verbindung könnte von 2-
Brommethylanilin und Cyclohexanamin ausgehen. Können Sie
die drei Reaktionsschritte formulieren, die von diesen Ausgangsstoffen zum Produkt führen?

Aufgabe 293

Der UV-B Anteil des Sonnenlichts bewirkt die Entstehung des allgemein bekannten Sonnen-
brandes. Derartige Lichtdermatosen lassen sich zum Glück durch effektive Lichtschutzfilter-
kombinationen weitgehend vermeiden.

p-Methoxyzimtsäure-2-ethylhexylester gehört zu
einer Gruppe von Verbindungen, die als UV-B
Filter in den üblichen Sonnenschutzmitteln Verwendung finden. Die Verbindung soll schrittweise
aus einfacheren Substanzen aufgebaut werden.
Ausgangsmaterial ist p-Hydroxybenzaldehyd, der als Akzeptor in einer Aldolkondensation
mit einem geeigneten Aldehyd reagieren soll. Der entstehende β-Hydroxyaldehyd eliminiert
sehr leicht Wasser und liefert so den p-Hydroxyzimtaldehyd.

Damit im folgenden Schritt die Veresterung stattfinden kann, muss die Zimtsäure gebildet
werden, die anschließend mit dem entsprechenden Alkohol umgesetzt wird. Im letzten Schritt
muss schließlich noch die phenolische OH-Gruppe methyliert werden.

Formulieren Sie eine entsprechende Reaktionsfolge.

Aufgabe 294

Carbaryl (1-Naphtyl-N-methylcarbamat) ist ein Insektizid, das beispielsweise in China aufgrund des niedrigen Preises großflächig zum
Einsatz kommt. Es enthält ein C-Atom in seiner höchstmöglichen
Oxidationsstufe und kann daher als Derivat der Kohlensäure bzw. des
Harnstoffs betrachtet werden. Entdeckt und kommerziell zugelassen
wurde Carbaryl im Jahre 1958 durch die Firma Union Carbide. Anwendung findet das Insektizid (Markenname Sevin) vor allem in der
kommerziellen Landwirtschaft, in Hausgärten und beim Waldschutz.

Der Abbau der Verbindung verläuft nach Hydrolyse über das Naphthol und Naphtholsulfat, sowie über an unterschiedlichen Positionen hydroxyliertes Carbaryl, das als Sulfat und Glucuronid ausgeschieden werden kann. Der Wirkungsmechanismus beruht (wie bei den Phosphorsäureestern) auf einer Hemmung der Acetylcholinesterase, was zur Anhäufung von Acetylcholin an den postsynaptischen Membranen führt und dadurch Dauererregung bis zum Exitus bewirkt.

a) Für die Synthese von Carbaryl kann man von einem reaktiven Kohlensäurederivat ausgehen. Formulieren Sie für das gezeigte Carbaryl eine Synthese in zwei Schritten, bei der Sie zunächst den aromatischen Molekülteil und anschließend den N-haltigen Rest an das Kohlensäurederivat anknüpfen sollen. Denken Sie an Bedingungen, die einen möglichst vollständigen Reaktionsablauf gewährleisten.

b) Setzt man als Elektrophil alternativ Methylisocyanat (O=C=N–CH$_3$) ein, das ebenfalls Kohlenstoff in seiner höchsten Oxidationsstufe enthält, so wird nur ein Reaktionsschritt benötigt. Formulieren Sie auch diese Synthese.

c) Formulieren Sie potentielle Ausscheidungsprodukte, die durch Hydroxylierung von Carbaryl am unsubstituierten Benzolring und anschließende Bildung des Sulfats (Schwefelsäureesters) bzw. Glucuronids entstehen.

Aufgabe 295

Chirale Enone wie die nebenstehend gezeigte Verbindung sind wichtige Duftstoffe und Bausteine in der Synthese von Naturstoffen. Die Verbindung kann aus einer offenkettigen difunktionellen Verbindung entstehen.

a) Das für eine einfache Synthese in Frage kommende Edukt steht in basischer Lösung im Gleichgewicht mit zwei konstitutionsisomeren Enolat-Ionen. Formulieren Sie dieses Gleichgewicht.

b) Ausgehend von einem der beiden Enolate kann die gezeigte α,β-ungesättigte Verbindung in drei Schritten entstehen; der letzte Schritt ist eine Dehydratisierung. Formulieren Sie die Reaktionsfolge ausgehend von dem geeigneten unter a) gebildeten Enolat schrittweise unter Verwendung von Elektronenpfeilen. Warum reagiert das zweite Enolat-Ion praktisch nicht zu einem entsprechenden Kondensationsprodukt?

c) Benennen Sie das gezeigte Produkt nach rationeller Nomenklatur.

Aufgabe 296

Die Verbindung Cyclofenil steht als leistungssteigernde Substanz für männliche Athleten auf der Liste der WADA (*World Anti-Doping Agency*). Cyclofenil blockiert die Östrogen-Rezeptoren und verhindert so die Bindung der körpereigenen Östrogene. Zugleich erhöht es die Testosteronproduktion und hilft dadurch beim Aufbau von Körpermasse und Kraft. In Bodybuilder-Kreisen ist die Substanz daher wohlbekannt.

Aber auch klinische Anwendungen wurden beschrieben: es stimuliert die Ovarien und vermindert dadurch Symptome der weiblichen Menopause.

a) Wie schätzen Sie die Eignung von Cyclofenil (rechts) für eine orale Applikation ein?

b) Ausgehend von einem symmetrischen Keton (4,4′-Dihydroxybenzophenon) könnte man sich folgende Syntheseroute für die Verbindung vorstellen: Durch Addition eines Cyclohexyl-Carbanions an das Keton entsteht nach wässriger Aufarbeitung ein tertiärer Alkohol. Das Cyclohexyl-Carbanion ist eine extrem starke Base; es könnte beispielsweise durch Umsetzung von Chlorcyclohexan mit Lithium in Diethylether als sogenanntes „Alkyllithium-Reagenz" entstehen. Unter den stark basischen Bedingungen werden die beiden phenolischen OH-Gruppen zunächst in deprotonierter Form vorliegen. Sie werden nach dem Additionsschritt durch Zugabe wässriger Säure protoniert. Bis zum gezeigten Endprodukt fehlen dann noch zwei Schritte, die Sie ergänzen sollen.

c) Welche alternative Methode käme zur Knüpfung der Doppelbindung in Frage?

Aufgabe 297

Bei der Synthese von Alkinen der allgemeinen Form $R^1-CH_2-C\equiv C-CH_2R^2$ kann man sich die Acidität terminaler Alkine $R-C\equiv CH$ zunutze machen, die mit sehr starken Basen in die entsprechenden Anionen umgewandelt werden. Diese können als Nucleophile in S_N2-Substitutionen beispielsweise mit Halogenalkanen (Alkylhalogeniden) reagieren, wobei Alkine der oben gezeigten Form entstehen können.

Überlegen Sie sich, wie Sie auf diese Weise die Verbindung 4-Octin-2-on herstellen könnten, und denken Sie dabei daran, dass deprotonierte Alkine ($R-C\equiv C^-$) als gute Nucleophile auch an Carbonylgruppen addieren. Wie kann dies verhindert werden?

Aufgabe 298

Die Verbindung mit der Bezeichnung Sulpirid (Dogmatil®, Meresa®, Neogama®) nimmt eine Zwischenstellung zwischen den Neuroleptika und den Antidepressiva ein, da es sowohl neuroleptische als auch antidepressive Eigenschaften aufweist. Es wirkt dabei nicht sedierend, sondern antriebssteigernd und stimmungsaufhellend. Während es bei psychosomatischen Erkrankungen, Antriebs- und Affektstörungen, depressiven Verstimmungen und insbesondere bei Schwindel in einer Dosierung von 150–300 mg eingesetzt wird, ist Sulpirid bei akuten und chronischen Schizophrenien in hoher Dosierung (600–1200 mg) indiziert.

Denkt man über Synthesemöglichkeiten für die Verbindung nach, ist ein disubstituiertes Benzol als Ausgangsmaterial naheliegend. Mit welcher Verbindung würden Sie starten? Skizzieren Sie erforderliche Syntheseschritte und diskutieren Sie, wo Sie evt. Schwierigkeiten erwarten. Ein geeignet substituiertes Pyrrolidin-Derivat sei als vorhanden angenommen.

Aufgabe 299

Eine Synthese des nebenstehend gezeigten Pheromons Multistriatin erscheint auf den ersten Blick ziemlich schwierig, erweist sich aber in der Praxis trotz des bicyclischen Ringsystems als verhältnismäßig einfach. In dieser Aufgabe soll versucht werden, ausgehend vom Zielmolekül „rückwärts" (retrosynthetisch) zu denkbaren leicht zu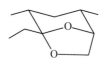gänglichen Startmaterialien zu gelangen. Das Molekül weist nur eine funktionelle Gruppe auf, die offensichtlich gebildet werden muss. Welche ist dies und welche fuktionellen Gruppen muss daher ein geeignetes Vorgängermolekül aufweisen?

Dieses Vorgängermolekül kann aus zwei einfacheren Fragmenten durch Knüpfung einer C–C-Bindung gebildet werden. Welche C–C-Bindung eignet sich hierfür am besten und zu welchen Vorläuferfragmenten gelangt man dann?

Das eine der beiden kann auf ein substituiertes Alken zurückgeführt werden.

Versuchen Sie, die Zerlegung von Multistriatin bis zu diesem Punkt nachzuvollziehen. Eine sich daraus ableitende Synthese ist in der Lösung gezeigt.

Aufgabe 300

Für die Herstellung des nebenstehend gezeigten Antibiotikums Cyclomethycain wurde die zugrundeliegende Carbonsäure benötigt, die sich im Prinzip aus *p*-Hydroxybenzoesäure herstellen lassen sollte.

Welche neue funktionelle Gruppe muss dabei gebildet werden? Erwarten Sie dabei Regioselektivitätsprobleme, da in der Carboxylgruppe auch eine OH-Gruppe vorhanden ist? Was würden Sie als zweites Edukt verwenden?

Aufgabe 301

Sehr häufig benötigte Synthesebausteine enthalten zwei Heteroatomgruppen an benachbarten C-Atomen, beispielsweise $Nu–CH_2CH_2–OCOR$ oder $Nu–CH_2CH_2–Cl$. Diese lassen sich am besten auf die entsprechenden Alkohole $Nu–CH_2CH_2–OH$ zurückführen, die leicht durch Angriff des jeweiligen Nucleophils auf ein Epoxid (Oxiran) entstehen können:

Zahlreiche β-Chloramine besitzen physiologische Aktivität, oft auch Antitumor-Aktivität. Eine derartige Verbindung ist nebenstehend gezeigt. Ihre Synthese ist erstaunlich einfach. Versuchen Sie, das oben skizzierte Syntheseprinzip auf dieses Beispiel anzuwenden und durch Bruch entsprechender Bindungen zu einfachen Startmaterialien zu gelangen.

Aufgabe 302

Auf einer höheren Oxidationsstufe (vgl. Aufgabe 301) ist es häufig erforderlich, Nucleophile α-ständig zu einer Carbonylgruppe einzuführen. Das α-C-Atom ist normalerweise nicht elektrophil (ein α-Carbonyl-Kation wäre eine sehr instabile Spezies). Als Syntheseäquivalent können aber α-Halogencarbonylverbindungen dienen, die infolge des Elektronenzugs des elektronegativen Halogenatoms gut durch Nucleophile angreifbar sind.

Eines der bekanntesten Herbizide ist die Verbindung 2,4-Dichlorphenoxyessigsäure („2,4-D"), die nach dem beschriebenen Prinzip aus Phenol hergestellt wird.

Formulieren Sie die erforderlichen Syntheseschritte.

"2,4-D"

Aufgabe 303

Ibuprofen ist ein bekannter Arzneistoff aus der Gruppe der nicht-steroidalen Antirheumatika, der häufig zur Behandlung von Schmerzen, Entzündungen und Fieber eingesetzt wird. Chemisch gesehen handelt es sich um eine Arylpropansäure; der Name leitet sich – mit einer Umstellung – von der Struktur ab: 2-(4-**Iso**butyl**phen**yl)**pro**pansäure. Ibuprofen hemmt nichtselektiv die Cyclooxygenasen I und II, die im Organismus für die Bildung von entzündungsvermittelnden Prostaglandinen verantwortlich sind, woraus seine schmerzstillende (analgetische), entzündungshemmende (antiphlogistische) und fiebersenkende (antipyretische) Wirkung resultiert. Bestimmte Nebenwirkungen, wie z. B. Magenblutungen, sind ebenfalls auf eine Hemmung der Prostaglandin-Synthese zurückzuführen, da Prostaglandine beispielsweise an der Produktion von Magenschleim beteiligt sind.

Tabletten mit 400 mg sind in der Apotheke frei erhältlich; höher dosierte Zubereitungen (600 mg und 800 mg) und Präparate zur Behandlung von Entzündungen und rheumatischen Erkrankungen unterliegen der ärztlichen Verschreibungspflicht.

a) Einige Ibuprofenpräparate (beispielsweise Dolormin®, IBU-ratiopharm®Lysinat (D), ratio-Dolor®akut (A)) enthalten Ibuprofen-Lysinat. Was könnte der Gedanke hinter dieser Darreichungsform sein? Formulieren Sie die Strukturformel für diese Verbindung.

b) Seinem verbreiteten Einsatz entsprechend wird Ibuprofen in großem Stil technisch ausgehend von Isobutylbenzol (2-Methylpropylbenzol) hergestellt. Letzteres wird in einem zweistufigen Prozess aus Benzol hergestellt, wobei im ersten Schritt eine Friedel-Crafts-Acylierung mit 2-Methylpropansäurechlorid erfolgt.

Formulieren Sie diese Reaktion, die durch AlCl₃ als Lewis-Säure katalysiert wird, in ihren Einzelschritten. Was für eine Reaktion muss sich anschließen, um zum Isobutylbenzol zu gelangen?

c) Diese Reaktionsführung erscheint auf den ersten Blick eher umständlich, da Isobutylbenzol im Prinzip auch durch eine Friedel-Crafts-Alkylierung mit 1-Chlor-2-methylpropan in Anwesenheit von AlCl₃ erhalten werden kann. Allerdings zeigt die Praxis, dass dabei als Hauptprodukt nicht die gewünschte Verbindung entsteht. Versuchen Sie zu erklären, warum Friedel-Crafts-Alkylierungen sich in der Praxis oftmals als wenig brauchbar erweisen und mit welchem Produkt/welchen Produkten im vorliegenden Fall zu rechnen ist.

Aufgabe 304

Selten wohl wurde die Einführung eines neuen Medikaments mit so großem Medieninteresse bedacht, wie dies am 27. März 1998 der Fall war, als die Substanz Sildenafil des U.S-Konzerns Pfizer die Zulassung für den amerikanischen Markt erhielt. Unter der Bezeichnung Viagra ist die Substanz heute allgemein bekannt als Medikament zur Behandlung der erektilen Dysfunktion beim Mann.

Ein Teil des physiologischen Prozesses der Erektion beinhaltet die Freisetzung von Stickstoffmonoxid (NO) im *Corpus cavernosum*. Dadurch wird das Enzym Guanylatcyclase aktiviert, welches die Ausschüttung von cyclischem Guanosinmonophosphat (cGMP) erhöht. So wird eine leichte Muskelentspannung im *Corpus cavernosum* ausgelöst, welche das Einströmen von Blut und damit die Erektion ermöglicht. Sildenafil ist ein potenter selektiver Hemmer der cGMP-spezifischen Phosphodiesterase vom Typ 5 (PDE-5), die für die Herabsetzung der Konzentration an cGMP im *Corpus Cavernosum* verantwortlich ist. Als Resultat wird beim Einsatz von Sildenafil eine normale sexuelle Stimulation zu erhöhten Blutspiegeln von cGMP im *Corpus cavernosum* und damit zu einer verstärkten Erektion führen.

Sildenafil ("Viagra")   cyclisches Guanosinmonophosphat (cGMP)

Ein Blick auf die Strukturformel zeigt die strukturelle Ähnlichkeit des heterocyclischen Ringsystems mit dem Guanin im cGMP, was verständlich macht, dass Sildenafil an das aktive Zentrum der PDE-5 binden und als kompetitiver Hemmstoff wirken kann. Dem steigenden Bedarf gehorchend produziert Pfizer jährlich ca. 45 Tonnen der Substanz, was eine effiziente Syntheseroute erfordert. Sildenafil enthält einen zentralen dreifach substituierten Benzolring. Als Syntheseintermediat ist dabei die Verbindung 2-Ethoxy-5-sulfobenzoesäure plausibel.

a) Welches Ausgangsmaterial bietet sich für die Gewinnung dieses Zwischenproduktes an? Schlagen Sie ausgehend hiervon eine Synthese für 2-Ethoxy-5-sulfobenzoesäure vor und überlegen Sie dabei, ob diese die richtige Stellung der Substituenten liefert.

b) Auch die Einführung des Piperazinrings (Derivatisierung der Sulfonsäuregruppe) sollte ohne größere Schwierigkeiten zu bewerkstelligen sein. Formulieren Sie eine geeignete Umsetzung.

Aufgabe 305

Antiepileptika dienen der symptomatischen Behandlung der verschiedenen Formen der Epilepsie. Solche Substanzen sollen einerseits die Krampfschwelle erhöhen, dabei aber die normale motorische Erregbarkeit möglichst wenig beeinflussen und in krampfhemmenden Dosen möglichst wenig sedativ bzw. hypnotisch wirken. Insbesondere bei Daueranwendung sollte die Substanz nur geringe Nebenwirkungen besitzen – Forderungen, die bislang kein Präparat vollständig erfüllen kann. Viel Antiepileptika weisen als gemeinsames Strukturelement die rechts gezeigte Gruppierung auf, wobei R^1 und R^2 Alkyl- oder Arylreste sind und R^3 ein Alkylrest oder ein H-Atom ist. Ein typisches Beispiel sind die Barbiturate, wie z. B. das Phenobarbital (Luminal®). Es hat sich gezeigt, dass der Phenylrest an C-5 für eine gute antiepileptische Wirkung bei gleichzeitig nur geringem schlafanstoßendem Effekt erforderlich ist.

a) Welche funktionelle Gruppe ist oben als gemeinsames Strukturmerkmal gezeigt? Erwarten Sie für das Phenobarbital aufgrund der beiden N-Atome im Molekül basische Eigenschaften?

b) Antiepileptika mit abweichender Struktur sind u. a. die Benzodiazepine und die Valproinsäure (Dipropylessigsäure; 2-Propylpentansäure). Valproinsäure (Convulex®, Leptilan®) ist besonders gut wirksam bei pyknoleptischen Absencen; auch bei myklonischen Anfällen wird sie eingesetzt. Für eine Synthese dieser Verbindung bietet sich die Malonester-Methode an. Hierbei wird Malonsäurediethylester zweifach alkyliert, anschließend verseift und decarboxyliert.

Phenobarbital

Formulieren Sie diese Reaktionsfolge für die Synthese der Valproinsäure.

Aufgabe 306

a) Analog zur Verwendung von Malonsäurediethylester zur Synthese substituierter Carbonsäuren kann Acetessigester (3-Oxobutansäureethylester) zur Synthese von Methylketonen eingesetzt werden. Auch in diesem Fall dient die zusätzliche Estergruppe zur Aktivierung für eine Substitution in α-Stellung zur Carbonylgruppe. Ein einfaches Beispiel ist die Synthese der nachfolgend gezeigten Verbindung, die industriell in großem Maßstab produziert wird.

Entwickeln Sie eine Synthese ausgehend von 3-Oxobutansäure-
ethylester und Isopren (2-Methyl-1,3-butadien).

b) Eine Variante dieses Syntheseschemas besteht darin, die aktivierende Gruppe nach dem Substitutionsschritt nicht aus dem
Molekül zu entfernen, sondern in eine andere Funktionalität
umzuwandeln. Dies ermöglicht z. B. die Synthese von 1,3-
Diolen wie dem nebenstehend gezeigten. Können Sie ausgehend von dem entsprechend substituierten Aromaten die Synthese formulieren?

Aufgabe 307

Für die Synthese von Alkenen existieren etliche verschiedene Möglichkeiten, allerdings sind
für ein gegebenes Problem i. A. nicht alle gleichermaßen geeignet, so dass entsprechende
Vorüberlegungen sinnvoll sind. Eine sehr leistungsfähige Methode ist die Wittig-Reaktion, bei
der ein sogenanntes Phosphor-Ylid mit einem Aldehyd oder einem Keton zur Reaktion gebracht wird. Das Phosphor-Ylid wird durch Reaktion eines Halogenalkans mit Triphenyl-
phosphin (PPh$_3$) und nachfolgender Deprotonierung mit einer starken Base gewonnen:

Für die eigentliche Reaktion nimmt man einen konzertierten cyclischen Verlauf an; im Alken-
produkt stammt das eine C-Atom der Doppelbindung aus der Carbonylgruppe des Alde-
hyds/Ketons, das andere ist das C-Atom des Halogenalkans, welches die Abgangsgruppe trug.
Folgender Mechanismus wird angenommen:

Es soll das vergleichsweise einfache, rechts gezeigte Alken gebildet
werden. Eine Möglichkeit hierfür wäre die Dehydratisierung eines
Alkohols, der sich leicht durch Reaktion unter Verwendung eines
Grignard-Reagenz gewinnen ließe. Warum ist diese Syntheseroute
dennoch nicht zu empfehlen?

Die bessere Alternative ist eine Synthese mit Hilfe der Wittig-Reaktion, für die verschiedene
Edukte in Frage kommen. Formulieren Sie.

Aufgabe 308

Viele Insektenpheromone sind Derivate einfacher Al-
kene. Ein Beispiel ist die Verbindung Disparlur, ein
Epoxid, das den Schwammspinner anlockt. Für die
Wirksamkeit der Verbindung ist die Stereochemie von
Bedeutung; will man die gleiche Wirkung wie mit der
natürlichen Verbindung erzielen, muss also bei einer
Synthese darauf geachtet werden, dass das korrekte Stereoisomer entsteht.

Welche Vorläuferverbindung wird benötigt, um daraus das Epoxid herzustellen, und wie würden Sie diese aus zwei einfacheren Bausteinen synthetisieren?

Aufgabe 309

Durch Veränderung der Substituenten am Aminostickstoff des Adrenalins ist es gelungen, β-
Sympathomimetika zu entwickeln, die vor allem die β$_2$-Rezeptoren stimulieren. Dadurch
konnten die kardialen Wirkungen der nichtselektiven β-Sympathomimetika wesentlich verringert werden. Diese β$_2$-Selektivität ist aber nicht absolut, so dass bei höherer Dosierung
ebenfalls mit kardialen Nebenwirkungen zu rechnen ist. Hauptanwendungsgebiet der β$_2$-
Sympathomimetika ist die Therapie des Asthma bronchiale.

Eine aus einer Reihe derartiger Verbindungen ist das gezeigte Hexoprenalin.

Für eine Synthese dieser Verbindung wird man versuchen, sich die symmetrische Struktur
zunutze zu machen. Hätte man das entsprechende zweifach hydroxylierte Styrol zur Hand,
könnte das Hexoprenalin in nur zwei weiteren Schritten hergestellt werden, wobei man aus-
nützt, dass Epoxide leicht durch Nucleophile geöffnet werden.

Formulieren Sie die erforderlichen Schritte.

Aufgabe 310

Unter dem Begriff Expektorantien fasst man eine Reihe von Substanzen zusammen, welche
die Entfernung von Bronchialsekret aus den Bronchien und der Trachea erleichtern bzw. beschleunigen. Während Sekretolytika durch Stimulation afferenter parasympathischer Fasern
und/oder durch direkten Angriff an den schleimproduzierenden Zellen die Bronchialsekretion
steigern und dadurch den Schleim verflüssigen sollen, verändern Mucolytika die physiochе-
mischen Eigenschaften des Sekrets, wobei sie insbesondere dessen Viskosität herabsetzen.

Die Verbindung Bromhexin (Auxit®, Bisolvon®) bewirkt durch vermehrte Lysosomenbildung und Aktivierung hydrolytisch wirkender Enzyme den Abbau saurer Mucopolysaccharide, wodurch Fasern des Bronchialschleims abgebaut werden. Gleichzeitig werden Drüsenzellen stimuliert und es kommt unter Sekretvermehrung zu einer Abnahme der Sputumviskosität.

Um sich den Weg in die Apotheke zu ersparen, können Sie sich Gedanken über eine eigene Synthese der Verbindung machen. Als Edukt kommt die kommerziell leicht erhältliche 2-Amino-benzoesäure (Anthranilsäure) in Betracht, wenn man bedenkt, dass sich manche Amine durch eine Reduktion von Amiden herstellen lassen. Das sekundäre Amin *N*-Methylcyclohexanamin sei ebenfalls verfügbar.

Können Sie damit eine Synthese für Bromhexin zu Papier bringen?

Aufgabe 311

Juckreiz ist ein bei vielen Hauterkrankungen auftretendes Symptom, das den Patienten häufig sehr quält. Zur symptomatischen Therapie dienen Wirkstoffe, die die Empfindlichkeit der sensiblen Hautnerven verringern bzw. aufheben. Neben Oberflächenanästhetika, die sowohl schmerz- als auch juckreizlindernd wirken, kommen auch Antihistaminika, Menthol (in stark verdünnter alkoholischer Lösung) und die Verbindung Crotamiton (Euraxil®) zum Einsatz.

a) Versuchen Sie, die beiden letztgenannten Verbindungen, die nebenstehend gezeigt sind, nach der rationellen Nomenklatur zu bezeichnen. Achten Sie dabei auch auf die Stereochemie des Menthols. Wodurch zeichnet sich das gezeigte Stereoisomer aus und wie viele weitere Stereoisomere könnten Sie zeichnen?

b) Das Crotamiton soll aus möglichst einfachen Bausteinen synthetisiert werden. Überlegen Sie sich, welche Bindungen sich zur Knüpfung eignen und die Sie umgekehrt bei der Analyse der Verbindung spalten können (Retrosynthese). Versuchen Sie dann, geeignete Reaktionsschritte zum Aufbau der Verbindung zu formulieren.

Aufgabe 312

Zu den cancerogenen Naturstoffen gehört neben dem von *Aspergillus flavus* durch Befall von Lebensmitteln (z. B. Erdnüssen) gebildeten besonders gefährlichen Aflatoxin B₁ und der in der Osterluzei vorkommenden Aristolochiasäure auch das im Sassafras-Öl enthaltene Safrol. Um die Struktur der aus dem Öl isolierten Verbindung zu bestätigen, soll sie synthetisch hergestellt werden. Als Edukt kommt das erhältliche 1,2-Dihydroxybenzol in Frage.

Entwickeln Sie ausgehend hiervon eine plausible Synthese.

Aufgabe 313

Durch eine der Aldolreaktion ähnliche Kondensationsreaktion lassen sich β-Diketone herstellen, wie z. B. die rechts gezeigte Verbindung. Man kann hierbei mit zwei unterschiedlichen Edukt-paarungen zum gewünschten Produkt kommen.

Welche sind dies? Ist einer der beiden Wege zu bevorzugen? Begründen Sie.

Aufgabe 314

Norgestimat ist ein Wirkstoff aus der Gruppe der Gestagene mit nur geringer progestogener Aktivität, der in Kombination mit dem Oestrogen Ethinyl-estradiol zur oralen hormonellen Empfängnisverhü-tung verwendet wird. Aufgrund seines antiandroge-nen Wirkprofils (durch Senkung der Androgen-Konzentrationen) ist Norgestimat auch zur Behand-lung der Akne vulgaris vorgeschlagen worden.

Im Folgenden ist ein Ausschnitt aus der Synthese-route dargestellt.

a) Ergänzen Sie die fehlenden Reagenzien und schlagen Sie einen Mechanismus für den ersten Schritt vor.

b) Wie lässt sich erklären, dass NaOH im zweiten Reaktionsschritt bevorzugt nur mit einer der beiden Estergruppen reagiert?

c) Welche funktionelle Gruppe wird im letzten Schritt gebildet? Bei welchen pH-Bedingungen sollte diese Reaktion am besten durchgeführt werden?

Aufgabe 315

Bernsteinsäure (Butandisäure) findet sich – ihrem Namen entsprechend – im Bernstein und anderen Harzen, sowie in zahlreichen Pflanzen, z. B. Algen, Pilzen, im Rhabarber, in unreifen Weintrauben und Tomaten. Physiologisch tritt sie als Zwischenprodukt im Citratcyclus auf.

Eine Herstellung von Bernsteinsäure ist ausgehend von Ethen, einer der einfachsten organischen Verbindungen, möglich. Durch Bromierung werden im ersten Schritt zwei Abgangsgruppen im Molekül geschaffen. Im Folgeschritt kommt es zu einer nucleophilen Substitution, durch die die beiden zusätzlichen C-Atome eingeführt werden. Der letzte Schritt schließlich ist eine saure Hydrolyse. Formulieren Sie die Reaktionsfolge.

Aufgabe 316

Metallorganische Reagenzien können mit α,β-ungesättigten Carbonylverbindungen zu 1,2- oder 1,4-Addukten reagieren: Organolithium-Verbindungen (R–Li) bevorzugen dabei den direkten Angriff auf die Carbonylgruppe, während man mit den sogenannten Organocupraten (empirische Formel: R_2CuLi) praktisch ausschließlich konjugierte 1,4-Addition erreichen kann. Als erstes isolierbares Produkt entsteht ein Enolat-Ion, das entweder durch wässrige Aufarbeitung in die entsprechende Carbonylverbindung übergeht, oder durch ein Alkylierungsmittel R–X zum α,β-Dialkylierungsprodukt abgefangen werden kann. Die Organocuprate können durch Umsetzung von zwei Äquivalenten eines Organolithium-Reagenzes mit einem Äquivalent Kupfer(I)iodid hergestellt werden, z. B.:

$$2\,CH_3Li + CuI \longrightarrow (CH_3)_2CuLi + LiI$$

a) Formulieren Sie die 1,4-Addition eines Ethylrestes an Cyclohex-2-enon.

b) Ebenso wie andere Nucleophile können auch Enolat-Ionen konjugierte Additionen an α,β-ungesättigte Carbonylverbindungen eingehen (Michael-Addition). Manche Michael-Akzeptoren, wie z. B. das 3-Buten-2-on, können nach einer Michael-Addition im ersten Schritt in einer darauffolgenden intramolekularen Aldolkondensation reagieren, wobei ein neuer Ring entsteht. Diese Folge aus Michael-Addition und intramolekularer Aldolkondensation ist als Robinson-Anellierung bekannt und findet breiten Einsatz bei der Synthese polycyclischer Ringsysteme, z. B. bei Steroidsynthesen.

2-Methylcyclohexanon wird zunächst mit Natriumethanolat in Ethanol zum Enolat-Ion umgesetzt und anschließend mit 3-Buten-2-on zur Reaktion gebracht. Formulieren Sie schrittweise den Ablauf dieser Robinson-Anellierung.

Aufgabe 317

Rosmarinsäure ist der Trivialname einer im Pflanzenreich weit verbreiteten Phenylacrylsäure. Chemisch gesehen ist es der Ester der Kaffeesäure mit 3-(3,4-Dihydroxyphenyl)milchsäure.

Rosmarinsäure besitzt antivirale, antibakterielle und antiinflammatorische Eigenschaften. Sie wird daher in verschiedenen Melissepräparaten (z. B. Lomaherpan® Creme) sowie auch in einigen Salben gegen Sportverletzungen (z. B. Traumaplant®) eingesetzt. Rosmarinsäure ist ein sogenannter sekundärer Pflanzenstoff, der von Pflanzen als Abwehrstoff gegen Pilze und Bakterien synthetisiert wird. Außerdem wird vermutet, dass sie die Pflanze vor Fraßfeinden schützt.

a) Wie viele und welche Stereoisomere sind für diese Struktur möglich?

b) Für eine Synthese der Rosmarinsäure bräuchte man neben der Hydroxysäure 3-(3,4-Dihydroxyphenyl)milchsäure die unter dem Trivialnamen bekannte Kaffeesäure, die sich ausgehend von 3,4-Dihydroxybenzaldehyd herstellen lässt. Formulieren dafür eine geeignete Reaktionsfolge.

c) Analog zur Oxidation von 1,4-substituiertem p-Hydrochinon zum p-Benzochinon können auch die o-ständigen phenolischen Hydroxygruppen der Rosmarinsäure zu Orthochinonen oxidiert werden. Formulieren Sie diesen Redoxprozess mit Wasserstoffperoxid als Oxidationsmittel.

Kapitel 6

Einfache Reaktionen mit Naturstoffen

Aufgabe 318

a) Gegeben ist das Disaccharid Saccharose. Begründen Sie, ob es sich um einen reduzierenden oder einen nicht-reduzierenden Zucker handelt.

b) Die Saccharose wird den im Folgenden genannten Reaktionen unterworfen. Formulieren Sie die jeweilige Reaktion (sofern es eine gibt) und bezeichnen Sie die gebildeten Produkte.

I) Umsetzung mit 1. H^+, H_2O, gefolgt von 2. $NaBH_4$

II) Umsetzung mit einem Überschuss an $(CH_3)_2SO_4$ und NaOH

III) Umsetzung mit NH_2OH

Aufgabe 319

a) Im Folgenden sind einige Monosaccharide gezeigt, jedoch in einer unkonventionell gezeichneten Fischer-Projektion. Identifizieren Sie die gezeigten Monosaccharide, indem Sie die Strukturen in die „normalen" Darstellungen überführen.

a   b   c

Aufgabe 320

Gegeben ist das wohlbekannte Glucosemolekül.

a) Nennen Sie zwei Epimere der Glucose und definieren Sie den Begriff des Epimers.

b) Sie wollen Glucose zur Glucuronsäure oxidieren. Formulieren Sie die Redoxteilgleichung für diese Reaktion ausgehend von der β-D-Glucopyranose. Warum ist diese Reaktion in der Praxis nicht so leicht zu bewerkstelligen?

© Der/die Autor(en), exklusiv lizenziert durch
Springer-Verlag GmbH, DE, ein Teil von Springer Nature 2021
R. Hutterer, *Fit in Organik*, Studienbücher Chemie,
https://doi.org/10.1007/978-3-662-64603-8_6

c) Glucuronsäure dient dem Organismus i. A. dazu, schlecht wasserlösliche Stoffe durch Überführung in das entsprechende Glucuronid in eine besser lösliche, mit dem Harn ausscheidbare Verbindung zu überführen. Formulieren Sie diese Reaktion am Beispiel des Thymols (= 2-Isopropyl-5-methylphenol).

Aufgabe 321

Das Disaccharid Melibiose zeigt folgende Eigenschaften:

- Melibiose ist ein reduzierender Zucker und unterliegt der Mutarotation.
- Die Hydrolyse von Melibiose mit wässriger Säure oder einer α-Galaktosidase ergibt D-Galaktose und D-Glucose.
- Bei der Oxidation von Melibiose mit Brom entsteht Melibionsäure. Hydrolysiert man diese, so erhält man D-Galaktose und D-Gluconsäure.

Leiten Sie aus diesen Befunden eine mögliche Struktur für Melibiose ab.

Aufgabe 322

Von Glucose kennt man eine sogenannte α- und eine β-Form.

a) Beschreiben Sie mit einem Satz, worin sich die beiden Formen unterscheiden.

b) Handelt es sich um Konstitutionsisomere, Diastereomere oder Enantiomere?

c) Die Mutarotation von Glucose lässt sich leicht experimentell untersuchen.

α- und β-D-Glucose zeigen unterschiedliche spezifische Drehwinkel:

$$[\alpha\,(\alpha\text{-DGl})] = 111° \text{ mL g}^{-1} \text{ dm}^{-1} \qquad [\alpha\,(\beta\text{-DGl})] = 19° \text{ mL g}^{-1} \text{ dm}^{-1}$$

Welchen Anfangsdrehwinkel erwarten Sie für eine Lösung von 7,5 g β-D-Glucose in 50 mL Wasser, wenn die Schichtdicke Ihrer Küvette 10 cm beträgt?

d) In Folge der Mutarotation obiger Lösung stellt sich mit der Zeit ein Gleichgewicht von α- und β-D-Glucose ein. Der spezifische Drehwinkel des Gleichgewichtsgemisches $[\alpha_{Gleich}]$ ergibt sich als Summe der Drehwerte der beiden reinen Anomeren multipliziert mit den jeweiligen Stoffmengenanteilen χ im Gleichgewicht:

$$[\alpha_{Gleich}] = \chi\,(\alpha\text{-DGl})\,[\alpha(\alpha\text{-DGl})] + \chi\,(\beta\text{-DGl})\,[\alpha(\beta\text{-DGl})]$$

Nach einer Stunde ändert sich der Drehwinkel im Polarimeter nicht mehr und Sie beobachten einen Drehwinkel von 7,65° für Ihr Gleichgewichtsgemisch. Berechnen Sie daraus den spezifischen Drehwinkel des Gleichgewichtsgemisches und den Stoffmengenanteil an β-D-Glucose im Gleichgewichtsgemisch.

Aufgabe 323

(−)-Arabinose ist die Bezeichnung für eine Pentose, die nebenstehend gezeigt ist. Sie weist einen spezifischen Drehwinkel von −105° auf.

a) Zeichnen Sie ein Enantiomer zur (−)-Arabinose. Gibt es noch andere Enantiomere?

b) Zeichnen Sie ein Diastereomer zur (−)-Arabinose. Gibt es noch andere Diastereomere?

c) Sagen Sie – sofern möglich – die spezifische Drehung der Struktur voraus, die Sie in Aufgabenteil a) gezeichnet haben.

d) Sagen Sie – sofern möglich – die spezifische Drehung der Struktur voraus, die Sie in Aufgabenteil b) gezeichnet haben.

e) Gibt es optisch inaktive Diastereoisomere der (−)-Arabinose? Wenn ja, zeichnen Sie eines.

Aufgabe 324

Chitosan ist ein Homopolysaccharid, das in den vergangenen Jahren zahlreiche Anwendungen gefunden hat: es lässt sich sehr gut zu Gelen, Folien, Fasern und Membranen verarbeiten. Da es ungiftig ist, verwendet man es in Pharmazeutika als Feuchtigkeit bindenden und festigenden Film. In der Medizin hat sich Chitosan beispielsweise als chirurgisches Nähgarn und als Trägermaterial zur langsamen und dosierten Freisetzung von Medikamenten im Körper einen Namen gemacht, da es mit der Zeit vom Körper abgebaut wird.

Chitosan besteht aus β-verknüpften 2-Aminoglucose-Einheiten. Es lässt sich aus dem in riesigen Mengen in der Natur vorkommenden Chitin (dem Homopolymer aus 2-*N*-Acetylglucosamin) herstellen.

a) Formulieren Sie eine Reaktionsgleichung, nach der Sie Chitosan aus Chitin herstellen könnten. Geben sie dabei für beide Polymere einen Ausschnitt an, der zwei Monomere umfassen soll.

b) Was lässt sich über den Ladungszustand von Chitosan im physiologischen pH-Bereich aussagen?

c) Für eine spezielle Anwendung wurde Chitosan mit Benzaldehyd umgesetzt. Welche Reaktion läuft hierbei ab?

Aufgabe 325

Die sogenannte Fehling-Probe wird häufig dazu benutzt, um reduzierende von nicht-reduzierenden Kohlenhydraten zu unterscheiden. Dabei kommt es zu einer Reduktion von mit Hilfe eines Komplexliganden (Tartrat) in Lösung gehaltenen Cu^{2+}-Ionen zu Kupfer(I)oxid.

a) Welche Beobachtung können Sie bei einem positiven Verlauf der Probe machen?

b) Formulieren Sie aus den Teilgleichungen die Redoxgleichung für den Fehling-Test an einer Aldose (die Sie in ihrer stabilsten Pyranoseform zeichnen sollten) und berücksichtigen Sie dabei, dass die Reaktion in basischer Lösung abläuft. Benennen Sie die im Zuckermolekül neu gebildete funktionelle Gruppe.

c) Es liegen wässrige Lösungen der folgenden Substanzen vor. Begründen Sie, für welche der Verbindungen kein positiver Verlauf der Fehling-Probe zu erwarten ist.

Galaktose   /   Saccharose   /   Maltose   /   Desoxyribose   /   Stärke   /

Ascorbinsäure   /   Fructose   /   α-Methylglucopyranosid   /   Trehalose

d) Raffinose ist ein in Pflanzen vorkommendes Trisaccharid. Sie setzt sich aus den drei Monosacchariden Galaktose, Glucose und Fructose zusammen. Genauer bezeichnet handelt es sich um das D-Galaktopyranosyl-(1α→6)-D-Glucopyranosyl-(1α→2β)-D-Fructofuranosid. Formulieren Sie eine räumlich möglichst exakte Strukturformel für dieses Trisaccharid und begründen Sie mit einem Satz, ob für diese Verbindung eine positive Fehling-Probe zu erwarten ist.

Aufgabe 326

Enantiomere drehen die Schwingungsebene von linear polarisiertem Licht bekanntlich um denselben Betrag, aber in entgegengesetzte Richtungen. Ein Racemat ist entsprechend optisch inaktiv. Kennt man den spezifischen Drehwert einer Verbindung, so kann man aus dem gemessenen spezifischen Drehwinkel für ein Enantiomerengemisch seine Zusammensetzung ermitteln. Man definiert die optische Reinheit gemäß

$$\text{optische Reinheit in \%} = \left[\frac{[\alpha]_{\text{beobachtet}}}{[\alpha]} \cdot 100 \right]$$

Misst man also z. B. für ein Gemisch von Enantiomeren die Hälfte des spezifischen Drehwerts des reinen Enantiomers, so bezeichnet man es als 50 % optisch rein.

Die Verbindung (S)-Mononatriumglutamat, $[\alpha]_D^{25°} = +24°$, wird in der Lebensmittelindustrie häufig als Geschmacksverstärker eingesetzt.

a) Zeigen Sie die Strukturformel für dieses Enantiomer.

b) Eine kommerziell erhältliche Probe dieser Verbindung hat einen spezifischen Drehwinkel $[\alpha]_D^{25°} = +6°$. Wie groß ist die optische Reinheit der Probe? Mit welchen prozentualen Anteilen sind (S)- und (R)-Enantiomer enthalten?

Aufgabe 327

Phosphorsäureester spielen im zellulären Stoffwechsel eine sehr wichtige Rolle. So wird beispielsweise Glucose zu Beginn der Glykolyse in Glucose-6-phosphat umgewandelt. Dieses kann zu Fructose-6-phosphat isomerisiert oder zu 6-Phosphogluconolacton oxidiert werden.

a) Zeichnen Sie α-D-Glucose-6-phosphat in seiner bevorzugten Sesselkonformation!

b) Im sogenannten Pentosephosphatweg wird Glucose-6-phosphat zum Lacton oxidiert. Diese Reaktion kann man sich in einem Sensor zur Glucosebestimmung nutzbar machen. Als Oxidationsmittel dient dabei letztlich Sauerstoff, der zu Wasserstoffperoxid reduziert wird.

Formulieren Sie die beiden Teilgleichungen.

Aufgabe 328

Das gezeigte Glykosid findet sich in der Rinde bestimmter Weiden; es war Ausgangspunkt eines kommerziellen Welterfolgs.

a) Welche beiden Verbindungen sind darin enthalten und wie ist die Konfiguration am anomeren C-Atom?

b) Sie wollen aus diesem Glykosid Glucuronsäure gewinnen, was in zwei Reaktionsschritten möglich ist. Welche Reaktionstypen müssen Sie ausführen, mit welcher Reaktion würden Sie beginnen und in welchem Bereich würden Sie dazu den pH-Wert einstellen?

c) Welche (Haupt)rolle spielt aktivierte Glucuronsäure (UDP-Glucuronsäure) in der Zelle?

d) Wie gelangen Sie ausgehend vom Aglykon des ursprünglichen Glycosids zu dem seit über 100 Jahren erhältlichen fiebersenkenden und schmerzstillenden Medikament und worauf beruht seine Wirkung?

Aufgabe 329

Formulieren Sie ein beliebiges Tripeptid, das eine neutrale, eine saure und eine basische Aminosäure in ihrer proteinogenen Form enthalten soll (Stereochemie!) in der Form, wie es unter stark sauren Bedingungen vorliegt.

Aufgabe 330

Gezeigt ist die Verbindung *S*-Formylglutathion, ein Derivat des Glutathions, das intrazellulär in hohen Konzentrationen als Schutz gegen oxidative Schädigung in der Zelle vorliegt.

a) Markieren Sie die Peptidbindungen im *S*-Formylglutathion durch Pfeile und benennen Sie diejenige funktionelle Gruppe, die durch Derivatisierung einer Aminosäure im Glutathion entstanden ist!

b) Formulieren und benennen Sie die Reaktionsprodukte, die bei einer Hydrolyse von *S*-Formylglutathion unter stark alkalischen Bedingungen zu erwarten sind, mit ihren gebräuchlichen Namen.

c) *S*-Formylglutathion entsteht in einer zweistufigen Reaktion aus Formaldehyd (Methanal) und Glutathion. Der erste Schritt ist dabei eine nucleophile Addition der Thiolgruppe von Glutathion an den Aldehyd. Formulieren Sie diesen Schritt!
Welche neue funktionelle Gruppe entsteht? Welche Art von Reaktion muss im zweiten Reaktionsschritt stattfinden?

Aufgabe 331

Erst kürzlich wurde ein neues Medikament zur AIDS-Bekämpfung zugelassen. Fuzeon® (Substanzname: Enfuvirtide) soll das Eindringen von HIV-1 in die Zelle verhindern, indem es die Fusion der Virus- mit der Zellmembran verhindert. Es handelt sich um ein synthetisches Peptid aus 36 L-Aminosäuren, das an eine bestimmte Region des gp41-Glykoproteins (ein Bestandteil der Virushülle) bindet, und so eine Konformationsänderung verhindert, die für die Fusion erforderlich ist.

Die Aminosäuresequenz lautet:

Tyr-Thr-Ser-Leu-Ile-His-Ser-Leu-Ile-Glu-Glu-Ser-Gln-Asn-Gln-Gln-Glu-Lys-Asn-Glu-Gln-Glu-Leu-Leu-Glu-Leu-Asp-Lys-Trp-Ala-Ser-Leu-Trp-Asn-Trp-Phe

Der N-Terminus liegt in acetylierter Form vor, der C-Terminus als Carbonsäureamid.

a) In welchem pH-Bereich erwarten Sie den isoelektrischen Punkt dieses Peptids?

b) Gesetzt den Fall, Sie wollen Enfuvirtide im Labor herstellen: zu welchem Zeitpunkt der Synthese würden Sie die erforderliche Modifikation der N-terminalen Aminosäure (Acetylierung) bzw. der C-terminalen Aminosäure (Bildung des Carbonsäureamids) vornehmen?

Formulieren Sie die erforderlichen Reaktionen für diese Modifikationen.

Aufgabe 332

Die vermehrte Resistenzbildung gegen in der Klinik genutzte Antibiotika erfordert eine kontinuierliche Neuentdeckung und -entwicklung antibakteriell wirksamer Substanzen. Makrocyclische Peptide und Glykopeptide haben in diesem Zusammenhang vermehrt Beachtung gefunden. Ein Beispiel hierfür ist das Tyrocidin A, ein cyclisches Dekapeptid, das aus *Bacillus*-Bakterien isoliert worden ist und stark bakterizide Eigenschaften aufweist. Man nimmt an, dass Tyrocidin A primär die bakterielle Membran angreift; eine Resistenzentwicklung erscheint daher vergleichsweise schwierig, weil dafür erhebliche Änderungen in der Lipidzusammensetzung erforderlich wären. Trotz erheblicher Nebenwirkungen wird Tyrocidin A daher als attraktive Leitstruktur für die Entwicklung neuer antibakterieller Wirkstoffe angesehen. Zahlreiche natürliche Peptidantibiotika liegen glykosyliert vor; meist sind die Glykanreste mit entscheidend für die Aktivität. So können sie die Hydrophilie des Peptids und seine orale Bioverfügbarkeit erhöhen, bestimmte Peptidkonformationen erzwingen und/oder stabilisieren oder das Peptid gegenüber proteolytischer Spaltung schützen.

a) Das Tyrocidin weist die folgende Sequenz von Aminosäuren auf, es liegt cyclisch vor:

Tyr–Val–Orn–Leu–D-Phe–Pro–Phe–D-Phe–Asn–Gln.

Zeichnen Sie das Peptid zunächst in seiner linearen Sequenz. Wie müsste man vorgehen, um daraus das cyclische Peptid zu erhalten?

b) Das einfachste synthetisierte glykosylierte Derivat enthielt einen *N*-glykosidisch gebundenen 2-*N*-Acetylglucosamin-Rest. Formulieren Sie einen geeigneten Ausschnitt aus dem Peptid mit diesem Rest.

Aufgabe 333

Das Nebennierenhormon Adrenalin wurde im Jahre 1901 von dem japanisch-amerikanischen Chemiker Jokichi Takamine (1854–1922) aus der Nebenniere gewonnen. Andere Quellen geben John Jakob Abel (1857–1938) als Entdecker seiner chemischen Struktur (1897) an. Er bezeichnete die von ihm gefundene Substanz als Epinephrin. Adrenalin war das erste Hormon, welches rein dargestellt und dessen Struktur bestimmt werden konnte. Es fungiert als Agonist an α_1-, α_2- und β-Adreno-Rezeptoren. Als Arzneistoff (Suprarenin®) ist es ein entscheidender Wirkstoff bei Wiederbelebungsmaßnahmen (Reanimationen). Allerdings ist seine Wirkung vor allem in höheren Dosierungen nicht unumstritten, da es zu einer Tachykardie führt und der Herzmuskel (Myokard) mehr Sauerstoff als nötig verbraucht. Auch ist die Gefahr von Herz-Rhythmusstörungen relativ hoch.

Die Biosynthese erfolgt in mehreren Schritten aus der Aminosäure Phenylalanin. Im ersten Schritt erfolgt eine zweifache Hydroxylierung von Phenylalanin zu einer Verbindung, die allgemein mit DOPA abgekürzt wird.

a) Formulieren Sie die Redoxteilgleichung für die Bildung von DOPA (3,4-Dihydroxyphenylalanin) aus Phenylalanin!

b) DOPA wird zu Dopamin decarboxyliert und anschließend an der dem aromatischen Ring benachbarten CH_2-Gruppe hydroxyliert (mit einer OH-Gruppe versehen), wobei das Noradrenalin entsteht. Im letzten Schritt, der Umwandlung von Noradrenalin zu Adrenalin, wird die Methylgruppe in das Molekül eingebaut.
Formulieren Sie die Zwischenprodukte bis zum Noradrenalin sowie eine Reaktionsgleichung für die Umwandlung von Noradrenalin in Adrenalin. Geben Sie an, um welchen Reaktionstyp es sich dabei handelt!

c) Setzt man das Adrenalin mit einem großen Überschuss eines entsprechenden reaktiven Carbonsäurederivats um, so kann die Verbindung mehrfach acetyliert werden. Formulieren Sie eine Reaktionsgleichung für diese Umsetzung und denken Sie daran, eine geeignete „Hilfsbase" mit einzusetzen!

Aufgabe 334

Die gezeigte Verbindung D-Panthenol ist eine Vorstufe
von Pantothensäure, die zum Vitamin B-Komplex gehört. Die Pantothensäure wurde 1931 als Stoff entdeckt,
der das Wachstum von Hefen fördert. Danach wurden
ähnliche Wirkungen bei Milchsäurebakterien und einigen Tieren nachgewiesen. So erhielt dieses Vitamin
seinen Namen, denn *pantothen* bedeutet im Griechischen „überall". Pantothensäure ist, wie
die anderen Vitamine der B-Gruppe, hauptsächlich an enzymatischen Reaktionen des Ener-
giestoffwechsels beteiligt. Sie trägt zum Aufbau von verschiedenen Neurotransmittern, Kohlenhydraten, Fettsäuren, Cholesterol, Hämoglobin und der Vitamine A und D bei.

a) D-Panthenol enthält eine hydrolysierbare Bindung. Formulieren Sie die Hydrolysereaktion
und benennen Sie die Reaktionsprodukte!

b) Gleichzeitig enthält D-Panthenol mehrere oxidierbare funktionelle Gruppen. Formulieren
Sie eine Teilgleichung für die vollständige Oxidation aller oxidierbaren Gruppen ohne Zerstörung des C-Grundgerüsts!

c) Wenn D-Panthenol zur Pantothensäure oxidiert wird, wird dagegen nur diejenige Alkoholgruppe vollständig oxidiert, die sich im Aminteil des D-Panthenols befindet; alle anderen
oxidierbaren Gruppen bleiben unverändert. Formulieren Sie für die Oxidation zur Pantothensäure eine entsprechende Redoxteilgleichung.

d) Im Weiteren reagiert die Pantothensäure (nach geeigneter Aktivierung, die Sie in diesem
Beispiel beiseite lassen dürfen) mit 2-Aminoethanthiol, dem Decarboxylierungsprodukt der
Aminosäure Cystein, unter Bildung eines Carbonsäureamids. Im letzten Schritt wird die pri-
märe Alkoholgruppe des gebildeten Carbonsäureamids mit Phosphorsäure verestert.
Ergänzen Sie diese beiden Reaktionen, ausgehend von der unter c) gebildeten Pantothensäure.

Aufgabe 335

Melatonin ist ein Hormon, das in der Zirbeldrüse, einem winzigen Teil des Zwischenhirns,
produziert wird. Diese Drüse steuert über die Melatonin-Ausschüttung den Tag-Nacht-
Rhythmus des Körpers. Tagsüber, bei einfallendem Licht, wird die Ausschüttung des Hormons ins Blut eingestellt. Nachts, bei fehlendem Lichteinfall, wird Melatonin wieder aus den
Speichern abgegeben und kann seine schlaffördernde Wirkung entfalten. Zeitverschiebungen,
z. B. durch Fernreisen und bei Schichtarbeit, können zu Verschiebungen im Melatonin-
Haushalt führen.

In den USA kam Melatonin als „Wunderdroge" in die Schlagzeilen. Inzwischen wird Melatonin nicht mehr nur als „lebensverlängernd" angepriesen, sondern auch als angeblich wirksam
gegen AIDS, Arteriosklerose, die Alzheimer-Krankheit, Krebs und als positiv für die Potenz.
Allerdings sind nach Ansicht des Bundesinstituts für gesundheitlichen Verbraucherschutz und
Veterinärmedizin weder Wirksamkeit noch Unbedenklichkeit von Melatonin ausreichend
wissenschaftlich belegt.

Der Körper stellt mit zunehmendem Alter weniger Melatonin her. Das führte zur Vermutung, dass Melatonin das Altern und altersbedingte Krankheiten beeinflusst. Die altersbedingte Reduzierung der nächtlichen Melatonin-Ausschüttung könnte jedoch auch eine Konsequenz des Alterungsprozesses sein und nicht seine Ursache.

Als Ausgangsmaterial zur Melatonin-Synthese dient letztlich die Ihnen bekannte Aminosäure Tryptophan. Sie sollen im Folgenden die Biosynthese von Melatonin nachvollziehen.

5-Hydroxytryptophan

$- CO_2$

Acetylierung

Serotonin

$CH_3 - X$

Aufgabe 336

Das Peptidhormon Oxytocin ist ein Neuropeptid, das im *Nucleus paraventricularis* und zu einem geringen Teil im *Nucleus supraopticus*, zwei Kerngebieten im Hypothalamus, gebildet wird. Von hier wird es über Axone zum Hinterlappen (Neurohypophyse) der Hypophyse transportiert, zwischengespeichert und bei Bedarf abgegeben.

Oxytocin wurde erstmals 1953 von Vincent du Vigneaud isoliert und synthetisiert, wofür er 1955 den Nobelpreis für Chemie erhielt. Das Peptid bewirkt eine Kontraktion der Gebärmuttermuskulatur und löst damit die Wehen während der Geburt aus.

Es wird im Rahmen der klinischen Geburtshilfe als Medikament in Tablettenform, als Nasenspray oder intravenös eingesetzt. Gleichzeitig beeinflusst es nicht nur das Verhalten zwischen Mutter und Kind sowie zwischen Geschlechtspartnern, sondern auch ganz allgemein soziale Interaktionen, so dass es in der Boulevardpresse oft als „Kuschelhormon" bezeichnet wird.

a) Kennzeichnen und benennen Sie alle im Oxytocin vorkommenden Aminosäuren.

b) Welche Reaktionen kommen prinzipiell in Frage, um die cyclische Form des Peptids entstehen zu lassen? Formulieren Sie die Reaktion, die Ihnen für die Ausbildung der cyclischen Form des Peptids am wahrscheinlichsten erscheint.

Aufgabe 337

Pyridoxalphosphat ist ein extrem wichtiges Coenzym, v. a. für den Stoffwechsel der Aminosäuren. Es kann in zwei Reaktionsschritten aus dem Vitamin B_6 (Pyridoxol) entstehen.

Benennen Sie die beiden Reaktionstypen, die eine Umwandlung von Pyridoxol in Pyridoxalphosphat ermöglichen, und formulieren Sie die entsprechenden Gleichungen.

Pyridoxol

Pyridoxalphosphat

Aufgabe 338

Gemischte Carbonsäure-Phosphorsäure(derivat)-Anhydride spielen als reaktive Carbonsäure-derivate eine wichtige Rolle im Metabolismus, z. B. beim Fettverdau. Hierbei muss mit der Nahrung aufgenommenes Fett muss zunächst in seine Bestandteile hydrolysiert werden.

a) Formulieren Sie die vollständige alkalische Hydrolyse eines Fettmoleküls (eines Triacylglycerols). Die langkettigen Fettsäurereste können Sie hierbei mit $R^1 - R^3$ abkürzen.

b) Bevor die Fettsäuren weiter durch einen Prozess namens β-Oxidation abgebaut werden können, müssen Sie aktiviert werden. Dabei werden sie im ersten Schritt mit ATP zu einem gemischten Anhydrid („Acyladenylat") umgesetzt. Formulieren Sie exemplarisch die Umsetzung von Hexansäure mit ATP zum gemischten Anhydrid.

c) Im zweiten Schritt reagiert das Acyladenylat mit Coenzym A (CoA-SH) zum Thioester. Formulieren Sie und zeigen Sie den Angriff durch einen entsprechenden Elektronenpfeil!

Aufgabe 339

Bestimmte Diterpen-Verbindungen, wie Derivate der Abietinsäure, wurden in einigen antiken römischen Weinen gefunden.

Abietinsäure (ABT)   Levopimarsäure (LVP)   Dehydroabietinsäure (DAB)

18-Nor-ABT   7-O-ABT

Die Abietinsäure (die zu den sogenannten „Harzsäuren" gezählt wird) ist ein Hauptbestandteil des Naturstoffs Kolophonium, eines Harzes, das aus dem Balsam harzführender Koniferen gewonnen wird.

a) In welchem Verhältnis stehen ABT und LVP zueinander?

b) Durch welchen Typ von Reaktion kann

    I) LVP in DAB bzw.

    II) DAB in 18-Nor-ABT umgewandelt werden?

c) Formulieren Sie eine Redoxteilgleichung für die Überführung von LVP in 7-O-ABT.

Aufgabe 340

Gegeben ist folgendes Lipid:

a) Welche Art von Struktur bildet sich aus, wenn Sie versuchen, dieses Lipid in Wasser zu lösen? (Bezeichnung und schematische Skizze!)

b) Kennzeichnen Sie alle hydrolysierbaren Bindungen mit einem Pfeil. Welche beiden Alkohole entstehen bei einer vollständigen Hydrolyse? Zeichnen Sie die entsprechenden Strukturformeln!

c) Die Verbindung lässt sich im Prinzip auf dieselbe Weise quantitativ bestimmen, wie es bei der Bestimmung der Iodzahl eines Fettes geschieht. Dazu wird eine Lösung mit unbekannter Menge der Verbindung und eine Blindprobe jeweils mit der gleichen Stoffmenge Brom im Überschuss versetzt. Das nicht addierte Brom wird dann mit Iodid reduziert und die dabei gebildete Menge an I_2 mit $Na_2S_2O_3$-Lösung titriert ($c(Na_2S_2O_3) = 0,50$ mol/L). Hierbei ergab sich für die Blindprobe ein Verbrauch von 16,2 mL an $S_2O_3^{2-}$-Lösung und für die Lipidprobe ein Verbrauch von 4,2 mL. Die molare Masse des Lipids beträgt 741 g/mol.

Berechnen Sie daraus die Masse des Lipids, die in der Probe vorhanden war!

Aufgabe 341

a) Geben Sie für das im Folgenden gezeigte Cholesterolmolekül für jedes der mit einem Buchstaben markierte C-Atom die Anzahl der Wasserstoffatome an, die daran gebunden ist.

b) Die Abbildung daneben stellt das Gonangerüst dar, das als Grundstruktur aller Steroide fungiert. Zeichnen Sie dieses Molekül in räumlicher Darstellung, wobei Ring A und B *cis*-verknüpft, und die anderen Ringe *trans*-verknüpft sein sollen.

c) Cholesterol kann bei höherer Temperatur in Anwesenheit von etwas Schwefelsäure dehydratisiert werden. Die Reaktion sei geringfügig endotherm. Nach welchem Mechanismus sollte diese Reaktion ablaufen, welches Hauptprodukt ist zu erwarten und welche Rolle hat die Schwefelsäure? Erklären Sie anhand eines (beschrifteten) Reaktionsenergiediagramms für diese Reaktion.

d) Um festzustellen, ob die unter c) genannte Reaktion von Cholesterol funktioniert hat, kommt eine Methode in Frage, die Sie im Praktikum zur quantitativen Bestimmung von Doppelbindungen kennengelernt haben. Erklären Sie in Stichpunkten sowie anhand der entsprechenden Gleichungen, wie Sie dabei vorgehen würden.

e) Von dem Cholesterol werden genau 0,75 mmol der unter c) genannten Reaktion unterworfen und das erhaltene Produkt(gemisch) ebenso wie 0,75 mmol des Edukts (als Blindprobe) in Abwandlung der unter d) beschriebenen Methode mit einem Überschuss an Iod-Lösung versetzt. Nicht addiertes Iod wurde mit Thiosulfat-Lösung ($c = 0{,}040$ mol/L) titriert. Es ergab sich ein Verbrauch von 30 mL für die Cholesterolprobe und 7,5 mL für das daraus gebildete Produktgemisch. Ermitteln Sie daraus die Ausbeute in Prozent, mit der die Dehydratisierungsreaktion verlaufen ist.

Aufgabe 342

Cortison (von lateinisch *cortex*, „Rinde") ist ein Steroidhormon, das um 1935 als erster Wirkstoff in der Nebennierenrinde des Menschen gefunden wurde. Umgangssprachlich werden Medikamente mit Cortisolwirkung häufig fälschlicherweise als „Cortison" bezeichnet, obwohl dieses selbst keinerlei Wirkung auf den Organismus besitzt, da es weder an den Glucocorticoid-Rezeptor noch an den Mineralocorticoid-Rezeptor bindet. Vielmehr wird Cortison bei oraler oder intravenöser Aufnahme durch das Enzym β-Hydroxysteroid-Dehydrogenase in der Leber in Cortisol umgewandelt, das die eigentliche Wirkung zeigt.

Cortison   Cortisol

a) Um welchen Reaktionstyp handelt es sich dabei? Welche Art(en) von Selektivität werden bei der gezeigten Umwandlung beobachtet? Ließe sich diese Reaktion so im Labor nachvollziehen?

b) Zu Therapiezwecken wird häufig das Cortisonacetat eingesetzt, bei dem die primäre Hydroxygruppe verestert vorliegt. Welcher Vorteil könnte damit verbunden sein?

Aufgabe 343

Nebenstehend ist die Strukturformel des Coenzyms Biotin gezeigt. Biotin ist der Cofaktor (prosthetische Gruppe) von Carboxytransferasen und als solcher u. a. beteiligt an der Gluconeogenese und der Fettsäurebiosynthese.

Biotin, früher auch Vitamin H (= „Haut") genannt, ist ein wasserlösliches Vitamin und gehört zum B-Komplex. Es ist – durch Untersuchungen über das Wachstum von Hefen – schon seit Beginn des 20. Jahrhunderts bekannt. 1936 konnte es aus Eigelb isoliert und danach seine Struktur aufgeklärt werden. Biotin wird vom Menschen nicht nur aus Lebensmitteln aufgenommen, es kann in geringen Mengen im Körper von den Darmbakterien selbst gebildet werden. Ein Mangel ist selten, kann aber bei übermäßigem Verzehr von rohen Eiern eintreten, da das Eiklar große Mengen des Proteins Avidin enthält, das fest (jedoch nichtkovalent) an Biotin bindet und dessen Aufnahme im Darm blockiert.

a) Benennen Sie die beiden funktionellen Gruppen, die außer der Carboxylgruppe im Molekül vorkommen!

b) Das Molekül Biotin kann über seine Carboxylgruppe mit der endständigen Aminogruppe in der Seitenkette der basischen Aminosäure Lysin verknüpft und auf diese Weise kovalent an ein Protein gebunden werden.
Formulieren Sie diese Verknüpfungsreaktion und denken Sie daran, dass die Carboxylgruppe in einer geeigneten aktivierten Form vorliegen muss. Welche funktionelle Gruppe dient *in vivo* zur Aktivierung von Carboxylatgruppen?

c) Das entstandene Biotinyl-Enzym kann mit einem der beiden N-Atome in einer nucleophilen Additionsreaktion an CO_2 addiert werden. Die entstehende Verbindung wird oft auch als „aktiviertes CO_2" bezeichnet und spielt eine wichtige Rolle bei biochemischen Carboxylierungsreaktionen.
Formulieren Sie die Strukturformel für diese Verbindung. Wie lautet der Name der neu entstandenen funktionellen Gruppe?

Aufgabe 344

Turgorine (LMF = *Leaf Movement Factors*) wurden beschrieben als Verbindungen, die bei Pflanzen als Antwort auf einen äußeren Reiz Bewegungen, insbesondere das Zusammenklappen der Blätter, hervorrufen. Mögliche Reize sind z. B. Wärme (Thermonastie), Berührung (Thigmonastie), Stoß (Seismonastie), Verwundung (Traumatonastie), Chemikalien (Chemonastie) sowie Tag- und Nacht-Rhythmus (Nyktinastie; diesbezügliche Turgorine werden auch als PLMF (*Periodic Leaf Movement Factors*) bezeichnet).

Am besten untersucht ist die Pflanze *Mimosa pudica*, jedoch wurden LMF auch in Vertretern aus der Familie der *Fabaceae* und *Papilionaceae* (Schmetterlingsblütler), beschrieben. Die Turgorine wirken auf die H^+-, Ca^{2+}- und K^+-Ionenströme und verursachen dadurch Änderungen des Membranpotenzials bei den Zellen der Pulvini (Gelenkpolster). Die damit verbundene Turgor-Änderung ist letztlich Ursache des blitzartigen Zusammenklappens der Blätter.

Die oben abgebildete Turgorinsäure PLMF1 wurde als erster Vertreter dieser Substanzklasse isoliert und in seiner Struktur aufgeklärt.

a) Benennen Sie die funktionelle(n) Gruppe(n), die in saurer Lösung hydrolysierbar ist/sind und formulieren Sie die Hydrolyseprodukte.

b) Welche Schwierigkeiten könnten auftreten, wenn Sie versuchen, die Turgorinsäure in Umkehrung der Reaktion unter a) aus den Hydrolyseprodukten zu synthetisieren?

c) Gallussäurepropylester wird als Antioxidans für Lebensmittel verwendet. Formulieren Sie eine Synthese, ausgehend von der Gallussäure, die Sie bei der Hydrolyse unter a) erhalten haben. Zu welcher Verbindung könnte Gallussäurepropylester oxidiert werden?

Aufgabe 345

Die Gruppe der K-Vitamine spielt eine wichtige Rolle bei der Blutgerinnung und kommt im Blut vor. Vitamin K ist in der Leber an der Herstellung verschiedener Blutgerinnungsfaktoren beteiligt (Prothrombin (= Faktor II), Faktor VII, IX und X). Die Verbindungen besitzen alle eine gemeinsame Grundstruktur, die am Beispiel von Vitamin K_2 gezeigt ist.

Die wichtige Rolle von Vitamin K bei der Blutgerinnung kann man sich zunutze machen, um die Blutgerinnung herabzusetzen. Das ist notwendig, wenn die Gefahr der Blutgerinnsel-Bildung besteht, beispielsweise bei Vorhofflimmern im Herzen oder nach Einsetzen von künstlichen Herzklappen. Die Präparate werden dementsprechend Vitamin K-Antagonisten genannt. Eine erhöhte Zufuhr von Vitamin K setzt die Wirkung dieser Medikamente herab.

Eng verwandt mit Vitamin K ist das Coenzym Q, das bei Elektronentransportprozessen eine wichtige Rolle spielt. Wie dieses lässt sich auch Vitamin K_2 zu einem Hydrochinon-System reduzieren.

a) Formulieren Sie hierfür die Redoxteilgleichung.

b) Die an das Naphthochinon-System gebundene ungesättigte Seitenkette kann man sich durch eine Polymerisationsreaktion entstanden denken. Welches Monomer liegt dabei zugrunde? Geben Sie die Strukturformel, den Trivialnamen der Verbindung sowie eine Bezeichnung nach rationeller Nomenklatur an.

c) Formulieren Sie die Bildung eines Polymerisationsprodukts, wie es in der Seitenkette von Vitamin K_2 vorkommt, aus sieben Monomeren.

Aufgabe 346

Ricinusöl ist aufgrund seiner laxierenden (abführenden) Wirkung wohlbekannt und hat den Vorteil, praktisch keine Nebenerscheinungen zu bewirken. Das Öl besteht vorwiegend aus dem Triglycerid der Ricinolsäure (12-Hydroxyölsäure). Durch Lipasen im Dünndarm wird aus dem unwirksamen Triester der eigentliche Wirkstoff, die Ricinolsäure, freigesetzt.

Hydroxycarbonsäuren werden in großem Umfang bei Synthesen von Kunststoffen wie Polyestern, Polyurethanen oder Schmelzklebern eingesetzt. Sie werden normalerweise erst aus Ölsäure hergestellt. Die OH-Gruppe macht daher die Ricinolsäure interessant für die chemische Industrie. Da jedes Fettmolekül durchschnittlich über zwei bis drei OH-Gruppen verfügt, kann das Ricinusöl auch direkt ohne Verseifung zur Synthese von (biologisch abbaubaren!) Kunststoffen eingesetzt werden. Ricinusöl ist deshalb ein wichtiger nachwachsender Rohstoff, der im Umfang von vielen hunderttausend Tonnen jährlich gewonnen wird, weshalb man in südlichen Ländern riesige Ricinusplantagen fndet.

a) Wie würden Sie vorgehen, um die Ricinolsäure aus Ricinusöl in Abwesenheit entsprechender Enzyme möglichst quantitativ freizusetzen?

b) Im Prinzip lässt sich Ricinolsäure im Labor aus der leicht zugänglichen Linolsäure (*cis,cis*-$\Delta^{9,12}$-Octadecadiensäure) herstellen. Allerdings ist bei dieser Reaktion mit Nebenprodukten zu rechnen. Formulieren Sie die Reaktionsgleichung für die Bildung von Ricinolsäure und erklären Sie, welche Nebenprodukte entstehen können.

c) Es sei davon ausgegangen, dass bei obiger Reaktion nur ungesättigte Carbonsäuren entstehen und ein gewisser Anteil an nicht umgesetzter Linolsäure zurückbleibt. Sie möchten die Ausbeute an Reaktionsprodukten ermitteln und bedienen sich dazu der Iodzahlbestimmung.

Bei der Ricinolsäuresynthese aus Linolsäure wurden 2,80 g Linolsäure eingesetzt. Das Reaktionsprodukt wird mit einem Überschuss an Brom-Lösung versetzt; nach einer Stunde wird nicht addiertes Brom durch Zugabe von KI-Lösung in Iod umgesetzt, das mit Natriumthiosulfat-Lösung (c = 0,40 mol/L) titriert wird. Für die Probe ergibt sich ein Verbrauch an Thiosulfat-Lösung von 24 mL; für eine analog behandelte Blindprobe werden 84 mL benötigt.

Berechnen Sie daraus die Ausbeute an Reaktionsprodukten bei der Umsetzung von Linolsäure in Prozent.   relative Atommassen: M_r (C) = 12; M_r (H) = 1; M_r (O) = 16

Aufgabe 347

Die Pantothensäure gehört zu den B-Vitaminen und hat ihren Namen vom griechischen Begriff *pantothen*, was „überall" bedeutet. Wie der Name sagt, kommt sie weit verbreitet vor und ist in vielen Nahrungsmitteln enthalten, weshalb selten ein Mangel entsteht. Lebensmittel enthalten das Vitamin meist in gebundener Form als Bestandteil von Coenzym A. Es wird nicht im Körper gespeichert, sondern nur über Blut und Lymphe im gesamten Körper verteilt.

Wie die anderen Vitamine der B-Gruppe ist auch Pantothensäure hauptsächlich an enzymatischen Reaktionen des Zellstoffwechsels, insbesondere an der Energiegewinnung, beteiligt.

Pantothensäure ist nach Art eines Peptids aus 2,4-Dihydroxy-3,3-dimethylbutansäure und β-Alanin aufgebaut. Die freie Carboxylgruppe in der Pantothensäure kann mit der Aminogruppe von Cysteamin, dem Decarboxylierungsprodukt der Aminosäure Cystein, zusammentreten; dann spricht man von Pantethein, einem Bestandteil des Coenzym A.

Zeichnen Sie die Strukturformel für Pantethein.

Aufgabe 348

Knoblauch stammt ursprünglich aus Asien, wurde dann im Mittelmeerraum heimisch und wird heute weltweit angebaut. Der Geruch entsteht durch Schwefelverbindungen, die bei der Zubereitung freigesetzt werden. Zu den enthaltenen Substanzen gehört Alliin, das für viele gesundheitliche Wirkungen des Knoblauchs verantwortlich ist. Alliin, eine Aminosäurevorstufe, wird bei der Verarbeitung bzw. Zerkleinerung freigesetzt und geht in sogenannte Lauchöle über. Dabei entsteht das instabile Allicin, das sich schnell zersetzt, wobei unangenehm riechende Produkte entstehen.

Knoblauch und Knoblauch-Extrakte wirken antibakteriell, antimikrobiell, antifungal und antiviral. Darüberhinaus sagt man dem Knoblauch auch antioxidative, immunstärkende, lipidsenkende und antithrombotische Wirkungen nach. Knoblauch-Extrakte unterstützen diätetische Maßnahmen bei erhöhten Blutfetten und Bluthochdruck und beugen altersbedingten Gefäßveränderungen vor.

Die Substanzen **1** – **5** gelten als biologisch aktive Inhaltsstoffe von Knoblauch-Extrakten.

a) Durch welchen Reaktionstyp kann **1** aus **2** entstehen? In welchem Verhältnis stehen die Verbindungen **4** und **5** zueinander?

b) Verbindung **1** (Alliin) kann im Prinzip in einer zweistufigen Reaktion aus einer proteinogenen Aminosäure hergestellt werden. Sie sollen die beiden Reaktionsschritte formulieren. Dabei handelt es sich im ersten Schritt um eine nucleophile Substitution, für die Sie einen geeigneten Reaktionspartner benötigen.

Den zweiten Reaktionsschritt sollten Sie zunächst in Form von zwei Teilgleichungen formulieren, wobei als Reaktionspartner für das Produkt des ersten Schritts H_2O_2 in Frage kommt. Fassen Sie die Teilgleichungen dann zur Gesamtgleichung zusammen.

c) Welche Bindung muss zusätzlich geknüpft werden, um vom Deoxyalliin **2** (dem Produkt des ersten Schritts aus b) zur Verbindung **5** zu gelangen? Den benötigten Reaktionspartner für die Umsetzung von **2** zu **5** kennen Sie. Erklären Sie, wie diese Verbindung modifiziert werden müsste, damit eine Umsetzung mit **2** tatsächlich nur das gewünschte Produkt liefert.

Aufgabe 349

Phenolische Verbindungen sind relativ leicht oxidierbar; sie bilden dabei Polymere (dunkel gefärbte Aggregate) aus. Das Verfärben angeschnittener oder absterbender Pflanzenteile geht hierauf zurück. Unter dem Gesichtspunkt der Regulation des Pflanzenwachstums kann derartigen Phenol-Derivaten in der Regel eine hemmende Wirkung zugeschrieben werden. Zu den niedermolekularen Phenylpropanol-Derivaten gehören eine Anzahl von Duftstoffen, wie die Cumarine, die Zimtsäure, Sinapinsäure, die Coniferylalkohole u. a.

Cumarine sind Lactone, die formal durch Ringbildung und Ringschluss zwischen Hydroxyl- und Carboxylgruppe aus *o*-Hydroxyzimtsäuren entstehen. In frischem Pflanzengewebe (z. B. in Blättern von *Melilotus alba*) liegen sie in gebundener Form als *o*-Glykosylzimtsäuren vor. Nach Gewebeschädigung wird der Zucker enzymatisch abgespalten, eine *trans* → *cis* Isomerisierung und Ringbildung folgen. Hierdurch wird das Cumarin freigesetzt, oft beschrieben als „Duft von frisch gemähtem Heu".

Formulieren Sie diesen Vorgang, ausgehend von der *o*-Glykosylzimtsäure. Zimtsäure ist der Trivialname von *E*-3-(4-Hydroxyphenyl)propensäure. Bei der *o*-Zimtsäure befindet sich die (glykosylierte) OH-Gruppe entsprechend in *o*-Position.

Aufgabe 350

Viele Palmfarne enthalten die nicht-proteinogene Aminosäure β-Methylamino-L-Alanin (BMAA). Diese und andere Verbindungen werden mit neurologischen Schäden in Verbindung gebracht. Der Zusammenhang mit der als *„Zamia staggers"* genannten Ataxie der Hinterbeine von Rindern und Schafen, die an Palmfarnen weiden, gilt als gesichert. Die als „Guam-Demenz" bezeichnete Häufung von Alzheimer bei Menschen wird mit einer chronischen Vergiftung durch den Genuss von aus Palmfarnen gewonnener Stärke und/oder den sich von den Samen ernährenden Fledermäusen in Verbindung gebracht, ist aber nicht endgültig geklärt. BMAA wird auch als mögliche Ursache für das stark gehäufte Auftreten von ALS/PDC (*Amyotrophic Lateral Sclerosis/Parkinsonism-Dementia-Complex*) innerhalb des Volkes der Chamorro, die auf der zu den Marianen zugehörige Pazifikinsel Guam beheimatet sind, angesehen. Die am Gehirn hervorgerufene Schädigung gleicht jener bei Alzheimerpatienten.

a) In welchem pH-Bereich ist der isoelektrische Punkt der nicht-proteinogenen Aminosäure β-Methylamino-L-Alanin zu erwarten?

b) Für den Einbau von β-Methylamino-L-Alanin in ein Polypeptid sind prinzipiell verschiedene Varianten denkbar. Erklären Sie mit Hilfe geeigneter Strukturformeln.

Aufgabe 351

Die Verbindung Reserpin ist ein natürlich vorkommendes Indolalkaloid einiger Pflanzen aus der Gruppe der Schlangenwurze, welches vor allem über die *Rauvolfia serpentina* aus der indischen Heilkunst Eingang in die westliche Medizin fand. Reserpin war einer jener Arzneistoffe, mit denen die Ära der modernen Psychopharmakologie begann. Während es in der Psychiatrie zunächst als Neuroleptikum bei Schizophrenie eingesetzt wurde, erlangte es insbesondere als Mittel gegen Bluthochdruck große Bedeutung.

Die erste Totalsynthese des Reserpins wurde 1958 von R.B. Woodward publiziert. In dieser Zeit wurde auch sein Wirkungsmechanismus intensiv untersucht, wodurch viele neue Erkenntnisse über biochemische Prozesse erlangt wurden, z. B. über den Stoffwechsel der biogenen Amine, die Entdeckung einer verminderter Konzentration des Neurotransmitters Dopamin im ZNS bei Parkinson-Patienten oder die Wegbereitung für die Entwicklung zahlreicher Antidepressiva auf Grundlage der Beobachtung des Reserpin-Antagonismus des MAO-Hemmers Iproniazid und des tricyclischen Antidepressivums Imipramin. Während die Substanz in der Klinik heute kaum noch eine Rolle spielt, kommt ihr in der neurochemischen Forschung nach wie vor einige Bedeutung zu.

Zur Elimination findet in Darm und Leber eine enzymatische Umwandlung statt, die polare und damit besser ausscheidbare Substanzen erzeugt; die Hauptmetaboliten sind Reserpsäuremethylester, 3,4,5-Trimethoxybenzoesäure und in geringerem Umfang Reserpsäure.

Reserpin $\Longrightarrow$ Reserpsäure

a) Peroral eingenommenes Reserpin gelangt zuerst in den Magen und von dort aus in den Darm. Wo erwarten Sie den Hauptteil der Resorption? Begründen Sie kurz.

b) Reserpin könnte in Umkehrung seiner Abbaureaktion aus der Reserpsäure gebildet werden. Erläutern Sie die dafür erforderlichen Schritte.

Aufgabe 352

Ebenso wie die verschiedenen Prostaglandine entstehen auch die Thromboxane im Körper aus der Arachidonsäure als gemeinsamem Vorläufer, einer vierfach ungesättigten C_{20}-Carbonsäure. Das Thromboxan A_2 fördert die Thrombozytenaggregation und damit die Bildung von Plättchenthromben; außerdem besitzt es vasokonstriktorische Wirkung. Damit fungiert es im Körper als Gegenspieler von Prostacyclin.

a) Welche funktionellen Gruppen sind im Thromboxan A$_2$ enthalten (möglichst genaue Bezeichnung)?

Thromboxan A$_2$ Thromboxan B$_2$

b) Durch welche Reaktion wird Thromboxan A$_2$ in Thromboxan B$_2$ überführt, das biologisch nicht mehr aktiv ist? Erwarten Sie, dass diese Reaktion leichter oder schwieriger vonstatten geht als bei anderen typischen Vertretern mit der fraglichen funktionellen Gruppe?

Aufgabe 353

Der Stamm *Myxococcus virescens*, Mx v48, produziert die Antibiotika-Familie der Myxovirescine, Verbindungen mit hoher Aktivität gegen Enterobakterien. Die Fermentationsbrühen dieses Stammes sind auffällig gelb bis gelbgrün gefärbt, was auf die Anwesenheit eines entsprechenden Chromophors hinweist. Untersuchungen ergaben, dass sich das gelbe Pigment aus einer Familie aus mindestens fünf Einzelkomponenten zusammensetzt, von denen der Hauptvertreter als Myxochromid A bezeichnet wird.

a) Im Zuge der Isolation wurden Extraktionsversuche mit Säure- bzw. Base-Zusatz gemacht. Welches Ergebnis erwarten Sie hierbei, d. h. wie schätzen Sie die Säure-Base-Eigenschaften der Verbindung ein?

b) In welchem Wellenlängenbereich erwarten Sie für die gezeigte Verbindung das langwelligste Maximum bei Aufnahme eines UV-Vis-Spektrums? Welche Gruppe(n) ist für diese Absorption verantwortlich?

c) Welche funktionellen Gruppen sind an der Bildung des makrocyclischen Ringes beteiligt? Welche proteinogenen Aminosäuren können Sie im Myxochromid identifizieren?

Aufgabe 354

Elektrophile funktionelle Gruppen, wie Halogenalkane, Epoxide oder Sulfonate werden leicht durch die nucleophile Thiolgruppe von Glutathion (γ-Glu–Cys–Gly) unter Bildung von Glutathion-Konjugaten angegriffen, die im weiteren Verlauf häufig zu Mercaptursäuren metabolisiert werden. Diese Reaktion, die insbesondere in Leber und Niere abläuft, besitzt erhebliche Bedeutung zur Entgiftung potentiell gefährlicher Umweltgifte oder elektrophiler Alkylierungsmittel, die im Zuge von Phase I-Reaktionen im Organismus gebildet wurden. Im ersten Schritt katalysiert die Glutathion-Transferase die Bildung des Glutathion-Konjugats, welches von Peptidasen zum Cystein-Konjugat abgebaut wird. Dieses geht durch *N*-Acetylierung in das sogenannte Mercaptursäure-Konjugat über, welches in den meisten Fällen das Ausscheidungsprodukt darstellt.

Formulieren Sie diese Reaktionsfolge am Beispiel von Benzol, das metabolisch zum Epoxid aktiviert wurde.

Aufgabe 355

Vor der breiten Verfügbarkeit der Penicilline waren Sulfonamide die Mittel der Wahl zur Bekämpfung von Infektionskrankheiten. Tatsächlich spielten sie vermutlich sogar eine entscheidende Rolle in der Weltgeschichte. Sir Winston Churchill war im Laufe des zweiten Weltkriegs während eines Aufenthalts in Afrika an einer ernsthaften Infektion erkrankt. Sein Zustand war ernst, so dass bereits seine Tochter aus Großbritannien eingeflogen worden war, um an seiner Seite zu sein. Die Behandlung mit einem Sulfonamid brachte ihn jedoch wieder auf die Beine.

Die Wirkungsweise der Sulfonamide ist gut bekannt. Sie fungieren als Hemmstoffe der Dihydropteroat-Synthetase und blockieren die Biosynthese von Tetrahydrofolat in der Bakterienzelle. Auch die menschliche Zelle benötigt Tetrahydrofolat – dennoch sind die Sulfonamide für den Menschen im Wesentlichen nicht toxisch. Dies liegt daran, dass die Synthese hier auf anderem Weg ohne Beteiligung der Dihydropteroat-Synthetase erfolgt. Hierfür muss das Vitamin Folsäure als Vorläufer mit der Nahrung aufgenommen werden.

Im Folgenden sind Ausgangs- und Endprodukt des bakteriellen Synthesewegs gezeigt.

Ergänzen Sie die Reaktionsfolge mit den entsprechenden Verbindungen und erklären Sie, welche Reaktionstypen beteiligt sind. Wie ist demnach die Hemmwirkung der Sulfonamide zu erklären? Erwarten Sie reversible oder irreversible Hemmung, und was könnte zur häufig beobachteten Resistenzentwicklung beitragen?

Dihydropteroat-Synthetase → Dihydropteroat

? → Dihydrofolat → ? → Tetrahydrofolat

Aufgabe 356

„Kath" ist eine Alltagsdroge im Jemen sowie einigen anderen afrikanischen Ländern. Es handelt sich dabei um die Zweigspitzen und jungen Blätter des Kath-Strauchs, die als leichtes Rauschmittel konsumiert werden. Beim Kauen der Kath-Blätter wird hauptsächlich das Amphetamin Cathin über die Mundschleimhaut aufgenommen.

Cathin   Norephedrin

a) Benennen Sie die Substanz vollständig nach rationeller Nomenklatur. Ein Isomer davon ist das Norephedrin. Welcher Art ist die Isomerie?

b) Die Substanz ist mäßig löslich in Wasser. Wie lässt sich die Löslichkeit auf einfache Weise verbessern?

c) Die Verbindung soll acetyliert werden. Wo würden Sie diese Reaktion erwarten und wie würden Sie vorgehen? Formulieren Sie eine entsprechende Reaktionsgleichung.

Aufgabe 357

Eine Reihe von Naturstoffen aus Bakterien bestimmen, ob eine Infektion ausbricht und wie schnell sie voranschreitet. Einige dieser Stoffe koordinieren den Angriff der Bakterien auf den Menschen; andere komplexieren das Wachstumsmineral Eisen, schützen die Bakterien vor dem Immunsystem oder greifen direkt den Wirtsmechanismus an.

Die häufigste Substanzklasse dieser Naturstoffe bilden die sogenannten *N*-Acylhomoserinlactone. Zwei Beispiele sind im Folgenden gezeigt:

C6-HSL

3-Oxo-C8-HSL

a) Zeichnen Sie die Aminosäure Serin in der (stereochemischen) Form, wie sie in menschlichen Proteinen vorkommt. Durch welche Reaktion kann aus beiden gezeigten Verbindungen die (nicht-proteinogene) Aminosäure Homoserin gebildet werden? Formulieren Sie eine geeignete Reaktionsgleichung.

b) Das 3-Oxo-C8-HSL kann relativ leicht deprotoniert werden. Formulieren Sie die zu erwartende Reaktion mit OH⁻ und erklären Sie mit einem Satz die Wahl des abgespaltenen Protons.

Aufgabe 358

2-Aminoethanol ist ein sogenanntes „biogenes Amin", das im Körper durch Decarboxylierung aus einer Aminosäure gebildet wird.

a) Welche proteinogene Aminosäure dient demnach als Vorläufer für 2-Aminoethanol? Geben Sie die Strukturformel (Stereochemie beachten!) und den Namen an.

b) 2-Aminoethanol wird in der Folge u. a. zur Synthese des Neurotransmitters Acetylcholin benutzt. Formulieren Sie im ersten Schritt die Bildung von Cholin aus 2-Aminoethanol. Im zweiten Schritt wird das Cholin in Acetylcholin überführt. Nennen Sie den Reaktionstyp dieser Umsetzung und formulieren Sie die Reaktion mit dem vom Organismus dafür benutzten Reaktionspartner.

Aufgabe 359

Das hochtoxische Muscarin, ein Parasympathikomimetikum, ist in einigen Pilzen enthalten, u. a. in kleinen weißen Trichterlingen. Eine Muscarin-Vergiftung kann durch Herzlähmung zum Tode führen. Die Ursache dafür ist eine Dauererregung, die dadurch bewirkt wird, dass Muscarin das Acetylcholin bei der Reizübertragung verdrängt, im Gegensatz zu diesem jedoch nicht abgebaut wird.

a) Vergleichen Sie die Struktur von Muscarin mit derjenigen von Acetylcholin. Welche funktionelle Gruppe scheint offensichtlich dafür verantwortlich zu sein, dass beide Verbindungen an den gleichen Rezeptor binden? Durch welche Reaktion kann Acetylcholin – im Gegensatz zu Muscarin – rasch abgebaut werden?

b) Bezeichnen Sie Chiralitätszentren im Muscarin nach absoluter Nomenklatur (*R,S*). Wie viele Stereoisomere wären für das Muscarin denkbar?

c) Formulieren Sie eine Synthese für Muscarin, ausgehend von dem entsprechenden primären Amin.

Aufgabe 360

Zahlreiche heterocyclische Naturstoffe, die man als Alkaloide bezeichnet, werden ausgehend von den Aminosäuren Ornithin und Lysin biosynthetisiert. Ein Beispiel ist das Piperin, das den scharfen Geschmack des Pfeffers verursacht. Der darin enthaltene Heterocyclus mit dem Trivialnamen Piperidin wird aus dem Cadaverin aufgebaut, welches das Decarboxylierungsprodukt der Aminosäure Lysin darstellt.

a) Wie lautet demnach die Strukturformel von Cadaverin und wie ist es nach rationeller Nomenklatur zu bezeichnen?

b) Eine Piperin-Probe wird mit wässriger Natronlauge behandelt. Formulieren Sie eine entsprechende Reaktionsgleichung. Welche Produkte sind zu erwarten, wenn Sie anstelle von Natronlauge eine wässrige Säure auf das Piperin einwirken lassen?

c) Piperin wird mit einer Brom-Lösung umgesetzt. Welche Reaktion(en) ist/sind hierbei möglich?

Aufgabe 361

Die Alginate gehören zu den irreversibel erhärtenden elastischen Abformmassen. Sie werden aus Meeresalgen (*lat.: alga* = Seetang) gewonnen und in Pulverform geliefert. Das Alginatpulver enthält die in Wasser leicht löslichen Natrium- oder Kaliumsalze der Alginsäure und Calciumsulfat als zweite Reaktionskomponente sowie Natriumphosphat als „Verzögerer". Im Gegensatz zu den in Wasser leicht löslichen Salzen der Alginsäure mit einwertigen Metallionen (z. B. Na^+ im Natriumalginat) sind die Salze mit zweiwertigen Metallionen wie Ca^{2+} in Wasser nur sehr schwer löslich. Ursache sind Vernetzungsreaktionen zwischen den polymeren Alginsäuremolekülen, wodurch es letztlich zur Bildung eines elastischen Gels und zur Verfestigung der Masse kommt.

Von welcher Aldohexose leiten sich die rechten Monomere in dem gezeigten Strukturausschnitt ab und wie sind sie miteinander verknüpft?

Welche Reaktion muss erfolgen, um von der Aldohexose zu dem im Alginat eingebauten Derivat zu gelangen? Formulieren Sie eine entsprechende (Teil)gleichung.

Aufgabe 362

Terpene sind Naturstoffe, die sich von der C_{10}-Verbindung Geranyldiphosphat (GPP) ableiten, welche wiederum aus Isopentenyldiphosphat (IPP) und Dimethylallyldiphosphat (DMAPP) gebildet wird. Mit einem weiteren Molekül IPP entsteht das Farnesyldiphosphat (FPP) als Vorläufer der Sesquiterpene (C_{15}). Zahlreiche Monoterpene werden durch kationische Cyclisierungen von Geranyldiphosphat gebildet. In gleicher Weise führen derartige Reaktionen ausgehend vom Farnesyldiphosphat zu verschiedenen Sesquiterpenen. Ein Beispiel ist das epi-Aristolochen, dessen Bildungsmechanismus eingehend untersucht worden ist. Der (vermutete) Mechanismus der Biosynthese ist nachfolgend dargestellt; dabei kommt es zu zahlreichen Elektronenpaarverschiebungen.

Zeichnen Sie alle Elektronenpfeile ein, mithilfe derer der Mechanismus der Bildung von epi-Aristolochen nachzuvollziehen ist.

Aufgabe 363

Eicosanoide, gebildet aus langkettigen ω-3- und ω-6-Fettsäuren, sind entscheidend an der Balance von pro- und antiinflammatorischen Metaboliten beteiligt. Zwar kann der Körper aus der einfachsten ω-3-Fettsäure, der sogenannten α-Linolensäure ($\Delta^{9,12,15}$-Octadecatriensäure; ALA) die wichtige Eicosapentaensäure (EPA) und die Docosahexaensäure (DHA) synthetisieren, allerdings hat die geringe Effektivität dieses Synthesewegs von ALA zu EPA und DHA nach gängiger Meinung für die meisten Menschen einen relativen Mangel zur Folge. Da Algenkulturen in besonderem Maße zur Synthese von essentiellen ω-3-Fettsäuren in der Lage sind, stehen sie seit einiger Zeit im Fokus von Ernährungswissenschaftlern.

Ein entsprechendes Präparat wirbt damit, pro Kapsel eine Masse von 3,2 mg EPA ($C_{20}H_{30}O_2$; $M_r = 302$) zu enthalten. Mit Hilfe einer altbewährten Methode zur Bestimmung des Sättigungsgrades von Lipiden soll diese Angabe überprüft werden; hierfür wird eine Kapsel des Präparats in Lösung gebracht. Nach Addition von Brom an die Probe und eine Blindprobe wurde noch vorhandenes Brom durch Umsetzung mit Iodid-Ionen in eine äquivalente Stoffmenge Iod überführt und dieses mit Thiosulfat-Lösung ($c = 0,02$ mol/L) titriert. Für die Probe mit EPA ergab sich ein Verbrauch von 5,75 mL gegenüber 9,25 mL für die Blindprobe. Hat die Kapsel den versprochenen Gehalt an EPA?

Aufgabe 364

Die abgebildete Domoinsäure, auch als „*Amnesic Shellfish Poison*" (ASP) bezeichnet, ist ein Phycotoxin, das von verschiedenen Algenarten gebildet wird. Die Verbindung akkumuliert leicht in Meeresorganismen, die sich von Phytoplankton ernähren, wie z. B. Schellfisch, Anchovis und Sardinen. Die Verbindung bindet sehr fest an den Glutamat-Rezeptor im Gehirn und wirkt im Säugerorganismus als potentes Neurotoxin.

Zunächst kommt es häufig zu gastrointestinalen Symptomen, wie z. B. Übelkeit und Durchfall, bevor mit einer Verzögerung von einigen Stunden bis Tagen die neurologischen Symptome, die in schweren Fällen zum Tod führen können, auftreten.

Die sehr ähnliche Verbindung **2** kann aus einer Vorläuferverbindung **1** entstehen.

a) In welchem Verhältnis steht die Verbindung **2** zur Domoinsäure?

b) Domoinsäure erweist sich bei genauerem Hinsehen als eine disubstituierte proteinogene Aminosäure. Welche Aminosäure ist in der Domoinsäure enthalten und wie ist die absolute Konfiguration (*R/S*) am α-C-Atom?

c) Welche Reagenzien benötigen Sie, um die Umwandlung von **1** in **2** zu bewerkstelligen? Formulieren Sie entsprechende Reaktionsgleichungen.

Aufgabe 365

Keine Infektionskrankheit hat in den letzten 400 Jahren mehr Todesopfer gefordert als die Malaria – und insofern hat keine Heilpflanze die Menschheitsgeschichte stärker beeinflusst, als der Chinarindenbaum. Lange Jahre hinweg nämlich war die pulverisierte Rinde dieses Baumes das einzig wirksame Therapeutikum gegen die von der Anophelesmücke übertragene Infektion. Noch heute werden Chinin und andere Inhaltsstoffe von *Chinchona* isoliert. Gleichzeitig war die Verbindung natürlich eine Herausforderung für die besten synthetischen Chemiker – die Isolierung (1820), die Strukturaufklärung (1908) und schließlich die erfolgreiche Synthese durch R.B. Woodward et al. im Jahre 1944 sind Meilensteine in der Chemiegeschichte. Dennoch existiert bis heute keine wirtschaftliche industrielle Synthese, so dass die Welt nach wie vor Anleihen nimmt beim weltbesten Chinin-Synthetiker – dem Chinarindenbaum. Heutzutage werden mit Alkaloiden aus *Chinchona* nicht nur Krankheiten behandelt, sondern sie dienen auch als Katalysatoren und Hilfsstoffe zur Herstellung reiner Enantiomere in der chemischen und pharmazeutischen Industrie. Und nicht zuletzt: ein wenig Chinin im Tonic Water ist unverzichtbar!

a) Die Schwierigkeiten bei der Synthese waren nicht zuletzt den vorhandenen Chiralitätszentren geschuldet, die mit der richtigen Konfiguration gebildet werden mussten. Identifizieren Sie zunächst alle Chiralitätszentren und bestimmen Sie ihre absolute Konfiguration.

b) Eines der Chiralitätszentren kann durch Reduktion aus der Vorstufe Chininon gebildet werden. Geben Sie die Struktur dieser Vorstufe an. Welches Problem tritt dabei auf?

c) Bei der Reduktion des Chininons kam in einer 1918 publizierten Studie ein eher ungewöhnliches Reduktionsmittel zum Einsatz. Welches Problem wäre bei einer katalytischen Hydrierung zu erwarten gewesen?

Aufgabe 366

Die beiden häufigsten in Citrusfrüchten zu findenden Flavonoide sind das Naringin bzw. das Neohesperidin. Beide sind Disaccharide, die glykosidisch mit einem substituierten Flavon verknüpft sind, und sich durch sehr bitteren Geschmack auszeichnen (in nachfolgenden Strukturen steht R für den jeweiligen Disaccharid-Teil). Beide Verbindungen lassen sich leicht in die entsprechenden sogenannten Dihydrochalkone (DC) umwandeln, die überraschenderweise extrem süß schmecken. Während das Neohesperidin für die kommerzielle Gewinnung aus Bitterorangen in zu geringer Konzentration vorliegt, kann Naringin in ausreichender Menge aus Grapefruitschalen extrahiert werden. Eine kommerzielle Synthese geht daher von Naringin aus, das zunächst in das Naringin-Chalkon umgelagert wird (s. Abb.). Anstatt anschließend den Phenolring weiter zu substituieren, wird folgender Weg beschritten: Das unter relativ drastischen Bedingungen (30 % KOH) gebildete Naringin-Chalkon unterliegt anschließend einer Retro-Aldolkondensation. Anschließend wird anstelle des abgespaltenen *p*-Hydroxybenzaldehyds das Isovanillin unter Bildung des Neohesperidin-Chalkons ankondensiert. Im letzten Schritt erfolgt dann die Hydrierung zum Neohesperidin-DC.

Naringin   →(30 % KOH, 100 °C)→   Naringin-Chalkon   Neohespiridin-DC

Skizzieren Sie diese im industriellen Maßstab durchgeführte Süßstoffsynthese.

Aufgabe 367

Auf der Suche nach neuen kommerziell verwendbaren Süßstoffen wurden, ausgehend von der bekanntermaßen süß schmeckenden Saccharose, zahlreiche Derivate dieses Disaccharids synthetisiert und untersucht. Dabei gingen lange Zeit alle Versuche, die Süße von Saccharose durch gezielte Eingriffe in die Molekülstruktur zu erhöhen, schief. So führte die Einführung einer Methylgruppe an C-4 oder zweier Chloratome nur zu weniger süßen Verbindungen.

a) Neben der Süßkraft spielen auch toxikologische Aspekte und das Geschmacksprofil eine wichtige Rolle. Schließlich führte die Suche doch zu einem Erfolg: die Verbindung 4,1′,6′-Trichlor-4,1′,6′-tridesoxygalaktosaccharose ergab eine 600-fache Süßkraft gegenüber der guten alten Saccharose und wurde unter dem Namen Sucralose bekannt. Formulieren Sie die Strukturformel für diese Trichlorgalaktosaccharose.

b) Häufig schmecken Derivate der Saccharose sogar bitter, wie die Octaacetylsaccharose. Diese Substanz ist dreimal so bitter wie das Alkaloid Strychnin, eine der bittersten Verbindungen überhaupt. Da hilft es auch nicht, dass die Verbindung sehr einfach herstellbar ist. Formulieren Sie eine geeignete Synthese.

Aufgabe 368

Die nebenstehende Verbindung ist als Süßstoff zugelassen und
unter dem Handelsnamen Aspartam® bekannt. Allerdings ist
die Verbindung nicht hitzebeständig und kann daher nicht zum
Backen verwendet werden.

Menschen mit der sehr seltenen angeborenen Stoffwechseler-
krankung Phenylketonurie dürfen kein Aspartam® zu sich
nehmen, weshalb alle Lebensmittel, die Aspartam® enthalten,
den Hinweis *„enthält eine Phenylalaninquelle"* tragen müssen. Diesen Warnhinweis findet
man zum Beispiel auf zuckerfreien Light-Limonaden. Neugeborene werden heute auf Phenylketonurie routinemässig getestet, damit schwerste Gehirnschäden verhindert werden. Über
mögliche weitere Gesundheitsgefahren durch die Verwendung von Aspartam® gibt es kontro-
verse Meinungen, z. B. bezüglich eines möglichen Beitrags zur Krebsentstehung oder sogar
einer krebsauslösenden Wirkung.

a) Aspartam® besitzt zwei Chiralitätszentren. Markieren Sie diese mit einem Pfeil und bestimmen Sie ihre absolute Konfiguration (*R/S*).

b) Welche Produkte erhalten Sie bei einer (säurekatalysierten) Hydrolyse von Aspartam®?
Zeichnen Sie die entsprechenden Strukturformeln und benennen Sie die Verbindungen!

Aufgabe 369

Die meisten der heute als Süßstoffe zugelassenen Substanzen wurden zufällig entdeckt. Danach wurde oft versucht, das gefundenen Molekül chemisch zu modifizieren, in der Hoffnung, die Süßkraft erhöhen zu können. So wurden auch im Fall des Aspartams tausende Derivate hergestellt und verkostet, zunächst mehr oder weniger vergeblich, da bei der Herstellung
eines kommerziellen Süßstoffs auch die Wirtschaftlichkeit des Syntheseweges zu beachten ist.
Die Ergebnisse legten nahe, dass der Rezeptor, an den Aspartam bindet, noch eine hydrophobe Bindungstasche aufweisen sollte, so dass die Aminogruppe des Aspartat-Teils entsprechend substituiert wurde. Tatsächlich resultierte daraus ein extrem süßes „Superaspartam",
jedoch schien die Verbindung aufgrund der enthaltenen Nitrilgruppe (mit ihrer Verwandtschaft zur Blausäure HCN!) dem führenden Hersteller von Aspartam nicht eben vertrauens-
erweckend – schwer abzuschätzen, wie die Metabolisierung dieser Verbindung ablaufen würde. Schließlich wurde die lange Suche aber doch belohnt. Durch Einführung eines 3,3-
Dimethylbutyl-Substituenten an der N-terminalen Aminogruppe wurde die Verbindung *N*-[*N*-
(3,3-Dimethylbutyl)-L-α-aspartyl]-L-phenylalanin-1-methylester, genannt „Neotam", mit
einer relativen Süßkraft von ca. 11.000 erhalten. Erfreulicherweise lässt sich die Verbindung
auf recht einfache Weise aus Aspartam herstellen.

a) Dabei könnte man zunächst an eine S_N2-Substitution an einem entsprechenden Brom- oder
Iodalkan denken. Warum würde diese Syntheseroute vermutlich nicht zufriedenstellend verlaufen?

b) Welche andere Möglichkeit bietet sich an? Formulieren Sie eine geeignet erscheinende
Synthese für das Neotam aus Aspartam.

Aufgabe 370

Steviosid ist ein Glykosid, das aus aus den Blättern der Stevia-Pflanze (*Stevia rebaudiana bertoni* isoliert werden kann; die Struktur des rechts gezeigten Hauptinhaltsstoffs konnte 1956 aufgeklärt werden. Die getrockneten Blätter enthalten bis zu 10 % süß schmeckende Inhaltsstoffe, die sich alle vom gleichen Grundkörper, dem Steviol ableiten, und sich nur in Art und Verknüpfung der Zuckerreste unterscheiden.

Bis die Steviolglykoside als gesundheitlich unbedenklich eingestuft wurden dauerte es allerdings bis zum Jahr 2010; im Dezember 2011 erfolgte dann schließlich die Zulassung in der ganzen EU als Lebensmittelzusatzstoff (E960).

a) Identifizieren Sie die an das Aglykon Steviol gebundenen Zuckerreste und die Art ihrer Verknüpfung.

b) Formulieren Sie eine stöchiometrische Reaktionsgleichung für die Freisetzung des Aglykons. Wie würden Sie dafür die Reaktionsbedingungen wählen?

c) Neben einer hydrolytischen Spaltung ist mit Wasser auch noch eine zweite Reaktion denkbar (die auch das Terpen Steviol zeigt). Formulieren Sie diese Reaktion und erklären Sie die zu erwartende Regioselektivität.

Aufgabe 371

Die Pflanzengattung *Capsicum* beschert dem Menschen mit Paprika- und Chilischoten nicht nur ein äußerst farbenprächtiges Gemüse, sondern je nach Art auch ein z. T. höllisch scharfes Gewürz.

Antheraxanthin

Capsanthin

Im Zuge des Reifungsprozesses verändert sich die Farbe der Schoten ausgehend von einem kräftigen grün über gelb und orange schließlich zu einem tiefen rot – die Chemie, die hinter diesem Farbspiel steckt, ist gut erforscht. Während das für die grüne Farbe zuständige Chlorophyll und das gelbe Lutein kontinuierlich abgebaut werden, kommt es zur Neusynthese der tiefroten Farbstoffe Capsanthin und Capsorubin.

Ein Gemisch aus beiden kommt als Lebensmittelfarbstoff (E160c) zum Einsatz. Dabei ist die Paprika das einzige Lebewesen, das diese roten Farbstoffe synthetisieren kann: es kommt dabei zu einer sogenannten Pinakol-Umlagerung, die in der organischen Chemie seit mehr als 150 Jahren bekannt ist und typischerweise die Anwesenheit von konzentrierter H_2SO_4 erfordert, um aus dem tertiären Alkohol (einem Diol) ein Carbenium-Ion zu bilden. In diesem kommt es dann zu einem 1,2-Methyl-Shift, d. h. eine benachbarte Methylgruppe wandert unter Mitnahme ihres Elektronenpaars, was nach abschließender Deprotonierung zu einem Keton führt.

In analoger Weise kann der Mechanismus für die Umlagerung von Antheraxanthin in Capsanthin formuliert werden. Die Reaktion beginnt an der Epoxid-Gruppe – wie der Pflanze diese Reaktion bei pH = 7 und Raumtemperatur gelingt, ist dagegen noch unbekannt.

Formulieren Sie diese Umlagerung vom von Antheraxanthin in das Capsanthin.

Aufgabe 372

Aber die Paprika kann noch mehr! Was sie vor allen anderen Pflanzengattungen auszeichnet ist ihre mehr oder weniger ausgeprägte Schärfe. Es ist nicht allzu verwunderlich, dass sich die Chemie bereits früh für diese außergewöhnlichen Scharfstoffe zu interessieren begann. Der ersten, 1876 isolierten Verbindung wurde der Namen Capsaicin gegeben; sie macht in allen untersuchten Arten zusammen mit dem Dihydrocapsaicin immer den Löwenanteil der Scharfstoffe aus. Auch therapeutisch kann Capsaicin genutzt werden; typische Beispiele sind das bereits 1928 entwickelte Hansaplast ABC-Wärmepflaster und Wärmesalben.

Obwohl die 1919 aufgeklärte Struktur von Capsaicin nicht allzu kompliziert ist, ist *Capsicum* die einzige Art, die diesen Scharfstoff bilden kann. Detaillierte Studien ergaben, dass Capsaicin aus zwei Bausteinen synthetisiert wird, die letztlich beide in einer proteinogenen Aminosäure ihren Ausgangspunkt haben. Der aromatische Teil geht auf Phenylalanin zurück, aus dem in vier Schritten die Verbindung 4-Hydroxy-3-methoxybenzaldehyd (Vanillin) gebildet wird.

Capsaicin

Welche Verbindung würden Sie als zweiten Baustein erwarten (die nach dem Schema der Fettsäurebiosynthese letztlich aus Leucin gebildet wird)? Versuchen Sie mit diesem Baustein, ausgehend von Vanillin, die Synthese von Capsaicin zu formulieren.

Aufgabe 373

Neben den für Schärfe und intensive Farbe charakteristischen Verbindungen der Paprikapflanze (vgl. Aufgabe 372) wurden auch die Duftstoffe, die insbesondere grüner Paprika ihren typischen Geruch verleihen, intensiv untersucht. Überraschenderweise ist für den charakteristischen Geruch grüner Paprikaschoten in erster Linie nur eine Verbindung verantwortlich – das 2-Isobutyl-3-methoxypyrazin (wobei sich Pyrazin von Benzen durch zwei N-Atome in 1,4-Position unterscheidet). Die menschliche Nase kann diese Substanz in wässriger Lösung noch in extremer Verdünnung wahrnehmen, so dass das sogenannte Paprikapyrazin zu den für Menschen geruchsintensivsten Verbindungen überhaupt gehört.

Je nach Paprika-Art dominieren jeweils unterschiedliche Verbindungen das Geruchsprofil. Einige Verbindungen sind im Folgenden mit ihrem typischen Geruch genannt. Formulieren Sie die zugehörigen Strukturformeln.

- Methylsalicylat (2-Hydroxybenzoesäuremethylester) („Wintergrün")
- 2-Heptanthiol („grün, nussig, Benzin")
- Ethyl-4-methylpentanoat („süß, fruchtig")
- β-Ionon (4-(2,6,6-Trimethylcyclohex-1-enyl)but-3-en-2-on) („blumig, fruchtig")
- (2E,6Z)-Nonadienal („frisch, gurkenartig")
- 2-Isobutyl-3-methoxypyrazin („Paprika")

Aufgabe 374

Seit jeher üben Giftpflanzen auf den Menschen eine starke Faszination aus. Den Beginn einer ernsthaften Disziplin „Naturstoffchemie" mag man auf das Jahr 1805 datieren, als der Apotheker Friedrich Wilhelm Sertürner erstmals Morphin aus Schlafmohn isolieren konnte. Eine Verbindung, die die Wissenschaft seit ihrer ersten Isolierung 1818 besonders faszinierte, ist das Strychnin, das in der gewöhnlichen Brechnuss (*Strychnos nux vomica*) vorkommt und eines der giftigsten Alkaloide darstellt. Über 130 Jahre dauerte es, bis die Struktur von Strychnin zweifelsfrei bewiesen werden konnte, weitere sieben Jahre vergingen, bis Robert B. Woodward mit der ersten Totalsynthese des Strychnins ein Meilenstein der Synthesechemie gelang.

Strychnin

Die hohe Giftigkeit von Strychnin beruht auf seiner Bindung an den Glycin-Rezeptor auf der Zelloberfläche von Neuronen. Während Glycin die Erregbarkeit der Neuronen dämpft, wirkt Strychnin als Antagonist – es verdrängt das Glycin, ohne seine dämpfende Wirkung auszuüben, so dass die Neuronen extrem leicht und unkontrollierbar erregbar werden.

Bis ins 20. Jahrhundert hinein waren Strychnin-haltige „Stärkungsmittel" beliebt und beim Sport als Doping eingesetzt. Legendär der Marathonlauf bei den Olympischen Spielen 1904 in St. Louis: bei brütender Hitze auf staubiger Strecke gab es kein Wasser zu trinken; stattdessen wurde der spätere Sieger während des Laufs reichlich mit Brandy und Strychnin versorgt, so dass er das Ziel völlig dehydriert, betrunken taumelnd und mit Strychnin vergiftet erreichte – zu schwach, um die Siegertrophäe entgegenzunehmen… Auch in zahlreichen Kriminalromanen kommt Strychnin zum Einsatz. Besonders in den Krimis von Agathe Christie, die als Krankenschwester in einer Krankenhaus-Apotheke gearbeitet hatte, werden zahlreiche Opfer vergiftet – mit Digitoxin, Cocain, Nicotin, Aconit und auch Strychnin, wobei die erfolgreichste Autorin aller Zeiten einigen chemischen Sachverstand beweist.

a) Der räumliche Bau des Strychninmoleküls ist ziemlich komplex; sechs Ringe sind miteinander verknüpft. Außerdem sind etliche Chiralitätszentren vorhanden, deren absolute Konfiguration bei der Synthese zu berücksichtigen ist. Diese korrekt nach der (R/S)-Nomenklatur zu bestimmen sei nun Ihre Aufgabe. Welche funktionellen Gruppen enthält das Strychnin?

b) Heutzutage ist Strychnin aus unserem Alltag so gut wie verschwunden – sieht man von seiner Anwendung als homöopathisches Arzneimittel mal ab, wo es eingesetzt wird bei Muskelkrämpfen, nervöser Übererregbarkeit, extremer Reizbarkeit, Asthma sowie gesteigerter Reflexbereitschaft durch Sinneseindrücke. Mit 9,60 € ist man dabei für 10 g Globuli der Potenz D30. Angenommen, Sie gehen aus von 25 g Strychnin gelöst in 1 L Wasser, was einer 0,06-molaren Lösung entspricht. Wie viel Strychnin wäre dann in 1 L der fertigen D30-Potenz enthalten?

Aufgabe 375

Als die Tabakpflanze im 16. Jahrhundert nach Europa kam, wurde sie zunächst nur als Zier-, später dann auch als Heilpflanze gegen allerlei Leiden kultiviert. Lange bevor der Siegeszug der Zigarette begann und im Jahr 1862 die erste Zigarettenfabrik in Dresden gegründet wurde, war es üblich, Tabak zu kauen oder zu schnupfen. Charakteristischer Sekundärmetabolit der Tabakpflanze ist das weithin bekannte Nikotin, das zu ca. 1,5 % im Tabak enthalten ist und mit über 95 % das Hauptalkaloid darstellt. Aber warum produziert die Tabakpflanze überhaupt Nikotin?

Nikotin

Sie schafft sich damit einen Vorteil im Überlebenskampf, denn Nikotin ist giftig und vertreibt dadurch Fraßfeinde. Allerdings wird die Nikotinproduktion, die wertvollen Stickstoff kostet, nur bei Bedarf hochgeregelt, wenn also z. B. Schädlinge an den Blättern knabbern.

Die Aufklärung der Biosynthese von Nikotin war ein ordentliches Stück Arbeit, bei der die Einschleusung isotopenmarkierter Verbindungen in den Stoffwechsel der Pflanze und die Verfolgung der Markierung entscheidende Hinweise gab. Als Edukte braucht die Pflanze nur drei gängige Aminosäuren (Asparaginsäure, Ornithin und Methionin) sowie ein Intermediat aus dem Kohlenhydratstoffwechsel (Glycerolaldehyd). Aus dem Glycerolaldehyd und der Asparaginsäure wird der aromatische Molekülteil, die 3-Pyridincarbonsäure (Nikotinsäure) aufgebaut. Für die Synthese des Fünfrings wird zunächst das Ornithin (2,5-Diaminopentansäure) zu Putrescin decarboxyliert. Methionin dient nach Umsetzung mit ATP zu S-Adenosylmethionin (SAM) als Methyl-Donor und überträgt den Methylrest auf das Putrescin unter Bildung von N-Methylputrescin, das anschließend zum N-Methylpyrrolium-Ion cyclisiert. Die Verknüpfung der beiden Heterocyclen warf viele Rätsel auf, da die Pyridin-3-carbonsäure äußerst unreaktiv ist und eine elektrophile aromatische Substitution kaum denkbar ist – hier benutzt die Pflanze einen höchst trickreichen Umweg.

a) Bestimmen Sie die absolute Konfiguration des gezeigten, zu > 95 % vorkommenden Enantiomers des Nikotins.

b) Formulieren Sie die Schritte vom Ornithin zum N-Methylputrescin unter Verwendung von S-Adenosylmethionin (Adenosylrest abkürzen!) als Methyl-Donor.

c) Weitere Tabak-Alkaloide sind das N-Methylmyosmin, das in drei Schritten zum Metanikotin umgewandelt werden kann.

N-Methylmyosmin   Metanikotin

Formulieren Sie diese Reaktionssequenz.

Aufgabe 376

Nikotin weist zwei N-Atome auf, die unterschiedlich basischen Charakter zeigen. Die beiden pK_S-Werte der protonierten Form sind 8,0 bzw. 3,1. Im physiologischen Bereich liegen daher nur das Mono-Kation und die neutrale Form nebeneinander im Gleichgewicht vor, wobei nur die ungeladene Form in der Lage ist, die Blut-Hirn-Schranke zu passieren. Bei einem höheren pH-Wert erhöht sich der Anteil der neutralen Base; die Nikotinaufnahme in die Blutbahn wird dadurch beschleunigt.

Nikotin

a) Ordnen Sie die pK_S-Werte den beiden Stickstoffatomen zu und begründen Sie.

b) Wie hoch ist der Anteil der neutralen Base des Nikotins, wenn der Rauch einer Zigarette der Marke Marlboro einen pH-Wert von 7,1 aufweist?

c) Etwa drei Viertel des Nikotins wird über verschiedene Abbauprodukte des Cotinins ausgeschieden; dabei handelt es sich um ein tertiäres Amid, das durch Oxidation des tertiären Amins im Pyrrolidinring des Nikotins zum γ-Lactam entsteht. Dieses kann direkt ausgeschieden werden oder als N-Glykosid (am Pyridinring), als N-Oxid (am Pyrrolring) oder auch als 3′-Hydroxycotinin nach Hydroxylierung am Fünfring.

Formulieren Sie diese Abbauprodukte des Nikotins.

Aufgabe 377

Vorweihnachtszeit… für viele von uns ist sie verbunden mit dem Duft von Weihnachtsgebäck…! Wie aber werden diese Duftstoffe von den Gewürzpflanzen synthetisiert? Zwei biochemische Hauptsynthesewege für Duftstoffe und andere Sekundärmetaboliten dominieren: der Aufbau von Terpenoiden und der Abbau von Phenylalanin zu Phenylpropanoiden.

Als Königin der Gewürzpflanzen gilt die Gewürzvanille *Vanilla planifolia*, die in einem aufwändigen Verfahren künstlich bestäubt werden muss – wobei die Orchidee nur an einem Tag am Vormittag blüht! Nach 10–12 Monaten werden die Fruchtkapseln geerntet; den „Schoten" fehlt noch jeglicher Duft nach Vanille, da dieses als Glucosid vorliegt. Erst nach einem zeit- und arbeitsaufwändigen Verfahren wird daraus die bekannte schwarze Vanilleschote mit ihrem wunderbaren Duft. Die weltweite Nachfrage übersteigt die natürliche Produktion bei Weitem, so dass ein Großteil des verarbeiteten Vanillins synthetischen Ursprungs ist.

a) Wie würden Sie erklären, dass den Vanilleschoten jeder Duft nach Vanille fehlt?

b) Ein biotechnologischer Prozess zur Synthese von Vanillin (4-Hydroxy-3-methoxybenzaldehyd) startet mit Coniferin, das unter Spaltung der glykosidischen Bindung den Coniferylalkohol freisetzt. Dieser wird durch entsprechende Dehydrogenasen zunächst zum Aldehyd und dann weiter zur Ferulasäure oxidiert, die durch die Feruloyl-CoA-Synthase zu Feruloyl-CoA aktiviert wird. Im letzten Schritt wird durch eine Enoyl-CoA-Hydratase Acetyl-CoA abgespalten, was einer Aldolspaltung entspricht.

Coniferin

Vollziehen Sie diese Schritte mithilfe der entsprechenden Strukturformeln nach.

Aufgabe 378

Viele Substanzen, die Gewürzen wie Muskat, Kardamon, Piment und Nelken ihren typischen Duft verleihen, sind sogenannte Terpenoide, die biosynthetisch auf das Isopentenyldiphosphat zurückzuführen sind. Ausgangsstoff hierfür ist letztendlich das Acetyl-CoA, wovon zunächst drei Moleküle zur C_6-Verbindung Mevalonat reagieren, die unter Aufwand von drei ATP zum Isopentenyldiphosphat decarboxyliert wird. Dieses kann unter Verschiebung der Doppelbindung um eine Position zu Dimethylallyldiphosphat isomerisieren, wobei ein Carbenium-Ion als Zwischenstufe auftritt. Die Verknüpfung der beiden C_5-Bausteine erfolgt durch Abspaltung von Diphosphat zu einem mesomeriestabilisierten Carbenium-Ion, das von der Doppelbindung im Isopentenyldiphosphat angegriffen wird. Nach Abspaltung von H^+ liegt das Geranyldiphosphat als Ausgangsstoff für zahlreiche Monoterpene vor.

a) Formulieren Sie die beschriebene Verknüpfung ausgehend vom Isopentenyldiphosphat zum Geranyldiphosphat.

b) Aus Geranyldiphosphat entsteht durch Abspaltung von Diphosphat sehr leicht das Myrcen, die Hauptkomponente in Piment. Dieses wiederum kann durch Addition von Wasser in das α-Terpinol übergehen.

Formulieren Sie einen Mechanismus für diese Biosyntheseschritte.

Myrcen   α-Terpinol

Aufgabe 379

Hitzeschockproteine (HSPs) sind Stressproteine, die sich in nahezu allen Organismen finden und die durch Umwelteinflüsse und pathophysiologische Stimuli induzierbar sind. Sie umfassen mehrere Klassen mit unterschiedlichen molaren Massen, wobei die HSP60s, HSP70s und HSP90s als hochgradig konservierte Chaperone an der Faltung von Proteinen, der Assemblierung von Proteinkomplexen und dem Proteintransport durch biologische Membranen beteiligt sind. Hitzeschockproteine werden in Krebszellen überexprimiert und sind an der Onkogenese und der Resistenz gegen Chemotherapeutika beteiligt. Die Überexprimierung von HSP90s und HSP70s in vielen Tumoren korreliert beispielsweise mit der Proliferation und dem Überleben u. a. von kolorektalen Carcinomen und Brustkrebs.

Man kennt eine Reihe von niedermolekularen Inhibitoren der hitzeinduzierten HSP70 Expression, von denen die Verbindungen Triptolid und Quercetin bislang die effektivsten zu sein scheinen. Während das Triptolid ein ziemlich kompliziertes hochgradig funktionalisiertes Molekül darstellt, ist das Quercetin ein vergleichsweise einfach gebauter Naturstoff aus der Familie der Flavone, der vielfältige biologische Aktivität aufweist, u. a. die Hemmung der HSP70 Expression nach einem bislang unbekannten Mechanismus. Quercetin wird in *vivo* metabolisiert; es ist möglich, dass einige Metaboliten die pharmazeutisch aktive Substanz darstellen.

Quercetin

Es wurde daher versucht, alle unterschiedlichen Monomethyl-Derivate sowie einige ausgewählte Carboxymethyl-Derivate zu synthetisieren, was aufgrund der fünf Hydroxygruppen im Molekül kein einfaches Unterfangen ist.

a) Zwei der Hydroxygruppen lassen sich relativ leicht mit einer Schutzgruppe versehen. Formulieren Sie dafür eine geeignete Reaktion.

b) Im Folgenden gelang es, die zur Carbonylgruppe α-ständige Hydroxygruppe in den Benzylether zu überführen (diese Schutzgruppe lässt sich leicht durch Hydrogenolyse mit H_2/Pd wieder entfernen) und schließlich eine der verbleibenden OH-Gruppen mit einer Methylcarboxymethyl-Gruppe ($-CH_2COOCH_3$) zu versehen.

Formulieren Sie diese beiden Reaktionen.

Aufgabe 380

Eine Reihe verschiedener Terpenoide können sich ineinander umlagern. Dabei wird typischerweise ein saurer Katalysator benötigt, was einen Hinweis auf den Reaktionsmechanismus gibt. Ein Beispiel ist die Verbindung ψ-Ionon, die in das β-Ionon umlagern kann.

ψ-Ionon   β-Ionon

Schlagen Sie einen Mechanismus für diese Reaktion vor.

Kapitel 7

Streifzüge durch Pharmakologie und Toxikologie

Aufgabe 381

Paracetamol (*p*-Hydroxyacetanilid) ist ein schmerzstillender und fiebersenkender Arzneistoff, der in verschiedenen Darreichungsformen verfügbar ist. Die Verbindung ist der wirksame Bestandteil vieler Schmerz- und Erkältungsmedikamente, sowohl als Monopräparat als auch in Kombipräparaten. Seit ihrer Einführung zählen Arzneimittel mit dem Wirkstoff Paracetamol weltweit zu den bekanntesten und meistverwendeten Schmerzmitteln neben jenen, die Acetylsalicylsäure (Aspirin) oder Ibuprofen enthalten. Typische Indikationen sind leichte bis mittelstarke Schmerzen, z. B. Kopfschmerzen, Migräne, Zahnschmerzen, sowie Fieber. Als Monopräparat in geringer Dosierung gilt Paracetamol als weitgehend unschädlich und kann unter medizinischer Überwachung sogar langfristig angewendet werden. In Kombination mit anderen Arzneistoffen oder Alkohol ergeben sich aber Wechselwirkungen, die besonders an Leber und Nieren langfristig Organschäden verursachen können (toxische Fettleber, Schmerzmittelnephropathie). Wegen der relativ geringen therapeutischen Breite des Wirkstoffs und der einfachen Verfügbarkeit treten oft auch versehentliche oder beabsichtigte akute Vergiftungen auf.

Bis heute ist die Wirkungsweise von Paracetamol nicht vollständig geklärt. Bekannt ist, dass mehrere Mechanismen zusammenspielen, und dass der analgetische Effekt hauptsächlich im Gehirn und Rückenmark zustande kommt. Die Hauptwirkung scheint in einer Hemmung der Cyclooxygenase-2 (COX-2) im Rückenmark zu bestehen. Dieses Enzym ist über die Bildung von Prostaglandinen maßgeblich an der Schmerzweiterleitung ins Gehirn beteiligt. Andere Wirkungen betreffen die Serotonin-Rezeptoren (Typ 5-HT$_3$) im Rückenmark (über diesen Rezeptortyp kann das Gehirn die Weiterleitung von Schmerz hemmen), die Glutamat-NMDA-Rezeptoren im Gehirn (viele schmerzverarbeitende Gehirnzellen besitzen diesen Rezeptortyp) und die Wirkung von NO im Gehirn. Während andere Medikamente das aktive Zentrum der COX direkt blockieren, wirkt Paracetamol indirekt. Dies geschieht im Gehirn, nicht aber in Immunzellen, die hohe Konzentrationen von Peroxiden aufweisen, weshalb Paracetamol – im Gegensatz etwa zu Acetylsalicylsäure – keine entzündungshemmende Wirkung besitzt.

Paracetamol ist prinzipiell leicht aus 4-Aminophenol und einem geeigneten reaktiven Derivat der Essigsäure herstellbar. Ein unerfahrener Laborkollege versucht, Arbeit zu sparen und stattdessen die Reaktion mit Essigsäure durchzuführen. Und es scheint zu klappen – nachdem er das Lösungsmittel entfernt hat, isoliert er ein schönes weißes kristallines Produkt. Doch leider liefert die anschließende Schmelzpunktbestimmung eine Enttäuschung: er liegt gegenüber dem literaturbekannten Wert für *p*-Hydroxyacetanilid viel zu hoch.

© Der/die Autor(en), exklusiv lizenziert durch
Springer-Verlag GmbH, DE, ein Teil von Springer Nature 2021
R. Hutterer, *Fit in Organik*, Studienbücher Chemie,
https://doi.org/10.1007/978-3-662-64603-8_7

a) Warum ist die Reaktion nicht wie gewünscht verlaufen? Welches Produkt hat der Kollege isoliert?

b) Formulieren Sie die richtige Reaktionsgleichung für die Synthese von Paracetamol unter Verwendung von Essigsäureanhydrid.

c) Ein Pharmakonzern stellt Paracetamol im großen Stil her. Ein bewährtes Verfahren liefert eine Ausbeute von 86 % an reinem Produkt. Welche Masse an Paracetamol wird erhalten, wenn man $2,00 \cdot 10^3$ kg des Edukts 4-Aminophenol einsetzt?

relative Atommassen: $M_r (C) = 12$; $M_r (H) = 1$; $M_r (O) = 16$; $M_r (N) = 14$

d) Ein neuer Mitarbeiter erprobt eine Verfahrensänderung und erhält dabei aus $2,00 \cdot 10^3$ kg 4-Aminophenol $2,90 \cdot 10^3$ kg an Produkt. Sollte das neue Verfahren eingeführt werden, oder haben Sie Bedenken?

Aufgabe 382

Die sogenannten Pyrethroide, benannt nach einer Reihe von Verbindungen, die natürlicherweise in den Blüten von *Pyrethrum*-Arten vorkommen (z. B. Chrysanthemumsäure), gehören zu den weltweit am häufigsten eingesetzten Insektiziden. Leider sind auch diese Verbindungen nicht ganz frei von Nebenwirkungen auf den Menschen.

Permethrin

Ein beliebter synthetischer Vertreter dieser Stoffklasse ist das nebenstehend gezeigte Permethrin. Es wirkt als Kontakt- und Fraßgift und hat ein breites Wirkungsspektrum. Permethrin wurde von der Britischen National Research Development Corporation entwickelt und ist seit etwa 1977 im Handel. Beim Menschen wirkt Permethrin gegen ausgewachsene Läuse und ihre Nissen, so dass es seit 2004 auch in Deutschland als Mittel gegen die Krätze (Scabies) zugelassen ist.

Phenoxybenzoesäure

Studien an Säugetieren haben ergeben, dass die Verbindung rasch metabolisiert wird. Als Hauptprodukt wurde dabei die Phenoxybenzoesäure identifiziert, die leicht in einer zweistufigen Reaktion aus Permethrin entstehen kann.

a) Formulieren Sie die beiden Reaktionsschritte!

b) Das Produkt des ersten Schritts kann aber auch direkt zur Ausscheidung mit dem Harn glykosyliert werden. Formulieren Sie die Bildung des Glykosids mit aktivierter UDP-Glucuronsäure aus dem erwähnten Produkt.

c) Das zweite Produkt des ersten Reaktionsschritts enthält außer einem Cyclopropanring zwei weitere funktionelle Gruppen. Welche sind dies?

Aufgabe 383

Die HMG-CoA-Reduktase ist das geschwindigkeitsbestimmende Enzym der Cholesterolbiosynthese. Eine Möglichkeit zur Behandlung einer Hypercholesterolämie besteht daher im Einsatz von kompetitiven Inhibitoren der HMG-CoA-Reduktase. Ein derartiger Inhibitor ist das Lovostatin, ein Produkt aus Pilzen, dessen Wirkung auf seiner Ähnlichkeit eines Strukturteils mit dem Mevalonat, dem Substrat der HMG-CoA-Reduktase, beruht.

a) Beide Verbindungen enthalten oxidierbare Gruppen. Welche Produkte erwarten Sie jeweils bei einer vollständigen Oxidation, die ohne Zerstörung des Kohlenstoffgerüsts erfolgen soll?

b) Unter sauren Bedingungen kann die Mevalonsäure eine cyclische Verbindung ausbilden. Formulieren Sie das sich einstellende Gleichgewicht.

c) Es liegen 1,50 mmol Lovostatin vor. Wie viel Gramm Wasserstoff wären erforderlich, um das Ringsystem im Lovostatin in das gesättigte Dekalin-Ringsystem zu überführen? Die molare Masse von Wasserstoffgas beträgt 2,016 g/mol.

Aufgabe 384

Synthetische Analoga für natürlich vorkommende Glucocorticoide, wie das gezeigte Betamethason, sind wirksame Medikamente zur Behandlung von Entzündungen und allergischen Erkrankungen wie Asthma und Dermatitis. Um die Lipophilie derartiger Verbindungen zu erhöhen, wurde die hydrophile OH-Gruppe an C-17 in verschiedener Weise modifiziert.

a) Formulieren Sie eine solche Modifizierungsreaktion, die zur Bildung von Betamethason-17-valerat (Ester der Pentansäure) führt, welches zur topischen Anwendung auf der Haut eingesetzt wird.

b) Erklären Sie mit einem Satz, warum die Reaktion nicht so glatt verlaufen wird, wie in Ihrer Gleichung gezeigt.

c) Celestovet ist eine wässrige Corticosteroid-Suspension. Es enthält zwei verschiedene Ester des hochwirksamen Corticosteroids Betamethason, die sich in der Wirkung ideal ergänzen. Das leicht lösliche Betamethason-21-dinatriumphosphat ermöglicht einen raschen antiphlogistischen, antiallergischen und antirheumatischen Effekt, während das schwer lösliche Betamethason-21-acetat langsamer resorbiert wird, aber dafür länger wirksam ist. Die Kombination der Initial- mit der Depotwirkung gewährleistet eine optimale therapeutische Wirksamkeit.

Geben Sie die Strukturformeln der beiden erwähnten Wirksubstanzen an.

Aufgabe 385

Ezetimib ist der erste Vertreter der neuen Wirk-
stoffklasse der Cholesterol-Resorptionshemmer.
Es vermindert die intestinale Resorption sowohl
des mit der Nahrung aufgenommenen Cholesterols als auch des endogenen Cholesterols aus
der Galle (enterohepatischer Kreislauf).

a) Wie bezeichnet man das heterocyclische Ringsystem? Weist die Verbindung eher saure oder
basische Eigenschaften auf?

b) Kann die Verbindung oxidiert werden?

Aufgabe 386

Phenobarbital, das bereits im Jahre 1912 auf den Markt kam, war das erste Antiepileptikum
mit breiter Wirksamkeit. Phenobarbital kann in einer Notfallsituation, das heißt im *Status
epilepticus*, als Reservemedikament gegeben werden, wenn alternative Medikamente, wie
Benzodiazepine und Phenytoin erfolglos waren. Allerdings kann Phenobarbital jedoch ausgeprägte Nebenwirkungen verursachen, wie Müdigkeit, Konzentrations- und Denkstörungen,
sowie nach längerer Anwendung auch Wesensveränderungen.

Primidon ist ein krampflösender Arzneistoff aus der Gruppe der Antikonvulsiva, der zur Dau-
erbehandlung bestimmter Formen von Epilepsie eingesetzt wird. Primidon ähnelt dem Phenobarbital stark; es ist ein „Pro-Drug", das im Körper zumindest teilweise zu Phenobarbital
verstoffwechselt wird. Primidon wird unter den Handelsnamen Liskantin®, Mylepsinum®,
Resimatil® und unter generischer Bezeichnung angeboten.

Phenobarbital   Primidon

a) Welche funktionellen Gruppen lassen sich im Primidon bzw. im Phenobarbital erkennen?
Erwarten Sie für die Verbindungen eher saure oder basische Eigenschaften?

b) Durch welchen Reaktionstyp wird Primidon im Organismus zu Phenobarbital metabolisiert? Formulieren Sie die entsprechende (Teil)gleichung.

Aufgabe 387

Die Verbindung Piroxicam ist ein nicht-steroidales Pharmazeutikum mit entzündungshemmenden Eigenschaften, das z. B. zur Behandlung von rheumatoider Arthritis eingesetzt werden kann. Seine Wirkung beruht auf Hemmung der Produktion von Prostaglandinen, die bei Schmerz- und Entzündungsreaktionen eine wichtige Rolle spielen. Die Verbindung wird als „Mobilat Piroxicam akut Creme" zur äußerlichen unterstützenden Behandlung von Schmerzen und Schwellungen bei Prellungen, Zerrungen, Verstauchungen z. B. nach Sport- oder Unfallverletzungen beworben.

Eine potentielle Synthese könnte in zwei Stufen ausgehend von der freien Carbonsäure X erfolgen.

Piroxicam

Edukt X

a) Im ersten Schritt soll die Oxidation am Schwefel erfolgen. Formulieren Sie eine entsprechende Redoxteilgleichung.

b) Welches Amin würden Sie für den zweiten Reaktionsschritt einsetzen? Geben Sie seinen korrekten Namen an.

c) Führt die Reaktion ausgehend vom Oxidationsprodukt aus dem ersten Schritt zum Erfolg? Geben Sie eine kurze Begründung.

Aufgabe 388

Chemisch gesehen stellt der Wirkstoff Ofloxacin ein Gemisch (Racemat) aus zwei optischen Enantiomeren dar: einer (R)- und einer (S)-Form. Da nur eines dieser beiden Enantiomere antibakteriell wirksam ist, lag es nahe, den eigentlichen Wirkstoff zur Therapie anzubieten. Die (S)-Form aus dem Racemat Ofloxacin ist jetzt als Levofloxacin (Tavanik®) im Handel erhältlich.

Levofloxacin

Wie auch andere Chinolone wirkt Levofloxacin auf den DNA-Gyrase-Komplex und die Topoisomerase IV. Die Substanz, die für die parenterale und perorale Applikation angeboten wird, hat ein breites antibakterielles Spektrum von grampositiven bis hin zu gramnegativen Keimen, sowie anaeroben Mikroorganismen wie *Bacteroides fragilis*, *Clostridium perfringens* und *Peptostreptococcus*, sowie *Chlamydien*, *Legionella* und *Mycoplasma pneumoniae*. Aufgrund der langen Halbwertszeit der Verbindung genügt eine einmal tägliche Verabreichung.

Gezeigt ist das Racemat der Verbindung ohne stereochemische Information.

a) Zeichnen Sie die entscheidenden Bindungen von (−)-(S)-Levofloxacin so unter Benutzung der Keilstrichschreibweise nach, dass Sie das (S)-Isomer vorliegen haben.

b) Das Molekül enthält eine funktionelle Gruppe, die eine Racemattrennung nach einer klassischen Methode erlaubt. Wie würden Sie das Racemat aus (S)- und (R)-Levofloxacin trennen?

c) Obwohl es sich bei Levofloxacin um eine β-Ketocarbonsäure handelt, sollte die ansonsten für solche Verbindungen leicht erfolgende Decarboxylierung hier keine Rolle spielen. Erinnern Sie sich an den Mechanismus dieser Reaktion und erklären Sie dieses Verhalten.

Aufgabe 389

Microcystine sind extrem toxische Verbindungen, die von Cyanobakterien der Spezies *Microcystis*, *Anabaena* und *Nostoc* gebildet werden. Eine Kontamination von Trinkwasser mit diesen Verbindungen kann zu erheblichen gesundheitlichen Problemen führen. Typische Vergiftungssymptome sind Hautirritationen, Durchfälle sowie akute und chronische Leberleiden. Microcystine entfalten ihre Wirkung fast ausschließlich in den Leberzellen, indem sie dort die Proteinphosphatase hemmen. Man vermutet, dass sich die Microcystine mittels eines speziellen Transportersystems in die Leberzellen schleusen.

Akute Vergiftungen können in wenigen Stunden zu einem hämorrhagischen Schock führen, weil sich die Leberzellen einfach auflösen. Die Wirkung ist dabei vergleichbar mit der des Giftes von Knollenblätterpilzen.

a) Identifizieren Sie alle hydrolysierbaren Bindungen im gezeigten Microcystin mit einem Pfeil. Bei der vollständigen Hydrolyse entstehen einige Ihnen vermutlich bekannte Verbindungen. Geben Sie die Namen für mindestens drei der Hydrolyseprodukte an!

b) Im Zuge eines Reinigungsverfahrens für die gezeigte Gruppe der Microcystine unterwerfen Sie die Verbindungen einer Elektrophorese. Gesetzt den Fall, die Reste R^1 bis R^3 enthalten keine weiteren funktionellen Gruppen: zu welcher Elektrode wandern die Microcystine, wenn die Elektrophorese bei einem pH-Wert von 7 durchgeführt wird?

Aufgabe 390

Gezeigt ist die Struktur eines spezifischen Myko-
toxins, wie es von Schimmelpilzen der Spezies
Fusaria gebildet wird, die beispielsweise Mais und
Weizen befallen. Da diese Verbindungen stark to-
xisch wirken, bedeutet der Verzehr kontaminierter
Lebensmittel eine ernste Gesundheitsgefährdung.
Die Toxine hemmen u. a. die DNA-Synthese und
wirken als Immunsuppressoren.

a) Identifizieren Sie alle Ihnen bekannten funktionellen Gruppen im gezeigten Molekül und kennzeichnen Sie diese eindeutig.

b) Mit welcher Reaktion (und welcher damit verbundenen Beobachtung) könnten Sie nachweisen, dass es sich bei dem gezeigten Toxin um eine ungesättigte Verbindung handelt?

c) Erklären Sie mit einem Satz, ob – und wenn ja, warum – sich bei einer milden Oxidation
des gegebenen Toxins die Anzahl der Chiralitätszentren ändert.

Aufgabe 391

Auch die Aflatoxine gehören zur Gruppe der Mykotoxine (vgl. Aufgabe 390). Sie sind natürliche Stoffwechselprodukte von Schimmelpilzen, welche bei Mensch und Tier eine toxische
Wirkung verursachen können.

Da *Aspergillus flavus* und *Aspergillus parasiticus* zur Bildung der Giftstoffe Temperaturen
von 25 bis 40 °C brauchen, sind diese Toxine (trotz des weltweiten Vorkommens der toxinbil-
denden Pilze) v. a. in subtropischen und tropischen Gebieten von Bedeutung, weniger in An-
baugebieten der gemäßigteren Klimazonen. Besonders betroffen ist die Maisproduktion in
den USA und in tropischen Ländern, wo der Pilz schon auf dem Feld die Körner befallen
kann.

Die Gruppe der Aflatoxine umfasst mehr als 20 verschiedene Toxine, doch treten als Konta-
minanten von pflanzlichen Lebensmitteln vor allem Aflatoxin B1 (siehe Abb.), B2, G1 und
G2 auf. Als Folgeprodukt einer Entgiftungsreaktion entsteht Aflatoxin M1, das bei laktieren-
den Tieren und auch bei Menschen in die Milch gelangt, wenn diese mit Aflatoxin B1 konta-
minierte Nahrungs- bzw. Futtermittel zu sich genommen haben. Eine kurzzeitige Gabe von
hohen Konzentrationen an Aflatoxin B1 führt im Tierversuch zu einer Reihe von Leberschä-
den bis hin zu akutem Leberversagen; bei chronischer Aufnahme kommt es zur Bildung von
Lebertumoren. Die Krebsforschungsagentur der Weltgesundheitsorganisation WHO bezeichnet mittlerweile die Beweislage als ausreichend, um das Aflatoxin B1 als Humancancerogen
einzustufen. Wegen der enorm gefährlichen Wirkung der Aflatoxine wurden strenge Grenz-
werte für Aflatoxin B1 und/oder Gesamtaflatoxine (B1, B2, G1 und G2) in Lebensmitteln
sowie für Aflatoxin M1 in Milch und Milchprodukten festgelegt.

Gezeigt sind die beiden Verbindungen Aflatoxin B1 und Ochratoxin A. Beide unterliegen in
saurem Medium der Hydrolyse.

Aflatoxin B1   Ochratoxin A

a) Formulieren Sie für beide Toxine die Produkte einer vollständigen Hydrolyse und kennzeichnen Sie die bei der Hydrolyse des Aflatoxins neu entstandenen funktionellen Gruppen! Eine dieser Gruppen steht in einem Gleichgewicht mit einer weiteren funktionellen Gruppe. Formulieren Sie das Gleichgewicht!

b) Der aktivste und gefährlichste Metabolit von Aflatoxin B1 ist das Aflatoxin B1-8,9-epoxid; es entsteht durch Epoxidierung am heterocyclischen Fünfring. Epoxide sind cyclische dreigliedrige Ether. Das Produkt ist ein gutes Elektrophil und reagiert leicht mit dem Stickstoffatom einer Guaninbase der DNA (= Nucleophil) unter Ringöffnung. Die entstehende kovalente Bindung zwischen DNA und Aflatoxin stört die normale Replikation der DNA. Eine Desaktivierung des Aflatoxin B1-8,9-epoxids ist durch das Tripeptid Glutathion möglich. Es kann als gutes Nucleophil ebenso den Epoxidring des Aflatoxins öffnen, wobei ein harmloses Konjugat des Aflatoxins entsteht.

Formulieren Sie die beiden Reaktionen des 8,9-Epoxids mit Guanin bzw. Glutathion.

Aufgabe 392

Tetracycline sind eine bekannte Gruppe von Antibiotika mit einem breiten Wirkungsspektrum gegenüber zahlreichen Erregern. Sie wirken als Hemmstoffe der Proteinbiosynthese, indem sie an die kleine (30S) Ribosomen-Untereinheit des 70S-Ribosoms der Prokaryonten binden und dadurch die Anlagerung des Aminoacyl-tRNA-Komplexes an die ribosomale Akzeptorstelle („A-Site") verhindern. Dies führt zur Hemmung der Elongation wachsender Peptidketten. Daneben bewirken Tetracycline eine Hemmung der Zellwand-Biosynthese. Alle Tetracycline besitzen als strukturelle Gemeinsamkeit ein Grundgerüst aus vier verknüpften (anellierten) Sechsringen.

Gezeigt sind die beiden Tetracycline Methacyclin und Oxytetracyclin. Letzteres lässt sich im Prinzip durch eine einfache Reaktion aus Methacyclin erhalten.

a) Ergänzen Sie die folgende Reaktionsgleichung.

Methacyclin   Oxytetracyclin

b) Liefert die formulierte Reaktion ausschließlich das gewünschte Oxytetracyclin-Isomer? Mit welchen anderen Produkten müssen Sie prinzipiell rechnen? Zeichnen Sie jeweils den relevanten Molekülausschnitt und geben Sie an, in welchen Mengenverhältnissen diese – bezogen auf das gewünschte Isomer – entstehen sollten (kurze Begründung)!

Aufgabe 393

Das weitverbreitete Vorkommen überaktiver spezifischer En-zyme (sogenannter Proteinkinasen) in Krebszellen führte zur Suche nach Molekülen, welche diese Enzyme hemmen kön-nen und damit potentielle Antitumor-Medikamente darstellen.

Im Jahr 2001 wurde Gleevec® (Synonyme: ST-571, Imatinib, Glivec) als neues Antitumor-Medikament für die Behandlung von Krebspatienten mit chronisch myeloischer Leukämie (CML) oder gastrointestinalen Stromatumoren (GIST) zuge-lassen. Die Verbindung wirkt als Tyrosinkinase-Inhibitor. Diese Enzyme spielen eine wichtige Rolle als Signalüberträ-ger bei der Regulation des Zellzyklus und damit bei der Kon-trolle des Zellwachstums.

Obwohl es über 90 verschiedene Tyrosinkinasen gibt, kann Gleevec® genau die wenigen Enzyme unterdrücken, die CML und GIST verursachen. Im Gegensatz zu bisherigen Erfahrun-gen in der Antitumor-Therapie zeigt Gleevec® kaum Neben-wirkungen und ist bei über 90 % der behandelten Patienten wirksam. Die Verbindung enthält zahlreiche Stickstoffatome, die dabei Bestandteile verschiedener funktioneller Gruppen sind.

a) Ordnen Sie alle N-Atome entsprechenden funktionellen Gruppen zu bzw. geben Sie die Namen Ihnen bekannter N-haltiger Heterocyclen an.

b) Die einzelnen N-Atome besitzen zwar alle ein freies Elektronenpaar, unterscheiden sich aber in ihren basischen Eigenschaften ganz erheblich. Entscheiden Sie, welche der N-Atome relativ stark basische Eigenschaften zeigen sollten (pK_B-Werte ca. 3–5; bezeichnen mit ★), welche nur schwach basisch reagieren (pK_B-Werte ca. 8–11; bezeichnen mit ⊕), und welche unter Umständen in wässriger Lösung keine basischen Eigenschaften aufweisen (⊖).

Aufgabe 394

Fosinopril ist ein Arzneistoff der Gruppe der ACE-Hemmer. Die Verbindung selbst ist ein inaktives Pro-Drug, das erst nach Aktivierung zum Fosinoprilat wirksam wird.

Die Substanz wird einzeln (Monotherapie) und in Kombination mit anderen Blutdruck-senkern (Kombinationstherapie, insbesondere mit Diuretika oder Calciumkanal-Blockern) überwiegend zur Therapie von Bluthochdruck eingesetzt. Auch zur Behandlung der Herzin-suffizienz gilt es als Mittel der ersten Wahl. Fosinopril führt als (kompetitiver) Inhibitor des

Angiotensin Converting Enzyms zu einer verminderten Bildung von Angiotensin II aus Angiotensin I, was zu einer Senkung des Blutdrucks führt. Außerdem führt die Abnahme des Angiotensin II-Spiegels zu einer verringerten Freisetzung von Aldosteron aus der Nebennierenrinde und dadurch zu einer Beeinflussung des Wasserhaushalts.

a) Wie viele Chiralitätszentren weist das gezeigte Molekül auf?

b) Welche Produkte erwarten Sie bei einer säurekatalysierten Hydrolyse der Verbindung?

Eines der Hydrolyseprodukte ist nicht stabil und spaltet leicht Wasser ab. Wie lautet die rationelle Bezeichnung für die dabei entstehende Verbindung?

Aufgabe 395

Clenbuterol gehört zur Familie der β_2-Antagonisten und wird pharmazeutisch zur Unterdrückung von Husten eingesetzt. Gleichzeitig zeigt es ähnliche Effekte wie anabole Steroide (z. B. Förderung des Muskelwachstums), so dass der Stoff auch in der Tierzucht und als Dopingsubstanz, v. a. in Bodybuilder-Kreisen, zum Einsatz kommt. In Frankreich, Spanien und Italien hat es sogar Vergiftungen durch Leber und Fleisch mit hohem Clenbuterolgehalt gegeben. Die Symptome setzen kurz nach der Nahrungsaufnahme ein: Muskelzittern, schneller Puls, Kopf- und Muskelschmerzen, Herzbeschwerden, Nervosität, Übelkeit und Schwindelanfälle.

a) Ist die Verbindung chiral?

b) Wie viele Produkte sind möglich, wenn Sie die Verbindung mit einem Überschuss eines Acetylierungsmittels umsetzen? Formulieren Sie die Reaktionsgleichung für die Bildung des vollständig acetylierten Produkts.

Aufgabe 396

Mykotoxine sind Sekundärmetabolite, die durch Pilze auf landwirtschaftlichen Erzeugnissen gebildet werden können – entweder bereits auf dem Feld oder während der Lagerung. Es handelt sich dabei um für Mensch und Tier stark toxische Substanzen, so dass empfindliche Analysemethoden zur Detektion auch geringer Kontaminationen erforderlich sind.

Ein solches Mykotoxin ist die gezeigte Verbindung Zearalenon, gebildet durch Spezies der Gattung *Fusarium* oder *Aspergillus*.

a) Wie ist die absolute Konfiguration der gezeigten Verbindung nach der (R/S)-Nomenklatur?

b) Führt eine Reduktion der Verbindung zum sekundären Alkohol zu einer Änderung der Anzahl möglicher Stereoisomere?

c) Die Verbindung kann nach zwei unterschiedlichen Mechanismen mit Brom reagieren. Bezeichnen Sie die beiden Reaktionstypen.

d) Benzol kann nur nach einem Reaktionsmechanismus mit Brom reagieren. Wie schätzen Sie für diesen Reaktionstyp die Reaktivität von Zearalenon gegenüber Brom im Vergleich zu Benzol ein? Begründen Sie.

e) Formulieren Sie eine Reaktionsgleichung für die Umsetzung von Zearalenon mit einem Überschuss an Brom.

f) Diese Umsetzung mit Brom entsprechend der unter e) formulierten Reaktionsgleichung kann zu einer quantitativen Bestimmung von Zearalenon benutzt werden. Dazu wird wie bei der Bestimmung der „Iodzahl" ein Überschuss an Brom-Lösung zu 25 mL der Probenlösung bzw. einer Blindprobe gegeben und anschließend nicht umgesetztes Brom durch Zugabe von KI-Lösung in Iod überführt. Das abgeschiedene Iod wird anschließend mit $Na_2S_2O_3$-Lösung ($c = 0,020$ mol/L) titriert, wobei sich ein Verbrauch von 17 mL ergibt. Für eine entsprechend behandelte Blindprobe ohne Zearalenon wurden bei der Titration 23 mL benötigt.

Berechnen Sie daraus die Stoffmengenkonzentration an Zearalenon in der Probe.

Aufgabe 397

Von den natürlich vorkommenden Opium-Alkaloiden kommt dem nebenstehend gezeigten Morphin die größte Bedeutung zu. Während es früher nur parenteral (subkutan, intramuskulär oder intravenös) appliziert wurde, wird es inzwischen auch in zunehmendem Maß oral angewendet, z. B. zur Schmerzprophylaxe bei Tumorpatienten,

Es gibt eine Reihe von Derivaten des Morphins, die teils wie Morphin als Analgetika, teils als Antitussiva eingesetzt werden. Zwei derartige Derivate, die leicht aus Morphin herstellbar sind, sind das Dihydromorphin und das Diamorphin (Heroin). Wird das Dihydromorphin (ein Reduktionsprodukt des Morphins) oxidiert, erhält man eine zu Morphin isomere Carbonylverbindung, das „Hydromorphon", das nach einer Methylierung zur Alkoxygruppe das „Hydrocodon" ergibt.

a) Ergänzen Sie die gezeigte Reaktionsfolge durch die entsprechenden Reagenzien und funktionellen Gruppen; die komplizierte Ringstruktur ist Ihnen zur Erleichterung vorgegeben.

b) Aus Morphin lässt sich durch zweifache Acetylierung sehr leicht das stark suchterzeugende Heroin herstellen. Die Herstellung im Labor ist verboten – als Übung auf dem Papier aber erlaubt. Ergänzen Sie die Strukturformel und setzen Sie ein geeignetes Reagenz für die Umsetzung ein.

Morphin → Dihydromorphin —Ox.→ Hydromorphon

Heroin

Hydrocodon

Aufgabe 398

Die Verbindung Glyceroltrinitrat („Nitroglycerin") ist nicht nur als Sprengstoff bekannt, sondern besitzt auch in der Medizin aufgrund seiner antianginösen Wirkung erhebliche Bedeutung. Es bewirkt ebenso wie einige andere „Nitrate" durch direkten Angriff an der Gefäßmuskulatur eine Venenerweiterung und damit eine vermehrte venöse Blutaufnahme. Einige Befunde sprechen dafür, dass im Organismus unter der Einwirkung der Glutathion-Nitrat-reduktase salpetrige Säure und aus dieser durch Wasserabspaltung NO entsteht, das letztlich zur Stimulation der Guanylatcyclase führt.

Während das Glyceroltrinitrat (z. B. Nitrolingual®) aufgrund seiner sehr raschen Wirkung nach wie vor das souveräne Mittel zur Therapie des akuten *Angina pectoris*-Anfalls darstellt, ist seine orale Anwendung zur Prophylaxe in Form von Retardpräparaten aufgrund des hohen First-pass-Effektes weniger sinnvoll. Hierfür wird stattdessen häufig das nebenstehend gezeigte Isosorbiddinitrat (ISDN; z. B. Rifloc®, Sorbidilat®) benutzt, das als sogenanntes Langzeit-nitrat zur Prophylaxe eingesetzt werden kann. Zwar wird es auch bei der ersten Leberpassage schon zum großen Teil biotransformiert, jedoch sind die dabei entstehenden Mononitrate noch biologisch aktiv und besitzen zudem eine relativ lange Wirkdauer, so dass das Isosorbid-5-mononitrat auch als eigenständiger Wirkstoff auf den Markt gebracht worden ist.

a) Das Isosorbid-5-mononitrat kann nur zur Prophylaxe, nicht aber für die Therapie eines akuten Anfalls eingesetzt werden. Können Sie diese Tatsache mit seiner Struktur korrelieren?

b) Um welchen Reaktionstyp handelt es sich bei der oben beschriebenen Biotransformation? Formulieren Sie einen plausiblen Mechanismus für die Umwandlung in das Mononitrat.

c) In einem weiteren Schritt wird das Isosorbid-5-mononitrat in das entsprechende Glucuronid umgewandelt. Formulieren Sie auch diese Reaktion.

Aufgabe 399

Colitis ulcerosa beschreibt eine chronisch-rezidivierende Entzündung des Dickdarms. Wahrscheinlich ist die Krankheit eine Antwort des Dickdarms auf verschiedene Reize oder Auslösungsfaktoren. Zu diesen gehören Infektionen (Pilze, Bakterien, Viren), Nahrungsmittelallergien sowie immunologische und psychosomatische Störungen. Als Mittel der Wahl zur Behandlung haben sich das abgebildete Salazosulfapyridin bzw. die daraus als eigentliche Wirksubstanz entstehende 5-Aminosalicylsäure erwiesen. Oft nutzt man kombiniert die antiinflammatorische Wirkung von Cortisonpräparaten und Salazosulfapyridin. Letzteres ist schwer resorbierbar und erreicht daher bei oraler Applikation den Dickdarm, wo es durch Coli-Bakterien reduktiv gespalten wird.

a) Formulieren Sie die Redoxteilgleichung für die Spaltung des gezeigten Salazosulfapyridins in 5-Aminosalicylsäure und Sulfapyridin.

b) Salicylsäure kann mit Acetanhydrid zu Acetylsalicylsäure acetyliert werden. Welches Problem ergibt sich, wenn Sie die analoge Reaktion mit der 5-Aminosalicylsäure durchführen?

c) Das zweite Produkt der reduktiven Spaltung von Salazosulfapyridin, das Sulfapyridin, kann hydrolytisch noch weiter gespalten werden. Formulieren Sie die Reaktion und benennen Sie die Reaktionsprodukte.

Aufgabe 400

Immer mehr zeigt sich, dass die Weltmeere nicht nur für Klima und Ernährung der Menschheit eine extrem wichtige Rolle spielen, sondern auch eine große Vielzahl biologisch höchst aktiver Verbindungen enthalten. Eine solche, recht ungewöhnliche Substanz wurde 1988 in Schwämmen im Südpazifik entdeckt. Es handelt sich dabei um einen Naturstoff mit einem Azacyclopropenring, der als Dysidazirin bezeichnet wird. Diese Verbindung zeigt toxische Wirkung gegenüber einigen Krebszellarten und verhindert auch das Wachstum von gramnegativen Bakterien. Der Wirkmechanismus ist bislang nicht im Detail aufgeklärt. Eine wichtige Rolle spielt aber sicherlich die C=N-Doppelbindung in dem stark gespannten Dreiring, der durch Nucleophile leicht angegriffen und geöffnet werden kann.

Dysidazirin   D-Sphingosin

Wie die Substanz biosynthetisch gebildet wird, ist bislang nicht bekannt. Als potentielle Vorstufe kommt der Aminoalkohol D-Sphingosin in Betracht, der als Vorstufe für das Membranlipid Sphingomyelin von Bedeutung ist.

Skizzieren Sie eine Reaktionsfolge, die für eine Umwandlung von Sphingosin in Dysidazirin in Frage kommt.

Aufgabe 401

Eine vermehrte Ablagerung von Cholesterol und Fetten an den Wänden der Blutgefäße (häufig als Arteriosklerose bezeichnet) verringert den Blutfluss und damit die Sauerstoffversorgung für Herz, Gehirn und andere Organe. Es wird daher oft angestrebt, erhöhte Werte von Cholesterol und Fetten medikamentös zu senken, um die Gefahr von Herzkrankheiten zu vermindern. Atorvastatin (Handelsname Lipitor®) gehört zu den sogenannten HMG-CoA Reduktase-Inhibitoren und trägt zu einer Senkung der körpereigenen Cholesterolproduktion bei.

a) Wie viele Chiralitätszentren besitzt das abgebildete Atorvastatin? Bestimmen Sie deren absolute Konfiguration. Wie viele mögliche Stereoisomere ergeben sich daraus?

b) Mit Methanal (Formaldehyd) kann Atorvastatin zu einem cyclischen Acetal **2** reagieren. Formulieren Sie diese Umsetzung.

c) Bei einer nachfolgenden Hydrolyse der entstandenen Verbindung **2** soll das gebildete Acetal erhalten bleiben. Wie müssen Sie demnach die Hydrolysebedingungen wählen und welche Produkte entstehen?

Aufgabe 402

Die nebenstehende Verbindung Propranolol gehört zur Gruppe der (unselektiven) Beta-Rezeptoren-Blocker („β-Blocker"). Propranolol besetzt die β-Rezeptoren und verhindert damit die Wirkung von Adrenalin am Herzen. Dieses schlägt langsamer und weniger kraftvoll, der Blutdruck sinkt. Dadurch verbraucht der Herzmuskel weniger Energie und Sauerstoff; Atembeklemmungen und Schmerzen in der Herzgegend, die bei der Herzenge (*Angina pectoris*) auftreten, werden gebessert. Da Propranolol den Takt des Herzschlags verlangsamt, kann es auch Herz-Rhythmusstörungen günstig beeinflussen, wenn diese mit zu schnellem Herzschlag verbunden sind.

a) Spätestens seit den verheerenden Auswirkungen eines Enantiomers der in den 60er-Jahren des vergangenen Jahrhunderts als Schlafmittel eingesetzten Verbindung Thalidomid („Contergan") weiß man, dass man bei chiralen Verbindungen beide Enantiomere auf Wirksam- oder Schädlichkeit untersuchen muss. Ist dies bei Propranolol auch erforderlich?

b) Propranolol wird im Organismus in 4-Hydroxypropranolol umgewandelt, das als aktiver Metabolit angesehen wird. Erstellen Sie eine Redoxteilgleichung für diese (enzymatische) Umwandlung. Würden Sie dieses Produkt auch erhalten, wenn Sie Propranolol mit einem gängigen milden Oxidationsmittel behandeln?

c) Eine weitere denkbare Metabolisierung dieser Verbindung ist die Kopplung an UDP-Glucuronsäure unter Bildung des entsprechenden Glucuronids. Formulieren Sie diese Kopplungsreaktion.

Aufgabe 403

Heroin zählt zu den bekanntesten und am weitesten verbreiteten Drogen weltweit – so wurde allein für China für das Jahr 2001 eine Zahl von 7.45 Mio. Heroinabhängiger genannt.

Aus Heroin (Diacetylmorphin) entsteht durch Hydrolyse relativ rasch das 6-Monoacetylmorphin (6-MAM) mit einer phenolischen OH-Gruppe und aus diesem das rechts gezeigte Morphin. Morphin war das erste aus dem Pflanzenreich isolierte Alkaloid; es findet in Form seiner korrespondierenden Säure (als Hydrochlorid) Anwendung als Mittel gegen sehr starke Schmerzen, z. B. bei Tumorpatienten. Während es früher nur parenteral appliziert wurde, wird es seit einiger Zeit in zunehmendem Maß auch oral angewandt. Die Wirkdauer liegt bei etwa 4–5 Stunden, bevor Morphin dann mit (aktivierter) Glucuronsäure konjugiert wird, wobei als Hauptmetabolit das Morphin-3-glucuronid entsteht.

a) Formulieren Sie diese Reaktionsfolge vom Heroin zum Morphin-3-glucuronid.

b) Durch Methylierung von Morphin (Bildung des 3-Monomethylethers) erhält man das Codein. Es ist weniger giftig als Morphin, weist nur schwach narkotische Eigenschaften auf und wird in der Medizin als schmerz- und hustenstillendes Mittel benutzt. Formulieren Sie die Methylierung zum Codein mit einem einfachen Methylierungsmittel und geben Sie an, welches Problem zu erwarten ist.

Aufgabe 404

Die Verbindung Tamoxifen (z. B. Novaldex®) galt lange Zeit als große Hoffnung in der Krebstherapie. Seine Wirkung beruht auf der Blockierung des Hormons Östrogen, das das Wachstum von Tumoren bei manchen Brustkrebspatientinnen fördert.

Bei rund 50 Prozent der bösartigen Tumoren in der Brust wirkt das klassische Medikament Tamoxifen als Östrogenblocker und kann das Wachstum weiterer Krebszellen hemmen. Nach einigen Jahren besteht allerdings die Gefahr, dass die wachstumshemmende Wirkung dieses Medikaments in den gegenteiligen Effekt umschlägt. Darüber hinaus belegen zahlreiche wissenschaftliche Arbeiten, dass Tamoxifen in anderen Geweben des Körpers nicht wie ein Anti-Östrogen, sondern wie ein Östrogen wirkt. So kann Tamoxifen zwar dem Verlust von Knochendichte und erhöhten Cholesterolwerten entgegenwirken, andererseits aber auch das Wachstum der Gebärmutterschleimhaut anregen und so das Krebsrisiko erhöhen.

a) Bestimmen Sie die Konfiguration an der Doppelbindung im Tamoxifen.

b) Wie schätzen Sie die Wasserlöslichkeit der Verbindung ein? Ist diese pH-abhängig?

c) Welche funktionelle Gruppe entsteht bei einer säurekatalysierten Addition von Wasser an Tamoxifen?

Aufgabe 405

Indinavir (Handelsname Crixivan®) gehört zur Klasse der antiretroviralen Substanzen, die als Protease-Inhibitoren bezeichnet werden. Weitere Medikamente dieser Klasse sind Amprenavir, Atazanavir, Lopinavir, Nelfinavir, Ritonavir und Saquinavir.

Die Wirkungsweise dieser Substanzen besteht in der Hemmung eines viruseigenen Enzyms, der HIV-Protease. Dies führt zu unreifen, nicht-infektiösen Viren, die keine weiteren Zellen mehr infizieren können. Protease-Inhibitoren verhindern deshalb bei HIV-infizierten Personen neue Infektionszyklen. Eingesetzt werden sie vorzugsweise zusammen mit zwei Nucleosid-analoga, die als Hemmstoffe der reversen Transkriptase fungieren. Im Idealfall handelt es sich dabei um drei Substanzen, mit denen der Patient noch nie zuvor behandelt wurde, was aber bei vorbehandelten Personen nicht immer möglich ist. In diesem Fall sollte ein Therapiewechsel mindestens zwei neue Substanzen ohne Kreuzresistenz umfassen.

a) Wie viele basisch reagierende Gruppen enthält das gezeigte Molekül? Ordnen Sie diese nach abnehmender Basizität.

b) Um welchen Faktor ändert sich die Anzahl möglicher Stereoisomere, wenn man das Indinavir einer milden Oxidation unterwirft?

c) Formulieren Sie die Produkte bei Hydrolyse der Verbindung unter stark sauren Bedingungen.

Aufgabe 406

Aus Kröten der Gattung *Bufonidae* lässt sich ein Giftstoff isolieren, der in der traditionellen chinesischen Medizin seit langer Zeit benutzt wird. Für die Substanz wurden anästhetische, antimikrobielle, cardiotonische und Antitumorwirkungen beschrieben. Allerdings kommt es bei Überdosierungen leicht zu erheblichen Nebenwirkungen, so dass eine genaue analytische Bestimmung der wirksamen Substanzen erforderlich ist. Eine Hauptkomponente des Giftes ist die nebenstehend gezeigte Verbindung Cinobufagin. Wie für Sterole üblich, weist die Verbindung zahlreiche Chiralitätszentren auf.

Wie ändert sich die Anzahl möglicher Stereoisomere, wenn die Verbindung

a) erst einer milden Oxidation und anschließend einer basischen Hydrolyse

b) erst einer basischen Hydrolyse und dann einer milden Oxidation unterworfen wird?

Welche Verbindungen entstehen jeweils?

Aufgabe 407

Den sogenannten Fusarien kommt weltweit, insbesondere bei Getreide und Mais, große Bedeutung zu. Sie sind wenig spezialisierte Krankheitserreger an Kulturpflanzen, insbesondere an allen Getreidearten. Die bedeutendsten Mykotoxine im Getreideanbau sind heute Deoxynivalenol und Nivalenol aus der Gruppe der Typ B Trichothecene, wobei Deoxynivalenol wahrscheinlich das am häufigsten vorkommende Mykotoxin in Nahrungs- und Futtermitteln ist. Beide Toxine werden vor allem durch *F. graminearum*, daneben auch durch *F. culmorum* und *F. crookwellense* gebildet. Neben dem Nivalenol, über dessen Toxizität weniger bekannt ist, ist mit dem T2-Toxin auch noch ein Vertreter der Typ A Trichothecene gezeigt, die sich durch Abwesenheit der Ketogruppe auszeichnen.

Nivalenol

T2-Toxin

Die Trichothecene sind starke Hemmstoffe der Proteinsynthese und wirken daher zellschädigend, sind jedoch nicht erbschädigend. Die häufigsten Substanzen wie Nivalenol und Deoxynivalenol sind durch die *International Agency for Research in Cancer* (IARC) als nicht krebserzeugend eingestuft. Trichothecene sind hauttoxisch und greifen zunächst den Verdauungstrakt an. Beeinträchtigt werden aber auch Nervensystem und Blutbildung; es kommt zu erhöhter Anfälligkeit gegenüber Infektionskrankheiten. Die häufigsten Beschwerden beim Menschen nach Aufnahme von Trichothecenen mit der Nahrung sind Erbrechen, Durchfall und Hautreaktionen.

a) Sieht man einmal von der sekundären Hydroxygruppe im linken Ring von Nivalenol ab, so könnten Sie eine mehrstufige Synthese beschreiben, die zum T2-Toxin (allerdings mit der überzähligen OH-Gruppe) führen könnte. Erklären Sie, welche Reaktionen Sie durchführen müssten, und warum in der Praxis große Probleme zu erwarten wären.

b) Da es sich bei beiden Verbindungen um unerwünschte Nahrungsbestandteile handelt, könnte man sich Methoden für eine quantitative Bestimmung beider Verbindungen überlegen. Nennen Sie eine Methode, die für beide Verbindungen anwendbar wäre, daher allerdings nur einen Summenparameter liefern und keine Quantifizierung beider Verbindungen nebeneinander ermöglichen würde.

c) Führt man zusätzlich noch eine acidimetrische Bestimmung durch (Titration mit starker Base in bekannter Weise), so lassen sich beide Verbindungen in einem Gemisch auch getrennt voneinander quantifizieren; allerdings müsste zuvor eine Derivatisierungsreaktion stattfinden. Können Sie erklären, welche Reaktion durchgeführt werden müsste?

Aufgabe 408

Benzodiazepine sind seit langer Zeit Mittel der Wahl für eine pharmakologische Kurzzeitthe-rapie von stressbedingten Angstzuständen und Schlafstörungen; sie trugen wesentlich zum Rückgang der Anwendung von Barbituraten bei. Die Geschichte der Benzodiazepine begann 1960 mit der Einführung von Chlordiazepoxid (Librium®); die klinische Anwendung (und auch therapeutischer Missbrauch) nahmen rasch zu und es kamen zahlreiche konkurrierende Wirkstoffe auf den Markt.

Im Jahr 1977 konnte gezeigt werden, dass Diazepam (Valium®) mit hoher Affinität an be-stimmte Rezeptorpopulationen im Gehrin bindet. Dabei steht die Affinität der verschiedenen Benzodiazepine für den sogenannten GABA$_A$-Rezeptor in enger Beziehung zu ihrer jeweili-gen pharmakologischen Potenz.

Benzodiazepine werden nach oraler Verabreichung gut resorbiert. Aus einigen Vertretern entstehen metabolisch zunächst ebenfalls pharmakologisch wirksame Zwischenprodukte, bevor diese aktiven Metaboliten über weitere Stoffwechselwege ausgeschieden wer-den. Die Struktur von Diazepam ist nebenstehend gezeigt. Die Verbindung wird zunächst durch Demethylierung in das lange wirksame Nordazepam (*N*-Desmethyldiazepam) umgewandelt, welches an der CH$_2$-Gruppe zum ebenfalls wirksamen Oxazepam

hydroxyliert wird. Dieses schließlich wird durch Kopplung an UDP-Glucuronsäure in ein gut wasserlösliches Glykosid umgewandelt, welches mit dem Urin ausgeschieden wird.

a) Benennen Sie die beiden stickstoffhaltigen funktionellen Gruppen im Diazepam.

b) Formulieren Sie die Strukturformeln für alle Zwischenprodukte und das Ausscheidungs-produkt.

Aufgabe 409

Die Verbindung Methylnaltrexon (Relistor®) wurde 2008 als neue Therapieoption für Palliativpatienten mit fortgeschrittener Erkran-kung eingeführt, die mit potenten Opioiden behandelt werden, des-halb unter starker Obstipation leiden und nur unzureichend auf die üblicherweise verabreichten Relaxantien ansprechen. Es handelt sich dabei um ein Derivat des μ-Opioidrezeptor-Antagonisten Nal-trexon, das vor allem an den Opioidrezeptoren in peripheren Gewe-ben wie dem Darm seine antagonistische Wirkung zeigt. Die Ver-bindung wird beim Menschen nur mäßig metabolisiert, wobei pri-mär Methyl-6-Naltrexon-Isomere und Methylnaltrexonsulfat gebil-det werden.

a) Gegenüber dem Naltrexon besitzt die neue Verbindung eine zusätzliche Methylgruppe. Geben Sie eine geeignete Reaktion für die Einführung dieser Methylgruppe an.

b) Zeichnen Sie eine Strukturformel für das Ausscheidungsprodukt Methylnaltrexonsulfat. Warum ist dieses Metabolisierungsprodukt besser ausscheidbar?

Aufgabe 410

Carbasalat-Calcium (Viatris® 100 mg) ist ein Acetylsa-
licylsäure-Derivat, das vor kurzem zur Sekundärpräven-
tion nach einem Herzinfarkt, bei *Angina pectoris* oder
nach einem ischämisch bedingten Schlaganfall auf den
Markt gekommen ist. Viatris® enthält in einer Brausetablette 100 mg einer Molekülverbindung von einem Mol
Calciumbis-(acetylsalicylat) mit einem Mol Harnstoff
und ist leicht in Wasser löslich.

Die aus der Tablette freigesetzte Acetylsalicylsäure ist in Lösung vollständig für die Resorption verfügbar. Sie wirkt wie üblich als Thrombozytenaggregationshemmer aufgrund der irreversiblen Acetylierung des Enzyms Cyclooxygenase-1 im Thrombozyten, wodurch die
Thromboxan A_2-Synthese gehemmt wird. Da die Bindung irreversibel ist, hält die Wirkung
über die gesamte Lebenszeit eines Thrombozyten (7–10 Tage) an.

a) Formulieren Sie die Reaktion, die zur Hemmung der Cyclooxygenase-1 im Thrombozyten
führt.

b) Welche Masse an Acetylsalicylsäure steht zur Resorption zur Verfügung, wenn eine Brausetablette Viatris® 100 mg gelöst wird?

Aufgabe 411

Lipstatin ist eine von *Streptomyces toxytricini* produzierter lipophiler langkettiger Ester, der
einen spezifischen Lipase-Hemmstoff darstellt. Als synthetisch leichter zugängliches Derivat
des nativen Lipstatins wird die Verbindung Tetrahydrolipstatin mit der Bezeichnung Orlistat
zur Behandlung adipöser Patienten eingesetzt. Durch Hemmung der fettverdauenden Tri-
acylglycerol-Lipasen, speziell der Pankreas-Lipase, kommt es zu einer um etwa 30 % verminderten Resorption der Nahrungsfette bzw. deren Spaltprodukte.

a) Im aktiven Zentrum der Lipasen befindet sich ein reaktiver Serinrest. Können Sie erklären,
worauf die Enzymhemmung beruht?

b) Im Lipstatin findet sich auch eine proteinogene Aminosäure. Um welche handelt es sich
und womit ist sie derivatisiert?

c) Wie können Sie ausgehend vom Lipstatin zum Tetrahydrolipstatin (Orlistat) gelangen?

Aufgabe 412

Die Verbindung *N,N*-Bis-(2-chlorethyl)-*N*-methylamin (Mechlorethamin; Stickstoff-Lost) ist ein Arzneistoff aus der Gruppe der
Alkylantien, welcher als Cytostatikum zur Therapie von Morbus
Hodgkin eingesetzt wird (Handelsnamen Mustargen®). Ursprünglich
für militärische Zwecke eingesetzt handelt es sich um eine stark toxische Verbindung, die zur
Störung der DNA-Replikation und -Transkription führt. Durch eine intramolekulare Reaktion
kommt es zur Bildung eines Aziridinium-Ions, dessen dreigliedriger Ring ein starkes Elektrophil darstellt und zur Verbrückung von DNA-Strängen, insbesondere über das N-7-Atom im
Guanin führt. Außerdem wirkt Mechlorethamin schwach immunsuppressiv.

Formulieren Sie die Reaktionsschritte, die zu einer kovalenten Verbrückung von zwei DNA-
Strängen über Guanosin-Reste führen können.

Aufgabe 413

Die Verbindung Lidocain (2-Diethylamino-*N*-(2,6-dimethyl-
phenyl)acetamid) wird in der Human- und Veterinärmedizin
in Form seines Hydrochlorid-Salzes als gut und schnell
wirksames örtliches Betäubungsmittel häufig zur Lokalanästhesie eingesetzt. Hierzu wird Lidocain entweder in das
Gewebe injiziert (Infiltrationsanästhesie), um so ein kleine-
res Areal zu betäuben, oder aber in den Bereich eines Nervs
gespritzt, um so dessen Versorgungsgebiet zu betäuben
(Leitungsanästhesie). Von Zahnärzten wird Lidocain zur
örtlichen Betäubung eingesetzt und hat deshalb auch den
Spitznamen „Zahnarzt-Cocain".

Lidocain blockiert spannungsabhängige Natrium-Kanäle in
den Zellmembranen der Nervenzelle. Wenn sensible Rezeptoren auf der Haut die Empfindung von Druck, Schmerz,
Wärme, Kälte etc. an das Gehirn weiterleiten sollen, wird
die Erregungsweiterleitung über die Nervenzellen blockiert, da keine Natrium-Ionen in die
Nervenzelle einströmen können und so die Entstehung eines Aktionspotenzials erschwert
wird.

a) Für eine Synthese von Lidocain kann man von 2,6-Dimethylanilin und einem Derivat der
Essigsäure ausgehen. Versuchen Sie, eine geeignete Reaktionsfolge zu skizzieren.

b) Da Lokalanästhetika mit in Membranen eingebetteten Ionenkanalproteinen interagieren
und bei klinischer Anwendung ihren Wirkort erst nach Passage anatomischer Strukturen, wie
dem Epi- und Perineurium, erreichen, bestimmen Membranpermeations- und Adsorptions-
prozesse die effektive Konzentration am Wirkort. Lidocain besitzt einen pK_S-Wert von 7,9.
Welcher funktionellen Gruppe ist dieser Wert zuzuordnen und welche Folgerungen würden
Sie daraus für die Membrangängigkeit von Lidocain ziehen?

c) Das recht ähnliche Lokalanästhetikum Bupivacain hat im Vergleich einen relativ langsamen Wirkungseintritt und dafür eine deutlich längere Wirkungsdauer von bis zu zwölf Stunden. Können Sie sich vorstellen, was hierfür die Ursache ist? In welcher weiteren Eigenschaft unterscheidet sich die Verbindung vom Lidocain?

Aufgabe 414

Muskelrelaxanzien sind Arzneimittel, die eine reversible (vorübergehende) Entspannung der Skelettmuskulatur bewirken. Entsprechend ihrem Wirkmechanismus unterscheidet man zwischen den direkt an der motorischen Endplatte des Muskels angreifenden peripheren Muskelrelaxanzien und den zentralen Muskelrelaxanzien, die im Zentralnervensystem den Muskeltonus herabsetzen. Periphere Muskelrelaxanzien werden zur Narkose im Rahmen von Operationen eingesetzt, um den Tonus der Skelettmuskulatur herabzusetzen oder gänzlich aufzuheben; zentrale Muskelrelaxanzien zur Behandlung von spinal ausgelösten Spastiken oder lokalen Muskelspasmen. Erstere blockieren die neuromuskuläre Reizübertragung an den motorischen Endplatten. Dies ruft eine reversible Lähmung hervor, die der Organismus aber selbstständig abbaut; die Dauer hierfür hängt von der Dosierung ab. Nichtdepolarisierende Muskelrelaxanzien binden als kompetitive Antagonisten an den Rezeptor, ohne eine Depolarisation auszulösen.

Das als Pfeilgift schon lange benutzte Curare diente als Ausgangspunkt für die Entwicklung weiterer Muskelrelaxanzien, nachdem 1935 das Tubocurarin als aktive Substanz in Curare identifiziert worden war. Für die biologische Aktivität ist die Anwesenheit von zwei quartären Ammoniumgruppen erforderlich. Ein wichtiges Beispiel ist die Verbindung Atracurium, ein kurz wirksames peripheres Muskelrelaxanz, das im Jahr 1974 von John B. Stenlake synthetisiert und 1987 in Deutschland zugelassen wurde.

Atracurium zerfällt unter schwach alkalischen Bedingungen spontan durch eine Hofmann-Eliminierung zu der Verbindung Laudanosin, die keine muskelrelaxierende Wirkung mehr zeigt; daneben kommt es auch zu unspezifischer Spaltung durch Esterasen im Blutplasma.

Für die Hofmann-Eliminierung stehen im Prinzip in beiden Molekülhälften jeweils drei H-Atome zur Abstraktion zur Verfügung. Wie lässt sich die beobachtete Regioselektivität der Eliminierung erklären und welche Produkte entstehen dabei?

Skizzieren Sie auch die Produkte, die bei der Spaltung durch Esterasen gebildet werden.

Aufgabe 415

Azithromycin (Handelsname Zithromax®) gehört zur Gruppe der sogenannten Makrolid-Antibiotika. Es wird gegen bestimmte bakterielle Infektionen, wie Bronchitis, Lungenentzündung und sexuell übertragbare Krankheiten eingesetzt. Wie alle Vertreter dieser Klasse von Antibiotika weist es eine sehr komplizierte Struktur mit zahlreichen Chiralitätszentren auf.

a) Bestimmen Sie exemplarisch die absolute Konfiguration der beiden C-Atome **1** und **2**, an die die beiden Zuckerreste gebunden sind.

b) Wie ändert sich die Anzahl der Chiralitätszentren, wenn Sie die Verbindung einer Oxidation (ohne Zerstörung des C-Gerüsts), z. B. mit $Cr_2O_7^{2-}$ unterwerfen?

c) Durch welche Reaktion lassen sich die beiden Zuckerreste vom Makrocyclus abspalten? Wird die Struktur des 15-gliedrigen Rings durch diese Reaktion beeinflusst? Formulieren Sie eine entsprechende Reaktionsgleichung.

Aufgabe 416

Bei einem peptischen Geschwür handelt es sich um einen scharf begrenzten Gewebedefekt, der die Schleimhaut und darunterliegende Gewebeschichten betrifft. Neben Antazida, die den Ulkusschmerz lindern bzw. beseitigen sollen, werden zur Therapie insbesondere sogenannte H_2-Antihistaminika eingesetzt, die kompetitiv die H_2-Rezeptoren des Histamins blockieren. Darüberhinaus unterdrücken sie nicht-kompetitiv die durch den Vagus und Gastrin induzierte Säurefreisetzung. Ein derartiger Histamin-H_2-Rezeptor-Antagonist ist die unten gezeigte Verbindung mit Namen Cimetidin (Tagamet). Sie bessert die Schmerzsymptomatik, beschleunigt die Ulkusheilung und ist auch zur Rezidivprophylaxe geeignet.

a) Cimetidin enthält zahlreiche Stickstoffatome in unterschiedlichen funktionellen Gruppen. Diskutieren Sie die basischen Eigenschaften für die einzelnen N-Atome.

b) Als einer von mehreren Metaboliten von Cimetidin wurde das Sulfoxid nachgewiesen. Formulieren Sie eine Redoxteilgleichung für die Bildung des Sulfoxids und ergänzen Sie unter Annahme von Sauerstoff als Oxidationsmittel zur Gesamtredoxgleichung.

Aufgabe 417

Gewöhnliche Ether sind in wässriger Lösung inert. Dagegen reagieren Epoxide in Anwesenheit einer Säure oder einer Base relativ leicht mit Wasser zu 1,2-Diolen.

a) Worauf ist diese höhere Reaktivität von Epoxiden zurückzuführen? Formulieren Sie die säurekatalysierte Umsetzung eines *trans*-Epoxids zum entsprechenden Diol.

b) Benzol (Benzen) ist der Prototyp einer aromatischen Verbindung. Es dient als Ausgangsstoff für die Synthese zahlloser weiterer aromatischer Verbindungen und spielt auch im Benzin eine wesentliche Rolle, da es aufgrund seiner hohen „Octanzahl" die Verbrennungseigenschaften des Treibstoffs verbessert. Allerdings ist Benzol bekanntermaßen krebserregend, was man aufgrund der Struktur nicht auf den ersten Blick vermuten würde.

Der menschliche Körper ist ständig „fremden" organischen Substanzen ausgesetzt und hat dementsprechend Mechanismen zu ihrer Ausscheidung aus dem Körper geschaffen. Dabei können stark hydrophobe Substanzen nicht ohne weiteres ausgeschieden werden, sondern müssen zunächst im Zuge einer sogenannten Biotransformation aktiviert werden.

Eine wesentliche Rolle dabei spielen Enzyme der Cytochrom P450-Familie, die O_2 als Substrat für Biotransformationen verwenden.

Können Sie sich vorstellen, wie es auf diesem Weg zu einer Biotransformation von Benzol kommt, und wie diese letztlich zu der cancerogenen Wirkung führt?

Aufgabe 418

Die Verbindung mit Namen Lamivudin (Handelsnamen: *Epivir®*, *Zeffix®*; Hersteller: GlaxoSmithKline) ist ein Arzneistoff zur Behandlung von HIV-1-infizierten Patienten im Rahmen einer antiretroviralen Therapie (HAART) und der chronischen HBV-Infektion. Die Verbindung ist seit 1995 in Deutschland zugelassen und nach Zidovudin (AZT) derzeit der am zweithäufigsten eingesetzte Wirkstoff in der HIV-Therapie. Lamivudin zählt zur Gruppe der nucleosidischen Reverse-Trankriptase-Inhibitoren (NRTI), wobei in der Praxis allerdings nur das aktivere und weniger toxische (–)-Enantiomer, das (2*R*,5*S*)-Isomer zum Einsatz kommt.

a) Zeichnen Sie dieses Enantiomer. Von welchem natürlich vorkommenden Nucleosid leitet es sich ab?

b) Im Zuge der kommenziellen Herstellung der Verbindung ist das Racemat entstanden. Beschreiben Sie, wie daraus das gewünschte (–)-Enantiomer abgetrennt werden könnte.

Aufgabe 419

Phosphorsäureester bzw. Thiophosphorsäureester (der Schwefel wird im Organismus durch Sauerstoff ersetzt, eine typische „Giftungsreaktion") bilden eine Gruppe hochwirksamer Kontaktinsektizide, deren bekanntester Vertreter vermutlich das Parathion („E605") darstellt. Ihre Giftigkeit für den Menschen beruht auf der Hemmung des Enzyms Acetylcholinesterase. Typische Vergiftungssymptome infolge der Anreicherung von Acetylcholin sind u. a. Übelkeit, Erbrechen, Schweißausbruch, Muskelschwäche und Krämpfe; der Tod tritt schließlich durch Atemlähmung oder ein Lungenödem ein.

Paraoxon (E600)

Pralidoxim

Neben resorptionsverhindernden Maßnahmen und einer symptomatischen Behandlung der zentral bedingten Krämpfe und des drohenden Lungenödems ist bei Vergiftungen mit Phosphorsäureestern eine kausale Therapie möglich, bei der möglichst sofort und wiederholt Atropin i. v. bis zur Normalisierung der vegetativen Funktion injiziert wird. Außerdem können Acetylcholinesterase-Reaktivatoren wie z. B. Pralidoxim zum Einsatz kommen, wobei der Zeitfaktor eine wichtige Rolle spielt, da es zur sogenannten Alterung des vergifteten Enzyms kommt. Dabei wird eine der Estergruppen abgespalten, wodurch eine stabilere Monoalkoxyphosphoryl-Acetylcholinesterase gebildet wird. Die Chance auf einen antagonistischen Effekt durch die Anwendung eines Acetylcholinesterase-Reaktivators ist also umso geringer, je mehr Zeit zwischen Giftaufnahme und Behandlung verstreicht.

a) Die Acetylcholinesterase besitzt zum einen ein „anionisches Zentrum", das zur Ausbildung einer ionischen Wechselwirkung mit der quartären Ammoniumgruppe des Acetylcholins dient, zum anderen das „esteratische Zentrum" mit einem reaktiven Serinrest. Formulieren Sie die Reaktion mit Paraoxon (E600), die zur Inaktivierung der Acetylcholinesterase führt.

b) Durch welche Reaktion kann die funktionelle Oximgruppe im Pralidoxim gebildet werden? Schlagen Sie eine geeignete Ausgangsverbindung zur Herstellung von Pralidoxim vor.

c) Formulieren Sie die Reaktion mit Pralidoxim, die zur Reaktivierung der phosphorylierten Acetylcholinesterase führen kann.

Aufgabe 420

Im Jahr 1882 wurde das *Mycobakterium tuberculosis* von Robert Koch als Erreger der Tuberkulose beschrieben. Charakteristisch für Mycobakterien ist ein hoher Lipidgehalt der Zellwand, was sie (leider) sehr widerstandsfähig gegen die meisten Chemotherapeutika macht. Entsprechend ihrer therapeutischen Bedeutung und ihren Nebenwirkungen unterscheidet man sogenannte Basis- und Reservestoffe. Die Basisstoffe dienen zur Tuberkulosebehandlung im Regelfall; Reservestoffe werden nur dann eingesetzt, wenn die Basisstoffe nicht vertragen werden oder Resistenz vorliegt. Zu ersteren gehört neben Streptomycin und Rifampicin auch das erstaunlich einfach gebaute Isoniazid (rechts), welches auf Grund seiner hohen Wirksamkeit das derzeit bedeutendste Tuberkulosemittel ist.

Man nimmt an, dass Isoniazid die Cytoplasmamembran von Mycobakterien ungehindert passieren kann, in der Zelle in Isonicotinsäure umgewandelt und anstelle von Nicotinsäure in NAD^+ eingebaut wird. Auf diese Weise werden Stoffwechselprozesse in den Tuberkelbakterien blockiert.

a) Wie ist die Verbindung nach rationeller Nomenklatur zu bezeichnen? Welche Verbindung entsteht als zweites Produkt, wenn Isoniazid in der Zelle in die entsprechende Säure (Isonicotinsäure) umgewandelt wird? Wie schätzen Sie die Stabilität der zentralen Bindung dieses Produkts im Vergleich zu einer C–C-Bindung ein?

b) Aromatische Carbonsäuren, die nicht weiter oxidativ abgebaut werden können, werden im Zuge der Biotransformation häufig mit Glycin konjugiert. Welche Reaktionen sind (in der Zelle) erforderlich, bevor die Isonicotinsäure mit Glycin konjugiert werden kann? Formulieren Sie den Konjugationsprozess von der Isonicotinsäure bis zum fertigen Glycin-Konjugat.

Aufgabe 421

Im Zuge der Arzneistoffentwicklung werden oftmals sogenannte stereoelektronische Modifikationen vorgenommen. Die Verbindung Procain beispielsweise ist ein gutes Lokalanästhetikum, besitzt aber nur eine kurze Wirkungsdauer. Mehrere Modifikationen führten zum Lidocain, einem weiteren Lokalanästhetikum mit deutlich längerer anhaltender Wirkung.

Können Sie diesen Befund auf Basis der strukturellen Unterschiede erklären?

Procain

Lidocain

Aufgabe 422

Typische Beispiele für antibiotisch wirksame Stoffe, die als Antimetabolite fungieren, sind die Sulfonamide. Deren Geschichte begann im Jahr 1935 mit der Synthese des roten Farbstoffs Prontosil® durch Gerhard Domagk und der Entdeckung, dass diese Substanz *in vivo* (nach Gabe bei Labortieren) antibakterielle Eigenschaften aufweist. Eigenartigerweise konnte *in vitro* keine Wirkung festgestellt

Prontosil

werden; so wurden Bakterien in Kulturschalen nicht beeinflusst. Dieser Befund blieb solange rätselhaft, bis entdeckt wurde, dass Prontosil® von im Dünndarm anwesenden Bakterien zu *p*-Aminobenzolsulfonsäureamid (Sulfanilamid), der eigentlich antibakteriell wirksamen Verbindung, metabolisiert wurde.

Damit ist Prontosil® ein klassisches sogenanntes Pro-Drug. Ausgehend vom Sulfanilamid wurde eine große Anzahl weiterer Sulfonamide synthetisiert, die sich als wirksam gegen grampositive Organismen erwiesen, insbesondere Pneumokokken und Meningokokken.

Untersuchungen zur Struktur-Wirkungsbeziehung ergaben, dass die primäre *p*-Aminogruppe und eine primäre oder sekundäre Sulfonamidgruppe essentiell sind und nur der Rest am Sulfonamid-Stickstoff variiert werden kann.

a) Formulieren Sie eine Redoxgleichung für die Bildung von Sulfanilamid aus Prontosil®; als Reduktionsmittel soll hierfür NADPH/H$^+$ fungieren.

b) Die primäre Aminogruppe der Sulfonamide wird im Körper leicht metabolisch acetyliert, wodurch sich die Löslichkeit verringert und als Folge toxische Wirkungen auftreten können. Formulieren Sie die Acetylierung für das gezeigte Sulfathiazol.

Sulfathiazol

Das Löslichkeitsproblem konnte durch Ersatz der Thiazolgruppe überwunden werden. Wie heißt der Ring im Sulfadiazin, und wie lässt sich die Verbesserung erklären?

Sulfadiazin

c) Sulfonamide haben sich als besonders wirksam gegen Darminfektionen erwiesen und können gegen diese als Pro-Drug eingesetzt werden. Ein solches ist das Succinylsulfathiazol, das Amid der Butandisäure (Bernsteinsäure). Erwarten Sie für diese Substanz eine rasche Resorption ins Blut oder eine längere Verweildauer im Darm? Wie kommt es zur Bildung der aktiven Wirksubstanz?

Aufgabe 423

Die Entdeckung der antibakteriellen Wirkung von Penicillin durch Alexander Fleming 1928 gehört zu den Meilensteinen der biomedizinischen Forschung. Erst zehn Jahre danach allerdings gelang H.W. Florey und E.B. Chain die Isolation des Penicillins. Im Jahr 1941 erfolgten dann erste klinische Versuche mit Penicillin-Rohextrakten, die spektakuläre Erfolge ergaben, so dass in den Folgejahren intensive Bemühungen für eine Gewinnung in großem Maßstab unternommen wurden.

Penicillin enthält ein bicyclisches Ringsystem, das sich biosynthetisch aus den beiden Aminosäuren Cystein und Valin zusammensetzt. Die Acylkette ist variabel und abhängig von der Zusammensetzung des Fermentationsmediums. Sie hat Einfluss auf die Säureempfindlichkeit eines Penicillins und seine Widerstandsfähigkeit gegenüber Penicillasen, bakteriellen Enzymen, die das bicyclische Ringsystem öffnen und das Penicillin dadurch inaktivieren.

Penicillin G

a) Penicilline richten sich gegen die bakterielle Transpeptidase, die einen reaktiven Serinrest im aktiven Zentrum besitzt. Die Penicillin-Struktur lässt eine sekundäre und eine tertiäre Amidgruppe erkennen. Erklären Sie, warum ein nucleophiler Angriff selektiv an der tertiären Amidgruppe erfolgt.

b) Untersuchungen zur Struktur-Wirkungsbeziehung ergaben, dass nur an der Acylseitenkette des Penicillins Modifikationen unter Aktivitätserhalt möglich sind. Mit der Penicillin-Acylase wurde ein Enzym gefunden, das eine Hydrolyse von Penicillin G unter Bildung der 6-Amino-penicillansäure (6-APA) ermöglicht. Ausgehend von 6-APA wurde eine Vielzahl von verschiedenen Derivaten synthetisiert. Dabei zeigte sich, dass die Säurestabilität durch Anbringung elektronenziehender Substituenten am α-C-Atom der Acylseitenkette verbessert wird. Ein Beispiel ist das Phenoxymethylpenicillin (Penicillin V).

Formulieren Sie eine Synthese aus 6-APA.

c) Der weitverbreitete Einsatz von Penicillin G in den 1960er-Jahren führte zu einem alarmierenden Anstieg Penicillin-resistenter *Staphylococcus aureus*-Infektionen in Krankenhäusern. Methicillin war das erste wirksame semisynthetisch hergestellte Penicillin, das gegenüber der β-Lactamase von *Staphylococcus aureus* stabil war.

Worauf könnte dieser Effekt beruhen?

Methicillin

Aufgabe 424

Die relativ simple Verbindung 1-Phenylpropan-2-amin („Amphetamin") hat eine stark stimulierende und aufputschende Wirkung; in höheren Dosen wirkt sie auch euphorisierend. Amphetamin ist deshalb insbesondere in der Drogenszene beliebt und unter Bezeichnungen wie „Speed" oder „Pep" weit verbreitet. Die Substanz wirkt als indirektes Sympathomimetikum, d. h. sie stimuliert die sympathischen Teile des vegetativen Nervensystems. Weitere zu den Amphetaminen zu zählende Verbindungen sind das Methamphetamin und das natürlich vorkommende Ephedrin.

a) Durch eine (enzymkatalysierte) Hydroxylierung am dem Aromaten benachbarten C-Atom lässt sich das Norephedrin ((1*R*,2*S*)-2-Amino-1-phenylpropan-1-ol) gewinnen. Formulieren Sie eine Redoxreaktion für diese Reaktion (Stereochemie beachten!); als Oxidationsmittel kommt H_2O_2 in Frage.

b) Ein weiteres bekanntes Amphetamin-Derivat ist das (*S*)-Methamphetamin, das, wie der Namen andeutet, eine zusätzliche Methylgruppe am Stickstoff aufweist. Wie beurteilen Sie den Versuch, Methamphetamin durch nucleophile Substitution aus Amphetamin und Brommethan herzustellen?

c) Eine andere Variante erfordert zwei Reaktionsschritte und startet ausgehend von Phenylaceton (1-Phenylpropanon) und einem primären Amin. Formulieren Sie diese Synthese der in der Drogenszene als „Crystal Meth", „Meth", „Crystal" oder „Ice" bekannten Verbindung Methamphetamin.

Aufgabe 425

Dasatinib ist ein Proteinkinase-Inhibitor aus der Gruppe der Tyrosinkinase-Inhibitoren, der als Arzneistoff zur Behandlung bestimmter maligner Erkrankungen wie chronischer myeloischer Leukämie (CML) Verwendung findet. Wie auch der bereits im Jahr 2001 zugelassene Wirkstoff Imatinib ist Dasatinib ein spezifischer Tyrosinkinase-Inhibitor der BCR-ABL-Kinase und der SRC-Kinase.

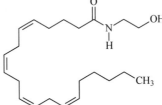

a) Dasatinib enthält einige Stickstoffatome, die sich in ihren basischen Eigenschaften unterscheiden. Kennzeichnen Sie dasjenige N-Atom, für das Sie den niedrigsten pK_B-Wert erwarten und begründen Sie kurz Ihre Wahl.

b) Die Verbindung kann prinzipiell hydrolytisch gespalten werden; dazu bedarf es aber vermutlich relativ drastischer Reaktionsbedingungen. Wo erwarten Sie die Spaltung? Wie heißt das kleinere der beiden Produkte?

Aufgabe 426

$(-)$-Δ^9-*trans*-Tetrahydrocannabinol („THC") ist eine psychoaktive Substanz, die zu den Cannabinoiden zählt. Sie kommt in Pflanzen der Gattung Hanf (*Cannabis*) vor; ihr wird der Hauptanteil an der berauschenden Wirkung zugesprochen. Das Endocannabinoid-System, über das die Cannabinoide ihre Wirkung im Körper entfalten, wurde in den 1990er-Jahren entdeckt. Das gezeigte Anandamid interagiert mit den Cannabinoid-Rezeptoren CB_1 und CB_2.

Δ^9-Tetrahydrocannabinol (THC)   Anandamid

a) Das Δ^9-Tetrahydrocannabinol wird mit einem Überschuss an Brom umgesetzt. Formulieren Sie die zu erwartende Reaktion und nennen Sie den/die Reaktionsmechanismen.

b) Ermitteln Sie die absolute Konfiguration an den Chiralitätszentren im Δ^9-Tetrahydrocannabinol.

c) Als Edukt für eine Synthese von Adandamid bietet sich die zugrundeliegende Carbonsäure an, die sich z. B. als Baustein von Phospholipiden im Organismus findet. Wie könnte man die Carbonsäure aus dem Phospholipid freisetzen und wie würden Sie vorgehen, um ausgehend von dieser zu dem gezeigten Amid zu gelangen? Formulieren Sie eine geeignete Synthese.

Aufgabe 427

Wohl kaum ein Medikament hat die Gesellschaft stärker verändert als die oralen Verhütungsmittel – 1961 kam in Deutschland die erste „Pille" auf den Markt. Den Wunsch, ungewollte Schwangerschaften zu vermeiden, gibt es schon seit Jahrtausenden. Von den frühesten Versuchen über die Entdeckung der hormonellen Zusammenhänge vor rund 100 Jahren, der höchst mühevollen Isolierung von Sexualhormonen aus Tonnen von Urin bis hin zur Synthese der Gestagene der ersten Pillengeneration ist es eine höchst spannende Geschichte, erzählt von Klaus Roth und nachzulesen in Chemie unserer Zeit 45 (2011) 270–291. Die ersten beiden zugelassenen Präparate Enovid® (Searle, 1960) und Anovlar® (Schering, 1961) enthielten Ethinylestradiol bzw. dessen Methylether (Menastrol) als estrogene Komponente. Als gestagene Komponente kamen 19-Norethynodrel bzw. Norethisteronacetat (Anovlar) zum Einsatz. Die beiden letzteren Verbindungen leiten sich vom 19-Nortestosteron ab, dem gegenüber dem männlichen Sexualhormon Testosteron eine Methylgruppe fehlt. Abgesehen von der Acetatgruppe im Norethisteronacetat sind die beiden Gestagene offensichtlich Isomere.

Ethinylestradiol

Ethinylestradiolmethylether
Mestranol

19-Nortestosteron   19-Norethynodrel   19-Nor-17-ethinyltestosteron
Norethisteron

a) Schlagen Sie eine Möglichkeit zur Umwandlung von 19-Nortestosteron in das 19-Nor-17-ethinyltestosteron (Norethisteron) vor.

b) Die Umwandlung von Ethinylestradiol in das Mestranol bereitet keine Schwierigkeiten. Schlagen Sie eine geeignete Reaktion vor.

Aufgabe 428

Heliobacter pylori ist eines von sehr wenigen Lebewesen, das bei pH-Werten um 1 überleben kann. 1984 wurde entdeckt, dass *H. pylori* große Mengen an Urease synthetisiert. Ureasen werden nur von Pflanzen, Pilzen und Bakterien synthetisiert und spalten hoch selektiv Harnstoff in CO_2 und Ammoniak. Harnstoff ist sehr stabil und wird nur unter drastischen Bedingungen hydrolysiert; dabei sind zwei Mechanismen möglich: ein Additions-Eliminierungs-mechanismus, bei dem im ersten Schritt Wasser addiert wird, sowie ein umgekehrter Mechanismus, bei dem im ersten Schritt Ammoniak eliminiert wird unter Bildung von Cyansäure. Diese addiert im zweiten Schritt Wasser zur Carbamidsäure, die spontan in CO_2 und Ammoniak zerfällt. Die Halbwertszeiten für beide Varianten sind im Bereich von vielen Jahren; in Anwesenheit von Urease dagegen im Bereich von Millisekunden – es handelt sich also um ein höchst effizientes Enzym. Inzwischen sind die Details bekannt, wie sich *H. pylori* mit Hilfe der Urease in der unwirtlich sauren Umgebung des Magens behaupten kann – auch dies nachzulesen in Chemie unserer Zeit 46 (2012) 378–387.

Formulieren Sie die beiden Mechanismen für die Hydrolyse von Harnstoff.

Aufgabe 429

Wird eine Infektion des Magens mit *Heliobacter pylori* nachgewiesen, müssen harsche Maßnahmen eingeleitet werden, da es nicht gelingt, den Eindringling *in vivo* mit einem einzigen Antibiotikum auszurotten. Die heute in Deutschland übliche Erstbehandlung besteht aus drei Substanzen (Tripeltherapie): Morgens und abends müssen sieben Tage lang jeweils 20 mg Omeprazol, 500 mg Clarithromycin und 1000 mg Amoxicillin eingenommen werden. Ersteres ist ein Protonenpumpenhemmer, durch den zum Schutz der beiden Antibiotika die Salzsäureproduktion im Magen soweit gedrosselt wird, dass ein hinreichender Anstieg des pH-Werts resultiert. Das Clarithromycin ist ein sogenanntes Makrolid-Antibiotikum, das die Proteinsynthese unterbindet, indem es an das bakterielle Ribosom bindet, während Amoxicillin ein Penicillin-Derivat darstellt, das durch Hemmung der bakteriellen Transpeptidase mit der Zellwandsynthese interferiert. Nachstehend sind die drei Verbindungen dieses „Medikamenten-Cocktails" gezeigt.

Omeprazol

Amoxicillin

Clarithromycin

a) Identifizieren Sie alle sauerstoffhaltigen funktionellen Gruppen in den drei Verbindungen.

b) Welche funktionelle Gruppe ist entscheidend für die Wirkung des Amoxicillins?

c) Das Clarithromycin kann hydrolytisch gespalten werden. Spielt es in Hinblick auf die zu erwartenden Produkte eine Rolle, ob dazu saure oder basische Reaktionsbedingungen gewählt werden?

Aufgabe 430

Mit der Verbindung Thalidomid (Markennamen Contergan®), einem bromfreien Schlaf- und Beruhigungsmittel, schien der Firma Grünental in den 1950er-Jahren der große Wurf gelungen.

Die Verbindung mit der firmeninternen Bezeichnung K17 wirkte im Tiersuch als Beruhigungsmittel und wurde aufgrund derselben Wirkung auf den Menschen am 1.10.1958 in den Handel gebracht. Thalidomid ist weder akut toxisch, machte nicht süchtig und erwies sich auch bei bewusster starker Überdodierung in suizidaler Absicht als ungefährlich. Es dauerte deshalb auch keine zwei Jahre, bis das Medikament zum Marktführer aufgestiegen war. Nicht sehr lange später jedoch im Jahr 1961 kam der Verdacht auf, die Verbreitung von Contergan könnte in Zusammenhang stehen mit der auffälligen Zunahme von Missbildungen bei Neugeborenen in dieser Zeit. Es blieb bekanntlich nicht beim Verdacht – schätzungsweise etwa 10.000 missgebildete Kinder kamen zur Welt.

Wie konnte es zu der Katastrophe kommen? Die spannende Geschichte vom „guten" und vom „bösen" Thalidomid und den (verschiedenen!) Wirkungen seiner Enantiomere, den gesetzgeberischen Mangeln und dem Versagen der Behörden bis hin zur Renaissance von Thalidomid für neue Anwendungen beschreibt K. Roth in gewohnt spannender Manier in Chemie unserer Zeit 39 (2005) 212–218.

a) Welche funktionelle Gruppe enthält diese Verbindung und welches Enantiomer ist hier gezeigt? Wie schätzen Sie die Säure-Base-Eigenschaften dieser Substanz ein?

b) Im Contergan kam das Thalidomid als Racemat zum Einsatz; die furchtbare teratogenc Wirkung geht aber nur von einem Enantiomer aus. Hätte die Katastrophe folglich verhindert werden können, wenn nur das unschädliche Enantiomer eingesetzt worden wäre (kurze Begründung).

c) Wie nennt man das Verfahren, mit dem man ein Gemisch von Enantiomeren in die einzelnen Verbindungen separiert und wie funktioniert das allgemeine Prinzip dieser Methode?

Kapitel 8

Der große Werkzeugkasten – Begriffe, Tools und und Reaktionen, die Sie griffbereit haben sollten

WK1 – Organische Verbindungen:

Vom Atom zu den Bindungsverhältnissen

Atome:

Die *Ordnungszahl* eines Elements entspricht seiner Protonenzahl. Eine Entfernung von (negativ geladenen) Elektronen aus der Elektronenhülle gelingt im Zuge chemischer Reaktionen nur für Elektronen der äußersten Schale („*Valenzelektronen*"), sie kostet → *Ionisierungsenergie* und ergibt positiv geladene → Ionen („*Kationen*"). Das Hinzufügen von Elektronen führt zur Bildung negativer Ionen („*Anionen*") und ist mit der → *Elektronenaffinität* assoziiert.

Atommasse: (→ WK2)

Molare Masse: (→ WK2)

Moleküle, Ionen und Verbindungen:

Eine *Verbindung* besteht aus zwei oder mehreren Atomen, die auf definierte Weise und in einem bestimmten Verhältnis miteinander verbunden sind. Ein *Molekül* ist die kleinste Einheit einer Verbindung, die die charakteristischen Eigenschaften der Verbindung besitzt; die Atome darin sind durch → *kovalente Bindungen* verknüpft. *Ionen* sind geladene Teilchen, die entweder eine oder mehrere positive (*Kationen*) oder negative Ladungen (*Anionen*) aufweisen.

Orbitale und Quantenzahlen:

Bei der Bildung von kovalenten Bindungen in organischen Verbindungen kommt es zur Überlappung von Orbitalen. Ein *Orbital* kann als Bereich aufgefasst werden, im dem ein Elektron mit einer bestimmten Wahrscheinlichkeit angetroffen werden kann; zu seiner Bezeichnung dienen drei *Quantenzahlen*: *Hauptquantenzahl n* (bezeichnet die Schale, das Energieniveau), *Nebenquantenzahl l* (beschreibt die Unterschale, die Form des Orbitals) und *Magnetquantenzahl m* (erfasst die räumliche Orientierung des Orbitals innerhalb der Unterschale). Der *Elektronenspin s* wird durch eine 4. Quantenzahl beschrieben, die nur die beiden Werte $+1/2$ und $-1/2$ annehmen kann.

Pauli-Prinzip:

Nach dem *Pauli-Prinzip* müssen sich alle Elektronen in mindestens einer → *Quantenzahl* unterscheiden; daher können sich in einem Orbital maximal zwei Elektronen befinden.

Aufbauprinzip:

Die Elektronenkonfiguration eines Elements bestimmt seine chemischen Eigenschaften; sie ergibt sich aus dem *Aufbauprinzip*, gemäß dem jedes hinzukommende Elektron das energetisch niedrigste verfügbare Orbital besetzt. Dabei gilt die

Hund'sche Regel:

Energiegleiche („entartete") Orbitale werden zunächst einfach besetzt.

© Der/die Autor(en), exklusiv lizenziert durch
Springer-Verlag GmbH, DE, ein Teil von Springer Nature 2021
R. Hutterer, *Fit in Organik*, Studienbücher Chemie,
https://doi.org/10.1007/978-3-662-64603-8_8

Edelgaskonfiguration:

Mit den Edelgasen (8. Hauptgruppe) findet jede Schale ihren Abschluss; mit Ausnahme des Heliums ($1s^2$) haben alle Edelgase die *Elektronenkonfiguration* $ns^2\,np^6$, *(„Edelgasschale")*, die sich durch besondere Stabilität auszeichnet.

Elektronegativität:

Sie ist ein Maß für die Fähigkeit eines Atoms, innerhalb einer (kovalenten) Bindung die Elektronen an sich zu ziehen.

Ionische Bindung:

Ionische Festkörper *(„Salze")* kommen durch elektrostatische Wechselwirkung zwischen (negativen) Anionen und (positiven) Kationen zustande. Ionische Bindungen finden sich auch in der organischen Chemie. Häufig sind dabei Protonenübertragungsreaktionen beteiligt, weniger (im Vergleich zur anorganischen Chemie) Metall-Kationen.

So tragen beispielsweise ionische Wechselwirkungen zwischen entgegengesetzt geladenen Aminosäureresten erheblich zur dreidimensionalen Struktur von Proteinen bei.

Kovalente Bindung:

Elemente, die sich nicht sehr stark in ihrer → *Elektronegativität* unterscheiden, bilden mehr oder weniger polare *kovalente Bindungen* (Atombindungen) aus, die durch die Überlappung von Orbitalen gebildet werden. Kovalente Bindungen führen entweder zu *molekularen Fest-stoffen* (z. B. Glucose), Flüssigkeiten (z. B. Ethanol) oder Gasen (z. B. Methan), oder aber zu Festkörpern, in denen die Atome durch *ausgedehnte dreidimensionale Netzwerke* kovalenter Bindungen verknüpft vorliegen (z. B. Diamant (C), Quarz (SiO_2)).

Bindungsparameter:

Kovalente Bindungen werden beschrieben durch die *Bindungsenthalpie* ΔH_B (Enthalpie, die zur Spaltung der entsprechenden Bindung aufgebracht werden muss), die *Bindungslänge* (Abstand der Atomkerne) sowie die *Bindungspolarität* (verursacht durch die (meist) unterschiedliche → *Elektronegativität* der Bindungspartner, → *Dipolmoment*).

Bindungslängen zwischen solchen einer typischen Einfach- bzw. Doppelbindung weisen auf die Beteiligung mehrerer → *mesomerer Grenzstukturen* hin.

Oktettregel:

Unabhängig vom Bindungstyp ist die Elektronenkonfiguration s^2p^6, wie sie die Edelgase (z. B. Ne, Ar, Kr) besitzen, besonders stabil und damit begünstigt, so dass alle Elemente (Edelgase ausgeschlossen) versuchen, durch Ausbildung geeigneter Verbindungen mit anderen Atomen eine derartige *Edelgaskonfiguration* zu erreichen. Die (neben Wasserstoff) häufigsten Elemente in der OC (C, O, N) sind streng an die *Oktettregel* gebunden, d. h. es sind keine fünfbindigen Kohlenstoffatome möglich!

Lewis-Formeln:

Lewis-Formeln zeigen die Verknüpfung der Atome in einer Verbindung durch kovalente Bindungen sowie zusätzlich verbleibende freie Elektronenpaare auf; sie orientieren sich an der → *Oktettregel* und der Vermeidung → *formaler Ladungen*, soweit möglich. Sie liefern keine Information über die dreidimensionale Struktur einer Verbindung.

Resonanzstrukturen (mesomere Grenzstrukturen):

Manche Moleküle und Ionen lassen sich nicht befriedigend durch eine einzige Lewis-Formel wiedergeben. Man zeichnet dann mehrere *mesomere Grenzstrukturen*, wobei keiner einzelnen physikalische Realität zukommt; die tatsächliche Elektronenverteilung liegt zwischen den beteiligten Resonanzstrukturen. Zu bevorzugen sind Strukturen, in denen alle Atome (außer H) ein *Oktett* erlangen und die mit möglichst wenigen → *formalen Ladungen* auskommen.

LCAO-Methode: (*Linear combination of atomic orbitals*)

Durch *Linearkombination* von *n* Atomorbitalen (AO) können *n* neue Orbitale erzeugt werden.

Hybridorbitale:

Sie entstehen durch *Linearkombination* von AO eines Atoms zu neuartigen Orbitalen, die durch ihre Ausrichtung im Raum charakterisiert sind. Im Fall des Kohlenstoffs lassen sich durch „Vermischen" (Hybridisieren) des 2s-Orbitals mit einem, zwei oder drei der rechtwinklig zueinander stehenden 2p-Orbitale verschiedene Typen von *Hybridorbitalen* erzeugen.

Kombiniert man das 2s- mit den drei 2p-Orbitalen, so ergeben sich daraus vier neue, energetisch äquivalente *sp^3-Hybridorbitale*, die sich in Richtung der vier Ecken eines regulären Tetraeders erstrecken und mit je einem Elektron besetzt sind. Sie bilden untereinander einen Winkel von 109,5° aus und dienen zur Beschreibung von Einfachbindungen.

Vermischt man das 2s-AO nur mit dem $2p_x$- und dem $2p_y$-AO und lässt das $2p_z$-AO unangetastet, so entstehen drei energetisch gleichwertige mit je einem Elektron besetzte *sp^2-Hybridorbitale*, die mit einem Valenzwinkel von 120° trigonal in der Ebene angeordnet sind. Das ebenfalls einfach besetzte $2p_z$-AO ist senkrecht zur Ebene der sp^2-Hydridorbitale orientiert. Das Modell der sp^2-Hybridisierung liefert die theoretische Grundlage für die räumliche und elektronische Struktur der C=C-Doppelbindung, wie sie in *Alkenen* vorkommt.

In analoger Weise entstehen bei der Hybridisierung des 2s- mit dem $2p_x$-AO zwei gleichwertige linear angeordnete *sp-Hybridorbitale*, die mit je einem Elektron besetzt sind. Es verbleiben dann die beiden einfach besetzten, senkrecht zueinander und zu den sp-Hybridorbitalen stehenden $2p_y$- und $2p_z$-AOs. Die sp-Hybridisierung liefert das Modell für die in *Alkinen* vorkommende Dreifachbindung zwischen zwei C-Atomen.

Molekülorbitale:

Durch Wechselwirkung eines (Hybrid-)AOs mit einem oder mehreren Orbitalen, die auf benachbarten Atomen lokalisiert sind, entstehen *Molekülorbitale (MOs)*. Diese können im Raum zwischen zwei Bindungspartnern lokalisiert oder aber über ein ganzes Molekül delokalisiert sein. Bei der Kombination zweier AOs entsteht immer ein *bindendes MO*, dessen Energie niedriger ist als die der zugrunde liegenden AOs, und ein *antibindendes MO* mit höherer Energie. So erhält man beispielsweise bei der Kombination zweier 1s-Orbitale von zwei H-Atomen zwei neue MOs, ein *bindendes σ_s* (aus einer *„positiven Interferenz"* der Wellenfunktionen; der Buchstabe σ kennzeichnet die Rotationssymmetrie um die Kern-Kern-Verbindungsachse) und ein *antibindendes σ_s^** (durch *„negative Interferenz"* der Wellenfunktionen). Ersteres ist energieärmer als die beiden ursprünglichen 1s-Orbitale und wird im H_2-Molekül mit zwei Elektronen besetzt, letzteres ist entsprechend energetisch höherliegend und bleibt im H_2-Molekül unbesetzt. In ähnlicher Weise liefert die Wechselwirkung der vier sp^3-Hybridorbitale des Kohlenstoffs mit vier 1s-Orbitalen von vier H-Atomen acht neue MOs – vier bindende und vier antibindende.

MOs werden in der Reihenfolge zunehmender Energie besetzt; dabei werden → *Pauli-Prinzip* und → *Hund'sche Regel* beachtet.

Struktur von Molekülen:

Die *räumliche Struktur* eines Moleküls wird ausschließlich auf Grundlage der Positionen seiner Atome charakterisiert, während die *elektronische Struktur* zusätzlich vorhandene freie Elektronenpaare berücksichtigt. Da sich Elektronenpaare abstoßen, nehmen sie Positionen ein, die so weit wie möglich voneinander entfernt sind, um die gegenseitigen Abstoßungskräfte zu minimieren.

Strukturformeln:

Während Lewis-Formeln nur die Verknüpfungen der einzelnen Atome in einem Molekül wiedergeben, liefern korrekte Strukturformeln Informationen zur dreidimensionalen Gestalt eines Moleküls. So zeigt beispielsweise ein planarer Sechsring die Verknüpfung im Cyclohexan, nicht aber die tatsächliche Struktur im Raum („Sesselkonformation"). In organischen Molekülen ergibt sich die Anordnung der Bindungen um ein Atom meist aus seiner Hybridisierung; so weisen für sp^3-hybridisierte C-Atome die Bindungen zu den Ecken eines Tetraeders.

π-Bindungssysteme:

Befindet sich zwischen mehreren Doppel- bzw. Dreifachbindungen mindestens ein sp^3-hybridisiertes C-Atom, so spricht man von *isolierten Mehrfachbindungen*, sind sie nur durch eine Einfachbindung voneinander getrennt (kein sp^3-Atom dazwischen) von *konjugierten Mehrfachbindungen*. Gehen wie beim Allen (Propadien) von einem C-Atom zwei Doppelbindungen aus, so liegen *kumulierte Doppelbindungen* vor.

Offen konjugierte π-Bindungssysteme:

Liegen, wie z. B. im 1,3-Butadien, mehrere sp^2-hybridisierte C-Atome miteinander verknüpft vor, so kommt es zur Überlappung der p_z-Orbitale auch zwischen denjenigen C-Atomen, die *formal* nur durch eine Einfachbindung miteinander verbunden sind. Damit bilden alle (konjugierten) p_z-Orbitale eine *gemeinsame π-Elektronenwolke* aus, die sich oberhalb und unterhalb der Bindungsebene erstreckt und über alle beteiligten Atome delokalisiert ist. Diese *Delokalisierung* führt zu einem energetisch bevorzugten, stabilisierten Zustand des Moleküls.

Cyclisch-konjugierte π-Bindungssysteme; Aromazität:

Planare, durchgehend konjugierte, monocyclische Systeme, die (gemäß der „*Hückel-Regel*") $(4n + 2)$ π-Elektronen aufweisen (Prototyp: Benzen), sind außergewöhnlich stabil und werden als „*aromatisch*" bezeichnet. Analog heißen Systeme mit $(4n)$ π-Elektronen *antiaromatisch*. Benzen (Benzol) besitzt also keine lokalisierten Einzel- und Doppelbindungen, die „hin und herklappen", sondern *sechs identische Bindungen* gleicher Länge (0,139 nm), die damit deutlich kürzer als normale C–C-Einfachbindungen (0,154 nm), aber länger als C=C-Doppelbindungen (0,133 nm) sind.

Dipolmoment:

Zwischen zwei Atomen unterschiedlicher → *Elektronegativität* ist die Bindung *polarisiert*; es bestehen *Partialladungen*, die durch ein δ^+ bzw. ein δ^- am entsprechenden Atom gekennzeichnet werden, d. h. es resultiert ein *elektrischer Dipol*. Das Dipolmoment $\vec{\mu}$ ist proportional zur Größe der Ladung q und ihrem Abstand r: $\vec{\mu} = q \cdot \vec{r}$

Dabei kann ein Molekül mehrere, u. U. sogar stark polare Bindungen aufweisen und als Ganzes dennoch völlig unpolar sein, wenn es eine symmetrische Struktur aufweist, so dass sich die einzelnen Dipolmomente (durch Vektoraddition) aufheben. *Dipol-Dipol-Wechselwirkungen* resultieren aus der attraktiven Wechselwirkung zwischen Dipolen und sorgen für den Zusammenhalt von Dipolmolekülen (→ *„zwischenmolekulare Wechselwirkungen"*).

Zwischenmolekulare Wechselwirkungen:

Sie sind verantwortlich für den Zusammenhalt der einzelnen Moleküle untereinander innerhalb einer Flüssigkeit oder eines Festkörpers. In der Reihenfolge abnehmender Stärke unterscheidet man typischerweise *Ion-Dipol-Wechselwirkungen* (zwischen Ionen und Dipolmolekülen wie H_2O) in Lösung, Dipol-Dipol-Wechselwirkungen (mit dem Sonderfall der → *Wasserstoffbrückenbindungen*) und sogenannte *Van der Waals-Wechselwirkungen* (auch: *Dispersionskräfte*) zwischen induzierten Dipolen für Teilchen ohne permanentes → *Dipolmoment*.

Wasserstoffbrückenbindungen:

Sie können sich ausbilden zwischen Molekülen, die ein H-Atom gebunden an eines der elektronegativsten Elemente (F, O, N) enthalten, wenn dieses H-Atom mit einem freien Elektronenpaar an einem dieser Elemente wechselwirkt (z. B. $-O-H\cdots N-R$). Obwohl ihre Bindungsenergie mit ca. 5–20 kJ/mol gering ist im Vergleich zu einer → *kovalenten Bindung*, spielen sie u. a. eine essentielle Rolle für die dreidimensionale Struktur zahlreicher Biomoleküle (Proteine, DNA, ...) und die physikalischen Eigenschaften vieler Verbindungen (H_2O!).

Formalladung:

Für die Ermittlung werden alle Bindungselektronenpaare symmetrisch geteilt und die Atome vollständig im Besitz ihrer freien Elektronenpaare gelassen („perfekt kovalentes Modell"). Hat dann ein Atom im Molekül mehr Elektronen als in seinem ungebundenen neutralen Zustand, weist man ihm in dieser Lewis-Struktur eine negative Formalladung zu, sind es weniger, entsprechend eine positive. Zu bevorzugen sind (aufgrund niedrigeren Energiegehalts) Lewis-Formeln, in denen möglichst wenige Atome eine formale Ladung tragen und diese möglichst klein sind, sofern dafür nicht die Oktettregel verletzt werden muss. Aneinander gebundene Atome sollten keine Formalladungen gleichen Vorzeichens aufweisen.

Oxidationszahl:

Hier werden dem jeweils elektronegativeren Bindungspartner formal *beide* Bindungselektronen einer Bindung zugerechnet („perfekt ionisches Modell"), anschließend wird mit dem ungebundenen neutralen Zustand verglichen. Die Summe aller Oxidationszahlen muss in einem neutralen Molekül immer gleich Null ergeben; für eine geladene Verbindung die entsprechende Ionenladung.

Oxidationsgrad (Oxidationszustand):

Die Anzahl von Bindungen, die ein C-Atom mit Heteroatomen ausbildet, wird als dessen Oxidationsgrad bezeichnet. Er kann dementsprechend Werte von null bis vier annehmen.

WK2 – Was und wie viel?

Grundbegriffe der Stöchiometrie und Nomenklatur

Atommasse:

Die *Atommasse* (atomare Masseneinheit u) ist definiert als exakt 1/12 der Masse eines Kohlenstoffisotops ^{12}C; die Masse eines Mols dieses Isotops beträgt exakt 12,00... g. Als Atommasse für ein Element gibt man (z. B. im PSE) den Mittelwert der Massen seiner Isotope gewichtet mit deren relativer Häufigkeit an.

Molare Masse:

Die molare Masse einer Verbindung errechnet sich aus der Summe der Atommassen:

$$M = \sum_i Atommasse_i$$

Stoffmenge:

Für die *Stoffmenge* gilt die Einheit „mol". Die Teilchenzahl in einem Mol einer beliebigen Substanz ist gleich der Avogadro-Zahl $N_A = 6{,}022 \cdot 10^{23}$ mol^{-1}.

Die Stoffmenge einer Substanz berechnet sich aus der Masse m und ihrer molaren Masse M:

$$n = \frac{m}{M} \; ; \text{ analog erhält man natürlich die Masse } m \text{ aus der Stoffmenge: } m = n \cdot M$$

Stoffmengenkonzentration, Massenkonzentration:

Konzentrationen sind zusammengesetzte Größen, bei denen im Nenner stets das Volumen V des Gemisches steht; den Zähler bildet die Größe, deren Konzentration gemeint ist.

Stoffmengenkonzentration: $c = \dfrac{n}{V}$

Massenkonzentration: $\beta = \dfrac{m}{V}$

Stoffmengenanteil, Massenanteil, Volumenanteil

Im Gegensatz dazu sind Anteile prinzipiell dimensionslose Größen:

Stoffmengenanteil: $\chi = \dfrac{n(A)}{\sum\limits_i n_i}$

Massenanteil: $\omega = \dfrac{m(A)}{\sum\limits_i m_i}$,   z. B. $\omega = \dfrac{m(A)}{m(\text{Lösung})}$

Volumenanteil: $\varphi = \dfrac{V(A)}{\sum\limits_i V_i}$

Stoffmenge n und Teilchenzahl N hängen über die *Avogadrozahl* $N_A = 6{,}022 \cdot 10^{23}$ mol^{-1} zusammen: $n = N / N_A$

Empirische (Verhältnis-)formel / Summenformel:

Die empirische Formel einer Verbindung gibt die relative Anzahl (Verhältnis) der einzelnen darin vorkommenden Elemente an, während die Summenformel die tatsächliche Anzahl der verknüpften Atome zeigt. So ist die empirische Formel für Glucose CH_2O, während die tatsächliche Summenformel das Sechsfache, also $C_6H_{12}O_6$, beträgt.

Chemische Gleichung:

Jede chemische Gleichung muss ausgeglichen sein bzgl. der *Atombilanz* und der *Ladungsbilanz*, d. h. auf beiden Seiten einer Gleichung (ausgenommen Kernreaktionen) müssen die gleichen Atome in gleicher Anzahl stehen und die Summe aller Ladungen muss gleich sein.

Theoretische Ausbeute:

Die aufgrund der Stöchiometrie einer Reaktion bei einer gegebenen Menge an Edukt(en) maximal erzielbare Menge an Produkt(en) stellt die maximal mögliche (theoretische) Ausbeute dar. Aufgrund unvollständig verlaufender Reaktion und experimentellen Verlusten ist die tatsächlich realisierte Ausbeute stets kleiner.

Funktionelle Gruppen:

Die chemischen Eigenschaften von organischen Verbindungen werden durch die funktionellen Gruppen bestimmt. Diese sind charakteristische Atome oder Atomgruppen, die das Reaktionsverhalten der Verbindung bestimmen, wie beispielsweise die Hydroxygruppe –OH bei Alkoholen oder die Carboxylgruppe –COOH von Carbonsäuren.

Rationelle Nomenklatur:

Jeder Nomenklaturname muss eindeutig nur eine Verbindung bezeichnen – was umgekehrt nicht heißt, dass jede Verbindung nur durch einen Namen beschrieben werden kann. Neben der *rationellen (systematischen) Nomenklatur* existieren, z. T. historisch bedingt, für viele bereits lange bekannte Verbindungen auch *Trivialnamen*, die oft auf Herkunft oder Eigenschaft der Stoffe zurückgehen, z. B. „Ameisensäure" oder „Weinsäure". Daneben sind Trivialnamen gebräuchlich zur Benennung von (biochemisch/physiologisch) wichtigen Verbindungen mit sehr „unhandlichen" systematischen Namen.

Allgemein setzt sich der (rationelle) Name einer Verbindung aus drei Teilen zusammen:

Präfix – Wortstamm – Suffix

Als Wortstamm dient die längste Kohlenstoffkette oder der größte Ring, mit der die funktionelle Gruppe höchster Priorität verknüpft ist. Die Kohlenstoffketten leiten sich ab von der *homologen Reihe der Alkane*. Für die Bezeichnung einer Verbindung sucht man zunächst ihr Grundgerüst (= längster unverzweigter acyclischer oder cyclischer organischer Strukturteil) und bestimmt anschließend die sogenannten *Substituenten*.

Häufige und wichtige Substituenten:

- **Alkylreste** (Symbol: R–): Sie entstehen aus kettenförmigen (aliphatischen) oder cyclischen (cycloaliphatischen) Kohlenwasserstoffen durch *Entfernung eines H-Atoms*, z. B.

  Methan (CH_4) → Methyl- (CH_3–)
  Ethan (C_2H_6) → Ethyl- (C_2H_5–)
  Propan (C_3H_8) → Propyl- (C_3H_7–)
  Cyclohexan (C_6H_{12}) → Cyclohexyl- (C_6H_{11}–) usw.

Methylbenzol (Toluol; C_7H_8) → *Benzyl-* (C_7H_7-): nicht verwechseln mit *Benzoyl-* (s. u.)!

- **Arylreste** (Symbol: R– oder Ar–): Sie entstehen aus Aromaten, indem man ein H-Atom des aromatischen Rings entfernt, z. B.

  Benzol (C_6H_6) → Phenyl- (C_6H_5-)

- **Acylreste** (R–CO–): Sie entstehen aus Carbonsäuren, indem man aus der Carboxylgruppe die OH-Gruppe entfernt, z. B. Benzoesäure (C_6H_5–COOH → *Benzoyl-* (C_6H_5–CO–)

- funktionelle Gruppen (z. B. –OH, $-NH_2$, –Cl, –COOH usw.)

Allgemeine Regeln zur Bezeichnung von Verbindungen:

✓ Bestimmung des *Grundgerüsts*: suche nach der längsten Kohlenstoffkette oder dem größten Ring. Ist hierbei keine Entscheidung möglich, dann richte man sich nach

 – der größtmöglichen Anzahl an Mehrfachbindungen
 – dann nach der Anzahl der Doppelbindungen.

✓ Identifizierung *aller daran gebundener Gruppen*; Bestimmung der Gruppe mit der höchsten Funktionalität (Priorität):
 Die Gruppe mit der höchsten Funktionalität bildet den *Suffixnamen*.
 Alle anderen Gruppen werden als *Präfixe* vorangestellt und alphabetisch geordnet.

✓ Für mehrfach vorhandene Gruppen werden entsprechende *Zählsilben* verwendet:
 Mono (1; wird i. A. weggelassen); di (2), tri (3), tetra (4), penta (5), hexa (6), hepta (7), octa (8), nona (9), deka (10)

✓ Die Positionen der *funktionellen Gruppen* werden bestimmt:
 Dabei erhält das Kohlenstoffatom, das der Gruppe mit höchster Funktionalität am nächsten ist oder dieser angehört, die Nummer 1. Die Position der funktionellen Gruppe wird mit einer Zahl, die vor die funktionelle Gruppe gestellt wird, gekennzeichnet. Kommt eine funktionelle Gruppe mehrfach vor, so werden die Positionsziffern, jeweils durch Komma getrennt, vor die Zählsilbe gestellt. Eine Positionszahl erübrigt sich dann, wenn die Position der funktionellen Gruppe von vornherein eindeutig ist. Dies gilt v. a. für die Suffixe:

 -säure, -säureester, -säurehalogenid, -säureamid, -al.

✓ Bestimmung der *Lage von Doppel- und Dreifachbindungen*:
 Gehören sie zur längsten Kette, so wird für Doppelbindungen die Endsilbe „-en" mit davor gestellter Positionszahl gesetzt, für Dreifachbindungen entsprechend die Endsilbe „-in". Dreifachbindungen haben vor Doppelbindungen und diese vor Einfachbindungen höhere Priorität, d. h. in dieser Reihenfolge wird der Name der Verbindungsklasse festgelegt, wenn keine weiteren funktionellen Gruppen vorhanden sind.

✓ Nur für Doppelbindungen ist darüber hinaus eine *Bezeichnung der Konfiguration* erforderlich, also *cis/trans* bzw. *Z/E*. Dabei bezeichnet man eine Doppelbindung als *cis-konfiguriert*, wenn sich beide Substituenten auf der gleichen Seite der Doppelbindung befinden, andernfalls als *trans-konfiguriert*. Offensichtlich versagt die *cis/trans*-Nomenklatur, wenn sich mehr als zwei Substituenten an der Doppelbindung befinden. Allgemeiner anwendbar ist daher die *Z/E*-Nomenklatur, bei der man die Substituenten nach ihrer Priorität ordnet. Diese steigt mit zunehmender Ordnungszahl des Substituenten (vgl. **WK4** Isomerie und Stereochemie: (*R/S*)-Nomenklatur).

✓ Befinden sich die beiden Substituenten mit der höchsten Priorität auf derselben Seite der Doppelbindung, ist die Doppelbindung *Z-konfiguriert* („zusammen"), andernfalls *E-konfiguriert* („entgegen").

✓ Für mehrfach substituierte aromatische Verbindungen wird die Stellung der Substituenten durch Zahlen oder (für disubstituierte Verbindungen) auch durch die Bezeichnungen *o-* (*ortho* = 1,2-Substitution), *m-* (*meta* = 1,3-Substitution) und *p-* (*para* = 1,4-Substitution) gekennzeichnet.

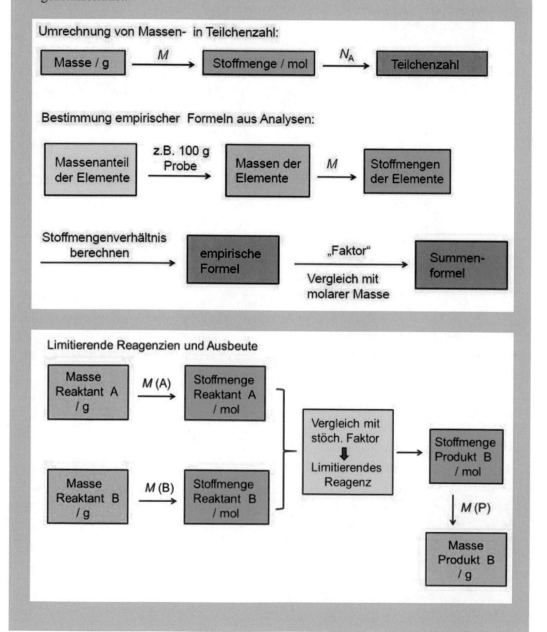

WK3 – Geht's, und wenn ja, wie schnell?
Grundbegriffe der Thermodynamik und Kinetik

Enthalpie:

Die Änderung der Inneren Energie im Zuge einer Reaktion ΔU_R umfasst den Austausch von *Wärme* und *Arbeit*; meist ist man aber nur an der Wärme interessiert. Man definiert die *Enthalpie H* als Summe aus innerer Energie und dem Produkt aus Druck und Volumen:
$H = U + pV$.

Unter konstantem Druck ist dann die Änderung der Enthalpie $\Delta H = \Delta U + p\Delta V = q_p$

Reaktionsenthalpie:

Sie entspricht der bei einer Reaktion unter konstantem Druck umgesetzten *Wärme q*. Die Reaktionsenthalpie lässt sich berechnen aus der Betrachtung aller Bindungen, die gebrochen bzw. neu ausgebildet werden (BDE = Bindungsdissoziationsenthalpie):

$$\Delta H_R = \sum_i \text{BDE}_{\text{gebrochene B.}} - \sum_i \text{BDE}_{\text{geknüpfte B.}}$$

Es gelten folgende Rechenregeln:

- Wird eine Reaktionsgleichung mit einem Faktor multipliziert, gilt dies analog für ΔH_R.

- Bei der Umkehr einer Reaktionsgleichung ändert sich das Vorzeichen von ΔH_R. Lässt sich eine Reaktion als Summe mehrerer Einzelschritte formulieren, entspricht ΔH_R der Summe der Reaktionswärmen der Einzelschritte (*Satz von Hess*).

Exothermer / endothermer Prozess:

Ist die Reaktionsenthalpie $\Delta H_R < 0$, spricht man von einem *exothermen*, im umgekehrten Fall von einem *endothermen* Prozess.

Standardreaktionsenthalpie $\Delta H°_R$:

Die Enthalpieänderung für einen Prozess, bei dem alle Edukte und Produkte in ihren Standardzuständen vorliegen.

Standardbildungsenthalpie $\Delta H°_f$:

Die Enthalpieänderung für die Bildung von 1 mol einer Verbindung aus den Elementen in ihren Standardzuständen. Für Elemente ist $\Delta H°_f$ definitionsgemäß = 0. Sie dient zur Berechnung von → *Standardreaktionsenthalpien*:

$$\Delta H°_R = \sum_i n_i H°_f \text{ (Prod.)} - \sum_i m_i H°_f \text{ (Ed.)} \qquad n_i, m_i = \text{stöch. Koeffizienten}$$

Chemisches Gleichgewicht; Massenwirkungsbruch:

Die meisten Reaktionen können in beide Richtungen verlaufen; sie sind (mehr oder weniger) reversibel. Für die allgemeine Gleichgewichtsreaktion

$$v_a A + v_b B \rightleftharpoons v_c C + v_d D$$

lautet der sogenannte *Massenwirkungsbruch* (*Reaktionsquotient*): $Q = \dfrac{c(C)^{v_c} \cdot c(D)^{v_d}}{c(A)^{v_a} \cdot c(B)^{v_b}}$

Ist die Geschwindigkeit der Hinreaktion gleich der Geschwindigkeit der Rückreaktion, hat sich ein *dynamisches Gleichgewicht* eingestellt: die Konzentrationen der beteiligten Spezies ändern sich nicht mehr und es wird $Q = K$ ($\rightarrow$ *Gleichgewichtskonstante*).

Gibb'sche freie Enthalpie:

Die **"freie Enthalpie"** G (auch: Gibb'sche freie Enthalpie) führt die Entropieänderung im Universum zurück auf Größen, die nur das System betreffen und ist definiert gemäß

$$G = H - T \cdot S \quad (p, T = \text{const.})$$

Für eine Änderung der freien Enthalipie ΔG gilt entsprechend:

$$\Delta G = \Delta H - T \cdot \Delta S \quad (p, T = \text{const.})$$

- Wenn $\Delta G < 0$, läuft der Prozess / die Reaktion freiwillig (spontan) ab.

- Wenn $\Delta G = 0$, so befindet sich das System im Gleichgewicht.

- Wenn $\Delta G > 0$, läuft der Prozess / die Reaktion nicht freiwillig (nicht spontan) ab.

Die Änderung der *freien Standardenthalpie* $\Delta G°$ kann analog zu $\Delta H°$ aus freien Standardbildungsenthalpien berechnet werden:

$$\Delta G° = \sum_i n_i \, G°_f \, (\text{Prod.}) - \sum_i m_i \, G°_f \, (\text{Ed.}) \qquad n_i, m_i = \text{stöch. Koeffizienten}$$

Für eine beliebige Substanz gilt folgender Zusammenhang:

$$G = G° + RT \ln a$$

Dabei ist a die *Aktivität* der Substanz, d. h. ihre "effektive" Konzentration. Die Aktivität einer reinen Substanz im Standardzustand ist $a = 1$ und $G = G°$.

Oft vernachlässigt man die Abweichung von der Idealität und setzt $a = c$; dann ist die freie Reaktionsenthalpie für die Reaktion

$$\nu_a \, A + \nu_b \, B \; \rightleftharpoons \; \nu_c \, C + \nu_d \, D \qquad (\textit{Nicht-Gleichgewichtszustand!})$$

$$\Delta G = \Delta G° + RT \ln \frac{c(C)^{\nu_c} \cdot c(D)^{\nu_d}}{c(A)^{\nu_a} \cdot c(B)^{\nu_b}} = \Delta G° + RT \ln Q$$

Gleichgewichtskonstante:

Im Gleichgewichtszustand ist $\Delta G = 0$ und der $\rightarrow$ *Reaktionsquotient* Q geht in die *Gleichgewichtskonstante* K über. Unter Verwendung von *normierten* Konzentrationen (symbolisiert durch [ ]) wird die Konstante K dimensionslos.

$$0 = \Delta G° + RT \ln \frac{[C]^{\nu_c} \cdot [D]^{\nu_d}}{[A]^{\nu_a} \cdot [B]^{\nu_b}} = \Delta G° + RT \ln K$$

$$\rightarrow \quad \Delta G° = -RT \ln K \quad \text{bzw.} \quad K = \exp\left(\frac{-\Delta G°}{RT}\right)$$

Prinzip von Le Chatelier:

Wenn auf ein dynamisches Gleichgewicht ein Zwang ausgeübt wird, verschiebt sich das Gleichgewicht derart, dass der Effekt des Zwanges verringert wird.

Reaktionsgeschwindigkeit:

Die *Geschwindigkeit* einer Reaktion ist definiert als die Änderung der Stoffmenge (bzw. der Konzentration) mit der Zeit (*differentielles Geschwindigkeitsgesetz*); diese Änderung ist für die Edukte (A) negativ, für Produkte (P) positiv:

$$\upsilon = -\frac{dc(A)}{dt} = \frac{dc(P)}{dt}$$

Geschwindigkeitsgesetz:

Generell hängt die Geschwindigkeit einer Reaktion von der Konzentration eines oder mehrerer Reaktanden ab. Durch Integration gelangt man zum *integrierten Geschwindigkeitsgesetz*, das sich je nach → *Ordnung* der Reaktion unterscheidet.

Reaktionsordnung:

Die Summe aller Exponenten im Geschwindigkeitsgesetz wird als die *Reaktionsordnung* bezeichnet; sie muss immer experimentell ermittelt werden; kann also **NICHT** aus der Reaktionsgleichung für eine Reaktion abgelesen werden.

Reaktion 0. Ordnung:

Im einfachsten aller Fälle reagiert eine Substanz A, wobei die Geschwindigkeit der Reaktion aber unabhängig von der Konzentration von A ist, d. h.

$$\upsilon = k \cdot c^0(A) = const. \qquad \rightarrow \qquad c(A) = c(A)_0 - k \cdot t$$

Eine Auftragung von $c(A)$ gegen die Zeit ergibt eine Gerade mit der Steigung $-k$; ist A verbraucht, sinkt die Geschwindigkeit auf null.

Reaktion 1. Ordnung:

Für eine einfache Reaktion A → B, z. B. eine Zerfallsreaktion, ist die Geschwindigkeit proportional zur Konzentration von A, d. h.

$$\upsilon = k \cdot c(A) \qquad \rightarrow \qquad c(A) = c(A)_0 \cdot e^{-kt}$$

Die Konzentration des Edukts sinkt exponentiell mit der Zeit; die Auftragung von $\ln c(A)$ gegen die Zeit t liefert eine Gerade:

$$\ln c(A) = \ln c(A)_0 - k \cdot t \qquad \text{oder} \qquad \ln\frac{c(A)_0}{c(A)} = k \cdot t$$

Für die → *Halbwertszeit* gilt: $t_{1/2} = \dfrac{\ln 2}{k}$, sie ist unabhängig von der Anfangskonzentration.

Reaktion 2. Ordnung:

Eine Reaktion 2. Ordnung kann von der Form 2 A → B oder A + B → C sein, d. h.

$$\upsilon = k \cdot c^2(A) \qquad \text{oder} \qquad \upsilon = k \cdot c(A) \cdot c(B).$$

Im ersten Fall ergibt sich für $c(A)$ als Funktion der Zeit:

$$\frac{1}{c(A)} = \frac{1}{c(A)_0} + k \cdot t$$

Elementarreaktion:

In einer *Elementarreaktion* erfolgt der Bruch einer/mehrerer Bindungen und die Neuknüpfung von Bindungen simultan. Eine vollständige Reaktion, wie sie durch eine Reaktionsgleichung beschrieben wird, kann aus einem einzigen Schritt bestehen oder sich aus einer Reihe von *Elementarreaktionen* zusammensetzen.

Molekularität:

Die *Molekularität* gibt an, wie viele Teilchen bei einer → *Elementarreaktion* an dem (einzigen) Reaktionsschritt beteiligt sind.

monomolekulare Reaktion:

Am Elementarschritt ist nur ein Teilchen beteiligt, wie z. B. bei einer S_N1- oder E1-Reaktion.

bimolekulare Reaktion:

Hier sind an dem Reaktionsschritt zwei Teilchen beteiligt z. B. in der Form $A + B \rightarrow C$ wie bei einer S_N2- oder E2-Reaktion.

Höhermolekulare (z. B. trimolekulare) Reaktionen spielen in der Praxis so gut wie keine Rolle, da die Wahrscheinlichkeit, dass sich mehr als zwei Teilchen gleichzeitig treffen (und in einem einzigen Schritt reagieren), sehr gering ist.

Geschwindigkeitsbestimmender Schritt:

Bei mehrstufigen Reaktionen ist häufig ein Schritt wesentlich langsamer als alle anderen; er „bremst" die Gesamtreaktion und wird daher als *geschwindigkeitsbestimmender Schritt* bezeichnet. Es handelt sich dabei typischerweise um den Schritt mit der höchsten → *Aktivierungsenergie;* → *Arrhenius-Gleichung.*

Reaktionsenergiediagramm:

Diagramm, in dem die potenzielle Energie der an einer Reaktion beteiligten Spezies gegen eine sogenannte *Reaktionskoordinate*, die den (zeitlichen) Fortgang der Reaktion darstellen soll, aufgetragen ist.

Übergangszustand:

Ein *Übergangszustand* ist eine (transiente) Spezies auf dem Weg einer chemischen Umwandlung eines Edukts E in ein Produkt P, bei der gerade eine oder mehrere Bindungen gebildet bzw. gebrochen werden. Es ist *keine* isolierbare Spezies und stellt immer ein Maximum entlang der Reaktionskoordinate dar.

Zwischenprodukt:

Ein *Zwischenprodukt* einer Reaktion ist ein Produkt eines einzelnen Reaktionsschritts, das in einem Folgeschritt weiter reagiert und somit verbraucht wird.

Ein Zwischenprodukt befindet sich längs einer Reaktionskoordinate immer in einem lokalen Minimum und ist zumindest prinzipiell detektier- und isolierbar, oftmals aber sehr instabil und (sehr) kurzlebig (z. B. ein Carbenium-Ion).

Halbwertszeit:

Dies ist diejenige Zeit, nach der gerade die Hälfte der Anfangsstoffmenge umgesetzt ist.

Geschwindigkeitskonstante:

Die Geschwindigkeitskonstante k fungiert als Proportionalitätskonstante im → *Geschwindigkeitsgesetz*; sie hängt von der Temperatur und der Höhe der freien Aktivierungsenthalpie ab.

Arrhenius-Gleichung:

$$k = A \cdot e^{-\frac{E_A}{RT}}$$

Hierbei ist A ein sogenannter Orientierungs- oder *Wahrscheinlichkeitsfaktor*, der berücksichtigt, dass bei gegebener Konzentration nicht jeder Zusammenstoß der Reaktionspartner erfolgreich ist; E_A ist eine empirische *Aktivierungsenthalpie*; R die allgemeine Gaskonstante (8,3143 J/mol K) und T die absolute Temperatur. Aus einer Auftragung der (normierten) Geschwindigkeitskonstante ln $[k]$ gegen $1/T$ lässt sich E_A experimentell aus der Steigung der Geraden ermitteln:

$$\ln [k] = -\frac{E_A}{RT} + const.$$

Kinetische versus thermodynamische Kontrolle:

Bei einer Reaktion unter thermodynamischer Kontrolle ist die Lage des Gleichgewichts entscheidend dafür, welche Produkte bevorzugt gebildet werden – das stabilste Produkt entsteht bevorzugt. Unter kinetischer Kontrolle ist die relative Geschwindigkeit der Produktbildung entscheidend – das kinetische Produkt ist dasjenige, das schneller (über einen niedrigeren Übergangszustand) gebildet wird.

Katalyse / Katalysator:

Katalysatoren nehmen an einer chemischen Reaktion teil, sie werden dabei aber nicht verbraucht, sondern gehen aus der Reaktion unverändert wieder hervor. Sie ermöglichen einen anderen Reaktionsweg, der (i. A.) eine geringere → *Aktivierungsenthalpie* aufweist, so dass sich die → *Reaktionsgeschwindigkeit* erhöht. Dies gilt *sowohl* für die Hin- wie auch eine eventuelle Rückreaktion.

Ein Katalysator kann keinen Einfluss auf die freie Enthalpie der Reaktion ausüben, d. h. ein Katalysator ändert **NIEMALS** die Lage eines Gleichgewichts, nur dessen Einstellung wird beschleunigt.

heterogene Katalysatoren:

Solche liegen als separate Phase vor, z. B. ein elementares Metall wie Platin als Feststoff in einer flüssigen Reaktionsmischung. Sie erlauben eine Adsorption von Eduktmolekülen an der Oberfläche, wodurch es zu einer Schwächung der Bindungen kommt.

homogene Katalysatoren:

Sie befinden sich in der gleichen Phase wie die Reaktanden, meist in Lösung. Enzyme sind typische homogene (Bio-)Katalysatoren, ebenso bei vielen organischen Reaktionen das H^+-Ion („Säurekatalyse").

WK4 – Gleich und doch verschieden:

Isomerie und Stereochemie

Isomere:

Isomere sind Verbindungen mit der gleichen Summenformel aber unterschiedlicher räumlicher Anordnung der Atome.

Konstitutionsisomere:

Konstitutionsisomere unterscheiden sich in der Verknüpfung der Atome untereinander, d. h. darin, welches Atom mit welchen anderen Atomen eine Bindung ausbildet, vgl. z. B. Ethanol und Diemethylether: CH_3–CH_2–O–H versus H_3C–O–CH_3.

Stereoisomere (Konfigurationsisomere):

Ist die Verknüpfung in zwei Verbindungen identisch, weisen die Atome/Atomgruppen aber unterschiedliche räumliche Anordnung auf, liegen Stereoisomere vor. Hierbei unterscheidet man → *Enantiomere* und → *Diastereomere*.

Enantiomere:

Enantiomere verhalten sich zueinander wie Bild und Spiegelbild; sie sind nicht miteinander zur Deckung zu bringen.

Diastereomere:

Diastereomere sind Stereoisomere, die sich nicht wie Bild und Spiegelbild zueinander verhalten, z. B. → *cis/trans-Isomere*. *Epimere* sind Diastereomere, die sich an genau einem Chiralitätzentrum (von mehreren) in ihrer Konfiguration unterscheiden, z. B. D-Glucose und D-Galaktose.

Konformere:

Verbindungen, die sich durch Rotation um Einfachbindungen ineinander überführen lassen, sind identisch. Man spricht von verschiedenen Konformationen eines Moleküls, z. B. einer „*gestaffelten*" und einer „*verdeckten*" (*ekliptischen*) Konformation eines Kohlenwasserstoffs, die durch Rotation um eine C–C-Bindung ineinander übergehen.

Newman-Projektion:

Sie dient zur Darstellung der *Konformation* eines Moleküls. Man blickt dabei entlang einer C–C-Bindung, so dass sich die beiden C-Atome der Bindung hintereinander (verdeckt) befinden. Befinden sich die drei weiteren Bindungen der beiden C-Atome relativ zueinander auf Lücke stehend, spricht man von einer *gestaffelten* Konformation, sind sie paarweise auf Deckung, ist die Konformation *ekliptisch*.

Ringspannung:

Abgesehen von Sechsringen (Cyclohexan) weisen kleinere sowie mittlere Ringe bis ca. zehn C-Atome einen etwas höheren Energiegehalt im Vergleich zu entsprechenden offenkettigen Verbindungen auf. Diese sogenannte *Ringspannung* kann experimentell aus Verbrennungsenthalpien bestimmt werden und setzt sich aus drei Komponenten zusammen. Die beiden wichtigsten sind die *Winkelspannung* (Bayer-Spannung) und die *Torsionsspannung* (Pitzer-Spannung). Erstere ergibt sich aus den Abweichungen der tatsächlichen Bindungswinkel vom idealen Tetraederwinkel (109,5°), letztere durch ekliptische Wechselwirkungen.

Chiralität:

Strukturen, die nicht mit ihrem Spiegelbild zur Deckung bringen lassen und somit als zwei →
Enantiomere existieren können, sind *chiral*. Achirale Strukturen lassen sich mit ihrem Spiegelbild zur Deckung bringen. Strukturen mit einer Symmetrieebene sind immer achiral.

Chiralitätszentrum (stereogenes Zentrum):

Ein Atom (am häufigsten: Kohlenstoff), das vier unterschiedliche Gruppen trägt, heißt *Chiralitätszentrum* oder *Stereozentrum*. Moleküle mit genau einem Chiralitätszentrum besitzen
keine Symmetrieebene und sind immer chiral.

_R/S_-Nomenklatur („Cahn-Ingold-Prelog-Regeln"):

Jedem Substituenten an einem chiralen Zentrum wird eine Ziffer zugewiesen, die seiner Priorität entspricht. Die Priorität eines Atoms sinkt mit seiner Ordnungszahl, entsprechend z. B.
$Cl > S > O > N > C > H$. Sind zwei oder mehr mit dem chiralen Zentrum verknüpfte Atome
identisch, werden in der nächsten Sphäre die daran gebundenen Atome betrachtet – solange,
bis sich ein Unterschied findet. So hat z. B. $-CH_2-CH_2-OH$ höhere Priorität als $-CH_2-CH_3$.
Das erste an das Chiralitätszentrum gebundene C-Atom ist noch identisch (es trägt jeweils ein
C- und zwei H-Atome), das folgende hat jedoch in einem Fall ein O-Atom gebunden gegenüber einem H. Das Molekül wird so ausgerichtet, dass der Substituent mit niedrigster Priorität
vom Betrachter nach hinten weist. Ergibt dann eine Bewegung vom Substituenten mit Priorität 1 über 2 zu 3 eine Drehung im Uhrzeigersinn, liegt (*R*)-Konfiguration vor, bei Bewegung
gegen den Uhrzeigersinn (*S*)-Konfiguration.

_Z/E_-Nomenklatur:

Die gleiche Priorisierung wird für Alkene benutzt. Dabei wird für die beiden C-Atome der
Doppelbindung den Substituenten jeweils die Priorität 1 bzw. 2 zugeordnet. Befinden sich
dann die beiden Substituenten mit Priorität 1 auf der gleichen Seite der Doppelbindung („zusammen"), liegt *Z*-Konfiguration vor, ansonsten ist die Doppelbindung *E*-konfiguriert („entgegen").

Cis/trans-Isomerie:

Trägt jedes der beiden C-Atome einer Doppelbindung nur einen Substituenten und ein H-
Atom, ist die Bezeichnung mit *cis* bzw. *trans* möglich. In der *cis-Konfiguration* liegen beide
Substituenten auf der gleichen Seite der Doppelbindung vor, bei der *trans-Konfiguration* auf
der entgegengesetzten Seite.

Bei cyclischen Verbindungen befinden sich Substituenten in *cis*-Stellung, wenn sie sich auf
der gleichen Seite relativ zur Ringebene befinden. In *trans*-Stellung weist ein Substituent
„nach oben", der andere „nach unten".

D/L-Nomenklatur:

Diese ist im Wesentlichen von historischem Interesse und wird v. a. zur Klassifizierung von
Aminosäuren und Kohlenhydraten benutzt, bei denen in der Natur stark überwiegend die L-
Reihe (Aminosäuren) bzw. die D-Reihe (Kohlenhydrate) auftritt.

Fischer-Projektion:

Die Fischer-Projektion ist eine Methode, die Raumstruktur einer linearen, chiralen chemischen Verbindung eindeutig zweidimensional abzubilden. Bei der Fischer-Projektion wird die
längste Kohlenstoffkette senkrecht angeordnet, wobei das höchstoxidierte C-Atom oben steht.

Die Kette wird nun so gedreht, dass vom betrachteten chiralen C-Atom aus die Atome der Kette hinter die Zeichenebene weisen. Die seitlichen Substituenten zeigen nach vorn. Nun wird das Molekül in die Ebene projiziert. Mit den Stereodeskriptoren D (von lateinisch dexter ‚rechts') und L (lateinisch laevus ‚links') wird dann die Konfiguration des untersten Stereozentrums angegeben, je nachdem, ob derjenige horizontale Rest mit der höheren Priorität nach rechts (D) oder nach links (L) zeigt. Liegen mehrere Stereozentren vor, können die Konfigurationen dieser nicht eine nach der anderen angegeben werden wie bei der (R/S)-Nomenklatur; ihre Anwendbarkeit ist daher begrenzt.

Meso-Verbindung:

Eine Verbindung, die → *stereogene Zentren* (Chiralitätszentren) enthält, aber dennoch achiral ist, wird als *meso-Verbindung* bezeichnet. Meso-Verbindungen weisen eine Spiegelebene auf.

Optische Aktivität:

Die Lösung einer chiralen Verbindung dreht die Schwingungsebene von linear polarisiertem Licht; diese Drehung wird in einem Polarimeter gemessen. Dieses enthält eine monochromatische Lichtquelle, deren Licht durch einen Polarisationsfilter in einer Ebene polarisiert wird, dann die Probe durchtritt und dann auf einen Detektor trifft, der anzeigt, um welchen Winkel α die Schwingungsebene des Lichts gedreht wurde. Division von α durch die Schichtdicke und die Konzentration der Lösung ergibt den spezischen Drehwinkel $[\alpha]$ als Stoffkonstante.

Racemat:

Ein 1:1-Gemisch zweier → *Enantiomere* wird als Racemat bezeichnet. Trennt man die beiden Enantiomere auf, spricht man von *Racemattrennung* (auch: *Racematspaltung*).

Prochiralität:

Eine prochirale Verbindung besitzt eine Symmetrieebene, welche die Verbindung in zwei Teile zerlegt, die als *enantiotop* bezeichnet werden. Ein sp^2-substituiertes C-Atom mit drei verschiedenen Substituenten ist prochiral – Addition eines weiteren Substituenten ergibt zwei Enantiomere. Prochiral ist auch ein sp^3-hybridisiertes C-Atom der Form CH_2YZ. Durch Substitution von einem H durch X werden ebenfalls zwei Enantiomere gebildet.

Regioselektive Reaktion:

Eine Reaktion ist regioselektiv, wenn von mehreren möglichen Konstitutionsisomeren bevorzugt eines gebildet wird. So führt eine Eliminierung von HX aus einem Halogenalkan bevorzugt zum höher substituierten Alken *(„Regel von Sayzeff")*. Regioselektiv verläuft auch die elektrophile Addition an unsymmetrische Alkene. So erfolgt bei einer Addition von HX der Angriff bevorzugt (regioselektiv) an dem C-Atom der Doppelbindung, das zur Bildung des stabileren (höher substituierten) → *Carbenium-Ions* führt *(„Regel von Markovnikov")*.

Stereospezifische Reaktion:

Eine Reaktion wird als *stereospezifisch* bezeichnet, wenn ein reines Stereoisomer als Edukt zu nur einem einzigen (von mehreren möglichen) Stereoisomer reagiert. Beispielsweise verläuft die → S_N2-*Substitution* stereospezifisch unter Inversion an einem Chiralitätszentrum.

Stereoselektive Reaktion:

Von Stereoselektivität spricht man, wenn von mehreren möglichen Stereoisomeren bevorzugt (oder ausschließlich) eines gebildet wird. Ein Beispiel ist die Eliminierung aus einem Halogenalkan, bei der bevorzugt das *E*-Alken gegenüber dem *Z*-Alken gebildet wird.

WK 5 – Wer reagiert mit wem?
Nucleophil sucht Elektrophil

Säuren:

Nach der Definition von *Brønstedt* sind Säuren *Protonendonatoren*, sie können demnach Protonen abgeben und auf andere Moleküle übertragen. *Starke* Säuren HX geben ihr Proton praktisch *vollständig* an den schwachen Protonenakzeptor Wasser ab; ihr korrespondierendes Anion X^- ist zwangsläufig eine sehr schwache Base.

Basen:

Moleküle oder Ionen, die in der Lage sind, Protonen an ein freies Elektronenpaar anzulagern, (*Protonenakzeptoren*) bezeichnet man nach *Brønstedt* als Basen. *Starke* Basen A^- reagieren mit dem sehr schwachen Protonendonator Wasser praktisch *vollständig* unter Bildung von Hydroxid-Ionen; die protonierte Form A–H ist dann eine sehr schwache Säure.

Korrespondierendes Säure-Base-Paar:

Alle Substanzpaare, die durch Abgabe bzw. Aufnahme eines Protons ineinander übergehen können (z. B. HA/A^-), bezeichnet man als *korrespondierende Säure-Base-Paare*.

Lewis-Säure:

Lewis-Säuren sind *Elektronenpaarakzeptoren*, also (elektrophile) Teilchen, die ein Elektronenpaar (von einer Lewis-Base zur Verfügung gestellt) anlagern können. Hierzu gehören z. B. Verbindungen mit unvollständigem Elektronenoktett, wie → *Carbenium-Ionen*.

Lewis-Base:

Ein Lewis-Base ist ein *Elektronenpaardonator*, d. h. ein (nucleophiles) Teilchen, das ein Elektronenpaar zur Verfügung stellt.

Elektrophil:

Ein Elektrophil ist ein elektronenarmes Teilchen, das Elektronen unter Ausbildung einer kovalenten Bindung aufnimmt. Gute Elektrophile haben energetisch tiefliegende unbesetzte Molekülorbitale (LUMO = *lowest unoccupied molecular orbital*).

Nucleophil:

Nucleophile sind Teilchen, die Elektronen unter Ausbildung einer kovalenten Bindung zur Verfügung stellen. Gute Nucleophile weisen energiereiche besetzte Molekülorbitale (HOMO = *highest occupied molecular orbital*) auf. Eine Bindung entsteht somit, wenn sich Elektronen von einem Nucleophil zu einem Elektrophil bewegen (s. a. → *Elektronenpfeile*).

Radikal:

Ein Radikal ist ein Teilchen, das ein ungepaartes Elektron aufweist; entsprechend sind Radikale meist (sehr) reaktive Intermediate.

Radikalische Reaktion:

Werden (meist schwache) kovalente Bindungen homolytisch gespalten, erhält jedes beteiligte Atom ein Elektron, so dass zwei Radikale entstehen. Während die meisten Reaktionen polaren Charakter aufweisen (Nucleophil reagiert mit Elektrophil), sind Radikalreaktionen eher

unpolar. Oft verlaufen sie in Form einer *Radikalkettenreaktion*, die aus einem Initiationsschritt (Radikalbildung durch Homolyse), Kettenfortpflanzungsschritten und Kettenabbruch-
schritten besteht (z. B. radikalische Halogenierung von Alkanen).

Elektronenpfeile:

Sie dienen zur Beschreibung von *Reaktionsmechanismen*. Ein Elektronenpfeil zeigt die Verschiebung eines Elektronenpaars an. Er setzt immer an einem (z. B. freien) Elektronenpaar an
und weist dorthin, wo sich das Elektronenpaar nach diesem Schritt befindet (z. B. in einer neu
geknüpften Bindung, oder als freies Paar an einem Atom).

Reaktive Intermediate:

Hierzu zählt man neben → *Radikalen* insbesondere auch → *Carbenium-Ionen* und → *Carbanionen.*

Carbenium-Ionen:

Diese enthalten ein dreibindiges C-Atom mit Elektronensextett und positiver Ladung und sind
sp^2-hybridisiert. Sie sind entsprechend starke → *Elektrophile* und werden durch Substituenten
mit +I- u./o. +M-Effekt stabilisiert, z. B. *Oxocarbenium-Ionen.*

Carbanionen:

Sie enthalten einen dreibindigen Kohlenstoff mit freiem Elektronenpaar und negativer Ladung und sind sp^3-hybridisiert. Carbanionen sind starke → *Nucleophile*, die durch elektronenziehende Substituenten wie –C=O stabilisiert werden.

Tetraedrisches Intermediat:

Ein solches entsteht durch die Addition eines Nucleophils an ein sp^2-hybridisiertes C-Atom
(meist eine Carbonylgruppe). Das entstandene (Zwischen-)produkt kann stabil sein; ist jedoch
eine → *Abgangsgruppe* X vorhanden (wie bei Carbonsäurederivaten), wird diese aus dem
tetraedrischen Intermediat abgespalten und es entsteht wieder ein Carbonylderivat.

σ-Komplex:

Als σ-Komplex bezeichnet man das positiv geladene, nicht-aromatische Zwischenprodukt,
das durch → *elektrophile Addition* eines Elektrophils an ein *aromatisches π-Elektronensystem*
entsteht. Durch anschließende Abspaltung von H⁺ stabilisiert sich der σ-Komplex unter Rearomatisierung und Bildung des Substitutionsprodukts.

Induktive Effekte:

Sie werden insbesondere über σ-Bindungen übertragen und beruhen auf Unterschieden der $\rightarrow$ *Elektronegativität* der Bindungspartner. Induktive Effekte sind additiv und stark entfernungsabhängig. Alkylgruppen und negativ geladene Heteroatome wie $-O^-$ weisen einen $+$I-Effekt (ggü. C) auf, alle Atomgruppen mit einem neutralem (z. B. $-Cl$) oder positiv geladenem Heteroatom (z. B. $-NH_3^+$) einen $-$I-Effekt.

Mesomere Effekte:

Sie erfordern das Vorhandensein eines π-Elektronensystems. Substituenten mit $+$M-Effekt können ein Elektronenpaar zur Verfügung stellen und wirken „elektronenschiebend" (z. B. $-OH$), stabilisieren somit eine (benachbarte) positive Ladung, solche mit $-$M-Effekt können ein Elektronenpaar übernehmen und wirken „elektronenziehend" (z. B. $-C{=}O$), können also eine (benachbarte) negative Ladung delokalisieren.

Abgangsgruppe:

Gruppen, die leicht von einem Molekül abgespalten werden und dabei in den meisten Fällen eine negative Ladung übernehmen, heißen *Abgangsgruppen*, z. B. Cl^-, $R{-}SO_3^-$, OH^-. Eine Abgangsgruppe X ist dabei (insbesondere bei Substitutionsreaktionen an Carbonylverbindungen) meist umso besser, je weniger basisch sie ist, d. h. umso niedriger der pK_S-Wert der korrespondierenden Säure HX ist.

Solvens:

Für viele Reaktionen spielt das Lösungsmittel (Solvens) eine wichtige Rolle. Man unterscheidet *unpolare Lösungsmittel* (wie Kohlenwasserstoffe) von polaren, wobei bei letzteren zwischen *polar protischen* Solventien (wie Alkohole und Wasser, die Wasserstoffbrücken ausbilden können) und *polar aprotischen* Solventien, die dazu nicht in der Lage sind (wie Aceton oder DMSO), differenziert wird. Reaktionen, die über stark polare Zwischenstufen verlaufen (z. B. ein $\rightarrow$ *Carbenium-Ion* bei $\rightarrow$ S_N1-*Reaktionen*) werden durch polar protische Solventien begünstigt, während $\rightarrow$ S_N2-*Reaktionen* (ohne Zwischenprodukt) besser in polar aprotischen Lösungsmitteln ablaufen.

Metallorganische Reagenzien:

Diese enthalten ein (infolge Bindung an ein stark elektropositives Metall wie Li oder Mg) negativ polarisiertes C-Atom, das sich nucleophil verhält. Die wichtigsten Vertreter sind *Lithium-Organyle* (R–Li) und *Grignard-Reagenzien* (R–Mg–X), die sehr starke Basen sind und daher nur in inerten Solventien (z. B. Ether) gehandhabt werden können. Man verwendet sie ebenso wie auch *Alkinyl-Anionen* u. a. als $\rightarrow$ *Nucleophile* zur Knüpfung von C–C-Bindungen.

WK 6 – Das 1 × 1 der Reaktionstypen:

Addition, Substitution, Eliminierung und Co.

Säure-Base-Reaktionen:

Wie in der anorganischen Chemie sind auch in der organischen Chemie Protonenübertragungsreaktionen häufig. Da sie meist schneller sind als andere Reaktionstypen, laufen diese oft nicht ab, wie z. B. eine nucleophile Addition eines Amins (Base) an eine Carbonsäure, da stattdessen die Protonenübertragung auf das Amin dominiert. Viele Reaktionen werden aber andererseits durch eine Säure katalysiert, d. h. eine Protonenübertragung zu Beginn beschleunigt den weiteren Reaktionsablauf (z. B. bei einer säurekatalysierten Veresterung).

Redoxreaktionen:

Reduktion und Oxidation treten immer gemeinsam auf; Elektronen können nur abgegeben werden, wenn ein Oxidationsmittel (Elektronenakzeptor) diese aufnimmt.

$$Redm\,1 + Oxm\,2 \rightleftharpoons Oxm\,1 + Redm\,2$$

Redm 1 und Oxm 1 bzw. analog Redm 2 und Oxm 2 sind *korrespondierende Redoxpaare*.

In einer Teilgleichung darf sich nur die → *Oxidationszahl einer* Atomsorte verändern.

Additionen:

Je nach der Art der beteiligten Reaktionspartner unterscheidet man elektrophile, radikalische und nucleophile Additionen; Voraussetzung ist jeweils das Vorhandensein einer π-Bindung.

Elektrophile Addition:

Die π-Elektronen in einer C=C-Doppel- oder Dreifachbindung verhalten sich nucleophil und werden relativ leicht von → *Elektrophilen* unter Bildung einer gesättigten Verbindung angegriffen. In den meisten Fällen ist die Addition einer Verbindung A–B an eine π-Bindung thermodynamisch vorteilhaft. Sie erfolgt meist in zwei Schritten, wobei zunächst eine kationische Zwischenstufe entsteht (z. B. durch Addition eines Protons), die rasch mit einem Nucleophil reagiert. Bei unsymmetrischen Alkenen erfolgt die Addition bevorzugt → *regioselektiv* so, dass dabei zunächst intermediär das stabilere → *Carbenium-Ion* entsteht (*Regel von Markovnikov*). Daher entsteht bei einer Addition von HX als Hauptprodukt das höher substituierte Halogenalkan.

Radikalische Addition:

Auch Radikale können an Alkene addieren. So liegen bei der *katalytischen Hydrierung* von Alkenen und Alkinen radikalische H-Atome auf der Katalysatoroberfläche vor. Eine Rolle spielt ferner die radikalische Addition von HBr in Anwesenheit von Peroxiden oder Licht, bei der bevorzugt (→ *regioselektiv*) das weniger substituierte *Anti-Markovnikov-Produkt* gebildet wird. Auch → *Polymerisationen* können radikalisch ablaufen.

Nucleophile Addition:

Im Gegensatz zu Alkenen und Alkinen enthalten Carbonylverbindungen (funktionelle Gruppe >C=O) eine stark polare π-Bindung mit einem energiearmen π*-Orbital. Das Carbonyl-C-Atom verhält sich elektrophil und wird charakteristischerweise durch → *Nucleophile* angegriffen; im zweiten Schritt wird das entstehende Anion protoniert. Mit schwach basischen Nucleophilen (z. B. Alkoholen) kann im ersten Schritt die Aktivierung der Carbonylgruppe durch Protonierung (Erhöhung der → *Elektrophilie* des C-Atoms) erfolgen.

Das Schicksal des primär gebildeten Additionsprodukts hängt ab von der Art des Nucleophils, das addiert wurde, und der Art der funktionellen Gruppe, zu der die Carbonylgruppe gehört. So kann sich das entstandene Additionsprodukt (→ *tetraedrisches Zwischenprodukt*) durch Abspaltung von Wasser stabilisieren (z. B. bei der Bildung eines Imins).

Enthält es, wie bei Carbonsäurederivaten, eine → *Abgangsgruppe* X, so wird HX eliminiert und es entsteht ein neues Carbonsäurederivat → *nucleophile Acylsubstitution*).

Substitutionen:

Sie sind gekennzeichnet durch den Austausch eines Atoms oder einer Atomgruppe in einem Molekül; auch hier finden sich verschiedene Reaktionsvarianten.

Nucleophile Substitution am gesättigten C-Atom (S_N1 / S_N2):

Hier greift ein nucleophiles Molekül oder Ion mit seinem freien Elektronenpaar an einem elektronenarmen sp^3-hybridisierten C-Atom an. Dabei muss gleichzeitig (S_N2-*Substitution*) oder vorher (S_N1-*Substitution*) einer der Substituenten am gesättigten sp^3-C-Atom mit seinem bindenden Elektronenpaar austreten (→ *Abgangsgruppe*). Eine S_N2-Substitution verläuft bevorzugt an einem sterisch wenig gehinderten (CH_3- oder 1°) C-Atom mit einem guten Nucleophil in einem polar aprotischen → *Solvens*, während S_N1-Reaktionen unabhängig von der Stärke des Nucleophils verlaufen, jedoch nur, wenn durch Abspaltung einer guten → *Abgangsgruppe* ein relativ stabiles Carbenium-Ion (3° oder mesomeriestabilisiert) in einem polar protischen Solvens gebildet werden kann.

Nucleophile Substitution am Carbonyl-C-Atom (Acylsubstitution):

Eine nucleophile Substitution am sp^2-C-Atom (*Acylsubstitution*) findet in zwei Schritten nach einem *Additions-Eliminierungs-Mechanismus* (AE_N) statt. Der erste Schritt ist eine → *nucleophile Addition* an das Carbonyl-C-Atom unter Bildung eines → *tetraedrischen Intermediats*. Dieses besitzt eine → *Abgangsgruppe* X und spaltet im zweiten Schritt HX ab, so dass insgesamt eine Substitution resultiert. Diese Reaktion ist typisch für alle Carbonsäurederivate, die dadurch ineinander umgewandelt werden können.

Elektrophile aromatische Substitution:

Aromatische Verbindungen (mit cyclisch konjugiertem π-Elektronensystem) reagieren mit Elektrophilen meist in einer *elektrophilen aromatischen Substitution*. Dabei greift ein Elektronenpaar des aromatischen π-Elektronensystems das Elektrophil unter Ausbildung eines (nicht-aromatischen) → *Zwischenprodukts* („σ-*Komplex*") an, das sich in einem zweiten Schritt durch Eliminierung eines H^+-Ions rearomatisiert. Trotz des elektronenreichen π-Elektronensystems findet keine Addition (↔ Verlust des aromatischen Charakters!) an den Aromaten statt. Die Substitution wird durch elektronenschiebende Substituenten am Aromaten (z. B. $-OH$) beschleunigt, während elektronenziehende Substituenten, wie $-NO_2$ (stark) desaktivierend wirken und drastische Reaktionsbedingungen erforderlich machen. Aktivierende Erstsubstituenten dirigieren einen zweiten Substituenten in die *o*- bzw. *p*-Position, während desaktivierende Substituenten in die *m*-Position lenken (→ WK 2).

Als wichtigste elektrophile Substitutionen seien die Bromierung ($\rightarrow$ Ar–Br), Nitrierung ($\rightarrow$ Ar–NO$_2$), Sulfonierung ($\rightarrow$ Ar–SO$_3$H), Friedel-Crafts-Alkylierung ($\rightarrow$ Ar–R) und Friedel-Crafts-Acylierung ($\rightarrow$ Ar–CO–R) genannt, deren Produkte in weitere, anders funktionalisierte Aromaten umgewandelt werden können (z. B. Ar–NO$_2$ $\rightarrow$ Ar–NH$_2$).

Eliminierungen:

Bei einer Eliminierung werden aus einem Molekül zwei Atome / Atomgruppen abgespalten. Meist sind diese im Edukt an benachbarten C-Atomen gebunden (1,2- oder β-Eliminierung).

Es werden zwei Bindungen heterolytisch gebrochen, meist eine C–H-Bindung unter Abspaltung eines Protons und eine C–X-Bindung unter Abspaltung der Abgangsgruppe X$^-$. Wie bei der nucleophilen Substitution gibt es auch hier verschiedene Reaktionswege (E1, E2, E1cB), je nach der zeitlichen Abfolge der Bindungsbrüche.

E1-Eliminierung:

Hier wird (wie bei der $\rightarrow$ *S$_N$1-Reaktion*) zunächst die $\rightarrow$ *Abgangsgruppe* X unter Bildung eines $\rightarrow$ *Carbenium-Ions* abgespalten; dann wird im zweiten Schritt durch eine (schwache) Base ein Proton unter Ausbildung einer π-Bindung eliminiert. Konkurrierend zu E1 läuft meist auch eine Substitution (S$_N$1) ab, da beide Reaktionen über ein gemeinsames Zwischenprodukt (Carbenium-Ion) verlaufen.

E2-Eliminierung:

Werden beide Bindungen zu X bzw. H gleichzeitig gebrochen, spricht man von einer konzertierten, bimolekularen E2-Eliminierung. Während die Abgangsgruppe X (mit dem Elektronenpaar) austritt, wird gleichzeitig durch eine (starke) Base das Proton vom Nachbar-C-Atom abstrahiert und die π-Bindung ausgebildet. Die E2-Eliminierung erfordert für einen raschen Ablauf eine *anti-periplanare Anordnung* von H-Atom und Abgangsgruppe. Kann eine solche nicht angenommen werden (z. B. bei cyclischen Substraten, wenn sich die Abgangsgruppe in äquatorialer Stellung befindet), verläuft eine E2-Reaktion nur sehr langsam oder gar nicht. Im Gegensatz zur bimolekularen Substitution (S$_N$2) findet die Eliminierung nach E2 auch (sogar bevorzugt) bei 3° Substraten statt.

E1cB-Eliminierung:

Im ersten Schritt wird hierbei das Proton abgespalten ($\rightarrow$ *Carbanion*), erst dann folgt die $\rightarrow$ *Abgangsgruppe*. Dieser Mechanismus ist in der organischen Chemie eher selten, jedoch häufig bei biochemischen Reaktionen im Organismus zu beobachten, wenn z. B. durch eine benachbarte Carbonylgruppe nach der Abspaltung von H$^+$ ein mesomeriestabilisiertes Carbanion (Enolat-Ion) entsteht.

Umlagerung:

Hierbei kommt es zu einer Wanderung einzelner Atome oder Atomgruppen innerhalb eines Moleküls (intramolekular). Durch diese strukturelle Neuorganisation des ursprünglichen Moleküls entsteht eine isomere Verbindung. Wandert ein Atom oder eine Gruppe zum benachbarten Atom, spricht man von einer 1,2-Umlagerung. Typische Beispiele sind Umlagerungen von $\rightarrow$ *Carbenium-Ionen* durch Wanderung eines H$^-$-Ions oder eines Alkylrests (mit dem bindenden Elektronenpaar), wenn daraus ein stabileres (höher substituiertes) Carbenium-Ion entsteht. Bei ungesättigten Verbindungen (z. B. Ketonen) können Isomerisierungen auftreten, bei denen ein H-Atom und eine Doppelbindung den Platz wechseln. Der häufigste Fall ist die

Keto-Enol-Tautomerie:

Protonen in α-Stellung (benachbart) zu einer Carbonylgruppe können relativ leicht abgespalten werden, da die entstehende negative Ladung des → *Carbanions* durch den elektronegativen Sauerstoff gut stabilisiert werden kann (→ Enolat-Ion). Eine Reprotonierung am Sauerstoff (statt am α-C-Atom) führt zum Enol. In der Regel liegt das Gleichgewicht weit auf der Seite der Ketoform. Die Anwesenheit einer weiteren Carbonylgruppe in β-Stellung verschiebt das Gleichgewicht stärker in Richtung der Enolform.

Polymerisation:

Bei einer *Polymerisation* werden Monomere, meist ungesättigte organische Verbindungen, insbesondere Alkene, unter Auflösung der Mehrfachbindung zu Polymeren (Moleküle aus langen Ketten, bestehend aus (vielen) miteinander verbundenen Monomeren) verknüpft. Durch Addition eines Radikals (→ radikalische Polymerisation), eines Kations (→ kationische Polymerisation) oder auch eines Anions (→ anionische Polymerisation) an die Mehrfachbindung entsteht ein reaktives Intermediat, das von der π-Bindung eines weiteren Monomers angegriffen wird. Das so verlängerte Intermediat addiert erneut an ein Alken usw., so dass letztendlich lange Ketten (Polymere) entstehen. Charakteristischer Umterschied zur → *Polykondensation* ist, dass hierbei *keine* Abspaltung einer niedermolekularen Verbindung, wie z. B. H_2O oder HCl, erfolgt.

Polykondensation:

Bio„polymere" werden durch *Polykondensation* gebildet. Es handelt sich dabei nicht wie bei der → *Polymerisation* um eine Kettenreaktion, sondern eine Abfolge einzelner Reaktionen von Monomeren zu einem langkettigen Polykondensat, wobei bei jedem Schritt eine niedermolekulare Verbindung abgespalten wird. Man geht entweder von zwei unterschiedlichen Monomeren aus, von denen das eine zwei elektrophile, das andere zwei nucleophile Gruppen aufweist, oder man verwendet ein Monomer mit einer elektrophilen und einer nucleophilen Gruppe. Wichtige Vertreter dieser Stoffklasse sind z. B. Polyester und Polyamide, ferner → *Polysaccharide*, → *Proteine* und → *Nucleinsäuren*; → WK 7.

WK 7 – Alles „Bio"… :

Ein erster Blick auf wichtige Naturstoffklassen

Aminosäuren:

Aminosäuren (Aminocarbonsäuren) besitzen mindestens zwei funktionelle Gruppen: die für Carbonsäuren typische saure Carboxylgruppe und die für Amine typische basische Aminogruppe. Je nach der Stellung der beiden Gruppen zueinander werden nach einem traditionellen Nomenklatursystem α-, β-, γ-, δ- und ϵ-Aminosäuren (usw.) unterschieden; nach der rationellen Nomenklatur bezeichnet man sie als 2-, 3-, 4-, 5- (usw.) Aminocarbonsäuren. Die Nummerierung beginnt hierbei an der Carboxylgruppe (C-1), die Kennzeichnung mit griechischen Buchstaben an dem der Carboxylgruppe benachbarten C-Atom (= α-C-Atom).

Proteinogene Aminosäuren:

Als *proteinogene* Aminosäuren bezeichnet man die 20 Aminosäuren, die durch den genetischen Code (die DNA) codiert werden und den Hauptbestandteil aller Peptide und Proteine bilden (weitere Aminosäuren können durch chemische Modifizierung im Stoffwechsel gebildet werden). Alle proteinogenen Aminosäuren sind α-Aminosäuren, deren α-C-Atom mit einer Ausnahme (Glycin) ein → *Chiralitätszentrum* darstellt. Außer Glycin sind demnach alle Aminosäuren *chiral*, d. h. es existiert eine D- und eine L-Reihe, wobei die Bezeichnung analog wie bei den → *Kohlenhydraten* erfolgt.

Essentielle Aminosäuren:

Als solche werden diejenigen der 20 proteinogenen L-Aminosäuren bezeichnet, die der Körper nicht selber herstellen kann und die somit mit der Nahrung zugeführt werden müssen: Valin, Leucin, Isoleucin, Lysin, Phenylalanin, Tryptophan, Methionin und Threonin.

Zwitterionische Form:

Das gleichzeitige Vorhandensein einer basischen Amino- und einer sauren Carboxylgruppe führt zu einem intramolekularen Protonentransfer, so dass Aminosäuren in einem weiten pH-Bereich mit einer positiven und einer negativen Ladung als *Zwitterion* vorliegen. Durch Protonierung entsteht daraus die kationische, durch Deprotonierung die anionische Form.

Isoelektrischer Punkt (IP):

Dies ist derjenige pH-Wert, an dem die Aminosäure nach außen hin ungeladen als *Zwitterion* vorliegt. „Neutrale" Aminosäuren haben einen IP in der Nähe des Neutralpunkts (zwischen 5 und 7), für „saure" Aminosäuren (mit weiterer Carboxylgruppe in der Seitenkette) ist IP < 5, für „basische" (mit basischer stickstoffhaltiger Gruppe in der Seitenkette) ist IP > 7.

Peptide und Proteine:

Peptidbindung:

Peptide entstehen durch Verknüpfung einzelner Aminosäuren über ihre Amino- bzw. Carboxylgruppe unter Ausbildung einer Säureamidbindung (*Peptidbindung*). Da die Ausbildung der Peptidbindung endergon ist, müssen die Aminosäuren in aktivierter Form vorliegen; dies geschieht im Körper durch Reaktion mit ATP unter Bildung von *Aminoacyl-AMP*, einem gemischten Carbonsäure-Phosphorsäure-Anhydrid.

Aufgrund des Doppelbindungsanteils der C–N-Bindung ist die Peptidbindung (Kasten) starr und nicht frei drehbar, Rotation ist nur um die Bindungen des α-C-Atoms möglich:

Strukturebenen:

Die *Primärstruktur* eines Proteins beschreibt die Reihenfolge der Verknüpfung der einzelnen Aminosäuren. Sie ist durch den genetischen Code festgelegt und enthält alle Informationen für die Ausbildung der höheren Strukturtypen eines Proteins, d. h. für seine komplexe dreidimensionale Faltung. Die *Sekundärstruktur* beschreibt die regelmäßigen, sich wiederholenden Anordnungen der Polypeptidkette in eine Raumrichtung, ohne die exakte Orientierung der Seitenketten zu berücksichtigen. Charakteristisch für die gebildeten Sekundärstrukturen ist ihre Stabilisierung durch eine möglichst hohe Zahl von → *Wasserstoffbrückenbindungen* zwischen den NH- und den CO-Gruppen der Peptidbindungen. Typische Sekundärstrukturen sind die *α-Helix* und das (parallele oder antiparallele) *β-Faltblatt*. Die *Tertiärstruktur* beschreibt die tatsächliche räumliche (dreidimensionale) Anordnung aller Atome einer Polypeptidkette. Von einer *Quartärstruktur* spricht man, wenn sich ein Protein aus mehreren einzelnen Polypeptidketten (Untereinheiten) zusammensetzt, die sich in bestimmter, geordneter Weise zusammenlagern.

Kohlenhydrate:

Allgemein spricht man von einem Kohlenhydrat, wenn in einem Molekül mindestens eine Carbonylgruppe (oder ein Derivat davon, z. B. ein Halbacetal) sowie mindestens zwei Hydroxygruppen vorliegen (Polyhydroxyaldehyde bzw. -ketone).

Monosaccharide:

Durch intramolekulare nucleophile Addition einer OH-Gruppe an die Carbonylgruppe kommt es zur Ausbildung von Fünf- oder Sechsringstrukturen, die – abgeleitet von den ungesättigten Grundkörpern – als *Furanosen* bzw. *Pyranosen* bezeichnet werden. Charakteristisch für die Pyranoseform ist die

Sesselkonformation:

Ebenso wie Cyclohexan liegen auch Aldo-Hexosen bevorzugt in der weitgehend spannungsfreien *Sesselkonformation* vor, wobei der Sessel so geklappt ist, dass sich möglichst viele Substituenten in der äquatorialen Position befinden. In der β-D-Glucose sind alle Substituenten äquatorial angeordnet; entsprechend ist dieses Monosaccharid besonders stabil.

Cyclohexan Sesselform $^1C_4$-α-*D*-Glucose $^4C_1$-α-*D*-Glucose

Anomeres C-Atom:

Beim Ringschluss eines offenkettigen Monosaccharids zum cyclischen Halbacetal entsteht ein neues Chiralitätszentrum, das als *anomeres C-Atom* bezeichnet wird. Steht die neue OH-Gruppe an C-1 in der (planaren) „Haworth-Formel" oberhalb der Ringebene und damit in die gleiche Richtung (*cis*) wie die CH_2OH-Gruppe, spricht man von der *β-Form*. Stehen CH_2OH-Gruppe und OH-Gruppe dagegen *trans* zueinander, so liegt die *α-Form* vor.

Mutarotation:

α- und β-Form, z. B. der Glucose, stehen miteinander über die offenkettige Form im *Gleichgewicht*; dabei ist der Anteil, der jeweils offenkettig vorliegt, ziemlich gering. Ausgehend von der reinen α- oder β-Form ändert sich durch die Gleichgewichtseinstellung in Lösung der mit einem Polarimeter messbare Drehwinkel solange kontinuierlich, bis die Gleichgewichtszusammensetzung aus α- und β-Anomer erreicht ist. Diese Änderung des Drehwinkels bis zum Gleichgewichtswert wird als *Mutarotation* bezeichnet.

Oxidation:

Mit milden Oxidationsmitteln wie Cu^{2+} oder Ag^+ wird nur die Aldehyd- bzw. die Halbacetalgruppe oxidiert. Man bezeichnet die entstehenden Carbonsäuren als *Aldonsäuren*. Verwendet man stärkere Oxidationsmittel, wie z. B. HNO_3, so wird auch die endständige primäre CH_2OH-Gruppe zur Carbonsäure oxidiert. Die entstehenden Polyhydroxydicarbonsäuren werden als *Zuckersäuren* bzw. *Aldarsäuren* bezeichnet. Mit Hilfe von geeigneten Enzymen im Organismus ist die regioselektive Oxidation der CH_2OH-Gruppe bei gleichzeitigem Erhalt der Aldehyd- bzw. Halbacetalgruppe zu den *Uronsäuren* (z. B. Glucuronsäure) möglich.

Bildung von Glykosiden:

Durch nucleophilen Angriff eines Alkohols / eines Amins auf die Halbacetalgruppe entstehen als neue funktionelle Gruppe die *O-* (bzw. *N-*) Vollacetale. In der Chemie der Kohlenhydrate werden diese meist als *O-* bzw. *N-Glykoside* bezeichnet; die neu gebildete Bindung heißt *O-* bzw. *N-glykosidische Bindung*.

Di- und Polysaccharide:

Disaccharide entstehen durch die Verknüpfung zweier Monosaccharide unter Wasserabspaltung; *Polysaccharide* entsprechend durch Verknüpfung vieler Monosaccharide. An jeder Disaccharidbildung ist die *OH-Gruppe* am anomeren C-Atom eines cyclischen Halbacetals beteiligt; sie wird unter Bildung eines Vollacetals (einer glykosidischen Bindung) als Wasser abgespalten. Vom zweiten beteiligten Monosaccharid kann entweder eine der alkoholischen OH-Gruppen oder ebenfalls die anomere OH-Gruppe reagieren. Im ersten Fall entstehen *reduzierende* (z. B. *Maltose* (α-glykosidische 1→4-Verknüpfung von zwei Molekülen D-Glucose)), im letzteren *nicht-reduzierende* Disaccharide, wie *Saccharose* („Rohrzucker", mit α-1→2-Verknüpfung von α-D-Glucose mit β-D-Fructose).

Lipide:

Biolgische Lipide sind eine Gruppe von chemisch sehr unterschiedlichen Verbindungen, die eine Vielzahl funktioneller Gruppen enthalten können. Ihr gemeinsames Merkmal ist ihr hydrophober Charakter, der die i. A. *sehr geringe Löslichkeit in Wasser* bedingt. Die meisten Lipide sind *amphiphile Verbindungen*, d. h. sie enthalten ausgedehnte hydrophobe (lipophile) Bereiche, z. B. lange C-Ketten oder aliphatische Ringsysteme sowie einen mehr oder weniger ausgeprägten hydrophilen Bereich („Kopfgruppe").

Überblick:

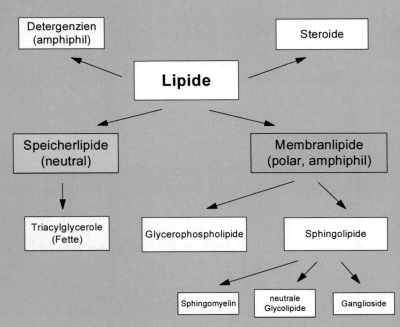

Triacylglycerole:

Die einfachsten von Fettsäuren gebildeten Lipide sind die *Triacylglycerole*, die auch als Triacylglycerine oder *Fette* bezeichnet werden. Triacylglycerole bestehen aus drei langkettigen Carbonsäuren (Fettsäuren), die jeweils über eine Esterbindung mit dem dreiwertigen Alkohol Glycerol verknüpft sind und entsprechend durch Hydrolyse in Glycerol und Fettsäuren (bzw. deren Anionen, auch „Seifen" genannt) gespalten werden können.

Membranlipide:

Das wichtigste Strukturmerkmal biologischer Membranen ist eine *Lipiddoppelschicht*, die eine Schranke gegen den Durchtritt polarer Moleküle und Ionen bildet. Membranlipide sind *amphiphile* Moleküle; man unterscheidet zwei Grundtypen, die *Glycerophospholipide*, bei denen der hydrophobe Bereich aus zwei mit *Glycerol* veresterten Fettsäuren besteht, und die *Sphingolipide*, bei denen eine einzelne Fettsäure an ein Fettsäureamin (*Sphingosin*) gebunden ist.

In Glycerophospholipiden ist die dritte OH-Gruppe des Glycerols mit Phosphorsäure verestert, an die meist ein polarer oder geladener Alkohol gebunden ist. Sie sind Derivate der *Phosphatidsäure* und werden nach ihren polaren Kopfgruppen benannt, z. B. *Phosphatidylcholin, Phosphatidylethanolamin, Phosphatidylserin.*

Sphingolipide bestehen aus einem Molekül des langkettigen Aminoalkohols *Sphingosin*, einer langkettigen Fettsäure und alternativ entweder einem über eine Phosphodiesterbindung gebundenen polaren Alkohol (analog den Glycerophospholipiden) oder einem oder mehreren Zuckermolekülen (Glykosphingolipide, Ganglioside).

ein Triacylglycerol
("Fett")

ein Glycerophospholipid

Kopfgruppen-
substituent

ungesättigte Fettsäure
(z.B. Ölsäure)

gesättigte Fettsäure
(z.B. Palmitinsäure)

ein Sphingolipid

Steroide:

Steroide enthalten das hydrophobe Sterangerüst aus vier kondensierten aliphatischen Ringen. *Cholesterol*, das wichtigste Steroid in tierischen Geweben, ist (schwach) amphiphil, da es eine polare Hydroxygruppe an C-3 des hydrophoben Steroidgerüsts gebunden trägt, und kommt als Baustein in tierischen Membranen vor. Neben der Rolle von Cholesterol als Membranbestandteil dienen die Steroide als Vorstufen für eine Vielzahl von Verbindungen mit spezifischer biologischer Wirksamkeit, wie die *Gallensäuren* (Wirkung als Detergenzien) und die *Sexualhormone*, die aus Cholesterol durch Oxidation der Seitenkette an C-17 entstehen.

Nucleide und Nucleinsäuren:

Man unterscheidet zwischen *Desoxyribonucleinsäuren (DNA)*, die als Pentose die 2-Desoxyribose enthalten, und *Ribonucleinsäuren (RNA)*, welche Ribose enthalten. Beide Monosaccharide liegen in der jeweiligen Nucleinsäure in der β-D-Furanoseform vor und sind *N-glykosidisch* mit den jeweiligen Basen verknüpft. Von wenigen Ausnahmen abgesehen fungieren sechs basische Heterocyclen als Nucleobasen: drei davon sind Derivate des Grundgerüsts *Purin*, nämlich *Adenin* (A), *Guanin* (G) und das nur in der sogenannten transfer-RNA (tRNA) vorkommende *Hypoxanthin*. Die anderen drei Basen (*Thymin* (T), *Cytosin* (C) und *Uracil* (U)) leiten sich vom Pyrimidin ab.

Adenin   Guanin   Cytosin   Thymin   Uracil
                                                             (nur in DNA)   (nur in RNA)

Purinbasen   Pyrimidinbasen

Adenosin   Guanosin   Cytidin   Thymidin   Uridin

Durch *N*-glykosidische Bindung (das daran beteiligte N-Atom ist durch den Pfeil gekennzeichnet) obiger Basen an 2-Desoxyribose bzw. Ribose erhält man die sogenannten *Nucleosi-
de*. Ist die primäre OH-Gruppe der jeweiligen Pentose in einem Nucleosid noch mit einem
Molekül Phosphorsäure verestert, so liegt ein *Nucleotid* vor. Als Beispiel ist das *Adenosin-5′-
phosphat* (auch *Adenosinmonophosphat, AMP* genannt) gezeigt; analoge Nucleotide werden
von den anderen Nucleosiden gebildet.

Adenosinmonophosphat   Adenosindiphosphat   Adenosintriphosphat
(AMP)   (ADP)   (ATP)

Kapitel 9

Lösungen – Multiple-Choice-Aufgaben (Einfachauswahl)

Lösung 1   Antwort (C)

Das Chloralken **1** ist eine extrem schwache Säure. Aldehyde wie **3** sind sehr schwach C–H-acide Verbindungen (pK_S-Werte ≈ 20), da die negative Ladung durch eine Carbonylgruppe mesomeriestabilisiert wird. Entsprechend stärker acide ist der β-Ketoester **2** (pK_S-Wert ≈ 11) mit zwei zur Mesomeriestabilisierung beitragenden Gruppen. Die Acidität des Phenols **4** ($pK_S \approx 10$) nimmt durch die elektronenziehenden Nitrogruppen ebenfalls erheblich zu, so dass **6** („Pikrinsäure") wesentlich acider ist als **4** und selbst die Stärke der Carbonsäure **5** übertrifft.

Lösung 2   Antwort (D)

Die beiden aliphatischen Dicarbonsäuren **(A)** besitzen zwar eine relativ niedrige molare Masse; aufgrund der beiden stark polaren Carboxylgruppen, welche starke intermolekulare Wasserstoffbrücken ausbilden (Bildung von Dimeren), ist die Flüchtigkeit aber sehr gering. Beide Verbindungen sind Feststoffe.

Für zweiprotonige Säuren gilt ganz allgemein, dass $pK_{S1} < pK_{S2}$, d. h. das erste Proton wird generell leichter abgegeben als das zweite. Der Grund ist, dass das zweite Proton gegen die elektrostatische Anziehung des Anions abgegeben werden muss **(B)**. Beide Carbonsäuren sind ausreichend acide, um mit der schwachen Base Hydrogencarbonat zu reagieren. Letztere nimmt ein Proton auf und bildet Kohlensäure (H_2CO_3), die leicht in CO_2 und H_2O zerfällt. Durch die Deprotonierung erhöht sich die Löslichkeit der beiden Carbonsäuren erheblich, weil das jeweilige Carboxylat-Ion wesentlich besser hydratisiert wird **(C)**. Beide Verbindungen sind Dicarbonsäuren, besitzen also zwei Carboxylgruppen, die mit Alkoholen verestert werden können. Reagiert nur eine der beiden Carboxylgruppen, entsteht ein Monoester, reagieren beide, ein Diester. Welches Produkt bevorzugt entsteht, hängt u. a. vom stöchiometrischen Verhältnis ab, in dem Dicarbonsäure und Alkohol miteinander umgesetzt werden **(E)**. Bei der linken Verbindung handelt es sich um die gesättigte Dicarbonsäure Bernsteinsäure (Butandisäure), bei der rechten um die ungesättigte (*trans*-konfigurierte) Fumarsäure (*trans*-Butendisäure). Letztere weist zwei H-Atome weniger auf, kann also aus der Butandisäure durch Dehydrierung (Oxidation) entstehen. Somit kann man beide Verbindungen als Redoxpaar auffassen. Im Organismus erfolgt im Citratcyclus die Oxidation von Bernsteinsäure zu Fumarsäure, katalysiert durch die Succinat-Dehydrogenase, die als Oxidationsmittel den Cofaktor FAD benutzt **(F)**.

© Der/die Autor(en), exklusiv lizenziert durch
Springer-Verlag GmbH, DE, ein Teil von Springer Nature 2021
R. Hutterer, *Fit in Organik*, Studienbücher Chemie,
https://doi.org/10.1007/978-3-662-64603-8_9

Lösung 3   Antwort (F)

Mit der Verbindung **5** liegt hier ein mesomeriestabilisiertes Carbanion (ein Enolat-Ion) vor, das mit Abstand die am stärksten basische Verbindung ist. Es folgt das aliphatische Amin mit einem typischen pK_B-Wert von 3–4 vor dem Pyridin **2**, welches etwas basischer ist als das aromatische Amin Anilin **3**. In **3** ist das freie Elektronenpaar in Konjugation mit dem aromatischen π-Elektronensystem und steht daher weniger für die Bindung eines Protons zur Verfügung als z. B. in **1**. Aus ähnlichem Grund sind **4** und **6** nur sehr schwache Basen. In Amiden (**4**) ist das freie Elektronenpaar am N mit der Carbonylgruppe konjugiert, im Pyrrol **6** ist es Bestandteil des aromatischen π-Elektronensextetts. Bindung eines H⁺-Ions würde hier das aromatische System zerstören.

Lösung 4   Antwort (C)

Cyclohexen enthält vier sp³-hybridisierte und zwei sp²-hybridisierte C-Atome.

Im Allgemeinen sind zwar *trans*-Alkene etwas stabiler als *cis*-Alkene, dies gilt aber nicht für cyclische Alkene mit bis zu sieben Ringgliedern. Hier würde eine *trans*-Doppelbindung zu hoher Ringspannung führen. Für kleinere Ringe ist eine *trans*-Doppelbindung aus geometrischen Gründen überhaupt nicht möglich (**A**). Aufgrund der sp³-hybridisierten Ring-C-Atome kann die Verbindung nicht planar sein; die beiden C-Atome der Doppelbindung sowie die beiden daran gebundenen C-Atome liegen aber in einer Ebene (**B**). Bei Hydratisierung von Cyclohexen entsteht ein sekundärer, kein tertiärer Alkohol (**D**). Da die Abweichung vom idealen Bindungswinkel an der Doppelbindung im Cyclobuten wesentlich größer ist als im Cyclohexen, ist ersteres stärker gespannt und damit weniger stabil (**E**). Cyclohexen kann kein Isomer zu Hexen sein, da beide Verbindungen unterschiedliche Summenformeln aufweisen (**F**).

Lösung 5   Antwort (C)

Als Piperidin bezeichnet man den gesättigten sechsgliedrigen Heterocyclus mit einem Stickstoffatom; es kann durch katalytische Hydrierung aus Pyridin gebildet werden.

Auf den ersten Blick scheint nur Pyridin ein 6π-Elektronensystem aufzuweisen; man muss aber beachten, dass das N-Atom im Pyrrol sp²-hybridisiert ist und das freie Elektronenpaar am Stickstoff in einem p_z-Orbital lokalisiert ist, das mit den p_z-Orbitalen der Kohlenstoffe überlappt. Es gehört daher zum aromatischen π-Elektronensystem und steht daher praktisch nicht für die Bindung eines Protons zur Verfügung, da sonst der aromatische Charakter verloren ginge (**A**). Daher ist Pyrrol eine wesentlich schwächere Base als Pyridin (**B**). Beide Verbindungen zeigen sehr unterschiedliche Reaktivität in einer elektrophilen aromatischen Substitution. Pyridin ist ein sogenannter π-Mangel-Aromat; durch seine gegenüber Kohlenstoff höhere Elektronegativität verringert das N-Atom die Elektronendichte im Aromaten gegenüber Benzol, wodurch der Angriff eines Elektrophils erschwert wird. Im Pyrrol verteilen sich dagegen sechs π-Elektronen auf nur fünf Ringatome; die Elektronendichte ist dadurch erhöht, Elektrophile greifen sehr leicht an (**D**).

Das freie Elektronenpaar am Pyridin-Stickstoff ist in einem sp^2-Hybridorbital lokalisiert, das in der Ringebene liegt. Es zeigt daher keine Wechselwirkung mit dem aromatischen System **(E)**. In den Nucleinsäuren findet sich nicht Pyridin, sondern das Pyrimidin, ein ebenfalls aromatischer Sechsring-Heterocyclus, allerdings mit zwei Stickstoffatomen in 1,3-Position **(F)**.

Lösung 6   Antwort C

Acetaldehyd ist nur sehr schwach C–H-acid, so dass zur Deprotonierung am α-C-Atom unter Bildung des Enolats sehr starke Basen benötigt werden. Hydrogencarbonat ist eine ziemlich schwache Base und daher nicht in der Lage, Acetaldehyd in das entsprechende Enolat zu überführen.

Acetessigester ist ein β-Ketoester. Eine Deprotonierung an dem C-Atom zwischen beiden Carbonylgruppen erfolgt daher vergleichsweise leicht, da das entstehende Carbanion doppelt mesomeriestabilisiert ist. Im Fall des Acetaldehyds kann die negative Ladung dagegen nur auf eine Carbonylgruppe delokalisiert werden; das entstehende Enolat-Ion ist daher weniger stabil **(A)**. Aldehyde reagieren generell mit primären Aminen zu Iminen („Schiff'sche Basen") **(B)**. Wie Aldehyde allgemein kann auch Acetaldehyd (Ethanal) durch Oxidation aus dem entsprechenden primären Alkohol (hier: Ethanol) entstehen. Im Organismus geschieht dies durch eine entsprechende Dehydrogenase (z. B. Alkohol-Dehydrogenase), wobei häufig NAD^+ als Coenzym beteiligt ist **(D)**. Vergleicht man die Siedepunkte von Carbonsäuren und Aldehyden mit gleicher Kettenlänge, findet man generell höhere Werte für die Carbonsäuren. Der Grund hierfür ist die Ausbildung von Wasserstoffbrücken zwischen den polaren OH-Gruppen (→ Bildung von Dimeren), die bei Aldehyden nicht möglich ist **(E)**. Durch nucleophilen Angriff eines Alkohols auf Acetaldehyd wird ein Halbacetal gebildet; unter Säurekatalyse kann dieses mit einem weiteren Alkohol zum Vollacetal reagieren **(F)**.

Lösung 7   Antwort (A)

Beide Verbindungen sind Isomere und besitzen die gleiche Konstitution **(F)**. So sind an die beiden mittleren C-Atome jeweils ein H-Atom und eine NH_2- bzw. OH-Gruppe gebunden. Sie unterscheiden sich aber in ihrer Konfiguration und sind somit Stereoisomere. Da sie sich offensichtlich nicht wie Bild und Spiegelbild verhalten, also keine Enantiomere **(D)** sind, handelt es sich um Diastereomere, die hier in der Fischer-Projektion dargestellt sind.

Beides sind primäre Amine (NH_2-Gruppe), keine tertiären Amine **(C)**. Da die OH-Gruppe bzw. die NH_2-Gruppe nicht an den aromatischen Ring gebunden ist, liegen keine Phenole **(B)** bzw. aromatischen Amine **(E)** vor.

Lösung 8   Antwort (D)

Im *trans*-2-Penten sind die beiden Reste an gegenüberliegende Seiten der Doppelbindung gebunden. Da dem Alkylrest in beiden Fällen gegenüber dem H-Atom die höhere Priorität zukommt, liegt die *E*-Konfiguration vor.

Verbindungen, die genau ein Chiralitätszentrum aufweisen, sind chiral. Bei zwei oder mehreren Chiralitätszentren kann dagegen der Fall auftreten, dass die Verbindung eine Spiegelebene aufweist (sogenannte *meso*-Verbindungen) und somit achiral ist **(A)**. Ein typisches Beispiel ist die *meso*-Weinsäure, die (2*R*,3*S*)-Dihydroxybutandisäure. Liegt ein Chiralitätszentrum vor, so kann es auch nach (*R,S*) klassifiziert werden **(B)**. Sind zwei direkt an ein Chiralitätszentrum gebundene Atome identisch, so müssen als nächstes die an diese beiden Atome gebundenen Gruppen betrachtet werden, so lange, bis man auf einen Unterschied in der Priorität stößt. Sind an ein Chiralitätszentrum z. B. eine $CH_2CH_2CH_3$-Gruppe und eine $CH_2CH_2CH_2OH$-Gruppe gebunden, so ergibt sich erst am dritten C-Atom ein Unterschied in der Priorität: Die OH-Gruppe hat eine höhere Priorität als H, so dass die höhere Priorität der $CH_2CH_2CH_2OH$-Gruppe am Chiralitätszentrum zuzuweisen ist. Sauerstoff hat gegenüber Stickstoff die höhere Ordnungszahl; damit besitzt eine C–O-Gruppe höhere Priorität als eine $C\equiv N$-Gruppe **(C)**. Da Chlor gegenüber Fluor die höhere Ordnungszahl aufweist, besitzt es auch die höhere Priorität **(F)**. Die Elektronegativität spielt bei dieser Klassifikation keine Rolle. Die meisten Chiralitätszentren in organischen Molekülen sind zwar Kohlenstoffatome, es kommen aber z. B. auch quartäre Ammonium- ($^+NR^1R^2R^3R^4$) und Phosphoniumverbindungen ($^+PR^1R^2R^3R^4$) oder Sulfoxide ($R^1R^2S=O$, mit freiem Elektronenpaar am S) in Frage **(E)**.

Lösung 9   Antwort (D)

Phenol kann durch eine katalytische Hydrierung unter Addition von drei Molekülen Wasserstoff in Cyclohexanol überführt werden.

Phenol wie auch Cyclohexanol sind Alkohole; sie unterscheiden sich aber erheblich in ihrer Acidität **(A)**. Der Grund ist, dass es sich beim Phenol um einen aromatischen Alkohol handelt, dessen korrespondierendes Anion, das Phenolat-Ion, mesomeriestabilisiert ist. Im Gegensatz zum Anion des Cyclohexanols, bei dem die negative Ladung am Sauerstoff nicht delokalisiert werden kann, ist sie im Phenolat-Ion über das ganze π-Elektronensystem verteilt und dadurch stabilisiert. Das Phenolat-Ion ist dadurch verglichen mit dem Cyclohexanolat stabilisiert und bildet sich leichter, d. h. Phenol ist die stärkere Säure. Während Cyclohexanol als sekundärer Alkohol leicht zum entsprechenden Keton (Cyclohexanon) oxidiert werden kann, ist dies für Phenol nicht möglich, da das C-Atom, welches die OH-Gruppe trägt, kein H-Atom mehr besitzt **(B)**. Cyclohexanol ist ein gesättigter sekundärer Alkohol und damit natürlich keine aromatische Verbindung **(C)**. Beide Verbindungen besitzen sechs C-Atome und eine polare OH-Gruppe, sind also nur mäßig wasserlöslich. Da beide keine basischen Eigenschaften besitzen, führt auch die Zugabe von HCl zu keiner wesentlichen Verbesserung der Löslichkeit **(E)**. Beide Verbindungen sind Alkohole und lassen sich daher acylieren, d. h. mit einem reaktiven Carbonsäurederivat zu einem Ester umsetzen **(F)**.

Lösung 10   Antwort (C)

Kohlenstoff besitzt (wie alle Elemente der 2. Periode) vier Valenzorbitale ($2s$, $2p_x$, $2p_y$, $2p_z$). Nimmt man die vier $1s$-Orbitale von vier H-Atomen hinzu, sind insgesamt acht Orbitale vorhanden. Aus diesen können durch Linearkombination (*LCAO = linear combination of atomic orbitals*) acht Molekülorbitale gebildet werden; davon wären vier bindend und vier antibindend. Allerdings sind diese Molekülorbitale nicht geeignet, um die Bindungsverhältnisse am Kohlenstoff zu beschreiben, da die vier bindenden MOs unterscheidbar sein und nicht zu den Ecken eines Tetraeders hin ausgerichtet sein sollten. Eine bessere Beschreibung erhält man, wenn man zunächst die vier Atomorbitale des Kohlenstoffs zu vier sp^3-Hybridorbitalen und diese anschließend mit den Wasserstofforbitalen zu Molekülorbitalen kombiniert.

Die gleichzeitige Beteiligung eines C-Atoms an zwei Doppelbindungen ist möglich, wenn das C-Atom sp-hybridisiert ist. Die beiden senkrecht aufeinander stehenden p-Orbitale können dann jeweils mit einem p-Orbital an einem Nachbaratom zu einer π-Bindung überlappen. So entstehen beispielsweise sogenannte Allene ($R_2C=C=CR_2$), Ketene ($R_2C=C=O$) oder Isocyanate ($RN=C=O$) **(A)**. Wellenfunktionen können durch Linearkombinationen miteinander kombiniert werden. Wie dieser Terminus ausdrückt, kommen dabei stets nur die ersten Potenzen vor; eine Wellenfunktion wird dabei also niemals quadriert. Der Exponent 2 in der Bezeichnung sp^2 drückt nur aus, dass das gebildete Hybridorbital aus einem s- und zwei p-Orbitalen hervorgegangen ist **(B)**. Aussage **(D)** zeigt die Grenzen der Lewis-Schreibweise auf, bei der Mehrfachbindungen als äquivalent erscheinen. Tatsächlich setzt sich eine Doppelbindung aber aus einer (rotationssymmetrischen) σ-Bindung sowie einer π-Bindung, um die keine freie Drehbarkeit herrscht, zusammen. Eine Dreifachbindung besteht entsprechend aus zwei identischen π-Bindungen und einer σ-Bindung. Nicht in die Hybridisierung einbezogene p-Orbitale an benachbarten C-Atomen enthalten jeweils ein Elektron und können seitlich unter Ausbildung von π-Bindungen überlappen, sie stellen also keine nichtbindenden Orbitale dar **(E)**. Charakteristisch für die Bindungsverhältnisse im Benzolmolekül ist, dass die sechs C-Atome durch σ-Bindungen miteinander zum Sechsring verknüpft sind, und die zur Ringebene senkrecht stehenden, nicht hybridisierten p-Orbitale seitlich miteinander überlappen, so dass die sechs π-Elektronen völlig delokalisiert, also gleichmäßig über das Ringsystem verteilt sind. Alle Bindungen sind identisch und gleich lang, entsprechend einer Bindungsordnung von ca. 1,5 **(F)**.

Lösung 11   Antwort (C)

Ein Carbanion, das eine benachbarte Carbonylgruppe aufweist, kann durch zwei mesomere Grenzstrukturen dargestellt werden, von denen die zweite (stabilere) als Enolat-Ion bezeichnet wird **(F)**. Dieses kann entweder am Kohlenstoff protoniert werden ($\rightarrow$ Carbonylverbindung), oder aber am Sauerstoff ($\rightarrow$ Enol).

Carbenium-Ionen sind Elektronenmangelverbindungen, in denen der Kohlenstoff nur ein Elektronensextett aufweist. Es handelt sich demnach um ein Elektrophil und nicht um ein Nucleophil **(A)**. Ein Übergangszustand entspricht der (nicht isolierbaren) Spezies, die transient am Maximum der Reaktionskoordinate durchlaufen wird, und muss von einem Zwischenprodukt unterschieden werden. Zwischenprodukte können zwar (sehr) kurzlebig sein;

sie stellen aber stets ein lokales Minimum im Energiediagramm einer Reaktion dar, und nicht ein Maximum, wie Übergangszustände. Carbenium-Ionen treten bei S_N1-Reaktionen auf; es sind jedoch (i. A. ziemlich reaktive) Zwischenstufen **(B)**. Tatsächlich besitzt das zentrale C-Atom eines Carbanions drei Nachbarkohlenstoffatome, zusätzlich jedoch ein freies Elektronenpaar, so dass es negativ geladen ist. Prinzipiell könnte sich das freie Elektronenpaar im p-Orbital an einem sp^2-hybridisierten C-Atom befinden; tatsächlich besetzt es aber eines der vier sp^3-Hybridorbitale, d. h. das C-Atom ist pyramidal koordiniert, mit dem freien Paar an der Spitze der Pyramide. Diese Konfiguration ist offensichtlich energetisch günstiger gegenüber der sp^2-hybridisierten Anordnung **(D)**. Carbenium-Ionen als typische Elektronenmangelverbindungen werden von Elektronendonor-Gruppen (mit +I- bzw. +M-Effekt) stabilisiert. Eine Carbonylgruppe wirkt dagegen elektronenziehend (–M-Effekt). Sie kann ein Carbanion stabilisieren, destabilisiert aber umgekehrt ein Carbenium-Ion **(E)**.

Lösung 12   Antwort (B)

Die beiden Verbindungen verhalten sich zueinander offensichtlich wie Bild und Spiegelbild; sie sind nicht miteinander zur Deckung zu bringen und daher Enantiomere.

Konstitution und relative Konfiguration beider Verbindungen sind identisch, nicht aber ihre absolute Konfiguration (Verbindung **1** ist (*R*)-, **2** dagegen (*S*)-konfiguriert). Beide Verbindungen sind daher nicht identisch **(A)**. Während sie in achiraler Umgebung identische chemische Eigenschaften aufweisen, kann ihre pharmakologische Wirksamkeit aufgrund der Gegenwart von chiralen Molekülen im Organismus (z. B. von Enzymen) recht unterschiedlich sein. Enantiomere unterscheiden sich – zumindest in achiraler Umgebung – weder in ihrer Acidität **(C)** noch in ihrer Hydrophilie **(D)**. Wie bereits erwähnt, ist die Konstitution beider Verbindungen identisch **(E)**. Eine Umwandlung beider Verbindungen ineinander würde den Bruch von C–C- oder C–H-Bindungen erfordern; dies findet unter normalen Umgebungsbedingungen nicht statt, so dass die beiden Verbindungen konfigurationsstabil sind und sich nicht ineinander umwandeln **(F)**.

Lösung 13   Antwort (F)

Diastereomere besitzen identische Konstitution (d. h. es sind jeweils die gleichen Atome miteinander verknüpft, **(C)**) und sind daher Konfigurationsisomere, die sich nicht wie Bild und Spiegelbild verhalten.

Verbindungen, die sich wie Bild und Spiegelbild verhalten, heißen Enantiomere **(A)**. Diastereomere sind keine Untergruppe der Enantiomere **(B)**. Diastereomere sind Stereoisomere, zeigen aber i. A. (unterschiedliche) optische Aktivität **(D)**. Verbindungen, die die Ebene des polarisierten Lichts um den gleichen Betrag, aber in verschiedene Richtungen drehen, sind Enantiomere. Diastereomere besitzen (von zufälligen Ausnahmen abgesehen) unterschiedliche spezifische Drehwinkel **(E)**.

Lösung 14

a) Antwort (C)

Es handelt sich um Konfigurationsisomere, genauer geometrische (*cis/trans-*) Isomere.

In beiden Polymeren sind jeweils die gleichen Atome miteinander verknüpft; es können also keine Konstitutionsisomere sein (**A**). Beide Verbindungen verhalten sich offensichtlich nicht wie Bild- und Spiegelbild zueinander; können also keine Enantiomere sein (**B**). Außerdem fehlen Chiralitätszentren. Konformationsisomere können durch Rotation um Einfachbindungen ineinander übergehen; hier ist aber die Konfiguration an der Doppelbindung unterschiedlich (**D**). Tautomere unterscheiden sich durch die Position einer Mehrfachbindung sowie eines H-Atoms; auch das ist nicht gegeben (**E**). Aufgrund des unterschiedlichen Substitutionsmusters an der Doppelbindung und der Tatsache, dass unter gewöhnlichen Umgebungsbedingungen keine freie Drehbarkeit um die Doppelbindung herrscht, können beide Formeln keine identischen Verbindungen darstellen (**F**).

b) Antwort (E)

Da im Polymer noch Doppelbindungen vorhanden sind, und da im Zuge der Polymerisation bei jedem Schritt eine Doppelbindung unter Ausbildung einer neuen C–C-Bindung gelöst wird, muss das geeignete Monomer zwei Doppelbindungen aufweisen.

Eine Polymerisation der Verbindungen **1** – **3** ist zwar möglich, ergäbe jedoch jeweils Polymere ohne eine Doppelbindung (**A**)–(**C**). Verbindung **4** weist gar keine Mehrfachbindung auf, und ist somit nicht zur Polymerisation geeignet (**D**). Verbindung **6** mit einer kumulierten Doppelbindung schließlich kann ebenfalls nicht zu den gewünschten Verbindungen polymerisieren (**F**).

Lösung 15   Antwort (F)

Bei dem gezeigten Kunststoff handelt es sich um einen Polyester. Ester werden allgemein unter stark sauren Bedingungen in einer Gleichgewichtsreaktion hydrolysiert, wobei die Carbonsäure und ein Alkohol entstehen. Da das Milieu im Magen mit pH-Werten zwischen 1 und 2 stark sauer ist, ist die gezeigte Verbindung dort nicht längere Zeit stabil, sondern unterliegt der Hydrolyse. Dies würde im beschriebenen Fall zur (vorzeitigen) unerwünschten Freisetzung der eingeschlossenen Substanz führen.

Der Kunststoff ist ein Homopolymer aus 2-Hydroxypropansäure (Milchsäure) (**A**), die als difunktionelle Verbindung zum Aufbau linearer Polymere (genauer: Polykondensate) fähig ist. Die Bildung des Kunststoffs aus den Milchsäure-Monomeren entspricht einer Veresterung. Für jedes angefügte Monomer wird ein Molekül Wasser abgespalten. Derartige Reaktionen, bei denen aus (difunktionellen) Monomeren unter Abspaltung niedermolekularer Verbindungen wie H_2O oder HCl Polymere entstehen, werden als Polykondensationen bezeichnet (**B**). Im Gegensatz dazu erfordern Polymerisationsreaktionen ungesättigte Monomere (z. B. Ethen-Derivate) und ein „Startmolekül" (Radikal, Carbenium-Ion o. ä.). Die Anfügung eines weiteren Monomers erfolgt hier ohne Abspaltung eines weiteren Produkts.

Ersetzt man das O-Atom in der Polymerkette durch die NH-Gruppe, so hat man ein Poly-amid. Das zugrunde liegende Monomer ist dann die 2-Aminopropansäure (Alanin) **(C)**. Es-terbindungen werden biologisch leicht (durch entsprechende Esterasen) abgebaut **(D)**; dabei handelt es sich, wie bereits angesprochen, um eine Hydrolyse **(E)**.

Lösung 16   Antwort (E)

Die Verbindung besitzt keine olefinische Doppelbindung, welche Brom addieren könnte. An das aromatische Ringsystem erfolgt keine Addition; es kann aber zu einer elektrophilen aro-matischen Substitution unter Bildung von 4-(3-Brom-4-hydroxyphenyl)butan-2-on oder auch 4-(3,5-Dibrom-4-hydroxyphenyl)butan-2-on kommen.

Da es sich um ein Keton handelt, kann die Verbindung (wie Ketone allgemein) durch Oxida-tion aus einem sekundären Alkohol (4-(4-Hydroxyphenyl)butan-2-ol) entstehen **(A)**. Redu-ziert man die Verbindung mit einem Hydrid-Donor wie NADH, so entsteht umgekehrt (nach wässriger Aufarbeitung) der sekundäre Alkohol. Dabei wird ein Chiralitätszentrum geschaf-fen, so dass zwei enantiomere Alkohole entstehen können. Führt man diese Reaktion enzyma-tisch oder mit Hilfe sehr spezieller chiraler Hydrid-Donoren durch, so kann die Reduktion „enantioselektiv" ablaufen (eines der beiden Enantiomere entsteht bevorzugt oder sogar aus-schließlich) **(B)**. Phenole sind allgemein schwache Säuren, sofern sie nicht mehrere stark elektronenziehende Substituenten (z. B. Nitrogruppen) tragen. Der *para*-ständige Alkylsubsti-tuent **(D)** beeinflusst die Acidität der gegebenen Verbindung gegenüber einem unsubstituier-ten Phenol nur wenig; der pK_S-Wert sollte also im Bereich von 9–10 liegen **(C)**. Da die OH-Gruppe im Phenol tertiär ist und auch in *p*-Stellung keine zweite OH-Gruppe vorhanden ist (dann läge ein oxidierbares Hydrochinon vor), kann es nicht ohne Zerstörung des C-Gerüstes weiter oxidiert werden **(F)**.

Lösung 17

a)   Antwort (F)

Bei Verbindung **6** handelt sich um ein sogenanntes Imid, bei dem eine NH-Gruppe von zwei Carbonylgruppen flankiert ist. Bereits „normale" Carbonsäureamide RCONH$_2$ weisen prak-tisch keine basischen Eigenschaften auf, da das freie Elektronenpaar am N in effektiver Kon-jugation mit der Carbonylgruppe steht. Das Vorhandensein zweier C=O-Gruppen verstärkt den Elektronenzug auf das freie Paar am Stickstoff noch. Tatsächlich weist Verbindung **6** bereits schwach saure Eigenschaften auf, da die negative Ladung, die am Stickstoff nach Deprotonierung entsteht, sehr gut delokalisiert werden kann.

Bei **1** und **3** handelt es sich um aliphatische Amine mit pK_B-Werten zwischen 3 und 4 **(A)**, **(C)**; **2** ist ein schwächer basisches aromatisches Amin (Anilin; $pK_B \approx 10$), da hier das freie Elektronenpaar am Stickstoff mit dem aromatischen π-Elektronensystem konjugiert ist **(B)**. **4** und **5** sind heterocyclische aromatische Verbindungen. Die schwach basische Eigenschaft von **4 (D)** ist nicht auf das Amid-N-Atom zurückzuführen (vgl. oben), sondern auf das freie Elek-tronenpaar des Stickstoffs im Ring. Dieses befindet sich in einem sp^2-Hydridorbital (in der

Ringebene lokalisiert) und damit nicht in Konjugation mit dem π-System. Aufgrund des höheren s-Anteils dieses Orbitals (gegenüber einem sp^3-Hybridorbital) wird das Elektronenpaar in diesem Orbital etwas stärker vom Kern angezogen und nimmt daher schwerer ein Proton auf als ein Elektronenpaar in einem sp^3-Orbital (wie in **1** und **3**). Vergleichbares gilt für die N-Atome in **5** (E).

b)   Antwort (F)

Wie bereits unter a) erwähnt, handelt es sich bei Verbindung **6** um ein sogenanntes Imid. Die C=O-Gruppen dürfen nicht als Ketogruppen bezeichnet werden, da durch die Bindung an das N-Atom eine neue funktionelle Gruppe entstanden ist.

Verbindungen **1** – **3** entsprechen der allgemeinen Form R–NH$_2$, haben also einen Rest am Stickstoff und sind daher als primäre Amine zu bezeichnen (A). Solche primären Amine wie **1** – **3** reagieren mit starken Säuren wie HCl zu den entsprechenden Ammoniumverbindungen (B). Die Verbindungen **4** und **6** weisen Amidbindungen auf, die unter drastischen Bedingungen (Katalyse durch starke Säure oder Base, erhöhte Temperatur, lange Reaktionszeiten) hydrolysiert werden können. Dabei entstehen in saurer Lösung Carbonsäuren und Amine in ihrer protonierten Form (Ammonium-Ionen) (C), in basischer Lösung dagegen die Carboxylate und die freien Amine (hier: Ammoniak) (D). Wie unter a) ausgeführt, handelt es sich bei **3** um ein aliphatisches, bei **2** um ein aromatisches Amin. Das aliphatische Amin ist die stärkere Base (E), da beim aromatischen Amin das freie Elektronenpaar teilweise in den Ring hinein delokalisiert ist.

Lösung 18   Antwort (D)

Verbindung **1** ist eine Ketodicarbonsäure; **2** eine Hydroxydicarbonsäure. Beide besitzen das gleiche Kohlenstoffgerüst; Verbindung **1** (Oxalessigsäure; 2-Oxobutandisäure) entsteht daher leicht durch Oxidation der sekundären Alkoholgruppe in **2** (Äpfelsäure; 2-Hydroxybutandisäure).

Acetessigsäure ist eine Ketomonocarbonsäure (3-Oxobutansäure) (A). Decarboxyliert man Acetessigsäure, so erhält man Aceton. Bei einer Decarboxylierung von **1** entsteht dagegen Brenztraubensäure (2-Oxopropansäure) (B). Voraussetzung für eine Keto-Enol-Tautomerie wäre eine Ketogruppe (wie in **1**). Wäre die zentrale C–C-Bindung in **2** eine Doppelbindung (läge also ein Enol vor), so könnte dieses ebenfalls in die entsprechende Ketoform (**1**) übergehen. **2** kann daher keine Keto-Enol-Tautomerie zeigen (C). Verbindung **2** ist eine α-Hydroxydicarbonsäure; **1** dagegen eine α-Ketodicarbonsäure; die Bezeichnung als Monocarbonsäure ist offensichtlich für beide Verbindungen falsch (E). Da beide keine basischen Gruppen aufweisen, wird auch in stark saurer Lösung nur ein sehr kleiner Anteil protoniert (F).

Lösung 19   Antwort (D)

Induktive Effekte besitzen nur eine begrenzte Reichweite; ihr Effekt nimmt mit zunehmender Entfernung von der Gruppe, die den Effekt bewirkt, rasch ab. So führt beispielsweise der –I-Effekt des Chloratoms in der 2-Chlorbutansäure zu einer deutlichen Positivierung des Carboxyl-C-Atoms und dadurch zu einer Erhöhung der Acidität, während sich die Anwesenheit eines Cl-Substituenten an Position 3 nur noch schwach und an Position 4 fast gar nicht mehr bemerkbar macht. Im Gegensatz dazu können sich mesomere Effekte in einem Molekül über größere Entfernungen entlang des π-Elektronensystems auswirken.

Stark elektronegative Atome / Atomgruppen wirken elektronenziehend, wenig elektronegative dagegen elektronenschiebend. Die Effekte beruhen also auf Unterschieden in der Elektronegativität der jeweiligen Bindungspartner (A). Ein negativer induktiver Effekt beruht auf einer hohen Elektronegativität der entsprechenden Gruppe. Positive mesomere Effekte setzen die Anwesenheit freier Elektronenpaare voraus. Die Hydroxygruppe ist ein typischer Vertreter mit –I- und +M-Effekt: das O-Atom ist stark elektronegativ, besitzt aber zwei freie Elektronenpaare, die es einem Zentrum mit Elektronenmangel zur Verfügung stellen kann. Dabei überwiegt i. A. (mit Ausnahme der Halogenatome) der positive mesomere gegenüber dem negativen induktiven Effekt, so dass z. B. die OH-Gruppe insgesamt ein guter Elektronendonor ist (B). Während sich induktive Effekte über das σ-Bindungssystem ausbreiten, können mesomere Effekte nur auftreten, wenn ein π-Bindungssystem vorhanden ist. So kann beispielsweise im Phenol (Hydroxybenzol) ein freies Elektronenpaar am Sauerstoff über das gesamte ungesättigte π-System des Aromaten delokalisiert werden (C). Trägt ein Atom mehrere Gruppen mit –I- bzw. +I-Effekt, so resultiert ein stärkerer Gesamteffekt, als wenn nur eine induktiv wirkende Gruppe anwesend ist. Die Effekte sind näherungsweise additiv (E). Generell werden Zentren mit Elektronenmangel, also Elektrophile, durch Substituenten mit +I-Effekt stabilisiert und durch solche mit –I-Effekt destabilisiert. Umgekehrt wirken Substituenten mit +I-Effekt auf elektronenreiche (nucleophile) Zentren destabilisierend, solche mit –I-Effekt stabilisierend. Ein Carbenium-Ion (mit positiv geladenem C-Atom) ist ein starkes Elektrophil. Seine Stabilität steigt mit zunehmender Anzahl von Substituenten mit +I-Effekt, wie Alkylgruppen. Daher nimmt die Stabilität von Carbenium-Ionen vom CH_3^+ (sehr instabil) über primäre und sekundäre hin zu tertiären Carbenium-Ionen erheblich zu (F).

Lösung 20   Antwort (E)

Die Säurekonstanten (pK_S-Werte) einfacher Carbonsäuren liegen typischerweise zwischen 4 und 5 (z. B. Essigsäure: 4,75). Elektronenziehende Substituenten, insbesondere, wenn sie sich am α-C-Atom befinden, erhöhen die Säurestärke, da sie Elektronendichte vom Carboxyl-C abziehen, so dass die O–H-Bindung zusätzlich polarisiert wird. Zudem wird die negative Ladung im Carboxylat-Ion (nach Abgabe von H^+) stabilisiert. Die drei Cl-Atome in **3** erhöhen die Acidität der Trichloressigsäure erheblich; der pK_S-Wert sinkt auf < 1.

Die Carbonsäure **1** (Linolensäure; (F)) weist zwar drei (cis-konfigurierte) Doppelbindungen auf, diese sind aber nicht konjugiert, da sich jeweils ein sp^3-hybridisierter Kohlenstoff dazwischen befindet (A). Diese cis-Doppelbindungen erschweren die Packung im Kristall im Gegensatz zur gesättigten Fettsäure **2**, die eine regelmäßige all-trans-Konfiguration einnehmen kann. Die ungesättigte Fettsäure **1** schmilzt daher erheblich niedriger als **2** (B). Ölsäure ist eine ungesättigte Fettsäure mit der *cis*-Doppelbindung an Position 9; **2** ist die gesättigte Stearinsäure **(C)**. Carbonsäurechloride sind Carbonsäurederivate. Darunter versteht man Verbindungen, in denen die OH-Gruppe der Carbonsäure durch eine andere Heteroatomgruppe substituiert ist, z. B. –OR (Ester) oder –NR$_2$ (Amide). Verbindung **3** ist eine (dreifach) chlorierte Carbonsäure, kein Carbonsäurechlorid **(D)**.

Lösung 21　　　Antwort (C)

Eine Hydroxylierung von Benzen zu Phenol ist nicht, wie man denken könnte, in einem Schritt möglich. Das Hydroxid-Ion ist ein gutes Nucleophil, reagiert aber als solches nicht mit Benzen; im Zuge einer nucleophilen Substitution müsste ein extrem stark basisches Hydrid-Ion abgespalten werden. Es sind daher mehrere Schritte erforderlich: durch eine elektrophile Substitution mit einem Gemisch aus HNO$_3$ und H$_2$SO$_4$ („Nitriersäure") erhält man Nitrobenzen, das zu Aminobenzen (Anilin) reduziert werden kann. Dieses kann mit NaNO$_2$ und HCl in ein Diazonium-Ion umgewandelt werden, das schließlich mit Wasser bei erhöhter Temperatur zum Phenol „verkocht" wird.

Die radikalische Substitution ist die typische Reaktion von gesättigten Alkanen; diese können dadurch (z. B.) chloriert werden. Aromatische Kohlenwasserstoffe reagieren dagegen in einer elektrophilen Substitution über einen positiv geladenen σ-Komplex als Zwischenprodukt **(A)**. Sie verlaufen also (im Gegensatz zu einer S$_N$2-Substitution) nicht in einem Schritt **(B)**. Auch mit Brom kann Benzen in einer elektrophilen Substitution reagieren (für eine brauchbare Reaktionsgeschwindigkeit ist eine Lewis-Säure als Katalysator erforderlich). Mit einem Äquivalent Brom erhält man das Brombenzen + HBr, nicht jedoch das 1,2-Dibrombenzen **(D)**. Ebenso wie die Hydroxygruppe lässt sich auch die Aminogruppe (auch NH$_3$ ist ein Nucleophil!) nicht in einem Schritt an einen Benzenring anknüpfen. Der typische Weg verläuft ausgehend von Benzen über die Nitrierung zum Nitrobenzen und dessen nachfolgende Reduktion zum Aminobenzen **(E)**. Wie beschrieben reagieren aromatische Verbindungen nicht in einer elektrophilen Addition (was die Aufgabe des aromatischen (mesomeriestabilisierten) 6π-Elektronensystems erfordern würde), sondern in einer elektrophilen Substitution **(F)**.

Lösung 22　　　Antwort (C)

Eine elektrophile aromatische Substitution verläuft am leichtesten mit elektronenreichen Aromaten, also solchen, die Substituenten mit +I oder +M-Effekt tragen. Umgekehrt ist die Substitution erschwert bei –I/–M-substituierten Aromaten. Elektronenziehende Substituenten sind bei den gezeigten Verbindungen die Nitro- (NO$_2$) und die Cyanogruppe (CN). Der Cl-Substituent mit seinem –I und +M-Effekt ist schwach desaktivierend. Ein Alkylrest mit +I-Effekt wirkt schwach aktivierend, eine acetylierte Aminogruppe (–I/+M) mäßig und eine Alkoxygruppe (–OR) mit –I aber starkem +M-Effekt stark aktivierend. Kaum reaktiv ist daher das 1,3-Dinitrobenzol **2**, gefolgt vom Benzonitril **5** und dem schwach desaktivierten Chlorbenzol **1**.

Etwas reaktiver als das unsubstituierte Benzen ist das 1-Methylethylbenzen **6** sowie das Acetanilid **3**. Die am leichtesten von Elektrophilen angreifbare Verbindung in dieser Reihe ist das
Methoxybenzen (Anisol) **4**.

Lösung 23   Antwort (E)

Je höher der pK_S-Wert, desto schwächer die Säure; die Reihung soll also mit der schwächsten
Säure beginnen. Bis auf **2** handelt es sich um Phenole; diese sind aufgrund der Mesomeriestabilisierung des Phenolat-Anions acider als aliphatische Alkohole wie Cyclohexanol **2**, das
deshalb die Reihe anführen muss. Die Acidität von Phenolen wird durch elektronenziehende
Substituenten (mit –I/–M-Effekt) erhöht, da diese zur Stabilisierung der negativen Ladung
beitragen können, insbesondere, wenn sie sich in o-/p-Stellung zur Hydroxygruppe befinden
(Wirkung des –M-Effekts). Elektronenschiebende Substituenten verringern die Acidität demgegenüber etwas; so ist 2-Methylphenol **5** etwas weniger acide als das unsubstituierte Phenol
4. Da die Effekte additiv sind, ist das 2,4-Dinitrophenol **6** acider als das 2-Nitrophenol **1** und
dieses aufgrund der o-Stellung der Nitrogruppe etwas acider als das 3-Nitrophenol **3**. Mit
diesen Überlegungen in Einklang ist die Alternative (**E**).

Lösung 24   Antwort (F)

Nimmt man das Benzen als Bezugssubstanz, so sind Heteroatom-substituierte Aromaten mit
ebenfalls sechs Ringatomen (z. B. Pyridin) noch deutlich weniger reaktiv (in Hinblick auf die
typische elektrophile Substitution). Man sprich hierbei von „π-Mangelaromaten", da durch
den –I-Effekt des Heteroatoms die Elektronendichte an den übrigen Ringatomen vermindert
ist. Im Gegensatz dazu besitzen Fünfring-Heterocyclen (z. B. Pyrrol) sechs π-Elektronen, die
sich über nur fünf Ringglieder verteilen, so dass die Elektronendichte erhöht ist. Entsprechend sind diese Verbindungen ziemlich reaktiv.

Radikalische Substitutionen sind charakteristisch für Alkane, während aromatische Kohlenwasserstoffe bevorzugt elektrophil substituiert werden (**A**). Die OH-Gruppe weist einen –I-
Effekt auf (Abzug von Elektronendichte), gleichzeitig aber einen +M-Effekt, der die Elektronendichte im Ring erhöht. Letzterer überwiegt, so dass Phenol im Vergleich zu Benzen ein
(für eine elektrophile Substitution) aktivierter Aromat ist (**B**). Die Reaktion mit Brom verläuft
bereits ohne Anwesenheit einer Lewis-Säure. Es ist möglich, Benzen zu Cyclohexan zu hydrieren, allerdings sind für die Reaktion im Vergleich zu Alkenen drastische Bedingungen
nötig, da im ersten Schritt die aromatische Konjugation unterbrochen werden muss. Die Reaktion erfordert höhere Temperatur und Druck sowie einen heterogenen Katalysator wie
Raney-Ni oder Pd (**C**). Die Benzoesäure enthält mit der Carboxylgruppe einen desaktivierenden Substituenten (–I/–M-Effekt); ein Zweitsubstituent wird daher in die m-Position dirigiert.
Als Hauptprodukt bei einer elektrophilen Bromierung entsteht somit die 3-Brombenzoesäure
(**D**). Analog ist auch die Nitrogruppe ein (stark) desaktivierender Substituent. Er kann durch
Reduktion in die Aminogruppe überführt werden, die aufgrund des freien Elektronenpaars am
Stickstoff (+M-Effekt) aktivierend wirkt (**E**).

Lösung 25   Antwort (D)

Die Stabilität von Radikalen wird in gleicher Weise beeinflusst wie die Stabilität von Carbenium-Ionen: elektronenschiebende Substituenten (+I/+M-Effekt) erhöhen die Stabilität (Verringerung des Elektronenmangels), elektronenziehende (–I/–M-Effekt) vermindern sie (Erhöhung des Elektronendefizits). Die Stabilität von Radikalen sinkt demnach in der Reihenfolge 3° > 2° > 1° (geringere Anzahl an Alkylgruppen mit +I-Effekt) und nimmt zu mit steigender Delokalisation des einsamen Elektrons durch Mesomerie. Am stabilsten sind daher die beiden mesomeriestabilisierten Radikale **6** und **5** (Benzyl- bzw. Allyl-Radikal), dicht gefolgt vom tertiären Radikal **3**. Radikal **4** ist sekundär, **1** primär. Das Methylradikal **2** hat keinen Substituenten und ist besonders instabil. Dies entspricht der Alternative (**D**).

Lösung 26   Antwort (F)

An den meisten chemischen Reaktionen in der organischen Chemie sind sicherlich funktionelle Gruppen beteiligt; so lassen sich Aldehyde recht leicht oxidieren, Halogenalkane substituieren usw. Alkane weisen keine funktionelle Gruppe auf. Entsprechend sind sie zwar wenig reaktiv, dennoch sind Reaktionen möglich, so z. B. eine radikalische Substitution mit einem Halogen oder auch die Oxidation mit Sauerstoff zu CO_2 und H_2O.

Butanol und Diethylether besitzen die gleiche Summenformel, sind also Isomere. Aufgrund der unterschiedlichen Verknüpfung der Atome im jeweiligen Molekül sind sie als Konstitutionsisomere zu bezeichnen (**A**). Die Carbonylgruppe ist, im Gegensatz zu einer C=C-Doppelbindung, polar, wobei das Carbonyl-C-Atom den positiven Pol bildet. Aufgrund der verringerten Elektronendichte wird das C-Atom der Carbonylgruppe durch ein Nucleophil leichter angegriffen als ein C-Atom im Alken; zudem kann der Carbonylsauerstoff die entstehende negative Ladung leichter beherbergen als das Nachbar-C-Atom des Alkens (**B**). Im Imin liegt eine C=N-Doppelbindung vor, im Aldehyd eine C=O-Doppelbindung. Die Anzahl der Bindungen zu einem Heteroatom (= Oxidationszustand) ist also in beiden Stoffklassen gleich (2), (**C**). Die C=C-Doppel- bzw. die C≡C-Dreifachbindung in Alkenen bzw. Alkinen enthalten keine Heteroatome; beide sind aber dennoch funktionelle Gruppen (**D**). Nitrile und Carbonsäureamide gehören beide zu den Carbonsäurederivaten; ihr Oxidationszustand ist identisch (+3). Die Hydrolyse eines Nitrils zur Carbonsäure verläuft intermediär über das Carbonsäureamid; beide sind also ohne eine Redoxreaktion ineinander überführbar (**E**).

Lösung 27   Antwort (D)

Wird ein Aldehyd oder ein Keton mit Propan-1,3-diol zum Acetal umgesetzt, entsteht ein Sechsring. Aliphatische Sechsringe liegen bevorzugt in der Sesselkonformation vor und weisen dann keine Ringspannung auf.

Ein derartiges cyclisches Acetal ist vielmehr gegenüber einem offenkettigen (gebildet aus zwei Molekülen ROH) aus entropischen Gründen bevorzugt (**B**). Während die Bildung des Halbacetals sowohl durch Säure wie auch Base katalysiert wird, erfordert der zweite Schritt zum Vollacetal die Katalyse durch H⁺, um die OH-Gruppe in eine bessere Abgangsgruppe umzuwandeln. Abspaltung von H_2O liefert dann das Oxocarbenium-Ion, welches das zweite Molekül ROH addiert (A). Carbonylgruppen von Aldehyden und Ketonen lassen sich durch Umsetzung mit 1,2-Diolen in cyclische Acetale umwandeln und dadurch vor nucleophilem Angriff schützen; durch die gleiche Reaktion (Acetalbildung) kann aber auch eine Carbonylverbindung dazu dienen, zwei 1,2- (oder auch 1,3-) ständige Hydroxygruppen vor unerwünschten Reaktionen wie z. B. Oxidation zu bewahren (C). Da Acetale durch wässrige Säure gespalten werden, sind sie als Schutzgruppe nur unter basischen/neutralen Bedingungen geeignet (E). Bei der Ausbildung einer glykosidischen Bindung reagiert ein Zuckermolekül in der Halbacetalform mit einer alkoholischen Hydroxygruppe zu einem Acetal (F).

Lösung 28   Antwort (C)

Der erste Schritt bei der Bildung eines Imins ist der nucleophile Angriff eines primären Amins auf das Carbonyl-C eines Aldehyds oder Ketons. Hierfür muss das Amin unprotoniert vorliegen, da sonst kein freies Elektronenpaar zur Verfügung steht, d. h. dieser Schritt wird durch höhere pH-Werte begünstigt. Allerdings muss im zweiten Schritt die entstandene Hydroxygruppe eliminiert werden, was nur unter Protonenkatalyse gelingt (Protonierung zur wesentlich besseren Abgangsgruppe H_2O). Es muss also ein Kompromiss gefunden werden. Da es ausreicht, wenn ein kleiner Teil des Amins unprotoniert zur Verfügung steht (es wird durch das Säure-Base-Gleichgewicht immer wieder nachgeliefert), hat sich in der Praxis ein pH-Wert im Bereich 4–6 als optimal erwiesen.

Da eine C=O-Doppelbindung durch C=N ersetzt wird, ändert sich nichts am Oxidationszustand; Imine können also als Stickstoff-Derivate von Aldehyden bzw. Ketonen aufgefasst werden (A). Sie entstehen durch Angriff eines primären (nicht aber eines sekundären) Amins auf einen Aldehyd bzw. ein Keton (B), wobei Wasser abgespalten wird. Die Reaktion ist vollständig reversibel; Imine werden somit in Umkehrung ihrer Bildung durch wässrige Säure leicht hydrolysiert (D). Auch Aussage (E) ist korrekt: im Zuge der Transaminierung im Aminosäurestoffwechsel reagieren Aminosäuren (mit primärer Aminogruppe) in reversibler Reaktion mit der Aldehydgruppe des Pyridoxalphosphats zu einem Imin, das anschließend tautomerisiert und zur Ketosäure und Pyridoxamin hydrolysiert wird. Da das freie Elektronenpaar eines Imins in einem energetisch tieferliegenden (stabileren) sp²-Hybridorbital lokalisiert ist, ist es weniger basisch als das freie Paar eines sp³-hybridisierten Stickstoffs (in aliphatischen Aminen) (F).

Lösung 29   Antwort (B)

Bei einem *cis*-1,2-disubstituierten Cyclohexan muss sich einer der beiden Substituenten in der axialen, der andere in der äquatorialen Position befinden. Zwischen den beiden möglichen Sesselformen stellt sich ein Gleichgewicht ein, wobei die Verbindung bevorzugt in derjenigen Form vorliegt, in der sich der größere (sterisch anspruchsvollere) Substituent in der äquatorialen Position befindet. Bei einem Methyl- und einem *tert*-Butylrest bevorzugt letzterer stark die äquatoriale Position, so dass der Methylrest mit der axialen vorliebnehmen muss.

In einem planaren regelmäßigen Fünfeck beträgt der Innenwinkel 108° und weicht damit nur geringfügig vom Tetraederwinkel (109,5°) ab. Die Winkelspannung wäre also in erster Näherung zu vernachlässigen. Dennoch ist Cyclopentan nicht planar, da sonst zahlreiche ekliptische Wechselwirkungen auftreten würden; diese werden durch die Abweichung von der Planarität verringert (A). Diese Ringspannung eines Moleküls, die durch Van der Waals-Abstoßung von ekliptisch und gauche angeordneten Substituenten (auch H-Atomen) an zueinander benachbarten Atomen hervorgerufen wird, wird als Pitzer-Spannung bezeichnet. *Cis*-1,2-Dichlor- und *trans*-1,2-Dichlorcyclohexan sind Diastereomere; sie können nicht durch Umklappen in eine andere Sesselform ineinander überführt werden (C). Drei Atome, die einen Dreiring bilden, müssen notwendigerweise in einer Ebene liegen. Bei einem aromatischen Ring sind die Ringatome alle sp²-hybridisiert und liegen in einer Ebene. Im gesättigten Cyclopropan sind die C-Atome von vier Bindungspartnern umgeben; hier liegt keine sp²-Hybridisierung vor. Man nimmt vielmehr einen höheren p-Anteil für die Orbitale der C–C-Bindungen an (D). Im *trans*-1,2-Dimethylcyclohexan befinden sich entweder beide Methylgruppen in axialer oder in äquatorialer Position; letztere Konfiguration ist dabei bevorzugt. Beide Sesselkonformationen können aber durch „Umklappen" des Sessels ineinander übergehen (E). Im 1,2-Dibromcyclopentan liegen zwei Chiralitätszentren vor; es sind also maximal $2^2 = 4$ Stereoisomere denkbar. Die *cis*-Form weist allerdings eine Symmetrieebene auf und ist eine *meso*-Form, so dass nur drei Stereoisomere unterschieden werden können (F).

Lösung 30   Antwort (C)

Betrachtet man die verschiedenen Konformationen, die sich durch eine Drehung um die C-2–C-3-Bindung ergeben, entscheidet das Ausmaß der sterischen Wechselwirkungen der beiden terminalen Methylgruppen über die relative Stabilität. Gestaffelte Konformationen sind energetisch vorteilhafter als ekliptische. In der *anti*-Konformation weisen die Methylgruppen maximalen Abstand voneinander auf (Diederwinkel = 180°), in der *gauche*-Konformation sind es dagegen nur 60°; erstere ist daher energetisch vorteilhafter.

Es existieren drei konstitutionsisomere Pentane: *n*-Pentan, 2-Methylbutan und 2,2-Dimethylpropan (A). Propan und Cyclopropan unterscheiden sich in der Summenformel und können deshalb keine keine Konstitutionsisomere sein (B). Die beiden Methylreste im 1,2-Dimethylcyclohexan können zueinander *cis*- oder *trans*-ständig sein; dies ergibt ein Enantiomerenpaar plus eine *meso*-Verbindung (drei Stereoisomere) (D). Die Summelformeln für Hexan und Cyclohexan zeigen sofort, dass es sich um keine (Stereo-)Isomere handeln kann. Aufgrund des Rings hat Cyclohexan zwei H-Atome weniger (E). Die gleiche Summenformel für Isomere zieht jedoch nicht automatisch gleiche oder auch nur ähnliche Eigenschaften nach sich, z. B. wenn die Isomere unterschiedliche funktionelle Gruppen aufweisen (F).

Lösung 31   Antwort (A)

Das am Carbonyl-C-Atom befindliche Wasserstoffatom eines Aldehyds hat keine aciden Eigenschaften und lässt sich nicht abspalten, da die entstehende negative Ladung nicht stabilisiert werden könnte. Viel leichter erfolgt dagegen eine Deprotonierung am α-C-Atom: das gebildete Carbanion ist mesomeriestabilisiert, die zweite Grenzstruktur ist ein Enolat-Ion, bei dem die negative Ladung am elektronegativeren O-Atom zu liegen kommt **(B)**. Dieses Enolat-Ion kann am Sauerstoff unter Bildung des Enols protoniert werden, wogegen Protonierung am α-C-Atom den Aldehyd zurückbildet. Aldehyd und Enol sind zueinander konstitutionsisomer **(C)**. Ein Fluoratom am α-C-Atom polarisiert die C–H-Bindung zusätzlich und bewirkt durch seinen –I-Effekt eine Stabilisierung der negativen Ladung im Carbanion. Dadurch erhöht sich die Acidität **(D)**. Nach Deprotonierung am α-C-Atom liegt das Enolat vor; ein gutes Nucleophil, das sowohl am Sauerstoff wie auch am Kohlenstoff reagieren kann, z. B. unter Ausbildung einer C–C-Bindung durch nucleophilen Angriff auf eine Carbonylgruppe. Ist kein α-ständiges H-Atom vorhanden, kann der Aldehyd kein Enol bzw. Enolat-Ion bilden, sondern nur als elektrophile Komponente fungieren und durch ein Enolat eines anderen Aldehyds oder Ketons angegriffen werden, aber nicht mit sich selbst reagieren **(F)**.

Lösung 32   Antwort (B)

Die gezeigte Verbindung ist ein Diester. Hydrolysiert man beide Estergruppen, entstehen die Benzen-1,2-dicarbonsäure (Phthalsäure) und zwei Moleküle 1-Octanol.

In einem Anhydrid ist der Sauerstoff an zwei Carbonylgruppen gebunden. Hier sind die O-Atome jeweils an eine Carbonylgruppe gebunden; es handelt sich um die funktionelle Estergruppe **(A)**. Bei einer Etherbindung liegt keine Carbonylgruppe vor (R–O–R) **(C)**. Da beide Estergruppen am Benzenmolekül gebunden sind, entstehen bei der Hydrolyse nicht zwei Carbonsäuren, sondern eine (aromatische) Dicarbonsäure **(D)**. Unter Fettsäuren versteht man langkettige Monocarbonsäuren. Beim Abbau des Di-*n*-Octylphthalats werden die Esterbindungen gespalten; die C–C-Bindung zwischen dem Benzenring und der Carbonylgruppe bleibt dagegen intakt, so dass kein Benzen entsteht **(E)**. Die Kopplung an (aktivierte) Glucuronsäure ist ein häufiger Mechanismus zur Verbesserung der Wasserlöslichkeit körperfremder Verbindungen. Dafür ist eine nucleophile OH- oder NH- oder SH-Gruppe erforderlich, die im gezeigten Di-*n*-Octylphthalat nicht vorhanden ist **(F)**.

Lösung 33   Antwort (D)

Die Verbindung enthält eine (schwach) basisch reagierende tertiäre aromatische Aminogruppe. Das zweite (sekundäre) N-Atom ist acyliert, liegt also als Amid vor. Wegen der Konjugation des freien Elektronenpaars am Stickstoff mit der Carbonylgruppe weist diese Gruppe in wässriger Lösung praktisch keine basischen Eigenschaften auf.

Bei der gezeigten Verbindung handelt es sich um einen cyclischen Ester, also ein Lacton **(A)**. Neben der Esterbindung, deren Hydrolyse zur Öffnung des Rings führt, kann auch die Amidbindung unter basischen Bedingungen hydrolysiert werden **(B)**; allerdings sind hierfür recht drastische Reaktionsbedingungen erforderlich. Die Hydrolyse kann auch im Sauren erfolgen. Dann entsteht bei der Spaltung der Amidbindung 2-Iodessigsäure **(E)**. Das Iodatom ist an ein primäres C-Atom gebunden; es handelt sich also um ein primäres Halogenalkan.

Durch die benachbarte Carbonylgruppe wird die Elektrophilie der CH_2-Gruppe noch gesteigert, so dass leicht eine nucleophile Substitution unter Abspaltung von I^- erfolgen kann. Da das Substrat primär ist, läuft die Reaktion nach dem S_N2-Mechanismus ab **(C)**. Das ausgedehnte aromatische π-Elektronensystem führt zusammen mit der Elektronendonorgruppe $(C_2H_5)_2N-$ dazu, dass relativ langwelliges (energiearmes) Licht für eine elektronische Anregung ausreichend ist und die Verbindung im sichtbaren Spektralbereich absorbiert **(F)**.

Lösung 34   Antwort (D)

Lactame sind cyclische Carbonsäureamide. Hier liegt ein cyclischer Ester, ein sogenanntes Lacton, vor.

Warfarin enthält eine Hydroxygruppe, die an eine C=C-Doppelbindung gebunden ist. Die Gruppierung ist als Enol zu bezeichnen **(A)**. Sie steht in einem Tautomeriegleichgewicht mit dem entsprechenden Keton **(B)**. Während im Allgemeinen das Gleichgewicht recht weit auf Seiten der Ketoform liegt, ist in derartigen Cumarin-Derivaten die Enolform begünstigt. Die C=C-Doppelbindung ist hier sowohl mit dem aromatischen Ring als auch mit der Carbonylgruppe des Esters konjugiert; diese ausgedehnte Delokalisierung der π-Elektronen führt zur Stabilisierung der Enolform. Warfarin besitzt ein Chiralitätszentrum – das C-Atom, welches den Phenylrest trägt. Die Verbindung kommt daher in Form von zwei Enantiomeren vor **(C)**. Die Esterbindung im Warfarin kann, wie Esterbindungen allgemein, hydrolysiert werden. Führt man die Hydrolyse im Sauren durch, so erhält man als neue funktionelle Gruppen im Produkt eine phenolische OH-Gruppe und eine Carboxylgruppe. Erstere verhält sich schwach, letztere deutlich sauer **(E)**. Der Phenylrest im Warfarin kommt für eine elektrophile aromatische Substitution in Frage. Diese läuft in Anwesenheit von Br_2 und einer Lewis-Säure wie $FeBr_3$ als Katalysator (zur Erhöhung der Elektrophilie des Broms) ab. Dabei wird ein H^+-Ion vom Aromaten abgespalten, so dass zusammen mit dem verbliebenen Br^--Ion HBr frei wird **(F)**.

Lösung 35   Antwort (E)

Primäre Alkohole sind – in Abhängigkeit von der Kettenlänge – gut bis relativ wenig wasserlösliche, neutral reagierende Verbindungen. Da sie keine basischen Eigenschaften aufweisen, verbessert eine Zugabe von HCl die Löslichkeit nicht. Sie werden durch $K_2Cr_2O_7$-Lösung zur entsprechenden Carbonsäure oxidiert, die (in isolierter Form) mit NH_3 zu einem Salz reagiert.

Ein sekundärer Alkohol **(A)** wird zwar ebenfalls (zum Keton) oxidiert; es entsteht aber keine Verbindung, die mit der Base Ammoniak ein Salz bildet. Gleiches gilt für das Halbacetal **(B)**, das zum Ester oxidiert werden kann. Aus diesem Grund kommen Keton **(D)** und Carbonsäureester **(C)** ebenfalls nicht in Betracht. Das sekundäre Amin **(F)** weist basische Eigenschaften auf und löst sich daher wesentlich besser in HCl als in reinem Wasser.

Lösung 36   Antwort (C)

Zur Acetylierung eines Amins ist ein sogenanntes reaktives Carbonsäurederivat erforderlich. Ein solches ist das Essigsäurechlorid (Acetylchlorid), das Cl als sehr gute Abgangsgruppe ($\rightarrow$ Cl$^-$) enthält.

Mit der freien Carbonsäure (CH_3COOH) reagiert das Amin im Sinne einer Säure-Base-Reaktion zum Carboxylat und dem Ammonium-Ion **(B)**. Das Carboxylat CH_3COO^- ist gegenüber Nucleophilen praktisch inert **(D)**; auch das Carbonsäureamid ($CH_3CONHCH_3$) ist sehr wenig reaktiv **(F)**. Das Benzoesäurechlorid reagiert mit dem Amin ebenso wie das Essigsäurechlorid; dabei handelt es sich aber um eine Benzoylierung (allgemein: Acylierung) **(E)**. Ein Acetylrest (CH_3CO-) kann nur durch ein reaktives Derivat der Essigsäure eingeführt werden. Die erste Verbindung (CH_3CH_2Cl) ist ein Chloralkan. Es eignet sich als Substrat für eine Alkylierung (eine nucleophile Substitution an einem gesättigten C-Atom), dagegen naturgemäß nicht für eine Acetylierung **(A)**.

Lösung 37   Antwort (F)

Die letzte Aussage ist falsch, da unabhängig von der Anwesenheit einer Lewis-Säure als Katalysator keine Addition an das aromatische System erfolgt. Hierbei würde das aromatische π-Elektronensystem zerstört, weshalb eine Addition energetisch unvorteilhaft wäre.

Brom reagiert als Elektrophil **(A)**; es handelt sich demnach um eine Reaktion vom Typ „elektrophile aromatische Substitution" **(D)**. In Abwesenheit des Lewis-Säure-Katalysators läuft die Substitution nur sehr langsam ab, da der als Zwischenprodukt entstehende σ-Komplex nur in Anwesenheit eines „elektronenschiebenden" Substituenten (mit +I- bzw. +M-Effekt) ausreichend stabilisiert ist **(B)**. Da Chlor trotz seines –I-Effektes *o/p*-dirigierend wirkt, wird neben dem gezeigten *p*-Substitutionsprodukt auch das *o*-Produkt entstehen **(C)**. Im ersten Schritt der Reaktion (Ausbildung des σ-Komplexes) muss die Br–Br-Bindung gebrochen werden. Die Lewis-Säure FeBr$_3$ hilft bei diesem Schritt durch Polarisation der Br–Br-Bindung und Bindung des entstehenden Br$^-$-Ions. Ohne FeBr$_3$ läuft die Reaktion tatsächlich nur recht langsam ab, da Chlorbenzol ein wenig reaktiver (desaktivierter) Aromat ist **(E)**.

Lösung 38   Antwort (C)

Eine Substitution an einem gesättigten C-Atom ist durchaus möglich. Es handelt sich hier um eine Reaktion vom Typ bimolekulare nucleophile Substitution (S_N2) **(A)**. Dabei wird in einem Reaktionsschritt gleichzeitig die Bindung zwischen dem C-Atom und der sogenannten Abgangsgruppe (hier: I$^-$) gelöst und die Bindung zu dem neu eintretenden Nucleophil (hier CN$^-$) ausgebildet **(B)**.

Das betreffende C-Atom ist dabei im Übergangszustand (Energiemaximum auf der Reaktionskoordinate) fünffach koordiniert (aber nicht fünfbindig!). Dieser Übergangszustand ist sehr kurzlebig und kann nicht isoliert werden. Ein Zwischenprodukt entspricht dagegen auf der Reaktionskoordinate einem energetischen Minimum zwischen zwei Übergangszuständen.

Bei einer Substitution nach dem S_N1-Mechanismus tritt als (kurzlebiges) Zwischenprodukt ein sogenanntes Carbenium-Ion auf, in dem der betroffene Kohlenstoff nur dreibindig ist und eine positive Ladung trägt **(C)**. Das I^--Ion ist zwar eine besonders gute Abgangsgruppe (und damit Iodalkane gute Substrate für derartige Substitutionsreaktionen), aber auch andere Abgangsgruppen (z. B. Br^-, H_2O, „Tosylat") sind geeignet. Bromalkane werden sogar häufiger eingesetzt als die entsprechenden Iodverbindungen, da sie i. A. leichter verfügbar und zugleich ausreichend reaktiv sind **(E)**. Der Versuch, die Reaktion durch Säurekatalyse zu beschleunigen, ist hier ein Fehlschlag. Durch Zugabe von H^+-Ionen würde das gute Nucleophil CN^- zu HCN protoniert, welches ein wesentlich schlechteres Nucleophil darstellt. Die Reaktion würde langsamer ablaufen; die letzte Aussage **(F)** ist daher richtig.

Lösung 39   Antwort (A)

Bei einer elektrophilen Addition von HBr an 1-Buten sind zwei Produkte möglich: 1-Brombutan und 2-Brombutan. Regioselektiv ist die Addition, wenn eines der beiden Produkte (deutlich) bevorzugt gebildet wird. Die Addition verläuft in zwei Schritten, wobei zunächst H^+ unter Bildung eines Carbenium-Ions addiert wird. Je nach dem, ob das Proton im ersten Schritt an C-1 oder C-2 gebunden wird, entsteht ein sekundäres oder ein primäres Carbenium-Ion. Da sekundäre Carbenium-Ionen wesentlich stabiler sind als primäre, entsteht das erstere bevorzugt, und die Addition wird durch nucleophilen Angriff von Br^- am C-2 abgeschlossen. Es entsteht somit überwiegend 2-Brombutan; die Addition verläuft regioselektiv.

Die charakteristische Reaktion aromatischer Verbindungen wie Benzol ist die elektrophile Substitution. Dagegen findet eine elektrophile Addition praktisch nicht statt, da hierdurch das aromatische π-Elektronensystem zerstört würde. Brombenzol entsteht aus Benzol durch eine elektrophile Substitution mit Br_2 **(B)**. Intermediate bei elektrophilen Additionen sind Carbenium-Ionen. Die Bildung von Carbanion-Intermediaten ist zwar möglich; dann handelt es sich aber um eine nucleophile Addition **(C)**, die insbesondere dann erfolgen kann, wenn die Doppelbindung (mehrere) elektronenziehende Substituenten (–M-Effekt, zur Mesomeriestabilisierung der negativen Ladung des Carbanions) trägt. Die elektrophile Addition von Wasser an 2-Buten liefert 2-Butanol. Dabei handelt es sich um eine chirale Verbindung, allerdings entstehen beide Enantiomere (in Abwesenheit chiraler Katalysatoren) in gleicher Menge, da der Angriff auf das intermediäre planare Carbenium-Ion von beiden Seiten gleich wahrscheinlich ist. 2-Butanol entsteht daher als optisch inaktives Racemat **(D)**. Die elektrophile Addition von Brom an Cyclohexen verläuft in zwei Schritten, wobei zunächst ein cyclisches Bromonium-Ion gebildet wird. Dieses schirmt eine Seite der ursprünglichen Doppelbindung gegen den Angriff des Br^--Ions ab, so dass dieses stereospezifisch von der anderen Seite angreift. Dadurch entsteht als Produkt der „*anti*-Addition" praktisch ausschließlich das *trans*-1,2-Dibromcyclohexan **(E)**. Wasser ist ein Nucleophil; es kann daher die elektronenreiche Doppelbindung im Alken nicht angreifen. Ein Angriff von OH^- entspräche einer nucleophilen Addition; dieser ist im ersten Schritt nur möglich, wenn es sich um eine elektronenarme Doppelbindung (mit –M-Substituenten) handelt. Für eine elektrophile Addition von Wasser ist im ersten Schritt ein Elektrophil erforderlich, nämlich das H^+-Ion, das nach der Addition von Wasser ($\rightarrow -OH_2^+$) aus diesem unter Bildung der Hydroxygruppe wieder abgespalten wird und somit als Katalysator dient **(F)**.

Lösung 40   Antwort (D)

Bei **1** handelt es sich um einen Hydroxyaldehyd; diese Verbindung bildet leicht ein cyclisches Halbacetal. Da hierbei ein (relativ stabiler) sechsgliedriger Ring entsteht, verläuft diese intramolekulare Reaktion besonders leicht. Verbindung **2** könnte prinzipiell ein cyclisches Halbketal bilden; da hierbei aber ein gespannter Vierring entstünde, ist diese intramolekulare Reaktion energetisch benachteiligt und läuft praktisch nicht ab.

Beide Verbindungen besitzen die gleiche Summenformel ($C_5H_{10}O_2$). Da die Atome unterschiedlich miteinander verknüpft sind, handelt es sich um Konstitutionsisomere **(A)**. Aufgrund der unterschiedlichen funktionellen Gruppen gehören beide Verbindungen zwar zu unterschiedlichen Stoffklassen, es sind aber dennoch Isomere. **1** enthält eine primäre Hydroxygruppe (und eine Aldehydgruppe), **2** eine sekundäre Hydroxygruppe; beide werden von $K_2Cr_2O_7$ in saurer Lösung leicht oxidiert **(B)**. Beide Verbindungen enthalten eine Carbonylgruppe, die durch Hydrid-Ionen (H^-) reduziert werden kann **(C)**. Aus der Aldehydgruppe in **1** entsteht dann eine primäre, aus der Ketogruppe in **2** eine sekundäre Alkoholgruppe. **1** und **2** sind zwar Isomere, wandeln sich aber nicht ineinander um **(E)**. Dies würde den Bruch mehrerer kovalenter Bindungen erfordern, ein Prozess, der unter normalen Bedingungen mit einer sehr hohen Aktivierungsenergie verbunden wäre. Beide Verbindungen besitzen aufgrund ihrer Hydroxygruppe ein sehr schwach acides H-Atom sowie ein noch etwas schwächer acides H-Atom am zur Carbonylgruppe α-ständigen C-Atom. Die Acidität beider Verbindungen wird zwar nicht exakt gleich sein, sich aber auch nicht wesentlich unterscheiden **(F)**.

Lösung 41   Antwort (C)

Das Edukt Benzoesäuremethylester ist ein relativ elektronenarmer Aromat, da der Estersubstituent einen elektronenziehenden (–I/–M-) Effekt aufweist. Der Angriff eines Elektrophils verläuft daher vergleichsweise schwierig und bedarf der Katalyse durch eine Lewis-Säure. Diese (z. B. $FeBr_3$) trägt zur Polarisierung und Spaltung der Br–Br-Bindung und somit zur Elektrophilie des Broms bei.

Im Gegensatz zur Estergruppe ist die Methoxygruppe ($-OCH_3$) ein elektronenschiebender Substituent (+M-Effekt), der die Elektronendichte im aromatischen Ring und somit seine Reaktivität gegenüber einem Elektrophil erhöht. Methoxybenzol ist also wesentlich reaktiver als der gezeigte Benzoesäureester **(A)**. Bei einer elektrophilen Substitution am Benzolring wird kein Chiralitätszentrum gebildet; somit können auch keine Enantiomere entstehen **(B)**. Im positiv geladenen σ-Komplex herrscht Elektronenmangel; in der Lewis-Schreibweise hat in jeder mesomeren Grenzstruktur ein C-Atom nur ein Elektronensextett. Eine Struktur mit einem Oktett für alle C-Atome kann nur formuliert werden, wenn der Ring ein Heteroatom mit freiem Elektronenpaar trägt (+M-Effekt), z. B. eine OH- oder eine NH_2-Gruppe. Derartige Substituenten führen deshalb zu einer erheblichen Stabilisierung des σ-Komplexes, was die Reaktion stark beschleunigt **(D)**. Eine Bildung von 2,4-Dibrombenzoesäuremethylester würde einerseits den Einsatz von zwei Äquivalenten Br_2 erfordern. Aber auch in diesem Fall würde kein 2,4-disubstituiertes Produkt entstehen, da die Estergruppe als desaktivierender Substituent einen neu eintretenden Substituent in die *m*-Position lenkt. Es entsteht also zunächst der 3-Brombenzoesäuremethylester, der mit einem zweiten Äquivalent Brom (unter drastischen

Reaktionsbedingungen und/oder Lewis-Säure-Katalyse) zum 3,5-Dibrombenzoesäureme-thylester weiter reagieren könnte (E). Da kein Nucleophil vorliegt, kommt auch keine nucleo-phile Substitution in Frage (F). Ein nucleophiler Angriff würde zudem bevorzugt am Car-bonyl-C-Atom unter Bildung eines tetraedrischen Intermediats mit nachfolgender Eliminie-rung erfolgen (nucleophile Acylsubstitution).

Lösung 42   Antwort (E)

Die Methylgruppe des Toluens (Toluols) lässt sich nicht nur im Labor zur Benzoesäure oxi-dieren, z. B. mit Permanganat, sondern auch im Körper durch entsprechende Oxidasen. Im Gegensatz dazu wird das Benzen zum stark elektrophilen Epoxid oxidiert, das im Weiteren für die cancerogene Eigenschaft verantwortlich gemacht wird.

Wie das Benzen ist auch das Toluen ein aromatischer Kohlenwasserstoff und hat keine hydro-philen Eigenschaften, ist also kaum wasserlöslich (A). Es findet keine Oxidation unter Spal-tung der C–C-Bindung zu Phenol statt (B) und selbstverständlich auch keine Reduktion des aromatischen Rings zum Methylcyclohexan (C). Dihydroxyaceton und D-Threose haben mit Toluen nichts gemeinsam; Antwort (D) kommt offensichtlich nicht in Frage. Für eine Kopp-lung an (aktivierte) Glucuronsäure ist eine nucleophile OH- oder NH- oder SH-Gruppe erfor-derlich; diese fehlt im Toluen. Es müsste also erste eine sogenannte Phase I-Reaktion unter Einführung einer Hydroxygruppe erfolgen, bevor eine Kopplung an die Glucuronsäure mög-lich wäre (F).

Lösung 43   Antwort (C)

Für $K_{\text{Hydrolyse}}$ gilt:

$$K_{\text{Hydrolyse}} = \frac{c(\text{Säure}) \cdot c(\text{Thioalkohol})}{c(\text{Thioester}) \cdot c(\text{Wasser})}$$

Die Konzentrationen beziehen sich auf den erreichten Gleichgewichtszustand. Wenn mit glei-chen Anfangskonzentrationen an Thioester und Wasser gearbeitet wird (hier: 1 mol/L), so sind auch die Konzentrationen dieser Substanzen im Gleichgewicht identisch; in gleicher Weise gilt: $c(\text{Säure}) = c(\text{Thioalkohol})$. Durch die Titration wird $c(\text{Säure})$ im Gleichgewicht bestimmt. Sie ergibt sich zu:

$$c(\text{Säure}) = \frac{n(\text{Säure})}{V} = \frac{c(\text{NaOH}) \cdot V(\text{NaOH})}{V} = \frac{0,20\,\text{mol/L} \cdot 0,0235\,\text{L}}{0,005\,\text{L}} = 0,94\,\text{mol/L}$$

Aus der gegebenen Anfangskonzentration des Esters folgt damit, dass die Gleichgewichts-konzentration an Ester noch 0,06 mol/L beträgt. Damit ergibt sich für $K_{\text{Hydrolyse}}$:

$$K_{\text{Hydrolyse}} = \frac{c(\text{Säure}) \cdot c(\text{Thioalkohol})}{c(\text{Thioester}) \cdot c(\text{Wasser})} = \frac{c^2(\text{Säure})}{c^2(\text{Thioester})} = \frac{0,94^2}{0,060^2} = 245$$

Lösung 44   Antwort (C)

Bei einer Aldoladdition zwischen zwei Aldehyden entsteht eine β-Hydroxycarbonylverbindung; die beiden Verbindungen **4** und **5** scheiden damit aus. Die neu ausgebildete Bindung wird zwischen dem α-C-Atom des als Nucleophil reagierenden Aldehyds und dem Carbonyl-C-Atom des als Elektrophil reagierenden Aldehyds ausgebildet – dies ist bei der gezeigten Verbindung **3** der Fall. Verbindung **1** zeigt das Additionsprodukt von Propanon (Aceton) mit Propanal; Verbindung **2** ist das Additionsprodukt von Ethanal mit 2-Methylpropanal.

Lösung 45   Antwort (F)

Reaktion **3** ist eine Reduktion; es wird ein Molekül H_2 an die Doppelbindung addiert.

Reaktion **1** ist ebenfalls eine Reduktion einer Ketogruppe zum sekundären Alkohol; *in vivo* wird dabei (im Zuge der Fettsäurebiosynthese) der Hydrid-Donor $NADPH/H^+$ verwendet (**A**). Da insgesamt ein Molekül H_2 angelagert wird ($H^- + H^+$), kann Reaktion **1** auch als Hydrierung bezeichnet werden (**B**). Bei Reaktion **2** wird ein Molekül Wasser abgespalten; es handelt sich also um eine Eliminierung (**C**). Eine solche Abspaltung von Wasser wird auch als Dehydratisierung bezeichnet (**D**). Bei Reaktion **3** schließlich fungiert Wasserstoff als Reduktionsmittel; wie bei Reaktion **1** handelt es sich um eine Hydrierung (**E**).

Lösung 46   Antwort (A)

Bei dem gezeigten Bromalkan (3-Brom-3-methylhexan) handelt es sich um ein tertiäres Substrat; ein solches kann aus sterischen Gründen nicht (nur extrem langsam) nach dem bimolekularen Substitutionsmechanismus reagieren.

Der S_N2-Mechanismus erfordert einen Angriff des Nucleophils von der Rückseite, was bei tertiären Substraten aufgrund der sterischen Hinderung (d. h. schlechten Zugänglichkeit des C-Atoms für das Nucleophil) nicht beobachtet wird. Tertiäre Substrate reagieren deshalb nur nach dem S_N1-Mechanismus, bei dem im ersten Schritt die Abgangsgruppe das Molekül unter Bildung eines Carbenium-Ions verlässt, bevor das (schwache) Nucleophil (hier: Wasser, (**B**)) angreift. Die Reaktion verläuft also in zwei Schritten (**D**). Ist das reagierende C-Atom im ursprünglichen Substrat ein Chiralitätszentrum (wie in oben gezeigtem Molekül), so geht im Zuge der Substitution nach S_N1 aufgrund der Bildung des Carbenium-Ion-Intermediats (mit sp^2-hybridisiertem C-Atom!) die stereochemische Information verloren: Es tritt Racemisierung ein, d. h. die beiden möglichen Enantiomere entstehen in (mehr oder weniger) gleicher Menge. Während das Edukt definierte Stereochemie am Chiralitätszentrum aufweist, liegt das Produkt als Gemisch beider Enantiomere vor (**C**). Die Reaktion könnte auch mit dem entsprechenden Iodalkan durchgeführt werden, da I^- sogar noch eine etwas bessere Abgangsgruppe ist als Br^- in der gegebenen Verbindung (**E**). Anwesenheit von Säure könnte ein Nucleophil protonieren, was die nucleophile Eigenschaft weiter verringern würde. Da die Reaktion nach dem S_N1-Mechanismus abläuft, nimmt das Nucleophil am geschwindigkeitsbestimmenden Schritt nicht teil. Die Geschwindigkeit der Reaktion würde sich daher nicht ändern (**F**).

Lösung 47 Antwort (B)

Eine Zwischenstufe ist stets ein Minimum längst der Reaktionskoordinate in einem Energieniveaudiagramm, während ein Maximum einen (nicht in Substanz isolierbaren) Übergangszustand charakterisiert. Das gezeigte Diagramm weist offensichtlich zwischen Edukten und Produkten nur ein Minimum, also eine Zwischenstufe, auf.

Auf der Ordinate des Diagramms ist die Enthalpie H aufgetragen. Da diese für das Produkt niedriger liegt als für das Edukt, handelt es sich um eine exotherme Reaktion (A). Der geschwindigkeitsbestimmende Schritt einer Reaktion ist derjenige, bei dem die höchste Aktivierungsbarriere überwunden werden muss; diese ist entscheidend für die Geschwindigkeit einer Reaktion. Auf dem Weg vom Edukt (links) zum Zwischenprodukt ist eine höhere Barriere zu überwinden als beim zweiten Schritt vom Zwischenprodukt zum Produkt (rechts); somit ist der erste Schritt geschwindigkeitsbestimmend (C). Eine monomolekulare Eliminierung (E1) verläuft über ein Carbenium-Ion als Zwischenstufe, während die bimolekulare Eliminierung (E2) in einem Schritt (konzertiert, ohne Zwischenstufe) abläuft. Somit passt das Diagramm zu einer E1-, nicht aber einer E2-Reaktion (D). Ein Übergangszustand ähnelt strukturell stärker derjenigen Spezies, vor der er sich energetisch weniger unterscheidet. Im gezeigten Diagramm ist der Energieunterschied zwischen Übergangszustand und Zwischenstufe kleiner als zwischen Übergangszustand und Edukt (E). Die Tatsache, dass eine Reaktion exotherm ist, erlaubt keine Aussage über ihre Geschwindigkeit. Zahlreiche stark exotherme Reaktionen verlaufen (unkatalysiert) extrem langsam, da ihre Aktivierungsenergie hoch ist (F).

Lösung 48 Antwort (A)

Eine radikalische Halogenierung beinhaltet zwei sich immer wieder wiederholende Schritte: das im Initiationsschritt (z. B. durch Einwirkung von energiereichem Licht) gebildete Halogenradikal abstrahiert ein H-Atom vom Kohlenwasserstoff unter Bildung eines Alkylradikals und HX. Im zweiten Schritt reagiert das Alkylradikal mit einem Halogenmolekül unter Bildung des Produkts (halogenierter Kohlenwasserstoff) und einem neuen Halogenradikal, usw. Die Rekombination zweier Radikale führt dagegen zum Abbruch einer Reaktionskette.

Zwar enthält das Propan dreimal so viele primäre wie sekundäre Wasserstoffatome; da die Substitution aber nicht statistisch erfolgt (dann wären 1-Brom- und 2-Brompropan im Verhältnis 3:1 zu erwarten), sondern die Abstraktion sekundärer Wasserstoffe (unter Bildung eines stabileren, sekundären Radikals) bevorzugt ist, erhält man überwiegend das 2-Brompropan (B). Sekundäre sind gegenüber primären und tertiäre gegenüber sekundären H-Atomen bei der Radikalbildung bevorzugt (C). Radikalische Bromierungen verlaufen weniger exotherm als entsprechende Chlorierungen (D), was v. a. auf die geringere bei der Bildung von HBr im Vergleich zu HCl freiwerdende Energie zurückgeführt werden kann. Aus oben genannten Gründen (Regioselektivität der radikalischen Halogenierung) ist die Bildung von 1-Chlorhexan aus Hexan ungünstig. Man erhält überwiegend 2- und 3-Chlorhexan aufgrund der bevorzugten Bildung eines stabileren sekundären Radikals. In Cyclohexan sind dagegen alle zwölf Wasserstoffatome äquivalent. Bei Abstraktion eines H-Atoms entsteht immer das gleiche sekundäre Radikal; es ist nur ein Monosubstitutionsprodukt möglich (E).

Aromatische Kohlenwasserstoffe (z. B. Benzen) reagieren mit Halogenen bevorzugt unter elektrophiler Substitution (wofür ggf. eine Lewis-Säure wie $FeBr_3$ als Katalysator erforderlich ist), **(F)**.

Lösung 49   Antwort (C)

Das tertiäre Bromalkan kann zwar ein relativ stabiles Carbenium-Ion bilden und ist daher grundsätzlich als Substrat für eine S_N1-Reaktion geeignet. Monomolekulare Reaktionen (S_N1/ E1) laufen aber in erster Linie dann ab, wenn kein starkes Nucleophil / keine starke Base anwesend ist **(C)**. Würde im gezeigten Beispiel Methanol (anstelle des Methanolat-Ions) eingesetzt, das nur sehr schwach nucleophil / basisch ist und ein gebildetes Carbenium-Ion gut solvatisieren würde, dann würde die monomolekulare Reaktion (S_N1) ablaufen und mit der Eliminierung (E1) konkurrieren. Mit dem stark basischen Methanolat-Ion dagegen ist eine E2-Eliminierung als dominierende Reaktion zu erwarten **(B)**, da S_N2-Reaktionen mit tertiären Substraten aufgrund sterischer Hinderung äußerst langsam ablaufen.

Das gezeigte Produkt enthält einen Sauerstoff gebunden an zwei Alkylreste, ist also ein Ether **(A)**. Brom ist eine gute Abgangsgruppe **(D)**; in einem polar protischen Solvens wie Methanol könnte sich somit das Carbenium-Ion bilden. Die Umsetzung von Alkoholaten mit Halogenalkanen („Williamson'sche Ethersynthese") ist geeignet für die Synthese eines Ethers, wenn ein primäres Substrat beteiligt wird, an dem eine S_N2-Reaktion ohne sterische Hinderung möglich ist. Würde man also das Anion des 2-Methylbutan-2-ols mit Brommethan umsetzen, könnte die Reaktion zum gezeigten Ether glatt ablaufen **(E)**. Ether sind sehr reaktionsträge Verbindungen; sie haben keine aciden Eigenschaften und können deshalb auch als Lösungsmittel für sehr stark basische Substanzen, wie Grignard-Verbindungen oder $LiAlH_4$ verwendet werden **(F)**.

Lösung 50   Antwort (E)

Prolin enthält (als einzige proteinogene Aminosäure) eine sekundäre Aminogruppe. Die Ausbildung einer Amidgruppe ist jedoch auch mit der sekundären Aminogruppe möglich, so dass Prolin ohne weiteres als carboxyständige Aminosäure in einem Protein auftreten kann.

Am isoelektrischen Punkt ist die Aminosäure per Definition nach außen hin ungeladen; liegt also – wie gezeigt – in der zwitterionischen Form vor **(A)**. Betrachtet man die dargestellte Strukturformel als Fischer-Projektion (die C-Kette ist senkrecht orientiert, die H_2N-Gruppe bzw. das H-Atom stehen nach vorne), so steht die funktionelle Aminogruppe am chiralen C-Atom nach links: L-Konfiguration **(B)**. Die Aminogruppe im Prolin ist (aufgrund des Einbaus in den Ring) eine sekundäre; sie liegt in protonierter Form vor **(C)**. Prolin enthält keine hydrolysierbare Bindung. Der heterocyclische Fünfring kann durch Wasser nicht gespalten werden **(D)**. Im Kollagen kommen nur relativ wenige unterschiedliche Aminosäuren vor. Aufgrund der Tripelhelixstruktur muss jede dritte Aminosäure aus sterischen Gründen Glycin sein; daneben finden sich besonders häufig die Aminosäuren Prolin **(F)** und Hydroxyprolin.

Lösung 51   Antwort (C)

Die unterschiedlichen Tripeptide (z. B. Leu–Ser–Lys und Ser–Lys–Leu) lassen sich durch Ionenaustauschchromatographie nicht trennen, da sie alle die gleiche Nettoladung aufweisen und daher praktisch gleich stark an einen Ionenaustauscher binden (bzw. nicht binden).

Peptidbindungen sind recht stabil und nur unter drastischen Bedingungen hydrolysierbar; Zugabe verdünnter HCl-Lösung bei moderater Temperatur genügt nicht für eine Hydrolyse mit akzeptabler Geschwindigkeit **(A)**. Aussage **(B)** ist falsch, da zwei der drei Carboxylgruppen gebunden in den Peptidbindungen vorliegen und daher keine negative Ladung beitragen können. Da mit Lysin eine basische Aminosäure vorliegt, die bei neutralem pH eine positiv geladene Seitenkette aufweist, sind die Tripeptide einfach positiv geladen (der N-Terminus trägt eine positive, der C-Terminus eine negative Ladung bei) **(F)**. Bei Bildung eines Tripeptids werden zwei Amidbindungen geknüpft, nicht drei **(E)**. Dafür genügt es allerdings nicht, die einzelnen Aminosäuren zusammenzugeben und zu erhitzen (auch Säure„katalyse" wirkt sich hier kontraproduktiv aus, da hierdurch die Aminogruppen protoniert würden und nicht mehr als Nucleophile für die Ausbildung der Amidbindungen zur Verfügung stehen); vielmehr erfordert die Synthese spezifischer Sequenzen eine ausgeklügelte Abfolge von Aktivierungs-, Schutz- und Kopplungsschritten, z. B. im Zuge einer „Festphasen-Peptidsynthese nach Merrifield" **(D)**.

Lösung 52   Antwort (D)

Isatisin A weist zwei Stickstoffatome mit freiem Elektronenpaar auf; beide jedoch verhalten sich in wässriger Lösung praktisch nicht basisch. Eines der beiden ist Teil des aromatischen Indol-Ringsystems; hier ist das freie Elektronenpaar als Teil des 6π-Elektronensystems im Ring delokalisiert. Eine Protonierung würde den aromatischen Charakter aufheben und ist daher energetisch ungünstig. Der zweite Stickstoff gehört zu einem tertiären bicyclischen Amid. Auch hier ist das freie Elektronenpaar des Stickstoffs durch die benachbarte Carbonylgruppe mesomeriestabilisiert und verhält sich praktisch nicht basisch.

Wie erwähnt enthält das Isatisin A eine tertiäre Amidgruppe **(A)** und ein Indol-Ringsystem **(E)**. Neben zahlreichen sp^2-hybridisierten C-Atomen finden sich im Isatisin A auch sechs sp^3-hybridisierte; diese stellen mit Ausnahme des C-Atoms der CH_2OH-Gruppe Chiralitätszentren dar **(B)**. Ein Ketal entsteht durch die Umsetzung eines Ketons mit zwei Hydroxygruppen; dabei entsteht im ersten Schritt durch nucleophile Addition an die Carbonylgruppe das Halbketal, welches Wasser eliminiert und mit der zweiten Hydroxygruppe zum Ketal reagiert. Gehören beide OH-Gruppen zum gleichen Molekül kommt es zum Ringschluss. Voraussetzung dafür ist, dass die beiden Hydroxygruppen räumlich so angeordnet sind, dass der Ringschluss aus räumlicher Sicht möglich ist. Dies ist für die benachbarten *cis*-ständigen OH-Gruppen im Isatisin A der Fall **(C)**. Dichromat ($Cr_2O_7^{2-}$) ist ein gutes Oxidationsmittel, mit dem sich primäre Alkohole leicht zu Aldehyden und (in wässriger Lösung) weiter zu Carbonsäuren oxidieren lassen. Im Isatisin A lässt sich die CH_2OH-Gruppe so zur sauren Carboxylgruppe oxidieren **(F)**.

Lösung 53   Antwort (B)

Bei der Verbindung handelt es sich nicht um einen Phosphorsäureester, sondern um ein gemischtes Carbonsäure-Phosphorsäure-Anhydrid.

Dieses gehört zu den reaktiven Carbonsäurederivaten **(A)**, wird dementsprechend leicht zu Glutaminsäure hydrolysiert **(D)** und leitet sich daher auch von dieser Aminosäure ab **(C)**. Man kann derartig aktivierte Aminosäuren mit einer weiteren Aminosäure (mit freier Aminogruppe) zu einem Dipeptid umsetzen **(F)**. Bei einer deutlichen Absenkung des pH-Werts würde die Carboxylgruppe protoniert. Eine Anhebung des pH-Werts würde die NH_3^+-Gruppe deprotonieren bzw. das noch am Phosphatrest befindliche schwach saure Proton abspalten, so dass die Verbindung mit der gezeigten Ladungsverteilung nur im annähernd neutralen pH-Bereich vorliegt **(E)**.

Lösung 54   Antwort (F)

Wendet man die Regeln zur Bestimmung der absoluten Konfiguration nach Cahn-Ingold-Prelog („CIP") auf die gezeigte Fischer-Projektion des Glycerolaldehyd-3-phosphats (= Glycerinaldehyd-3-phosphat „GAP") an, so erhält man die (R)-Konfiguration.

Bei der Verbindung handelt es sich um eine Aldotriose **(A)**, die leicht zu 3-Phosphoglycerolsäure (bzw. 3-Phosphoglycerat) oxidiert werden kann **(B)**. Eine Hydrolyse ist ebenfalls problemlos möglich **(C)**, da es sich um einen Ester der Phosphorsäure handelt **(E)**. Ester sind generell hydrolysierbar. Da es sich um den Phosphorsäureester von Glycerolaldehyd handelt, ist es richtig zu sagen, dass sich die gezeigte Verbindung vom Glycerolaldehyd ableitet **(D)**.

Lösung 55   Antwort (D)

Bei der gezeigten Verbindung handelt es sich um ein Phosphatidylethanolamin (PE), nicht um ein Phosphatidylcholin (PC). Letzteres besitzt am quartären Stickstoff drei Methylgruppen anstelle der H-Atome.

Ein Fett ist ein Triacylglycerol **(B)**; bei den Phospholipiden ist dagegen die OH-Gruppe am C-3 von Glycerol mit Phosphorsäure verestert, die wiederum meistens noch mit einem weiteren Alkohol (Ethanolamin im PE; Cholin im PC) verestert ist. Phospholipide sind Hauptbestandteile praktisch aller biologischen Membranen **(E)**. Da die Fettsäure an C-2 ungesättigt ist, reagiert die Verbindung unter Addition von Brom ($\to$ Entfärbung von zugesetzter Brom-Lösung) **(C)**; aus dem gleichen Grund kann sie auch hydriert werden **(F)**. Die vorhandenen Esterbindungen lassen sich in basischer Lösung hydrolysieren. Dabei werden sowohl die Esterbindungen zwischen Glycerol und Fettsäuren gespalten ($\to$ Carboxylate langkettiger Fettsäure, auch als „Seifen" bezeichnet), als auch die beiden Phosphorsäureesterbindungen. Da im gezeigten PE-Molekül zwei unterschiedliche Fettsäuren gebunden sind, entstehen bei der Hydrolyse auch zwei unterschiedliche Seifen **(A)**.

Lösung 56   Antwort (C)

Die gezeigte Verbindung (2-*N*-Acetylglucosamin) leitet sich von der Glucose ab, ist also eine Aldohexose (sechs C-Atome, mit Aldehydgruppe in der offenkettigen Form) **(A)**. Daher entsteht bei der Hydrolyse der Verbindung die 2-Aminoglucose, nicht die 2-Aminogalaktose. Diese unterscheidet sich von der 2-Aminoglucose durch die Stellung der OH-Gruppe an C-4: sie ist axial bei der Galaktose, aber äquatorial (wie in der Abbildung) bei der Glucose.

Führt man die Verbindung in die offenkettige Form über, erkennt man, dass es sich um einen Zucker der D-Reihe handelt **(F)**: die OH-Gruppe an dem Chiralitätszentrum, das am weitesten vom höchstoxidierten C-Atom (C-1) entfernt ist (C-5), steht in der Fischer-Projektion nach rechts (lat. *dexter*). Das Molekül besitzt mehrere freie OH-Gruppen, könnte also an diesen z. B. mit Essigsäurechlorid reagieren und somit acetyliert werden **(B)**. Da die Verbindung noch eine Halbacetalgruppe aufweist, handelt es sich um einen sogenannten reduzierenden Zucker; ein solcher reagiert mit Ag^+ zu elementarem Silber (Ag) und dem Oxidationsprodukt des jeweiligen Zuckers **(E)**. *N*-Acetylglucosamin ist der Monomerbaustein des Polysaccharids Chitin **(D)**, in dem es β-1→4-glykosidisch verknüpft vorliegt. Dieses Polysaccharid ist die Gerüstsubstanz von Insekten und ein Hauptbestandteil der Zellwand von Pilzen.

Lösung 57   Antwort (E)

In beiden Verbindungen sind die gleichen Atome miteinander verknüpft; es kann sich also nicht um Konstitutionsisomere handeln **(A)**. Es sind zwei Esterbindungen vorhanden, aber kein Carbonsäureamid **(B)**. Die Verbindungen besitzen mehrere (vier) Chiralitätszentren, jedoch keine Spiegelebene oder Inversionszentrum – sie sind also chiral **(D)**. Im Pseudococain stehen die $COOCH_3$-Gruppe und die OCOPh-Gruppe *trans*, im Cocain dagegen *cis*. Beide Verbindungen verhalten sich also nicht wie Bild und Spiegelbild, können somit keine Enantiomere sein **(C)**, sondern sind – aufgrund identischer Konstitution – Diastereomere **(E)**. Pyridin ist ein aromatischer sechsgliedriger Heterocyclus; das vorliegende bicyclische Ringsystem enthält zwar ein N-Atom, ist aber gesättigt **(F)**.

Lösung 58   Antwort (E)

Das Rückgrat von Peptiden und Proteinen wird durch jeweils drei Atome der beteiligten Aminosäuren gebildet: an das α-C-Atom sind gebunden der charakteristische Rest der Aminosäure, ein H-Atom, die Carboxylgruppe und die Aminogruppe. Die Carboxylgruppe bildet mit der Aminogruppe der nächsten Aminosäure die Peptidbindung aus. Somit ergibt sich für das Rückgrat $-N-C_\alpha-C(O) -$, also die Antwort **(E)**.

In **(A)** enthält das Rückgrat jeweils ein C-Atom zu viel; in **(B)** und **(F)** ist das doppelt gebundene O-Atom der Carbonylgruppe enthalten, das keine weitere Bindung zum N ausbildet. Wasserstoffatome sind grundsätzlich nur einbindig und können natürlich nicht in der Kette auftreten **(C)**, **(D)**.

Lösung 59   Antwort (D)

Pyrrol ist ein fünfgliedriger aromatischer Heterocyclus mit einem Stickstoffatom im Ring. Das vorliegende bicyclische Ringsystem enthält zwar einen Fünf- und einen Sechsring mit einem N-Atom im Ring, ist aber gesättigt.

Das dem Fünf- und dem Sechsring angehörige N-Atom trägt drei Alkylreste, stellt also eine tertiäre Aminogruppe dar (A). Da keine saure Gruppe im Molekül vorhanden ist, sorgt die basische Aminogruppe dafür, dass Atropin insgesamt basisch reagiert. Die primäre Hydroxygruppe kann leicht oxidiert werden (B). Die Estergruppe im Molekül (E) verknüpft das heterocyclische Ringsystem mit der 3-Hydroxy-2-phenylpropansäure. Hydrolysiert man diese Esterbindung, so entsteht die genannte Verbindung, die als β-Hydroxycarbonsäure bezeichnet werden kann (C). Das α-C-Atom, welches den Phenylsubstituenten trägt, stellt ein Chiralitätszentrum dar, so dass Atropin als Enantiomerenpaar auftreten kann (F).

Lösung 60   Antwort (E)

Wendet man die C-I-P-Regeln ($\rightarrow$ WK 4) auf das einzige Chiralitätszentrum (das C-Atom, welches den Amid-Stickstoff trägt) an, so findet man für dieses die (S)-Konfiguration.

Da genau ein Chiralitätszentrum vorhanden ist, kommt die Verbindung als Enantiomerenpaar vor (B). Sie enthält offensichtlich mehrere Methoxygruppen (= –OCH$_3$) (A). Reduziert man die Verbindung mit einem Hydrid-Donor (z. B. NADH, NaBH$_4$), so wird die Ketogruppe im ungesättigten Siebenring zum sekundären Alkohol reduziert. Dadurch entsteht ein neues Chiralitätszentrum, das (R)- oder (S)-konfiguriert sein kann. Verwendet man nicht spezielle „enantioselektive" Reagenzien, so entstehen beide Formen in etwa gleicher Menge. Da das ursprüngliche Chiralitätszentrum davon unberührt bleibt, hat man nun ein Paar von Verbindungen mit (S,S)- bzw. (S,R)-Konfiguration, d. h. ein Paar von Diastereomeren (C). Der Stickstoff trägt noch ein H-Atom und die Acetylgruppe. Spaltet man die Amidbindung hydrolytisch (was drastische Reaktionsbedingungen erfordert) (F), so erhält man Essigsäure (bzw. Acetat) und eine primäre Aminogruppe. Colchicin kann daher als acetyliertes primäres Amin bezeichnet werden (D).

Lösung 61   Antwort (E)

Glutathion (γ-Glu–Cys–Gly) ist ein wichtiges Reduktionsmittel in der Zelle. Der Cys-Rest enthält die Mercaptogruppe (–SH), die intermolekular leicht zu einer Disulfidbrücke (–S–S–) oxidiert wird.

Disulfidbrücken haben mit Wasserstoffbrücken nichts zu tun; die S–H-Bindung ist zu wenig polar für eine Ausbildung von H-Brücken (A). Disulfidbrücken lassen sich oxidativ spalten; dabei entstehen zwei Sulfonsäuregruppen (–SO$_3$H). Für die Bildung der Mercaptogruppen muss die Disulfidbrücke mit einem Reduktionsmittel gespalten werden, z. B. mit NADPH (B). Es gibt zwei schwefelhaltige proteinogene Aminosäuren, Cystein und Methionin. Nur Cystein enthält aber eine Mercaptogruppe, im Methionin liegt ein Sulfid vor. Methionin kann daher keine Disulfidbrücken ausbilden **(C)**. Das Detergenz Natriumdodecylsulfat (SDS) bindet an die Seitenketten von Aminosäuren in Proteinen und führt auf diesem Wege zur Denaturierung des Proteins. Disulfidbrücken werden durch SDS aber nicht reduziert **(D)**. Disulfidbrücken können sich zwischen Cysteinresten in einem Protein ausbilden, wenn sich diese durch die Faltung der Proteinkette ausreichend nahekommen. Sie können sich daher in der Primärstruktur an (fast) beliebigen Positionen befinden. Daher ist es nicht möglich, bei Anwesenheit von mehr als zwei Cysteinen allein aufgrund der Primärstruktur (der Aminosäuresequenz) darauf zu schließen, zwischen welchen Cysteinresten es zur Ausbildung von Disulfidbrücken kommt **(F)**.

Lösung 62   Antwort (C)

Glykocholsäure enthält eine sauer reagierende Carbonsäuregruppe, die bei pH-Werten oberhalb von ca. 4 in deprotonierter Form vorliegt. Es ist dagegen keine basische Gruppe vorhanden. Da das N-Atom mit seinem freien Elektronenpaar in die Amidbindung eingebunden ist, weist es aufgrund der Konjugation mit der Carbonylgruppe praktische keine basischen Eigenschaften auf. Außer bei extrem niedrigen pH-Werten nimmt die Verbindung demnach kein Proton auf und bildet kein Zwitterion.

Die Seitenkette am Fünfring ist über eine Amidbindung **(A)** mit der Aminosäure Glycin verknüpft; diese Amidbindung wird, wie Amide generell, nur unter drastischen Reaktionsbedingungen hydrolysiert. Diese Hydrolyse setzt Glycin frei **(B)**. Für die Bildung einer glykosidischen Bindung mit Glucose sind freie OH-Gruppen erforderlich; hiervon sind in der Glykocholsäure drei vorhanden. Die Bildung eines Glykosids ist also möglich **(D)**. Für die Reaktion mit Natriumhydrogencarbonat ist die sauer reagierende Carboxylgruppe verantwortlich. Sie gibt ein Proton an das Hydrogencarbonat ab, welches zu Kohlensäure protoniert wird. Diese zerfällt leicht unter Bildung von CO_2 **(E)** und H_2O. Die erwähnten OH-Gruppen sind alle drei sekundär **(F)**.

Lösung 63   Antwort (C)

Bei einer Dünnschichtchromatographie mit polarer stationärer Phase (z. B. Kieselgel) und unpolarem Laufmittel sinkt der R_F-Wert mit zunehmender Polarität der Verbindung. Je polarer die Verbindung, desto stärker ist ihre Wechselwirkung mit der polaren stationären Phase, desto geringer ihre Wanderungsgeschwindigkeit. Die Reihenfolge in **(C)** spiegelt also die abnehmende Polarität der gegebenen Verbindungen wider.

Lecithin und Sphingomyelin besitzen eine zwitterionische Kopfgruppe und deshalb amphiphilen Charakter; beide wandern unter den angegebenen Bedingungen fast gar nicht. Palmitinsäure besitzt neben der hydrophoben Alkylkette die polare Carboxylgruppe, Cholesterol neben dem großen hydrophoben Sterangerüst eine polare OH-Gruppe. Beide Verbindungen besitzen wesentlich höhere R_F-Werte als das Phosphatidylcholin. Im Tripalmitin und im Cholesterolester sind die einzigen polaren Gruppen der Palmitinsäure bzw. des Cholesterols (–COOH bzw. –OH) verestert. Damit existiert keine polare OH-Gruppe mehr; beide Verbindungen sind praktisch völlig unpolar und besitzen entsprechend die höchsten R_F-Werte.

Lösung 64   Antwort (D)

Nikotin besitzt zwei Stickstoffatome mit basischem Charakter: das tertiäre aliphatische Amin (im Fünfring) und das N-Atom im aromatischen Pyridinring. Da ein freies Elektronenpaar in einem sp^2-Orbital etwas fester vom Kern gebunden wird als ein solches in einem sp^3-Hybridorbital, ist der Stickstoff im Fünfring die stärker basische Gruppe. Die Protonierung erfolgt also bevorzugt zunächst an diesem N-Atom.

Da Nikotin als Baustein einen Pyridinring (= Benzenring, bei dem eine CH-Gruppe durch N ersetzt ist) enthält, kann es als Derivat des Pyridins bezeichnet werden (A). Der Pyridinring gehört zu den sogenannten π-Mangelaromaten. Aufgrund der gegenüber Kohlenstoff deutlich höheren Elektronegativität des Stickstoffs ist die π-Elektronendichte im Ring gegenüber dem Benzen verringert. Da eine elektrophile aromatische Substitution umso leichter erfolgt, je höher die Elektronendichte im Ring ist (erleichtert den Angriff des Elektrophils im ersten Schritt), ist Nikotin (sein Pyridinring) weniger reaktiv als Benzen (B). Im Gegensatz dazu ist die Elektronendichte im Anilin gegenüber dem Benzen erhöht, da das freie Elektronenpaar der NH_2-Gruppe mit dem π-Elektronensystem in Konjugation steht und dadurch einen elektrophilen Angriff erleichtert. Die beiden N-Atome wirken nicht nur als Base (Bindung eines H^+-Ions), sondern auch als Nucleophil. Als solches greifen sie elektrophile Verbindungen, wie z. B. Iodmethan (Methyliodid; CH_3I) an, so dass Nikotin auf diese Weise methyliert werden kann (C). Nikotin besitzt ein chirales C-Atom (dasjenige, welches an den Pyridinring bindet) und kann somit als ein Paar von Enantiomeren auftreten (E). In Abhängigkeit vom pH-Wert kann Nikotin neutral (wie gezeigt), einfach oder zweifach positiv geladen vorkommen. Bei pH-Werten kleiner ≈ 8 wird zunächst die tertiäre Aminogruppe des Fünfrings protoniert, bei niedrigen pH-Werten auch das Stickstoffatom im Pyridinring. Nur bei höheren pH-Werten liegt demnach überwiegend die ungeladene Form vor (F).

Lösung 65   Antwort (E)

Die gezeigte Verbindung (Pyridoxal) ist das Oxidationsprodukt des Pyridoxols (auch Pyridoxin genannt; Vitamin B_6), das anstelle der Aldehydgruppe eine CH_2OH-Gruppe aufweist. Aufgrund der OH-Gruppen handelt es sich um eine relativ polare Verbindung mit guter Wasserlöslichkeit, also nicht um ein fettlösliches Vitamin, wie z. B. Vitamin E (α-Tocopherol).

Pyridoxal enthält das heterocyclische Pyridin-Ringsystem (eine CH-Gruppe des Benzolrings ist durch ein N-Atom substituiert) (A). Der Stickstoff im Pyridin (bzw. Pyridoxal) ist schwach basisch und kann daher protoniert werden (B). Unter Pyridoxalphosphat, das als Coenzym u. a. im Aminosäurestoffwechsel fungiert, versteht man den Phosphorsäureester des gezeigten Pyridoxals, wobei die primäre OH-Gruppe verestert vorliegt (C). Wie Aldehydgruppen generell kann auch die Aldehydgruppe von Pyridoxal zum primären Alkohol reduziert werden; die entstehende Verbindung wird als Pyridoxol bezeichnet (D). Die typische Reaktion des Pyridoxals (in seiner Form als Coenzym Pyridoxalphosphat) ist die Bildung von Iminen (Schiff'schen Basen) mit der Aminogruppe von Aminosäuren (F), einer wichtigen Reaktion im Aminosäurestoffwechsel, die zur Umwandlung von α-Aminosäuren in α-Ketosäuren führt, und umgekehrt.

Lösung 66   Antwort (E)

Nystatin A1 weist insgesamt sechs C=C-Doppelbindungen auf; davon sind einmal vier und einmal zwei miteinander konjugiert (alle beteiligten C-Atome sind sp^2-hybridisiert). Kumulierte Doppelbindungen erfordern ein sp-hybridisiertes C-Atom, das C=C-Doppelbindungen zu seinen beiden Nachbar-C-Atomen ausbildet.

Die Verbindung weist etliche sekundäre Hydroxygruppen auf, die zu Ketogruppen oxidiert werden könnten, so dass ein Polyketon entstünde (A). Man findet im Nystatin A1 eine saure COOH-Gruppe und eine basische Aminogruppe; alle anderen funktionellen Gruppen reagieren neutral. Bei pH = 7 liegt die Carboxylgruppe in deprotonierter Form, die Aminogruppe dagegen in protonierter Form vor. Insgesamt resultiert daraus ein Zwitterion (B). Die Verbindung enthält eine glykosidische Bindung, kann also als Glykosid bezeichnet werden (D). Insgesamt sind drei in wässriger Säure hydrolysierbare Bindungen zu erkennen (C): die Esterbindung, die zur Ausbildung des makrocyclischen (Lacton)rings führt (F), die glykosidische Bindung, welche den Zuckerrest an den Makrocyclus bindet, sowie die Halbacetalgruppe, die zur Ringform des Zuckerrestes führt.

Lösung 67   Antwort (C)

Hesperidin enthält keine Ester-, sondern nur eine Ethergruppe (R–OCH₃). Die glykosidischen Bindungen sind unter basischen Bedingungen stabil gegenüber Hydrolyse. Die Ethergruppe wird nur unter sehr speziellen Bedingungen hydrolysiert, z. B. mit HBr.

Hesperidin enthält zwei phenolische OH-Gruppen, Synephrin eine (A). Hesperidin besitzt ferner eine mit NADH/H⁺ reduzierbare Gruppe, die Ketogruppe, die zum sekundären Alkohol reduziert werden kann (B). Unter einer Dehydrierung versteht man eine Abspaltung von Wasserstoff; es handelt sich um eine Oxidation. Synephrin enthält eine sekundäre Hydroxygruppe, die leicht zum Keton oxidiert (dehydriert) wird (E). Diese OH-Gruppe ist ein schwaches Nucleophil, kann aber prinzipiell, ebenso wie die sekundäre Aminogruppe, mit einem Elektrophil wie CH₃I im Sinne einer nucleophilen Substitution nach S_N2 reagieren. Dabei entstünden eine Ether- bzw. eine tertiäre Aminogruppe (F). Monosaccharide (z. B. Glucose) können mit Alkoholen (unter H⁺-Katalyse) zu Glykosiden umgesetzt werden. Da Synephrin zwei OH-Gruppen enthält, kann es in dieser Weise zu einem Glykosid reagieren (D).

Lösung 68   Antwort (E)

Drei der vorhandenen Chiralitätszentren sind leicht zu erkennen, nämlich die drei Ring-C-Atome mit den vom Fünfring ausgehenden, durch Keilstrichschreibweise hervorgehobenen Bindungen. Das vierte Chiralitätszentrum ist das C-Atom, das die endständige Carboxylgruppe und eine Methylgruppe trägt.

Der Fünfring-Heterocyclus mit einer Carbonsäuregruppe am Stickstoff-gebundenen Ringkohlenstoff kommt in dieser Form auch in der Aminosäure Prolin vor. Hier trägt der Ring noch eine weitere Carboxylgruppe sowie die ungesättigte Seitenkette. Die Verbindung ist also ein substituiertes Prolin (A). Domoinsäure besitzt drei saure Carboxylgruppen und nur eine basische Aminogruppe (B). Der isoelektrische Punkt (derjenige pH-Wert, bei dem die Verbindung nach außen hin netto ungeladen ist) wird also wie für alle sogenannten sauren Aminosäuren (z. B. Asparaginsäure, Glutaminsäure) bei pH < 7 liegen (C). Aufgrund der beiden C=C-Doppelbindungen ist die Verbindung ein Dien. Da die beiden Doppelbindungen nicht durch ein oder mehrere sp³-hybridisierte C-Atome getrennt sind (→ isolierte Doppelbindungen) und auch nicht beide von einem sp-hybridisierten C-Atom ausgehen (→ kumulierte Doppelbindungen; vergleichsweise selten), handelt es sich um konjugierte Doppelbindungen (alle C-Atome des konjugierten Systems sind sp²-hybridisiert) (D). Jede der beiden Doppelbindungen kann (in Anwesenheit eines geeigneten Katalysators) ein Mol Wasserstoff (H_2) addieren; insgesamt können pro Mol Domoinsäure also zwei Mol Wasserstoff angelagert werden (F).

Lösung 69   Antwort (D)

Alle drei Verbindungen sind α-Aminocarbonsäuren (B), jedoch nur **1** und **2** besitzen eine primäre Aminogruppe (D). Die Aminogruppe in **3**, die Bestandteil des Fünfrings ist, ist sekundär.

1 (Glutaminsäure) und **3** (Prolin) gehören zu den 21 (incl. Selenocystein) proteinogenen Aminosäuren, d. h. sie sind die Bausteine der im Organismus vorkommenden Proteine (A). Die 2-Aminopentansäure **2** ist keine proteinogene Aminosäure. Die Konstitution der drei Verbindungen ist aus der Strukturformel klar ersichtlich; auch die Konfiguration ist eindeutig. So handelt es sich bei allen drei Verbindungen um das jeweilige L- (bzw. (S))-Enantiomer. Durch Drehung um Einfachbindungen ist jedoch noch eine (im Prinzip unendliche) Anzahl verschiedener Konformationen möglich, die sich in ihrem Energieinhalt unterscheiden. Allerdings sind diese Unterschiede so gering, dass bei normaler Umgebungstemperatur die thermische Energie völlig ausreicht, um eine permanente rasche Umwandlung der einzelnen Konformationen ineinander zu ermöglichen. Offenkettige Strukturen mit unterschiedlicher Konformation können daher (zumindest bei Raumtemperatur) i. A. nicht isoliert werden (C). Alle drei Verbindungen können sowohl als Säuren (Abgabe eines H^+-Ions von der NH_3^+- bzw. NH_2^+-Gruppe) als auch als Base (Aufnahme eines H^+-Ions durch die COO^--Gruppe) fungieren; man kann sie daher als Ampholyte bezeichnen (E). Im Gegensatz zu **2** und **3** besitzt **1** noch eine zusätzliche saure COOH-Gruppe. Diese liegt bei neutralem pH-Wert überwiegend in der deprotonierten Form vor. Nur **2** und **3** liegen demnach bei pH 7 überwiegend in der gezeigten zwitterionischen Form vor (F).

Lösung 70   Antwort (E)

Damit eine organische Substanz farbig erscheint (d. h. im sichtbaren Bereich des Spektrums absorbiert) müssen entsprechende Chromophore vorhanden sein, typischerweise ein ausgedehntes delokalisiertes π-Elektronensystem. Leiodermatolid weist zwar insgesamt fünf C=C-Doppelbindungen auf, jedoch sind jeweils nur maximal zwei davon konjugiert. Auch die Carbonylgruppen absorbieren nur energiereicheres UV-Licht, so dass zu erwarten ist, dass die Substanz farblos ist.

Leiodermatolid besitzt eine sekundäre und eine tertiäre Hydroxygruppe. Erstere kann durch eine saure $Cr_2O_7^{2-}$-Lösung zur Ketogruppe oxidiert werden, wogegen tertiäre Alkohole unter diesen Bedingungen nicht reagieren. Auch die übrigen funktionellen Gruppen (Alken, Ester, Carbamat) sowie die Alkylreste sind gegenüber $Cr_2O_7^{2-}$ stabil **(A)**. Es sind weder saure noch basische Gruppen in Leiodermatolid vorhanden **(B)**. Das freie Elektronenpaar am Stickstoff der primären Aminogruppe ist (ebenso wie bei Amiden) zur Carbonylgruppe hin delokalisiert und steht daher praktisch nicht zur Protonierung zur Verfügung. Leiodermatolid weist zwei Lactonringe auf, die hydrolytisch geöffnet werden können; außerdem können die beiden vom Carbonyl-C-Atom des Carbamats ausgehenden Bindungen hydrolysiert werden ($\rightarrow NH_3$, CO_2 + Alkohol) – insgesamt sind also vier hydrolysierbare Bindungen zu erkennen **(C)**. Die Keil-strichschreibweise macht die Identifizierung der Chiralitätszentren relativ einfach – tatsächlich sind insgesamt neun solche im Leiodermatolid vorhanden **(D)**. Die höchstmögliche Oxidationsstufe für Kohlenstoff ist +4; sie wird erreicht, wenn ein C-Atom ausschließlich an (elektronegativere) Heteroatome gebunden ist. Dies ist der Fall für das Carbonyl-C-Atom der Carbamatgruppe (drei C–O-, eine C–N-Bindung) **(F)**.

Lösung 71   Antwort (E)

Diosgenin besitzt ein C-Atom, das neben zwei Alkylresten zweimal die Gruppierung –O–R trägt. Diese funktionelle Gruppe wird als Ketal bezeichnet. Die Bezeichnung Diether ist dagegen nur korrekt, wenn sich beide R–O-Gruppen an unterschiedlichen C-Atomen befinden.

Diosgenin ist ein sekundärer Alkohol. Alkohole können, sofern an einem Nachbar-C-Atom ein H-Atom vorhanden ist, zu Alkenen dehydratisiert werden. Katalyse durch Säure ist erforderlich, da die OH-Gruppe eine schlechte Abgangsgruppe ist; durch Anlagerung von H^+ wird sie in die wesentlich bessere Abgangsgruppe H_2O umgewandelt **(A)**. Die sekundäre OH-Gruppe lässt sich auch zum Keton oxidieren. Eine saure $Cr_2O_7^{2-}$- oder MnO_4^--Lösung ist hierfür ein geeignetes Oxidationsmittel **(B)**. Die gleiche OH-Gruppe wäre auch an der Ausbildung einer glykosidischen Bindung mit einem Zuckermolekül wie z. B. Glucose beteiligt. Diese Reaktion ist generell für alle alkoholischen Hydroxygruppen möglich **(C)**. Die Verbindung besitzt nur eine hydrolysierbare Gruppe – das Ketal. Dieses ist unter basischen Bedingungen stabil, wird aber unter Säurekatalyse zum Halbketal und einem Alkohol gespalten. Bei dieser Reaktion könnte entweder der Fünf- oder der Sechsring (die am Vollketal beteiligt sind) geöffnet werden. Das Halbketal könnte dann zum Aldehyd und einem weiteren Alkohol hydrolysiert werden, wodurch der zweite Ring geöffnet würde **(D)**. Da Diosgenin eine olefinische Doppelbindung enthält, reagiert es mit Brom-Lösung unter elektrophiler Addition. Das Brom wird hierbei verbraucht, so dass die charakteristische gelbbraune Farbe verschwindet **(F)**.

Zusatzbemerkung: Oft verzichtet man im allgemeinen Sprachgebrauch auf die Unterscheidung zwischen Halbketalen/Ketalen (abgeleitet von Ketonen) und Halbacetalen/Acetalen (abgeleitet von Aldehyden) und bezeichnet beide Gruppen als Halbacetale bzw. Acetale.

Lösung 72   Antwort (F)

Erythromycin besitzt nur eine einzige basische Gruppe (das tertiäre Amin im Zuckerrest) und gar keine saure Gruppe. Die alkoholischen OH-Gruppen verhalten sich genauso wie die Estergruppe in wässriger Lösung neutral. Daher liegt Erythromycin bei pH 7 überwiegend als einfach positives Kation vor.

Erythromycin ist ein makrocyclisches Lacton **(B)**; dieses kann, wie Ester generell, durch wässrige NaOH-Lösung bei erhöhter Temperatur hydrolysiert werden. Hierbei wird der Ring geöffnet **(A)**. Für acht Stereoisomere wären nur drei Chiralitätszentren erforderlich ($2^3 = 8$) Es ist leicht zu erkennen, dass Erythromycin sogar deutlich mehr als drei Chiralitätszentren enthält; die Anzahl möglicher Stereoisomere ist also erheblich größer **(C)**. Erythromycin enthält fünf OH-Gruppen. Davon sind zwei tertiär, können also nicht oxidiert werden. Die anderen drei sind sekundär und lassen sich durch ein geeignetes Oxidationsmittel wie $K_2Cr_2O_7$ zu Ketogruppen oxidieren. Zusammen mit der bereits vorhandenen Ketogruppe ergäben sich dann insgesamt vier Ketogruppen **(D)**. Umgekehrt lässt sich die vorhandene Ketogruppe mit einem Hydrid-Donor (z. B. $NaBH_4$) zum sekundären Alkohol reduzieren. Dabei entsteht ein weiteres Chiralitätszentrum, da das H^--Ion von beiden Seiten an die prochirale Carbonylgruppe addiert werden kann **(E)**.

Lösung 73   Antwort (A)

Die Chinasäure wäre achiral, wenn die veresterte Hydroxygruppe am Cyclohexanring *cis*-ständig zu den beiden benachbarten Hydroxygruppen wäre; in diesem Fall würde für die Cyclohexancarbonsäure eine Symmetrieebene existieren, die durch die Säuregruppe und die beiden OH-Gruppen an C-1 und C-4 verläuft. Da jedoch die beiden Hydroxygruppen an Position 3 und 5 der Chinasäure *trans* zueinander stehen, ist die Chinasäure chiral; Antwort **(A)** ist somit falsch.

Da am zur Carboxylgruppe benachbarten C-Atom eine Hydroxygruppe gebunden ist, handelt es sich bei der gezeigten Verbindung um eine α-Hydroxycarbonsäure **(B)**. Die beiden benachbarten (vicinalen) Hydroxygruppen am Cyclohexanring befinden sich *cis* zueinander und können daher als Diol unter Säurekatalyse leicht mit einer Carbonylverbindung (z. B. Propanon) zu einem cyclischen fünfgliedrigen Acetal reagieren **(C)**. Kaffeesäure ist der rechte, mit der Chinasäure veresterte Molekülteil (*E*-3-(3,4-Dihydroxyphenyl)propensäure). Eine Aldolkondensation zwischen Ethanal und 3,4-Dihydroxybenzaldehyd ergäbe nach Dehydratisierung den ungesättigten Aldehyd (*E*-3-(3,4-Dihydroxyphenyl)propenal), der sich leicht zur Säure oxidieren lässt **(D)**. Alternativ käme eine Kondensation ausgehend von Malonsäureester in Betracht; nach der Kondensation müsste der Ester hydrolysiert und anschließend decarboxyliert werden. Wie bereits oben erwähnt, liegt die Doppelbindung in der *trans*- (*E*)-Konfiguration vor **(E)**. Priorität 1 am markierten Chiralitätszentrum hat die Hydroxygruppe, gefolgt von der Carboxylgruppe (2) und dem rechten Ast des Cyclohexanrings (3). Daraus leitet sich, blickt man von rechts auf das Chiralitätszentrum, die (*S*)-Konfiguration ab **(F)**.

Lösung 74   Antwort (C)

Lidochalcon A weist keine sekundären Hydroxygruppen auf, sondern zwei aromatische, die sich nicht oxidieren lassen. Die Bildung eines Triketons kommt somit nicht in Frage.

Die beiden aromatischen Hydroxygruppen weisen schwach saure Eigenschaften auf; sie lassen sich z. B. mit NaOH-Lösung deprotonieren. Ein entsprechendes Dianion wäre deutlich polarer als die protonierte Form und somit sehr wahrscheinlich erheblich besser wasserlöslich (A). Die Verbindung weist ein ausgedehntes konjugiertes π-Elektronensystem auf, das sich über beide aromatischen Ringe erstreckt. Daher ist zu erwarten, dass sich die Absorbanz vom UV-Bereich bis ins Sichtbare erstreckt und die Substanz somit farbig erscheint (B). Die mit der Ketogruppe konjugierte Doppelbindung kann durch Dehydratisierung einer β-Hydroxycarbonylverbindung entstehen; diese wiederum in einer Aldoladdition durch die Reaktion des Enolat-Ions des Methylketons mit dem aromatischen Aldehyd. Beide Schritte zusammen entsprechen einer Aldolkondensation (D). Die Verbindung enthält kein Chiralitätszentrum (und auch kein anderes zu Chiralität führendes Element), kann also nicht als Enantiomerenpaar auftreten. Es ist aber eine E-konfigurierte Doppelbindung vorhanden – würde sie in die Z-Form überführt, läge ein Diastereomer zum Lidochalcon A vor (E). Ein Chiralitätszentrum würde jedoch gebildet, wenn man die Ketogruppe zum sekundären Alkohol reduziert, was mit NaBH$_4$ als Hydrid-Überträger gelingen sollte. Da die Verbindung eine Spiegelebene aufweist, ist zu erwarten, dass der Angriff auf das Carbonyl-C-Atom mit gleicher Wahrscheinlichkeit von vorne oder von hinten erfolgt, so dass beide Enantiomere in gleicher Menge gebildet werden, somit ein Racemat entsteht (F).

Lösung 75   Antwort (D)

Die Verbindung besitzt nur eine hydrolysierbare Gruppe – das Vollketal. Dieses ist jedoch unter basischen Bedingungen stabil, nur unter Säurekatalyse wird es zum Halbketal und einem Alkohol gespalten. Das Halbketal könnte dann zum Keton und einem weiteren Alkohol hydrolysiert werden, wodurch der zweite Ring geöffnet würde.

Gitogenin weist drei sekundäre Alkoholgruppen auf. Diese können unter Säurekatalyse als Wasser eliminiert werden. Dabei entstünden drei Doppelbindungen, somit ein Trien (A). Alle drei sekundären Alkoholgruppen lassen sich alternativ mit einem geeigneten Oxidationsmittel wie Cr$_2$O$_7^{2-}$ zu Ketogruppen oxidieren; man erhält dabei folglich ein Triketon (B). Bei einer säurekatalysierten Spaltung eines Glykosids erhält man den Zuckeranteil sowie einen Alkohol. Letzterer (der „Nicht-Zuckeranteil") wird auch als Aglykon bezeichnet. Da die gegebene Verbindung mehrere OH-Gruppen enthält, könnte sie aus verschiedenen Glykosiden durch säurekatalysierte Spaltung hervorgehen (C). Zwei der OH-Gruppen (am linken Sechsring) stehen an benachbarten C-Atomen. Sie können – sofern cis-ständig – mit einem Aldehyd wie z. B. Methanal in zwei Schritten zu einem Vollacetal reagieren. Dabei entstünde ein weiterer Fünfring (E). Da Gitogenin keine Doppelbindung aufweist, ist keine Addition von Brom möglich (F). Eine radikalische Substitution, die ebenfall zu einer Entfärbung einer Brom-Lösung führen könnte, käme nur bei einer Bestrahlung mit UV-Licht (oder einer anderen Methode zur Bildung von Br-Radikalen) in Betracht.

Zusatzbemerkung: vgl. Lösung 71

Lösung 76   Antwort (E)

Die Verbindungen **3** und **4** besitzen jeweils zwei Ketogruppen, eine OH-Gruppe, sowie eine C=C-Doppelbindung. Beide Verbindungen haben die gleiche Summenformel und sind daher Isomere. Auch **5** ist ein Isomer zu **3** und **4**. Ein Vergleich von **3** und **6** zeigt rasch, dass letztere Verbindung anstelle einer Ketogruppe in **3** eine Hydroxygruppe und damit zwei H-Atome mehr aufweist. Verbindung **6** ist daher keine zu **3** und **4** isomere Verbindung.

Die Umwandlung von **1** in **2** erfordert die Umwandlung einer Hydroxygruppe in eine Ketogruppe, also eine Oxidation (**A**). In Verbindung **3** ist gegenüber **2** ein H-Atom durch eine sekundäre Alkoholgruppe ersetzt; die Umwandlung von **2** in **3** erfordert somit eine Hydroxylierung (**B**). Alle Verbindungen können als Carbonylverbindungen bezeichnet werden; sie besitzen mindestens eine Ketogruppe. Außer in Verbindung **4** bildet jeweils ein der Carbonylgruppe an C-3 benachbartes α-C-Atom eine C=C-Doppelbindung aus; es handelt sich also um α,β-ungesättigte Carbonylverbindungen (**C**). Die Verbindungen **5** und **6** unterscheiden sich nur an C-Atom 17: **5** trägt hier eine Ketogruppe, **6** eine OH-Gruppe. Eine Umwandlung von **5** in **6** ist daher durch eine Reduktion an C-17 möglich (**D**). Soll dabei die zweite Ketogruppe an C-3 nicht ebenfalls reduziert werden, müssen hierfür spezielle Reagenzien und Kniffe eingesetzt werden. Im Methenolon-Acetat ist die OH-Gruppe an C-17 mit einem Acetylrest verestert. Spaltet man diese Esterbindung hydrolytisch, erhält man daher die Verbindung **1** mit der freien OH-Gruppe (**F**).

Lösung 77   Antwort (D)

Während die Atome des Fünfrings alle in einer Ebene liegen, enthält der Sechsring zwei sp^3-hybridisierte (tetraedrisch konfigurierte) C-Atome. Die Verbindung als Ganzes kann daher nicht planar sein.

Die Doppelbindung im Fünfring ist *E*-konfiguriert. An dem C-Atom, das beiden Ringen angehört, besitzt das Nachbar-C-Atom, das an zwei Sauerstoffatome gebunden ist, höhere Priorität. Die Doppelbindung im Sechsring ist offensichtlich ebenfalls *E*-konfiguriert; die jeweiligen Substituenten mit der höheren Priorität sind der Sauerstoff des Fünfrings und die CH_2OR-Gruppe (**A**). Patulin enthält die funktionelle Gruppe HCR(OR)(OH). Da der Rest OR in den Ring eingebettet ist, handelt es sich um ein cyclisches Halbacetal (**B**). Halbacetale werden leicht oxidiert (**C**); durch Oxidation der OH-Gruppe entsteht eine weitere Lactongruppe zu der bereits im Fünfring vorliegenden hinzu. Hydrolysiert man den cyclischen Ester im Fünfring, so erhält man eine α,β-ungesättigte Carbonsäuregruppe und eine an der C=C-Doppelbindung des Sechsrings ständige Hydroxygruppe, also ein Enol. Dieses Enol tautomerisiert leicht zum entsprechenden Keton, das im Gleichgewicht mit dem Enol überwiegen dürfte (**E**). Patulin besitzt genau ein chirales C-Atom; dieses trägt die OH-Gruppe. Die Verbindung existiert daher als ein Paar von Enantiomeren (**F**).

Lösung 78   Antwort (D)

Die zentrale (*trans*-konfigurierte) Doppelbindung kommt durch seitliche Überlappung von zwei p_z-Orbitalen zustande. Für eine Isomerisierung zur *cis*-Verbindung müsste diese π-Bindung gebrochen werden. Die hierfür nötige Energie kann bei Raumtemperatur allein durch thermische Energie nicht aufgebracht werden; C=C-Doppelbindungen sind daher konfigurationsstabil.

Resveratrol weist drei OH-Gruppen auf; diese können mit Carbonsäuren (oder besser: reaktiven Carbonsäurederivaten) verestert werden (Acylierung) **(A)**. Die phenolischen OH-Gruppen zeigen schwach saure Eigenschaften **(B)**. Während aliphatische Alkohole in wässriger Lösung praktisch nicht dissoziieren, sind die Phenole schwache Säuren, da das entstehende Anion (Phenolat-Ion) aufgrund des aromatischen Rings effektiv mesomeriestabilisiert wird. Alle C-Atome sind an Doppelbindungen beteiligt und besitzen jeweils drei Bindungspartner; sie sind sp^2-hybridisiert **(C)**. Resveratrol besitzt eine olefinische Doppelbindung sowie mit Elektronendonorgruppen substituierte aromatische Ringe. Die olefinische C=C-Bindung reagiert in einer elektrophilen *trans*-Addition mit Brom, während an den Aromaten eine elektrophile aromatische Substitution stattfinden kann **(E)**. In Glykosiden sind die Halbacetalgruppen von Zuckern mit alkoholischen OH-Gruppen zu einem Vollacetal verknüpft. Alle drei OH-Gruppen im Resveratrol könnten prinzipiell über eine glykosidische Bindung mit einem Zucker verknüpft sein **(F)**.

Lösung 79   Antwort (B)

Oleocanthal besitzt zwei Aldehydgruppen; diese lassen sich durch milde Oxidationsmittel leicht zu Carboxylgruppen oxidieren. Dadurch entsteht eine Dicarbonsäure. Durch eine anschließende Hydrolyse der Estergruppe wird eine dritte Carboxylgruppe freigesetzt.

Ibuprofen besitzt eine sauer reagierende Carboxylgruppe ($pK_S \approx 5$), während sich im Oleocanthal zwei Aldehydgruppen, eine Estergruppe und eine phenolische OH-Gruppe finden. Von diesen besitzt nur die OH-Gruppe schwach saure Eigenschaften ($pK_S \approx 10$), so dass für das Ibuprofen der stärker saure Charakter zu erwarten ist **(C)**. Nur das Oleocanthal weist eine an den Aromaten gebundene OH-Gruppe auf und ist somit als Phenol zu bezeichnen **(A)**; Ibuprofen besitzt gar keine Hydroxygruppen. Oleocanthal weist ein Chiralitätszentrum an dem C-Atom auf, welches die Estergruppe trägt. Auch Ibuprofen besitzt ein chirales C-Atom, nämlich das zur Carboxylgruppe α-ständige C-Atom, an das die Methylgruppe gebunden ist. Es sind also beide Verbindungen chiral **(D)**. Oleocanthal besitzt, wie erwähnt, die hydrolysierbare Esterbindung; im Ibuprofen ist dagegen keine hydrolysierbare Bindung vorhanden **(E)**. Im Ibuprofen sind, im Gegensatz zum Oleocanthal, auch keine olefinischen C=C-Doppelbindungen vorhanden. Daher addiert nur das Oleocanthal Brom **(F)**. Beide Verbindungen könnten aber mit Brom in einer elektrophilen Substitution reagieren, wobei für das etwas weniger reaktive Ibuprofen wahrscheinlich Katalyse durch eine Lewis-Säure erforderlich wäre.

Lösung 80   Antwort (E)

Die Verbindung enthält einen Zuckerrest in β-glykosidischer Bindung **(A)**, allerdings ist die gebundene Aldohexose nicht die Glucose, sondern – aufgrund der axial-ständigen Hydroxygruppe an C-3 – die wenig bekannte D-Allose.

Die Verbindung enthält eine Amidbindung **(F)**; darin gebunden ist das primäre Amin Tyramin **(B)**, das bei Decarboxylierung der proteinogenen Aminosäure Tyrosin entsteht. An die olefinische C=C-Doppelbindung könnte Brom addiert werden, wogegen an den beiden (relativ elektronenreichen) aromatischen Ringen eine elektrophile Substitution möglich scheint **(C)**. Eine Aldolkondensation von Acetaldehyd mit Vanillin (4-Hydroxy-3-methoxybenzaldehyd) liefert (nach Dehydratisierung) den α,β-ungesättigten Aldehyd, der zur Säure oxidiert werden kann, welche dann nach Aktivierung mit dem Tyramin unter Ausbildung der Amidbindung reagieren könnte **(D)**.

Lösung 81   Antwort (D)

Kennzeichnend für ein Glykosid ist eine Vollacetalbindung zwischen einem Zucker und einem Alkohol. Bei dem Cyclohexanring handelt es sich um kein Zuckermolekül in der Pyranoseform (es fehlt in jedem Fall der charakteristische Ringsauerstoff); somit liegt auch kein Vollacetal vor.

Fumagillin enthält eine Methoxygruppe sowie zwei cyclische (Dreiring)-Ether (Oxirane). Insgesamt ist also die funktionelle Gruppe eines Ethers (R–O–R) dreimal vorhanden **(A)**. Die Verbindung enthält vier konjugierte C=C-Doppelbindungen, die zudem mit der Estergruppe auf der einen und mit der Carboxylgruppe auf der anderen Seite der ungesättigten Kohlenstoffkette in Konjugation stehen. Das π-Elektronensystem erstreckt sich damit über zehn C-Atome, ist also recht ausgedehnt, so dass wahrscheinlich ist, dass die Verbindung im sichtbaren Spektralbereich absorbiert **(B)**. Etherbindungen sind i. A. nur schwer und unter speziellen Reaktionsbedingungen hydrolysierbar; eine Ausnahme bilden aufgrund der Ringspannung die Oxirane, die sowohl in saurer wie in basischer Lösung relativ leicht durch Angriff eines Nucleophils (H_2O bzw. OH^-) geöffnet werden können. Spaltet man die Esterbindung im Molekül, erhält man als eines der Produkte die vierfach ungesättigte all-*trans*-Decatetraendisäure **(C)**. Die vier konjugierten Doppelbindungen sind alle *trans*-(*E*)-konfiguriert. Die verbleibende nicht-konjugierte Doppelbindung trägt an einem C-Atom der Doppelbindung zwei (identische) Methylgruppen. Somit ist für diese Doppelbindung keine Entscheidung zwischen Z- und *E*-Form möglich **(E)**. Fumagillin könnte durch Knüpfung der Esterbindung aus der erwähnten Dicarbonsäure und dem entsprechenden Cyclohexanol-Derivat entstehen **(F)**. Letzteres ist auch Bestandteil im TNP-470, nur dass hier kein Ester, sondern ein substituiertes Carbamat gebildet wird.

Lösung 82   Antwort (D)

Diese Aufgabe erfordert einige Umsicht. Man erkennt aber leicht, dass Azithromycin zwei glykosidische Bindungen aufweist und der makrocyclische Ring (Lacton) durch eine Esterbindung gebildet wird. Alle drei Bindungen sind unter sauren Bedingungen hydrolysierbar. Da eine Bindungsspaltung zur Ringöffnung führt, liefert die Spaltung der drei Bindungen auch nur drei Reaktionsprodukte, nämlich die beiden Zucker und eine langkettige Polyhydroxycarbonsäure.

Eine Hydrolyse unter basischen Bedingungen öffnet zwar ebenfalls den Lactonring, die glykosidischen Bindungen sind aber im Basischen stabil und werden nicht gespalten. Da somit die einzige Spaltung intramolekular abläuft, erhält man nur ein Produkt – ein Polyhydroxycarboxylat, an das nach wie vor die beiden Zuckerreste gebunden sind (C). Durch Abzählen ermittelt man leicht die Anzahl der Ringatome (15). Darunter befinden sich zwei CH_2-Gruppen, der tertiäre Stickstoff, sowie Carbonyl-C-Atom und Sauerstoff der Estergruppe. Drei Ring-C-Atome sind also nicht chiral. Da der tertiäre Stickstoff sich nicht in einem kleinen gespannten Ring befindet und es sich auch nicht um ein Brückenkopfatom eines bicyclischen Systems handelt, unterliegt das N-Atom der Inversion und liefert daher kein Chiralitätszentrum; es verbleiben also zehn Chiralitätszentren (A). Auf der Suche nach OH-Gruppen findet man am Ring zwei tertiäre Hydroxygruppen (nicht oxidierbar) und eine sekundäre. Jeder der beiden Zuckerreste enthält zusätzlich eine weitere sekundäre Alkoholgruppe; es können also insgesamt drei OH-Gruppen (zur Ketogruppe) oxidiert werden (B). Die beiden tertiären Aminogruppen (E) sind relativ einfach zu finden. Eine davon befindet sich im Makrocyclus, die andere als Substituent am oberen der beiden Zuckerreste. In Umkehrung der Öffnung des Rings handelt es sich beim Ringschluss um eine intramolekulare Veresterung. Die daran beteiligte Alkoholgruppe ist sekundär. Allgemein werden Alkohole bei der Bildung eines Esters acyliert (mit einem Acylrest, RCO–, versehen). Es ist daher richtig, bei der Bildung von Azithromycin aus der offenkettigen Verbindung von einer intramolekularen Acylierung einer sekundären OH-Gruppe zu sprechen (F).

Lösung 83   Antwort (F)

Isoalliin ist eine (nicht proteinogene) Aminosäure mit neutraler Seitenkette. Wie auch andere Aminosäuren liegt sie in einem weiten pH-Bereich als Zwitterion vor; die Carboxylgruppe ist deprotoniert, die Aminogruppe protoniert.

Die beiden Substituenten mit höherer Priorität (S=O bzw. CH_3) befinden sich auf entgegengesetzten Seiten der Doppelbindung; diese ist also E-konfiguriert (A). Isoalliin gehört zur L-Reihe. Während bei 18 der 20 proteinogenen Aminosäuren die Carbonsäuregruppe Priorität zwei aufweist und die Seitenkette Priorität drei (→ (S)-Konfiguration) besitzt hier (wie auch im Cystein) die Seitenkette aufgrund des Schwefels die höhere Priorität. Isoalliin ist somit (R)-konfiguriert (B). In einem Sulfonamid ist der Schwefel an Stickstoff gebunden; dies ist beim Isoalliin offensichtlich nicht der Fall (C). Ein Thiol ist durch die S–H-Gruppe charakterisiert, liegt also ebenfalls nicht vor (D). Das Isoalliin enthält zwar einige Heteroatome, ist aber offensichtlich keine cyclische Verbindung (E).

Lösung 84   Antwort (C)

Die Verbindung weist kein Chiralitätszentrum auf. Da auch keine anderen Strukturelemente vorliegen (z. B. Helizität, gehinderte Rotation um Einfachbindungen, wie z. B. bei o,o-disubstituierten Biphenylen), ist Olomoucin achiral.

Unter Purin versteht man das bicyclische heteroaromatische Grundgerüst, in dem ein Pyrimidin- und ein Imidazolring miteinander verschmolzen sind. Dieses Grundgerüst ist in vorliegendem Molekül an drei Positionen substituiert (A). Olomoucin enthält insgesamt sechs Stickstoffatome mit freien Elektronenpaaren, die alle mehr oder weniger ausgeprägt basische Eigenschaften aufweisen (B). Für die Ausbildung einer glykosidischen Bindung mit der Halbacetalgruppe eines Monosaccharids ist eine OH- oder NH-Gruppe geeignet; entsprechend entsteht (in beiden Fällen unter Wasserabspaltung) eine O-glykosidische bzw. N-glykosidische Bindung. Olomoucin enthält sowohl eine primäre Hydroxygruppe als auch sekundäre Aminogruppen, so dass beide Typen einer glykosidischen Bindung gebildet werden können (D). Das C-Atom im Pyrimidinring, welches ausschließlich an N-Atome gebunden ist, besitzt die höchstmögliche Oxidationsstufe +4 (E). Ethanolamin ist $HO–CH_2–CH_2–NH_2$. Im vorliegenden Fall ist eines der beiden H-Atome am Stickstoff durch den aromatischen Heterocyclus substituiert; man kann also von einem substituierten Ethanolamin sprechen (F).

Lösung 85   Antwort (F)

Während die Ethergruppe im Sechsring kaum reaktiv ist, weist der Dreiring-Ether (Epoxid; Oxiran) aufgrund der Ringspannung vergleichsweise hohe Reaktivität auf. So kommt es beispielsweise leicht zu einem nucleophilen Angriff unter Ringöffnung; eine Reaktion, die für cyclische Ether größerer Ringgrößen kaum eine Rolle spielt.

Nivalenol besitzt drei sekundäre Hydroxygruppen und eine primäre, die oxidiert werden können. Wird die primäre OH-Gruppe vollständig bis zur Carbonsäure oxidiert, ergibt sich zusammen mit der bereits vorhandenen Ketogruppe eine Tetraoxocarbonsäure (A). Da die beiden H-Atome an den Brückenkopfatomen (= denjenigen C-Atomen, die beiden Ringen gemeinsam sind), cis-ständig sind (schwarzer Keil kennzeichnet Orientierung nach oben), sind auch die beiden Ringe cis-verknüpft (B). Der Dreiring mit einem Ringsauerstoff wird als Epoxid bezeichnet (C); im Vergleich zu normalen Ethern weist diese Gruppierung aufgrund der Ringspannung hohe Reaktivität auf. Nivalenol besitzt eine Ketogruppe; diese kann mit einem Hydrid-Donor wie $NaBH_4$ zu einer Hydroxygruppe reduziert werden. Durch den Angriff von H^- am Carbonyl-C-Atom entsteht dabei ein neues Chiralitätszentrum (D). Durch die Wahl spezieller Reduktionsmittel kann man versuchen, diese Reduktion stereoselektiv zu gestalten. Da im Nivalenol weder Carboxylgruppen (oder andere deutlich saure Gruppen) noch basische Aminogruppen (oder andere basische Gruppen) vorhanden sind, verhält sich die Verbindung in wässriger Lösung weitgehend neutral (E).

Lösung 86   Antwort (D)

Harpagosid enthält eine veresterte und mit einem Phenylrest substituierte Carbonsäure; dies ist aber nicht die Essigsäure, sondern die ungesättigte Propensäure.

Die Verbindung enthält einen Glucoserest (alle Substituenten befinden sich in äquatorialen Positionen). Dieser ist β-glykosidisch mit dem bicyclischen Ring verknüpft (**A**). Eine Hydrolyse unter sauren Bedingungen spaltet das Molekül an der Esterbindung (es stellt sich ein Gleichgewicht ein), außerdem wird die Acetalgruppe zwischen dem Bicyclus und der Glucose gespalten. Es entstehen also drei Produkte, sieht man davon ab, dass das entstehende cyclische Halbacetal im Gleichgewicht mit der entsprechenden Carbonylverbindung steht (**B**). Die sogenannte „Iodzahlbestimmung" ermittelt die Anzahl olefinischer Doppelbindungen in einem Molekül, in dem durch Redoxtitration ermittelt wird, wie viel Iod (bzw. Brom) von einer bestimmten Menge der Substanz addiert werden kann. Da das Harpagosid zwei Doppelbindungen aufweist, an die addiert werden kann, kommt das Verfahren in Frage (**C**). Harpagosid besitzt ferner zwei vicinale Hydroxygruppen. Diese können mit einer Carbonylverbindung wie Methanal zu einem (cyclischen) Vollacetal reagieren (**E**). Eine primäre Hydroxygruppe enthält der Glucoserest, eine sekundäre OH-Gruppe findet sich am Fünfring (und auch am Glucoserest), während das C-Atom, das Fünf- und Sechsring gemeinsam ist, eine tertiäre Hydroxygruppe aufweist (**F**).

Lösung 87   Antwort (D)

Bei genauem Hinschauen erkennt man, dass Englerin A zwei Ester- und eine Ethergruppe aufweist, jedoch kein Acetal – dafür müssten zwei OR-Gruppen an ein C-Atom gebunden sein.

Dagegen finden sich tatsächlich sieben Chiralitätszentren (**A**). Eine der beiden Estergruppen enthält als Carbonsäurekomponente 2-Hydroxyessigsäure (**C**), die zweite 3-Phenylpropensäure (**B**), die *E*-konfiguriert ist. Da Fünf- und Siebenring *trans*-verknüpft sind, ist damit auch Antwort (**F**) richtig. Neben den beiden unpolaren Estergruppen und dem Ether liegt auch eine Hydroxygruppe vor. Insgesamt aber erscheint die Verbindung relativ hydrophob, so dass die Wasserlöslichkeit nur gering sein dürfte. Da keine typische saure oder basische Gruppe vorliegt, ist annähernd neutrales Verhalten in Wasser zu erwarten (**E**).

Lösung 88   Antwort (E)

Colchicin weist genau ein Chiralitätszentrum auf, es existieren also zwei Enantiomere. Bei der Reduktion der Ketogruppe am Siebenring zum sekundären Alkohol entsteht ein weiteres Chiralitätszentrum, das (*R*)- oder (*S*)-konfiguriert gebildet werden kann. Zusammen mit dem bereits vorhandenen, (*S*)-konfigurierten, Zentrum (**D**) erhält man ein (*S*,*S*)- und ein (*R*,*S*)-Diastereomer.

Das Colchicin weist offensichtlich keine Estergruppe auf (**A**); statt drei sind sogar vier Methoxygruppen vorhanden (**B**). Unter stark sauren oder basischen Bedingungen hydrolysierbar ist die Amidbindung, während die Etherfunktionen zwar prinzipiell gespalten werden können, dafür aber spezielle Bedingungen (Umsetzung mit HBr oder HI) erfordern (C). Neben der Ketogruppe ist zwar eine zweite Carbonylgruppe vorhanden; diese ist aber Teil der Amidgruppe, so dass die Bezeichnung Diketon falsch ist (F).

Lösung 89   Antwort (B)

Enanapril weist eine saure Carboxylgruppe und eine basische sekundäre Aminogruppe auf; es liegt daher bei neutralen pH-Werten als Zwitterion vor.

Da die Verbindung drei Chiralitätszentren besitzt, sind insgesamt $2^3 = 8$ Stereoisomere denkbar, also sieben weitere zusätzlich zu dem gezeigten (C). Die Esterbindung kann unter Freisetzung von Ethanol hydrolysiert (A), die Aminogruppe mit einem reaktiven Carbonsäurederivat acyliert werden (D). Bei Umsetzung mit Essigsäurechlorid erhält man deshalb das *N*-Acetyl-Derivat. Die Carboxylgruppe reagiert sauer und wird von der schwachen Base NaHCO$_3$ unter Bildung von CO$_2$ und H$_2$O deprotoniert (E). Hydrolysiert man die Amidbindung, entsteht u. a. die Aminosäure Prolin (F).

Lösung 90   Antwort (D)

Carbazolol besitzt eine Ethergruppe (durch die die Seitenkette an den Ring angeknüpft ist), die prinzipiell unter speziellen und drastischen Bedingungen hydrolysiert werden kann. Ist nach einer „leichten Hydrolysierbarkeit" gefragt, sind Ether daher generell nicht zu berücksichtigen, sofern sie nicht dreigliedrig sind (Epoxide).

Die Verbindung enthält das heterocyclische aromatische Ringsystem des Carbazols (= Grundgerüst ohne die Seitenkette, (A)) und besitzt ein Chiralitätszentrum am C-Atom der OH-Gruppe (F). Es sind drei nucleophile Gruppen vorhanden, die – z. B. durch Umsetzung mit Essigsäurechlorid (Acetylchlorid) – acetyliert werden könnten (B). Dabei entstünden eine Ester- und zwei Amidbindungen. Aufgrund der sekundären Aminogruppe zeigt Carbazolol basische Eigenschaften (C). Sulfonsäuregruppen (–SO$_3$H) liegen, außer bei sehr niedrigen pH-Werten, stets deprotoniert vor. Durch Einführung einer solchen Gruppe (durch „Sulfonierung", eine elektrophile aromatische Substitution) bekäme das Molekül daher eine negative Nettoladung. Das Vorhandensein von Ladungen führt i. A. zu einer verbesserten Wasserlöslichkeit organischer Verbindungen (E).

Lösung 91   Antwort (C)

Die Verbindung enthält nur eine tertiäre Aminogruppe. Das an den Benzolring gebundene N-Atom ist zwar ebenfalls dreifach substituiert, einer der drei Reste ist aber ein Acylrest. Es handelt sich damit um die funktionelle Gruppe eines Carbonsäureamids.

Diese Amidbindung kann unter drastischen Reaktionsbedingungen hydrolysiert werden (A). Dabei entstünde Propansäure und ein sekundäres aromatisches Amin. Es ist daher richtig,

Fentanyl als Acylderivat eines aromatischen Amins zu bezeichnen (B). Aufgrund der tertiären Aminogruppe besitzt die Verbindung basische Eigenschaften (E); der Amidstickstoff trägt dazu nicht bei. Der Sechsring mit einem N-Atom im Ring wird als Piperidin bezeichnet; somit ist die Bezeichnung der Verbindung als Piperidin-Derivat korrekt (D). Die beiden aromatischen Ringsysteme können in einer elektrophilen aromatischen Substitution bromiert werden, eine Addition an die aromatischen Ringe findet dagegen nicht statt, da hierdurch das aromatische π-Elektronensystem zerstört würde (F).

Lösung 92   Antwort (C)

Bei der Hydrierung von Gestrinon zu Tetrahydrogestrinon werden zwei Moleküle Wasserstoff (H_2) an die Dreifachbindung addiert.

Aussage (C) wäre richtig, wenn der Wasserstoff in atomarer Form vorläge – es werden zwar vier H-Atome addiert, dies entspricht aber pro Mol Gestrinon nur zwei Mol Wasserstoff. Allerdings ist die selektive Hydrierung ausschließlich der Dreifachbindung im Gestrinon wahrscheinlich nicht ganz einfach zu verwirklichen, da prinzipiell auch die C=C-Doppelbindungen Wasserstoff addieren können. Daher ist ein geeigneter selektiv wirksamer Katalysator für die Hydrierung erforderlich (D). Die drei C=C-Doppelbindungen und die C=O-Bindung sind miteinander konjugiert; es ist kein sp^3-Kohlenstoff zwischen ihnen, der die Delokalisation der π-Elektronen behindert. Allerdings handelt es sich um kein cyclisch konjugiertes (aromatisches bzw. antiaromatisches) π-System (A). Gestrinon enthält eine Ketogruppe; diese kann durch eine Dehydrogenase zum sekundären Alkohol reduziert werden. Dehydrogenasen benutzen häufig $NADH/H^+$ als Coenzym (B). Da die Hydroxygruppe im Gestrinon tertiär ist, ist (ohne gleichzeitige Zerstörung des C-Gerüstes) keine Oxidation möglich. Ein Diketon kann also auf diese Weise nicht entstehen (E). Für eine Addition von Wasser (Hydratisierung) existieren mehrere Möglichkeiten; ein Enol entsteht allerdings dabei nur, wenn die Addition an die Dreifachbindung erfolgt. Wenn das katalytisch wirkende Proton im ersten Schritt an das endständige C-Atom der Dreifachbindung unter Bildung des sekundären Carbenium-Ions addiert, erhält man nach der Addition von Wasser und Abspaltung des Protons das entsprechende Enol, das zum Keton tautomerisieren kann. Das Keto-Enol-Gleichgewicht liegt dabei auf Seiten der Ketoform. Erfolgt die Addition mit umgekehrter Orientierung (über das primäre Carbenium-Ion), erhält man nach Tautomerisierung eine Aldehydgruppe (F).

Lösung 93   Antwort (B)

Lisinopril besitzt drei Chiralitätszentren (C-Atome mit vier verschiedenen Substituenten). Die Anzahl möglicher Stereoisomere ist gegeben durch 2^n, wobei n die Anzahl der Chiralitätszentren ist. Es sind also $2^3 = 8$ Stereoisomere möglich.

Die Verbindung enthält die beiden proteinogenen Aminosäuren Prolin (carboxyterminal) und Lysin. Der mit der α-Aminogruppe des Lysins verknüpfte Molekülteil ist keine proteinogene Aminosäure; hier liegt auch keine Amidbindung vor (A). Da Prolin als einzige der proteinogenen Aminosäuren eine sekundäre Aminogruppe aufweist, liegt ein tertiäres und kein sekundäres Carbonsäureamid vor **(C)**. Die Verbindung weist zwei Aminogruppen und zwei Car-boxylgruppen auf. Sowohl die primäre als auch die sekundäre Aminogruppe sind bei pH = 7 überwiegend positiv geladen (die pK_B-Werte liegen etwa im Bereich von 4), die beiden Car-boxylgruppen negativ. Daraus resultiert bei neutralen pH-Bedingungen eine Nettoladung von etwa Null **(D)**. Eine Addition von Brom findet an Alkene und Alkine statt. Aromaten zeigen keine Addition, sondern (gegebenenfalls) eine elektrophile Substitution, bei der ein H-Atom am Aromaten durch ein Br-Atom ersetzt wird **(E)**. Sofern es sich nicht um einen reaktiven Aromaten handelt, ist hierfür Katalyse durch eine Lewis-Säure wie FeBr$_3$ erforderlich. Ben-zoesäure bezeichnet die einfachste aromatische Carbonsäure (COOH-Gruppe gebunden an einen Phenylrest). Diese Struktureinheit ist in der gegebenen Verbindung nicht vorhanden **(F)**.

Lösung 94   Antwort (D)

Indomethacin besitzt eine saure Carbonsäuregruppe, jedoch keine basisch reagierende Grup-pierung. Da das N-Atom des Indolsystems (vgl. Antwort **(B)**) in acylierter Form als (tertiäres) Carbonsäureamid vorliegt, steht das freie Elektronenpaar aufgrund der Konjugation mit der Carbonylgruppe praktisch nicht für die Anlagerung eines Protons zur Verfügung.

Der Acylrest stammt von der 4-Chlorbenzoesäure; es handelt sich also um ein Derivat dieser Carbonsäure **(A)**. Da Carbonsäureamide sehr stabil sind, werden sie in verdünnter wässriger Säure nur sehr langsam hydrolysiert **(C)**. Für eine brauchbare Reaktionsgeschwindigkeit muss die Hydrolyse entweder in stark saurer oder stark basischer Lösung bei hohen Temperaturen durchgeführt werden. Ähnliches gilt für die vorhandene Ethergruppe, die nur unter sehr spe-ziellen Reaktionsbedingungen (z. B. mit HBr) gespalten werden kann. Die Bildung eines Salzes mit NH$_3$ **(E)** ist auf die saure COOH-Gruppe zurückzuführen, die ein Proton an NH$_3$ abgibt. Der Chlor-Substituent befindet sich auf der gegenüberliegenden Seite des Benzolrings wie die Carbonsäureamidgruppe; dies wird als *para*-Substitution bezeichnet **(F)**.

Lösung 95   Antwort (C)

Unter Pyrrol versteht man den aromatischen Fünfring mit einem Stickstoffatom im Ring. In der gezeigten Verbindung liegt dagegen der gesättigte Fünfring-Heterocyclus vor; dieser wird als Pyrrolidin bezeichnet.

Sulfonamide sind Verbindungen mit der allgemeinen funktionellen Gruppe R–SO$_2$NH$_2$; Sul-pirid ist demnach ein aromatisches Sulfonamid **(A)**. Im Gegensatz zum Pyrrolring, bei dem das freie Elektronenpaar am Stickstoff Teil des aromatischen π-Elektronensystems ist und daher praktisch nicht für die Bindung eines Protons zur Verfügung steht, zeigt der Stickstoff im Pyrrolidin basische Eigenschaften ($pK_B \approx 3$–4) **(B)**. Sulpirid weist zwei (allerdings schwer) hydrolysierbare Gruppen auf – das Carbonsäure- und das Sulfonsäureamid. Spaltet man diese beiden Bindungen, so erhält man 2-Methoxy-5-sulfonatobenzoesäure als eines der Produkte. Salicylsäure ist der Trivialname für die 2-Hydroxybenzoesäure.

Das Hydrolyseprodukt entsteht also aus der Salicylsäure durch Methylierung der phenolischen OH-Gruppe und Einführung der Sulfonsäuregruppe ($-SO_3^-$). Die Bezeichnung als Derivat der Salicylsäure ist daher gerechtfertigt (D). Bei der angesprochenen Hydrolyse des Sulfonamids wird – sofern sie im Basischen durchgeführt wird – Ammoniak freigesetzt (E). Bei einer sauren Hydrolyse entstünde entsprechend das Ammonium-Ion NH_4^+. Sulpirid besitzt genau ein Chiralitätszentrum – das C-Atom des Pyrrolidinrings, das mit dem Rest des Moleküls verknüpft ist. Die Verbindung ist somit chiral (F).

Lösung 96   Antwort (E)

Unter Diacylglycerolen versteht man Abkömmlinge des dreiwertigen Alkohols Glycerol (1,2,3-Propantriol), in denen zwei der drei OH-Gruppen mit (langkettigen) Fettsäuren verestert sind. Die gezeigte Verbindung enthält zwar auch zwei Esterbindungen, jedoch weder das Glycerolgrundgerüst noch längerkettige Carbonsäuren.

Sie ist ein Diester der Bernsteinsäure (Butandisäure) (B), der zusätzlich zwei quartäre Ammoniumgruppen (A) aufweist. Bei der Hydrolyse wird die Verbindung in Bernsteinsäure bzw. Succinat (= Dianion der Bernsteinsäure) und Cholin gespalten (C). Cholin ist der Trivialname für 2-N,N,N-Trimethylammoniummethanol, d. h. dreifach am Stickstoff methyliertes 2-Aminoethanol. Führt man die Hydrolyse im Basischen aus ($\rightarrow$ Succinat + 2 Cholin), so werden pro Mol der gezeigten Verbindung zwei Mol der Base (z. B. NaOH) benötigt (D). Generell erfordert die basische Hydrolyse eines Esters eine stöchiometrische Menge der Base, weil das entstehende Alkoholat-Ion ein Proton von der Säure und nicht aus dem Wasser aufnimmt. Trotz der beiden Ladungen ist die Verbindung nicht per se instabil (F). Durch Einnahme einer entsprechenden Konformation können sich die positiven Ladungen relativ weit voneinander entfernt befinden.

Lösung 97   Antwort (C)

Die Verbindung enthält eine Carbonsäureamidbindung, die sich – wenn auch nur unter drastischen Reaktionsbedingungen – hydrolysieren lässt. Dabei entstehen als neue funktionelle Gruppen eine Carboxyl- und eine Aminogruppe. Erstere reagiert sauer, letztere basisch.

Da der Stickstoff der Amidbindung praktisch keine basischen Eigenschaften besitzt (das freie Elektronenpaar ist effektiv mit der Carbonylgruppe konjugiert), sind nur zwei basische Gruppen vorhanden: das tertiäre Amin im Sechsring sowie das sekundäre Amin in der daran gebundenen Seitenkette (A). Eine Reaktion mit Hydrogencarbonat unter Freisetzung von CO_2 weist auf die Anwesenheit einer deutlich sauren Gruppe (z. B. Carbonsäure) hin. Die Verbindung enthält aber nur eine phenolische OH-Gruppe. Diese reagiert zwar schwach sauer, wird jedoch von der schwachen Base HCO_3^- nicht in signifikantem Ausmaß (für eine sichtbare CO_2-Entwicklung) deprotoniert (B). Die Verbindung enthält keine Thiolgruppe (D), sondern ein Sulfid, kann aber an der sekundären Hydroxygruppe oxidiert werden (E). Eine Umsetzung zu einem Imin ist nicht möglich, da keine primäre Aminogruppe vorhanden ist (F).

Lösung 98   Antwort (E)

Glycerol (1,2,3-Propantriol) ist ein dreiwertiger Alkohol. Ersetzt man die OH-Gruppe in Position 2 durch einen Rest –OR, so hat man einen Ether des Glycerols. Dies ist bei der vorliegenden Verbindung Ganciclovir der Fall.

Dagegen handelt es sich bei Ganciclovir um kein Pyridin-Derivat (A). Pyridin ist ein aromatischer Sechsring-Heterocyclus; eine CH-Gruppe eines Benzolrings ist durch N ersetzt. Guanosin, von dem sich das Ganciclovir ableitet, ist ein sogenanntes Purin-Derivat; dabei setzt sich der Purinring aus einem Pyrimidinring (zwei N-Atome im Sechsring) und einem Imidazolring (zwei N-Atome im Fünfring) zusammen, die miteinander verschmolzen („anelliert") sind. Das C-Atom im Sechsring, welches die Aminogruppe trägt, bildet vier Bindungen zu N-Atomen aus. Man kann diese Gruppierung, in der das C-Atom die höchstmögliche Oxidationszahl +4 aufweist (B), als substituierte Guanidinogruppe auffassen. Da die C=O-Gruppe mit einer –NHR-Gruppe verknüpft ist, handelt es sich um die funktionelle Gruppe eines Carbonsäureamids, nicht um ein Keton (C). Das Molekül weist keine saure Gruppe auf (D). Für die Bildung eines Dianions wäre eine sehr starke Base erforderlich, die beispielsweise die beiden primären Hydroxygruppen zum entsprechenden Alkoholat deprotonieren könnte. Bei der Reaktion von Ganciclovir zu Ganciclovirmonophosphat entsteht eine Phosphorsäureesterbindung. Erst im Di- bzw. Triphosphat liegt zusätzlich ein Phosphorsäureanhydrid vor (F).

Lösung 99   Antwort (D)

Mevalonat besitzt eine tertiäre und eine primäre OH-Gruppe. Letztere kann zu einer Aldehyd- oder einer Carboxylgruppe oxidiert werden. Für die Bildung einer Ketogruppe durch eine Oxidationsreaktion wäre eine sekundäre Alkoholgruppe erforderlich.

In saurer Lösung können beide Verbindungen eine intramolekulare Veresterung eingehen. Dabei entstünde ein sechsgliedriger Lactonring (A). Intramolekulare Reaktionen unter Ausbildung von Sechsringen verlaufen i. A. recht leicht; Vierringe oder Ringe mit mehr als sechs Ringgliedern bilden sich dagegen wesentlich schwerer. Mevalonat besitzt ein Chiralitätszentrum (an der tertiären OH-Gruppe); Lovostatin weist sogar acht Chiralitätszentren auf. Da offensichtlich kein Symmetrieelement vorliegt, ist auch diese Verbindung chiral (B). Lovostatin enthält eine Estergruppe; diese kann säurekatalysiert oder durch wässrige Base hydrolysiert werden (C). Raney-Nickel dient als typischer heterogener Katalysator für die Addition von Wasserstoff an Alkene. Da Lovostatin zwei C=C-Doppelbindungen aufweist, kann es mit Wasserstoff zur entsprechenden gesättigten Verbindung reagieren (E). Neben den vier an den beiden C=C-Doppelbindungen beteiligten sp^2-hybridisierten C-Atomen findet sich ein weiteres in der Carboxylatgruppe sowie in der Estergruppe, so dass insgesamt sechs sp^2-hybridisierte C-Atome vorhanden sind (F).

Lösung 100   Antwort (D)

Keine der beiden Verbindungen besitzt eine hydrolysierbare Bindung. Typische funktionelle Gruppen, die hydrolysierbar sind, sind alle Carbonsäure- und Kohlensäurederivate, Imine sowie Acetale und Ketale (glykosidische Bindungen).

Beide Verbindungen sind sekundäre Amine mit der charakteristischen Gruppe –NH– und zwei Resten am Stickstoff **(A)**. In gleicher Weise findet sich jeweils eine sekundäre Hydroxygruppe –CH(OH)– **(B)**. Aufgrund der sekundären Hydroxygruppen sind beide Verbindungen zu Ketonen oxidierbar **(C)**. Zu den acetylierbaren Gruppen gehören Hydroxy- und Mercaptogruppen sowie primäre und sekundäre Aminogruppen. Adrenalin besitzt demnach insgesamt vier acetylierbare Gruppen, Clenbuterol deren drei **(E)**. Ein Chiralitätszentrum ist gekennzeichnet durch vier verschiedene Substituenten an einem C-Atom. Ein solches besitzen beide Verbindungen gebunden an den aromatischen Ring **(F)**.

Lösung 101   Antwort (D)

Atorvastatin besitzt zwei *cis*-ständige OH-Gruppen, die für einen nucleophilen Angriff auf einen Aldehyd in Frage kommen. Durch Angriff einer der beiden OH-Gruppen entsteht zunächst als Additionsprodukt das Halbacetal. Dieses kann in Anwesenheit katalytischer Mengen von H^+-Ionen Wasser abspalten und anschließend mit der zweiten OH-Gruppe intramolekular (besonders begünstigt, zumal ein Sechsring entsteht!) zum Vollacetal reagieren. Da der zweite Reaktionsschritt intramolekular erfolgt, ist das entstehende Vollacetal cyclisch.

Atorvastatin hat eine saure Carboxylgruppe, jedoch keine basisch reagierende Gruppe. Der Stickstoff liegt in einer Amidbindung vor und weist aufgrund der effektiven Konjugation seines freien Elektronenpaars mit der Carbonylgruppe praktisch keine basischen Eigenschaften auf. Somit trägt Atorvastatin bei neutralen pH-Werten eine negative Ladung **(A)**. Beim Pyridin handelt es sich um einen aromatischen Sechsring-Heterocyclus; gegenüber dem Benzol ist eine CH-Gruppe im Ring durch ein N-Atom substituiert. Atorvastatin enthält das ebenfalls aromatische, aber fünfgliedrige Pyrrol **(B)**. Atorvastatin besitzt zwar tatsächlich zwei Chiralitätszentren; bei näherer Betrachtung und Anwendung der C-I-P-Regeln (→ WK 4) findet man jedoch, dass beide (R)-konfiguriert sind **(C)**. Eine saure Hydrolyse von Atorvastatin ist zwar möglich, es liegt aber eine sehr stabile Carbonsäureamidbindung vor. Die hydrolytische Spaltung dieser Bindung erfordert hohe Säurekonzentrationen, erhöhte Temperatur und lange Reaktionszeiten, erfolgt also nicht leicht **(E)**. Bei der sauren Hydrolyse entsteht dann das Anilin in protonierter Form (als Anilinium-Ion). Da Atorvastatin zwei sekundäre Hydroxygruppen aufweist (vgl. oben), ist die Verbindung relativ leicht oxidierbar. Dabei entstehen Ketogruppen, ohne dass das C-Gerüst dabei in Mitleidenschaft gezogen wird **(F)**.

Lösung 102   Antwort (E)

Nur Ofloxacin besitzt ein Chiralitätszentrum (das Ring-C-Atom mit Methylgruppe) und ist somit chiral. Ciprofloxacin weist aufgrund der Symmetrie des Cyclopropan- sowie des heterocyclischen Sechsrings keine Chiralitätszentren auf. Inzwischen wird die allein wirksame (*S*)-Form aus dem Racemat Ofloxacin als Levofloxacin (Tivanik®) im Handel angeboten.

Das α-C-Atom bezogen auf die Carboxylgruppe ist das doppelt gebundene C-Atom im Ring; die Carbonylgruppe befindet sich am nächsten, also dem β-C-Atom. Somit ist die Bezeichnung als β-Ketocarbonsäure korrekt (A). Zwei der drei Stickstoffatome im Ciprofloxacin (ebenso im Ofloxacin) sind direkt an den (aromatischen) Benzolring gebunden; es handelt sich demnach um aromatische Aminogruppen (B). Der Sauerstoff im heterocyclischen Sechsring ist ebenfalls direkt an den Aromaten gebunden. Er ist offensichtlich Bestandteil eines Ringsystems und liefert die funktionelle Gruppe eines Ethers (C). Beide Verbindungen besitzen eine saure Carboxylgruppe sowie eine aliphatische (stärker basische; $pK_B \approx 4$) und zwei aromatische (recht schwach basische; $pK_B \approx 10$) Aminogruppen. Bei neutralen pH-Bedingungen ist jeweils die Carboxylgruppe deprotoniert und die aliphatische Aminogruppe protoniert; es liegt somit ein Zwitterion vor (D). Die unterschiedliche Basizität der beiden N-Atome (F) beruht darauf, dass eines von ihnen direkt an den Aromaten gebunden ist (→ Konjugation des freien Elektronenpaars am N mit dem π-Elektronensystem), während das andere ein aliphatisches Amin ist, dessen Elektronenpaar keiner Mesomerie unterliegt.

Lösung 103   Antwort (C)

Der Fünfring ist ein sogenannter Thiazolring. Der Schwefel besitzt noch zwei freie Elektronenpaare; eines davon kann zum aromatischen π-Elektronensystem (E) beitragen.

Meloxicam enthält eine OH-Gruppe, die an eine C=C-Doppelbindung gebunden ist, und liegt daher als Enol vor. Während bei einfachen Enolen i. A. die Tautomerisierung zum Keton stark begünstigt ist, ermöglicht hier die Enolform die Ausbildung eines ausgedehnten konjugierten π-Elektronensystems, das sich vom Benzolring über Enol und Amidbindung bis zum fünfgliedrigen Heterocyclus erstreckt (A). Meloxicam enthält die für Sulfonsäureamide typische funktionelle Gruppe –SO_2NR_2, die hier in einen Ring eingebaut ist. Es liegt daher ein cyclisches Sulfonsäureamid vor (B). Sowohl die Sulfonsäureamid- als auch die Carbonsäureamidbindung lassen sich – wenn auch nur unter recht drastischen Reaktionsbedingungen – hydrolysieren; es sind damit zwei hydrolysierbare Bindungen vorhanden (D). Hydrolysiert man die Sulfonsäureamidbindung, so erhält man eine aromatische Sulfonsäure (bzw. deren Anion) (F).

Lösung 104   Antwort (E)

Der aromatische Fünfring mit zwei Stickstoffatomen an den Positionen 1 und 3 wird als Imidazol bezeichnet. Im vorliegenden Beispiel sind alle drei C-Atome des Rings sowie das nicht doppelt gebundene N-Atom substituiert; Losartan kann also als mehrfach substituiertes Imidazol-Derivat bezeichnet werden.

Ein Pyrrolring ist dagegen nicht vorhanden (**B**). Die Verbindung ist ein Salz mit einer negativen Ladung im Tetrazolring und Kalium als Gegenion. Von einem Zwitterion spricht man, wenn innerhalb eines Moleküls (nicht eines Salzes) positiv und negativ geladene Gruppen vorliegen (**A**). Als Chiralitätszentren kommen nur sp^3-hybridisierte Atome in Frage; keines dieser C-Atome besitzt aber vier unterschiedliche Substituenten. Losartan besitzt kein Chiralitätszentrum und ist achiral (**C**). Das Molekül enthält eine oxidierbare primäre Hydroxygruppe; diese kann zu einem Aldehyd oder einer Carbonsäure, nicht aber zu einem Keton oxidiert werden (**D**). Bei beiden Heterocyclen liegt ein konjugiertes, delokalisiertes π-Elektronensystem vor. Voraussetzung dafür ist, dass alle Ringatome sp^2-hybridisiert sind und sich mit einem p_z-Orbital am π-Elektronensystem beteiligen können. Ein sp^3-hybridisiertes Stickstoffatom würde das konjugierte System unterbrechen und die Aromatizität verhindern (**F**).

Lösung 105   Antwort (E)

Captopril enthält eine saure Carboxylgruppe, die bei pH-Werten oberhalb von vier überwiegend deprotoniert vorliegt, jedoch keine basische Gruppe. Das freie Elektronenpaar am Stickstoff ist in der Amidbindung mit der Carbonylgruppe konjugiert und steht aufgrund der Mesomerie kaum für die Bindung eines Protons zur Verfügung. Die Verbindung liegt daher im mäßig sauren bis basischen Bereich als Anion vor; bei hohen pH-Werten sogar als Dianion, da auch die SH-Gruppe bei höheren pH-Werten deprotoniert wird.

Captopril ist ein Amid, wobei die 3-Mercapto-2-methylpropansäure mit der Aminosäure L-Prolin verknüpft vorliegt (**A**). Entsprechend könnte die Verbindung aus L-Prolin und einem reaktiven Carbonsäurederivat (mit temporär geschützter SH-Gruppe) synthetisiert werden (**C**). Aufgrund der freien SH-Gruppe könnte Captopril (analog der Aminosäure Cystein) zu einem Disulfid oxidiert werden (**B**). Captopril weist zwei Chiralitätszentren auf; beide besitzen (*S*)-Konfiguration. Zu diesem existiert demnach ein Enantiomer, in dem beide Chiralitätszentren (*R*)-Konfiguration besitzen, sowie zwei Diastereomere mit (*S*,*R*)- bzw. (*R*,*S*)-Konfiguration (**D**). Die freie SH-Gruppe ist ein gutes Nucleophil und kann daher z. B. mit einem Säureanhydrid oder einem Säurechlorid zu einem Thioester reagieren (**F**).

Lösung 106   Antwort (D)

Als einziges potentielles Chiralitätszentrum fällt das C-Atom, das die tertiäre Hydroxygruppe trägt, auf. Aufgrund des 1,4-Substitutionsmusters des stickstoffhaltigen Rings existiert aber durch dieses C-Atom und das N-Atom eine Symmetrieebene; Haloperidol ist daher achiral.

Haloperidol besitzt keine Aldehydgruppe, sondern eine Ketogruppe (**A**). Eine Oxidation zum Diketon ist nicht möglich, weil die Hydroxygruppe tertiär und nicht sekundär ist (**B**). Der linke aromatische Ring trägt ein Fluoratom und eine COR-Gruppe als Substituenten. Beide verringern die Elektronendichte im Benzolring und wirken daher desaktivierend. Die beiden Substituenten des rechten aromatischen Rings sind weniger stark desaktivierend; verglichen mit Benzol ist die Reaktivität gegenüber Elektrophilen aber ebenfalls verringert (**C**). Haloperidol besitzt eine basische tertiäre Aminogruppe, aber keine saure Gruppe.

In neutraler wässriger Lösung liegt Haloperidol daher überwiegend protoniert vor **(E)**. Der Stickstoff im Haloperidol ist sp^3-hybridisiert **(F)**.

Lösung 107   Antwort (D)

Drei der vier Ringe des kondensierten Ringsystems enthalten nur sp^2-hybridisierte C-Atome; diese C-Atome liegen alle in einer Ebene. Der rechte der vier Ringe hat dagegen drei sp^3-hybridisierte C-Atome und ist somit nicht planar.

Der untere zuckerartige Ring ist über eine glykosidische Bindung an das Vierringgerüst gebunden. Es liegt also ein Vollacetal vor **(A)**. Dieses kann unter sauren Bedingungen hydrolysiert werden, wodurch der aminosubstituierte Ring vom Rest des Moleküls abgespalten wird **(E)**. Unter einem Chinon versteht man ein cyclisch konjugiertes Sechsringsystem mit zwei Carbonylgruppen an den Positionen 1 und 4 (oder 1 und 2). Der zweite Sechsring von links im Epirubicin besitzt eine solche chinoide Struktur **(B)**. In der Seitengruppe des Ringsystems benachbart zur Carbonylgruppe befindet sich eine primäre Alkoholgruppe, die zur Carbonsäure oxidiert werden kann. Zusammen mit der benachbarten Ketogruppe hat man damit eine α-Ketocarbonsäure **(C)**. Epirubicin weist mehrere OH-Gruppen auf, die als H-Donoren für eine Wasserstoffbrücke fungieren können, z. B. an dem dritten Ring von links, der ein Hydrochinon darstellt. Diese können z. B. mit den beiden Carbonyl-O-Atomen (als H-Brücken-Akzeptoren) des benachbarten Chinonrings intramolekulare Wasserstoffbrücken bilden **(F)**.

Lösung 108   Antwort (B)

Glucuronide entstehen durch Reaktion der anomeren OH-Gruppe der Glucuronsäure (nach Aktivierung zu UDP-Glucuronsäure) mit einem Alkohol zum Glykosid (Vollacetal), das im Fall der Glucuronsäure auch als Glucuronid bezeichnet wird. Durch Anknüpfung dieses sehr polaren Kohlenhydratmoleküls erhöht sich die Löslichkeit des in freier Form kaum löslichen Triclosans erheblich, wodurch die Ausscheidung für den Organismus erleichtert wird.

Triclosan weist eine aromatische Hydroxygruppe auf (es ist ein Phenol-Derivat) und sollte daher in Wasser, wenn auch nur recht schwach, sauer reagieren **(A)**. Die beiden aromatischen Ringe sind über eine Etherbindung verknüpft. Ether sind prinzipiell hydrolysierbar, allerdings nur unter recht speziellen Bedingungen (mit HBr oder HI). Verbindungen, die sich leicht hydrolysieren lassen, reagieren typischerweise mit allen möglichen verdünnten Säuren in wässriger Lösung – Ether (mit Ausnahme dreigliedriger Epoxide) tun dies nicht **(B)**. Aufgrund der OH-Gruppe und ihrem elektronenschiebenden +M-Effekt sollte eine elektrophile Substitution bevorzugt am rechten der beiden Ringe erfolgen. Eine Substitution *ortho* zu (zwischen den) beiden Cl-Atomen wäre zudem sterisch behindert und in jedem Fall ungünstig **(D)**. Aromatische Alkohole (Phenole) sind nicht oxidierbar. Ausnahmen bilden Hydrochinone mit zwei OH-Gruppen in 1,4- (oder auch 1,2-) Position, die zu den entsprechenden Chinonen oxidiert werden können **(E)**. Eine Abspaltung von HCl durch eine Eliminierung würde zur Bildung einer Dreifachbindung im Ring (eines Arins) führen. Solche Verbindungen sind bekannt, aber erwartungsgemäß sehr reaktiv und keinesfalls leicht zu erhalten **(F)**.

Lösung 109   Antwort (E)

Priorität 1 am Chiralitätszentrum hat der Pyridinring (vgl. **(A)**); Priorität 2 und 3 kommt den beiden Ästen des sauerstoffhaltigen Sechsrings (Tetrahydropyran = Oxacyclohexan) zu. Der Substituent niedrigster Priorität geht zum N-Atom hin und weist nach hinten; von 1 nach 2 nach 3 gelangt man also im Uhrzeigersinn; das Chiralitätszentrum ist somit (*R*)-konfiguriert.

Ein Acetal enthält ein C-Atom mit zwei O–R-Substituenten. Hier liegt nur ein O-Atom vor, also ein Ether **(B)**. Für eine Hydrolyse kämen nur die Etherbindungen in Frage. Deren Hydrolyse erfolgt allerdings keineswegs leicht, sondern erfordert spezielle Säuren (HBr oder HI; **(C)**). Der Rest am aromatischen Thiophenring ist eine Methoxygruppe, keine Acetylgruppe ($CH_3C=O$), **(D)**. Das Thiophen ist ein sogenannter π-Überschussaromat (mit hoher Elektronendichte), da sich sechs π-Elektronen auf nur fünf Ringatome verteilen, während das Pyridin ein typischer π-Mangelaromat ist (das N-Atom zieht Elektronendichte von den C-Atomen des Rings ab). Elektrophile Substitutionen verlaufen ziemlich leicht an den π-Überschussaromaten (Pyrrol, Furan, Thiophen), dagegen nur unter drastischen Bedingungen an elektronenarmen π-Mangelaromaten wie dem Pyridin **(F)**.

Lösung 110   Antwort (E)

Indapamid besitzt zwar eine Carbonylgruppe, diese ist aber Bestandteil der funktionellen Gruppe eines Carbonsäureamids (genauer: eines Carbonsäurehydrazids). Daher wird bei einer Reduktion kein sekundärer Alkohol gebildet.

Indol besteht aus einem Benzolring, der mit einem Pyrrolring kondensiert ist. In der vorliegenden Verbindung ist eine Doppelbindung des Indolrings (benachbart zum N-Atom) hydriert **(A)**. Das dem Ringstickstoff benachbarte C-Atom weist vier verschiedene Substituenten auf, es handelt sich demnach um ein Chiralitätszentrum. Da keine Symmetrieebene vorhanden ist, ist Indapamid chiral **(B)**. Der Benzolring trägt als Substituent eine SO_2NH_2-Gruppe, die ein Sulfonamid charakterisiert **(C)**. Sulfonamide werden ebenso wie Carbonsäureamide durch wässrige Base unter drastischen Reaktionsbedingungen hydrolysiert. Dabei wird im vorliegenden Fall (ein primäres Sulfonamid) Ammoniak freigesetzt. Die zweite hydrolysierbare Bindung ist die Amidbindung zwischen der CO- und der NH-Guppe **(D)**. Unter einer Sulfonierung versteht man die Einführung einer Sulfonsäuregruppe ($-SO_3H$). Dies gelingt über eine elektrophile aromatische Substitution an Aromaten. Sulfonsäuren sind relativ starke Säuren (pK_S-Werte um 1); sie liegen daher im physiologischen pH-Bereich vollständig dissoziiert vor. Dadurch erhält das Molekül eine stark polare Gruppe mit einer negativen Ladung, wodurch sich die Hydrophilie (und damit die Wasserlöslichkeit) erheblich erhöht **(F)**.

Lösung 111   Antwort (A)

Imidazol ist ein aromatischer fünfgliedriger Heterocyclus mit zwei Stickstoffatomen an den Positionen 1 und 3. Ein derartiger Ring ist im Flumazenil mit dem siebengliedrigen Lactamring anelliert.

Flumazenil weist zwei hydrolysierbare Bindungen auf; da bei Spaltung einer der beiden Bindungen jedoch ein Ring geöffnet wird, entstehen nur zwei neue Verbindungen **(B)**. Neben der Amidbindung, deren Spaltung zur Ringöffnung führt, setzt die Spaltung des Esters Ethanol frei. Lactone sind cyclische Ester; hier liegt dagegen ein cyclisches Amid, ein Lactam, vor **(C)**. Ein sekundäres Amid weist am Amid-Stickstoff noch ein H-Atom auf. Das vorliegende (cyclische) Amid ist tertiär **(D)**. Die höchstmögliche Oxidationsstufe des Kohlenstoffs ist +4. Sie liegt vor, wenn ein C-Atom nur mit elektronegativen Heteroatomen verknüpft ist. In der gegebenen Verbindung weist jedes C-Atom mindestens eine C–C-Bindung auf, so dass die maximale Oxidationsstufe (der beiden Carbonylkohlenstoffe) +3 beträgt **(E)**. $NaHCO_3$ ist eine schwache Base; es reagiert mit Carbonsäuren unter Freisetzung von CO_2. Flumazenil weist keine saure Gruppe auf, so dass keine Reaktion mit $NaHCO_3$ beobachtet wird **(F)**.

Lösung 112   Antwort (D)

An den fünfgliedrigen aromatischen Heterocyclus ist eine Carbonsäureamidgruppe gebunden. Es liegt ein primäres Amid vor. In primären Aminen ist die NH_2-Gruppe immer an einen Alkyl- oder Arylrest, nicht aber an einen Acylrest gebunden.

Ribavirin leitet sich von der Ribose (einer Pentose) ab, kann also als Ribose-Derivat bezeichnet werden, vgl. unten **(A)**. Allgemein entstehen Nucleotide durch Veresterung der primären OH-Gruppe an C-5 eines Nucleosids mit Phosphorsäure. Dies ist auch für das gezeigte Ribavirin möglich **(B)**. Auch die sekundären OH-Gruppen an C-2 bzw. C-3 der Ribose könnten mit Phosphorsäure zu Phosphorsäureestern reagieren. Ribavirin ist ein *N*-Glykosid der Ribose **(C)**. Es entstand durch Reaktion der OH-Gruppe des Halbacetals an C-1 der Ribose mit der sekundären Aminogruppe des Heterocyclus. Der Fünfring der Ribose trägt zwei *cis*-ständige sekundäre Hydroxygruppen. Davon kann zunächst eine mit einem Aldehyd wie Methanal zum Halbacetal reagieren, aus dem durch einen intramolekularen Angriff der zweiten Hydroxygruppe unter (säurekatalysierter) Abspaltung von Wasser das Vollacetal entstehen kann **(E)**. Ribavirin weist eine Carbonsäureamidgruppe auf, die unter stark sauren (oder basischen) Bedingungen hydrolysiert werden kann. Bei saurer Hydrolyse wird dabei der freiwerdende Ammoniak zum Ammonium-Ion protoniert **(F)**.

Lösung 113   Antwort (B)

Fluopyram weist zwei Stickstoffatome auf, die jeweils sp^2-hybridisiert sind. Das Elektronenpaar am Stickstoff des Pyridinrings gehört nicht zum aromatischen 6π-Elektronensystem und besitzt daher basische Eigenschaften. Diese sind aber schwächer als für Elektronenpaare an sp^3-hybridisierten N-Atomen, da das Elektronenpaar im sp^2-Orbital energetisch tiefer liegt und stabiler ist. Der Stickstoff in der Amidbindung reagiert dagegen praktisch nicht basisch, da das Elektronenpaar mit dem Carbonylsauerstoff konjugiert ist und die Mesomeriestabilisierung durch Protonierung am N-Atom verloren ginge.

Sowohl der linke Benzenring als auch der stickstoffhaltige Pyridinring tragen elektronenziehende Substituenten ($-CF_3$; $-CONH$) und sind daher durch Elektrophile nur schwer angreifbar. Daher ist zu erwarten, dass eine elektrophile Substitution nur unter relativ drastischen Bedingungen erfolgt (A). Hydrolysierbar ist die Amidbindung. Amide sind reaktionsträge Carbonsäurederivate, die bei neutralem pH-Wert praktisch stabil sind, unter stark sauren oder basischen Reaktionsbedingungen bei i. A. höheren Temperaturen aber hydrolytisch gespalten werden (C). Die einzigen sp^3-hybridisierten C-Atome tragen jeweils zwei bzw. drei identische Substituenten; es gibt also keine chiralen Atome im Fluopyram (D). Trifluormethylgruppen mit drei stark elektronegativen Fluoratomen an einem Kohlenstoff weisen erwartungsgemäß einen deutlichen –I-Effekt auf; sie erniedrigen daher die Elektronendichte im aromatischen Ring (E) und erschweren dadurch einen elektrophilen Angriff (A). Durch ein starkes Hydrid-Reduktionsmittel können Amide zu Aminen reduziert werden. Mit LiAlH4 sollte es daher möglich sein, das Fluopyram zum sekundären Amin zu reduzieren (F).

Lösung 114   Antwort (A)

Da am C-Atom der rechten Doppelbindung im Empenthrin zwei Methylgruppen gebunden sind, ist für diese Doppelbindung keine Klassifizierung nach Z/E möglich. Die linke Doppelbindung im Molekül ist E-konfiguriert.

Empenthrin besitzt drei asymmetrisch substituierte C-Atome, die jeweils vier verschiedene Substituenten tragen: das an den Sauerstoff der Esterbindung gebundene C, sowie die beiden C-Atome im Cyclopropan, die nicht die beiden Methylgruppen tragen (B). An eine Dreifachbindung können im Normalfall zwei Äquivalente Wasserstoff unter Reduktion zum Alkan addiert werden. Verwendet man zur Hydrierung aber einen speziellen, durch Begleitstoffe „vergifteten" Katalysator (der als „Lindlar-Katalysator" bekannt ist), so bleibt die Hydrierung nach Addition von einem Molekül H_2 auf der Stufe des Alkens stehen (C). An ein sp-hybridisiertes C-Atom gebundenes H-Atom in einem terminalen Alkin ist vergleichsweise acid (pK_S-Wert ≈ 25); es kann daher mit sehr starken Basen wie dem Amid-Ion (NH_2^-) abgespalten werden (der pK_S-Wert von NH_3 beträgt ca. 35). Grund ist die höhere Elektronegativität eines sp-hybridisierten Kohlenstoffs und die tiefere Lage eines sp- gegenüber einem sp^2- oder einem sp^3-Hybridorbital (D). Empenthrin enthält eine Esterbindung; diese kann gewöhnlich sowohl sauer (Gleichgewichtsreaktion) als auch basisch (mit OH^-) hydrolysiert werden (E). Für eine säurekatalysierte Addition von Wasser kämen sowohl die beiden Doppel- wie auch die Dreifachbindung in Frage. In letzterem Fall entsteht bei der Addition zunächst ein Enol, das im Keto-Enol-Gleichgewicht mit dem tautomeren Keton steht (F). Dabei liegt das Gleichgewicht in diesem Fall weit auf der Seite des Ketons.

Lösung 115   Antwort (B)

Der Imidazolring ist ein aromatischer Fünfring mit zwei Stickstoffatomen in 1,3-Position. Hier sind die beiden N-Atome benachbart; dieser Heterocyclus ist als Pyrazol bekannt.

Die Prioritätsreihenfolge am chiralen Schwefelatom ist: Sauerstoff (1); CF_3-Gruppe (2), Pyrazolring (3). Ein freies Elektronenpaar hat immer die geringste Priorität (4). Daraus ergibt sich die (R)-Konfiguration (A). Fipronil enthält eine Cyanogruppe; diese liefert bei einer

Hydrolyse (unter recht drastischen Reaktionsbedingungen) wie alle Carbonsäurederivate die freie Säure (bzw. bei basischer Hydrolyse das Anion, das zur Säure protoniert werden kann), **(C)**. Der aromatische Benzenring trägt mehrere elektronenziehende Substituenten; die beiden Cl-Atome sind schwach, die CF_3-Gruppe ist merklich desaktivierend, so dass ein elektrophiler Angriff (auch aus sterischen Gründen an den einzig noch freien Positionen) relativ schwierig sein dürfte **(D)**. Die funktionelle Gruppe R–S(O)–R wird als Sulfoxid bezeichnet **(E)**; trüge der Schwefel anstelle des freien Elektronenpaars noch ein weiteres O-Atom, läge ein Sulfon vor. Die vier N-Atome befinden sich alle in unterschiedlichen chemischen Umgebungen. So reagiert der dreifach gebundene Stickstoff der Cyanogruppe (Elektronenpaar am N in sp-Hybridorbital) praktisch gar nicht basisch, während für die primäre Aminogruppe die stärkste Basizität zu erwarten ist. Am substituierten Stickstoff des Pyrazolrings ist das Elektronenpaar im p_z-Orbital und Bestandteil des aromatischen π-Elektronensystems (kaum basisch), während der benachbarte Stickstoff das Elektronenpaar in einem sp^2-Hybridorbital beherbergt (schwach basisch) **(F)**.

Lösung 116   Antwort (C)

Paroxetin besitzt zwei Chiralitätszentren; somit sind maximal $2^2 = 4$ Stereoisomere denkbar. Da keine *meso*-Form existiert, gibt es neben dem gezeigten drei weitere Stereoisomere (ein Enantiomer und zwei Diastereomere).

Bei einer (sauren) Hydrolyse von Paroxetin wird das cyclische Acetal gespalten; dabei entsteht das aromatische Diol, sowie als Carbonylverbindung das Methanal **(A)**. Da also die beiden Sauerstoffe im Fünfring ein Acetal bilden, enthält das Paroxetin nur eine Ethergruppe (es ist ein Alkyl-Aryl-Ether), **(B)**. Paroxetin besitzt keine saure Gruppe, die im Basischen deprotoniert würde. Eine Verbesserung der Wasserlöslichkeit bei höheren pH-Werten ist somit nicht zu erwarten. Dagegen lässt sich in sauer Lösung die sekundäre Aminogruppe protonieren, was die Löslichkeit erhöhen würde **(D)**. Die Verbindung besitzt keine Doppelbindung, die für eine Addition von Brom in Frage käme. An beiden aromatischen Ringen könnte eine elektrophile Substitution stattfinden, aber keine Addition, da diese das aromatische π-System zerstören würde **(E)**. Der stickstoffhaltige Sechsring ist als Piperidin (Azacyclohexan) bekannt; Pyridin bezeichnet die entsprechende aromatische Verbindung (Azabenzen) **(F)**.

Lösung 117   Antwort (F)

Auf den ersten Blick erscheint Antwort **(F)** falsch, denn es ist kein chirales C-Atom auszumachen **(B)**. Chiralitätszentren sind jedoch nicht auf C-Atome beschränkt. Der Schwefel besitzt zwar nur drei Bindungspartner und ein freies Elektronenpaar, ist aber konfigurationsstabil, so dass beide Enantiomere unabhängig existieren. Esomeprazol ist als das (*S*)-Enantiomer von Omeprazol als Medikament zugelassen.

Als Indolring wird das bicyclische Ringsystem aus einem Pyrrol- und einem Benzenring bezeichnet, d. h. Indol weist nur ein N-Atom auf, im Gegensatz zum vorliegenden Benzimidazol (Benzen + Imidazol), **(A)**. Sowohl der Stickstoff im Pyridinring als auch das doppelt gebundene N-Atome im Benzimidazol weisen ein freies Elektronenpaar in einem sp^2-Hybridorbital (in der Ebene des Aromaten) auf, das nicht Bestandteil des delokalisierten π-Elektronensystems ist. Eine Protonierung hat somit keinen Einfluss auf die Aromatizität; beide Stickstoffe sind schwache Basen **(C)**. Pyrimidin enthält zwei Stickstoffatome in 1,3-Position des Benzenrings; Pyridin nur eines **(D)**. Sulfonamide sind Sulfonsäurederivate. Im Omeprazol ist der Schwefel nur an ein O-Atom gebunden; es handelt sich um ein Sulfoxid **(E)**.

Lösung 118   Antwort (D)

Die gezeigte Verbindung weist zwei tertiäre Aminogruppen auf, die aufgrund ihres freien Elektronenpaars basische und nucleophile Eigenschaften aufweisen. Mit einem elektrophilen Halogenalkan wie Iodmethan kann daher jeweils in einer S_N2-Reaktion ein quartäres Ammonium-Ion gebildet werden.

Als hydrolysierbare Gruppe ist ein sekundäres Amid vorhanden; Amide sind aber ziemlich unreaktive Carbonsäurederivate, die zur Hydrolyse die Anwesenheit konzentrierter Säuren oder Laugen sowie höhere Reaktionstemperaturen und längere Reaktionszeiten erfordern **(A)**. Im Chinolin ist ein Pyridinring mit Benzen anelliert. Ebenso wie Pyridin ist auch Chinolin ein elektronenarmer Aromat, der nur schwer elektrophil substituiert wird – wenn, dann erfolgt die Reaktion am Benzenring. Dieser ist im vorliegenden Molekül durch den Fluor-Substituenten desaktiviert, so dass nicht mit einem leichten Angriff durch Elektrophile zu rechnen ist **(B)**. Die Verbindung weist kein Chiralitätszentrum auf **(C)**. Prinzipiell könnte aber axiale Chiralität auftreten, falls der Chinolinring und der substituierte Phenylrest aus sterischen Gründen nicht in einer Ebene liegen. Da aber die jeweiligen *o*-Positionen nicht substituiert ist, ist vermutlich weitgehend freie Drehbarkeit gegeben. Es liegen drei Arten stickstoffhaltiger Gruppen vor: das Amid, der Stickstoff im Chinolinring, sowie die beiden tertiären Amine. Letztere weisen für die sp^3-hybridisierten Stickstoffe die höchste Basizität auf, gefolgt vom Chinolin-Stickstoff (freies Elektronenpaar in sp^2-Orbital) und dem Amid-Stickstoff, dessen Elektronenpaar mit der Carbonylgruppe in Konjugation steht und in wässriger Lösung praktisch keine basischen Eigenschaften zeigt **(E)**. Die Bezeichnung Pyrrol kennzeichnet den aromatischen fünfgliedrigen Stickstoff-Heterocyclus; der gesättigte Fünfring heißt dagegen Pyrrolidin **(F)**.

Lösung 119   Antwort (C)

Eine säurekatalysierte Addition von Wasser an ein Alken verläuft bevorzugt unter Bildung des stabileren Carbenium-Ions als Intermediat („Regel von Markovnikov"). Das H^+-Ion addiert also überwiegend an das terminale C-Atom unter Bildung des tertiären Carbenium-Ions, während die Addition unter Bildung des viel instabileren primären Carbenium-Ions kaum eine Rolle spielt. Man erhält somit nach Addition von Wasser im zweiten Schritt und Abspaltung von H^+ fast ausschließlich den tertiären und nicht den primären Alkohol (Regioselektivität).

Die funktionelle Gruppe, in der Schwefel an zwei Reste und zwei O-Atome gebunden vorliegt, wird als Sulfon bezeichnet (**A**). Man erkennt zwei Chiralitätszentren an den Verknüpfungsstellen von Fünf- und Sechsring. Die beiden Ringe sind hier *cis*-verknüpft (**D**); hierzu existiert ein Enantiomer (ebenfalls *cis*-verknüpft). Es käme aber auch eine *trans*-Verknüpfung der Ringe in Frage (diastereomer zur gezeigten *cis*-Verbindung), so dass sich aus den zwei Chiralitätszentren insgesamt vier Stereoisomere ableiten (**B**). An die exocyclische C=C-Doppelbindung kann elektrophil Brom addiert werden; am Aromaten kann durch elektrophile Substitution ein weiteres Bromatom eingeführt werden (**E**). Im Indol ist Benzen mit Pyrrol verknüpft, d. h. der Fünfring enthält noch eine Doppelbindung, die im vorliegenden Molekül fehlt. Es handelt sich also um ein partiell hydriertes Indol (**F**).

Lösung 120   Antwort (B)

Glyphosat enthält offensichtlich die funktionellen Gruppen von zwei Säuren – eine Carboxylgruppe (Carbonsäure) sowie eine Phosphonatgruppe. Die Reaktion zweier Säuren unter Abspaltung von Wasser liefert ein (gemischtes) Anhydrid. Eine solche Reaktion ist auch zwischen zwei Molekülen Glyphosat denkbar.

Ester der Phosphorsäure haben die allgemeine Formel $(HO)_2P(O)OR$. Das Glyphosat weist am Phosphor ein O-Atom weniger auf und leitet sich von der Phosphonsäure ab (**A**). Da kein Chiralitätszentrum vorhanden ist, existieren von Glyphosat keine Enantiomere (**C**). Glyphosat kann als Derivat der Aminosäure Glycin betrachtet werden; diese ist eine der 20 (bzw. 21) proteinogenen Aminosäuren (**D**). Es ist keine Amidbindung ($-CO-NR_2$) vorhanden (**E**). Unter physiologischen Bedingungen (pH ≈ 7) liegt Glyphosat in jedem Fall negativ geladen vor, da die pK_S-Werte der OH-Gruppen deutlich unter 7 liegen (**F**).

Lösung 121   Antwort (E)

Die olefinische Doppelbindung befindet sich in Konjugation mit der elektronenziehenden Estergruppe und ist somit vergleichsweise elektronenarm und daher eher schwer für Elektrophile angreifbar. Derartige α,β-ungesättigte Carbonylverbindungen reagieren stattdessen relativ leicht unter konjugierter Addition mit („weichen") Nucleophilen.

Basische Hydrolyse von Meptyldinocap liefert das mesomeriestabilisierte Carboxylat-Ion der *E*-2-Butensäure (**F**) sowie ein Dinitrophenolat. Auch hier ist die negative Ladung durch Konjugation mit dem aromatischen Ring mesomeriestabilisiert (**A**). Das 2-(1-Methylheptyl)-phenol könnte an den verbliebenen Positionen *ortho* und *para* zur OH-Gruppe nitriert und anschließend mit *E*-2-Butensäure zum Produkt umgesetzt werden (**B**). Der an den Ring gebundene Alkylrest weist an der Verzweigungsstelle ein Chiralitätszentrum auf; die Verbindung kann also als (*R*)- oder (*S*)-Enantiomer vorliegen (**C**). Das bei saurer Hydrolyse entstehende 2,4-Dinitrophenol ist verglichen mit unsubstituiertem Phenol deutlich acider, da die beiden Nitrogruppen mit ihrem $-I/-M$-Effekt die negative Ladung im Phenolat erheblich stabilisieren. Der pK_S-Wert liegt bei ca. 4 und ist damit im typischen Bereich einer Carbonsäure (*E*-2-Butensäure als zweites Hydrolyseprodukt) (**D**).

Lösung 122   Antwort (C)

Die Verbindung Tofacitinib enthält eine Nitril- und eine Amidgruppe. Beides sind Carbonsäurederivate und lassen sich, wenngleich nur unter relativ drastischen Reaktionsbedingungen, zur Carbonsäure hydrolysieren. Das Produkt ist die Propandisäure (Malonsäure).

Das Puringerüst setzt sich aus einem Pyrimidin- und einem Imidazolring zusammen. In der vorliegenden Verbindung fehlt dazu der zweite Stickstoff im Fünfring (**A**). Die Carbonylgruppe ist Teil der Amidgruppe, so dass keine Ketofunktion vorhanden ist (**B**). Ein Teil der Verbindung besitzt zwar aromatischen Charakter, im gesättigten Sechsring sind die C-Atome aber sp^3-hybridisiert. Hier liegen zwei Chiralitätszentren vor; die Verbindung ist chiral (**D**). Der Stickstoff im gesättigten Sechsring ist Teil der Amidgruppe, sein freies Elektronenpaar ist mit der Carbonylgruppe konjugiert und weist daher, wie generell in Amiden, praktisch keine basischen Eigenschaften in wässriger Lösung auf (**E**). Auf den ersten Blick ist kein stärker acides H-Atom zu erkennen, da weder z. B. Säuregruppe oder Phenol vorliegen. Die mit der Cyanogruppe verbundene CH_2-Gruppe befindet sich aber zwischen zwei elektronenziehenden Gruppen, so dass eine durch eine Deprotonierung entstehende Ladung nach zwei Seiten hin mesomeriestabilisiert ist. Die Cyanogruppe ist dabei ähnlich wirksam wie eine Carbonylgruppe, so dass praktisch ein Vertreter analog zu einer 1,3-Dicarbonylverbindung vorliegt. Diese sind mit pK_S-Werten zwischen ca. 9 und 13 deutlich acide und lassen sich mit NaOH leicht deprotonieren (**F**).

Lösung 123   Antwort (D)

Vimpat enthält die Aminosäure (*R*)-Serin, die an drei Stellen substituiert wurde. Die Aminogruppe ist acetyliert, die Hydroxygruppe der Seitenkette wurde zum Methylether methyliert und die Carboxylgruppe wurde mit Phenylmethanamin in das Carbonsäureamid umgewandelt.

Die beiden Carbonylgruppen sind jeweils an Stickstoff gebunden (Carbonsäureamid); es kann sich also um keine Ketogruppen handeln (**A**). Als Teil des Carbonsäureamids haben die beiden N-Atome in wässriger Lösung praktisch keine basischen Eigenschaften, da das Elektronenpaar mit der Carbonylgruppe konjugiert ist. Eine Protonierung würde die Mesomerie unterbinden (**B**). Trotz des vorhandenen Phenylrests kann von einem Phenylalanin-Derivat keine Rede sein (**C**). Die beiden Amidbindungen sind hydrolysierbar, wenngleich nur unter drastischen Reaktionsbedingungen. Die dritte prinzipiell hydrolysierbare Funktionalität ist der Methylether; allerdings erfordert eine Spaltung hier konz. HBr oder HI (**E**). Eine gute Abgangsgruppe ist in diesem Molekül nicht vorhanden (**F**).

Lösung 124   Antwort (B)

Aromatische Aminogruppen sind schwächere Basen als aliphatische Amine. In den gezeigten Verbindungen sind die aromatischen Aminogruppen zudem Bestandteil einer Amidgruppe; sie besitzen daher praktisch keine basischen Eigenschaften. Eine Protonierung erfolgt daher bevorzugt an der sekundären (Prilocain) bzw. tertiären Aminogruppe (Bupivacain).

Anilin ist die Trivialbezeichnung für Aminobenzen. Hier ist der aromatische Ring zusätzlich noch mit einer bzw. zwei Methylgruppen versehen, beide Verbindungen sind aber Derivate des Anilins **(A)**. Die Bestimmung der Prioritätsreihenfolge ergibt an den beiden Chiralitäts-zentren jeweils Priorität 1 für die Bindung zum Stickstoff, 2 für die Bindung zur Carbonyl-gruppe und 3 für den Methylrest bzw. den Ring. Dies ergibt jeweils (*S*)-Konfiguration **(C)**. Das Chiralitätszentrum im Prilocain kann als das α-C-Atom der Aminosäure Alanin identifi-ziert werden; dies ist eine proteinogene Aminosäure **(D)**. Die Carbonsäureamidbindung lässt sich hydrolysieren. Im Allgemeinen sind hierfür relativ drastische Reaktionsbedingungen erforderlich, also die Anwesenheit konzentrierter Säure oder Base bei erhöhter Temperatur **(E)**. Die sekundäre bzw. tertiäre Aminogruppe besitzt basische und nucleophile Eigenschaften und kann mit einem geeigneten Elektrophil R–X in einer S_N2-Reaktion reagieren, wenn R ein Methyl- oder primärer Rest ist. Die Umsetzung mit einer ausreichenden Menge an Iodmethan kann so bis zum quartären Ammonium-Ion führen **(F)**.

Lösung 125   Antwort (A)

Die Verbindung Alogliptin kann als Harnstoff-Derivat aufgefasst werden: das Carbonyl-C-Atom zwischen den beiden N-Atomen im Ring bildet vier Bindungen zu elektronegativeren Heteroatomen aus und befindet sich daher im höchstmöglichen Oxidationszustand +4.

Es ist eine primäre und eine tertiäre Aminogruppe vorhanden, jedoch keine sekundäre **(B)**. Der aromatische Ring trägt eine Cyanogruppe als Substituent; diese besitzt einen starken –I- und –M-Effekt, so dass ein Angriff durch Elektrophile erschwert ist **(C)**. Die Ringstickstoffe sind in Amidgruppen eingebunden und weisen daher praktisch keine basischen Eigenschaften auf, im Gegensatz zu der primären Aminogruppe. Diese sollte am leichtesten protoniert wer-den können **(D)**. Das Cyanid-Ion ist ein gutes Nucleophil, das für S_N2-Reaktionen an pri-mären Substraten mit einer guten Abgangsgruppe geeignet ist. Hier ist die Cyanogruppe an den Aromaten gebunden; am aromatischen sp^2-hybridisierten C-Atom laufen keine S_N2-Reaktionen ab **(E)**. Das Chiralitätszentrum befindet sich im aliphatischen Ring und trägt die Aminogruppe. Es ist (*R*)-konfiguriert **(F)**.

Lösung 126 Antwort (C)

Die Aminosäure Histidin enthält einen aromatischen Imidazolring. Im Meropenem liegt ein Pyrrolidinring vor, der Bestandteil der Aminosäure Prolin ist; diese liegt hier in Form des Dimethylamids vor.

Ein Lactam ist ein cyclisches Carbonsäureamid; je nach Ringgröße unterscheidet man α-, β-, γ- usw. Lactame. Der mit dem Fünfring kondensierte Vierring ist ein β-Lactam (**A**). Insgesamt enthält die Verbindung mehr als vier Chiralitätszentren, vier davon sind unmittelbar benachbart (vom sekundären Alkohol bis zum C-Atom im Fünfring, das die Methylgruppe trägt) (**B**). Die beiden tertiären Amide besitzen praktisch keine basischen Eigenschaften. Mit der Carboxylgruppe und der sekundären Aminogruppe im Pyrrolidinring ist eine saure und eine basische Gruppe anwesend, so dass im pH-Bereich um 7 die Verbindung zwitterionisch vorliegen wird (**D**). Für eine Hydrolyse kommen die beiden Amide in Frage. Obwohl sie beide tertiär sind, ist zu erwarten, dass sie mit recht unterschiedlicher Geschwindigkeit hydrolysiert werden, da der viergliedrige Lactamring stark gespannt ist. Die Öffnung des Vierrings ist daher klar bevorzugt (**E**). Höhere Priorität an den beiden C-Atomen der Doppelbindung haben der Schwefel und der Stickstoff, die *trans*-ständig sind. Die Doppelbindung ist daher *E*-konfiguriert (**F**).

Lösung 127 Antwort (F)

Der Abbau von Paracetamol erfolgt überwiegend in der Leber, wo der Hauptanteil des Stoffes im Rahmen einer Phase-II-Reaktion durch Verbindung mit Sulfat oder (aktivierter) Glucuronsäure (Glucuronidierung) inaktiviert und dann über die Nieren ausgeschieden wird. In kleinen Mengen kann auch durch Abbau über das Cytochrom-P-450-Enzymsystem der gezeigte toxische Metabolit *N*-Acetyl-*p*-benzochinonimin (NAPQI) gebildet werden, der normalerweise durch Reaktion mit dem Tripeptid Glutathion abgefangen und als entsprechendes Additionsprodukt über die Nieren eliminiert wird. Bei akuter Überdosierung von Paracetamol steht für diese Entgiftungsreaktion allerdings nicht genug Glutathion zur Verfügung, so dass es zu einer Reaktion mit Struktur- und Funktionsproteinen der Leberzellen kommt, was bis zum Leberversagen führen kann.

Beide Verbindungen sind am Stickstoff acyliert; es liegt aber eine Acetyl- (H_3CCO–) und keine Formylgruppe (HCO–) vor (**A**). Wie man bei einer Überprüfung der Oxidationszahlen leicht erkennt, handelt es sich bei der Umwandlung in das NAPQI um eine Oxidation (**B**). Da hierbei die Hydroxygruppe, die zur Ausbildung von Wasserstoffbrücken in der Lage ist, zur Carbonylgruppe oxidiert wird, ist tendenziell mit einer Verschlechterung der Wasserlöslichkeit zu rechnen (**C**). Die (neben der Carbonylgruppe) neu gebildete funktionelle Gruppe ist ein Imin, kein Enamin (**D**). Während die phenolische OH-Gruppe schwach sauer reagiert, ist das für die Carbonylgruppe im Oxidationsprodukt nicht der Fall (**E**).

Lösung 128   Antwort (B)

Mifepriston weist eine tertiäre Aminogruppe am aromatischen Ring auf. Ein tertiäres Amin kann kein Amid ausbilden, da kein abspaltbares H-Atom am Stickstoff zur Verfügung steht.

Durch die tertiäre Aminogruppe mit ihrem +M-Effekt ist der Aromat im Mifepriston relativ elektronenreich – ein elektrophiler Angriff sollte also leicht möglich sein. Zugleich bieten aber auch C–C-Doppel- und Dreifachbindung Angriffsorte für Elektrophile **(A)**. Um die Konfiguration der C=C-Doppelbindungen zu bestimmen, muss die Priorität der jeweiligen Substituenten an den beiden C-Atomen ermittelt werden. Dies führt für die Doppelbindung im linken Ring zur Z-Konfiguration. Im benachbarten Ring ergibt die Priorisierung dagegen eine *E*-Konfiguration; beide sind also unterschiedlich konfiguriert **(C)**. Die C=O-Doppelbindung kann in üblicher Weise, z. B. mit NaBH₄, zum sekundären Alkohol reduziert werden. Da eine Hydroxygruppe bereits vorhanden ist, ergäbe sich hierdurch ein Diol **(D)**. Die Priorisierung der drei Ring-C-Atome am Chiralitätszentrum, das die Methylgruppe trägt, ergibt sich im Uhrzeigersinn; da der Substituent mit niedrigster Priorität (Methyl) zum Betrachter zeigt, ist das Zentrum (*S*)-konfiguriert **(E)**. Ein tertiärer Alkohol (wie im Mifepriston vorliegend) kann aus einem Keton durch nucleophilen Angriff eines Carbanions entstehen. Dabei kann im vorliegenden Fall das Carbanion durch Deprotonierung von Propin mit einer sehr starken Base gebildet werden **(F)**. Allerdings könnte es durch die zweite Carbonylgruppe im Sechsring zu Regioselektivitätsproblemen kommen.

Lösung 129   Antwort (E)

Die Sucrononsäure enthält zwar zahlreiche sp²-hybridisierte C- und N-Atome, aber auch einen Ring aus sp³-hybridisierten C-Atomen, der sicherlich nicht planar ist.

Sucrononsäure enthält die Aminosäure Glycin, die durch eine Hydrolyse freigesetzt werden kann **(A)**. Der zentrale Molekülteil ist ein substituiertes Guanidin (H₂N–C(N)–NH₂), **(B)**. Das C-Atom in der Guanidinogruppe ist nur an elektronegative N-Atome gebunden und befindet sich deshalb im höchsten Oxidationszustand (+4) **(C)**. Bei einer vollständigen Hydrolyse wird die Guanidinogruppe unter Freisetzung von Glycin und 4-Aminobenzonitril gespalten. Die Cyanogruppe wird weiter hydrolysiert zur Carbonsäure, so dass als Produkt die *p*-Aminobenzoesäure entsteht **(D)**. Die Cyanogruppe am Benzenring ist ein desaktivierender Substituent, der bei einer elektrophilen Substitution in die *meta*-Position dirigiert **(F)**.

Lösung 130   Antwort (A)

Aus den Strukturformeln von Essigsäure, Salicylsäure bzw. Acetylsalicylsäure (Aspirin®) erhält man die Summenformeln und die zugehörigen molaren Massen zu 60 g/mol, 138 g/mol und 180 g/mol. Die Masse von 69 g Salicylsäure entspricht also 0,50 mol und ist damit limitierend. Da die Edukte im Verhältnis 1:1 reagieren, können daraus maximal 0,50 mol Acetylsalicylsäure entstehen; dies entspricht einer Masse *m* (Acetylsalicylsäure) von 90 g.

Die tatsächliche Ausbeute betrug 72 g, was einer prozentualen Ausbeute von 72/90 = 80 % entspricht.

Kapitel 10

Lösungen – Multiple-Choice-Aufgaben (Mehrfachauswahl)

Lösung 131   Antworten (B), (E), (F), (G), (H)

Eine Verknüpfung zweier Glucose-Monomere kann über verschiedene OH-Gruppen erfolgen; so entsteht beispielsweise eine 1→1-, eine 1→4- oder eine 1→6-glykosidische Bindung. Weitere Möglichkeiten sind denkbar. Da sich die entstehenden Disaccharide in der Verknüpfung der Atome unterscheiden, handelt es sich um Konstitutionsisomere (B). Eine 1→1-Verknüpfung der beiden Halbacetalgruppen zweier Glucose-Monomere ergibt ein nicht-reduzierendes Disaccharid, da dieses keine (reduzierend wirkende) Halbacetalgruppe mehr enthält. Andere Verknüpfungen (z. B. 1→4-glykosidisch wie in Maltose) ergeben reduzierende Disaccharide (E). Eine 1→4-Verknüpfung kann α- oder β-glykosidisch erfolgen. Die beiden entstehenden Disaccharide (Maltose bzw. Cellobiose) sind Diastereomere und unterscheiden sich folglich in ihren physikalischen Eigenschaften wie z. B. dem spezifischen Drehwinkel (F). Bei einer säurekatalysierten Hydrolyse eines Acetals bildet sich intermediär ein mesomeriestabilisiertes Oxocarbenium-Ion mit sp^2-hybridisiertem C-Atom. In diesem Oxocarbenium-Ion ist die ursprüngliche Information bezüglich der Orientierung der glykosidischen Bindung (α bzw. β) verloren gegangen. Es entsteht daher in beiden Fällen ein Gemisch aus α- und β-Glucose (G). Bei Ausbildung einer glykosidischen Bindung entsteht die funktionelle Gruppe eines Acetals durch Angriff einer OH-Gruppe auf das cyclische Halbacetal (H).

Da Glucose, Mannose und Galaktose isomere Hexosen sind, d. h. die gleiche Summenformel aufweisen, gilt dies auch für das entstehende Disaccharid (A). Durch unterschiedliche Verknüpfung können aus Glucose mehrere konstitutionsisomere und diastereomere Disaccharide entstehen; diese haben entsprechend auch unterschiedliche physikalische Eigenschaften, wie z. B. Schmelzpunkte (C). Die Klassifikation als D- oder L-Zucker ist abhängig von der Konfiguration an demjenigen Chiralitätszentrum (bei Glucose ist das C-5), das am weitesten entfernt ist vom höchstoxidierten C-Atom (C-1). Die Art der Verknüpfung zweier Monomere ändert nichts an der Konfiguration an diesem C-Atom (D). Disaccharide werden bereits von verdünnten wässrigen Säuren relativ rasch hydrolysiert. Die angegebenen Bedingungen sind für die Hydrolyse von Peptidbindungen erforderlich (I). Enzyme sind aufgrund ihrer 3-D-Struktur in der Lage, zwischen zwei enantiomeren bzw. zwei diastereomeren Verbindungen zu unterscheiden. Es gibt Enzyme, die spezifisch α-glykosidische Verbindungen spalten und solche, die für β-glykosidische Bindungen spezifisch sind. Entsprechend wird die Hydrolysegeschwindigkeit eines gegebenen Enzyms entscheidend vom Typus der glykosidischen Bindung beeinflusst (J).

© Der/die Autor(en), exklusiv lizenziert durch
Springer-Verlag GmbH, DE, ein Teil von Springer Nature 2021
R. Hutterer, *Fit in Organik*, Studienbücher Chemie,
https://doi.org/10.1007/978-3-662-64603-8_10

Lösung 132

a) $\underline{4}$, $\underline{5}$ b) $\underline{1}$, $\underline{5}$ c) $\underline{1}$, $\underline{3}$ d) $\underline{4}$, $\underline{6}$, ($\underline{1}$)   e) $\underline{4}$, $\underline{6}$

f) $\underline{1}$, $\underline{4}$ g) $\underline{1}$, $\underline{2}$, $\underline{3}$ h) $\underline{6}$ i) $\underline{1}$, $\underline{3}$, $\underline{4}$, $\underline{6}$

Die leichte Oxidierbarkeit beruht bei Verbindung $\underline{4}$ auf der Aldehydgruppe ($\rightarrow$ Carbonsäure), bei $\underline{5}$ auf der Thiolgruppe ($\rightarrow$ Disulfid R–S–S–R). Die anderen Verbindungen sind nicht ohne Zerstörung des Kohlenstoffgerüstes oxidierbar.

Verbindung $\underline{1}$ enthält ein C-Atom mit vier verschiedenen Substituenten (Verknüpfungsstelle zwischen Ring und Seitenkette); in der Aminosäure $\underline{5}$ ist das α-C-Atom chiral.

Carbonsäurederivate sind Verbindungen, in denen die OH-Gruppe der Carboxylgruppe durch eine andere Heteroatomgruppe substituiert ist bzw. Verbindungen, die sich zu einer Carbonsäure hydrolysieren lassen (Nitrile R–CN). Hierzu gehört der cyclische Carbonsäureester $\underline{1}$ (Lacton) und der Thioester $\underline{3}$.

Die Hydrierung zum primären Alkohol ist eine typische Reaktion für Aldehyde ($\underline{4}$); mit geeigneten Hydrid-Reagenzien (z. B. LiAlH$_4$) lassen sich aber auch Carbonsäuren ($\underline{6}$) – in Umkehrung ihrer Bildung durch Oxidation primärer Alkohole – und Carbonsäureester in primäre Alkohole überführen.

Eine Bildung von Iminen durch Reaktion mit primären Aminen ist typisch für Aldehyde und Ketone; es reagieren also die Verbindungen $\underline{4}$ und $\underline{6}$.

Die Entfärbung von Bromwasser beruht auf der elektrophilen Addition von Brom an Alkene (oder Alkine). Eine geeignete C=C-Doppelbindung ist in den Verbindungen $\underline{1}$ und $\underline{4}$ enthalten.

Zu den hydrolysierbaren Verbindungen gehören u. a. die Carbonsäurederivate, ferner Acetale bzw. Ketale und Imine. $\underline{1}$ und $\underline{3}$ werden zur Carbonsäure hydrolysiert; das Ketal $\underline{2}$ zum Cyclohexanon.

Eine leichte Decarboxylierung ist typisch für β-Ketocarbonsäuren. Die Verbindung $\underline{6}$ erfüllt diese Eigenschaft.

Durch Nucleophile leicht angreifbar sind alle Verbindungen mit ausgeprägt elektrophilem Charakter. Hierzu gehören u. a. Carbonylverbindungen. Dabei ist der Thioester $\underline{3}$ reaktiver als das Lacton $\underline{1}$, der Aldehyd $\underline{4}$ reaktiver als das Keton $\underline{6}$.

Lösung 133   Antworten (A), (C), (D), (F), (I), (J)

In der gezeigten cyclischen Pyranoseform mit dem Ring-O-Atom „rechts hinten" steht die CH$_2$OH-Gruppe (C-6) nach oben; dies ist kennzeichnend für Monosaccharide der D-Reihe (**A**). Die Zugehörigkeit zur D-bzw. L-Reihe hat nichts damit zu tun, ob ein Zucker rechts- oder linksdrehend ist. Anhand der gezeigten Strukturformel kann man hierüber keine Aussage machen (**C**). Die gezeigte Verbindung ist 2-N-Acetylglucosamin, die acetylierte Form der 2-Aminoglucose. Es handelt sich demnach um einen acetylierten Aminozucker (**D**). Da die Halbacetalgruppe am C-Atom 1 vorhanden ist, handelt es sich um einen reduzierenden Zucker (**F**). Unter drastischen Bedingungen lässt sich die Amidgruppe an Position 2 des Zuckers hydrolysieren. Führt man die Hydrolyse im Sauren aus, entsteht dabei Essigsäure (**I**). Wird die Halbacetalgruppe des gezeigten Zuckers mit einer alkoholischen OH-Gruppe eines weiteren Monosaccharids zum Glykosid umgesetzt, so entsteht ein reduzierendes Disaccharid. Reagieren jedoch beide Halbacetalgruppen miteinander zum Vollacetal (wie z. B. bei Bildung von Saccharose aus Glucose und Fructose), so verbleibt keine reduzierende Halbacetalgruppe mehr im Molekül; es entsteht ein nicht-reduzierendes Disaccharid (**J**).

Unter der Furanoseform versteht man die vom Fünfring-Heterocyclus Furan abgeleitete Form von Monosacchariden. Eines der fünf Ringatome ist der Sauerstoff der cyclischen Halbacetalgruppe. Die gezeigte Verbindung liegt in der Pyranoseform vor (**B**). Galaktose ist ein Epimer zur Glucose. Bei der Galaktose steht die OH-Gruppe an C-4 nach oben, nicht wie bei der Glucose nach unten. Es handelt sich demnach um ein acetyliertes Glucose- und nicht um ein Galaktose-Derivat (**E**). Die Verbindung stellt bereits ein cyclisches Halbacetal dar. Durch Umsetzung mit Methanol kann daraus das Vollacetal entstehen (**G**). Da sich die OH-Gruppe am anomeren C-Atom 1 *trans*-ständig zur CH$_2$OH-Gruppe befindet, liegt gemäß Konvention die α-Form vor (**H**).

Lösung 134   Antworten (A), (F), (I), (J)

Fette sind Triacylglycerole. Der dreiwertige Alkohol Glycerol ist mit drei (langkettigen) Carbonsäuren (Fettsäuren) verestert (**A**). Liegt Glycerol mit zwei Fettsäuren verestert vor, spricht man entsprechend von einem Diacylglycerol. Verestert man dieses an der noch freien OH-Gruppe des Glycerols mit einer weiteren Fettsäure, so kommt man zum Triacylglycerol (Fett) (**F**). Fette sind sehr unpolare, hydrophobe Verbindungen. Bei einer Dünnschichtchromatographie mit einer polaren stationären und einer unpolaren mobilen Phase wandern unpolare Stoffe bevorzugt mit dem Laufmittel; sie besitzen daher hohe R_F-Werte (der R_F-Wert definiert den Quotienten aus der Laufstrecke einer gegebenen Verbindung und der Laufstrecke des Lösungsmittels; $0 < R_F < 1$). Fette besitzen aufgrund ihres hydrophoben Charakters im gegebenen System hohe R_F-Werte, d. h. sie laufen relativ weit (**I**). Aufgrund ihres unpolaren Charakters lösen sich Fette gut in wenig polaren Lösungsmitteln. Hierzu gehören z. B. Dichlormethan oder Ether (**J**).

Bei einer sauren Hydrolyse von Fetten entstehen zwar die entsprechenden Fettsäuren, allerdings verläuft diese Reaktion, wie Esterhydrolysen unter sauren Bedingungen allgemein, nicht quantitativ. Es stellt sich ein temperaturabhängiges Gleichgewicht ein (**B**). Amphiphile Verbindungen besitzen einen hydrophilen und einen hydrophoben Molekülteil. Dies gilt beispielsweise für viele Detergenzien oder auch Phospholipide (z. B. Lecithin). Fette sind dagegen fast durchweg hydrophob, können also nicht als amphiphile Verbindungen bezeichnet werden. Sie sind deshalb auch nicht zum Aufbau von Biomembranen geeignet (**C**). Ungesättigte Fettsäuren in natürlich vorkommenden Fetten sind praktisch ausschließlich *cis*-konfiguriert (**D**). Die *cis*-Doppelbindung führt zu einem „Knick" in der Kette, was die physikalischen Eigenschaften, z. B. den Schmelzpunkt, wesentlich beeinflusst. Erst durch chemische Manipulationen, wie z. B. „Fetthärtung" (katalytische Hydrierung) entstehen partiell *trans*-Fettsäuren. Je höher der Anteil an ungesättigten Fettsäuren, desto tiefer liegt der Schmelzpunkt des Fettes, da die Packungseigenschaften durch die *cis*-Doppelbindungen verschlechtert werden (**E**). Fette und Phospholipide sind unterschiedliche Verbindungsklassen; sie können aber beide aus Diacylglycerolen hervorgehen. Verestert man ein solches mit einer weiteren Fettsäure, gelangt man zum Fett (Triacylglycerol), verestert man mit Phosphorsäure (und diese evt. mit einem weiteren Alkohol), so erhält man ein Phospholipid **(G)**. Fette bilden keine Micellen aus **(H)**. Micellbildung erfordert amphiphile Moleküle (vgl. oben). Hat man beispielsweise eine große polare Kopfgruppe und einen langen hydrophoben Rest, so können die hydrophoben Reste den (ungünstigen) Kontakt mit Wasser vermeiden, indem sich die Moleküle zu einem kugelförmigen Gebilde anordnen, mit den polaren Kopfgruppen an der Oberfläche (in Kontakt mit Wasser) und den hydrophoben Resten im Inneren. Fette versuchen dagegen, zu größeren „Fetttröpfchen" zu aggregieren, um dadurch den Kontakt mit Wasser zu minimieren. Glykol ist ein zweiwertiger Alkohol (Ethandiol). Fette leiten sich vom Glycerol ab **(K)**.

Lösung 135   Antworten (A), (D), (F), (G), (J), (K), (M), (N)

Kohlenhydrate umfassen sicherlich Mono-, Di- und Polysaccharide **(A)**. Als weitere Gruppe zwischen den Di- und Polysacchariden unterscheidet man häufig die Oligosaccharide (drei bis ca. zehn Monomereinheiten). In Polysacchariden werden die Monomere durch glykosidische Bindungen zusammengehalten. Diese entsprechen der funktionellen Gruppe eines Acetals und sind (säurekatalysiert) hydrolysierbar **(D)**. Umgekehrt entstehen bei der Reaktion von Monosacchariden (in ihrer bevorzugten Halbacetalform) mit Alkoholen Vollacetale (Glykoside) **(F)**. Am Aufbau von Nucleinsäuren sind insbesondere zwei Monosaccharide beteiligt: die beiden Pentosen Ribose und Desoxyribose. Sie sind in N-glykosidischer Bindung mit den Nucleobasen verknüpft und an C-3 bzw. C-5 mit Phosphorsäure verestert **(G)**. Die Blutgruppenantigene werden tatsächlich durch Zuckerstukturen auf der Zelloberfläche bestimmt. Dabei unterscheiden sich die bekannten Blutgruppen Null, A und B jeweils nur in einem Zuckermonomer **(J)**; näheres vgl. Lehrbücher der Biochemie. Reduzierende Disaccharide besitzen eine freie Halbacetalgruppe. Sie stehen im Gleichgewicht mit der offenkettigen Form und unterliegen daher der Mutarotation, d. h. der Einstellung des Anomerengleichgewichts in wässriger Lösung **(K)**. Chitin, eines der häufigsten Polysaccharide in der Biosphäre, besteht aus β-1→4-verknüpften 2-N-Acetylglucosamin-Monomeren, also aus acetylierter 2-Aminoglucose **(M)**. In der Saccharose sind die beiden Halbacetalgruppen der Glucose und der Fructose (in der Furanoseform) 1→2-glykosidisch zum Vollacetal verknüpft; es ist demnach keine freie Halbacetalgruppe mehr vorhanden. Saccharose ist daher ein nicht-reduzierendes Disaccharid **(N)**.

Die Summenformel $C_n(H_2O)_n$ trifft nur auf einige Monosaccharide zu, aber bereits nicht mehr auf Disaccharide, die aus zwei Monosacchariden unter Abspaltung von Wasser entstehen. Die Formel gilt also bei Weitem nicht für alle Kohlenhydrate **(B)**. Polysaccharide sind natürliche (von der Natur hergestellte) Polymere (besser: Polykondensationsprodukte, vgl. **(L)**). Der Begriff Polymerisation beschreibt die Bildung von Polymeren durch Verknüpfung von ungesättigten Monomeren, wobei es zu keiner Abspaltung einer weiteren (niedermolekularen) Verbindung (z. B. Wasser) kommt. Bei Polykondensationsreaktionen reagieren difunktionelle Verbindungen miteinander, wobei pro hinzugefügtem Monomer ein Molekül einer (niedermolekularen) Verbindung (häufig: Wasser) freigesetzt wird. Dies ist auch bei der Verknüpfung von Monosacchariden der Fall **(C)**. Die Verknüpfung von Monosacchariden in Polysacchariden erfolgt über glykosidische Bindungen (Vollacetale). Amidbindungen finden sich in Peptiden und Proteinen **(E)**. Es gibt sicherlich viele Kohlenhydrate, die süß schmecken, wie z. B. Glucose („Traubenzucker") oder der bekannte „Rohrzucker" (Saccharose); dies trifft aber nicht auf alle zu. Cellulose beispielsweise schmeckt nicht süß **(H)**. Ebenso gilt, dass die meisten, aber nicht alle Kohlenhydrate chiral sind. Dihydroxyaceton (die einfachste Ketose mit drei C-Atomen) beispielsweise besitzt kein Chiralitätszentrum und ist achiral (**I**). Epimere bezeichnen solche Diastereomere, die sich in der Konfiguration an genau einem Chiralitätszentrum unterscheiden. Verbindungen, die sich wie Bild und Spiegelbild verhalten, heißen Enantiomere (**O**). Zwischen Ribose und den DNA-Basen in Nucleotiden liegt eine *N*-glykosidische Bindung vor. Amidbindungen sind charakteristisch für Peptide und Proteine (**P**). Saccharose besteht aus Glucose und Fructose, beides sind Hexosen (**Q**).

Lösung 136   Antworten (D), (E), (G), (I), (J), (K), (L)

In Proteinen sind die einzelnen Monomere (Aminosäuren) durch Amid- (Peptid-)bindungen miteinander verknüpft. Diese lassen sich unter drastischen Reaktionsbedingungen in Anwesenheit einer starken Säure oder Base hydrolysieren (**D**). Tatsächlich ist die native dreidimensionale Struktur eines Proteins durch seine Aminosäuresequenz (Primärstruktur) determiniert (**E**). Dies ergaben u. a. Versuche zur Proteinfaltung an (reversibel) denaturierten Proteinen (z. B. der Ribonuclease) nach Entfernung des denaturierenden Agens. Bei Polykondensationsreaktionen reagieren difunktionelle Verbindungen miteinander, wobei pro hinzugefügtem Monomer ein Molekül einer (niedermolekularen) Verbindung (häufig: Wasser) freigesetzt wird. Dies ist auch bei der Verknüpfung von Aminosäuren unter Bildung von Peptiden und Proteinen der Fall (**G**). Gleiches gilt für die Bildung von Nucleinsäuren aus den einzelnen Nucleotiden. Als isoelektrischer Punkt wird derjenige pH-Wert bezeichnet, bei dem eine Verbindung nach außen hin ungeladen vorliegt. Proteine weisen i. A. zahlreiche saure und basische Gruppen auf, die entsprechend deprotoniert bzw. protoniert vorliegen. Der isoelektrische Punkt ist derjenige pH-Wert, bei dem sich die Summe der positiven und der negativen Ladungen gerade aufhebt, das Protein insgesamt also keine Nettoladung aufweist (und somit beispielsweise im elektrischen Feld nicht wandert) (**I**). DNA (Desoxyribonucleinsäure) ist aufgrund der negativen Ladung an jedem Phosphatrest (im physiologischen pH-Bereich) stark negativ geladen. Für eine (anziehende) elektrostatische Wechselwirkung mit DNA sollte ein anderes Makromolekül (Protein) demnach positiv geladen sein. Arginin und Lysin sind basische Aminosäuren, die im physiologischen pH-Bereich eine positive Ladung in der Seitenkette aufweisen. Die Anwesenheit vieler Arginin- und Lysinreste ist typisch für Proteine, die an DNA binden, z. B. die sogenannten Histonproteine (**J**). Entscheidend für die Ausbildung von Disulfidbrücken in einem Protein ist eine entsprechende räumliche Nähe der daran beteiligten Cysteinreste. Durch eine entsprechende Faltung des Peptidrückgrats (→ Tertiärstruktur) können sich auch Cysteinreste räumlich sehr nahekommen, die in der Aminosäuresequenz (Primärstruktur) weit voneinander entfernt sind (**K**). Als Transmembranproteine werden solche Proteine bezeichnet, die eine Lipiddoppelschicht komplett durchspannen (**L**). Neben dem Abschnitt der Sequenz, der sich innerhalb der Membran befindet (meist gekennzeichnet durch viele hydrophobe Aminosäuren) existieren Domänen, die sich auf der einen bzw. anderen Seite der Membran befinden und i. A. reicher an hydrophilen Aminosäuren sind.

Einige Aminosäuren kann der menschliche Körper nicht selbst herstellen; sie werden als essentiell bezeichnet. Proteine bestehen aber nicht nur aus diesen essentiellen Aminosäuren, sondern weiteren, die der Körper selbst bilden kann (**A**). Proteine werden bekanntlich vom Organismus hergestellt. Unter synthetischen Polymeren versteht man (u. a.) Kunststoffe, wie z. B. Polystyrol oder Nylon (**B**). Unter drastischen Bedingungen (oder in Anwesenheit von entsprechenden Enzymen: Proteasen) können Proteine hydrolysiert werden, vgl. oben (C). Die Aminosäuren sind über Amidbindungen verknüpft; glykosidische Bindungen findet man u. a. in Polysacchariden (F). Das Peptidrückgrat eines Proteins ist stets unverzweigt (H); es handelt sich um die wiederkehrende Abfolge –HN–CO–C_α–HN–CO–C_α–HN–CO–C_α– usw. Alle Proteine lassen sich denaturieren (M); allerdings unterscheiden sich einzelne Proteine erheblich in ihrer Stabilität. Manche sind sehr empfindlich und denaturieren leicht, andere sind erstaunlich stabil, z. B. manche Proteine, die in thermophilen Organismen vorkommen. Zwischen dem Vorhandensein einer Quartärstruktur (d. h. mehreren Proteinuntereinheiten) und der Stabilität gegenüber Denaturierung besteht kein direkter Zusammenhang. Bei der SDS-Polyacrylamidgelelektrophorese werden Proteine nach Anlegen eines elektrischen Feldes in einem sogenannten „Gel" in Anwesenheit des Detergens Natriumdodecylsulfat („SDS") nach ihrer Größe aufgetrennt. Das Detergens bewirkt eine Entfaltung (Denaturierung) der Proteine und versieht diese durch Bindung des negativen Dodecylsulfats mit einer hohen negativen Nettoladung, die proportional zur Größe des Proteins (seiner molaren Masse) ist. Dadurch spielen Eigenladung und native Form des Proteins keine Rolle mehr und die Trennung erfolgt nach der molaren Masse. Je größer ein Protein, desto schwerer gelangt es durch das Polyacrylamidgel, d. h. desto geringer ist seine Wanderungsgeschwindigkeit (N).

Lösung 137   Antworten (C), (D), (H), (J), (L)

Die Taurocholsäure weist eine Amidbindung auf, über die Taurin (2-Aminoethansulfonsäure) an die Seitenkette des Steroidgerüsts gebunden ist. Bei der Hydrolyse der Taurocholsäure wird entsprechend eine Aminosulfonsäure freigesetzt (C). Voraussetzung für eine Dehydratisierung (Abspaltung von Wasser) sind OH-Gruppen und ein H-Atom an einem der OH-Gruppe benachbarten C-Atom. Die Taurocholsäure besitzt drei sekundäre OH-Gruppen, die (unter Säurekatalyse) als Wasser eliminiert werden könnten (D). Zugleich können die drei sekundären Hydroxygruppen zu Ketogruppen oxidiert werden; hierbei entstünde ein Triketon (H). Reagieren die OH-Gruppen mit der Halbacetalgruppe eines Zuckers, so entsteht (unter H^+-Katalyse) ein Vollacetal, also eine glykosidische Bindung (J). Die beiden Substituenten an den Verknüpfungsstellen zwischen Fünf- und Sechsring (CH_3-Gruppe und H-Atom) stehen *trans* zueinander (erkennbar an der Keilstrichschreibweise). Daher sind auch die beiden Ringe *trans*-verknüpft (L).

Die Taurocholsäure enthält eine (hydrolysierbare) Amidbindung (vgl. (C)), jedoch keine Esterbindung (A). Das freie Elektronenpaar am Stickstoff ist mit der Carbonylgruppe konjugiert. Aufgrund dieser Mesomeriestabilisierung steht das freie Elektronenpaar für eine Bindung von Protonen praktisch nicht zur Verfügung; der Amid-Stickstoff besitzt in wässriger Lösung kaum basische Eigenschaften. Dagegen handelt es sich bei der Sulfonsäuregruppe um eine recht starke Säure, die bei einem pH-Wert von 4 praktisch vollständig deprotoniert vorliegt. Die Taurocholsäure ist also bei pH 4 negativ geladen (B). Das Proton der Sulfonsäuregruppe ist das einzige acide Proton der Verbindung; es reagiert mit HCO_3^- unter CO_2-Entwicklung. Die sekundären OH-Gruppen sind sehr schwache Säuren und reagieren nicht mit der schwachen Base Hydrogencarbonat (E). Hat man in der Dünnschichtchromatographie eine polare stationäre Phase (z. B. Kieselgel) und eine wenig polare mobile Phase, so wandert eine Verbindung umso weiter mit dem Lösungsmittel, je unpolarer sie ist.

Cholesterol besitzt nur eine polare OH-Gruppe; die Taurocholsäure dagegen drei OH-Gruppen und die stark polare Sulfonsäuregruppe. Taurocholsäure ist also erheblich polarer und hydrophiler als Cholesterol und wandert in dem gegebenen DC-System wesentlich langsamer **(F)**. Die Taurocholsäure weist keine C=C-Doppelbindung auf. Eine Addition von Brom ist daher nicht möglich **(G)**. Fette sind Triacylglycerole. Die Taurocholsäure ist dagegen ein Sterolderivat und damit selbstverständlich kein Fett **(I)**. Beide gehören aber zu den unter dem Sammelnamen „Lipide" zusammengefassten Stoffen.

Lösung 138

a) **2**, **3**   b) **1**   c) **1**   d) **1**   e) **2**   f) **1**, **2**, **3**

g) **2**, **3**   h) –   i) –   k) –   l) **3**

Für eine Addition von Brom ist die Anwesenheit einer olefinischen C=C-Doppelbindung erforderlich; eine solche ist in den Verbindungen **2** und **3** enthalten. An Aromaten erfolgt keine Addition von Brom; es könnte aber, da es sich aufgrund der aktivierenden Hydroxygruppen um ziemlich reaktive Aromaten handelt, zu einer elektrophilen Substitution kommen.

Verbindung **1** enthält mehrere Chiralitätszentren (im Zuckerrest, sowie das C-Atom neben dem Ringsauerstoff im linken Molekülteil). Die anderen Verbindungen besitzen keine Chiralitätszentren; neben sp^2-hybridisierten C-Atomen existieren hier nur CH_2- und CH_3- sowie eine $CH(CH_3)_2$-Gruppe.

1 besitzt einen Zuckerrest, der mit einem (aromatischen) Alkohol zu einem Glykosid (Vollacetal) verbunden ist. Die beiden anderen Verbindungen weisen keine Vollacetalgruppe auf.

Diese glykosidische Bindung ist auch die einzige leicht hydrolysierbare Bindung. Die Etherbindung in **3** kann nur unter recht speziellen Reaktionsbedingungen gespalten werden.

Die Verbindungen **2** und **3** besitzen Doppelbindungen, an die unter Säurekatalyse Wasser addiert werden kann. Bei **3** entstehen dabei aber nur primäre oder (bevorzugt) sekundäre Alkohole, da keine dreifach substituierte Doppelbindung vorhanden ist. Erfolgt dagegen die Addition von Wasser an **2** mit der bevorzugten Orientierung nach der Regel von Markovnikov (Bildung des tertiären Carbenium-Ions bei H^+-Addition), so erhält man eine tertiäre Hydroxygruppe.

Alle drei Verbindungen besitzen mehrere OH-Gruppen, die acylierbar sind und mit einem reaktiven Carbonsäurederivat unter Bildung von Estern reagieren können.

Alle drei Verbindungen besitzen eine Ketogruppe; die Verbindungen **2** und **3** weisen eine mit der Carbonylgruppe konjugierte Doppelbindung zwischen dem α- und dem β-C-Atom auf.

Keine Verbindungen besitzt eine basische Aminogruppe oder eine andere stark basische Gruppe, daher beobachtet man keine basischen Eigenschaften in wässriger Lösung.

Es sind auch keine stark sauren Carboxylgruppen vorhanden, die durch HCO_3^- unter Bildung von CO_2 deprotoniert werden könnten.

Das zweikernige aromatische System des Naphthalins tritt ebenfalls nicht auf.

Verbindung **3** weist aber eine Methoxygruppe ($CH_3O–$) auf.

Lösung 139

a) **2**   b) **1**, **2**, **3**   c) **3**   d) –   e) **3**

f) **1**, **2**, **3**   g) –   h) –   i) **1**, **2**   k) **1**

Die tertiäre Butylgruppe ist $-C(CH_3)_3$. Sie findet sich in **2** am Stickstoffatom.

Alle drei Verbindungen weisen an den Aromaten gebunden mindestens eine O–R-Gruppe auf; es handelt sich also um aromatische Ether.

Ein (aliphatischer) tertiärer Alkohol hat am C-Atom der funktionellen OH-Gruppe drei Alkylreste gebunden. Dies trifft nur für Verbindung **3** zu; die anderen sind sekundäre Alkohole.

Keine Verbindung weist eine deutlich saure Gruppe auf. Die Hydroxygruppen sind nur sehr schwache Säuren und dissoziieren in wässriger Lösung praktisch nicht.

Für eine Addition von Brom sind C=C-Doppelbindungen (die nicht Teil eines aromatischen Systems sind) erforderlich. Eine solche besitzt das Oxtrenolol **3** in Form eines „Allylethers".

Alle drei Verbindungen besitzen eine veresterbare OH-Gruppe sowie eine in ein Amid überführbare sekundäre Aminogruppe, sind somit zweifach acylierbar.

Leicht hydrolysierbare Gruppen liegen nicht vor. Die Etherbindungen sind im Prinzip, allerdings nur unter speziellen und drastischen Reaktionsbedingungen, spaltbar.

Für eine Reaktion mit Aldehyden zum Imin sind primäre Aminogruppen erforderlich. Solche sind in den drei Verbindungen nicht vorhanden; alle Aminogruppen sind sekundär, vgl. oben.

Sekundäre Alkohole können mit $Cr_2O_7^{2-}$ zu Ketonen oxidiert werden; dies ist nach dem oben gesagten für die beiden (sekundären) Alkohole **1** und **2** möglich.

Naphthalin ist der zweikernige aromatische Kohlenwasserstoff mit der Summenformel $C_{10}H_8$. Dieses Gerüst findet sich im Propranolol **1**; es liegt ein Naphthylether vor.

Lösung 140

a) **1**, **3**, **4**   b) –   c) **1**   d) **2**   e) –   f) **4**

g) **2**   h) –   i) –   k) **3**   l) **1**   m) –

Verbindung **1** ist ein cyclisches Sulfonsäureamid (vgl. c); **3** ein Carbonsäureamid und **4** ein Harnstoff-Derivat (vgl. f). Diese drei funktionellen Gruppen lassen sich in basischer Lösung unter drastischen Reaktionsbedingungen hydrolysieren.

Keine der vier Verbindungen besitzt eine alkoholische Hydroxygruppe. Verbindung **2** besitzt zwar eine OH-Gruppe; diese ist aber Bestandteil der funktionellen Carbonsäuregruppe und darf daher nicht als Alkohol bezeichnet werden.

Für saure Eigenschaften in wässriger Lösung sind in erster Linie Carbonsäuregruppen verantwortlich; eine solche ist in **2** vorhanden. Andere saure Gruppen, wie die schwach acide phenolische OH-Gruppe, sind nicht vorhanden.

Für eine Addition von Brom sind (nicht-aromatische) C=C-Doppelbindungen erforderlich. Diese fehlen in allen Verbindungen, so dass keine der vier Verbindungen Brom addiert. In

Frage käme höchstens eine elektrophile aromatische Substitution mit Brom, für die in allen Fällen die Anwesenheit einer Lewis-Säure als Katalysator erforderlich wäre, da es sich jeweils um relativ elektronenarme Aromaten handelt.

Die Carbonsäuregruppe in **2** reagiert mit der schwachen Base Hydrogencarbonat unter Bildung von Kohlensäure, die leicht zerfällt und dabei CO_2 freisetzt. Dabei beobachtet man Gasentwicklung.

Verbindung **3** ist zwar ein Carbonsäureamid, allerdings ein sekundäres, da am Stickstoff der Amidbindung noch ein H-Atom vorhanden ist.

Mangels primärer aliphatischer Aminogruppen ($R–NH_2$) reagiert keine der vorliegenden Verbindungen mit Aldehyden unter Bildung eines Imins.

Das Carbonsäureamid **3** kann, wie bereits erwähnt, hydrolysiert werden. Geschieht dies unter stark sauren Bedingungen, so erhält man als eines der Produkte Propansäure.

Eine Reduktion zu einem sekundären Alkohol erfordert eine Ketogruppe. Eine solche ist nur in Verbindung **1** vorhanden. Die anderen C=O-Gruppen sind Bestandteile anderer funktioneller Gruppen: Carbonsäure (**2**), Carbonsäureamid (**3**) bzw. Harnstoff(-Derivat) (**4**).

Naphthalin ist der zweikernige aromatische Kohlenwasserstoff mit der Summenformel $C_{10}H_8$. Dieses Gerüst findet sich in keiner der Verbindungen.

Lösung 141

Die Verbindungsnummern in der Reihenfolge der Zuordnung zu den Aussagen 1–10 lauten:

8 – **10** – **2** – **5** – **6** – **7** – **4** – **1** – **9** –**3**

Bei der Hydrolyse von Harnstoff entstehen CO_2 und NH_3 (bzw. NH_4^+).

Bei der Hydrolyse eines cyclischen Esters entsteht eine Hydroxycarbonsäure. Eine solche ist Verbindung **10** (5-Hydroxypentansäure).

Oxidiert man ein cyclisches Halbacetal (wie Verbindung **1**), so erhält man einen cyclischen Ester (wie Verbindung **2**).

Die Decarboxylierung von Acetessigsäure liefert neben CO_2 auch Propanon (Aceton), also Verbindung **5**.

Soll Essigsäure (Ethansäure) durch eine Oxidation entstehen, so kommen als Edukte Ethanol (Verbindung **6**) oder Ethanal in Frage.

Glycerol ist die Verbindung 1,2,3-Propantriol. Soll dieses durch eine Reduktion entstehen, so muss von einer Verbindung mit zumindest einem höher oxidierten C-Atom ausgegangen werden, z. B. von Glycerolaldehyd **7**.

Bei der nucleophilen Addition einer endständigen Aminogruppe einer basischen Aminosäure an CO_2 entsteht eine sogenannte Carbamino-Aminosäure. Verbindung **4** ist das Additionsprodukt von Lysin an CO_2.

Intramolekulare Addition einer Hydroxygruppe an eine Aldehydgruppe führt zu einem cyclischen Halbacetal, wie Verbindung **1**.

Bei der Umsetzung von Aminosäuren mit Aldehyden erhält man sogenannte Aldiminocarbonsäuren, wie das gezeigte Additionsprodukt **9** von Glycin an Ethanal.

Verbindung **3** ist das biogene Amin Histamin; es entsteht bei der Decarboxylierung der Aminosäure Histidin.

Lösung 142   Antworten (B), (C), (E), (J), (L)

Reserpin enthält zwei Estergruppen, die in basischer Lösung durch OH⁻ gespalten werden können **(B)**. Die drei Methoxygruppen am aromatischen Ring sind sehr stabil gegenüber Hydrolyse und lassen sich nur unter speziellen und drastischen Reaktionsbedingungen, z. B. durch konz. HBr, spalten. Spaltet man die rechte der beiden Esterbindungen im Sauren, so erhält man die entsprechende freie Carbonsäure, im vorliegenden Fall 3,4,5-Trimethoxybenzoesäure **(C)**. Das Elektronenpaar am sp^2-hybridisierten Stickstoff ist Bestandteil des aromatischen Systems und steht daher kaum für eine Bindung von H⁺-Ionen zur Verfügung **(E)**; es zeigt dementsprechend praktisch keine basischen Eigenschaften. Tertiäre Amine können mit geeigneten elektrophilen Reagenzien (wie z. B. CH_3I) in quartäre Ammoniumverbindungen umgewandelt werden **(J)**. Reserpin enthält eine Ketogruppe (als $COCH_3$-Rest an den Aromaten gebunden). Diese lässt sich mit einem Hydrid-Donor zum sekundären Alkohol reduzieren **(L)**.

Reserpin enthält ausschließlich Doppelbindungen, die Teil eines aromatischen π-Elektronensystems sind. Eine Addition von Brom erfolgt nur an olefinische C=C-Doppelbindungen (Alkene) oder an Alkine, jedoch nicht an Aromaten. Da hierbei das aromatische System zerstört würde, ist diese Reaktion endergon und läuft nicht spontan ab **(A)**. Reserpin weist zwei N-Atome auf. Eines davon (zu den beiden Sechsringen gehörig) ist ein sp^3-hybridisiertes, tertiäres Amin mit entsprechenden basischen Eigenschaften. Das zweite im Fünfring gebundene N-Atom ist dagegen sp^2-hybridisiert **(D)**. Sein freies Elektronenpaar wird für das aromatische π-Elektronensystem benötigt und muss sich daher in einem p_z-Orbital (senkrecht zur Ringebene) befinden, um mit den benachbarten p_z-Orbitalen überlappen zu können. Es sind zwar insgesamt drei Carbonylgruppen vorhanden; zwei davon sind aber mit einer OR-Gruppe verknüpft und stellen daher die funktionelle Gruppe eines Esters da. Daher verbleibt nur eine Ketogruppe **(F)**. Reserpin weist weder eine Carboxylgruppe noch eine phenolische OH-Gruppe auf und zeigt daher in wässriger Lösung keine sauren Eigenschaften **(G)**. Es liegt ein tertiäres Amin vor; dieses darf nicht mit einem tertiären Amid ($RCONR_2$) verwechselt werden **(H)**. Ein Glykosid läge vor, wenn eine OH-Gruppe (auch diese ist nicht vorhanden) mit der Halbacetalgruppe eines Zuckers zu einem Vollacetal verknüpft wäre. Dies ist offensichtlich nicht der Fall **(I)**. Wie leicht zu erkennen ist, besitzt das Reserpin deutlich mehr als zwei Chiralitätszentren **(K)**.

Lösung 143   Antworten (B), (C), (D), (F), (G), (K), (L)

Leucomycin U weist zwei Vollacetalgruppen auf (C), durch die die beiden Zuckerreste an den Makrocyclus gebunden sind. Vollacetale werden durch wässrige Säure hydrolysiert, so dass durch diese Reaktion die beiden Zuckerreste vom Makrocyclus abgespalten werden können (B). Voraussetzung für eine Acetylierung ist das Vorhandensein freier OH-, SH- oder NHR-Gruppen. Leucomycin U besitzt mehrere sekundäre und eine tertiäre Hydroxygruppe, welche mit dem Thioester Acetyl-CoA acetyliert werden können (D). Leucomycin U weist eine Aldehydgruppe auf, die über eine CH_2-Gruppe an den Makrocyclus gebunden ist. Aldehyde lassen sich leicht oxidieren (z. B. durch $Cr_2O_7^{2-}$), wobei die entsprechenden, sauer reagierenden, Carbonsäuren entstehen (F). Bei dem Makrocyclus handelt es sich um einen Lactonring, also um einen cyclischen Ester. Ester werden allgemein durch wässrige NaOH-Lösung hydrolysiert; durch Spaltung der Esterbindung wird somit der Ring geöffnet (G). Eine Aldolkondensation kann zwischen zwei Aldehyden erfolgen, wenn zumindest einer davon ein entsprechendes Enol bzw. Enolat-Ion bilden kann. Dieses greift den anderen Aldehyd unter Ausbildung einer neuen C–C-Bindung an; es entsteht ein β-Hydroxyaldehyd. Dieser kann unter Abspaltung von Wasser (daher Aldol*kondensation*) in einen α,β-ungesättigten Aldehyd übergehen. Leucomycin U weist eine solche Aldehydgruppe auf und kann daher mit Ethanal zumindest prinzipiell eine Aldolkondensation eingehen (K). Aufgrund der Vielzahl reaktiver Gruppen wäre aber mit allerlei Nebenreaktionen zu rechnen. Für die Bildung eines cyclischen Vollacetals mit Methanal sind zwei benachbarte und *cis*-ständige OH-Gruppen erforderlich, die in der Lage sind, beide das elektrophile C-Atom des Methanals anzugreifen. Im vorliegenden Molekül sind hierfür die beiden *cis*-ständigen OH-Gruppen des rechten Zuckerrestes geeignet (L).

Unter kumulierten Doppelbindungen versteht man unmittelbar benachbarte Doppelbindungen, die beide von einem sp-hybridisierten C-Atom ausgehen. Die beiden Doppelbindungen im Leucomycin U sind dagegen konjugiert: alle beteiligten C-Atome sind sp^2-hybridisiert; die beiden Doppelbindungen sind durch eine (formale) Einfachbindung getrennt, die allerdings aufgrund der Delokalisierung der π-Elektronen partiellen Doppelbindungscharakter aufweist (A). Leucomycin U besitzt keine saure Gruppe, wie z. B. eine Carboxylgruppe. Dagegen liegt eine tertiäre Aminogruppe vor. Somit ist für eine wässrige Lösung der Verbindung eher ein pH-Wert > 7 zu erwarten (E). Eine saure Hydrolyse liefert zwar zwei Zuckerreste, keiner der beiden ist aber Glucose (H). Z-Konfiguration bedeutet, dass an einer Doppelbindung die beiden Substituenten mit höherer Priorität auf der gleichen Seite der Doppelbindung liegen. Hier ist das Gegenteil der Fall; beide Doppelbindungen sind *E*-konfiguriert (I). Die Aminogruppe ist, wie bereits erwähnt, tertiär und nicht sekundär (J).

Lösung 144

<u>1</u> K	<u>2</u> M	<u>3</u> M	<u>4</u> M	<u>5</u> K
<u>6</u> D	<u>7</u> E	<u>8</u> E	<u>9</u> M	<u>10</u> D

<u>1</u> Beide Verbindungen unterscheiden sich in der Lage der Doppelbindung sowie in der Position eines H-Atoms; es sind folglich Konstitutionsisomere.

<u>2</u> Tatsächlich ist in dem gezeigten Benzoat-Ion die negative Ladung gleichmäßig auf beide O-Atome verteilt, beide C–O-Bindungen sind identisch (weder Einfach- noch Doppelbindung). Es handelt sich daher um mesomere Grenzstrukturen.

<u>3</u> Es handelt sich um zwei mesomere Grenzstrukturen eines Carbenium-Ions; die positive Ladung ist auf die beiden C-Atome 1 und 3 verteilt. Im Gegensatz zu <u>2</u> (gleichwertige Grenzstrukturen) trägt hier die linke Struktur etwas mehr zur Beschreibung bei, da die Ladung am sekundären C-Atom besser stabilisiert ist.

<u>4</u> Gezeigt ist ein Enolat-Ion mit seinen beiden mesomeren Grenzstrukturen. Da die negative Ladung am elektronegativen Sauerstoff besser stabilisiert ist als am Kohlenstoff, trägt wiederum die linke Valenzstrichformel mehr zur tatsächlichen Struktur bei.

<u>5</u> Die beiden Verbindungen sind Konstitutionsisomere. Es liegt Keto-Enol-Tautomerie vor; beide Verbindungen unterscheiden sich in der Position der Doppelbindung und eines H-Atoms.

<u>6</u> Beide Cyclohexan-Derivate weisen zwei Chiralitätszentren auf; an je einem von beiden besitzen sie gleiche bzw. entgegengesetzte Konfiguration. Sie sind diastereomer zueinander (S,S bzw. S,R).

<u>7</u> Die beiden 2-Methylcyclohexanone besitzen ein Chiralitätszentrum. Das linke Molekül ist (S)-, das rechte (R)-konfiguriert. Damit handelt es sich um Enantiomere; beide verhalten sich wie Bild und Spiegelbild, können dabei aber nicht zur Deckung gebracht werden.

<u>8</u> Eine Bestimmung der absoluten Konfiguration an den beiden Chiralitätszentren ergibt für die linke Verbindung (S,S)-Konfiguration, für die rechte (R,R). Damit sind beide Enantiomere.

<u>9</u> Beide Strukturen unterscheiden sich in der Position eines Elektronenpaars (links in der C=O-Doppelbindung, rechts als freies Elektronenpaar am Sauerstoff. In der linken Struktur besitzen alle Atome (selbstverständlich außer H) ein Oktett, in der rechten hat der Kohlenstoff nur ein Elektronensextett. Beides sind mesomere Grenzstrukturen, von denen die linke (aufgrund des Elektronenoktetts für C und O) die energetisch günstigere ist.

<u>10</u> Erneut sind zwei Verbindungen (2,3-Dihydroxybutan) mit zwei Chiralitätszentren gegeben. Die absolute Konfiguration ist (S,S) bzw. (S,R). Die beiden Strukturen sind diastereomer.

Lösung 145

1 b   **2** b   **3** b   **4** a   **5** b   **6** b   **7** b   **8** a

„a" steht für die linke, „b" für die rechte der beiden gezeigten Verbindungen

1   Es handelt sich um zwei sekundäre Carbenium-Ionen. Während im linken die positive Ladung am Kohlenstoff nicht delokalisiert werden kann, kann in der rechten Verbindung (ein Oxocarbenium-Ion) der Sauerstoff ein freies Elektronenpaar zur Verfügung stellen, wodurch sowohl Kohlenstoff als auch Sauerstoff ein Oktett erlangen. Dies führt zu einer beträchtlichen Stabilisierung.

2   Wieder liegen zwei Carbenium-Ionen vor, ein sekundäres (links) und ein primäres (rechts). Solange keine Mesomeriestabilisierung möglich ist, gilt die Regel, dass sekundäre Carbenium-Ionen aufgrund des (doppelten) +I-Effekts von zwei gegenüber einem Alkylsubstituenten stabiler sind als primäre. Durch die benachbarte C=C-Doppelbindung existieren hier aber für das rechte Carbenium-Ion zwei mesomere Grenzstrukturen. Dieser Delokalisierungseffekt überwiegt den +I-Effekt eines Substituenten im sekundären Carbenium-Ion, so dass die rechte Struktur stabiler ist.

3   Beides sind Carbanionen. Während im linken die negative Ladung am Kohlenstoff nicht delokalisiert werden kann, existiert für das rechte eine zweite (stabilere) mesomere Grenzstruktur, in der die Ladung vom elektronegativeren Stickstoff der Cyanogruppe übernommen wird. Letzeres führt zu einer beträchtlichen Stabilisierung von b gegenüber a.

4   Erneut liegen zwei Carbenium-Ionen vor, ein tertiäres (rechts) und ein sekundäres, dafür aber mesomeriestabilisiertes (links). Das N-Atom mit seinem freien Elektronenpaar kann analog wie bei **1** die Elektronenlücke am Kohlenstoff auffüllen. Diese zweite mesomere Grenzstruktur, in der sowohl Kohlenstoff als auch Stickstoff ein Oktett besitzen (wenn auch um den Preis einer positiven Ladung am elektronegativeren N-Atom) wiegt den Vorteil des tertiären Carbenium-Ions bei Weitem auf.

5   Hier handelt es sich um zwei σ-Komplexe, wie sie im Zuge einer elektrophilen aromatischen Substitution als (kurzlebige) Zwischenprodukte auftreten können. Die positive Ladung kann darin an drei der sechs Ringkohlenstoffatome zu liegen kommen. Entscheidend ist, ob der Erstsubstituent einen elektronenschiebenden (+I/+M) oder einen elektronenziehenden (–I/–M) Nettoeffekt ausübt. Ersteres führt zu einer Stabilisierung, wenn die positive Ladung an dem C-Atom lokalisiert sein kann, welches den Substituenten trägt, letzteres zu einer Destabilisierung. Der Nitro-Substituent ($-NO_2$) ist stark elektronenziehend (desaktivierend); es ist daher günstiger, wenn die positive Ladung nicht benachbart zur Nitrogruppe zu liegen kommt (rechts).

6   Hier liegen zwei unterschiedlich substituierte Alkene vor. Das rechte trägt drei Substituenten an der (internen) Doppelbindung, das linke nur einen an der (terminalen) Doppelbindung. Im Allgemeinen sind Alkene umso stabiler, je höher substituiert die Doppelbindung ist, so dass die rechte Struktur begünstigt ist.

__7__   Die beiden disubstituierten Cyclohexane besitzen jeweils einen äquatorialen und einen axialen Substituenten. Je größer (und je weniger elektronegativ) ein Substituent ist, desto größer ist seine Präferenz für eine äquatoriale Position. Die rechte Konformation mit dem sperrigen Isopropyl-Substituenten in der äquatorialen Position ist daher begünstigt.

__8__   Hier handelt es sich um zwei Verbindungen, die miteinander in einem Keto-Enol-Gleichgewicht stehen. Für einfache Ketone liegt dieses Gleichgewicht i. A. weit auf der Keto-Seite, so dass die linke (Keto-)Struktur als die stabilere anzusehen ist. Die Enol-Form gewinnt an Gewicht, wenn sie beispielsweise durch intramolekulare Wasserstoffbrückenbindung (mit einer weiteren Carbonylgruppe) stabilisiert werden kann.

Lösung 146   Antworten (B), (C), (D), (F), (J), (L)

Leicht oxidierbar sind die Verbindungen, bei denen zusätzlich zu einem H-Atom am Heteroatom (O, N, S) auch das funktionelle C-Atom noch ein Wasserstoffatom trägt. Dies trifft zu für den primären Alkohol **(B)**, das Aldehydhydrat **(C)**, das Halbacetal **(D)**, das Halbaminal **(F)**, die Methansäure **(J)** (Ameisensäure; = einzige leicht oxidierbare Monocarbonsäure!) und das cyclische Halbacetal **(L)**.

Verbindung **(A)** ist ein Ether; es fehlt ein H-Atom am Heteroatom. **(E)** ist das Hydrat eines Ketons, das kein abspaltbares H-Atom am C-Atom aufweist. Das Vollacetal **(G)** und das cyclische Vollacetal **(K)** haben beide kein H-Atom an den Heteroatomen. Das Amid **(H)** und das Imin **(I)** wiederum besitzen keine dehydrierbaren Wasserstoffe am C-Atom der funktionellen Gruppe.

Lösung 147   Antworten (B), (D), (F), (G), (H), (K), (L)

Bei beiden Verbindungen handelt es sich um typische Vertreter der Phospholipide. Charakteristisch für diese Klasse amphiphiler Lipide ist die Ausbildung sogenannter Lipiddoppelschichten **(B)**, die planar sein können, aber auch sphärisch geschlossen zu sogenannten Liposomen (Vesikeln). Beide Verbindungen enthalten zwei Carbonsäure- und zwei Phosphorsäureesterbindungen, insgesamt also jeweils vier hydrolysierbare Bindungen **(D)**. Die (Haupt-)Phasenübergangstemperatur T_m eines Phospholipids wird in erster Linie bestimmt durch die Länge der Kohlenwasserstoffketten, deren Sättigungsgrad sowie die Art der Kopfgruppe. Dabei liegt T_m umso höher, je länger die Ketten sind und je höher der Sättigungsgrad ist. *Cis*-Doppelbindungen verursachen einen „Knick" in der Kette und verringern dadurch die Packungsdichte erheblich, wodurch die Van der Waals-Wechselwirkungen abnehmen. Bei identischen Acylketten hätten das Phosphatidylethanolamin __1__ und das Phosphatidylserin __2__ recht ähnliche (Haupt-)Phasenübergangstemperaturen. Der Effekt der geringfügig längeren Ketten (C_{18} ggü. C_{16}) in __2__ wird durch die drei *cis*-Doppelbindungen bei Weitem überkompensiert. Das Phosphatidylserin __2__ hat aufgrund des stark ungesättigten Charakters den wesentlich niedrigeren T_m-Wert **(F)**. Der Phosphatrest in __2__ ist ebenso wie in __1__ zum einen mit Glycerol, zum anderen mit einer weiteren Hydroxygruppe (aus Serin in __2__ bzw. Ethanolamin in __1__) verestert; es liegt daher jeweils ein Phosphorsäurediester vor (**G**). Verbindung **2** enthält die einfach ungesättigte Ölsäure (*cis*-Δ^9-Octadecensäure) und die zweifach ungesättigte Linolsäure (*cis,cis*-$\Delta^{9,12}$-Octadecadiensäure), die bei einer sauren Hydrolyse freigesetzt werden (**H**). Verbindungen mit Doppelbindungen sind allgemein empfindlicher gegenüber Oxidation durch Sauerstoff als analoge gesättigte Verbindungen. Im Fall der ungesättigten Fettsäureketten entstehen durch Reaktion mit O_2 im Zuge eines Radikalkettenmechanismus relativ leicht sogenannte Hydroperoxide, die zu Abbauprodukten führen, die zum „Ranzigwerden" von Fetten beitragen (**K**). Verbindung **1** ist 1,2-Dipalmitoylphosphatidylethanolamin; durch eine dreifache Methylierung am Stickstoff entsteht daraus das zwitterionische 1,2-Dipalmitoyl-phosphatidylcholin (**L**).

Fette sind Triacylglycerole. Im Gegensatz zu diesen sehr hydrophoben Verbindungen sind die gezeigten Phospholipide amphiphil und am Aufbau biologischer Membranen beteiligt (**A**). Bei einem pH-Wert von 6 sind die Phosphatreste praktisch vollständig deprotoniert. Die beiden Aminogruppen in **1** bzw. **2** liegen überwiegend protoniert vor ($pK_S \approx 9$), die zusätzliche Carboxylgruppe in **2** dagegen deprotoniert ($pK_S \approx 2$–3). Somit liegen beide Verbindungen überwiegend in der gezeigten Form vor (**C**). Wie erwähnt handelt es sich bei Verbindung **1** um ein Phosphatidylethanolamin, nicht um ein Phosphatidylcholin (**E**). Verbindung **2** ist ein Phosphatidylserin; es kann aus Phosphatidsäure durch Veresterung mit der Aminosäure Serin, nicht mit Glycin, entstehen (**I**). Aufgrund ihrer Molekülstruktur bilden beide Verbindungen Lipiddoppelschichten und keine Micellen (**J**). Letztere entstehen typischerweise, wenn der Platzbedarf der hydrophilen Kopfgruppe deutlich größer ist als der des hydrophoben Molekülanteils, wie z. B. bei Lysophosphatidylcholinen (enthalten nur eine hydrophobe Acylkette) oder typischen Detergenzien.

Lösung 148   Antworten (B), (D), (E), (F), (J)

Verbindung **1** enthält insgesamt vier Peptidbindungen; bei einer Hydrolyse (unter stark sauren oder stark basischen Bedingungen) entstehen daher fünf Hydrolyseprodukte (**F**). Man kann sich leicht davon überzeugen, dass es sich dabei jeweils um Carbonsäuren handelt, die am α-C-Atom eine Aminogruppe aufweisen, also um α-Aminosäuren (**D**). Eine davon lässt sich als die Aminoäure Glycin identifizieren (**B**); desweiteren finden sich Aspartat, Phenylalanin und Valin sowie eine nicht-proteinogene Aminosäure. Verbindung **2** weist zwei Peptidbindungen auf; werden diese hydrolysiert, so entstehen zwei α-Aminosäuren (darunter Glycin), sowie eine β-Aminosäure (**E**). Als funktionelle Gruppen in **2** finden sich zwei Amidgruppen, zwei Carboxylatgruppen, sowie eine amidähnliche Gruppe, bei der der Carbonylsauerstoff durch eine NH_2^+-Gruppe ersetzt ist. In allen Gruppen weist der Kohlenstoff die Oxidationszahl +3 auf (**J**).

Nur Verbindung **1** enthält eine Guanidiniumgruppe mit Kohlenstoff in der höchsten Oxidationsstufe +4; in **2** fehlt eine NH-Einheit zur Guanidiniumgruppe (**A**). Keine der beiden Verbindungen enthält die Aminosäure Glutaminsäure; in **1** ist die saure Aminosäure (deprotoniert vorliegend) das Aspartat, in **2** eine nicht-proteinogene aromatische Dicarbonsäure (**C**). Da Verbindung **2**, wie bereits angesprochen, zwei hydrolysierbare Bindungen aufweist, entstehen bei der Hydrolyse drei (unterschiedliche) Verbindungen (**G**). Verbindung **1** besitzt zwei basische (Guanidino-, Aminogruppe) und zwei saure Gruppen (die hier in deprotonierter Form als

Carboxylat gezeigt sind). Die Amidgruppen verhalten sich in wässriger Lösung praktisch neutral. Verbindung **2** besitzt ebenfalls zwei saure Gruppen (wiederum in deprotonierter Form vorliegend), jedoch nur eine basische Gruppe. Es ist daher mit unterschiedlichen isoelektrischen pH-Werten zu rechnen **(H)**. Bei einem pH-Wert kleiner 4 kann nur Verbindung **2** in der gezeigten Form vorliegen, wenngleich in diesem pH-Bereich bereits eine teilweise Protonierung der Carboxylatgruppen einsetzt **(I)**. Die Aminogruppe in **1** liegt dagegen bei pH-Werten um oder unter 4 praktisch vollständig in der protonierten Form vor.

Lösung 149   Antworten (B), (D), (G), (H), (I), (L)

Der Phenyl-Substituent in Flavon bzw. Isoflavon befindet sich an unterschiedlichen C-Atomen. Beide Verbindungen weisen somit unterschiedliche Konstitution (Verknüpfung der Atome miteinander) auf und sind daher Konstitutionsisomere **(A)**. Damit können sie keine Diastereomere sein **(B)**. Flavan-3-ol und Flavonol besitzen unterschiedliche Summenformeln. Sie können somit keine Konstitutionsisomere sein **(D)**. Im Flavan-3-ol ist die OH-Gruppe an ein sp^3-hybridisiertes C-Atom gebunden; es besitzt (im Gegensatz zum gezeigten Flavanon) keine aromatische Hydroxygruppe, ist also kein Phenol **(G)**. Flavanon besitzt genau ein Chiralitätszentrum (das C-Atom, das den Hydroxyphenylring trägt) und ist somit chiral. Flavan-3-ol besitzt zwei Chiralitätszentren (eines trägt den Phenylrest, das andere die sekundäre OH-Gruppe). Da keine Symmetrieebene vorhanden ist, ist auch diese Verbindung chiral **(H)**. Nur vier der fünf Verbindungen weisen eine reduzierbare Ketogruppe auf; das Flavan-3-ol kann nicht zu einem sekundären Alkohol reduziert werden **(I)**. Eine elektrophile Addition von Brom findet nur an olefinische C=C-Doppelbindungen statt, nicht an Aromaten. Eine solche Doppelbindung fehlt in Flananon, so dass keine Addition möglich ist **(L)**.

Flavonol besitzt gegenüber Flavon eine zusätzliche OH-Gruppe; das entsprechende C-Atom befindet sich somit in einem höheren Oxidationszustand **(C)**. Flavonol kann als Enol bezeichnet werden (die OH-Gruppe ist an eine C=C-Doppelbindung gebunden). Da die Doppelbindung nicht Bestandteil eines aromatischen Systems ist, ist eine Tautomerisierung zur entsprechenden Ketoform möglich **(E)**. Flavonol besitzt gegenüber Flavan-3-ol eine zusätzliche Ketogruppe und eine Doppelbindung (sowie vier H-Atome weniger). Flavonol kann also aus Flavan-3-ol durch eine Dehydrierung, d. h. eine Oxidation, entstehen **(F)**. Flavonol und Flavan-3-ol besitzen beide eine Hydroxygruppe. Diese kann mit der Halbacetalgruppe von Glucuronsäure (abgeleitet von Glucose durch Oxidation der CH_2OH-Gruppe an C-6 zur Carboxylgruppe) zu einem Glykosid reagieren **(J)**. Flavonol besitzt gegenüber Flavon eine zusätzliche hydrophile OH-Gruppe. Daher ist Flavonol insgesamt etwas hydrophiler als Flavon **(K)**. Flavanon besitzt zwei aromatische Ringe, an denen eine elektrophile aromatische Substitution stattfinden kann. Da die OH-Gruppe einen starken +M-Effekt ausübt, ist der entsprechende Ring elektronenreicher und wird bevorzugt elektrophil angegriffen **(M)**.

Lösung 150   Antworten (B), (F), (J), (L)

Nicergolin enthält einen Pyridinring, keinen Pyrimidinring (B). Letzterer ist durch zwei N-Atome in 1,3-Position zueinander gekennzeichnet. Furan ist ein aromatischer Fünfring mit einem Ringsauerstoffatom. Der Fünfring im Haemanthamin ist ein Acetal ohne aromatischen Charakter (F). Für eine elektrophile Addition von Brom werden olefinische C=C-Doppelbindungen benötigt. Eine solche erkennt man im Lisurid (im stickstoffhaltigen Sechsring) sowie im Cyclohexenring des Haemanthamin. Nicergolin enthält nur Doppelbindungen, die Teil eines aromatischen π-Systems sind. An diese erfolgt keine Addition, da hierdurch das aromatische System zerstört würde (J). Haemanthamin besitzt nur eine sekundäre Hydroxygruppe, die zum Keton oxidierbar ist. Für eine Oxidation zur Carbonsäure würde eine primäre Hydroxygruppe oder ein Aldehyd benötigt (L).

Unter Indol versteht man ein aromatisches heterocyclisches Ringsystem, bei dem ein Benzolring mit einem Pyrrolring (aromatischer Fünfring mit einem Stickstoffatom) verschmolzen (anelliert) ist. Dieses Ringsystem ist im Nicergolin und im Lisurid enthalten (A). Lisurid enthält in der Seitenkette die Gruppierung RNH–CO–NR$_2$ mit Kohlenstoff in der höchstmöglichen Oxidationsstufe +4. Diese entspricht einem dreifach substituierten Harnstoff (C). Die Verbindung Pyridin-3-carbonsäure wird auch als Nikotinsäure bezeichnet. Hier trägt die Nicotinsäure in 5-Position einen zusätzlichen Brom-Substituenten und ist durch eine Estergruppe mit dem tetracyclischen Ringsystem verknüpft (D). Alle drei Verbindungen weisen mehrere Chiralitätszentren auf, besitzen aber keine Symmetrieelemente. Sie sind daher alle chiral (E). Nicergolin ist ein Ester und damit hydrolysierbar. Lisurid kann als Harnstoff-Derivat ebenfalls hydrolytisch gespalten werden. Im Haemanthamin liegt ein unter sauren Bedingungen hydrolysierbares Vollacetal vor; somit sind alle drei Verbindungen hydrolysierbar (G). Im Indolring besitzt Lisurid eine sekundäre Aminogruppe (H); diese weist allerdings aufgrund der Beteiligung des freien Elektronenpaars am aromatischen π-Elektronensystem praktisch keine basischen Eigenschaften auf. Bei einer Behandlung von Haemanthamin mit wässriger Säure wird das Vollacetal gespalten; dabei entsteht Methanal und ein zweites Produkt mit zwei phenolischen OH-Gruppen (I). Alle drei Verbindungen weisen eine tertiäre aliphatische Aminogruppe mit basischen Eigenschaften auf (K). Durch Hydrolyse von Nicergolin entsteht 5-Bromnicotinsäure sowie ein Produkt mit einer primären Hydroxygruppe. Diese lässt sich mit Glucuronsäure (dem Oxidationsprodukt von Glucose mit einer Carboxylgruppe an C-6) zu einem Vollacetal (einem Glykosid) umsetzen (M).

Kapitel 11

Lösungen – Funktionelle Gruppen und Stereochemie

Lösung 151

Stabile Verbindungen sind rot gekennzeichnet. Die Strukturen sind unten angegeben.

CH_2	CH_3	CH_4	CH_5			
C_2H_2	C_2H_3	C_2H_4	C_2H_5	C_2H_6	C_2H_7	C_2H_8
C_3H_3	C_3H_4	C_3H_5	C_3H_6	C_3H_7	C_3H_8	C_3H_9

Allgemein gilt:

C_nH_{2n+2} → gesättigt (Alkan)

C_nH_{2n} → einfach ungesättigt (Alken) oder Cycloalkan

C_nH_{2n-2} → doppelt ungesättigt (mit Dreifachbindung = Alkin) oder

zwei Doppelbindungen (Dien) oder einfach ungesättigtes Cycloalken

Lösung 152

Das Dipolmoment weist definitionsgemäß vom positiven zum negativen Pol, also

Die Länge der Pfeile soll (grob qualitativ!) die Größe des Dipolmoments andeuten.

© Der/die Autor(en), exklusiv lizenziert durch
Springer-Verlag GmbH, DE, ein Teil von Springer Nature 2021
R. Hutterer, *Fit in Organik*, Studienbücher Chemie,
https://doi.org/10.1007/978-3-662-64603-8_11

Lösung 153

a) Zwischen den isomeren Pentanen herrschen jeweils nur schwache Van der Waals-Wechselwirkungen (induzierte Dipole), da keine polaren Gruppen vorhanden sind. Die Van der
Waals-Wechselwirkungen (und damit die Siedepunkte) nehmen bei konstanter molarer Masse
mit der Kontaktfläche zwischen den Molekülen zu; n-Pentan hat entsprechend den höchsten
Siedepunkt, das nahezu kugelförmige 2,2-Dimethylpropan den niedrigsten.

b) Es finden sich einige Isomere der Summenformel C_5H_{10} mit unterschiedlichen Strukturen:

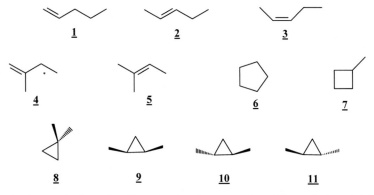

Dabei sind **1**, **2**, **4**, **5**, **6**, **7**, **8**, und **9** Konstitutionsisomere. **2** und **3** sowie **9** und **10** sind jeweils
Diastereomere (*cis/trans*-Isomerie), während **10** und **11** ein Enantiomerenpaar bilden.

Lösung 154

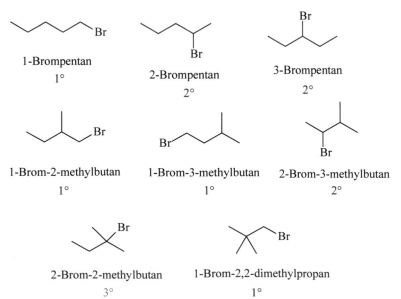

Lösung 155

Es lassen sich zahlreiche Alkohole (**1**, **2**) und Ether (**3**, **4**) (ungesättigt bzw. cyclisch) formulieren. Zudem existieren zwei konstitutionsisomere Aldehyde (**5**) sowie ein Keton (**6**).

1: But-3-en-1-ol   **2**: Cyclobutanol

3: 3-Methoxy-1-propen   **4**: Oxacyclopentan

5: Butanal   **6**: Butanon

Lösung 156

a) Alle gegebenen Verbindungen weisen sehr ähnliche oder identische molare Massen auf; die sehr unterschiedlichen Siedepunkte müssen also auf unterschiedliche Arten zwischenmolekularer Wechselwirkungen beruhen. Propan ist völlig unpolar, weist also nur schwache Van der Waals-Wechselwirkungen auf und hat entsprechend den niedrigsten Siedepunkt. Dimethylether ($H_3C–O–CH_3$) besitzt aufgrund der gewinkelten Struktur ein permanentes Dipolmoment, kann aber im Gegensatz zu den übrigen Verbindungen keine Wasserstoffbrückenbindungen ausbilden (Sdp. –24 °C). Ethanamin, Methansäure und Ethanol besitzen ein H-Atom, das an N- bzw. O gebunden ist. Da Stickstoff weniger elektronegativ ist als Sauerstoff, sind die H-Brücken im Ethanamin schwächer als in Ethanol, der Siedepunkt entsprechend niedriger. Den höchsten Siedepunkt weist die Methansäure auf; hier bilden zwei Moleküle ein durch zwei H-Brücken verbrücktes Dimer aus.

b) Bei den Halogenalkanen müssen sowohl Dipol-Dipol- als auch Van der Waals-Wechselwirkungen überwunden werden. Mit zunehmender Größe des Halogenatoms vergrößert sich das Volumen seiner Elektronenwolke; dadurch steigt sowohl die Van der Waals-Kontaktfläche als auch die Polarisierbarkeit (Maß für die „Verzerrbarkeit" der Elektronenhülle) stark an. Höhere Polarisierbarkeit führt zu stärkeren Van der Waals-Wechselwirkungen, was den Anstieg der Siedepunkte erklärt.

Lösung 157

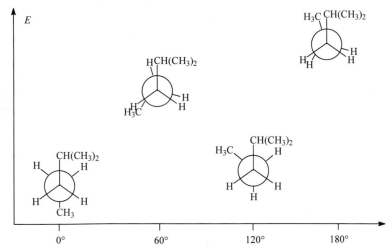

3-Ethyl-5-(1-methylpropyl)nonan

4-Ethyl-1-methylethyl-
2-methylcyclohexan

(4-Ethyl-1-isopropyl-
2-methylcyclohexan)

E-6-Hydroxyhex-3-en-2-on

Lösung 158

Es ist die Rotation um eine Bindung zwischen zwei CH_2-Gruppen zu untersuchen, die beide einen Alkylsubstituenten tragen. Der voluminösere 1-Methylethyl-Substituent (Isopropyl-) weist stärkere Wechselwirkungen zu allen Nachbargruppen auf als der Methylrest. Verdeckte (ekliptische) Anordnungen sind generell energiereicher als gestaffelte; besonders ungünstig ist dabei diejenige ekliptische Konformation mit Wechselwirkung zwischen der CH_3- und der $CH(CH_3)_2$-Gruppe (rot gezeichnet). Am energieärmsten ist die *anti*-Konformation (maximaler Abstand dieser beiden Substituenten, blau), gefolgt von den beiden möglichen *gauche*-Konformationen (mit 60°-Winkel zwischen den Substituenten). Die Energieunterschiede sind nicht quantitativ korrekt dargestellt.

Lösung 159

a) Es handelt sich um ein substituiertes Propanthiol. Es enthält ein Chiralitätszentrum (das mit dem Propan verknüpfte Ringkohlenstoffatom) und kann daher in Form von zwei Enantiomeren vorliegen. Liegt das Racemat aus beiden Formen vor, ist die Verbindung als (R,S)-2-(4-Methyl-3-cyclohexenyl)-2-propanthiol zu bezeichnen.

b) Das Volumen des Wassers im Becken beträgt $2{,}0 \cdot 10^3$ m³, also $2{,}0 \cdot 10^6$ L mit einer Masse von $2{,}0 \cdot 10^9$ g. Ein Anteil von 10^{-3} ppb (ppb = parts per billion = 1 in 10^9) entspricht dann einer Masse von 2,0 mg.

Die Summenformel des Thiols ist $C_{10}H_{18}S$, die molare Masse errechnet sich aus den Atommassen zu 170 g/mol. Die zu lösende Stoffmenge n ist dann:

$$n = \frac{m}{M} = \frac{2{,}0 \text{ mg}}{170 \text{ g/mol}} = 1{,}18 \cdot 10^{-5} \text{ mol}$$

c)

3-Methylbutan-1-thiol   *trans*-2-Butenylmethyldisulfid

Lösung 160

Bei den beiden Diketonen **b** und **d** ist das stabilere Enol dasjenige, bei dem die Doppelbindung mit der zweiten Carbonylgruppe konjugiert ist. Während für einfache Aldehyde und Ketone die Carbonylform stark überwiegt, ist die Lage des Gleichgewichts bei den β-Diketonen stark solvensabhängig. Für **e** ergibt sich das stabilere Enol aus der Konjugation der Doppelbindung mit dem aromatischen Ring.

Lösung 161

a) Die beiden Cyclohexanole (**a**) sind identisch; die beiden Enolether (**b**) sind *cis/trans*-Isomere, also Diastereomere. Die beiden Strukturen in (**c**) repräsentieren mesomere Grenzstrukturen des Oxocarbenium-Ions; (**d**) wiederum sind Diastereomere. Die beiden Alkene (**e**) besitzen die gleiche Summenformel und sind Konstitutionsisomere. Die beiden Verbindungen in (**f**) schließlich verhalten sich wie Bild und Spiegelbild und sind Enantiomere.

b) Das höchst oxidierte C-Atom steht in der Fischer-Projektion oben; an den beiden Chiralitätszentren weist die C-Kette jeweils nach hinten. Somit ergeben sich folgende Darstellungen:

Lösung 162

a)

b) Es handelt sich um das mit einem Pfeil markierte grün gezeichnete H-Atom. Es ist acider, da es sich an einem sp-hybridisierten C-Atom befindet und sich somit das freie Elektronenpaar nach Deprotonierung in einem energetisch tiefer liegenden sp-Hybridorbital (höherer s-Anteil!) befindet. Die Verbindung besitzt ein Chiralitätszentrum; dieses ist (*R*)-konfiguriert (siehe oben).

Lösung 163

a) Es handelt sich um ein Polykondensationsprodukt aus Milchsäure.

b) Die Monomere sind durch Estergruppen verknüpft.

c) Die Kette kann durch Hydrolyse unter sauren oder basischen Bedingungen abgebaut werden.

d) Ersetzt man die O-Atome in der Kette durch NH, so liegt ein Polyamid vor. Das Monomer wäre die Aminosäure Alanin.

Milchsäure

Lösung 164

In Frage kommen demnach Dicarbonsäuren mit zwei, drei oder vier C-Atomen, die durch Einfach-, Doppel- oder Dreifachbindungen verknüpft sein können. Bei vier C-Atomen könnte auch eine Verzweigung mit einer Methyl- oder Methylengruppe ($=CH_2$) auftreten.

Lösung 165

Grenzstrukturen, die eine Ladungstrennung erfordern (**1**, **6**) leisten i. A. einen kleineren Beitrag zur tatsächlichen Struktur. Die beiden Grenzstrukturen von **2** und **6**, bei denen der aromatische Ring jeweils erhalten ist, sind äquivalent und tragen gleich zur Struktur bei. Im Vergleich dazu leisten die übrigen Grenzstrukturen von **6**, die Ladungstrennung und Verlust der Aromatizität erfordern, nur einen geringen Beitrag. Die Beispiele **4** und **7** zeigen, dass diejenigen Strukturen den wichtigsten Beitrag leisten, bei denen die negative Ladung auf einem möglichst elektronegativen Atom (hier: Sauerstoff) zu liegen kommt. Bei Verbindung **5** ist die gegebene Grenzstruktur ein primäres Carbenium-Ion, das einen geringeren Beitrag leistet als das durch Verschiebung beider Doppelbindungen gebildete tertiäre Carbenium-Ion, aber einen etwas größeren als diejenige Grenzstruktur, bei der beide Doppelbindungen isoliert sind. Für das Cyclopentadienyl-Kation **3** schließlich sind alle denkbaren Grenzstrukturen äquivalent und leisten den gleichen Beitrag.

1

größerer Beitrag   kleinerer Beitrag

2

beide Grenzstrukturen leisten gleichen Beitrag

3

alle Grenzstrukturen leisten gleichen Beitrag

4

kleinerer Beitrag   kleinerer Beitrag   größerer Beitrag

5

kleinerer Beitrag   kleinerer Beitrag   größerer Beitrag

größerer Beitrag   kleinerer Beitrag   kleinerer Beitrag

6

kleinerer Beitrag   größerer Beitrag

7

kleinerer Beitrag   kleinerer Beitrag   größerer Beitrag

Lösung 166

a) Die Formalladung ergibt sich aus der Differenz der dem jeweiligen Atom zuzurechnenden Valenzelektronen (freie Elektronenpaare werden dem jeweiligen Atom ganz, bindende zur Hälfte zugerechnet) und der Valenzelektronenzahl, die sich aus der Stellung des Elements im PSE ergibt.

$$H-\overset{..}{\underset{..}{O}}:^{\ominus} \qquad CH_3-\overset{CH_3}{\underset{CH_3}{N^{\oplus}}}{-}CH_3 \qquad H-\overset{\ominus}{\underset{H}{C}}{-}H \qquad CH_3-\overset{\oplus}{\underset{H}{O}}{-}CH_3 \qquad H-\overset{H}{\underset{H}{N^{\oplus}}}{-}\overset{H}{\underset{H}{B^{\ominus}}}{-}H$$

O: -1   N: +1   C: -1   O: +1   N: +1; B: -1

b) C-Atome mit vier Bindungspartnern sind sp³-, diejenigen mit drei Bindungspartnern sp²- und solche mit nur zwei Bindungspartnern sp-hybridisiert:

$$\overset{sp^3\quad sp^2\quad sp^2\quad sp^2\ \ sp\ \ sp^2}{CH_3-CH=CH-CH=C=CH_2}$$

a

$$\overset{sp^2\ sp^2\ sp\ \ sp}{\underset{H}{\overset{H}{>}}C=CHC\equiv C-H}$$

b

$$\overset{sp^3\ \ \overset{sp^2}{O}\ \ sp^3\ sp^3}{CH_3\overset{\|}{C}CH_2-OH}$$
sp² **c**

$$\overset{sp^3\ sp^3\quad sp^3\ sp^3\ sp^2\ sp^2\ sp^3}{CH_3NH-CH_2CH_2N=CHCH_3}$$

d

Lösung 167

a) Im Menthol können alle Substituenten die günstigere äquatoriale Position einnehmen:

Insgesamt sind – aufgrund der drei Chiralitätszentren – acht Stereoisomere möglich.

b) Gemäß der Regel von Sayzeff entsteht bei der säurekatalysierten Dehydratisierung bevorzugt das höher substituierte (stabilere) Alken („Sayzeff-Produkt").

$$\text{(Struktur)} \xrightarrow[H^{\oplus},\ \Delta]{H_2SO_4} \text{(Hauptprodukt)} + \text{(Nebenprodukt)} + H_2O$$

Hauptprodukt (Sayzeff)   Nebenprodukt

c) Für die säurekatalysierte Dehydratisierung von Alkoholen wird bevorzugt H_2SO_4 oder auch H_3PO_4 eingesetzt, da die Anionen dieser beiden Säuren sehr schwache Nucleophile sind. Dadurch spielt die Substitution als Konkurrenzreaktion praktisch keine Rolle. Chlorid (aus HCl) wäre ein besseres Nucleophil und würde daher in stärkerem Maße zum Substitutionsprodukt führen.

Lösung 168

a) Die rechte Grenzstruktur zeigt, dass das Carbonylsauerstoffatom einen Überschuss an negativer Ladung trägt; hier ist entsprechend die Elektronendichte höher.

b) Für das *N*-Cyclohexylpropansäureamid sind zwei mesomere Grenzstrukturen möglich. Das freie Elektronenpaar am Amid-Stickstoff kann hier nur zum Carbonylsauerstoff hin delokalisiert werden. Dagegen kann im *N*-Phenylpropansäureamid das freie Paar am Stickstoff zusätzlich in den aromatischen Ring hinein delokalisiert werden, also weg vom Carbonylsauerstoff. Dementsprechend ist die Elektronendichte am Carbonylsauerstoff im *N*-Cyclohexylpropansäureamid höher als im *N*-Phenylpropansäureamid.

c) Es handelt sich um zwei Konstitutionsisomere. Nur in der linken Verbindung steht das freie Elektronenpaar am Stickstoff in Konjugation mit der Doppelbindung, wie die beiden möglichen mesomeren Grenzstrukturen zeigen. Entsprechend der positiven Formalladung am N-Atom in der rechten Grenzstruktur ist die Elektronendichte am Stickstoff in dieser Verbindung niedriger.

Lösung 169

a) / b)

Die beiden Chiralitätszentren sind in der folgenden Gleichung bezeichnet. Es sind zwei hydrolysierbare Bindungen vorhanden, die Amidbindung sowie die Esterbindung im Lacton. Die Angriffspunkte für das Nucleophil Wasser sind die beiden (schwach) elektrophilen Carbonyl-C-Atome (blau).

Unter stark sauren Bedingungen entsteht die Aminosäure in ihrer protonierten Form; es handelt sich um L-Phenylalanin = (S)-2-Amino-3-phenylpropansäure.

Lösung 170

a)

b) Es sind drei hydrolysierbare Bindungen vorhanden; eine davon (die Amidbindung im Lactam) führt bei Hydrolyse zur Ringöffnung, so dass drei Produkte entstehen. Da unter basischen Bedingungen die beiden Carboxylgruppen deprotoniert werden, sind insgesamt fünf Äquivalente an OH$^-$ erforderlich.

Lösung 171

a)

b) Die beiden oxidierbaren Gruppen sind die sekundäre Hydroxygruppe, die zur Ketogruppe oxidiert wird, und die Aldehydgruppe, die in eine Carboxylgruppe übergeht. Die tertiären OH-Gruppen sind nicht oxidierbar.

c) Bei der Hydrolyse des cyclischen Esters (Lactons) entstehen eine primäre Alkoholgruppe und eine Carbonsäure.

Lösung 172

a)

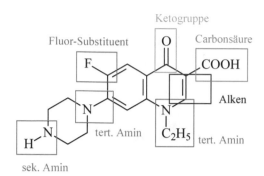

b) Für die Alkylierung kommt in erster Linie die sekundäre Aminogruppe in Frage, die zum tertiären Amin methyliert wird. Mit einem Überschuss an CH_3–I kann auch das quartäre Ammoniumsalz entstehen. Iodmethan wird besonders häufig für Methylierungen verwendet, da das Iodatom (in Form des Iodid-Ions) eine sehr gute Abgangsgruppe darstellt.

Lösung 173

a) Bei der Milchsäure handelt es sich um 2-Hydroxypropansäure. In der Fischer-Projektion steht die Kohlenstoffkette senkrecht; die Bindungen senkrecht vom betrachteten Zentrum weg weisen vereinbarungsgemäß nach hinten, die nach rechts und links gezeichneten Substituenten nach vorne.

b) Sie unterscheiden sich in der Drehrichtung des Winkels bei Einstrahlung von linear polarisiertem Licht sowie in der Reaktivität mit anderen chiralen Substanzen, insbesondere Enzymen.

c) Polymilchsäure ist ein Polyester und entsteht durch nucleophilen Angriff der OH-Gruppen
auf Carboxylgruppen weiterer Monomere:

Lösung 174

a)

b) Es sind drei acylierbare Gruppen (sekundärer Alkohol / Phenol / sekundäres Amin) vorhanden; es entstehen zwei Ester- und eine Amidbindung.

Lösung 175

a) Die beiden gesättigten Sechsringe liegen in der Sesselkonformation vor und sind *trans*-verknüpft; gleiches gilt für Sechs- und Fünfring. Dementsprechend befinden sich die gezeigten H-Atome und der Methylsubstituent in axialen Positionen. Der ungesättigte Ring nimmt aufgrund der Doppelbindung eine „Halbsesselkonformation" ein.

b) Nandrolon besitzt eine sekundäre Hydroxygruppe sowie eine α,β-ungesättigte Carbonylgruppe. Diese könnte durch eine Aldolkondensation gebildet werden; die entsprechende Vorläuferverbindung wäre das gezeigte Diketon. Diese Verbindung wiederum kann durch eine Michael-Addition (vgl. Aufgabe 270) des aus dem Keton in basischer Lösung entstehenden Enolat-Ions an das α,β-ungesättigte 3-Buten-2-on entstehen.

Lösung 176

a) Es sind zahlreiche funktionelle Gruppen vorhanden, die in der folgenden Abbildung markiert sind. Als Grundgerüst dient ein makrocyclisches Lacton, das vielfach substituiert und mehrfach ungesättigt ist.

Insgesamt lassen sich vier hydrolysierbare Gruppen ausfindig machen: der cyclische Ester (Lacton), ferner das Halb- sowie das Vollacetal sowie der dreigliedrige Ether (das Epoxid). Während unter sauren Reaktionsbedingungen alle genannten Gruppen hydrolysiert werden können, ist das Acetal im Basischen stabil.

b) Natamycin enthält eine saure Carboxylgruppe und eine basische Aminogruppe; die übrigen Funktionalitäten verhalten sich neutral. Es ist zu erwarten, dass die Verbindung ebenso wie Aminosäuren in zwitterionischer Form vorliegt.

Lösung 177

Diazabicycloundecen (DBU) enthält einen sp^3-hybridisierten und einen sp^2-hybridisierten Stickstoff. Da ein sp^2-Hybridorbital energetisch tiefer liegt als ein entsprechendes sp^3-Hybridorbital, ist ein freies Elektronenpaar in ersterem normalerweise stabiler, so dass bevorzugt das freie Elektronenpaar im sp^3-Orbital für die Protonierung verwendet wird. Stickstoffe, die sp^2-hybridisiert sind, weisen daher i. A. geringere Basizität auf, als sp^3-hybridisierte.

Im vorliegenden Fall erkennt man aber, dass die korrespondierende Säure im Fall der Protonierung am sp^2-Stickstoff mesomeriestabilisiert werden kann, was bei Protonierung des sp^3-Stickstoffs nicht möglich ist. Diese Stabilisierung der zu DBU korrespondierenden Säure führt entsprechend zur bevorzugten Protonierung am sp^2-Stickstoff, der deshalb ungewöhnlich stark basische Eigenschaften zeigt (pK_S für DBU-H$^+$ ≈ 12).

Lösung 178

a) Das Rhizoxin enthält zwei Lactonringe (cyclische Ester), einen 16-gliedrigen und mit diesem anelliert einen sechsgliedrigen (δ-Lacton). Außerdem findet man zwei sauerstoffhaltige Dreiringe (Oxiran; Epoxid) sowie einen aromatischen Fünfring-Heterocyclus. Dieser wird als Oxazol bezeichnet. Außerdem sind insgesamt vier olefinische Doppelbindungen vorhanden, die alle *E*-konfiguriert sind; drei davon sind konjugiert. Weiterhin erkennt man eine sekundäre Hydroxygruppe sowie einen Methylether.

b) Durch eine basische Hydrolyse werden die beiden Lactonringe und die beiden Epoxide geöffnet; der aromatische Oxazolring bleibt davon unberührt. Der Angriff von OH$^-$ auf das Epoxid erfolgt bevorzugt am sterisch weniger gehinderten C-Atom.

Lösung 179

a) Damit eine Verbindung aromatische Eigenschaften aufweisen kann, muss sie (annähernd) planar und ringförmig sein, sowie ein durchgehend konjugiertes π-Elektronensystem aufweisen. Die Hückel-Regel besagt, dass eine monocyclische Verbindung dann aromatisch ist, wenn sie (4n + 2) π-Elektronen im Ring aufweist, also z. B. sechs (n = 1), zehn (n = 2), usw.

Dagegen führt die Anwesenheit von 4n π-Elektronen in einem planaren, cyclisch konjugierten System zu antiaromatischem Verhalten.

b) Bei der Deprotonierung von 1,3-Cyclopentadien mit einer starken Base, wie z. B. einem Alkoholat-Ion, entsteht das Cyclopentadienyl-Anion ($C_5H_5^-$). Es ist planar und besitzt ein cyclisch konjugiertes 6π-Elektronensystem und ist daher aromatisch. Durch die Deprotonierung sind die π-Elektronen vollständig im Ring delokalisiert und dadurch stabilisiert; die vergleichsweise hohe Stabilität dieses (aromatischen) Carbanions ist verantwortlich für den relativ niedrigen pK_S-Wert des 1,3-Cyclopentadiens.

1,3-Cyclopentadien

pK_S ~ 16

Cyclopentadienyl-Anion (aromatisch)

c) Beide Verbindungen können im Prinzip durch Abspaltung eines Bromid-Ions ein Carbenium-Ion bilden. Im Fall von 5-Brom-5-methyl-1,3-cyclopentadien würde dieses vier π-Elektronen aufweisen, es wäre also antiaromatisch und daher wenig stabil. Daher spielt diese Dissoziation keine Rolle und die wenig polare Verbindung ist kaum wasserlöslich.

Beim 7-Brom-7-methyl-1,3,5-cycloheptatrien dagegen erzeugt die Abspaltung von Br⁻ ein cyclisch konjugiertes 6π-Elektronensystem, d. h. das entstehende Kation ist aromatisch und daher vergleichsweise sehr stabil.

Während das undissoziierte 7-Brom-7-methyl-1,3,5-cycloheptatrien also erwartungsgemäß ebenso wenig löslich ist wie das 5-Brom-5-methyl-1,3-cyclopentadien, führt die leichte Dissoziation unter Bildung des Salzes mit aromatischem Kation zur besseren Löslichkeit.

4 π-Elektronen
antiaromatisch

6 π-Elektronen
aromatisch

Lösung 180

a) Streptomycin besteht aus drei Bausteinen; einer davon ist die Base Streptidin, das Diguanidino-Inositol. Die beiden Guanidinogruppen reagieren stark basisch und liegen bei physiologischem pH-Wert in der protonierten Form vor. Eine weitere (schwächer) basische sekundäre Aminogruppe enthält der dritte Baustein, das N-Methylglucosamin, so dass (im physiologischen pH-Bereich) insgesamt drei positive Ladungen zu erwarten sind. Damit ist verständlich, dass die Verbindung den hydrophoben Bereich von Zellmembranen, die Lipiddoppelschicht, kaum durchqueren kann.

b) Bei diesem Baustein handelt es sich, wie bereits unter a) erwähnt, um N-Methylglucosamin.

c) Bei einer vollständigen Hydrolyse werden zum einen die glykosidischen Bindungen gespalten, zum anderen wird die Guanidinogruppe in Harnstoff überführt.

Lösung 181

a) Das Ketoconazol enthält einen aromatischen Imidazolring, ein Vollacetal (genauer: Vollketal, vgl. Anmerkung zu Lösung 71), eine aromatische Ethergruppe, zwei Chlor-Substituenten am Aromaten, eine tertiäre aromatische Aminogruppe und ein tertiäres Carbonsäureamid.

b) Carbonsäureamide weisen aufgrund der Mesomeriestabilisierung des freien Elektronenpaars kaum basische Eigenschaften auf ($pK_B \approx 15$). Das tertiäre aromatische Amin ist im Vergleich zu aliphatischen Aminen ebenfalls nur recht schwach basisch ($pK_B \approx 9$–10), da das freie Elektronenpaar am Stickstoff mit dem aromatischen π-Elektronensystem konjugiert ist. Am stärksten basisch ($pK_B \approx 7$) ist das Stickstoffatom im Imidazolring, dessen freies Elektronenpaar sich in einem sp^2-Hybridorbital in der Ringebene befindet und somit nicht Bestandteil des aromatischen Systems ist, wie dasjenige des mit dem Rest des Moleküls verknüpften N-Atoms.

c) Neben dem tertiären Amid lässt sich auch das Vollacetal hydrolysieren, allerdings nur unter sauren, nicht aber unter basischen Reaktionsbedingungen. Soll also selektiv nur die Acetylgruppe entfernt werden, sollte dies unter basischen Bedingungen erfolgen, bei denen das Acetal stabil ist.

Lösung 182

Die funktionellen Gruppen sind in der folgenden Abbildung markiert, ebenso die Chiralitäts-zentren (*).

NaBH₄ ist ein Hydrid-Reduktionsmittel; es überträgt ein Hydrid-Ion (H⁻) auf die Carbonyl-gruppe von Aldehyden und Ketonen, reagiert aber nicht mit Estern (deren Carbonyl-C-Atom ist zu wenig elektrophil). Dadurch wird die Ketogruppe zum sekundären Alkohol reduziert und ein zusätzliches Chiralitätszentrum wird gebildet. Dichromat ($Cr_2O_7^{2-}$) umgekehrt ist ein gutes Oxidationsmittel; es oxidiert die beiden sekundären Alkoholgruppen zum Keton. Dabei gehen zwei Chiralitätszentren verloren.

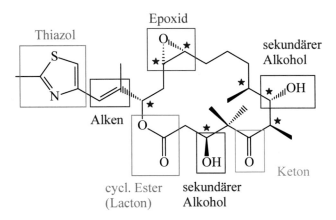

Lösung 183

a) Gleichgewichtspfeil: es handelt sich um zwei mesomere Grenzstrukturen (↔).

b) Mesomeriepfeil: hier handelt es sich um ein Keto-Enol-Tautomerengleichgewicht.

c) Elektronenpfeil: muss an einem Elektronenpaar ansetzen und zeigt dorthin, wo sich die Elektronen hinbewegen (hier: bindendes Elektronenpaar zwischen O und H wird zu freiem Paar am O).

d) Bildung des Zwischenprodukts (σ-Komplex) erfolgt unter Aufhebung des aromatischen Zustands, kein fünfbindiger Kohlenstoff.

e) Zwischenprodukt mit fünfbindigem C-Atom: es handelt sich um einen Übergangszustand, in dem die Bindung zu Br schon teilweise gelöst und die zur OH-Gruppe noch nicht vollstän-dig ausgebildet ist.

Lösung 184

a)

b) Tertiäre Amine können durch Reaktion mit einem Halogenalkan mit guter Abgangsgruppe in ein quartäres Ammoniumsalz überführt werden, z. B. könnte die Verbindung mit CH_3I methyliert werden:

Handelt es sich um ein Halogenmethan oder ein primäres Halogenalkan, sollte eine S_N2-Substitution ablaufen; bei einem sekundären oder gar tertiären Halogenalkan wäre dagegen in zunehmendem Maß mit einer Eliminierung zu rechnen.

Lösung 185

Wenn zwischen identischen Atomen / Gruppen an einem Prochiralitätszentrum unterschieden werden muss, kann man sich vorstellen, durch Austausch eines der Atome / Gruppen (z. B. von H gegen D) dessen / deren Priorität zu erhöhen, ohne dass sich die Priorität gegenüber den anderen Gruppen verändert. Ersetzen wir also eines der beiden H-Atome am Prochiralitätszentrum der Äpfelsäure gegen ein Deuterium (D), hat dieses gegenüber dem H höhere Priorität; gegenüber den beiden anderen Gruppen ändert sich nichts. Dann schauen wir, ob das auf diese Weise entstandene Chiralitätszentrum (R)- oder (S)-konfiguriert ist – das Atom / die Gruppe, die zu einem (R)-Zentrum führt, wird als pro-(R) bezeichnet, die andere entsprechend als pro-(S). Dies ergibt für die beiden gegebenen Moleküle die folgenden Zuordnungen:

Lösung 186

a) Höchste Priorität der Substituenten am Chiralitätszentrum im Noradrenalin hat die OH-Gruppe, gefolgt von der CH_2NH_2-Gruppe und dem Aromaten. Der Substituent mit niedrigster Priorität (das H-Atom) weist nach hinten; es liegt daher (R)-Konfiguration vor.

b) Wird im Zuge einer radikalischen Oxidation eines der beiden H-Atome abstrahiert, so liegt ein annähernd planares achirales Radikal vor. Ober- und Unterseite dieses Radikals sind äquivalent; die Einführung der OH-Gruppe ergibt zwei Enantiomere. Die beiden H-Atome, die, wird eines von beiden substituiert, zu zwei Enantiomeren führen, werden daher als enantiotop bezeichnet.

c) Beide Übergangszustände sind von gleicher Energie; in Abwesenheit einer chiralen Umgebung (wie eines Enzyms) werden daher beide Enantiomere mit gleicher Geschwindigkeit gebildet und es entsteht ein Racemat. Aufgabe des Enzyms ist es, durch eine chirale Umgebung einen der beiden Übergangszustände selektiv energetisch abzusenken, um so mit hoher Selektivität nur eines der beiden Enantiomere zu bilden (Enantioselektivität).

d) Noradrenalin enthält eine primäre Aminogruppe mit basischen Eigenschaften. Durch Umsetzung mit einer chiralen Säure (beispielsweise (R)-Milchsäure; in der Praxis kommt häufig die (2R,3R)-Dihydroxybutandisäure = Weinsäure zum Einsatz) entsteht in einer Säure-Base-Reaktion das entsprechende Salz in Form von zwei Diastereomeren. Diese weisen unterschiedliche physikalische Eigenschaften auf und könnten z. B. anhand ihrer unterschiedlichen Kristallisationseigenschaften durch fraktionierte Kristallisation getrennt werden. Anschließend muss aus dem (R,R)-Salz das (R)-Noradrenalin wieder freigesetzt werden.

Lösung 187

a) Eine systematische Vorgehensweise ist hier hilfreich. Der einfachste Fall ist, dass alle Chlorsubstituenten *cis*-ständig sind, d. h. wir benutzen ausschließlich Keile für alle Cl-Atome. Ausgehend hiervon kann eine zunehmende Zahl an Substituenten *trans*-ständig angeordnet werden. Es gibt offensichtlich ein Isomer mit einem *trans*-ständigen Cl-Atom, drei Möglichkeiten für zwei *trans*-ständige (1,2- bzw. 1,3- bzw. 1,4-Anordnung) und weitere drei für drei *trans*-ständige (1,2,3- bzw. 1,2,4- bzw. 1,3,5-Anordnung).

all-cis

1,2-   1,3-   1,4-

1,2,3-   1,2,4-   1,3,5-

b) Das Lindan entspricht offensichtlich dem oben gezeichneten Isomer mit zwei *trans*-ständigen Cl-Atomen in 1,4-Anordnung. Die Keilstrichformeln müssen in axiale bzw. äquatoriale Substituenten übersetzt werden. Man erkennt, dass in den beiden unten gezeigten Sesselkonformationen jeweils drei Cl-Atome axial bzw. äquatoriale Positionen einnehmen; ihre Energie ist daher identisch.

$\Delta G = 0$ kJ/mol

c) Der größte Energieunterschied ergibt sich für das *all-trans*-Hexachlorcyclohexan. Hierin sind alle Cl-Atome entweder in axialen (= energiereichere Konformation) oder in äquatorialen Positionen (bevorzugt).

ΔG = -13 kJ/mol

Kapitel 12

Lösungen –
Grundlegende Reaktionstypen und Mechanismen

Lösung 188

a) Piperidin kann aus Pyridin praktisch quantitativ durch katalytische Hydrierung in Anwesenheit eines Hydrier-Katalysators (z. B. Raney-Nickel) erhalten werden:

Im Piperidin ist der Stickstoff sp^3-, im Pyridin dagegen sp^2-hybridisiert. Aufgrund des höheren s-Charakters des sp^2-Hybridorbitals ist dieses energetisch etwas tiefer liegend als das sp^3-Hybridorbital; daher ist das freie Elektronenpaar im Pyridin stabiler und wird entsprechend weniger leicht protoniert. Piperidin ist also die stärkere Base.

b) Analog könnte man auf den ersten Blick eine höhere Basizität der Dimethylaminogruppe im 4-N,N-Dimethylaminopyridin erwarten. Im Gegensatz zum Piperidin ist das freie Elektronenpaar der Dimethylaminogruppe mit dem aromatischen System konjugiert und somit delokalisiert. Nur bei Protonierung des Ring-Stickstoffs kann eine zweite mesomere Grenzstruktur formuliert werden, die erheblich zur Stabilisierung der protonierten Form beiträgt. Dadurch steigt die Basizität gegenüber der Stammverbindung Pyridin deutlich an (der pK_S-Wert für das protonierte 4-N,N-Dimethylaminopyridin beträgt ≈ 9, derjenige für das Pyridinium-Ion dagegen nur ≈ 5).

Lösung 189

Der pK_S-Wert von Propanon beträgt ca. 20; mit Ethanolat (pK_S (Ethanol) $\approx$ 18) liegt das Deprotonierungsgleichgewicht daher auf Seiten des Ketons. Pentan-2,4-dion ist wesentlich acider ($pK_S \approx 9$), da bei Deprotonierung am α-C-Atom zwischen beiden Carbonylgruppen ein nach zwei Richtungen mesomeriestabilisiertes Enolat-Ion gebildet wird. Mit Ethanolat wird daher praktisch quantitativ das Enolat-Ion gebildet. Das Gleichgewicht ist von der Umgebung abhängig: In der Gasphase und in unpolaren Solventien liegt es deutlich auf der Enol-Seite, wogegen in Wasser (H-Brücken!) die Keto-Form überwiegt.

Lösung 190

a) Im ersten Schritt wird unter Katalyse von H⁺-Ionen ein Carbenium-Ion gebildet, das mit dem Nucleophil Wasser zum Alkohol reagiert. Da bevorzugt das stabilere sekundäre Carbenium-Ion entsteht, überwiegt als Produkt der sekundäre Alkohol (2-Propanol).

Dieser wird im zweiten Schritt zum Keton (Propanon) oxidiert.

b) Hier erfolgt die protonenkatalysierte Addition von Wasser an das Alkin, so dass ein Enol entsteht. Dieses steht im Gleichgewicht mit dem entsprechenden Keton (Propanon), wobei das Gleichgewicht weit (> 99 %) auf Seite des Ketons liegt.

$$H_3C-C\equiv CH \;+\; H_2O \xrightarrow{\;H^\oplus\;}$$

Enol

Keto-Enol-Tautomerie

Keton

Lösung 191

Während bei der Oxidation primärer (und sekundärer) O–H-Gruppen eine C=O-Doppelbindung entsteht, reagieren S–H-Gruppen intermolekular unter Ausbildung von S–S-Brücken (Disulfidbrücken), da die Bildung von C=S-Doppelbindungen wenig begünstigt ist.

Die Teilgleichungen und die Gesamtgleichung lauten demnach:

Ox: 2 … → … + $2\,e^\ominus$ + $2\,H^\oplus$

Red: O=…=O + $2\,e^\ominus$ + $2\,H^\oplus$ → HO–…–OH

Redox: 2 …SH + O=…=O → … + HO–…–OH

Lösung 192

a) Die Verbindung besitzt genau ein Chiralitätszentrum (C-Atom, das die OH-Gruppe trägt) und ist somit chiral.

b) Die sekundäre Hydroxygruppe wird leicht zur Ketogruppe oxidiert:

Ox: HO…OH → HO…OH + $2\,e^\ominus$ + $2\,H^\oplus$ | $\cdot 3$

Red: $\overset{+6}{Cr_2O_7^{2-}}$ + $6\,e^\ominus$ + $14\,H^\oplus$ → $2\,Cr^{3+}$ + $7\,H_2O$

Redox: 3 HO…OH + $Cr_2O_7^{2-}$ + $8\,H^\oplus$ → 3 HO…OH + $2\,Cr^{3+}$ + $7\,H_2O$

c) Eine charakteristische Eigenschaft von β-Ketocarbonsäuren ist ihre leichte Decarboxylierung (Abspaltung von CO_2). Diese ist durch den sich ausbildenden sechsgliedrigen Übergangszustand besonders begünstigt.

Als Produkt entsteht zunächst ein Enol, welches leicht zur 2-Oxopropansäure (Brenztrauben-säure) tautomerisiert. Das Gleichgewicht liegt dabei weit auf Seiten der Ketoform.

Lösung 193

β-Ketocarbonsäuren decarboxylieren i. A. sehr leicht, da bei der Reaktion ein günstiger sechs-gliedriger Übergangszustand durchlaufen wird. Das entstehende Enol stabilisiert sich durch das Tautomerengleichgewicht zum entsprechenden Keton.

Ox: ... $+ H_2O \longrightarrow$ ... $+ 4\ e^{\ominus} + 4\ H^{\oplus}$

Red: $\overset{0}{O_2} + 2\ e^{\ominus} + 2\ H^{\oplus} \longrightarrow \overset{-1}{H_2O_2} \quad | \cdot 2$

Redox: ... $+ 2\ O_2 + H_2O \longrightarrow$ ... $+ 2\ H_2O_2$

günstiger sechsgliedriger
Übergangszustand

Decarboxylierung

CO_2

Lösung 194

Für die Reduktion von C=C-Doppelbindungen eignet sich die katalytische Hydrierung. Dies ist eine nicht-ionische Reaktion, bei der bevorzugt die schwächere Doppelbindung gebrochen wird. Da C=C-Doppelbindungen schwächer als C=O-Doppelbindungen sind, erfolgt bei Re-duktion mit H_2/Katalysator bevorzugt die Reduktion der olefinischen Doppelbindung zum gesättigten Ester.

Für die selektive Reduktion der Estergruppe zum primären Alkohol setzt man ein Hydrid-Reduktionsmittel ein. Während Aldehyde und Ketone mit $NaBH_4$ reduziert werden können, wird für den weniger reaktiven (schwächer elektrophilen) Ester das reaktivere $LiAlH_4$ benö-tigt. Das zunächst gebildete Alkoholat-Ion wird durch wässrige Aufarbeitung zum Alkohol protoniert.

Aufgabe 195

Man unterscheidet gesättigte Kohlenwasserstoffe (Alkane), ungesättigte Kohlenwasserstoffe (Alkene, Alkine) und aromatische Kohlenwasserstoffe. Charakteristisch für Alkane ist die radikalische Substitution, für Alkene und Alkine die elektrophile Addition an die π-Bindung und für aromatische Kohlenwasserstoffe die elektrophile Substitution unter Erhalt des aromatischen π-Systems. Während die Addition von Brom an Alkene i. A. spontan verläuft, müssen für die radikalische Substitution an Alkanen durch Einwirkung von UV-Licht oder hohen Temperaturen zunächst Br-Radikale gebildet werden, die dann eine Radikalkettenreaktion auslösen. Für die elektrophile Substitution an (nicht aktivierten) aromatischen Kohlenwasserstoffen wie Benzol oder Toluol ist Katalyse durch eine Lewis-Säure (z. B. FeBr$_3$) nötig.

Aufgabe 196

Es findet eine elektrophile Addition statt. Dabei kann das H$^+$-Ion im ersten Schritt entweder an C-2 oder an C-3 addiert werden; im zweiten Schritt vervollständigt die Addition von Br$^-$ an das entstandene Carbenium-Ion die Reaktion. Als Produkte entstehen also 3-Brompentan und 2-Brompentan. Da beide im ersten Schritt möglichen Carbenium-Ionen sekundär sind, weisen sie näherungsweise identische Stabilität auf und bilden sich daher mit praktisch gleicher Geschwindigkeit, d. h. in gleicher Menge. Es ist also (zumindest in erster Näherung) kein regioselektiver Verlauf der Reaktion zu erwarten. Addiert das H$^+$ an C-3, entsteht das

2-Brompentan, das an C-2 nun ein Chiralitätszentrum aufweist. In Abwesenheit einer chiralen Umgebung entstehen die beiden Enantiomere (R)- und (S)-2-Brompentan in identischen Mengen und bilden ein Racemat. Addiert das H^+ im ersten Schritt an C-2, so entsteht das 3-Brompentan. Dieses Produkt ist symmetrisch; es gibt also kein Stereoisomer. Insgesamt sind somit drei unterschiedliche Produkte zu erwarten.

Einfache Alkene sind sehr schwache Basen. Während HBr eine sehr starke Säure ist, ist HCN nur eine viel zu schwache Säure, so dass keine Übertragung eines H^+-Ions unter Bildung eines Carbenium-Ions als Zwischenprodukt erfolgt.

2° Carbenium-Ionen
~ gleiche Stabilität

Enantiomere

Lösung 197

Die Addition von Br_2 verläuft „*trans*"; es entsteht ein Paar von Enantiomeren. Bei der säurekatalysierten Addition von Wasser an Cyclohexen entsteht Cyclohexanol, das zum Cyclohexanon oxidiert werden kann. Dieses reagiert mit primären Aminen unter nucleophiler Addition und anschließender Abspaltung von Wasser zu den entsprechenden Iminen.

2-Methylcyclohexanol kann unter Säurekatalyse bei erhöhten Temperaturen Wasser eliminieren; dabei entsteht entsprechend der Regel von Sayzeff, wonach sich bevorzugt die höher substituierte Doppelbindung bildet, das 1-Methylcyclohexen. Das 3-Methylcyclohexen entsteht als Nebenprodukt.

trans-1,2-Dibromcyclohexan

Cyclohexanol

Cyclohexanon

Hauptprodukt
(Sayzeff-Orientierung)

Lösung 198

a) Es findet eine elektrophile Addition an das Doppelbindungssystem statt. Beide Reaktionen verlaufen in zwei Schritten über ein intermediäres Carbenium- bzw. Bromonium-Ion, für die jeweils zwei mesomere Grenzstrukturen möglich sind.

b) Es kann jeweils zu einer 1,2- oder einer 1,4-Addition kommen. Während im Fall der Addition von HBr beide Additionsprodukte identisch sind, liefert die Addition von Br_2 zwei konstitutionsisomere Produkte, wie im Folgenden gezeigt ist.

3-Bromcyclopenten

3,4-Dibromcyclopenten
trans- (Racemat)

3,5-Dibromcyclopenten

cis- (meso)   trans- (Racemat)

Lösung 199

a) Die Addition verläuft jeweils über das cyclische Bromonium-Ion als Zwischenprodukt. Dieses kann im zweiten Schritt an beiden C-Atomen vom Br⁻-Ion angegriffen werden. Das intermediäre Bromonium-Ion ist bei Addition an das *trans*-Alken chiral, die beiden Produkte sind, wie man sich durch entsprechende Drehung der Moleküle überzeugen kann, identisch.

beide Moleküle
sind identisch!

beide Moleküle
sind Enantiomere!

Bei der Addition an das *cis*-2-Buten entsteht ein achirales Bromonium-Ion (Spiegelebene durch die zentrale C–C-Bindung und das Br-Atom). Addition des Br⁻-Ions liefert zwei enantiomere Dibrombutane.

Bei der Addition von Brom an *trans*-Buten entsteht (2S,3R)-Dibrombutan, bei der Addition an *cis*-Buten ein racemisches Gemisch aus (2R,3R)- und (2S,3S)-Dibrombutan.

b) Die beiden Enantiomere (2R,3R)- und (2S,3S)-Dibrombutan sind chiral. (2S,3R)-Dibrombutan besitzt eine Symmetrieebene, zu erkennen nach Drehung um 180° um die zentrale C–C-Bindung.

Lösung 200

Unter UV-Licht wird das Peroxid (ROOR) in zwei Alkoxy-Radikale gespalten. Dieses abstrahiert in einer exergonen Reaktion (die O–H-Bindung ist stärker als die Bindung im HBr) das H-Atom von HBr unter Bildung eines Brom-Radikals. Dieses addiert an die Doppelbindung unter Ausbildung einer C–Br-Bindung und Bildung des entsprechenden Alkylradikals.

Diese Reaktion verläuft regioselektiv unter Bildung des stabileren (= höher substituierten) Alkylradikals. Dieses muss anschließend aus HBr das H-Atom abstrahieren, damit ein neues Br-Radikal entsteht und eine Kettenreaktion zustande kommen kann. Da die C–H-Bindung stärker als die H–Br-Bindung ist, verläuft auch dieser Schritt exergon. Die radikalische Addition führt also zur umgekehrten Regioselektivität wie die polare Addition, bei der im ersten Schritt ein H$^+$-Ion in der Weise addiert wird, dass dabei das stabilere (= höher substituierte) Carbenium-Ion entsteht. Man spricht daher auch von Anti-Markovnikov-Orientierung.

b) Für die Addition nach einem Radikalkettenmechanismus müssen beide Schritte exergon sein; dies ist für die Addition von HBr an ein Alken der Fall. Im Gegensatz dazu ist bei einer Addition von HCl bzw. HI jeweils einer der beiden Schritte endergon. Die Bindung in HCl ist etwas stärker als eine C–H-Bindung, so dass die Abstraktion des H-Atoms durch das im ersten Schritt gebildete Alkylradikal endergon wird. Für HI ist zwar dieser Schritt begünstigt, jedoch ist die Energie, die bei der Bildung der C–I-Bindung frei wird, nicht ausreichend, um die C=C-π-Bindung zu brechen und das Alkylradikal zu bilden.

Lösung 201

Das gegebene Eduktmolekül ist an beiden C-Atomen der Doppelbindung unterschiedlich substituiert, daher ist mit unsymmetrischen Reagenzien eine regioselektive Addition zu erwarten. Außerdem besitzt das Alken definierte Stereochemie, so dass auch die Stereochemie der Addition zu beachten ist.

a) Diese Reaktion ist eine katalytische Hydrierung mit einem heterogenen Katalysator. Da zwei H-Atome addiert werden, spielt die Regiochemie keine Rolle, wohl aber die Stereochemie. Es handelt sich, da die Reaktion an der Katalysatoroberfläche abläuft, um eine *syn*-Addition, d. h. beide H-Atome addieren von der gleichen Seite. Die Addition führt zur Bildung eines Chiralitätszentrums (★). Da die Addition von beiden Seiten her mit gleicher Wahrscheinlichkeit erfolgt, entstehen beide Enantiomere in gleicher Menge; es bildet sich also ein racemisches Produkt aus 3-Methylhexan.

b) Die Addition von HBr verläuft in zwei Schritten über ein intermediäres Carbenium-Ion. Hierbei wird nach der Regel von Markovnikov (Regioselektivität) das H^+-Ion im ersten Schritt so an die Doppelbindung addiert, dass das stabilere (höher substituierte) Carbenium-Ion entsteht; hier also das tertiäre Carbenium-Ion. Dieses ist am positiv geladenen Kohlenstoff sp^2-hybridisiert (planar), und wird von einem vorhandenen Nucleophil (hier: Br^-) von beiden Seiten mit gleicher Wahrscheinlichkeit angegriffen. Das Produkt 3-Brom-3-methylhexan ist wiederum chiral und entsteht als Racemat.

c) Bei der Addition von Br_2 an die Doppelbindung entsteht als Intermediat ein cyclisches Bromonium-Ion. Dieses wird im zweiten Schritt nur von einer Seite (gegenüber dem überbrückenden Elektrophil) angegriffen, so dass die Addition stereospezifisch *anti* verläuft. Werden, wie in einem inerten Solvens der Fall, an beide Atome der ursprünglichen Doppelbindung Br-Atome addiert, kann keine Regioselektivität auftreten.

Würde man die Addition dagegen in Wasser oder einem Alkohol als Lösungsmittel durchführen, käme es zur Konkurrenz des (nucleophilen) Lösungsmittels mit dem Br⁻ und die Öffnung des cyclischen Bromonium-Ions verliefe regioselektiv am höher substituierten C-Atom. In einem inerten Solvens liefert die Addition von Br_2 eine racemische Mischung aus 3,4-Dibrom-3-methylhexan.

Lösung 202

a) Im ersten Schritt der Addition von Brom an Alkene kommt es zur Bildung eines cyclischen Bromonium-Ions, welches im zweiten Schritt nucleophil von Br⁻ angegriffen wird. Arbeitet man nicht in einem inerten organischen Lösungsmittel, sondern in Anwesenheit von Wasser, so ist ein zweites Nucleophil (H_2O) anwesend, das mit dem Bromid-Ion konkurriert. Die Geschwindigkeit der Ringöffnung des Bromonium-Ions ist abhängig von der Konzentration des Nucleophils. Zwar ist das geladene Bromid-Ion gegenüber Wasser das stärkere Nucleophil; liegt letzteres aber in großem Überschuss vor, so wird zumindest ein Teil des Bromonium-Ions mit Wasser zum Bromalkohol reagieren. Um selektiv den Bromalkohol zu bilden, ist daher ein möglichst großer Überschuss an Wasser erforderlich.

b) 1-Ethylcyclohexen ist ein unsymmetrisches Alken, so dass bei der Addition die Regioselektivität eine Rolle spielt. Die beiden C–Br-Bindungen im Bromonium-Ion sind nicht identisch; vielmehr bildet das höher substituierte C-Atom eine schwächere und längere Bindung aus. Der Grund ist, dass eine positive Teilladung am höher substituierten C-Atom besser stabilisiert wird. Das Wassermolekül als Nucleophil greift daher regioselektiv am höher substituierten C-Atom an, auch wenn dieses sterisch stärker gehindert ist.

Da das Brommolekül im ersten Reaktionsschritt die Doppelbindung mit gleicher Wahrscheinlichkeit von beiden Seiten angreift, entsteht das Produkt als Racemat. Die beiden Konformationen des Produktes stehen miteinander im Gleichgewicht; dabei dürfte die rechte Form mit
zwei äquatorialen Substituenten etwas begünstigt sein.

Lösung 203

Bei der säurekatalysierten Reaktion wird im ersten Schritt ein H^+-Ion an die Doppelbindung
addiert; dieser Schritt verläuft bei einem unsymmetrischen Alken regioselektiv unter bevorzugter Bildung des stabileren Carbenium-Ions, das im zweiten Schritt nucleophil durch H_2O
angegriffen wird. Da das intermediäre Carbenium-Ion planar ist, verläuft dieser Angriff von
beiden Seiten mit gleicher Wahrscheinlichkeit, so dass gegebenenfalls ein Racemat entsteht.
Man spricht von „Markovnikov-Orientierung", d. h. das Proton wird im ersten Schritt an das
weniger substituierte C-Atom der Doppelbindung addiert, so dass das stabilere (i. A. höher
substituierte) Carbenium-Ion entsteht.

Bei der Hydroborierung addiert im ersten Schritt BH_3 stereoselektiv *syn* an die Doppelbindung unter Bildung eines Alkylborans. Die Reaktion verläuft über einen cyclischen vierglie-
drigen Übergangszustand; H und BH_2 werden von der gleichen Seite an die Doppelbindung
addiert. Dabei addiert das Boratom regioselektiv an das weniger substituierte C-Atom der
Doppelbindung. Zwei weitere *syn*-Additionen führen zum Trialkylboran. Dieses wird anschließend mit H_2O_2 in einer wässrigen NaOH-Lösung umgesetzt. Es kommt dabei insgesamt
zur Substitution der C–B-Bindung durch eine OH-Gruppe (Bildung des Alkohols); als Nebenprodukt entsteht Borsäure ($B(OH)_3$). Da das Boratom im ersten Schritt an das weniger
substituierte C-Atom gebunden wurde, resultiert insgesamt die umgekehrte Regioselektivität
(„Anti-Markovnikov") für die Bildung des Alkohols wie bei der säurekatalysierten Reaktion
oder der Oxymercurierung. Zudem beobachtet man bevorzugte *syn*-Addition an die Doppelbindung, d. h. die Reaktion verläuft stereoselektiv.

Für 1-Methylcyclopenten als Substrat bedeutet dies, dass bei der säurekatalysierten Addition
von Wasser als Produkt bevorzugt racemisches 1-Methylcyclopentanol erhalten wird, während die Hydroborierung mit nachfolgender Oxidation bevorzugt *trans*-2-Methylcyclo-
pentanol liefert. Die Reaktion ist also diastereoselektiv, das *cis*-2-Methylcyclopentanol entsteht aufgrund der *syn*-Addition im ersten Schritt praktisch nicht.

Säurekatalysierte Addition von Wasser:

Hauptprodukt (Markovnikov)

Hydroborierung/Oxidation:

Die Regioselektivität des ersten Reaktionsschritts ist jeweils durch den roten Pfeil gekennzeichnet.

Lösung 204

Es kann von einem Alkin ausgegangen werden, an das im ersten Schritt unter Säurekatalyse ein Molekül Wasser addiert wird. Dabei entsteht ein Enol, das im Folgeschritt zum stabileren Keton isomerisiert. Prinzipiell kommen als Edukte zwei verschiedene Alkine in Frage; das unsymmetrische Alkin **1** liefert aber neben dem gewünschten Keton Hexan-3-on in etwa gleicher Menge auch Hexan-2-on, während bei der Reaktion ausgehend vom 3-Hexin (**2**) nur ein Keton, nämlich das Hexan-3-on entstehen kann:

Lösung 205

a)

S$_N$1	S$_N$2
Reaktivität: 3° > 2° > 1° Substrat	Reaktivität: 3° < 2° < 1° Substrat
Geschwindigkeitsgesetz: $v = k \cdot c(\text{R–X})$	Geschwindigkeitsgesetz: $v = k \cdot c(\text{R–X}) \cdot c(\text{Nu})$
2 Schritte; Zwischenprodukt Carbenium-Ion	1 Schritt, ohne Zwischenprodukt
bevorzugt in polar protischem Solvens	bevorzugt in polar aprotischem Solvens

b) Die Kohlenstoffkette muss um ein C-Atom verlängert werden; dies gelingt am einfachsten durch eine nucleophile Substitution mit dem guten Nucleophil CN⁻. Da es sich um ein primäres Halogenalkan handelt, verläuft die S$_N$2-Substitution rasch und in guter Ausbeute. Das gebildete Nitril wird anschließend in saurer Lösung zur Carbonsäure hydrolysiert.

Lösung 206

a) Für die Deprotonierung von Ethanol kann entweder eine starke Base wie NaNH$_2$, KH oder Butyllithium verwendet werden, oder ein Alkalimetall, z. B.

$$\text{CH}_3\text{CH}_2\text{OH} + \text{Na}^+ \text{NH}_2^- \longrightarrow \text{CH}_3\text{CH}_2\text{O}^- + \text{Na}^+ + \text{NH}_3$$

$$2\,\text{CH}_3\text{CH}_2\text{OH} + 2\,\text{Na} \longrightarrow 2\,\text{CH}_3\text{CH}_2\text{O}^- + 2\,\text{Na}^+ + \text{H}_2$$

b) Es liegt ein primäres Halogenalkan mit einer guten Abgangsgruppe (Br⁻) sowie ein gutes Nucleophil vor; die Reaktion verläuft daher als bimolekulare nucleophile Substitution (S$_N$2). Es kommt zur Inversion am angegriffenen C-Atom, die im Produkt, dem Ethoxypropan, nicht sichtbar ist, da kein Chiralitätszentrum vorliegt.

c) Die Geschwindigkeit einer S$_N$2-Reaktion ist von einer Reihe von Variablen abhängig, insbesondere der Art der Abgangsgruppe (1.), der sterischen Hinderung des Substrats (2.), der Stärke des angreifenden Nucleophils (3.) und der Art des Lösungsmittels (4.).

1. Das Bromid-Ion als korrespondierende Base der sehr starken Säure HBr ist eine sehr gute Abgangsgruppe. Das Fluorid-Ion ist demgegenüber eine deutlich stärkere Base und eine schlechtere Abgangsgruppe; die Substitution verläuft entsprechend wesentlich langsamer.

2. Brommethan ist sterisch noch weniger gehindert als 1-Brompropan, so dass die Reaktion beschleunigt wird.

3. Sowohl das Ethanolat- als auch das Thiolat-Ion sind negativ geladen; beides sind gute Nucleophile. Das Ethanolat ist die stärkere Base von beiden und sollte daher in einem nicht-protischen Lösungsmittel (→ geringere Solvatation) auch das stärkere Nucleophil sein. Demgegenüber ist das Schwefelatom stärker polarisierbar und es wird wesentlich weniger gut solvatisiert. In diesem Fall (protisches Solvens Ethanol) geben die höhere Polarisierbarkeit und geringere Solvatation den Ausschlag gegenüber der höheren Basizität des Ethanolats. Die Substitution verläuft mit dem Ethanthiolat um ca. zwei Größenordnungen schneller als mit dem Ethanolat.

4. Ethanol ist ein polar protisches Solvens, welches das Nucleophil durch Ausbildung von Wasserstoffbrücken stark solvatisiert. Wird stattdessen ein polar aprotisches Solvens benutzt, wird die Reaktion stark beschleunigt, weil das nucleophile Sauerstoffatom wesentlich weniger solvatisiert vorliegt.

Lösung 207

Methanol ist ein polar protisches Solvens, das mit seiner polaren OH-Gruppe geladene Nucleophile durch Ausbildung von Wasserstoffbrücken gut solvatisieren kann. Durch diese Solvatation wird die Reaktivität des Nucleophils stark herabgesetzt, da die Solvensmoleküle einen nucleophilen Angriff auf das elektrophile C-Atom des Halogenalkans erheblich behindern. Im Gegensatz dazu ist Dimethylsulfoxid (DMSO) ein polar aprotisches Lösungsmittel. Es kann offensichtlich keine Wasserstoffbrücken zum Nucleophil ausbilden; zudem ist der positive Pol des Dipols (das Schwefelatom) sterisch relativ schlecht zugänglich für das Nucleophil. Dieses wird daher kaum solvatisiert und liegt quasi „nackt" vor, so dass es das Substrat wesentlich leichter nucleophil angreifen kann. Kationen dagegen können durch die freien Elektronenpaare am Sauerstoff (der den negativen Pol des Dipols bildet) gut solvatisiert werden.

Anion wird kaum solvatisiert

Solvatation des Kations durch freie Elektronenpaare am Sauerstoff des DMSO

Solvatation des Anions durch
Ausbildung von Wasserstoffbrücken mit Methanol

Solvatation des Kations durch
freie Elektronenpaare am
Sauerstoff des Methanols

Daher sind für S_N2-Substitutionen mit geladenen Nucleophilen polar aprotische Lösungsmittel wie DMSO oder Dimethylformamid (DMF) polar protischen (wie Alkoholen, Carbonsäuren) in der Regel vorzuziehen.

Lösung 208

a) Es liegt ein primäres Halogenalkan mit einer guten Abgangsgruppe (I^-) vor, außerdem ein starkes Nucleophil. Da die Reaktion in einem polar aprotischen Solvens abläuft, ist das CN^--Ion wenig solvatisiert und daher recht reaktiv. Es ist ein bimolekularer Mechanismus zu erwarten (S_N2). Da kein Stereozentrum vorhanden ist, spielt die Stereochemie hier keine Rolle.

b) Das Substrat 2-Chlor-4-methylpentan ist ein sekundäres Halogenalkan, das prinzipiell sowohl nach S_N1 als auch nach S_N2 reagieren kann. Methanol ist ein schwaches Nucleophil und ein polar protisches Solvens, das ein intermediär entstehendes Carbenium-Ion stabilisieren kann. Beides weist auf einen Reaktionsverlauf nach S_N1 hin, bei dem die stereochemische Information verloren geht. Der Methylether als Produkt entsteht in Form beider Enantiomere unter vollständiger oder zumindest teilweiser Racemisierung.

c) Auch das *cis*-1-Brom-3-methylcyclohexan ist ein sekundäres Substrat. Mit dem Iodid-Ion ist allerdings ein gutes Nucleophil anwesend, das in dem (mäßig) polar aprotischen Solvens Aceton nur schwach solvatisiert wird. Daher ist ein bevorzugter Reaktionsverlauf nach S_N2 zu erwarten. Dabei kommt es zu einer Inversion am Chiralitätszentrum; aus dem ($1S,3R$)-1-Brom-3-methylcyclohexan entsteht das ($1R,3R$)-1-Iod-3-methylcyclohexan.

Lösung 209

Die Reaktion verläuft jeweils über die Bildung des stabileren Radikals als Zwischenprodukt (via Abstraktion eines H-Atoms durch das durch Einwirkung von Licht gebildete Br-Radikal). Dies ist das höher substituierte bzw. mesomeriestabilisierte Radikal.

Für Cyclohexan existiert nur ein mögliches Monobromierungsprodukt; bei Methylcyclopentan wird selektiv das tertiäre H-Atom abgespalten (→ Bildung von 1-Brom-1-methylcyclopentan). Das Ethylbenzol reagiert über das mesomeriestabilisierte Benzylradikal zum 1-Bromethylbenzol (Erhalt des aromatischen Systems), während von dem Alken bevorzugt ein H-Atom in der Allylposition abgespalten wird (→ mesomeriestabilisiertes Allylradikal). Dies führt zur Bildung der beiden gezeigten Monobromierungsprodukte.

b) Eine weitere radikalische Bromierung ergäbe ein Gemisch von unterschiedlich bromierten Cyclohexanen und ist daher nicht geeignet. Dagegen bildet sich das gewünschte *trans*-1,2-Dibromcyclohexan leicht durch elektrophile Addition von Brom an Cyclohexen. Dieses kann durch eine Eliminierung aus Bromcyclohexan gebildet werden. Um dabei möglichst wenig des Substitutionsproduktes zu erhalten, sollte mit einer sterisch anspruchsvollen Base wie einem tertiären Alkoholat-Ion gearbeitet werden.

Lösung 210

Der einfachste Fall ist die Chlorierung an den beiden endständigen Methylgruppen. Dabei wird weder ein neues Chiralitätszentrum gebildet, noch ist das bestehende (am C-2) an der Reaktion beteiligt. Entsprechend liefert die Chlorierung am C-1 das 2-Brom-1-chlorbutan, Chlorierung am C-4 das 3-Brom-1-chlorbutan (hier ändert sich die Nummerierung der C-Atome, um möglichst niedrige Positionsziffern zu erhalten).

Das Produkt der Chlorierung von (*R*)-2-Brombutan am C-2, dem Chiralitätszentrum, ist das 2-Brom-2-chlorbutan. Die Verbindung ist nach wie vor chiral, allerdings ist der Drehwinkel des erhaltenen Produkts null. Die Halogenierung am Chiralitätszentrum liefert ein racemisches Gemisch aus den beiden Enantiomeren, da intermediär ein achirales Radikal gebildet wird.

Das ungepaarte Elektron befindet sich in einem sp²-Hybridorbital; der Angriff von Chlor auf das (annähernd) planare Radikal erfolgt von beiden Seiten mit gleicher Wahrscheinlichkeit (mit gleicher Geschwindigkeit), so dass (*R*)- und (*S*)-Isomer in gleicher Menge gebildet werden.

Bei der Chlorierung am C-3 entsteht ein neues Chiralitätszentrum; es kommt zur Bildung von Diastereomeren. Die beiden H-Atome im Edukt sind nicht äquivalent (man bezeichnet sie als „diastereotop"), so dass sie nicht mit gleicher Wahrscheinlichkeit abgespalten werden. Durch Abspaltung eines der beiden H-Atome entsteht ein annähernd planares radikalisches Zentrum, dessen beide Seiten aber nicht spiegelbildlich zueinander sind. Daher erfolgt der Angriff von Chlor auf die beiden Seiten mit unterschiedlicher Geschwindigkeit, d. h. die entstehenden Diastereomere werden nicht in gleicher Menge gebildet. Experimentell findet man, dass etwa 75 % (2*R*,3*S*)-2-Brom-3-chlorbutan und ca. 25 % (2*R*,3*R*)-2-Brom-3-chlorbutan entstehen.

Lösung 211

a) Das Edukt enthält primäre, sekundäre und ein tertiäres Wasserstoffatom, die substituiert werden können. Die primären H-Atome gehören zwei unterscheidbaren Methylgruppen an, so dass insgesamt vier verschiedene Monochlorierungsprodukte erhalten werden können. Wären alle H-Atome gleich reaktiv, so entsprächen die relativen Produktausbeuten der jeweiligen Anzahl an identischen H-Atomen. Tatsächlich aber sind tertiäre H-Atome am reaktivsten, gefolgt von den sekundären und (mit Abstand) den primären. Experimentelle Ergebnisse für die Chlorierung ergaben dabei folgende relative Reaktivität:

tertiär : sekundär : primär ≈ 5 : 4 : 1.

Die relativen Ausbeuten ergeben sich dann aus dem Produkt der Anzahl der H-Atome und ihrer relativen Reaktivität. Die Farben sind hier ausnahmsweise nicht zur Kennzeichnung nucleophiler oder elektrophiler Eigenschaften eingesetzt, sondern nur zur Unterscheidung primärer (hell- bzw. dunkelblau), sekundärer (rot) und tertiärer (grün) Wasserstoffatome.

$$
\underset{H\ 3°}{\overset{1°\ CH_3}{\underset{|}{\overset{|}{\underset{H_3C-C-CH_2-CH_3}{}}}}} \quad + \quad Cl-Cl \quad \xrightarrow{h\nu}
$$

1° H₃C—C—CH₂—CH₃ (2° 1°) + Cl—Cl → hν

$$
\underset{Cl\ H}{\overset{CH_3}{H_2C-C-CH_2-CH_3}} + \underset{H\ \ \ Cl}{\overset{CH_3}{H_3C-C-CH_2-CH_2}} + \underset{H\ Cl}{\overset{CH_3}{H_3C-C-CH-CH_3}} + \underset{Cl}{\overset{CH_3}{H_3C-C-CH_2-CH_3}}
$$

1-Chlor-2-methylbutan	1-Chlor-3-methylbutan	2-Chlor-3-methylbutan	2-Chlor-2-methylbutan
≈ 6	: 3	: 8	: 5

Substitution am primären H   Substitution am sekundären H   Substitution am tertiären H

b) Alkane sind sehr wenig reaktiv; Radikalreaktionen sind praktisch die einzige Möglichkeit, sie zu funktionalisieren. Die Chlorierung ist eine typische Radikalkettenreaktion. Die Startreaktion ist die Spaltung von Chlormolekülen in zwei Cl-Radikale, die anschließend ein H-Atom aus dem Alkan abstrahieren, wobei HCl und ein Alkylradikal entsteht. Da tertiäre Alkylradikale stabiler sind als sekundäre und diese stabiler sind als primäre, werden tertiäre H-Atome bevorzugt abstrahiert. Das Alkylradikal reagiert anschließend mit Cl_2 zum Chloralkan; ein Chlor-Radikal wird regeneriert und kann den Kettenmechanismus fortsetzen. Ein Kettenabbruch erfolgt durch Rekombination zweier Radikale.

Lösung 212

a) Entscheidende Kriterien für den Ablauf einer Reaktion nach dem S_N2-Mechanismus sind die Anwesenheit eines guten Nucleophils, die Struktur des Substrats sowie das Vorhandensein einer guten Abgangsgruppe. Auch die Art des Lösungsmittels ist von Bedeutung. Im vorliegenden Fall sind Nucleophil und Lösungsmittel vorgegeben – das Interesse richtet sich also auf die Konstitution des Substrats und die Art der Abgangsgruppe.

Die Verbindungen **2**, **3** und **5** besitzen jeweils eine ziemlich schlechte Abgangsgruppe. Der Grund ist, dass CN^-, OH^- und NH_2^- in dieser Reihenfolge zunehmend starke Basen sind; starke Basen aber sind generell schlechte Abgangsgruppen. Die entsprechenden Verbindungen reagieren daher praktisch nicht in einer S_N2-Substitution.

Verbindung **4** enthält mit dem Cl-Atom zwar eine recht gute Abgangsgruppe (Cl^- ist eine sehr schwache Base!); sie befindet sich aber an einem tertiären C-Atom, das aufgrund der sterischen Hinderung nicht nach dem S_N2-Mechanismus reagiert. Die beiden übrigen Verbindungen sind gute Substrate für eine bimolekulare Substitution: Sie enthalten beide eine gute (sehr schwach basische) Abgangsgruppe, die sich zudem an einem primären, sterisch nicht gehinderten C-Atom befindet.

b) Ethanol ist ein polar protisches Lösungsmittel, welches das Azid-Ion (N_3^-) gut solvatisiert und daher in seiner Reaktivität abschwächt. Hilfreich ist es dagegen, wenn das Nucleophil nur wenig solvatisiert (also möglichst „nackt") vorliegt. S_N2-Reaktionen verlaufen deshalb besonders gut in polar aprotischen Lösungsmitteln wie Dimethylsulfoxid (DMSO) oder Dimethylformamid (DMF), die keine Wasserstoffbrücken mit dem Nucleophil ausbilden können und dieses nur schwach solvatisieren, da der positive Pol von DMSO bzw. DMF für das Nucleophil nur schlecht zugänglich ist (vgl. Lösung 207).

Lösung 213

a) Es handelt sich offensichtlich um Konstitutionsisomerie, da verschiedene Verknüpfungen der Atome vorliegen.

b) Alkohole besitzen eine stark polare Hydroxygruppe, Ether nicht. Daher können zwischen Alkoholmolekülen relativ starke Wasserstoffbrücken ausgebildet werden; diese verursachen die gegenüber Ethern wesentlich stärkeren zwischenmolekularen Wechselwirkungen und somit die viel höheren Siedepunkte (bei vergleichbaren molaren Massen).

c) $LiAlH_4$ ist ein starkes Reduktionsmittel und eine stark basische Verbindung (Übertragung von H^-). Es reagiert daher mit Ethanol unter Deprotonierung des Alkohols zum Alkoholat-Ion und Bildung von H_2, so dass Alkohole als Lösungsmittel nicht in Frage kommen. Aceton (Propanon) enthält eine elektrophile Carbonylgruppe, die ebenfalls mit $LiAlH_4$ reagiert. Es wird ein Hydrid-Ion unter Bildung des Alkoholat-Ions übertragen. Folglich eignet sich nur der Ether als Lösungsmittel, da Ether weder mit starken Basen noch mit Nucleophilen reagieren.

d) Bei der Williamson'schen Ethersynthese wird ein Alkoholat-Ion mit einem Halogenalkan in einer S_N2-Reaktion umgesetzt; das Alkoholat-Ion erhält man durch Deprotonierung des entsprechenden Alkohols mit einer starken Base, wie z. B. NaH. Da S_N2-Reaktionen nicht an tertiären Substraten ablaufen, eignet sich die Reaktion v. a. für primäre Halogenalkane. Im vorliegenden Fall muss also der *tert*-Butylrest aus dem Alkohol und der Methylrest aus dem Halogenalkan stammen und nicht umgekehrt. Der Alkohol 2-Methylpropan-2-ol wird deprotoniert und anschließend mit CH_3I oder CH_3Br umgesetzt.

e) Im Gegensatz zum Diethylether neigt Methyl-*tert*-butylether nicht zur Bildung gefährlicher Hydroperoxide, die beim Abdestillieren des Ethers explosionsartig zerfallen können.

Lösung 214

a) Bei der intermolekularen Williamson-Synthese wird in einer S_N2-Reaktion ein Alkoholat-Ion mit einem (i. A.) primären Elektrophil RCH_2-X, das eine gute Abgangsgruppe (X = Br, I, Sulfonat) enthält, umgesetzt. Das Alkoholat-Ion kann aus dem entsprechenden Alkohol durch Deprotonierung mit einer starken Base (z. B. NaH) erhalten werden. Entsprechend müssen für einen Ringschluss die Alkoholat-Funktion und die Abgangsgruppe in einem Molekül vorliegen. Für die Synthese von Oxacyclopentan geht man also z. B. von 4-Brombutanol aus, das nach Deprotonierung unter Ringschluss zum Produkt reagieren kann. Um die intramolekulare gegenüber einer intermolekularen S_N2-Substitution zu begünstigen, ist es zweckmäßig, bei niedrigen Konzentrationen zu arbeiten, da so die intermolekulare Reaktion weniger effektiv konkurriert.

b) Der Dreiring im Oxacyclopropan unterliegt wie alle Dreiringe starker Ringspannung, so dass diese Verbindung für einen Ether ungewöhnlich reaktiv ist. Im Gegensatz zum Oxacyclopentanring kann das Oxacyclopropan relativ leicht durch einen nucleophilen Angriff geöffnet werden. Wird der Sauerstoff im Ring durch Anwesenheit einer katalytischen Menge an H^+-Ionen protoniert, genügt schon das schwache Nucleophil Wasser und es entsteht das entsprechende 1,2-Diol.

c) Die gebildeten Epoxide reagieren aufgrund der Ringspannung im Dreiring leicht mit Nucleophilen, wie den stickstoffhaltigen DNA-Basen, wodurch es zu Mutationen kommt.

Lösung 215

In Beispiel a) enthält das Substrat Pentan keine Abgangsgruppe; es wird daher keine Substitution mit dem Nucleophil Cl$^-$ erfolgen. Das primäre 1-Chlorpropan reagiert dagegen mit dem starken Nucleophil Methanolat gut in einer S_N2-Reaktion zum entsprechenden Ether. Das Substrat 2-Chlorbutan in c) ist ein chirales Edukt, das Methanthiolat ein sehr gutes Nucleophil. In Abwesenheit eines polar protischen Solvens ist eine S_N2-Reaktion unter Inversion der Konfiguration zu erwarten. Es entsteht das (R)-1-Methylpropylmethylsulfid. Der sekundäre Alkohol enthält die Hydroxygruppe, eine sehr schlechte Abgangsgruppe, die aber durch die starke Säure HBr zur viel besseren Abgangsgruppe H_2O protoniert werden kann. Das entstehende sekundäre Carbenium-Ion kann vom Bromid-Ion zum Substitutionsprodukt 2-Brombutan abgefangen werden, es entsteht das Gemisch der beiden Enantiomere.

Lösung 216

Es handelt sich um ein tertiäres Substrat, das in Anwesenheit des polar protischen Lösungsmittels Wasser zum tertiären Carbenium-Ion dissoziieren kann. Das sp^2-hybridisierte C-Atom kann von dem schwachen Nucleophil H_2O von beiden Seiten angegriffen werden. Da ein weiteres Chiralitätszentrum im Molekül vorhanden ist, entsteht ein Paar von Diastereomeren.

Die beiden Alkohole sind (1S,3R)-1,3-Dimethylcyclopentanol bzw. (1R,3R)-1,3-Dimethylcyclopentanol.

Lösung 217

Da S_N2-Reaktionen aufgrund des Rückseitenangriffs des Nucleophils immer unter Inversion verlaufen, würde die direkte Umsetzung von (R)-2-Brombutan mit OH^--Ionen stereospezifisch das (S)-Enantiomer des Alkohols ergeben. Um im Endergebnis eine Retention der Konfiguration zu erhalten, müssen demnach zwei, jeweils unter Inversion ablaufende, Substitutionsreaktionen hintereinander durchgeführt werden. So könnte im ersten Schritt das Edukt (R)-2-Brombutan mit dem guten Nucleophil Iodid (zugleich eine sehr schwache Base, was eine konkurrierende Eliminierung weitestgehend unterdrückt) unter Inversion in das Iodid (S)-2-Iodbutan überführt werden. Im zweiten Schritt wird dann das eigentlich gewünschte Nucleophil (OH^-) eingesetzt; es verdrängt das Iodid (erneut unter Inversion) unter Bildung des Zielmoleküls (R)-2-Butanol.

Lösung 218

Für die Verbindungen **b** und **d** kommt keine Eliminierung in Frage, da kein benachbartes C-Atom mit einem Wasserstoff vorhanden ist (**b**) bzw. das benachbarte C-Atom kein H-Atom trägt (**d**). In Verbindung **e** tragen zwar die beiden benachbarten C-Atome jeweils ein H-Atom; dieses ist aber jeweils cis-ständig zur Abgangsgruppe Br, so dass keine anti-Eliminierung erfolgen kann. Eine E2-Eliminierung aus der gauche-Konformation findet praktisch nicht statt.

Lösung 219

a) Die beiden Verbindungen sind Konstitutionsisomere.

b) Beide Verbindungen sind primäre Bromalkane; eine Bildung von Carbenium-Ionen (E1-bzw. S_N1-Mechanismus) ist daher sehr unwahrscheinlich. Ethanolat-Ionen sind gute Nucleophile und starke Basen; sie können also unter Substitution und Eliminierung reagieren.

Das 1-Brombutan ist ein sterisch ungehindertes primäres Substrat; für derartige Verbindungen überwiegt i. A. die nucleophile Substitution gegenüber der Eliminierung.

Das 1-Brom-2-methylpropan ist durch die Methylgruppe am Nachbar-C-Atom etwas sterisch gehindert und es entsteht eine höher substituierte Doppelbindung (d. h. ein stabileres Alken), so dass der Anteil an E2-Produkt wesentlich höher ist.

91 %   9 %

40 %   60 %

c) Das Iodid-Ion ist in einem polar aprotischen Lösungsmittel ein gutes Nucleophil, dagegen nur eine sehr schwache Base. Es reagiert daher praktisch ausschließlich nach S_N2 zum entsprechenden Substitutionsprodukt.

100 %

Lösung 220

Eine E2-Eliminierung erfordert eine *anti*-periplanare Anordnung der beiden zu eliminierenden Gruppen. Für ein Cyclohexan-Derivat bedeutet dies, dass sich die Abgangsgruppe in einer axialen Position befinden und ein dazu *anti*-ständiges H-Atom vorhanden sein muss. Da die Ethylgruppe an einem der beiden Nachbar-C-Atome zum C-Atom der Abgangsgruppe *trans*-ständig ist, kann das H-Atom an diesem C keine *anti*-Position einnehmen. Die Eliminierung muss daher zum anderen Nachbar-C-Atom hin erfolgen, obwohl dabei das weniger substituierte, etwas weniger stabile Alken gebildet wird.

Lösung 221

a) Bei 1-Chlor-2-buten handelt es sich um ein Allylhalogenid. Obwohl ein primäres Substrat vorliegt, dissoziiert es relativ leicht zum Carbenium-Ion, da dieses durch die Doppelbindung mesomeriestabilisiert ist. Das allylische Kation kann von Wasser im zweiten Schritt an zwei Positionen angegriffen werden, was zur Bildung der beiden regioisomeren Alkohole 2-Buten-1-ol und 3-Buten-2-ol führt.

2-Buten-1-ol

3-Buten-2-ol

b) Mit guten Nucleophilen reagiert das 1-Chlor-2-buten nach dem S_N2-Mechanismus. Der im Vergleich zum gesättigten 1-Chlorbutan raschere Reaktionsverlauf lässt sich auf die Überlappung des p-Orbitals im Übergangszustand der Substitutionsreaktion mit der Doppelbindung zurückführen. Neben dem Angriff des Nucleophils auf das C-Atom, das die Abgangsgruppe trägt (blauer Pfeil), ist aber auch ein Angriff an der Doppelbindung möglich (roter Pfeil). Während der Ausbildung der neuen Bindung werden dabei die π-Elektronen der Doppelbindung hin zur Abgangsgruppe verschoben; Doppelbindung und Substituent vertauschen so ihre Plätze (sogenannte S_N2'-Substitution).

Lösung 222

Mit den Alkoholat-Ionen als starker Base und dem Sulfonat als guter Abgangsgruppe an einem sekundären C-Atom ist die vorherrschende Reaktion die E2-Eliminierung. Dabei steht an zwei Nachbar-C-Atomen ein abspaltbares H-Atom zur Verfügung, so dass regioselektiv zwei konstitutionsisomere Alkene gebildet werden können. Die sterisch gehinderte Base *tert*-Butanolat kann leichter das Proton vom primären C-Atom abspalten und bildet bevorzugt das weniger hoch substituierte Alken **B**, das sogenannte Hofmann-Produkt. Dagegen spaltet das kleinere Ethanolat-Ion bevorzugt das tertiäre H-Atom auf der anderen Seite ab, weil so das höher substituierte (stabilere) Alken entsteht (das sogenannte Sayzeff-Produkt **A**).

80   20

Hofmann-Produkt bevorzugt

~ 20   80

Sayzeff-Produkt bevorzugt

Lösung 223

a) Man unterscheidet (ebenso wie bei Substitutionsreaktionen am gesättigten C-Atom) im Wesentlich einen monomolekularen (E1) und einen bimolekularen (E2) Mechanismus. E1-Reaktionen verlaufen wie S_N1-Reaktionen über ein intermediäres Carbenium-Ion; sie spielen daher hauptsächlich für tertiäre Substrate in polar protischen Solventien (gute Stabilisierung des Carbenium-Ions) in Anwesenheit schwacher Basen eine Rolle. Im Gegensatz zur bimolekularen Substitution verläuft auch die E2-Eliminierung am schnellsten mit tertiären Substraten (Bildung eines höher substituierten, stabileren Alkens), da das H-Atom für die Base auch bei tertiären Substraten relativ leicht zugänglich ist. Starke Basen fördern die E2-Eliminierung. Bei primären und sekundären Substraten, die mit Basen, die gleichzeitig gute Nucleophile sind, oft bevorzugt eine Substitution eingehen, fördern sterisch gehinderte Basen die E2- gegenüber der konkurrierenden S_N2-Reaktion.

Bezeichnung	E1	E2
Reaktivität des Substrats	$3° > 2° > 1°$ Substrat	$3° > 2° > 1°$ Substrat
Geschwindigkeitsgesetz	$\upsilon = k \cdot c(R\text{–}X)$	$\upsilon = k \cdot c(R\text{–}X) \cdot c(Nu)$
Base	schwache Base	starke Base
Zwischenprodukt	Carbenium-Ion	ohne Zwischenprodukt
bevorzugter Solvenstyp	bevorzugt in polar protischem Solvens	bevorzugt in polar aprotischen Solventien

b)

i) Das gegebene tertiäre 2-Iod-2-methylpropan kann sowohl nach E1 wie auch nach E2 reagieren. Wasser ist ein polar protisches Lösungsmittel, das polare Intermediate gut stabilisiert; zugleich ist es nur eine sehr schwache Base. Da für E2-Eliminierungen starke Basen erforderlich sind, wird die Reaktion bevorzugt nach dem E1-Mechanismus unter intermediärer Bildung des *tert*-Butyl-Kations verlaufen.

ii) Hier liegt ein sekundäres Halogenalkan vor, das mit einem tertiären Alkoholat-Ion reagiert. Für sekundäre Substrate kommt sowohl eine E1- wie eine E2-Eliminierung in Frage; mit einer starken Base wie dem Alkoholat-Ion in dem polar aprotischen Solvens DMSO ist zu erwarten, dass der E2-Mechanismus bevorzugt wird. Dabei kann ein monosubstituiertes (endständiges) und ein disubstituiertes Alken gebildet werden.

Da es sich um eine große sterisch anspruchsvolle Base handelt ist zu erwarten, dass die Abspaltung des Protons bevorzugt vom endständigen C-Atom erfolgt (Hofmann-Eliminierung), so dass als Hauptprodukt das monosubstituierte Alken entsteht.

iii) Das tertiäre Chloralkan kann sowohl nach E1 wie nach E2 reagieren. Da nur die schwache Base Methanol anwesend ist, die gleichzeitig als polar protisches Lösungsmittel fungiert, ist zu erwarten, dass eine E1-Eliminierung mit intermediärer Bildung des Carbenium-Ions stattfindet. Die Abspaltung des Protons im zweiten Schritt verläuft dann unter bevorzugter Bildung des höher substituierten Alkens; das weniger substituierte Alken entsteht als Nebenprodukt.

Lösung 224

Die Geschwindigkeit einer Eliminierung ist für tertiäre Substrate höher als für sekundäre; primäre Substrate gehen kaum Eliminierungen ein. Es empfiehlt sich also der Einsatz eines tertiären Halogenalkans (2-Brom-2-methylbutan; (1)) und nicht eines sekundären (2-Brom-3-methylbutan), welches zudem als Nebenprodukt bei der Eliminierung das weniger substituierte 3-Methyl-1-buten ergeben könnte (2). Außerdem sollte eine starke Base in höherer Konzentration verwendet werden ($\rightarrow$ S_N2/E2-Bedingungen), da bei einem tertiären Halogenalkan die S_N2-Substitution als Nebenreaktion keine Rolle spielt und so praktisch ausschließlich die Eliminierung stattfindet. Bei Abwesenheit einer starken Base wie OH^- oder RO^- und Anwesenheit eines protischen Lösungsmittels (E1/S_N1-Bedingungen) könnte neben dem Eliminierungsprodukt aus dem intermediären tertiären Carbenium-Ion auch das Substitutionsprodukt (z. B. 2-Methylbutan-2-ol) gebildet werden (3).

Lösung 225

Sie müssen sich die entsprechenden Sesselkonformationen vornehmen – denken Sie daran, dass voluminöse Substituenten bevorzugt äquatoriale Positionen am Cyclohexanring einnehmen!

Bei der ersten Verbindung stehen für eine *anti*-Eliminierung (E2) zwei zu Cl *trans*-ständige (im 180°-Winkel) H-Atome zur Verfügung; es können daher zwei verschiedene Produkte entstehen, wobei dasjenige mit der höher substituierten Doppelbindung bevorzugt ist.

Im anderen Fall steht in der begünstigten Ringkonformation (Substituenten äquatorial) die Abgangsgruppe Cl äquatorial. Da eine Eliminierung nach E2 aber praktisch nur aus einer axialen Stellung (↔ antiperiplanare Stellung von Abgangsgruppe und H-Atom!) heraus möglich ist, muss der Ring erst in die weniger begünstigte Konformation umklappen. In dieser stehen alle Substituenten axial, und es ist nur an einem C-Atom benachbart zur C–Cl-Gruppe ein H-Atom für die Eliminierung zur Verfügung. Daher ist hier nur ein Produkt möglich; die Reaktion verläuft zudem langsam, weil das vorgelagerte Gleichgewicht der beiden Ringkonformationen diejenige begünstigt, aus der gerade keine *anti*-Eliminierung möglich ist.

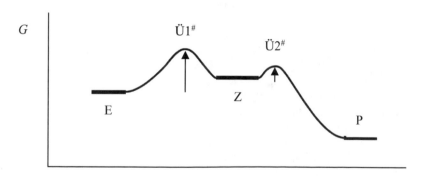

anti-Eliminierung möglich, da Cl axial; zwei H-Atome (blau) stehen für **anti**-Eliminierung zur Verfügung

höher subst. Doppelbindung = Sayzeff-Produkt: stabiler!

keine **anti**-Eliminierung aus dieser Konformation: Cl äquatorial!

ungünstige Konformation: große Substituenten axial! nur ein H-Atom (blau) steht für **anti**-Eliminierung zur Verfügung

nur ein mögliches Produkt

Lösung 226

a) Die freie Aktivierungsenthalpie entspricht der Differenz von G zwischen Edukt (E) und erstem Übergangszustand ($Ü1^{\#}$) bzw. vom Zwischenprodukt (Z) zum zweiten Übergangszustand ($Ü2^{\#}$). Es gibt offensichtlich ein Zwischenprodukt.

b) Da die freie Aktivierungsenthalpie für den ersten Schritt deutlich größer ist als für den zweiten, ist dieser Schritt der langsame (geschwindigkeitsbestimmende) für die Gesamtreaktion. Der Übergangszustand ähnelt in struktureller Hinsicht und in seinen Eigenschaften am meisten derjenigen Spezies, von der er sich energetisch am wenigsten unterscheidet (Hammond-Postulat). Dementsprechend ist hier der $Ü1^{\#}$ ähnlicher dem Zwischenprodukt als dem Edukt (= „später" Übergangszustand).

c) Da die Reaktion in zwei Schritten über ein Zwischenprodukt verläuft, handelt es sich um eine E1-Reaktion. Hierbei ist stets der erste Schritt (Bildung des Carbenium-Ions aus dem Halogenalkan) geschwindigkeitsbestimmend, so dass die Konzentration der Base für die Gesamtgeschwindigkeit keine Rolle spielt und nicht im differentiellen Geschwindigkeitsgesetz auftaucht:

$$v = -\frac{dc(R-X)}{dt} = k \cdot c(R-X)$$

Das Diagramm beschreibt die Eliminierung aus dem tertiären Substrat (Verbindung **3**); die beiden anderen Verbindungen können nach E2 reagieren.

Lösung 227

Der nucleophile Angriff des Methanolat-Ions kann entweder am primären oder am tertiären C-Atom des Oxacyclopropanrings erfolgen. Da ein solcher Angriff an einem weniger substituierten C-Atom leichter erfolgt, ist zu erwarten, dass selektiv (oder sogar ausschließlich) das 2-Ethyl-1-methoxybutan-2-ol gebildet wird, das durch nucleophilen Angriff am weniger substituierten (leichter zugänglichen) Kohlenstoff entsteht. Die nucleophile Ringöffnung erfolgt also regioselektiv am sterisch weniger gehinderten C-Atom des Rings. Falls es sich dabei um ein Chiralitätszentrum handelt (wie es bei 2-Ethyl-2-methyloxacyclopropan der Fall wäre), würde die Reaktion unter Inversion erfolgen.

Allgemein wird die Ringöffnung von Oxacyclopropanen durch Säure katalysiert. Diese protoniert das Ringsauerstoffatom zum Oxonium-Ion, das dadurch in eine wesentlich bessere Abgangsgruppe (–OH gegenüber –O⁻) überführt wird, so dass die Ringöffnung auch durch schwache Nucleophile erfolgen kann. Erneut kann das intermediäre cyclische Alkyloxonium-Ion an beiden Ring-C-Atomen angegriffen werden. Im Unterschied zum Angriff durch das gute Nucleophil Methanolat wird das protonierte Intermediat aber bevorzugt am höher substituierten Ringkohlenstoffatom angegriffen. Der Grund ist, dass die positive Teilladung am tertiären C-Atom besser stabilisiert werden kann als am primären C-Atom, so dass ersteres stärker positiv geladen ist als letzteres und daher leichter durch das schwache Nucleophil Methanol angegriffen wird. Die unsymmetrische Ladungsverteilung wirkt der stärkeren sterischen Hinderung am tertiären Kohlenstoff entgegen. Die säurekatalysierte Ringöffnung zeigt also genau umgekehrte Regioselektivität wie die Reaktion unter basischen Bedingungen.

Unterscheiden sich die beiden Kohlenstoffe in ihrem Substitutionsmuster weniger stark, ist mit der Bildung eines Gemisches aus beiden möglichen Produkten zu rechnen.

ähnelt primärem
Carbenium-Ion

ähnelt tertiärem
Carbenium-Ion

CH_3OH

Lösung 228

a) Eine Verbindung verhält sich aromatisch, wenn sie

- planar und monocyclisch ist
- ein konjugiertes π-Elektronensystem aufweist
- die Anzahl der π-Elektronen (4n + 2) beträgt (n = 0, 1, 2, ...).

b) Die Aminogruppe ist ein stark aktivierender Substituent; er dirigiert einen Zweitsubstituenten stark überwiegend in die o- bzw. p-Position. Die Einführung einer Aminogruppe erfolgt i. A. über eine Nitrierung mit anschließender Reduktion der Nitrogruppe. Eine Nitrierung würde aber einerseits leicht zur Oxidation von Anilin führen; zudem würde die Aminogruppe nach *ortho/para* und nicht nach *meta* dirigieren. Besser ist es daher, ausgehend von Benzen zweifach zu nitrieren (erfordert drastische Bedingungen) und anschließend beide Nitrogruppen zu reduzieren.

c) Geeignet ist die Derivatisierung des Amins zum Carbonsäureamid. Hierfür ist ein reaktives Carbonsäurederivat erforderlich, wie z. B. das Benzoylchlorid. Zudem empfiehlt sich der Einsatz eines tertiären Amins als sogenannte Hilfsbase, um einen möglichst vollständigen Umsatz des 1,3-Diaminobenzens zum Amid zu erzielen. Wird nur ein Äquivalent des Säurechlorids eingesetzt, sollte im Wesentlichen das einfach acylierte Produkt entstehen.

Lösung 229

a) Während Alkylgruppen in *o*/*p*-Position dirigieren, ist die stark desaktivierende Nitrogruppe *m*-dirigierend. Sie muss daher nach dem Propylrest eingeführt werden. Die direkte Alkylierung mit Hilfe einer Friedel-Crafts-Reaktion ist aber nicht empfehlenswert, da einerseits mit einer Umlagerung des Alkylrestes und andererseits mit Mehrfachalkylierung zu rechnen ist.

Besser ist daher eine Friedel-Crafts-Acylierung mit Propansäurechlorid und einer Lewis-Säure zum (*m*-dirigierenden) Acylbenzol, das durch Reduktion in das Alkylbenzol umgewandelt wird. Dieses kann dann im abschließenden Schritt zum Produkt 1-Nitro-4-propylbenzol nitriert werden, wobei allerdings auch mit der Entstehung von 1-Nitro-2-propylbenzol als Nebenprodukt zu rechnen ist.

b) Diese Verbindung enthält zwei *o*/*p*-dirigierende Substituenten in *m*-Position zueinander – egal, welcher der beiden Substituenten als erster eingeführt wird, dirigiert er den zweiten Substituenten in die falsche Position. Die Lösung besteht darin, dass mit der Nitrogruppe zunächst ein *m*-dirigierender Substituent eingeführt wird, der in der folgenden Bromierung für die richtige Position des Broms sorgt. Im letzten Schritt wird die Nitrogruppe dann zur Aminogruppe reduziert.

c) Die Aminogruppe im Anilin ist stark aktivierend und *o*/*p*-dirigierend. Unterwirft man Anilin einer Sulfonierung, ist zum einen mit teilweiser Oxidation durch die konzentrierte Schwefelsäure zu rechnen, zum anderen entstünden neben dem *p*- auch größere Mengen des *o*-Produkts. Daher wird die Aminogruppe zuerst acetyliert, was einerseits vor Oxidation schützt und durch den größeren sterischen Anspruch des Acetamids eine höhere Regioselektivität zugunsten des *p*-Produkts ergibt. Für den letzten Schritt, die Einführung des Chlors, dirigieren dann beide vorhandenen Substituenten in die richtige Position. Dies wäre nicht der Fall, würde man vor der Sulfonierung zunächst versuchen, das Cl-Atom in *o*-Position einzuführen.

Lösung 230

a) Die Acylgruppe in **1** weist einen –I- und –M-Effekt auf und desaktiviert den Aromaten für eine Zweitsubstitution. Die Verbindung reagiert wesentlich langsamer als Benzen. Ethylbenzen (**2**) ist durch den +I-Effekt der Ethylgruppe reaktiver als Benzen. Brombenzen (**3**) hat mit dem Br-Atom einen Substituenten mit –I- und +M-Effekt. Da bei Halogenen der +M-Effekt nur gering ist, wirkt der Substituent insgesamt (schwach) desaktivierend; Brombenzen wird langsamer sulfoniert als Benzen.

b) Aktivierende Substituenten dirigieren generell in die 2- bzw. 4-Position (*o/p*-), während (stark) desaktivierende Substituenten (–I/–M) in die 3-Position (*m*-) dirigieren. Brombenzen verhält sich insofern ungewöhnlich, dass das Brom trotz seiner desaktivierenden Wirkung nach *o/p*- dirigiert. Für **1** erwartet man daher fast ausschließlich das *m*-Produkt, während **2** und **3** überwiegend ein Gemisch aus *o*- und *p*-Produkt ergeben. Dabei nimmt der Anteil an *p*-Produkt mit zunehmendem sterischem Anspruch des Erstsubstituenten zu.

aus **1**   aus **2**   aus **3**

Lösung 231

a) Die Überführung von Anilin in das Acetanilid im ersten Schritt erweist sich in zweifacher Weise als hilfreich. Zum einen ist die NH_2-Gruppe relativ oxidationsempfindlich, so dass es bei der Nitrierung von Anilin mit HNO_3 aufgrund der oxidativen Eigenschaften der Salpetersäure zugleich leicht zur Oxidation kommt. Zum anderen ist mit der Bildung erheblicher Mengen an 2-Nitroanilin zu rechnen, da die relativ kleine Aminogruppe kaum zu sterischer Hinderung der *o*-Positionen führt.

Durch die Acetylierung wird die Aminogruppe einerseits vor Oxidation geschützt, zum anderen dirigiert sie die neu eintretende Nitrogruppe überwiegend in *p*-Position, da der *o*-Angriff durch die voluminösere Acetylgruppe erschwert ist. Durch basische Hydrolyse wird der Acetylrest anschließend wieder entfernt.

Einführung der blockierenden Gruppe zur Verbesserung der *p*-Selektivität

Entfernung der blockierenden Gruppe

b) Die direkte Herstellung von 1,3,5-Tribrombenzol durch Bromierung von Benzol ist aufgrund der zwar schwach desaktivierenden, aber aufgrund des +M-Effekts dennoch *o*-/*p*-dirigierenden Wirkung des ersten Brom-Substituenten nicht möglich. Die Synthese gelingt dadurch, dass intermediär eine Aminogruppe als aktivierender, *o*-/*p*-dirigierender Substituent eingeführt wird (via Nitrierung von Benzol und anschließende Reduktion der Nitro- zur Aminogruppe). Die anschließende Bromierung von Anilin verläuft leicht und an den Positionen 2, 4 und 6 zum 2,4,6-Tribromanilin. Die Aminogruppe kann anschließend durch Diazotierung und nachfolgende Umsetzung des Diazonium-Ions mit dem speziellen Reduktionsmittel Phosphinsäure (H_3PO_2) aus dem Molekül entfernt werden; es entsteht das gewünschte 1,3,5-Tribrombenzol.

Überblick:

Einführung der aktivierenden Gruppe

Entfernung der aktivierenden Gruppe via Diazotierung

Mechanismus der Diazotierung:

Entfernung der Diazoniumgruppe:

Lösung 232

a) Das OH⁻-Ion ist aufgrund seiner starken Basizität eine schlechte Abgangsgruppe und kann daher nicht durch Nucleophile wie Halogenid-Ionen substituiert werden. Abhilfe schafft die Umwandlung der Hydroxygruppe in eine bessere Abgangsgruppe. Dies kann durch Protonierung mit einer starken Säure (z. B. HBr) geschehen; aus dem protonierten Alkohol kann H_2O als wesentlich bessere Abgangsgruppe durch Br⁻ verdrängt werden. Anstelle einer starken Säure verwendet man häufig auch Sulfonylchloride in Anwesenheit einer Base wie Pyridin, um die OH-Gruppe in eine gute, weil nur schwach basische, Abgangsgruppe umzuwandeln.

b) Die Hydroxygruppe greift das elektrophile S-Atom im Sulfonylchlorid nucleophil an, wodurch (nach Deprotonierung) ein reaktives Sulfonat entsteht, das in der Folge leicht nucleophil angegriffen wird. Dies erfolgt umso leichter, je stärker der Elektronenzug der Abgangsgruppe (CH_3–SO_3– bzw. CF_3–SO_3–) auf das funktionelle C-Atom des ursprünglichen Alkohols ist. Da die CF$_3$-Gruppe – im Gegensatz zu CH$_3$ – einen starken –I-Effekt ausübt, ist das durch Umsetzung des Alkohols mit Trifluormethansulfonylchlorid gebildete Zwischenprodukt das reaktivere. Außerdem stabilisiert die CF$_3$-Gruppe die negative Ladung im CF$_3$SO$_3^-$-Ion, so dass es eine noch bessere Abgangsgruppe bildet als CH$_3$SO$_3^-$.

Lösung 233

Beide Substituenten sind desaktivierend; während der Acetylrest durch seinen –I/–M-Effekt in die *meta*-Position dirigiert, ist das Brom vergleichsweise nur schwach desaktivierend (–I) und dirigiert aufgrund des +M-Effekts nach *ortho/para*. Um die beiden Konstitutionsisomere herzustellen, müssen daher beide Substituenten in unterschiedlicher Reihenfolge eingeführt werden. Für den Acetylrest kommt die Acylierung nach Friedel-Crafts zum Einsatz; das Brom kann durch Halogenierung eingeführt werden. Beide Schritte erfordern Katalyse durch eine Lewis-Säure, z. B. AlCl$_3$.

Das bei der Herstellung von 4-Bromacetophenon als Nebenprodukt entstehende *o*-Isomer muss durch fraktionierende Kristallisation oder Chromatographie abgetrennt werden.

Lösung 234

a) Bei einer nucleophilen Substitution eines primären Halogenalkans mit Ammoniak entsteht zwar im ersten Schritt das entsprechende primäre Amin, dieses ist aber ebenfalls ein recht gutes Nucleophil. Daher gelingt es nicht, die Reaktion auf der Stufe des primären Amins anzuhalten und es entsteht vielmehr ein Gemisch aus primärem, sekundärem und tertiärem Amin; auch quartäre Ammoniumsalze können sich bilden. Abgesehen davon, dass dieses Gemisch mühsam aufgetrennt werden muss, erhält man so nur eine relativ geringe Ausbeute des gewünschten primären Amins.

b) Das Azid kann durch eine nucleophile Substitution des primären Halogenalkans mit Azid-Ionen (N_3^-) erhalten werden. Als Solvens sollte eine polar aprotische Verbindung wie DMSO oder DMF eingesetzt werden. Das Azid wird anschließend mit $LiAlH_4$ in einem inerten Lösungsmittel zum Amid-Ion ($R–NH^-$) reduziert, welches nach wässriger Aufarbeitung das gewünschte primäre Amin liefert.

Lösung 235

a) Es liegt ein Acetal vor.

b) Acetale sind unter basischen Bedingungen stabil und können nur im Sauren hydrolytisch gespalten werden, da hierfür eine Alkoxygruppe (–OR) verdrängt werden muss. Da Alkoholate stark basisch und damit sehr schlechte Abgangsgruppen sind, gelingt die Spaltung nur, wenn die OR-Gruppe zur besseren Abgangsgruppe protoniert werden kann.

c) Es handelt sich um zwei Halbacetale, die durch nucleophilen Angriff eines Alkohols auf eine Carbonylgruppe entstanden sind. Dabei erfolgt im Fall der linken Verbindung eine intermolekulare Addition des Alkohols auf den Aldehyd, während die Reaktion zum rechten cyclischen Halbacetal intramolekular erfolgen kann. Während die intermolekulare Reaktion zu einer Verringerung der Teilchenzahl und einer Abnahme der Entropie führt, ist die intramolekulare Reaktion entropisch günstiger (keine Änderung der Teilchenzahl). Die intramolekulare Reaktion ist daher (für Fünf- und Sechsringe) begünstigt; das Gleichgewicht liegt weiter auf der Produktseite. Das cyclische Halbacetal bildet sich leicht aus dem entsprechenden Hydroxyaldehyd, dem 4-Hydroxybutanal:

Lösung 236

Amine reagieren mit Carbonylverbindungen in einer nucleophilen Addition. Unter schwach sauren Bedingungen wird aus dem Additionsprodukt Wasser abgespalten; das gebildete Iminium-Ion stabilisiert sich – nach Addition eines primären Amins – durch Abspaltung von H^+ zum Imin (**b**), bei einem sekundären Amin zum Enamin (**a**). Mit einem Carbonsäurechlorid reagiert Ammoniak (ebenso primäre und sekundäre Amine) zum Amid; mit NH_3 erhält man ein primäres Amid (**c**), mit einem primären Amin ein sekundäres und mit einem sekundären Amin ein tertiäres Amid. Das tertiäre Amin Pyridin dient als „Hilfsbase", um die gebildeten Protonen abzufangen (alternativ könnte im gezeigten Beispiel ein Überschuss an Ammoniak eingesetzt werden). Eine analoge Reaktion ergibt sich mit einem Carbonsäureanhydrid; mit dem gezeigten sekundären Dimethylamin entsteht ein tertiäres Amid (**d**). Primäre aromatische Amine (Anilin-Derivate) reagieren mit dem Elektrophil NO^+ (aus $NaNO_2$ + HCl bei 0 °C) zu einem vergleichsweise stabilen Diazonium-Ion, das mit verschiedenen Nucleophilen umgesetzt werden kann. Die Reaktion mit Wasser bei erhöhter Temperatur („Phenolverkochung") führt zum Phenol (**e**). Primäre Amine reagieren in einer S_N2-Reaktion gut mit Halogenmethanen und primären Halogeniden; die Reaktion lässt sich aber schwer steuern und führt praktisch unweigerlich zu Produktgemischen. Mit einem Überschuss an Iodmethan entstehen das sekundäre und das tertiäre Amin sowie das quartäre Ammoniumsalz (**f**). Amine lassen sich nicht direkt substituieren, da die Aminogruppe eine sehr schlechte Abgangsgruppe darstellt.

Obwohl das Bromid ein ganz passables Nucleophil ist, kommt es mit dem primären Amin zu keiner Umsetzung (**g**). Mit Carbonsäuren (und natürlich auch mit Mineralsäuren) reagieren Amine unter Protonierung; es entstehen das Carboxylat- und das Ammonium-Ion (**h**).

a (Reaktionsschema)

b (Reaktionsschema) pH 5

c (Reaktionsschema)

d (Reaktionsschema) + CH_3COOH

e (Reaktionsschema) H_2O / Δ

f (Reaktionsschema) + $CH_3{-}I$ (Überschuss)

g (Reaktionsschema) + $Na^{\oplus}Br^{\ominus}$ ⫽→

h (Reaktionsschema)

Lösung 237

Das primäre Amin stellt für die Eliminierung zwei Arten von β-ständigen H-Atomen zur Verfügung. Wie beschrieben verläuft die Eliminierung aus dem quartären Ammoniumsalz bevorzugt unter Bildung des weniger substituierten Alkens, d. h. es entsteht überwiegend das Alken mit der exocyclischen Doppelbindung:

Im zweiten Beispiel liegt ein heterocyclisches Amin vor. Nach Methylierung zum quartären Ammonium-Ion und Umsetzung mit Ag_2O zum Hydroxid entsteht bei der Eliminierung zunächst das Aminoalken. Dieses kann erneut dem Hofmann-Abbau unterworfen werden, wobei Penta-1,4-dien und Trimethylamin entstehen.

Lösung 238

a) Lithiumaluminiumhydrid ($LiAlH_4$) ist ein starkes Reduktionsmittel, das für die Reduktion einer Carbonylgruppe geeignet ist; es kann aber nicht in wässriger Lösung verwendet werden, da es als stark basische Verbindung sofort heftig mit Wasser unter Bildung von H_2 reagiert. Es wird daher gewöhnlich in einem Ether als Lösungsmittel eingesetzt; erst im zweiten Reaktionsschritt nach Abschluss der Reduktion darf Wasser zugesetzt werden, um das gebildete Alkoholat-Ion zu protonieren.

Das zweite Problem ist, dass die Aldehydgruppe reaktiver ist als die Ketogruppe und deshalb bevorzugt reduziert wird. Um dies zu vermeiden, muss der Aldehyd reversibel mit einer Schutzgruppe versehen werden. Dafür eignet sich am besten die Umsetzung mit einem Diol zu einem cyclischen Acetal, das im letzten Schritt in Anwesenheit von Säure wieder zum Aldehyd hydrolysiert werden kann.

Lösung 239

a) Mit einem Überschuss an Benzaldehyd ergibt sich das zweifache Kondensationsprodukt „Dibenzalaceton". Die Dehydratisierung verläuft in diesem Beispiel besonders leicht aufgrund der Ausbildung eines durchgehend konjugierten π-Elektronensystems.

b) Durch eine elektrophile Addition von Br_2 an die Doppelbindung; dabei wird eine zugegebene Lösung von Br_2 entfärbt. Auch die gelbe Farbe des Produkts weist auf die erfolgte Dehydratisierung hin, da nur so ein hinreichend großes delokalisiertes π-Elektronensystem entsteht, das nicht nur im UV, sondern auch im angrenzenden sichtbaren Spektralbereich absorbiert.

c) Man erwartet vier verschiedene Verbindungen, da sowohl Acetaldehyd als auch Aceton jeweils als elektrophile Carbonylkomponente und als angreifendes Enolat fungieren können. Da Acetaldehyd (Ethanal) die reaktivere Komponente darstellt (der elektrophile Carbonyl-Kohlenstoff wird nur von einer elektronenschiebenden Alkylgruppe flankiert), wird man (nach wässriger Aufarbeitung, d. h. Protonierung des Alkoholats) als Hauptprodukt das Kondensationsprodukt aus zwei Molekülen des Aldehyds (3-Hydroxybutanal) erhalten:

Beim Erhitzen des Additionsprodukts entweder in wässriger Säure oder Base wird Wasser abgespalten unter Bildung des α,β-ungesättigten Aldehyds (But-2-enal).

Lösung 240

a) Zur Deprotonierung des Esters am α-C-Atom verwendet man meist ein Alkoholat-Ion. Da der pK_S-Wert von Alkoholen deutlich niedriger ist als der eines Esters, lässt sich dadurch allerdings nur eine geringe Gleichgewichtskonzentration des Esterenolat-Ions erzeugen. Um zu verhindern, dass es anstelle der Deprotonierung zu einer nucleophilen Acylsubstitution des Esters kommt, verwendet man als Alkoholat den gleichen Rest, der auch im Ester gebunden ist, also z. B. im Falle eines Ethylesters das Ethanolat-Ion. Ein mit der Deprotonierung konkurrierender nucleophiler Angriff auf die Estergruppe führt dann zu keiner Nettoumsetzung.

Nach dem nucleophilen Angriff des Esterenolats auf den Ester ($\rightarrow$ Bildung des tetraedrischen Intermediats) wird das im ersten Schritt zur Deprotonierung verbrauchte Alkoholat-Ion zwar wieder regeneriert – der entstandene β-Ketoester ist aber relativ acide ($pK_S \approx 11$), so dass das Alkoholat sofort unter Abspaltung eines α-H-Atoms aus dem β-Ketoester weiter reagiert. Die Base muss daher in stöchiometrischer Menge eingesetzt werden.

b) Der Reaktionsverlauf für die Bildung von 3-Oxobutansäureethylester aus Essigsäureethylester ist im Folgenden gezeigt. Die Esterkondensation ist eine Gleichgewichtsreaktion. Entscheidend für die Verschiebung des Gleichgewichts auf die Produktseite ist dabei, dass der entstehende 3-Oxobutansäureethylester am α-C-Atom durch das Ethanolat-Ion in einer nahezu irreversiblen Reaktion deprotoniert und damit aus dem Gleichgewicht entzogen wird. Der letzte Schritt des Gesamtprozesses ist daher eine „saure Aufarbeitung" des Reaktionsgemisches, bei der das Enolat-Ion des β-Ketoesters wieder zum Produkt, dem 3-Oxobutansäureethylester, protoniert wird.

Dieser Mechanismus zeigt auf, warum die Reaktion mit 2-Methylpropansäureethylester nicht so erfolgreich verläuft. Hier ist nach dem Kondensationsschritt kein acides α-ständiges H-Atom vorhanden, das abgespalten werden könnte, um das Kondensationsprodukt aus dem Gleichgewicht zu entziehen. Ohne diesen Schritt ist die Gleichgewichtslage ungünstig.

kein acides α-H-Atom

Lösung 241

a) Es handelt sich um Keto-Enol-Tautomerie. Während bei einfachen Ketonen und Aldehyden die Ketoform gegenüber der Enolform begünstigt ist, führt im Fall des Curcumins die Ausbildung der Enolform zu einem vollständig durchkonjugierten π-Elektronensystem (rot). Diese Delokalisation trägt erheblich zur Stabilisierung der Enolform gegenüber der Ketoform bei.

b) Das Problem besteht darin, zu erreichen, dass das Diketon nicht jeweils an der (acideren!) CH₂-Gruppe zwischen den beiden Carbonylgruppen deprotoniert wird, sondern an der terminalen CH₃-Gruppe. Dies gelingt nur durch Verwendung spezieller starker, aber sterisch gehinderter Basen (im Schema unten stark vereinfacht mit RO⁻ wiedergegeben), auf die hier nicht näher eingegangen werden soll. Aus der bis-β-Hydroxycarbonylverbindung entsteht dann durch zweifache Wasserabspaltung das zweifach ungesättigte Diketon, welches mit der Zielverbindung im Tautomeriegleichgewicht steht.

Lösung 242

a) Gingerol besteht aus einer aliphatischen Kette mit zehn C-Atomen; die funktionelle Gruppe mit höchster Priorität ist die Ketogruppe, so dass das Grundgerüst als Decan-3-on zu bezeichnen ist. Am C-1 befindet sich ein 4-Hydroxy-3-methoxyphenyl-Rest. Zusammen mit der Hydroxygruppe am C-5 der Kette, die (S)-Konfiguration aufweist, erhält man damit die Bezeichnung (S)-5-Hydroxy-1-(4-hydroxy-3-methoxyphenyl)decan-3-on.

b) Für die Aldolreaktion wird ein Aldehyd (Hexanal) und ein unsymmetrisches Keton 4-(4-Hydroxy-3-methoxyphenyl)butan-2-on) benötigt. Da der Aldehyd von beiden Edukten das deutlich bessere Elektrophil ist und ebenso wie das Keton in Anwesenheit von OH⁻-Ionen (teilweise) in das Enolat überführt wird, ist damit zu rechnen, dass überwiegend das Additionsprodukt aus zwei Molekülen des Aldehyds entsteht.

c) Dieses Problem tritt stets bei „gekreuzten Aldolkondensationen" mit zwei enolisierbaren Partnern auf. Es muss also dafür gesorgt werden, dass nur die Keto-Komponente als Nucleophil fungiert. Die Situation wird dadurch kompliziert, dass das Keton zwei regioisomere Enolate bilden kann, wobei das stabilere, höher substituierte („thermodynamische") Enolat bevorzugt unter Gleichgewichtsbedingungen entsteht, während das weniger substituierte (das „kinetische" Enolat) bevorzugt mit starken, sterisch anspruchsvollen Basen wie Lithiumdiisopropylamid (LDA) gebildet wird.

Lösung 243

a) Die Decarboxylierung von Aminosäuren zu biogenen Aminen im Organismus verläuft unter Beteiligung
von Pyridoxalphosphat, das sich vom Vitamin B$_6$ ableitet. Durch Bindung der Aminogruppe der Aminosäure an die Aldehydgruppe des Coenzyms wird ein
Imin gebildet. Dieses Addukt (rechts gezeigt für die
Aminosäure DOPA) kann entweder in ein tautomeres
Imin übergehen und zu einer α-Ketosäure und Pyri-
doxamin hydrolysieren, oder aber decarboxylieren und nach Hydrolyse das biogene Amin
(Dopamin) bilden.

b) Das Dopamin muss am Stickstoff alkyliert werden. Das entsprechende Substrat ist sekundär, so dass die Reaktion wahrscheinlich nach einem S$_N$2-Mechanismus ablaufen wird. Als
Abgangsgruppe kommt z. B. Br$^-$ in Frage. Allerdings ist damit zu rechnen, dass neben dem
gewünschten sekundären Amin durch zweifache Alkylierung auch erhebliche Mengen eines
tertiären Amins entstehen. Es sollte daher ein Überschuss an primärem Amin eingesetzt werden. Da die Aminogruppe deutlich nucleophiler ist als die aromatischen Hydroxygruppen,
findet die Substitution bevorzugt am Stickstoff statt. Nötigenfalls könnte man die beiden OH-
Gruppen auch durch Umsetzung zu einem cyclischen Acetal schützen, das am Ende wieder
unter H$^+$-Katalyse gespalten werden könnte.

Als weitere Nebenreaktion ist auch eine Eliminierung möglich. In der Praxis wäre es wohl
besser, das sekundäre Amin durch Reduktion eines entsprechenden Imins herzustellen. Letzteres erhält man durch nucleophile Addition an das entsprechende Keton und nachfolgende
Eliminierung von Wasser. Das Imin kann dann durch einen Hydrid-Donor wie NaBH$_4$ reduziert werden.

Lösung 244

a) Amine sind verhältnismäßig starke Nucleophile; sie
können daher Carbonylgruppen angreifen, ohne dass diese
vorher durch Protonierung aktiviert werden. Eine zu stark
saure Lösung würde im Gegenteil die Addition verhindern,
weil das Amin dann vollständig protoniert würde und über
kein freies Elektronenpaar mehr verfügt. Für den ersten
Schritt der Reaktion wäre daher eine neutrale oder sogar
schwach basische Lösung günstig – wie die Graphik zeigt,
nimmt die Reaktionsgeschwindigkeit oberhalb von pH ≈ 5

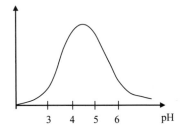

aber wieder stark ab. Die Ursache ist der zweite Reaktionsschritt: das intermediär gebildete
Halbaminal muss für die Bildung des Imins Wasser abspalten. Die Hydroxygruppe im Halbaminal ist aber eine zu schlechte Abgangsgruppe; sie muss protoniert werden, bevor sie das
Molekül als Wasser (bessere, weil viel weniger basische Abgangsgruppe!) verlassen kann.
Der zweite Schritt erfordert also die Anwesenheit von H+-Ionen als Katalysator; ein niedriger
pH-Wert beschleunigt diesen Schritt. Für eine insgesamt möglichst hohe Reaktionsgeschwindigkeit muss also ein Kompromiss zwischen den optimalen Bedingungen für den ersten und
den zweiten Reaktionsschritt eingegangen werden; dieser findet sich im schwach sauren pH-
Bereich, in dem einerseits noch etwas unprotoniertes Amin vorliegt und andererseits ausreichend Protonen, um das Halbaminal zu protonieren.

b) Unter drastisch sauren Bedingungen wird das Oxim durch Protonierung der OH-Gruppe
aktiviert. Anschließend erfolgt die Umlagerung des Substituenten *trans* zur Hydroxygruppe
unter Abspaltung von Wasser. Die Heterolyse der N–O-Bindung erfolgt gleichzeitig zur Umlagerung, damit die Bildung eines Nitrens (mit Elektronensextett am Stickstoff) vermieden
werden kann. Im letzten Schritt der Reaktion kommt es zur Addition von Wasser. Die entstehende Imidsäure tautomerisiert sofort zum Amid.

Lösung 245

Es handelt sich um eine sogenannte Transaminierung, bei der mit Hilfe des Coenzyms Pyridoxalphosphat aus einer α-Aminosäure eine α-Ketosäure entsteht. In Umkehrung dieser Reaktion kann aus einer α-Ketosäure eine α-Aminosäure gebildet werden.

Lösung 246

Die Carboxylgruppe des Phenylalanins wird durch das Cyanid eingeführt, die α-Aminogruppe geht aus einer Aldehydfunktion hervor. Als Ausgangsmaterial wird daher Phenylethanal benötigt; daraus wird durch nucleophilen Angriff von NH_3 und nachfolgende Abspaltung von Wasser das Iminium-Ion gebildet. Dieses ist ein noch besseres Elektrophil als der ursprüngliche Aldehyd und wird von CN^- unter Bildung des α-Aminonitrils angegriffen.

$$NH_4Cl + NaCN \rightleftharpoons NH_3 + HCN + NaCl$$

Im zweiten Teil der Reaktion erfolgt die Hydrolyse des Nitrils. Bevor das schwache Nucleophil Wasser das wenig reaktive C-Atom der Nitrilgruppe angreifen kann, muss diese protoniert werden, analog zur sauren Hydrolyse von Carbonsäureestern oder -amiden. Nach nucleophilem Angriff von H_2O und Protonentransfer entsteht zunächst die tautomere Form eines Carbonsäureamids, die durch erneuten Protonentransfer in das Amid übergeht. Dieses wird dann nach dem üblichen Mechanismus einer nucleophilen Acylsubstitution weiter zur Carbonsäure hydrolysiert, so dass schließlich die α-Aminosäure Phenylalanin entsteht, die bei neutralem pH-Wert in der zwitterionischen Form vorliegt.

Lösung 247

a) Das Boc-Anhydrid ist ein gutes Elektrophil; nach nucleophilem Angriff durch die Amino-gruppe unter Bildung des tetraedrischen Intermediats erfolgt die Abgabe eines Protons an die Hilfsbase R_3N. Anschließend zerfällt das Intermediat unter Bildung des Carbamats und Frei-setzung von CO_2.

Das Carbonyl-C-Atom in dem gebildeten Carbamat ist wenig reaktiv gegenüber Nucleophi-len, da seine Elektrophilie durch die +M-Effekte des benachbarten N- bzw. O-Atoms stark verringert ist. Zudem erschwert die tertiäre Butylgruppe am Sauerstoff durch sterische Hinde-rung den Zugang zum Carbonyl-C-Atom.

+M-Effekt   +M-Effekt

b) In sehr ähnlicher Weise erfolgt die Einführung der Benzyloxycarbonylgruppe. Wieder liefert der nucleophile Angriff der Aminogruppe auf das elektrophile C-Atom des Benzylchlo-roformiats das tetraedrische Zwischenprodukt, das nach Deprotonierung unter Abspaltung der guten Abgangsgruppe Cl^- in das Carbamat übergeht.

Lösung 248

a) Für Carbonsäurederivate liegt das Keto-Enol-Gleichgewicht noch weiter auf der Keto-Seite als für Aldehyde und Ketone. Entscheidend hierfür ist die etwas stärkere C=O-Bindung, die auf der Mesomeriestabilisierung durch den Substituenten mit freiem Elektronenpaar (z. B. –OR) im Carbonsäurederivat beruht.

Entsprechend enolisiert der 3-Oxopentansäuremethylester bevorzugt unter Erhalt der Ester-Carbonylgruppe, d. h. die Ketogruppe bildet das Enol.

bevorzugte Enolform

b) Die Umsetzung der Carbonsäure oder des sekundären Amids mit einer starken Base führt nicht zur Bildung eines Enolat-Ions, da beide Verbindungsklassen ein acideres Proton aufweisen, das von der Base bevorzugt abgespalten wird. Aus dem Carboxylat- bzw. Amid-Ion lässt sich nur mit extrem starken Basen ein weiteres Proton unter Bildung eines zweifach negativ geladenen Enolat-Ions abspalten.

Lösung 249

Pentan-3-on   3-Methylhexan-1-ol   N,N-Dimethylcyclohexanamin

Alle drei Verbindungen zeigen mäßige Löslichkeit in Wasser. In basischer Lösung ändert sich die Löslichkeit nicht wesentlich; in saurer Lösung ist dagegen das Amin aufgrund Protonierung (Salzbildung) leicht löslich.

Von den drei Verbindungen ist nur der Alkohol leicht und ohne Zerstörung des C-Gerüstes mit $Cr_2O_7^{2-}$ oxidierbar. Es entsteht zunächst der entsprechende Aldehyd, der leicht weiter reagiert zur Carbonsäure.

Das Keton bildet mit Hydrazinen sogenannte Hydrazone. Setzt man als Hydrazin das 2,4-Dinitrophenylhydrazin ein, so erhält man ein schwerlösliches, kräftig orange gefärbtes Hydrazon, das sich gut kristallisieren lässt.

gut löslich

Ox:

Red:

Redox:

2,4-Dinitrophenylhydrazin   2,4-Dinitrophenylhydrazon

Lösung 250

a) Es findet eine Säure-Base-Reaktion zwischen der Carbonsäure und dem Amin statt.

b) Für die Bildung des Amids muss ein reaktives Carbonsäurederivat eingesetzt werden. Das tertiäre Amin R_3N dient dazu, freiwerdendes HCl abzufangen, um zu verhindern, dass ein Teil des umzusetzenden Amins protoniert wird.

c) Aus den Strukturformeln entnimmt man die Summenformeln und berechnet die molaren Massen:

M (4-Nitroanilin) = 138 g/mol; M (N-4-Nitrophenylbenzoesäureamid) = 241 g/mol

→ Maximalausbeute aus 10 mmol Säurechlorid bzw. Amin = 2,41 g

→ Die erhaltene Ausbeute ist > 100 %. Daraus folgt, dass das erhaltene Amid nicht in reiner Form erhalten wurde.

Lösung 251

a) Der erste Teilschritt ist jeweils eine Redoxreaktion. Startet man mit Salicylalkohol, so muss die primäre Alkoholgruppe zum Aldehyd oxidiert werden. Hierfür sind spezielle milde Oxidationsmittel (z. B. Ag⁺ oder „Pyridiniumchlorochromat") erforderlich, da der entstehende Aldehyd leicht weiter zur Carbonsäure oxidiert wird. Ausgehend von Salicylsäure muss die Carboxylgruppe zum Aldehyd reduziert werden. Diese Reaktion ist in der Praxis schwierig, da der Aldehyd leicht weiter zum primären Alkohol reduziert wird. Ein gutes Reduktionsmittel für diese Reaktion ist Boran (BH₃), aber auch katalytische Hydrierung ist möglich. Die Redoxteilgleichungen lauten:

b) Im zweiten Schritt werden die beiden Iminbindungen gebildet. Als Nucleophil fungiert 1,2-Diaminoethan (Ethylendiamin), das die beiden Aldehyde durch Ausbildung von zwei Iminbindungen verbrückt. Dabei werden zwei Moleküle Wasser abgespalten.

Lösung 252

Die Verbindung enthält drei Esterbindungen in dem Ringsystem, ist also ein Tris-Lacton, das durch eine säurekatalysierte Veresterung aus der entsprechenden Hydroxycarbonsäure gebildet werden kann. Die Schwierigkeit dabei ist, dass es nicht zur Bildung eines langkettigen Polykondensationsprodukts kommen darf, sondern genau drei Moleküle des Edukts zu einem Ring kondensieren sollen:

2-Hydroxy-
3-(1-methylethyl)-
benzoesäure

Das Edukt kann als 2-Hydroxy-3-(1-methylethyl)benzoesäure (= 2-Hydroxy-3-isopropyl-benzoesäure) bezeichnet werden.

Lösung 253

a) Damit die Hydrolyse möglichst quantitativ verläuft, wird sie unter stark basischen Bedingungen ausgeführt. Im zweiten Schritt wird das entstandene Carboxylat in schwach saurer Lösung zur freien Carbonsäure protoniert.

b) Acetylsalicylsäure: $C_9H_8O_4 \rightarrow M = 180$ g/mol

$\rightarrow n$ (Acetylsalicylsäure) $= 0,500$ g $/ 180$ g mol$^{-1} = 2,78$ mmol

Salicylsäure: $C_7H_6O_3 \rightarrow M = 138$ g/mol

theoretische Maximalausbeute: $m = 2,78$ mmol $\cdot 138$ mg mmol$^{-1} = 383$ mg

erzielte Ausbeute: $m = 345$ mg

$\rightarrow$ prozentuale Ausbeute $= 345$ mg $/ 383$ mg $= 0,90 = 90\,\%$

Lösung 254

a) Es handelt sich um Pyrimidin.

b) Der Pyrimidinring findet sich auch in den DNA-Basen Thymin und Cytosin sowie im Uracil, das nur in der RNA vorkommt.

Cytosin   Thymin   Uracil

c) Es sind drei Phosphorsäureesterbindungen vorhanden, die gespalten werden können. Unter stark alkalischen Bedingungen wird auch die OH-Gruppe am Aromaten deprotoniert.

Lösung 255

a) Es sind zwei hydrolysierbare Bindungen vorhanden, eine Amid- und eine Phosphorsäure-esterbindung.

7-Mercaptoheptansäure

7-HS-HTP

Threonin

Phosphor-säure

b) Die Thiolgruppe fungiert als Nucleophil und spaltet die Disulfidbindung in Ellmans Reagenz. Dabei entsteht das gelb gefärbte Anion der 5-Mercapto-2-nitrobenzoesäure. Die Farbigkeit der Verbindung ist darauf zurückzuführen, dass am Aromaten sowohl ein guter Elektronendonor (HS– und insbesondere die deprotonierte Form –S⁻) als auch ein starker Akzeptor (Nitrogruppe, –NO₂) vorliegt.

gelb gefärbt

Lösung 256

Typische Monomere sind die Alkene Ethen („Ethylen"), Propen („Propylen"), Chlorethen („Vinylchlorid"), Phenylethen („Styrol") oder Propennitril („Acrylnitril"). Hieraus entstehen die entsprechenden Polymere, also Polyethen („Polyethylen", PE), Polypropen („Polypropylen", PP), Polychlorethen („Polyvinylchlorid", PVC), Polyphenylethen („Polystyrol", PS) bzw. Polypropennitril („Polyacrylnitril", PAN). Alle genannten Polymere besitzen große technische Bedeutung.

Diese Polymerisationen verlaufen häufig über radikalische Zwischenstufen, aber auch kationische (unter Beteiligung von Carbenium-Ionen) und anionische (unter Beteiligung von Carbanionen) Polymerisation ist möglich.

| Ethen | Propen | Chlorethen | Phenylethen | Propennitril |

Von den entstehenden Polymeren sind exemplarisch PVC und PS gezeigt; die anderen ergeben sich analog durch Substitution von Cl bzw. Phenyl durch die entsprechenden Reste.

Lösung 257

a) Organische Peroxide (RO–OR) enthalten eine relativ schwache O–O-Bindung (Bindungs-dissoziationsenergie ca. 130–150 kJ/mol), die daher beim Erwärmen oder bei Bestrahlung mit UV-Licht leicht bricht, wobei zwei Alkoxy-Radikale (RO·) entstehen. Zur Schwäche der O–O-Bindung tragen die beiden freien Elektronenpaare an den O-Atomen durch ihre gegen-seitige Abstoßung wesentlich bei.

$$\text{RO--OR} \xrightarrow[\text{o. h}\nu]{\Delta} \text{2 RO·}$$

b) Bei einem unsymmetrischen Alken erfolgt der Angriff des Radikals in der Weise, dass als Intermediat aus dem Alken das stabilere Radikal gebildet wird. Dabei erhöht sich die Stabili-tät des Radikals mit steigender Anzahl von Alkylsubstituenten oder durch die Möglichkeit einer Mesomeriestabilisierung. Im Fall von Styrol greift das Alkoxy-Radikal daher regiose-lektiv am weniger substituierten (endständigen) C-Atom an, wodurch sich das höher substitu-ierte und zusätzlich mesomeriestabilisierte Radikalintermediat bildet. Gleiches gilt für die folgenden Polymerisationsschritte.

mesomeriestabilisiert

Lösung 258

a) Am α-C-Atom des 2-Cyanoacrylsäureethylesters befinden sich zwei elektronenziehende Gruppen mit –I- und –M-Effekt. Das β-C-Atom ist daher ziemlich elektronenarm und wird folglich leicht durch Nucleophile angegriffen. Durch einen Angriff am β-C-Atom kann die entstehende negative Ladung (Carbanion) effektiv auf die beiden –M-Substituenten delokali-siert werden, was bei einem Angriff auf die Cyanogruppe oder den Ester nicht der Fall wäre:

b) Das nach Angriff des OH⁻-Ions entstandene mesomeriestabilisierte Carbanion fungiert nun seinerseits als Nucleophil und greift ein weiteres Molekül des 2-Cyanoacrylsäureethylesters am β-C-Atom an. Dieser Prozess setzt sich fort, bis es zur Abstraktion eines Protons durch das Carbanion kommt und die Polymerisation abbricht.

Lösung 259

a) Das Monomer ist ein Ester der 2-Methylpropensäure. Ester solcher Methacrylate sind typische Monomere für radikalische (oder auch anionische) Polymerisationsreaktionen. Für eine radikalische Reaktion wird ein geeigneter Radikalstarter benötigt, z. B. ein Peroxid RO–OR, das thermisch leicht in zwei Radikale gespalten werden kann.

b) Die tertiäre Aminogruppe kann (reversibel) protoniert werden; sie kann aber auch in ein quartäres Ammoniumsalz umgewandelt werden, das unabhängig vom pH-Wert eine positive Ladung am Stickstoff aufweist. Dafür eignet sich eine nucleophile Substitution an einem Halogenalkan, wie Iodmethan mit Iodid als guter Abgangsgruppe.

Lösung 260

Mit seinen beiden phenolischen OH-Gruppen ist Bisphenol A eine difunktionelle Verbindung, die mit einem reaktiven Kohlensäurederivat zu Polykohlensäureestern (Polycarbonaten) reagieren kann. Bei der Verknüpfung von jeweils n der beiden difunktionellen Monomere werden (2n − 1) Esterbindungen geknüpft; dabei wird bei jedem Kondensationsschritt ein Molekül HCl frei − insgesamt also (2n − 1) HCl-Moleküle.

Lösung 261

Das Präpolymer enthält mehrere Esterbindungen; werden diese hydrolysiert, so erhält man den dreiwertigen Alkohol Glycerol, sowie die beiden Carbonsäuren Propensäure (= Acrylsäure) und Decandisäure (= Sebacinsäure). Man kann annehmen, dass der Fotoinitiator eine Verbindung mit einer labilen Bindung ist, die durch UV-Licht in zwei Radikale gespalten wird. Ein solches Radikal greift an der C=C-Doppelbindung der Acrylsäure an und initiiert eine radikalische Polymerisation.

Lösung 262

a) Nylon ist das Kondensationsprodukt aus einer Dicarbonsäure (bzw. deren reaktivem Derivat), z. B. Hexandisäure(dichlorid) (= Adipinsäure(dichlorid)) und einem Diamin wie Hexan-1,6-diamin.

b) Polystyrol und Polyvinylchlorid sind Produkte einer (radikalischen) Polymerisation; die π-Bindung in den Monomeren wird zugunsten einer neuen C–C-Bindung zwischen den Monomeren gebrochen.

Im Gegensatz hierzu ist Nylon ein Polykondensationsprodukt (s. o.); hierbei wird pro Anknüpfung eines Monomers eine niedermolekulare Verbindung (z. B. H_2O oder HCl) frei.

c) Im folgenden Beispiel ist die Bildung von Nylon aus aktivierter Hexandisäure (Adipinsäuredichlorid) und Hexan-1,6-diamin in Anwesenheit eines tertiären Amins als Hilfsbase gezeigt.

Lösung 263

Es handelt sich um eine Umesterung, d. h. ein Ester wird durch Reaktion mit einem Alkohol in einen anderen Ester überführt. Mechanistisch gesehen erfolgt dabei eine nucleophile Acyl-substitution. Da Alkohole nur schwache Nucleophile sind, erfordert die Reaktion Säurekatalyse: durch Protonierung des Esters nimmt dessen Elektrophilie erheblich zu. Durch den nucleophilen Angriff des Alkohols entsteht ein tetraedrisches Zwischenprodukt, aus dem nach Protonentransfer ein Molekül Methanol abgespalten wird. Beide Edukte sind difunktionelle Verbindungen, so dass es durch fortgesetzte Umesterung zur Bildung langer Ketten kommen kann. Da in Edukten und Produkten die gleichen Bindungstypen vorliegen, ist es nicht überraschend, dass es sich um eine typische Gleichgewichtsreaktion handelt. Sie lässt sich (gemäß dem allgemeinen Prinzip von Le Chatelier) auf die Seite der Produkte verschieben, wenn es gelingt, ein Produkt laufend aus dem Gleichgewicht zu entziehen. Dies geschieht bei der PET-Synthese dadurch, dass Methanol, das mit Abstand den niedrigsten Siedepunkt der Reaktionspartner aufweist, bei den Reaktionsbedingungen laufend aus der Mischung abdestilliert. Alternativ könnte anstelle des Esters (Benzol-1,4-dicarbonsäuredimethylester) ein reaktives Derivat der Benzol-1,4-dicarbonsäure wie das Dichlorid eingesetzt werden, was aber im groß-technischen Maßstab aus Kostengründen kaum in Frage kommt.

Polyethylenterephthalat (PET)

Lösung 264

a) Bei der gesuchten Verbindung handelt es sich um einen (längerkettigen) primären Alkohol. Ein kurzkettiger Alkohol wäre gut wasserlöslich. Dieser kann in stark saurer Lösung Wasser eliminieren (**1**). Bei der Zugabe von schwefelsaurer $K_2Cr_2O_7$-Lösung erfolgt Oxidation zur Carbonsäure (**2**). Diese wird in einer Säure-Base-Reaktion zum löslichen Carboxylat umgesetzt (**3**) bzw. reagiert unter Säurekatalyse mit einem Alkohol zu einem Ester (**4**).

b)

1 $\quad R-CH_2-CH_2-OH \xrightarrow[\text{Eliminierung}]{H^{\oplus}} R-CH=CH_2 + H_2O$

2 $\quad R-CH_2-CH_2-OH + H_2O \xrightarrow[\text{Oxidation}]{Cr_2O_7^{2-}} R-CH_2-COOH + 4\,e^{\ominus} + 4\,H^{\oplus}$

3 $\quad R-CH_2-COOH + {}^{\ominus}OH \longrightarrow R-CH_2-COO^{\ominus} + H_2O$

4 $\quad R-CH_2-COOH + R'-OH \xrightarrow[\text{Veresterung}]{H^{\oplus}} R-CH_2-COOR' + H_2O$

Lösung 265

a) Die Synthese ist hier der Einfachheit halber zur besseren Übersicht mit Acetylchlorid als reaktivem Carbonsäurederivat gezeigt. Zur Einführung eines langkettigen Alkylrestes müsste entsprechend ein langkettiges Carbonsäurechlorid verwendet werden.

b) Die Hydrolyse von 0,2 mol Olestra ergibt 1,6 mol Fettsäuren. Enthalten sind den Prozentzahlen zufolge:

- gesättigtes Palmitat (12,5 %) → einmal (0,2 mol)
- 2-fach ungesättigtes Linolat (37,5 %) → dreimal (0,6 mol) → 1,2 mol Doppelbindungen
- 1-fach ungesättigtes Oleat (50 %) → viermal (0,8 mol) → 0,8 mol Doppelbindungen

Insgesamt enthalten die Reste daher 2 mol Doppelbindungen; es können 2 mol Br_2 = 320 g addiert werden.

Lösung 266

a) Taurin besitzt, wie der hohe Schmelzpunkt für eine Verbindung mit niedriger molarer Masse und die gute Wasserlöslichkeit andeuten, Salzcharakter; es liegt als Zwitterion (Betain) vor.

Taurin
(Zwitterion)

b) Bei der Oxidation der Mercaptogruppe zur Sulfonsäure werden sechs Elektronen frei:

c) Der Mechanismus der Decarboxylierung mit Pyridoxalphosphat als Coenzym ist nachfolgend gezeigt.

Die Cysteinsäure liegt zwar überwiegend in der zwitterionischen Form vor; zu einem kleinen Teil ist die Aminogruppe jedoch im physiologischen pH-Bereich unprotoniert. Dadurch ist die nucleophile Addition der Aminogruppe der Cysteinsäure an die Aldehydgruppe des Pyridoxalphosphats unter Bildung eines Imins möglich. Aus dieser Additionsverbindung wird CO_2 abgespalten; dieser Schritt wird durch Transfer eines Elektronenpaars zum Stickstoff des Pyridinrings erleichtert. Durch die folgende Tautomerisierung wird das aromatische System regeneriert, bevor das Taurin durch Hydrolyse vom Pyridoxalphosphat abgespalten wird.

Lösung 267

Gentisinsäure
(2,5-Dihydroxybenzoesäure)

Ox.   + [O]

Hydrolyse
H₂O, H⊕

Glykosylierung
mit (aktivierter)
Glucuronsäure

1. Aktivierung

2. H₂N—COOH

Salicylursäure

Hydrolyse der Acetylsalicylsäure liefert die Salicylsäure (*o*-Hydroxybenzoesäure), die durch Einführung einer weiteren OH-Gruppe (enzymatisch) zur Gentisinsäure oxidiert werden kann. Nach Aktivierung der Carbonsäuregruppe der Salicylsäure zu einem reaktiven Derivat kann dieses anschließend mit der Aminosäure Glycin zum Amid – bekannt als Salicylursäure – umgesetzt werden. Alternativ kann die phenolische OH-Gruppe der Salicylsäure wie alle Alkohole mit der Halbacetalgruppe der Glucuronsäure zum Glykosid reagieren.

Lösung 268

Die 4-Chlorbenzoesäure zeigt in wässriger Lösung deutlich saure Eigenschaften (pH-Wert-Erniedrigung); sie ist gut löslich in NaOH (ebenso aber das 2-Methylphenol) und reagiert als einzige der drei Verbindungen mit HCO_3^--Lösung unter CO_2-Entwicklung. Im Gegensatz zum 2-Methylphenol liegt in der 4-Chlorbenzoesäure ein wenig reaktiver Aromat vor, so dass keine elektrophile Substitution mit Br_2 erfolgt.

2-Methylphenol zeigt in wässriger Lösung nur schwach saure Eigenschaften, es ist löslich in NaOH unter Bildung des Phenolat-Ions, nicht dagegen in HCO_3^--Lösung (keine Gasentwicklung); mit Br_2 erfolgt bereits ohne Katalysator eine elektrophile aromatische Substitution, d. h. eine zugegebene Brom-Lösung wird entfärbt.

4-Methylhexan-2-ol besitzt in wässriger Lösung weder saure noch basische Eigenschaften ($\rightarrow$ keine Änderung des pH-Werts). Als sekundärer Alkohol ist es zum Keton oxidierbar; es reagiert also als einzige Verbindung z. B. mit $K_2Cr_2O_7$-Lösung, d. h. man beobachtet eine Farbänderung von orange ($K_2Cr_2O_7$) nach blaugrün (Cr^{3+}-Ionen).

Lösung 269

Eine Reaktion verläuft chemoselektiv, wenn von mehreren unterschiedlichen in Frage kommenden funktionellen Gruppen eine bevorzugt reagiert. Bei einer regioselektiven Reaktion reagiert eine Position der funktionellen Gruppe bevorzugt gegenüber einer anderen. Stereoselektiv ist eine Reaktion, wenn von mehren möglichen Stereoisomeren eines bevorzugt entsteht.

Alle drei Schritte sind offenbar chemoselektiv: Die Epoxidierung im ersten Schritt erfolgt an der Doppelbindung und nicht an der Dreifachbindung; auch die Estergruppe ist nicht beteiligt. Die katalytische Hydrierung im zweiten Schritt erfolgt selektiv an der Dreifachbindung, nicht an der Ester- oder der Epoxidgruppe. Im letzten Schritt schließlich wird chemoselektiv das Epoxid geöffnet. Während für die beiden ersten Schritte keine Regioselektivität möglich ist, ist dies im dritten Schritt der Fall. Sie verläuft über das protonierte Epoxid als Intermediat, das von dem Bromid-Ion bevorzugt am endständigen C-Atom angegriffen wird. Wäre die Selektivität umgekehrt, entstünde entsprechend das Z-Ethyl-7-brom-8-hydroxyoct-5-enoat.

Im ersten Schritt wird bei der Einführung des Epoxidrings ein Chiralitätszentrum ($\star$) gebildet. Da jedoch beide Enantiomere in gleicher Menge entstehen, ist die Reaktion nicht stereoselektiv. Schritt zwei dagegen ist eine typische stereoselektive Reaktion: Unter Verwendung des sogenannten Lindlar-Katalysators wird aus dem Alkin bevorzugt das Z-Isomer und nicht das E-Isomer des Alkens gebildet.

Lösung 270

a) Die N-glykosidische Bindung entsteht durch Angriff der α-Aminogruppe auf das Halbacetal der Glucose. In Glykoproteinen ist diese Aminogruppe dagegen Bestandteil einer Peptidbindung; hier fungiert die NH_2-Gruppe der Seitenkette als Nucleophil.

b)

c)

In der Praxis wird während der Polymerisation ein Quervernetzer (*N,N'*-Methylenbisacryl-amid) zugesetzt, der für eine Vernetzung einzelner Polyacrylamidstränge sorgt. Dadurch lässt sich die Porenweite des Gels durch die Wahl des Verhältnisses an monomerem Acrylamid und Vernetzer in weiten Bereichen einstellen und damit an das jeweilige Trennproblem anpassen.

Lösung 271

a) Es liegt ein Acetal vor, das, da ein Zuckermolekül daran beteiligt ist, auch als Glykosid bezeichnet werden kann.

b) Acetale sind unter basischen Bedingungen stabil und können nur im Sauren hydrolytisch gespalten werden, da hierfür eine OR-Gruppe verdrängt werden muss. Da Alko-holate stark basisch und damit sehr schlechte Abgangs-gruppen sind, gelingt die Spaltung nur, wenn die OR-Gruppe zur besseren Abgangsgruppe protoniert werden kann.

c)

Ox: + H_2O ⟶ + 4 $e^{\ominus}$ + 4 $H^{\oplus}$ | ·3

Red: $Cr_2O_7^{2-}$ + 6 $e^{\ominus}$ + 14 $H^{\oplus}$ ⟶ 2 Cr^{3+} + 7 H_2O | ·2

Redox: 3 + 2 $Cr_2O_7^{2-}$ + 16 $H^{\oplus}$ ⟶ 3 + 4 Cr^{3+} + 11 H_2O

d)

$$K = \frac{[\text{Ester}] \cdot [H_2O]}{[\text{Essigsäure}] \cdot [\text{Salicylsäuure}]} = \frac{x^2}{(0,50 - x)^2} = 4$$

$$x = (0,5 - x) \cdot 2$$

$$x = 0,\overline{33} \text{ mol}$$

Die Stoffmenge an Acetylsalicylsäure im Gleichgewicht beträgt 1/3 mol.

Aufgabe 272

a) Die Redoxteilgleichung für die Oxidation zum Dion lautet:

+ 2 H_2O ⟶ + 8 $e^{\ominus}$ + 8 $H^{\oplus}$

b) Lysin besitzt in der Seitenkette eine nucleophile primäre Aminogruppe. Durch ein Diketon können entsprechend zwei Lysinreste gemäß nachfolgender schematischer Gleichung quervernetzt werden.

Dabei entstehen zwei Imingruppen.

Aufgabe 273

a) Die Verbindung NaBH$_4$ als Hydrid-Übertragungsreagenz ist nicht chiral. Daher kann die Hydrid-Übertragung auf das sp^2-hybridisierte Carbonyl-C-Atom von beiden Seiten mit gleicher Wahrscheinlichkeit erfolgen; es entstehen also beide Enantiomere der Milchsäure in gleichen Mengen, d. h. es bildet sich ein Racemat bestehend aus (S)-(+)-Milchsäure und (R)-(−)-Milchsäure.

Um nur oder zumindest bevorzugt das gewünschte Enantiomer zu erhalten (stereoselektive Synthese) müsste ein chiraler Hydrid-Donor eingesetzt werden, oder – wie im Körper – NADH in Anwesenheit des entsprechenden (chiralen) Enzyms (Lactat-Dehydrogenase).

b) Da bei der Reduktion der Brenztraubensäure mit NaBH$_4$ racemische Milchsäure gebildet wird, ist (unabhängig von der eingesetzten Massenkonzentration) ein Drehwinkel von 0° für das Produkt zu erwarten.

Aufgabe 274

a) Das Cholesterol weist eine C=C-Doppelbindung auf, an die beispielsweise Brom addiert werden kann. Durch die Bestimmung der addierten Stoffmenge von Brom an eine bekannte Stoffmenge des Alkens kann auf die Zahl der Doppelbindungen geschlossen werden; umgekehrt kann, wenn letztere bekannt ist, die Stoffmenge bzw. Konzentration des Alkens ermittelt werden („Iodzahl-Bestimmung"). Dazu wird zum Alken bzw. einer Blindprobe eine definierte Menge Brom zugegeben und das nicht addierte Brom mit Iodid in Iod überführt und dessen Stoffmenge (die identisch ist mit der nicht addierten Stoffmenge an Brom) durch Titration mit Natriumthiosulfat-Lösung bestimmt.

b) Das Ethinylestradiol besitzt eine Dreifachbindung, an die zwei Äquivalente Br$_2$ addiert werden können. Der aromatische Ring ist durch die Hydroxygruppe aktiviert (+M-Effekt); hier kann an den beiden o-Positionen zur OH-Gruppe eine elektrophile Substitution erfolgen. Dadurch ist ein Verbrauch an Br$_2$ von vier Mol pro Mol des Ethinylestradiols zu erwarten.

$$+ \ 4 \ Br_2 \longrightarrow + \ 2 \ HBr$$

c) Das Cholesterol enthält einen sekundären Alkohol, das Ethinylestradiol ist ein aromatischer Alkohol. Beide unterscheiden sich in ihrer Acidität und in ihrer Oxidierbarkeit: phenolische OH-Gruppen reagieren aufgrund ihrer pK_S-Werte von ca. 9–10 schwach sauer, während sich aliphatische Alkohole neutral verhalten. Umgekehrt lässt sich der sekundäre Alkohol zum Keton oxidieren, während die phenolische OH-Gruppe nicht oxidiert wird.

d) Terminale Alkine, wie z. B. das Ethin, können durch sehr starke Basen (wie $NaNH_2$) deprotoniert werden; ihre Anionen sind naturgemäß ihrerseits starke Basen und gute Nucleophile, die beispielsweise an Carbonylgruppen addiert werden können. Oxidiert man folglich die OH-Gruppe am Fünfring des Estradiols zum Keton, kann in einem zweiten Schritt das Anion des Ethins an das Carbonyl-C-Atom addieren; Protonierung des gebildeten Alkoholats liefert dann das gewünschte Ethinylestradiol.

$$HC\equiv CH \ + \ NaNH_2 \longrightarrow HC\equiv C\colon^{\ominus} + \ Na^+ \ + \ NH_3$$

Aufgabe 275

a) Beide C=C-Doppelbindungen sind *E*-konfiguriert, da sich die Substituenten höherer Priorität jeweils auf entgegengesetzten Seiten der Doppelbindung befinden. Die Chiralitätszentren sind alle drei (*R*)-konfiguriert.

b) Es muss ein Lacton gebildet werden (wie schon der Name der Verbindung nahelegt). Dies kann durch die intramolekulare Reaktion der Carbonsäuregruppe mit der sekundären Hydroxygruppe geschehen. Allerdings handelt es sich dabei um eine typische Gleichgewichtsreaktion, die aufgrund der großen Ringgröße nur mit geringen Ausbeuten verlaufen dürfte. Besser ist es daher, die Carbonsäure in Form eines reaktiven Derivats einzusetzen, also z. B. das entsprechende Säurechlorid zu verwenden (dessen selektive Herstellung allerdings ein Problem sein könnte).

c) Die beiden vicinalen Hydroxygruppen können in ein (cyclisches) Acetal bzw. Ketal überführt werden. Für die Abspaltung von H_2O aus dem Halbacetal /-ketal ist Säurekatalyse erforderlich.

Die anschließende Reduktion der Ketogruppe erfolgt durch eine Hydrid-Übertragung von NADH auf das Carbonyl-C-Atom unter Bildung des Alkoholat-Ions, das durch H^+ zum Alkohol protoniert wird (nicht gezeigt). Dabei geht NADH in unter Rearomatisierung zum Pyridiniumring in NAD^+ über.

Kapitel 13

Lösungen – Synthetische Fingerübungen

Lösung 276

Schritt **1** ist eine nucleophile Substitution am gesättigten C-Atom; da es sich um ein primäres Halogenalkan handelt (Iodethan) ist zu erwarten, dass sie nach einem S_N2-Mechanismus verläuft.

In Schritt **2** erfolgt eine elektrophile aromatische Substitution. Als angreifendes Elektrophil fungiert das NO_2^+-Kation, das durch Protonierung von HNO_3 mithilfe konzentrierter Schwefelsäure unter Wasserabspaltung entsteht.

Schritt **3** ist eine Redoxreaktion; hierbei wird der Stickstoff von der Oxidationsstufe +3 (in der Nitrogruppe) zur Oxidationsstufe –3 (in der Aminogruppe) reduziert.

Im letzten Schritt **4** erfolgt eine nucleophile Acylsubstitution. Diese erfolgt nach einem Additions-Eliminierungs-Mechanismus, wobei im ersten Schritt das tetraedrische Additionsprodukt entsteht, aus dem dann die Abgangsgruppe (Cl⁻) eliminiert wird.

Lösung 277

a) Metoclopramid enthält eine tertiäre aliphatische Aminogruppe, eine primäre aromatische Aminogruppe und ein sekundäres Carbonsäureamid. Das Elektronenpaar der aliphatischen Aminogruppe ist nicht delokalisiert und steht daher am leichtesten für eine Protonierung zur Verfügung; der typische pK_B-Wert für diese Gruppe beträgt ≈ 4. Das freie Elektronenpaar der primären aromatischen Aminogruppe befindet sich in einem p_z-Orbital und ist mit dem π-Elektronensystem des aromatischen Rings konjugiert. Diese Delokalisation erklärt die schwächer basische Eigenschaft mit einem pK_B-Wert von 9–10.

Der in der Amidbindung gebundene Stickstoff weist praktisch keine basischen Eigenschaften auf; Grund ist die effektive Konjugation mit der Carbonylgruppe, die bei einer Protonierung am N-Atom nicht mehr möglich wäre.

b) Zunächst kann durch eine elektrophile aromatische Substitution der Chlor-Substituent eingeführt werden. Da die Amino- und die Methoxygruppe beide in *o/p*-Position dirigieren,

© Der/die Autor(en), exklusiv lizenziert durch
Springer-Verlag GmbH, DE, ein Teil von Springer Nature 2021
R. Hutterer, *Fit in Organik*, Studienbücher Chemie,
https://doi.org/10.1007/978-3-662-64603-8_13

die Carboxylgruppe gleichzeitig in *m*-Position, kann damit gerechnet werden, dass das Cl-Atom mit hoher Selektivität an der richtigen Position eintritt, da die Position *ortho* zur Methoxygruppe sterisch stärker gehindert ist.

Für die Ausbildung der Amidbindung muss die Carboxylgruppe aktiviert werden, z. B. durch Umsetzung mit $SOCl_2$ zum Säurechlorid. Dieses wird im letzten Schritt mit dem entsprechenden Amin (*N,N*-Diethylaminoethanamin) in Anwesenheit eines tertiären Amins wie Pyridin als Hilfsbase zum Metoclopramid umgesetzt.

Lösung 278

Die Aminogruppe der 4-Aminobenzolsulfonsäure muss im ersten Schritt diazotiert werden. Dies geschieht durch Umsetzung mit Natriumnitrit und HCl bei niedriger Temperatur, wobei zunächst die salpetrige Säure und daraus das Nitrosyl-Kation NO^+ entsteht, welches als Elektrophil vom freien Elektronenpaar der Aminogruppe angegriffen wird. Das primär gebildete *N*-Nitrosammoniumsalz zerfällt über mehrere Teilschritte schließlich zum Diazoniumsalz und Wasser, vgl. Lösung 231. Aromatische Diazoniumsalze reagieren mit aktivierten Aromaten (Phenolen, Aminobenzolen) unter Azokupplung zum entsprechenden Azofarbstoff.

Lösung 279

a) Zur Knüpfung der Amidbindung muss die 2,2-Dichlorethansäure zunächst zu einem reaktiven Derivat, z. B. dem Säurechlorid, aktiviert werden. Dieses kann dann mit der primären Aminogruppe (Nucleophil) reagieren. Die Zugabe des tertiären Amins ist sinnvoll, um eine Protonierung eines Teils des Edukts zum unreaktiven Ammoniumsalz zu verhindern.

b) Da neben der Aminogruppe auch die beiden Hydroxygruppen (wenngleich schwächere) nucleophile Eigenschaften aufweisen, ist als Nebenreaktion auch mit einer Acylierung der OH-Gruppen zu rechnen.

c) Es sind zwei Chiralitätszentren vorhanden; beide sind (S)-konfiguriert (siehe a).

Lösung 280

a) Die Doppelbindung im Achtring trägt einen elektronenziehenden (–I/–M-Effekt) Substituenten – die Aldehydgruppe. Diese Doppelbindung ist daher elektronenärmer und sollte somit weniger leicht durch Elektrophile angegriffen werden als die Doppelbindung in der Seitenkette, an die zwei elektronenschiebende Methylgruppen gebunden sind. Bei einer Addition von HBr ist also ein bevorzugter Angriff auf diese Doppelbindung zu erwarten, wobei als Zwischenprodukt überwiegend das stabilere tertiäre Carbenium-Ion gebildet werden sollte.

b) Es liegt ein α,β-ungesättigter Aldehyd vor, der durch Dehydratisierung aus dem entsprechenden β-Hydroxyaldehyd entstehen könnte. Als Edukt für diese Ringschlussreaktion wäre also der in nachfolgendem Schema gezeigte Dialdehyd erforderlich.

Das Problem bei der skizzierten Aldolkondensation ist, dass sie mit vermutlich sehr ähnlicher Wahrscheinlichkeit mit der anderen möglichen Regioselektivität verlaufen könnte, wodurch ein isomerer α,β-ungesättigter Aldehyd gebildet würde.

Edukt: Dialdehyd

Lösung 281

Siphonarienon ist eine α,β-ungesättigte Carbonylverbindung, so dass zur Synthese eine Aldol-kondensation in Betracht kommt. Dafür wird zum einen als C–H-acide Komponente das symmetrische Keton Pentan-3-on benötigt, zum anderen ein Aldehyd, der das Oxidationspro-dukt des gezeigten Alkohols ist. Zwei Schwierigkeiten sind hierbei zu beachten: Zum einen muss die Oxidation des primären Alkohols unter speziellen milden Bedingungen erfolgen (z. B. nicht durch $K_2Cr_2O_7$, sondern – für Chemiker! – durch eine sogenannte Swern-Oxidation), zum anderen muss möglichst verhindert werden, dass der Aldehyd, der die reakti-vere Komponente darstellt, überwiegend mit sich selbst kondensiert. Dies kann erreicht wer-den, wenn man das Keton (das als Nucleophil fungieren soll!) durch eine starke Base wie „LDA" (Lithiumdiisopropylamid) vollständig deprotoniert und dann den Aldehyd langsam zutropft. Dadurch wird die Wahrscheinlichkeit minimiert, dass der Aldehyd selbst ein Enolat-Ion bildet und anschließend mit einem nicht deprotonierten Aldehyd kondensiert.

Lösung 282

a) Der erste Schritt ist eine elektrophile aromatische Substitution (Chlorsulfonierung). Das gebildete reaktive Sulfonylchlorid wird anschließend durch Ammoniak (oder Ammoniumcarbonat) in das entsprechende Sulfonamid überführt. Die folgende Oxidation einer am Aromaten befindlichen Methylgruppe ist mit starken Oxidationsmitteln (z. B. KMnO$_4$, Chromsäure) möglich; aliphatische Methylgruppen lassen sich auf diese Weise nicht oxidieren.

Der letzte Reaktionsschritt verläuft als intramolekulare Reaktion unter Erhitzen ab, obwohl die Sulfonamidgruppe kein starkes Nucleophil ist. Da das Produkt Saccharin als schwer lösliche Verbindung ausfällt, wird das Gleichgewicht auf die Produktseite verschoben.

b) Die Oxidationszahl der Methylgruppe erhöht sich bei Oxidation zur COOH-Gruppe um sechs. Chrom in der Oxidationszahl +6 nimmt drei Elektronen auf und wird zu Cr^{3+} reduziert.

Ox: [Struktur: Benzolring mit $\overset{-3}{C}H_3$ und SO_2NH_2] $+ 2 \cdot H_2O \longrightarrow$ [Benzolring mit $\overset{+3}{C}OOH$ und SO_2NH_2] $+ 6 e^{\ominus} + 6 H^{\oplus}$

Red: $\overset{+6}{H_2CrO_4} + 3 e^{\ominus} + 6 H^{\oplus} \longrightarrow Cr^{3+} + 4 H_2O \quad | \cdot 2 \cdot$

Redox: [Benzolring mit CH_3 und SO_2NH_2] $+ 2 \cdot H_2CrO_4 + 6 H^{\oplus} \longrightarrow$ [Benzolring mit $COOH$ und SO_2NH_2] $+ 2 \cdot Cr^{3+} + 6 H_2O$

c) Im ersten Syntheseschritt wird Toluol einer elektrophilen aromatischen Substitution mit Chlorsulfonsäure unterzogen. Dabei ist kaum zu erwarten, dass die Substitution ausschließlich in *o*-Stellung zur Methylgruppe verläuft, sondern es ist auch mit einem erheblichen Teil an *p*-Produkt zu rechnen. Dieses wird, wie auch das *o*-Produkt, mit Ammoniak zum Sulfonamid umgesetzt, kann aber nach Oxidation der Methylgruppe zur Carbonsäure nicht cyclisieren. Diese *p*-Sulfamoylbenzoesäure entstand zu ca. 40 %, d. h. nur 60 % des „reinen" Saccharins waren tatsächlich Saccharin!

Als zusätzliche Reinigungsstufe bei der Herstellung wurde 1891 eine Behandlung des Rohprodukts mit einer Base eingeführt. Da Saccharin ($pK_S = 2,0$) deutlich sauer reagiert als das Nebenprodukt *p*-Sulfamoylbenzoesäure ($pK_S = 3,6$), geht es als stärkere Säure zuerst in Lösung, während das Nebenprodukt unlöslich zurückblieb. Durch diese Entfernung der nichtsüßen Verunreinigung stieg die Süßkraft des „raffinierten Saccharins" gegenüber dem „reinen Saccharin" vom 300-fachen auf das 550-fache der Süßkraft von Saccharose.

Lösung 283

a) Östradiol enthält zwei Hydroxygruppen, von denen eine (die phenolische) in den Methylether überführt werden muss. Außerdem muss eine C–C-Bindung geknüpft werden, um die Ethinylgruppe am Fünfring einzuführen. Endständige Alkine lassen sich durch sehr starke Basen deprotonieren; die entstehenden Carbanionen sind starke Nucleophile und reagieren bereitwillig mit elektrophilen C-Atomen. Ein entsprechendes elektrophiles Zentrum ist im Östradiol allerdings nicht vorhanden; es kann aber durch Oxidation des sekundären Alkohols zur Ketogruppe generiert werden. Da die phenolische OH-Gruppe unter diesen Bedingungen nicht oxidiert wird, sind keine Regioselektivitätsprobleme zu gegenwärtigen. Die Ethinylgruppe kann anschließend durch nucleophile Addition an die Ketogruppe eingeführt werden.

Zu welchem Zeitpunkt sollte die Methylierung zum Ether erfolgen? Im Edukt Östradiol sind zwei potentiell (wenn auch unterschiedlich) reaktive Hydroxygruppen vorhanden, die beide alkyliert werden könnten. Es ist daher zweckmäßig, zunächst die sekundäre Hydroxygruppe zur Carbonylgruppe zu oxidieren, anschließend die verbliebene phenolische OH-Gruppe unter schwach basischen Bedingungen zu deprotonieren und zu alkylieren und im letzten

Schritt die Ketogruppe durch nucleophilen Angriff des Carbanions in den (nach abschließender Protonierung im Zuge einer wässrigen Aufarbeitung) tertiären Alkohol zu überführen. Zwar muss dabei auch mit der Bildung des „falschen" Diastereomers (durch Angriff des Nucleophils auf die Ketogruppe von der anderen Seite) gerechnet werden; durch die abschirmende Wirkung der benachbarten Methylgruppe sollte der Angriff aber zumindest überwiegend wie gewünscht von der Unterseite erfolgen. Daraus ergibt sich die folgende Synthesestrategie:

Oxidation
z. B. $Cr_2O_7^{2-}$

$^{\ominus}OH$

H_3C—I

S_N2

$HC\equiv CH \ + \ NaNH_2 \ \longrightarrow \ HC\equiv C\!:^{\ominus} \ + \ Na^+ \ + \ NH_3$

trägt zur sterischen Abschirmung eines Angriffs von oben bei

$+ \ HC\equiv C\!:^{\ominus} \quad \xrightarrow{A_N}$

H_2O

b) Östradiol wird in basischer Lösung an der phenolischen OH-Gruppe deprotoniert und dadurch wesentlich besser wasserlöslich als das neutrale Mestranol. Behandlung mit einer schwachen Base sollte daher nicht umgesetztes Östradiol auswaschen.

Lösung 284

a) Für die Acetylierung wird ein reaktives Derivat der Essigsäure sowie ein tertiäres Amin R_3N als sogenannte Hilfsbase zur Bindung des entstehenden HCl benutzt.

Bei der anschließenden Oxidation wird die Methylgruppe (Oxidationszahl −3 für C) zur Carboxylgruppe (Oxidationszahl +3 für C) oxidiert.

Im letzten Schritt wird das Amid wieder hydrolysiert.

b) Es handelt sich um eine bimolekulare nucleophile Substitution am gesättigten C-Atom (S_N2). Als Elektrophil eignet sich ein Butan-Derivat mit einer guten Abgangsgruppe wie z.B. Br, also z. B. das gezeigte 1-Brombutan („Butylbromid"). Der zweite Schritt (Veresterung) ist eine nucleophile Acylsubstitution nach dem Additions-Eliminierungs-Mechanismus. Unter sauren Bedingungen liegt die Aminogruppe im Aminoalkohol protoniert vor, so dass eine Säure-Base-Reaktion mit der Carboxylgruppe als Nebenreaktion keine Rolle spielt. Es entsteht das protonierte Tetracain, das gewöhnlich als Chlorid-Salz (= Tetracain-Hydrochlorid) zum Einsatz kommt.

Aufgabe 285

Der Benzylalkohol **a** (1-Phenylethanol) kann in zwei Schritten hergestellt werden. Eine (radikalische) Wohl-Ziegler-Bromierung von Ethylbenzen ergibt das 1-Brom-1-phenylethan (1-Bromethylbenzen), das in einer S_N1-Reaktion (stabiles Benzyl-Kation, mesomeriestabilisiert!) in den Alkohol umgewandelt werden kann. Durch eine Eliminierung lässt sich aus dem 1-Bromethylbenzen das Vinylbenzen (Styrol) darstellen. Um eine konkurrierende Substitution möglichst zurückzudrängen, empfiehlt sich für diesen Schritt die Verwendung einer starken, sterisch gehinderten Base, wie *tert*-Butanolat. Aus dem Ethenylbenzen (Styrol) **b** lässt sich in zwei weiteren Schritten das Ethinylbenzen **c** darstellen. Dazu wird Br_2 an die Doppelbindung addiert und anschließend mit starker Base ($NaNH_2$) zweimal HBr eliminiert.

Die Verbindung **d** entsteht auf dem Weg über die Carbonsäure (Benzoesäure), die sich aus Ethylbenzen durch Oxidation mit Kaliumdichromat darstellen lässt. Die Benzoesäure wird anschließend mithilfe von Thionylchlorid ($SOCl_2$) zum Säurechlorid aktiviert und dann mit Ammoniak in das primäre Amid umgewandelt. Verbindung **e** wiederum lässt sich ausgehend von **c** herstellen. Das Ethinylbenzen kann durch sehr starke Basen wie $NaNH_2$ zum Alkinyl-Anion deprotoniert werden; dieses ist ein gutes Nucleophil und reagiert mit Allylchlorid (3-Chlor-1-propen) in einer S_N2-Reaktion zu Verbindung **e** (5-Phenylpent-1-en-4-in).

K$_2$Cr$_2$O$_7$ → COOH → SOCl$_2$ → C=O Cl → :NH$_3$ → C=O NH$_2$ **d**

C≡CH → NaNH$_2$ → C≡C$^{\ominus}$ → Cl (S$_N$2) → C≡C **e**

c

Lösung 286

Da die Nitrogruppe stark desaktivierend und somit *m*-dirigierend ist, kann sie nicht vor der *tert*-Butylgruppe eingeführt werden. Für die Anknüpfung der Alkylgruppe ist eine Friedel-Crafts-Alkylierung geeignet; Alkylgruppen sind schwach aktivierend und dirigieren nach *o/p*. Im Fall der sehr voluminösen *tert*-Butylgruppe ist allerdings damit zu rechnen, dass stark überwiegend das *p*-Derivat und nur sehr wenig des gewünschten *o*-Derivats entsteht. Eine geeignete Strategie besteht darin, die *p*-Position durch einen Substituenten zu besetzen, der wieder entfernt werden kann, nachdem die Substitution mit dem gewünschten Substituenten in der *o*-Position erfolgt ist. Hierfür eignet sich die Sulfonsäuregruppe, die einfach durch eine Sulfonierung eingeführt werden kann. Bedingt durch den sperrigen *tert*-Butylrest wird die Sulfonsäuregruppe fast ausschließlich an der *p*-Position relativ zum *tert*-Butylrest gebunden. Als *m*-dirigierende Gruppe verstärkt sie den *o/p*-dirigierenden Effekt des Alkylrestes in die gewünschte *o*-Position für die einzuführende Nitrogruppe. Im letzten Schritt kann die Sulfonsäuregruppe durch Erhitzen in Anwesenheit verdünnter Säure wieder eliminiert werden.

Diese Überlegungen führen zu dem folgenden Syntheseschema:

(CH$_3$)$_3$CCl / AlCl$_3$ → C(CH$_3$)$_3$ → H$_2$SO$_4$ / Δ → C(CH$_3$)$_3$, SO$_3$H → HNO$_3$ / H$_2$SO$_4$ → C(CH$_3$)$_3$, NO$_2$, SO$_3$H → H$_2$O, H$^{\oplus}$ / Δ → C(CH$_3$)$_3$, NO$_2$

Lösung 287

Das freie Elektronenpaar am Stickstoff im Anilin ist mit dem aromatischen π-Elektronensystem konjugiert und trägt erheblich zur Stabilisierung des im Zuge einer elektrophilen Substitution gebildeten σ-Komplexes bei. Wird die Aminogruppe acyliert steht das freie Elektronenpaar auch mit der Carbonylgruppe in Resonanz, d. h. es ist nicht mehr in gleichem Maße für die Stabilisierung der positiven Ladung im σ-Komplex verfügbar.

Die Aminogruppe wird durch eine Nitrierung des Benzens und anschließende Reduktion eingebracht. Da eine direkte Nitrierung zu einer Oxidation des Anilins führen würde, wird die Aminogruppe zuerst zum Amid acetyliert; dieses kann dann ohne Komplikationen nitriert werden. Als Nebenprodukt entstehendes o-Isomer muss abgetrennt werden. Anschließend kann die Acetylgruppe durch saure Hydrolyse wieder abgespalten werden.

Lösung 288

Es wird die aktivierende und o/p-dirigierende Wirkung der Aminogruppe ausgenutzt. Diese kann nach Einführung der drei Br-Atome in das Diazonium-Ion überführt werden, das sich mit hypophosphoriger Säure (= Phosphinsäure; H_3PO_2) reduzieren lässt.

Lösung 289

Ausgehend von dem Benzylbromid **a** kommt eine Gabriel-Synthese in Betracht: Umsetzung des Phthalimid-Anions mit dem Benzylbromid ergibt das *N*-Alkylphthalimid, das in basischer Lösung zum Amin und Natriumphthalat hydrolysiert werden kann. Eine alternative Möglichkeit ist die Umsetzung mit Natriumazid (NaN₃) in einer S$_N$2-Reaktion zum Benzylazid, das anschließend mit verschiedenen Reduktionsmitteln, wie Hydrazin, H₂/Kat oder LiAlH₄ zum primären Amin reduziert werden kann.

Der Aldehyd **b** kann leicht mit Ammoniak intermediär zum (instabilen) Imin umgewandelt werden, das sich *in situ* zum primären Amin reduzieren lässt (reduktive Aminierung). Als Reduktionsmittel eignen sich die katalytische Hydrierung oder NaBH₃CN.

Die Carbonsäure **c** wird zunächst zum Carbonsäurechlorid aktiviert und dann mit NH₃ zum Amid umgesetzt. Dieses kann durch ein starkes Hydrid-Reduktionsmittel (LiAlH₄) in das primäre Amin umgewandelt werden.

Verbindung **d** schließlich enthält das gewünschte Amin bereits in Form des Acetamids. Es kann daraus durch Hydrolyse unter stark sauren oder stark basischen Bedingungen freigesetzt werden.

Lösung 290

Anilin-Derivate reagieren bei einer Friedel-Crafts-Acylierung am Stickstoff; daher wird das N-Atom des Edukts zunächst durch Acetanhydrid acetyliert (1.). Anschließend wird durch die Umsetzung mit Benzoylchlorid der Benzoylrest eingeführt (2.) und dann die Acetylgruppe wieder abgespalten (3.). Das sekundäre Amin reagiert dann mit Chloracetylchlorid zum tertiären Amid. Das Cl-Atom wird durch NH_3 substituiert; anschließend erfolgt sofort die intramolekulare Ringschlussreaktion zum Imin, dem Diazepam.

Lösung 291

Die Mercaptogruppe wird leicht zu einem Disulfid oxidiert (vgl. z. B. die Oxidation von Cystein zu Cystin). Um die Amidbindung knüpfen zu können, muss die Carboxylgruppe anschließend zu einem reaktiven Carbonsäurederivat aktiviert werden. Dann kann die Kopplung mit dem zweiten Baustein, der Aminosäure Prolin, erfolgen. Im letzten Schritt wird die Disulfidbrücke wieder reduktiv gespalten.

Aktivierung SOCl₂ → ... **Kopplung** →

2 ... R₃N

HOOC ... + 2 R₃NH Cl⁻ **Reduktion** 2 e⁻ + 2 H⁺ → 2 HS ... COOH

Lösung 292

Im ersten Schritt werden durch elektrophile aromatische Substitution die beiden Br-Atome in den aromatischen Ring eingeführt. Die NH_2-Gruppe ist stark aktivierend und dirigiert in *o/p*-Stellung. Als zweite Komponente wird *N*-Methylcyclohexanamin benötigt; dieses kann durch eine nucleophile Substitution (S_N2) aus Cyclohexanamin und Iodmethan hergestellt werden.

Dabei wird immer auch *N,N*-Dimethylcyclohexanamin entstehen, das vor dem letzten Schritt abgetrennt werden muss. Durch nucleophile Substitution an der Brommethylgruppe am Aromaten durch das nucleophile sekundäre Amin entsteht dann das Produkt Bromhexin.

Eine denkbare (bessere) Alternative für die Bildung des *N*-Methylcyclohexanamins wäre die Umsetzung von Cyclohexanamin mit Methanal zum Imin (grüner Reaktionspfeil), das anschließend zum sekundären Amin reduziert wird. Dadurch lässt sich die Bildung des tertiären Amins durch zweifache Alkylierung des Stickstoffs vermeiden.

Lösung 293

Der erste Reaktionsschritt ist eine klassische Aldolkondensation mit Acetaldehyd als C–H-acider Komponente. Dieser könnte als Nebenreaktion auch mit sich selbst eine Aldolkondensation eingehen. Dagegen ist 4-Hydroxybenzaldehyd ein idealer Akzeptor, da dieser Aldehyd mangels acidem α-H-Atom nicht mit sich selbst reagieren kann und so eine relativ hohe Ausbeute des gewünschten Produkts entsteht. Die folgende Dehydratisierung des β-Hydroxy-aldehyds verläuft leicht, da hierdurch das konjugierte π-System vergrößert wird. Der ungesättigte Aldehyd wird dann in bekannter Weise zur Carbonsäure oxidiert, die mit dem entsprechenden Alkohol verestert wird. Im letzten Schritt muss durch eine nucleophile Substitution aus der aromatischen Hydroxygruppe noch die Methoxygruppe gebildet werden. Dafür eignet sich Iodmethan (Methyliodid) mit dem Iodid-Ion als guter Abgangsgruppe oder auch Dimethylsulfat ($H_3CO–SO_2–OCH_3$) als Elektrophil.

Lösung 294

a) Als reaktives Derivat der Kohlensäure wird das Dichlorid (= Phosgen) eingesetzt. Als Produkt des ersten Schritts entsteht der Chlormethansäurenaphthylester. Im zweiten Schritt greift Methanamin als Nucleophil an, wobei das Carbamat gebildet wird. Die Reaktion läuft nur dann annähernd vollständig ab, wenn freiwerdendes HCl durch eine „Hilfsbase", i. A. ein tertiäres Amin wie das gezeigte Pyridin, gebunden wird, um eine Protonierung des Methanamins zu verhindern.

b) Durch nucleophilen Angriff der OH-Gruppe auf das zentrale C-Atom des Isocyanats entsteht nach Protonentransfer unmittelbar das Carbaryl:

c) Gezeigt sind die an Position 6 hydroxylierte Verbindung und die Bildung des entsprechenden Sulfats (links) bzw. Glucuronids mit aktivierter UDP-Glucuronsäure (rechts):

Lösung 295

a) Ketone besitzen pK_S-Werte von ungefähr 20; das Gleichgewicht der Deprotonierung mit OH^- liegt daher (weit) auf der Eduktseite. Es können zwei konstitutionsisomere Enolat-Ionen entstehen.

b) Nur die Aldolkondensation eines der beiden Enolat-Ionen führt zum gewünschten Produkt mit Sechsring-Struktur. Dieser Ringschluss ist gegenüber der Reaktion des anderen Enolats, bei der ein gespannter Vierring gebildet würde, stark begünstigt, so dass diese Nebenreaktion kaum eine Rolle spielt. Da beide Enolate miteinander im Gleichgewicht stehen, findet praktisch ausschließlich die Reaktion zum Sechsring statt.

c) 3-Methyl-5-propylcyclohex-2-enon

Lösung 296

a) Cyclofenil weist zwei Estergruppen auf. Diese werden unter den stark sauren Bedingungen im Magen zumindest teilweise hydrolysiert. Sofern nicht das Hydrolyseprodukt die eigentlich wirksame Substanz darstellt, ist eine orale Verabreichung weniger sinnvoll. Die Verbindung sollte besser direkt z. B. in den Muskel injiziert werden.

b) Nach der Addition des Carbanions liegt das tertiäre Alkoholat-Ion vor. Dieses wird bei wässriger Aufarbeitung in Anwesenheit von H$^+$-Ionen zum tertiären Alkohol protoniert. Gleiches gilt für die Phenolat-Ionen. Anschließend kommt es zu einer säurekatalysierten Eliminierung von Wasser. Durch geeignete Reaktionsbedingungen kann das Gleichgewicht in Richtung auf die Eliminierung verschoben werden.

Im letzten Schritt müssen die phenolischen OH-Gruppen acetyliert werden. Dies geht am besten mit Essigsäurechlorid oder Essigsäureanhydrid. Eine Veresterung mit Essigsäure ist weniger günstig, da diese Reaktion nicht vollständig abläuft.

c) Die Knüpfung der Doppelbindung könnte auch durch eine Wittig-Reaktion (vgl. Aufgabe 307) erfolgen.

Lösung 297

Für die Reaktion ausgehend von 1-Pentin muss dieses mit einer starken Base in sein Anion umgewandelt werden. Dieses kann in einer S$_N$2-Substitution mit einem Halogenalkan (Alkylhalogenid) reagieren, z. B. mit 1-Brompropan zu 4-Octin.

Das Problem im vorliegenden Fall ist die Ketogruppe im Produkt, die eine direkte Substitution verhindert, da das stark basische und nucleophile Pentinyl-Anion auch am Carbonyl-C-Atom angreifen würde. Daher wird die Carbonylfunktion zunächst durch Bildung eines cyclischen Acetals (genauer: eines Ketals) geschützt. Cyclische Acetale / Ketale bilden sich leichter als offenkettige (intramolekulare Reaktion im 2. Schritt!) und sind unter basischen Bedingungen stabil. Das so als Acetal geschützte Bromketon wird anschließend nucleophil substituiert, bevor abschließend die Schutzgruppe durch saure Hydrolyse entfernt wird.

gewünschte Reaktion (S_N2)

unerwünschte Reaktion (A_E)

1. Schutz der Carbonylgruppe durch Acetalbildung

2. Deprotonierung

3. Nucleophile Substitution

4. Entschützen der Carbonylgruppe

4-Octin-2-on

Diese Strategie ist häufig nützlich, wenn Carbonylverbindungen unter basischen Bedingungen mit einem Nucleophil an einer anderen Stelle als der Carbonylgruppe reagieren sollen und die Carbonylfunktion dabei erhalten bleiben soll.

Lösung 298

Sulpirid ist offensichtlich ein Derivat der Salicylsäure (2-Hydroxybenzoesäure). Die Hydroxygruppe muss in den Methylether überführt und in *para*-Stellung zu diesem Substituenten eine Sulfonamidgruppe eingeführt werden. Die Säuregruppe ist zu einem Amid derivatisiert, wofür *N*-Ethyl-2-aminomethylpyrrolidin benötigt wird.

Die Überführung von Salicylsäure in den Methylether sollte keine größeren Schwierigkeiten bereiten. Da die Methoxygruppe *para*-dirigierend und die Carboxylgruppe *meta*-dirigierend ist, sollte eine Sulfonierung zur korrekten Stellung der Sulfonsäuregruppe führen. Anschließend müssten eine Carbonsäureamid- und eine Sulfonamidbindung geknüpft werden, wofür jeweils Aktivierung der Carbon- bzw. Sulfonsäure erforderlich ist. Die Aktivierung beider Gruppen könnte mit $SOCl_2$ erfolgen. Anschließend sind allerdings Regioselektivitätsprobleme zu erwarten, da die beiden aktivierten Gruppen jeweils selektiv mit dem „richtigen" Amin reagieren müssen. Da dies nicht erwartet werden kann, ist dieser einfache Syntheseweg für die Praxis nicht befriedigend.

Lösung 299

Multistriatin ist ein Vollacetal und kann daher aus einer Carbonylverbindung durch Reaktion mit zwei alkoholischen OH-Gruppen entstehen. Dasjenige C-Atom, das im Acetal mit zwei Sauerstoffatomen verknüpft ist, ist stets das ursprüngliche Carbonyl-C-Atom des Aldehyds bzw. Ketons; die beiden C–O-Bindungen werden also bei der Bildung neu geknüpft und entsprechend bei der retrosynthetischen Analyse des Zielmoleküls gebrochen. Aufgrund der bicyclischen Struktur des Multistriatins sind die beiden Hydroxygruppen und die Carbonylgruppe in einem Molekül vereint. Für die Knüpfung von C–C-Bindungen eignen sich z. B. Enolat-Ionen, die als Nucleophil ein elektrophiles C-Atom mit einer geeigneten Abgangsgruppe angreifen können. Ein Enolat-Ion kann durch Deprotonierung am α-C-Atom der Carbonylgruppe gebildet werden, so dass sich diese Bindung zur weiteren Fragmentierung empfiehlt. Das eine Fragment, das hierbei entsteht, ist ein symmetrisches Keton, das nur ein Enolat-Ion bilden kann, so dass keine Regioselektivitätsprobleme auftreten.

Das zweite Fragment muss eine Abgangsgruppe X und die Diolstruktur enthalten; letztere kann aus einem Alken durch eine Dihydroxylierung entstehen. Damit erhalten wir das folgende Retrosynthese-Schema:

Acetal   Keton   Diol

Die im Folgenden gezeigte Synthese geht aus von 3-Pentanon und 2-Methylbut-3-en-1-ol. Die OH-Gruppe ist eine schlechte Abgangsgruppe und muss daher zunächst in eine bessere Abgangsgruppe umgewandelt werden, z. B. in ein Tosylat (das p-Toluolsulfonsäure-Derivat). 3-Pentanon wird durch eine starke Base zumindest teilweise zum entsprechenden Enolat-Ion deprotoniert, das als Nucleophil fungiert und die p-Toluolsulfonsäure als Abgangsgruppe verdrängt. Das entstandene ungesättigte Keton muss nun noch in das entsprechende Diol überführt werden. Eine solche Dihydroxylierung ist auf zwei Wegen möglich (die sich in ihrem stereochemischen Ablauf unterscheiden). Mit einer Percarbonsäure wie der m-Chlorperbenzoesäure („RCO$_3$H") entsteht aus dem Alken das Epoxid, welches anschließend in saurer oder basischer wässriger Lösung zum Diol hydrolysiert wird. Alternativ käme eine Dihydroxylierung mit Osmiumtetroxid (OsO$_4$) oder mit KMnO$_4$ in basischer Lösung bei niedriger Temperatur in Frage. Das entstehende Diol reagiert in saurer Lösung spontan unter Abspaltung von Wasser zum gewünschten Vollacetal, dem Multistriatin.

Lösung 300

Es muss ein Ether gebildet werden. Ein gängiger Syntheseweg wird als Williamson-Synthese bezeichnet; man setzt hierbei ein Alkoholat als Nucleophil mit einem geeigneten Elektrophil um. Welche der beiden OH-Gruppen reagiert, hängt mit ihrer jeweiligen basischen bzw. nucleophilen Eigenschaft zusammen. Die Carboxylgruppe ist deutlich stärker sauer als die phenolische OH-Gruppe; entsprechend ist das Phenolat-Ion die stärkere Base und auch das deutlich bessere Nucleophil. In basischer Lösung wird daher bevorzugt das Phenolat alkyliert. Die nucleophile Substitution muss an einem sekundären Substrat erfolgen. Diese sind i. A. recht wenig reaktiv, so dass eine möglichst gute Abgangsgruppe (z. B. I⁻) gewählt werden sollte.

Lösung 301

Die chlorhaltige Verbindung kann zunächst auf den entsprechenden Alkohol (**1**) zurückgeführt werden, dieser wiederum auf das sekundäre Amin (**2**) und den cyclischen dreigliedrigen Ether Ethylenoxid (Oxiran). Eine weitere typische Position zur Spaltung ist die Estergruppe, und man kann erkennen, dass der dabei entstehende Alkohol (**3**) wie bereits oben beschrieben durch Reaktion des Amins mit Oxiran entstehen kann. Man gelangt auf diese Weise zu den beiden Ausgangsverbindungen *o*-Aminobenzoesäure (Anthranilsäure) (**4**) und Oxiran.

Die Synthese stellt sich dann als erstaunlich einfach heraus. Die Umsetzung von *o*-Amino-benzoesäure mit einem Überschuss an Ethylenoxid (Oxacyclopropan) führt direkt zu **1**, das anschließend mit SOCl₂ oder POCl₃ in die Zielverbindung überführt werden kann.

Lösung 302

Im ersten Schritt wird das Phenol in einer elektrophilen aromatischen Substitution chloriert; dabei lassen sich die Bedingungen so steuern, dass überwiegend das 2,4-Dichlorphenol erhalten wird. Dieses wird durch die Deprotonierung in ein besseres Nucleophil überführt, welches mit Chloressigsäure in basischer Lösung zum Natriumsalz der 2,4-Dichlorphenoxyessigsäure reagiert. Durch Erniedrigung des pH-Werts kann daraus das Produkt freigesetzt werden.

Lösung 303

a) Ibuprofen-Lysinat ist ein Salz aus Ibuprofen und der Aminosäure Lysin. Im Magen ist dieses Salz besser löslich als das kaum wasserlösliche Ibuprofen, so dass es schneller vom Körper resorbiert werden kann und dadurch zu einem rascheren Wirkungseintritt führen soll.

b) Bei einer Friedel-Crafts-Acylierung bildet zunächst das Säurechlorid mit AlCl₃ eine Koordinationsverbindung, die zu einem stark elektrophilen Acylium-Ion + AlCl₄⁻ zerfällt. Dieses wird nucleophil vom Aromaten unter Bildung des kationischen nicht-aromatischen σ-Komplexes angegriffen, der unter Abspaltung von H⁺ rearomatisiert. Das AlCl₃ wird dabei regeneriert, reagiert aber in einem Folgeschritt mit dem Keton zu einem Koordinationskomplex, der abschließend durch „wässrige Aufarbeitung" zum Acylbenzol + Al(OH)₃ hydrolysiert wird.

Koordinationskomplex

$AlCl_4^{\ominus}$

Acylium-Ion

S_E

Nu · El

σ-Komplex
(mesomeriestabilisiert)

$-H^{\oplus}$

$AlCl_3$ → $\xrightarrow{3\ H_2O}$ + $Al(OH)_3$ + 3 HCl

Die Acylgruppe muss anschließend zum Alkylrest reduziert werden. Ein übliches Verfahren hierbei ist die sogenannte „Clemmensen-Reduktion", durch die Ketone und Aldehyde durch Umsetzung mit amalgamiertem Zink („Zn/Hg") in Salzsäure zu den zugrunde liegenden Alkanen reduziert werden können.

$\xrightarrow[HCl]{Zn/Hg}$

c) Bei Friedel-Crafts-Alkylierungen ist in vielen Fällen mit zweierlei Problemen zu rechnen. Insbesondere bei primären Chlor- und Bromalkanen erhält man stets mehrere Produkte. Zum einen unterliegt der mit der Lewis-Säure gebildete Koordinationskomplex in vielen Fällen einer Umlagerung durch einen 1,2-Hydrid-Shift. Auf diese Weise entsteht im vorliegenden Beispiel aus dem primären Halogenid 1-Chlor-2-methylpropan ein tertiäres Carbenium-Ion, das wesentlich stabiler ist als ein primäres. Daher entsteht als Hauptprodukt bei der Alkylierung von Benzol mit 1-Chlor-2-methylpropan nicht das Isobutyl- sondern das tertiäre Butylbenzol.

Das zweite Problem ergibt sich aus der Tatsache, dass das Produkt der Alkylierung (das Alkylbenzol) aufgrund des +I-Effekts der Alkylgruppe reaktiver ist als die Ausgangsverbindung Benzol. Somit erfolgt leicht eine zweite Alkylierung und (je nach sterischen Eigenschaften der Alkylgruppe und Reaktionsbedingungen) unter Umständen auch noch eine weitere Reaktion zu höher substituierten Produkten. Die Reaktion lässt sich also kaum auf der Stufe der Monoalkylierung stoppen, sondern man erhält i. A. Produktgemische aus unterschiedlich alkylierten Aromaten.

ähnelt einem
1° Carbenium-Ion

1,2-Hydrid-Shift

3° Carbenium-Ion
(stabiler)

S_E

S_E

Hauptprodukt

+I

reaktiver als Benzol

AlCl₃

S_E

mehrfach alkylierte Produkte

u.a.

Lösung 304

a) Die Ethoxygruppe in 2-Position leitet sich von einer Hydroxygruppe ab, so dass sich als Ausgangsmaterial die Salicylsäure (2-Hydroxybenzoesäure) anbietet. Die Einführung der Ethylgruppe ist durch eine S_N2-Reaktion möglich, wobei dafür Sorge zu tragen ist, dass die phenolische OH-Gruppe und nicht diejenige der Carboxylgruppe reagiert. Da ein Phenolat-Ion ein deutlich besseres Nucleophil darstellt als ein Carboxylat, erscheint es zweckmäßig, die Salicylsäure zum Phenolat zu deprotonieren und anschließend mit einem entsprechenden Halogenalkan (Iodethan) umzusetzen. Im zweiten Schritt muss die Sulfonsäuregruppe einge-führt werden; dies kann mit H_2SO_4/SO_3 geschehen. Dabei ist die Regioselektivität zu beach-ten, d. h. in welche Ringposition die Sulfonsäuregruppe durch die bereits anwesenden Substi-tuenten gesteuert wird.

Die Ethoxygruppe ist ein aktivierender Substituent und dirigiert in die *o/p*-Position, während die Carbonsäuregruppe desaktivierend und *m*-dirigierend ist. Es dirigieren folglich beide Gruppen in die gleichen Positionen (3 und 5). Aufgrund der sterischen Hinderung benachbart zur Ethoxygruppe kann man davon ausgehen, dass die Sulfonierung bevorzugt in Position 5 erfolgen wird, also überwiegend die gewünschte 2-Ethoxy-5-sulfobenzoesäure entsteht.

b) In diesem Schritt entsteht ein Sulfonsäureamid. Für die Reaktion mit der sekundären Aminogruppe im Piperazinring muss die Sulfonsäure aktiviert werden, z. B. durch Überführung in das entsprechende Sulfonsäurechlorid. In der Praxis wären Regioselektivitätsprobleme zu erwarten, da die Carbonsäure in gleicher Weise aktiviert werden und reagieren könnte. Alternativ käme deshalb im vorausgehenden Schritt die direkte Einführung der Chlorsulfonsäuregruppe mithilfe von Chlorsulfonsäure (HOSO$_2$Cl) in Betracht, vgl. Lösung 282.

Lösung 305

a) Es handelt sich um ein Imid, das als zweifach acyliertes Amin aufgefasst werden kann. Typisch für Imide wie auch das Phenobarbital ist, dass der Stickstoff trotz des freien Elektronenpaars keine basischen Eigenschaften aufweist. Der Grund ist die Konjugation innerhalb der Imidgruppe; das freie Elektronenpaar kann zu beiden Carbonylgruppen hin delokalisiert werden, so dass es für eine Protonierung praktisch nicht zur Verfügung steht. Vielmehr weisen Imide sogar schwach saure Eigenschaften auf, da die nach Deprotonierung am Stickstoff entstehende negative Ladung gut stabilisiert werden kann.

b) Malonsäurediethylester ist eine 1,3-Dicarbonylverbindung und wird daher wesentlich leichter deprotoniert als ein gewöhnlicher Ester; das Anion ist zu beiden Estergruppen hin mesomeriestabilisiert. Es reagiert in einer S_N2-Substitution mit einem primären Halogenalkan, in diesem Fall mit 1-Brompropan. In gleicher Weise wird durch erneute Deprotonierung und Alkylierung der zweite Alkylrest eingeführt. Anschließend werden die beiden Estergruppen hydrolysiert; die entstehende β-Dicarbonsäure decarboxyliert (ebenso wie β-Ketocarbonsäuren) leicht zum Produkt, der 2-Propylpentansäure.

Lösung 306

a) Bei einer Synthese unter Verwendung von Acetessigester wird die Bindung zum α-C-Atom neu geknüpft. Dieser Kohlenstoff fungiert als Nucleophil in einer Substitutionsreaktion, nachdem das Edukt durch Deprotonierung in das (mesomeriestabilisierte) Enolat-Ion überführt wurde.

Als Elektrophil wird eine Verbindung mit einer guten Abgangsgruppe benötigt; im vorliegenden Fall befindet sie sich an einem allylischen C-Atom und wird daher sehr leicht substituiert.

Das Allylhalogenid kann durch 1,4-Addition von HX an Isopren (2-Methyl-1,3-butadien) gewonnen werden; das 1,4-Additionsprodukt mit der höher substituierten Doppelbindung ist gegenüber dem 1,2-Additionsprodukt das thermodynamisch stabilere. Nach der Substitution wird der β-Ketoester hydrolysiert und anschließend decarboxyliert, wobei das gewünschte Keton sowie CO_2 entsteht.

b) Das 1,3-Diol kann durch Reduktion des entsprechenden Diesters entstehen; bei letzterem handelt es sich um ein Malonsäure-Derivat, das sich aus Malonsäurediethylester durch eine nucleophile Substitution gewinnen lässt.

Hierfür wird der Malonsäureester in das Anion überführt und mit dem geeignet substituierten Benzylhalogenid zur Reaktion gebracht. Benzylhalogenide sind reaktive Substrate, die sowohl nach S_N2 (da primär) wie auch nach S_N1 (da das gebildete Benzyl-Kation mesomerie-stabilisiert ist) leicht reagieren. Im folgenden Schritt werden die beiden Estergruppen mit einem Hydrid-Übertragungsreagenz reduziert. Hierfür kommt typischerweise $LiAlH_4$ zum Einsatz. $NaBH_4$ reagiert dagegen nicht mit Estergruppen, sondern reduziert selektiv Aldehyde, Ketone und Imine.

Lösung 307

Bei einer Dehydratisierung eines Alkohols wäre mit der Bildung mehrerer konstitutionsisomerer Alkene zu rechnen, da mehrere α-ständige H-Atome vorhanden sind, die zusammen mit der OH-Gruppe eliminiert werden könnten. Die Position der Doppelbindung lässt sich so nicht hinreichend steuern, wenngleich das gewünschte Alken aufgrund der am höchsten substituierten Doppelbindung das stabilste sein sollte.

Für die Wittig-Reaktion wird das Zielmolekül an der Doppelbindung gespalten; eines der beiden Fragmente ist die Carbonylverbindung, das andere ein Halogenalkan, das in das Wittig-Reagenz überführt wird. Im vorliegenden Fall kann entweder von einem Aldehyd (Butanal) und einem sekundären Halogenalkan (2-Brombutan) oder von einem Keton (Butanon) und einem primären Halogenalkan (1-Brombutan) ausgegangen werden. Für die Deprotonierung des Phosphoniumsalzes wird eine sehr starke Base benötigt, z. B. Butyllithium (BuLi).

Lösung 308

Epoxide lassen sich aus Alkenen durch Reaktion mit einer Percarbonsäure (häufig: *m*-Chlor-perbenzoesäure) gewinnen. Diese Reaktion verläuft stereospezifisch, d. h. aus dem *cis*-Alken entsteht das *cis*-Epoxid, aus dem *trans*-Alken das *trans*-Epoxid. Für die Synthese von Dispar-lur wird dementsprechend das *cis*-Alken benötigt; es lässt sich mit hoher Selektivität durch eine Wittig-Reaktion darstellen:

Epoxidierung

Wittig

$Ph_3\overset{\oplus}{P}$ ... + H ... (Aldehyd)

H ... (Aldehyd) + $Ph_3\overset{\oplus}{P}$ ...

Hierfür benötigt man einen Aldehyd und ein Halogenalkan; dabei spielt es in diesem Fall kaum eine Rolle, welcher der beiden Reste die Aldehydfunktion trägt und welcher das Halo-gen. Eine der beiden Varianten ist im Folgenden gezeigt; die umgekehrte Kombination wäre aber genauso möglich.

Br ... + PPh_3 ⟶ $Ph_3\overset{\oplus}{P}$ ... $Br^{\ominus}$ $\xrightarrow{\text{BuLi}}$ $Ph_3\overset{\oplus}{P}\overset{\ominus}{\underset{..}{C}}$ ...

$\xrightarrow{C_{10}H_{21}CHO}$ ... + $O{=}PPh_3$

(m-Chlorperbenzoesäure) + (cis-Alken) ⟶ (cis-Epoxid) + (m-Chlorbenzoesäure, Cl)

Lösung 309

Alkene können mit Hilfe von Percarbonsäuren in Epoxide überführt werden, die anschließend durch Nucleophile unter Bildung der entsprechend substituierten Alkohole geöffnet werden können. Man setzt also das Styrol-Derivat im ersten Schritt zum Epoxid um; als typisches Reagenz dient dabei die *m*-Chlorperbenzoesäure, die als Feststoff gut zu handhaben ist. Dieses Epoxid wird anschließend mit Hexan-1,6-diamin geöffnet, wobei beide Aminogruppen mit je einem Epoxid reagieren; beide Reagenzien müssen also im entsprechenden Stoffmengenverhältnis eingesetzt werden.

Das Epoxid wird bevorzugt am weniger substituierten C-Atom angegriffen, so dass als Hauptprodukt das Hexoprenalin entstehen sollte.

Lösung 310

Die beiden Bromatome müssen offensichtlich durch eine elektrophile aromatische Substitution eingeführt werden. Glücklicherweise befinden sie sich in *o*- bzw. *p*-Position zur aktivierend wirkenden Aminogruppe (und *m*-ständig zur desaktivierenden Säuregruppe), so dass eine Bromierung von 2-Aminobenzoesäure das richtige Stellungsisomer ergibt. Zur Knüpfung einer Amidbindung aktiviert man anschließend die Säure zum Säurechlorid, z. B. mit $SOCl_2$ oder PCl_5, und setzt das Chlorid mit dem sekundären Amin um. Der Einsatz eines tertiären Amins wie Pyridin dient dazu, freiwerdendes HCl abzufangen, das ansonsten das umzusetzende sekundäre Amin protonieren würde. Anschließend kann das Amid zum Amin reduziert werden (z. B. mit $LiAlH_4$).

Damit ergibt sich der folgende Syntheseplan:

Lösung 311

a) Das Menthol weist drei Chiralitätszentren auf, deren absolute Konfiguration bei der korrekten Bezeichnung der Verbindung mit angegeben werden muss. Es handelt sich um ($1R,2S,5R$)-2-Isopropyl-5-methylcyclohexanol. In diesem Stereoisomer nehmen alle drei Substituenten am Cyclohexanring äquatoriale

Positionen ein. Diese sind, insbesondere für sterisch anspruchsvollere Substituenten wie den Isopropylrest, energetisch günstiger, weil dadurch ungünstige 1,3-diaxiale Wechselwirkungen zwischen den Substituenten vermieden werden. Bei drei Chiralitätszentren und dem Fehlen einer Symmetrieebene existieren für das Menthol $2^3 = 8$ Stereoisomere. Das hier vorliegende ist aufgrund obiger Überlegungen das stabilste.

b) Das Crotamiton ist ein aromatisches Amid einer ungesättigten Carbonsäure, der E-But-2-ensäure. Es lässt sich bezeichnen als E-N-Ethyl-N-2-methylphenylbut-2-ensäureamid.

Eine offensichtliche Schnittstelle ist die Amidbindung, die zu der α,β-ungesättigten Carbonsäure und dem aromatischen Amin führt. Letzteres lässt sich durch Abspaltung der Ethylgruppe auf das kommerziell erhältliche 2-Methylanilin zurückführen, welches sich durch Nitrierung von Toluol, Trennung von o- und p-Isomer und anschließende Reduktion der Nitro- zur Aminogruppe herstellen ließe.

Da bei einer Alkylierung von Aminen immer mit einer Mehrfachalkylierung als Nebenreaktion zu rechnen ist, bietet es sich an, die C–N-Bindung auf einer höheren Oxidationsstufe zu knüpfen. Dies gelingt durch Umsetzung des Amins mit dem entsprechenden Aldehyd (Ethanal) zum Imin, das anschließend zum Amin reduziert werden kann.

Die α,β-ungesättigte Carbonsäure lässt sich an der Doppelbindung weiter in zwei C$_2$-Bausteine zerlegen, die durch eine Kondensationsreaktion miteinander verknüpft werden können. Berücksichtigt man, dass die Carboxylgruppe leicht durch Oxidation einer Aldehydgruppe erhalten werden kann, bietet sich eine Aldolkondensation an, die nur einen Baustein erfordert (Ethanal). Dabei sollte bevorzugt das benötigte E-Isomer entstehen.

Damit lässt sich die folgende Retrosynthese formulieren, die auf nur zwei unterschiedliche, einfache Edukte zurückführt:

Die Synthese des Imins erfolgt typischerweise in schwach saurer Lösung (pH ≈ 4,5–5,5). Das Imin lässt sich im folgenden Schritt mit NaBH$_4$ leicht zum Amin reduzieren. Für die Synthese des Säurebausteins führt man eine Aldolkondensation mit Ethanal (Acetaldehyd) durch; das zunächst gebildete 3-Hydroxybutanal spaltet im Sauren leicht Wasser ab unter Bildung von But-2-enal. Dieses kann durch gängige Oxidationsmittel, wie z. B. Cr$_2$O$_7^{2-}$, zur Carbonsäure oxidiert werden. Zur Knüpfung der Amidbindung muss die Säure aktiviert werden, z. B. durch Bildung des Säurechlorids mit Hilfe von SOCl$_2$ oder PCl$_5$. In Anwesenheit eines tertiären Amins als sogenannte Hilfsbase (zur Bindung freiwerdender Protonen) wird dann im letzten Schritt die Amidbindung zum gewünschten Produkt ausgebildet.

$-\,H_2O$　　　　AE$_N$　　　　NaBH$_4$　　　Reduktion

2　　　$H^{\oplus}$　　　$H^{\oplus}$　　　$+\;H_2O$

Oxidation $\big|$ $Cr_2O_7{}^{2-}$

$+\,SO_2\,+\,HCl$　　　Aktivierung

R_3N　　AE$_N$　　　$+\;R_3\overset{\oplus}{N}{-}H\;\;Cl^{\ominus}$

Lösung 312

Die ungesättigte C$_3$-Kette muss offensichtlich durch eine elektrophile aromatische Substitution eingeführt werden. Da eine Friedel-Crafts-Alkylierung mit einem primären Halogenalkan stets das Problem einer Mehrfachalkylierung sowie von Umlagerungen mit sich bringt, ist es besser, stattdessen eine Friedel-Crafts-Acylierung vorzunehmen. Das hierfür benötigte Carbonsäurechlorid lässt sich aus der Propensäure (Acrylsäure) durch Aktivierung mit SOCl$_2$ oder PCl$_5$ gewinnen. Safrol enthält außerdem ein Acetal. Um diese Funktionalität zu erhalten, müssen die beiden Hydroxygruppen im Edukt mit Methanal (Formaldehyd) reagieren. Um eine Acylierung der Hydroxygruppen im Zuge der Friedel-Crafts-Acylierung zu verhindern, ist es sinnvoll, diese im ersten Schritt durch die Bildung des Acetals zu schützen und anschließend mit Propensäurechlorid in Anwesenheit einer Lewis-Säure zu acylieren. Aus sterischen Gründen kann damit gerechnet werden, dass die Acylierung bevorzugt in *p*- bzw. *m*-Stellung zu den beiden Sauerstoffen erfolgt und nicht in *o*-Position. Im letzten Schritt muss dann die Carbonylgruppe zur Methylengruppe (–CH$_2$–) reduziert werden. Da bei einer unter sauren Bedingungen stattfindenden Clemmensen-Reduktion (vgl. Lösung 303) das Acetal wieder hydrolysiert würde und anschließend erneut gebildet werden müsste, erscheint eine Reduktion unter basischen Bedingungen vorteilhafter. Eine solche ist die sogenannte Wolf-Kishner-Reduktion, die mit Hydrazin in basischer Lösung erfolgt.

Damit ergäbe sich folgende Syntheseroute:

Lösung 313

β-Dicarbonylverbindungen lassen sich durch Kondensation eines Esters mit einem Keton bzw. Aldehyd herstellen. Dabei fungiert die Esterkomponente als Elektrophil, der Aldehyd bzw. das Keton als Nucleophil. Aufgrund ihrer stärker aciden α-H-Atome sind Aldehyde/Ketone leichter enolisierbar. Da sie auch elektrophiler sind als ein Ester, ist als Nebenreaktion mit einer Aldolkondensation zu rechnen. Besitzen beide Carbonylkomponenten jeweils mindestens ein α-H-Atom, können daher im Prinzip vier verschiedene Kondensationsprodukte entstehen. Zu bevorzugen sind daher Kombinationen von Carbonylverbindungen, bei denen ein Partner kein enolisierbares α-H-Atom aufweist. Zudem ist es hilfreich, die Base und den Aldehyd bzw. das Keton, der/das als nucleophiler Partner fungieren soll, langsam tropfenweise zum Ester hinzuzugeben, um die Aldolkondensation möglichst zu unterdrücken.

Für die gezeigte Zielverbindung 1-(4-Methylphenyl)butan-1,3-dion sind die beiden folgenden Paare von Edukten möglich:

Während im Fall **b** beide Komponenten enolisierbar sind (jeweils ein α-H-Atom aufweisen), kann bei der Kombination **a** nur das Keton enolisieren; eine Reaktion des Esters als Nucleophil mit dem Keton ist also nicht möglich. Weg **a** ist daher zu bevorzugen. Um die Kondensation von Aceton mit sich selbst zu unterdrücken wird man, wie oben beschrieben, das Keton (Aceton) und die Base tropfenweise zum Ester hinzufügen, so dass jedes Acetonmolekül, das deprotoniert wird, auf einen großen Überschuss an Ester trifft, während kaum (elektrophilere!) Ketonmoleküle anwesend sind.

Das Produkt besitzt ein relativ acides H-Atom am C-Atom zwischen beiden Carbonylgruppen und wird daher durch die bei der Reaktion entstandenen Alkoholat-Ionen deprotoniert. An die eigentliche Kondensation schließt sich daher noch ein Aufarbeitungsschritt an, bei dem das entstehende mesomeriestabilisierte Anion zum Produkt protoniert wird.

unterdrückt durch tropfenweise Zugabe

mesomeriestabilisiert

Lösung 314

a)

Da für die Veresterung eine möglichst vollständige Umsetzung anzustreben ist (der Alkohol ist verglichen mit dem Acetylierungsmittel das wesentlich wertvollere Edukt!), sollte anstelle der Essigsäure (↔ Gleichgewichtsreaktion) ein reaktiveres Carbonsäurederivat, wie das gezeigte Acetanhydrid oder das Säurechlorid verwendet werden. Es läuft eine typische nucleophile Acylsubstitution über ein tetraedrisches Intermediat ab. Das Acetat-Ion fungiert dabei als gute Abgangsgruppe.

b) Da es keine Hinweise auf eine sterische Hinderung gibt, müssen elektronische Effekte den Ausschlag geben. Die Estergruppe an C-3 des Sterolgerüstes ist offenbar elektrophiler als diejenige, die im ersten Schritt eingeführt worden ist. Der Grund ist die Bindung des Sauerstoffs an einen sp^2-Kohlenstoff; dadurch kann das freie Elektronenpaar des Sauerstoffs nicht nur zum Carbonyl-C-Atom hin delokalisiert werden, sondern auch in das π-Elektronensystem des Diens hinein. Dadurch ist dieses Carbonyl-C-Atom elektronenärmer (elektrophiler) als dasjenige der anderen Estergruppe und wird daher bevorzugt nucleophil angegriffen.

c) Durch Reaktion der Ketogruppe mit Hydroxylamin (H_2N-OH) entsteht ein sogenanntes Oxim. Der Reaktionsablauf ist identisch zur Bildung eines Imins. Nach Addition zum tetraedrischen Zwischenprodukt erfolgt ein Protonentransfer und nachfolgend die Abspaltung von Wasser.

Lösung 315

Nach der elektrophilen Addition von Brom an die Doppelbindung werden im zweiten Schritt beide Bromatome im Zuge einer S_N2-Substitution durch das gute Nucleophil CN^- als Br^- verdrängt. Nitrile können unter drastischen (stark sauren oder stark basischen) Bedingungen hydrolysiert werden; als Zwischenprodukte treten dabei die entsprechenden Amide (hier: Butandisäurediamid) auf.

Lösung 316

a) Mit dem entsprechenden Ethylcuprat (Et_2CuLi) kann folgende Addition formuliert werden. Wässrige Aufarbeitung des Enolats liefert das 3-Ethylcyclohexanon.

b) Aus dem 2-Methylcyclohexanon wird zunächst mit einer starken Base wie dem Ethanolat-Ion das entsprechende Enolat-Ion gebildet. Bei einem unsymmetrischen Keton wie dem 2-Methylcyclohexanon können dabei zwei regioisomere Enolate entstehen; je nach experimentellen Bedingungen erhält man dabei überwiegend das gezeigte stabilere höher substituierte Enolat oder aber (unter „kinetischer Kontrolle" und mit sterisch gehinderten Basen) das weniger substituierte Enolat. Das Enolat fungiert anschließend als Nucleophil in der konjugierten 1,4-Addition (Michael-Addition) an das α,β-ungesättigte Keton. Das zunächst gebildete

Additionsprodukt steht im Gleichgewicht mit einem regioisomeren Enolat; nur dieses kann mit der Carbonylgruppe intramolekular unter Bildung eines Sechsrings reagieren, wogegen das andere Enolat einen gespannten Vierring ergäbe, vgl. Aufgabe 295. Unter sauren Bedingungen wird das entstandene Alkoholat-Ion protoniert und reagiert unter Wasserabspaltung zum α,β-ungesättigten Keton.

Lösung 317

a) Die Rosmarinsäure weist eine olefinische Doppelbindung auf, die *cis-* oder *trans*-konfiguriert sein kann (↔ Diastereomere). Außerdem ist ein Chiralitätszentrum (das C-2-Atom des Milchsäure-Derivats) vorhanden, das im vorliegenden Fall (*R*)-konfiguriert ist. Rosmarinsäure liegt also als Paar von zwei Enantiomeren vor. Insgesamt existieren somit 2·2 = 4 Stereoisomere.

b) Ausgehend von 3,4-Dihydroxybenzaldehyd kann die Kette durch eine Aldolkondensation um die benötigten zwei C-Atome verlängert werden. Das gebildete Aldol dehydratisiert insbesondere unter sauren Bedingungen leicht, da die gebildete Doppelbindung mit dem Aromaten konjugiert ist. Anschließend kann der ungesättigte Aldehyd vorsichtig zur Carbonsäure oxidiert werden, wobei notfalls die beiden *o*-Hydroxygruppen am Aromaten als Acetal vor Oxidation geschützt werden müssten.

Alternativ käme auch die Kopplung mit einem Esterenolat-Anion in Frage, was den Oxidationsschritt sparen würde. Das Produkt könnte dann mit 3-(3,4-Dihydroxyphenyl)milchsäure zur Rosmarinsäure umgeestert werden.

c) Während ja gewöhnliche aromatische Alkohole (ohne Zerstörung des C-Gerüstes) nicht oxidiert werden können, gilt dies nicht für *ortho*- oder *para*-substituierte aromatische Diole. So lässt sich das Hydrochinon (Benzen-1,4-diol) zum *p*-Benzochinon, das Benzen-1,2-diol entsprechend zum *o*-Benzochinon oxidieren. Da das Redoxpotential des Redoxpaares Hydrochinon/Benzochinon von der H$^+$-Konzentration abhängig ist, wird es auch als Elektrode zur pH-Messung eingesetzt (sogenannte „Chinhydron-Elektrode").

Im vorliegenden Beispiel könnte so durch Oxidation, z. B. mit Wasserstoffperoxid, eine Verbindung mit zwei *ortho*-Chinongruppen gebildet werden.

Ox:

Red: $\quad 2\ H_2O_2\ +\ 4\ e^{\ominus}\ +\ 4\ H^{\oplus} \longrightarrow 4\ H_2O$

Redox:

$+\ 2\ H_2O_2 \longrightarrow$

$+\ 4\ H_2O$

Kapitel 14

Lösungen – Einfache Reaktionen mit Naturstoffen

Lösung 318

a) Das Disaccharid Saccharose ist nicht-reduzierend, da an der glykosidischen Bindung die beiden Halbacetalgruppen der Monomere beteiligt sind.

b)

I) Als Produkt der sauren Hydrolyse entsteht ein Gemisch aus α- und β-D-Glucose sowie β-D-Fructose, die im Gleichgewicht mit der jeweiligen offenkettigen Form stehen.

α-glykosidische Bindung

Saccharose
(α-D-Glucopyranosyl-1-->2-β-D-fructofuranose)

$H^{\oplus}$, H_2O

D-Glucopyranose
(Gemisch aus
α- und β-Form)

β-D-Fructofuranose

Durch Natriumborhydrid (NaBH₄) wird die Aldehyd- oder Ketofunktion der offenkettigen Form eines Zuckers zur Hydroxygruppe reduziert. Die Reduktion der Carbonylgruppe der D-Glucose liefert den Polyalkohol D-Glucitol (auch als D-Sorbitol bezeichnet). Die Reduktion der Ketogruppe an C-2 der Fructose erzeugt ein neues Chiralitätszentrum, so dass hierbei zwei epimere Polyalkohole, nämlich D-Mannitol und wiederum D-Glucitol erhalten werden.

$NaBH_4$

D-Glucitol

D-Mannitol

II) Dimethylsulfat ((CH₃)₂SO₄) ist ein gutes Methylierungsmittel (ebenso wie CH₃I). Es methyliert alle freien Hydroxygruppen der Saccharose im Sinne einer S_N2-Substitution zu Methoxygruppen. Die Reaktion entspricht einer Ether-Synthese nach Williamson.

© Der/die Autor(en), exklusiv lizenziert durch
Springer-Verlag GmbH, DE, ein Teil von Springer Nature 2021
R. Hutterer, *Fit in Organik*, Studienbücher Chemie,
https://doi.org/10.1007/978-3-662-64603-8_14

III) Hydroxylamin reagiert mit Carbonylgruppen der offenkettigen Form von Aldosen und Ketosen zu einem Oxim. Da Saccharose als Vollacetal jedoch nicht im Gleichgewicht mit einer offenkettigen Form steht (und demnach auch keine reduzierenden Eigenschaften aufweist, vgl. a)), kommt es zu keiner Reaktion mit NH_2OH.

Lösung 319

Wie sich anhand von Molekülmodellen leicht verifizieren lässt, führt bei einer Fischer-Projektion jeder einfache Platztausch von zwei Substituenten zur Darstellung des Spiegelbilds (d. h. des Enantiomers zur ursprünglichen Verbindung). Bei zweimaligem Platztausch erhält man wieder die ursprüngliche absolute Konfiguration. In gleicher Weise führt die Drehung einer Fischer-Projektion in der Papierebene um 90° zur Darstellung des Enantiomers, eine Drehung um 180° lässt die Verbindung unverändert. Auf die gezeigten Fischer-Projektionen angewandt identifiziert man so nach zweifachem Platztausch **a** als D-Glycerolaldehyd, Drehung von **b** um 180° ergibt die gängige Projektion der D-Glucose und zweifacher Platztausch an beiden Chiraltätszentren von **c** liefert die D-Erythrose.

D-Glycerolaldehyd

D-Glucose

D-Erythrose

Lösung 320

a) Epimere sind Diastereomere, die sich nur in der Konfiguration an genau einem asymmetrischen C-Atom unterscheiden. Mannose und Galaktose sind zwei Epimere der Glucose.

b) Die primäre OH-Gruppe wird weniger leicht oxidiert als die Halbacetalgruppe. Während mit einem milden Oxidationsmittel wie Cu^{2+} bevorzugt die Halbacetalgruppe zum Lacton oxidiert wird, werden durch ein starkes Oxidationsmittel (wie HNO_3) beide Gruppen oxidiert. Eine selektive Oxidation der primären OH-Gruppe ist nur durch Einführung von Schutzgruppen oder durch ein selektives Enzym zu bewerkstelligen.

c) Die Bildung der glykosidischen Bindung verläuft unter Säurekatalyse. Dabei muss die OH-Gruppe des Halbacetals als H_2O abgespalten werden ($\rightarrow$ mesomeriestabilisiertes Oxocarbenium-Ion), bevor der Alkohol (2-Isopropyl-5-methylphenol) als Nucleophil angreifen kann.

Lösung 321

Da Melibiose reduzierend ist und Mutarotation zeigt, muss sie eine freie Halbacetalgruppe aufweisen. Aufgrund der Hydrolyseprodukte muss sie Galaktose und Glucose enthalten. Da die glykosidische Bindung durch eine α-Galaktosidase gespalten wird, muss die Galaktose in α-Konfiguration am nicht-reduzierenden Ende vorliegen. Dies bestätigt die dritte Eigenschaft.

Melibiose

Das Monomer mit der freien Halbacetalgruppe muss Glucose sein, da sie bei der Oxidation zu Gluconsäure oxidiert wird.

Eine mögliche Struktur mit 1→4-Verknüpfung ist nebenstehend gezeigt.

Lösung 322

a) Die beiden Formen unterscheiden sich durch die Stellung der OH-Gruppe am anomeren C-Atom (= C-1 in der offenkettigen Aldehydform). In der α-Form steht die OH-Gruppe an C-1 *trans* zur CH_2OH-Gruppe, in der β-Form *cis*.

b) Es handelt sich um Diastereomere, da sie gleiche Konstitution besitzen, sich aber nicht wie Bild und Spiegelbild verhalten.

c) $[\alpha\,(\beta\text{-DGl})] = 19° \text{ mL g}^{-1} \text{ dm}^{-1}$

$\alpha\,(t=0)\,(\beta\text{-DGl}) = [\alpha\,(\beta\text{-DGl})] \cdot \text{Massenkonzentration} \cdot \text{Schichtdicke} =$

$= 19° \text{ mL g}^{-1} \text{ dm}^{-1} \cdot 7,5 \dfrac{\text{g}}{50 \text{ mL}} \cdot 1 \text{ dm} = 2,85°$

d) spezifischer Drehwinkel des Gleichgewichtsgemisches $[\alpha_{\text{Gleich}}]$:

$$[\alpha\,(\text{Gleich})] = \frac{\alpha\,(\text{Gleich})}{\text{Massenkonzentration} \cdot \text{Schichtdicke}}$$

$$= \frac{7,65°}{0,15 \text{ g mL}^{-1} \cdot 1 \text{ dm}} = 51° \text{mL g}^{-1} \text{ dm}^{-1}$$

$[\alpha_{\text{Gleich}}] = \chi\,(\alpha\text{-DGl})\,[\alpha(\alpha\text{-DGl})] + \chi\,(\beta\text{-DGl})\,[\alpha\,(\beta\text{-DGl})] =$

$= \chi\,(\alpha\text{-DGl}) + (1 - \chi\,(\alpha\text{-DGl}))\,[\alpha\,(\beta\text{-DGl})]) =$

$= \chi\,(\alpha\text{-DGl})\,([\alpha(\alpha\text{-DGl})] - [\alpha\,(\beta\text{-DGl})]) + [\alpha\,(\beta\text{-DGl})]$

$\chi\,(\alpha\text{-DGl}) = \dfrac{[\alpha_{\text{Gleich}}] - [\alpha\,(\beta\text{-DGl})]}{([\alpha(\alpha\text{-DGl})] - [\alpha\,(\beta\text{-DGl})])} = \dfrac{51-19}{111-19} = 0,348$

Der Anteil an α-D-Glucose im Gleichgewicht beträgt 34,8 %, der an β-D-Glucose 65,2 %.

Lösung 323

a) Zu jeder optisch aktiven Verbindung gibt es stets genau ein Enantiomer; die beiden Enantiomere haben an allen Chiralitätszentren entgegengesetzte Konfiguration. So weist das C-2-Atom der (−)-Arabinose (*S*)-Konfiguration auf; C-3 ist (*R*)- und C-4 ebenfalls (*R*)-konfiguriert. Entsprechend ist das rechts gezeigte Enantiomer, die (+)-Arabinose, die Verbindung (2*R*,3*S*,4*S*)-2,3,4,5-Tetrahydroxypentanal. Ein weiteres Enantiomer ist definitionsgemäß nicht möglich.

b) Diastereomere unterscheiden sich in nicht allen Chiralitätszentren. Weist ein Molekül beispielsweise zwei Chiralitätszentren mit (S)-Konfiguration auf, so existieren zwei
Diastereomere, bei denen jeweils eines der beiden Chiralitätszentren (R)-konfiguriert ist.

Ein Diastereomer zur gezeigten Arabinose ist deshalb die
Verbindung ($2R$,$3R$,$4R$)-2,3,4,5-Tetrahydroxypentanal; es
existieren aber noch weitere Diastereomere, z. B. mit
($2S$,$3R$,$4S$)-Konfiguration.

($2R$,$3R$,$4R$) ($2S$,$3R$,$4S$)

c) Zwei zueinander enantiomere Verbindungen zeigen für linear polarisiertes Licht stets den
gleichen Betrag des Drehwinkels, aber unterschiedliche Drehrichtung. Die (+)-Arabinose
wird daher einen spezifischen Drehwinkel von +105° haben.

d) Zwei Diastereomere weisen dagegen (von zufälliger Übereinstimmung abgesehen) betrags-
mäßig unterschiedliche Drehwinkel auf; auch die Drehrichtung lässt sich nicht vorhersagen.
Die spezifische Drehung der beiden in b) gezeichneten Diastereomere ist daher nicht aus der
bekannten Drehung der (–)-Arabinose ableitbar.

e) Ein optisch inaktives Diastereomer zur (–)-Arabinose müsste eine Spiegelebene aufweisen;
dies wäre nur möglich, wenn sich an C-1 und C-5 dieselben funktionellen Gruppen befinden.

Lösung 324

a) Die Umsetzung von Chitin zu Chitosan gelingt durch basische Hydrolyse der Carbonsäure-
amidbindungen. Eine saure Hydrolyse könnte hingegen auch die glykosidischen Bindungen
spalten; in basischer Lösung sind die Vollacetalgruppen dagegen stabil.

b) Chitosan weist pro Monomer eine basische primäre Aminogruppe auf. Es liegt daher im
physiologischen pH-Bereich als Polykation vor.

c) Benzaldehyd ist eine elektrophile Verbindung. Mit Alkoholen kann es zur Bildung von
Halb- und Vollacetalen kommen, mit primären Aminen zur Bildung von Iminen. Da die Aminogruppe (im deprotonierten Zustand!) gegenüber den ebenfalls im Chitosan vorhandenen
primären und sekundären OH-Gruppen das stärkere Nucleophil darstellt, läuft bevorzugt die
Bildung des Imins ab, wenn die pH-Bedingungen so gewählt werden, dass ausreichend un-
protonierte NH$_2$-Gruppen vorliegen. Da diese durch die Iminbildung verbraucht werden,
verschiebt sich das Protonierungsgleichgewicht im Zuge der Reaktion auf die Seite der freien
NH$_2$-Gruppen. Es ist also nicht erforderlich, dass bereits zu Beginn der Reaktion alle NH$_2$-
Gruppen in unprotonierter Form vorliegen.

Lösung 325

a) Die hellblaue Cu^{2+}-Lösung verfärbt sich orangerot infolge der Reduktion zu Cu_2O, das als schwerlöslicher Niederschlag ausfällt.

b)

$$2\ Cu^{2+} + 2\ e^{\ominus} + 2\ ^{\ominus}OH \longrightarrow Cu_2O + H_2O$$

α-D-Glucopyranose $+ 2\ Cu^{2+} + 4\ ^{\ominus}OH \longrightarrow$ Gluconolacton $+ 3\ H_2O$

c) Eine positive Fehling-Probe setzt das Vorhandensein einer reduzierend wirkenden Aldehyd- oder Halbacetalgruppe voraus. Ist diese dagegen zu einem Vollacetal derivatisiert, ist keine reduzierende Wirkung zu beobachten. Dies ist der Fall für α-Methylglucopyranosid, sowie die Disaccharide Trehalose (1,1-glykosidische Bindung zwischen zwei Molekülen Glucose) und Saccharose (1,2-glykosidische Bindung zwischen Glucose und Fructose). In Polysacchariden wie der Stärke liegt neben vielen Vollacetalgruppen zwar ein sogenanntes reduzierendes Ende mit einer Halbacetalgruppe vor, im Vergleich zu einer Lösung eines Monosaccharids mit vergleichbarer Stoffmengenkonzentration ist die Konzentration an reduzierenden Enden in der Stärkelösung aber so gering, dass die Reaktion mit bloßem Auge nicht mehr detektierbar ist.

d) Raffinose weist die folgende Struktur auf:

Das Trisaccharid enthält zwei Vollacetalgruppen, dagegen (ebenso wie auch die Saccharose) keine Halbacetalgruppe. Es handelt sich also um einen nicht-reduzierenden Zucker.

Lösung 326

Die optische Reinheit beträgt offensichtlich nur $6°/24° = 0{,}25 = 25\,\%$. Ein Viertel der Probe ist reines (S)-Enantiomer, die restlichen drei Viertel bilden ein Racemat (optische Drehung = 0). Geht man z. B. von acht Anteilen aus, so entfallen zwei davon auf das reine (S)-Enantiomer und sechs auf das Racemat (drei Teile (R)- und drei Teile (S)-Enantiomer). Die beiden Enantiomere liegen also im Verhältnis 5:3 vor, d. h. 62,5 % sind das (S)-Enantiomer, 37,5 % das (R)-Enantiomer.

Lösung 327

a) In der Glucose nehmen die OH-Gruppen an den C-Atomen 2–5 sowie die CH_2OH-Gruppe äquatoriale Positionen ein. Die anomere OH-Gruppe an C-1 steht in der α-D-Glucose axial, in der β-D-Glucose äquatorial. Die Halbacetalgruppe wird leicht zum Lacton (cyclischer Ester) oxidiert.

b)

Lösung 328

a) Das Glykosid Salicin ist β-konfiguriert und setzt sich aus einem Molekül β-D-Glucose und dem Salicylalkohol (2-Hydroxymethylphenol) zusammen.

b) Die primäre Hydroxygruppe des Glucose-Rests muss zur Carbonsäure oxidiert und die glykosidische Bindung hydrolytisch gespalten werden. Da die Halbacetal- bzw. Aldehydgruppe von freier Glucose leichter oxidiert würde als die primäre Hydroxygruppe, sollte die Oxidation vor der Hydrolyse des Glykosids erfolgen. Um eine Hydrolyse bereits während der Oxidation zu verhindern, sollte die Oxidation nicht bei saurem pH-Wert stattfinden.

c) UDP-Glucuronsäure spielt eine wichtige Rolle im Fremdstoffmetabolismus bei sogenannten Phase-II-Reaktionen, d. h. bei der Kopplung wenig wasserlöslicher Verbindungen an Glucuronsäure zur Verbesserung der Löslichkeit und Erleichterung der Ausscheidung, z. B. mit dem Urin.

d) Salicylalkohol muss zur Salicylsäure oxidiert und diese anschließend unter Bildung von Acetylsalicylsäure („Aspirin") acetyliert werden. Für die Oxidation kommen die typischen gängigen Oxidationsmittel in Frage, wie z. B. H_2O_2 oder $Cr_2O_7^{2-}$; für die Acetylierung eignet sich Essigsäureanhydrid oder -chlorid.

Die Wirkung der Acetylsalicylsäure beruht primär auf einer Hemmung des Enzyms Cyclooxygenase durch Übertragung der Acetylgruppe auf einen Serin-Rest im aktiven Zentrum des Enzyms. Dadurch wird der von der Cyclooxygenase katalysierte erste Schritt der Bildung von Prostaglandinen aus Arachidonsäure gehemmt.

Lösung 329

Gezeigt ist als eines von vielen möglichen Beispielen das Tripeptid Glu–Ala–Lys mit der sauren Aminosäure Glutaminsäure, dem neutralen Alanin und der basischen Aminosäure Lysin, jeweils in der in Proteinen vorkommenden (*S*)-Konfiguration. Der N-Terminus sowie die basische Seitenkette von Lysin sind bei sauren pH-Werten positiv geladen, auch die Carbonsäuregruppen liegen undissoziiert vor.

Lösung 330

a) Zusätzlich zu den beiden hydrolysierbaren Peptidbindungen liegt eine Thioesterbindung vor; die freie SH-Gruppe im Glutathion ist mit Methansäure (Ameisensäure) acyliert.

b) Bei der alkalischen Hydrolyse der drei mit einem Pfeil markierten Bindungen im *S*-Formylglutathion entstehen vier Produkte. Bei hohen pH-Werten liegt auch die Thiolgruppe in der Seitenkette von Cystein deprotoniert vor.

c) Es entsteht dabei ein Thiohalbacetal. Im zweiten Schritt muss eine Oxidation zum Thioester erfolgen.

Lösung 331

a) Das Peptid enthält eine große Zahl saurer Aminosäuren (Glu, Asp) und nur einige wenige basische (His, Lys). Der isoelektrische Punkt ist daher im sauren pH-Bereich zu erwarten.

b) Tyrosin muss acetyliert werden; dazu eignet sich als Reagenz Acetylchlorid (reaktives Carbonsäurederivat). Die C-terminale Aminosäure Phenylalanin muss in das Carbonsäureamid überführt werden.

Hierzu muss Phenylalanin zunächst aktiviert werden (z. B. in Form des Anhydrids oder Carbonsäurechlorids – es gibt auch zahlreiche weitere Methoden zur Kopplung von Amidbindungen mit speziellen Reagenzien, auf die hier nicht näher eingegangen wird) und dann mit NH$_3$ umgesetzt werden. Diese beiden Reaktionen müssen vor dem Aufbau des Peptids erfolgen, da in den Seitenketten der Aminosäuren sowohl NH$_2$-Gruppen vorkommen (die anstelle des N-Terminus acetyliert werden könnten), als auch viele Carboxylatgruppen, die anstelle des C-Terminus reagieren könnten.

N-Terminus:

C-Terminus:

Lösung 332

a)

Die Synthese des Peptids erfolgt an einer Festphase unter Verwendung der entsprechend geschützten bzw. zusätzlich glykosylierten Aminosäuren. Für die Cyclisierung des Peptids muss eine weitere Amidbindung geknüpft werden; dazu muss die Carboxylgruppe der C-terminalen Aminosäure aktiviert werden. Dies geschieht in der Peptidchemie häufig durch Reaktion mit einem Carbodiimid (wie dem gezeigten Dicyclohexylcarbodiimid, DCC) oder durch Umwandlung in einen sogenannten „Aktivester", der eine gute Abgangsgruppe enthält und von der primären Aminogruppe des N-Terminus leicht angegriffen werden kann. Dies erfüllt denselben Zweck wie die bekannte Aktivierung zum Säurechlorid, erlaubt aber wesentlich mildere Reaktionsbedingungen.

Dicyclohexylharnstoff

b) Für die Ausbildung einer N-glykosidischen Bindung kommen im Tyrocidin prinzipiell die Aminosäuren Asparagin, Glutamin und Ornithin in Frage, die jeweils einen Stickstoff in der Seitenkette aufweisen. In der Natur findet man N-glykosidische Bindungen stets unter Beteiligung von Asparagin; O-glykosidische Bindungen werden von Serin oder Threonin gebildet.

Im 2-N-Acetylglucosamin ist die OH-Gruppe an Position 2 der Glucose durch eine acetylierte Aminogruppe ersetzt, dementsprechend liegt die nebenstehend gezeigte Struktur vor:

Lösung 333

a) Die Oxidationsteilgleichung für die Hydroxylierung des Aromaten lautet:

b) Die Decarboxylierung (Abspaltung von CO_2) liefert das biogene Amin Dopamin. Dieses wird benachbart zum aromatischen Ring hydroxyliert. Diese Reaktion zum Noradrenalin wird im Organismus durch eine Hydroxylase unter Beteiligung von Ascorbat und Sauerstoff katalysiert. Der letzte Schritt ist eine nucleophile Substitution (ein kleiner Teil der Aminogruppe liegt deprotoniert vor), bei der im Organismus das *S*-Adenosylmethionin als Methyl-Donor (Elektrophil) fungiert. Hier ist als Methyl-Donor vereinfachend Iodmethan (CH_3–I) gezeigt.

c) Für die Acetylierung wird ein reaktives Essigsäure-Derivat wie das gezeigte Carbonsäure-chlorid benötigt. Als Hilfsbase fungiert ein tertiäres Amin, das selbst (mangels eines abspalt-baren H-Atoms) nicht acyliert werden kann. Es bindet die freiwerdenden H^+-Ionen und ver-hindert so eine Protonierung der sekundären Aminogruppe im Adrenalin.

Lösung 334

a) Bei der säurekatalysierten Hydrolyse wird die Amidbindung gespalten. Die H^+-Ionen erhö-hen die Elektrophilie des Carbonyl-C-Atoms und ermöglichen so erst den Angriff des schwa-chen Nucleophils Wasser. Unter sauren Reaktionsbedingungen liegt das entstehende Amin in protonierter Form vor.

2,4-Dihydroxy-3,3-dimethylbutansäure

3-Aminopropanol
(hier: protoniert)

b) Es werden zwei primäre Hydroxygruppen zur Carbonsäure und eine sekundäre Hydroxygruppe zum Keton oxidiert:

c) / d)

Hier soll nur eine der beiden primären Hydroxygruppen oxidiert werden. Da beide OH-Gruppen gegenüber gängigen chemischen Oxidationsmitteln sehr ähnliche Reaktivität aufweisen, ist eine solche Selektivität im Labor schwer zu erreichen. Enzyme sind dagegen oftmals in der Lage, selektiv nur eine von zwei Gruppen ähnlicher Reaktivität umzusetzen.

Im folgenden Schritt wird eine Amidbindung geknüpft. Wie in der Aufgabenstellung erwähnt, muss die neu entstandene Carboxylgruppe dafür in geeigneter Weise aktiviert werden, z. B. durch Überführung in ein gemischtes Carbonsäure-Phosphorsäure-Anhydrid.

Die aktivierte Carbonsäure reagiert dann mit 2-Aminoethanthiol zum Amid. Auch diese Reaktion würde im Labor nicht so glatt ablaufen, da auch die SH-Gruppe ein sehr gutes Nucleophil ist, so dass die Bildung des Thioesters mit der Amidbildung konkurriert (und vermutlich sogar überwiegen würde). Im letzten Schritt wird die freie primäre Hydroxygruppe zum Phosphorsäureester umgewandelt.

Pantothensäure

Lösung 335

a) Die Oxidationsgleichung für die Hydroxylierung lautet:

b) Das 5-Hydroxytryptophan bildet mit dem Coenzym Pyridoxalphosphat ein Imin; aus dem Adjukt wird dann CO_2 abgespalten. Das entstehende 5-Hydroxytryptamin (Serotonin) wird an der nucleophilen primären Aminogruppe acetyliert. Im letzten Schritt erfolgt die Übertragung der Methylgruppe auf die aromatische OH-Gruppe.

5-Hydroxytryptophan

1. Decarboxylierung
2. Hydrolyse

$- CO_2$

Serotonin

HSCoA +

Acetylierung

CH_3-X

+ HX

Melatonin

Lösung 336

a)

b) Die Primärstruktur des humanen Peptids Oxytocin besteht aus neun Aminosäuren mit der Sequenz Cys–Tyr–Ile–Gln–Asn–Cys–Pro–Leu–Gly. Die Peptidbindungen sind jeweils fett (schwarz) hervorgehoben; ebenso die Disulfidbrücke (orange), die von den beiden Cysteinresten (unter Oxidation) ausgebildet wird und zum Ringschluss führt. Prinzipiell könnte der Ringschluss auch durch Ausbildung einer der Peptidbindungen zwischen zwei Peptidfragmenten erfolgen, die über die beiden Cysteinreste miteinander verbunden sind.

Lösung 337

Der erste Schritt ist eine Oxidation, im zweiten Schritt wird die verbliebene primäre OH-Gruppe mit Phosphorsäure (bzw. Dihydrogenphosphat) verestert.

Lösung 338

a) Es handelt sich um eine einfache alkalische Esterhydrolyse. Die hydrolysierbaren Bindungen sind durch Pfeile gekennzeichnet:

b) Die Phosphorsäureanhydridbindung wird durch den nucleophilen Angriff der OH-Gruppe der Carboxylgruppe gespalten; dabei wird Diphosphat abgespalten und das gemischte Anhydrid aus Hexansäure und Adenosylmonophosphat (AMP) gebildet.

c) AMP ist eine gute Abgangsgruppe und wird von dem guten Nucleophil HS-CoA in einer nucleophilen Acylsubstitution unter Bildung des Thioesters verdrängt.

Lösung 339

a) Die beiden Verbindungen sind Konstitutionsisomere, da sie sich in der Stellung der Doppelbindung unterscheiden, aber die gleiche Summenformel aufweisen.

b)   I) Oxidation (Dehydrierung, d. h. – 2 H) zum Aromaten

II) Decarboxylierung

c) Hierbei entsteht eine neue C=C-Doppelbindung, so dass aus dem Dien ein aromatischer Ring entsteht, sowie eine Carbonylgruppe. Insgesamt werden dabei sechs Elektronen frei.

Lösung 340

a) Es bildet sich eine Phospholipiddoppelschicht. Hierbei sind die hydrophilen Kopfgruppen nach außen zum Wasser hin orientiert, während die hydrophoben Alkylketten den Kontakt zu Wasser meiden. Gegenüber einzelnen solvatisierten Phospholipidmolekülen ergibt sich so eine starke Zunahme der Entropie durch die freigesetzten Wassermoleküle, was als Triebkraft zur Ausbildung der Doppelschicht wirkt („hydrophober Effekt").

hydrophile Kopfgruppen

lipophile Fettsäureketten

b) Die Verbindung enthält zwei Carbonsäure- und zwei Phosphorsäureesterbindungen (Pfeile), die hydrolysiert werden können.

The chemical structures section showing the hydrolysis reaction with products:

$$+ 5 \ OH^{\ominus} \longrightarrow$$

Products: Glycerol (with structure CH_2-OH, H-C-OH, CH_2-OH), + HO-CH_2CH_2-NH_2 Ethanolamin + $PO_4^{3\ominus}$

Linolat

Oleat

c) Die Stoffmengenverhältnisse ergeben sich aus den entsprechenden Redoxgleichungen:

$$Br_2 + 2\,I^- \rightleftharpoons 2\,Br^- + I_2$$

$$I_2 + 2\,S_2O_3^{2-} \rightleftharpoons 2\,I^- + S_4O_6^{2-}$$

$$\rightarrow n(Br_2)\,/\,n(S_2O_3^{2-}) = 1\,/\,2$$

Aus dem Titrationsergebnis für Probe und Blindprobe kann auf die umgesetzte Stoffmenge an Brom geschlossen werden.

$$\Delta V\,(S_2O_3^{2-}) = 12{,}0 \ mL \ \rightarrow \Delta n = c \cdot \Delta V = 6{,}0 \ mmol$$

$$\rightarrow n\,(I_2) = n\,(Br_2)_{\text{addiert}} = \tfrac{1}{2}\,\Delta n\,(S_2O_3^{2-}) = 3{,}0 \ mmol$$

Das Phospholipid enthält drei Doppelbindungen $\rightarrow n\,(\text{Lipid}) = 1/3 \ n\,(Br_2)_{\text{addiert}} = 1{,}0 \ mmol$

$$\rightarrow m = n \cdot M = 1{,}0 \ mmol \cdot 741 \ mg/mmol = 741 \ mg$$

Lösung 341

a)   a: 1 / b: 2 / c: 0 / d: 3 / e: 1 / f: 1 / g: 2 / h: 1 /
       i: 0 / k: 3 / l: 1 / m: 2 / n: 1

b) Die *cis*-Verknüpfung der Ringe A und B führt zu einem „Knick" im Gonangerüst:

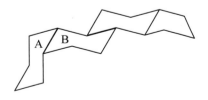

c)

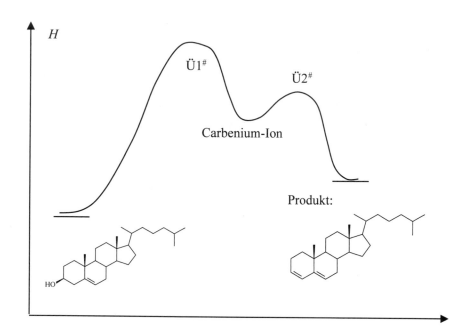

Da es sich um einen sekundären Alkohol handelt und keine starke Base anwesend ist, ist eine E1-Eliminierung zu erwarten, bei der als Zwischenprodukt ein Carbenium-Ion auftritt. Um dieses lokale Minimum zu erreichen, muss zunächst die Aktivierungsenthalpie überwunden werden. Diese wird durch H^+-Ionen der Schwefelsäure erheblich herabgesetzt, indem aus der schlechten Abgangsgruppe OH^- die viel bessere Abgangsgruppe Wasser gebildet wird. Es wird bevorzugt das stabilere konjugierte Dien gebildet.

d)

- Umsetzung einer Probe bzw. einer Blindprobe bekannter Stoffmenge mit einem Überschuss an Brom-Lösung

- Überführung überschüssigen Broms mit Iodid in eine äquivalente Stoffmenge Iod

- Titration des ausgeschiedenen Iods mit Thiosulfat-Lösung bekannter Konzentration

- Aus der addierten Stoffmenge an Brom kann dann auf die Anzahl an Doppelbindungen geschlossen werden.

$$Br_2 + 2\,I^- \rightleftharpoons 2\,Br^- + I_2$$

$$I_2 + 2\,S_2O_3^{2-} \rightleftharpoons 2\,I^- + S_4O_6^{2-}$$

$$\rightarrow n(Br_2) \,/\, n(S_2O_3^{2-}) = 1\,/\,2$$

e)

$$\Delta V\,(\mathrm{S_2O_3^{2-}}) \;=\; V\,(\mathrm{S_2O_3^{2-}},\,\mathrm{Prod.}) - V\,(\mathrm{S_2O_3^{2-}},\,\mathrm{Chol}) = 30{,}0\ \mathrm{mL} - 7{,}5\ \mathrm{mL} = 22{,}50\ \mathrm{mL}$$

$$\rightarrow\ \Delta n\,(\mathrm{S_2O_3^{2-}}) \;=\; \Delta V\,(\mathrm{S_2O_3^{2-}}) \cdot c\,(\mathrm{S_2O_3^{2-}}) \;=\; 22{,}50\ \mathrm{mL} \cdot 0{,}040\ \mathrm{mol/L} = 9{,}0{\cdot}10^{-4}\ \mathrm{mol}$$

$$\rightarrow\ \Delta n\,(\mathrm{I_2})_{\mathrm{addiert}} \;=\; \tfrac{1}{2}\,\Delta n\,(\mathrm{S_2O_3^{2-}}) \;=\; 4{,}5{\cdot}10^{-4}\ \mathrm{mol} \;=\; n\,(\mathrm{Produkt})$$

Cholesterol enthält eine Doppelbindung, an die Iod addiert werden kann, das Dehydratisierungsprodukt dagegen zwei. Die nach Dehydratisierung zusätzlich addierte Stoffmenge an Iod ($\Delta n\,(\mathrm{I_2})_{\mathrm{addiert}}$) entspricht somit der Stoffmenge des gebildeten Produkts. Die prozentuale Ausbeute beträgt somit

0,45 mmol / 0,75 mmol = 60 %.

Lösung 342

a) Es handelt sich offensichtlich um eine Reduktion der Ketogruppe an Position 11 zum sekundären Alkohol. Da außer Carbonylgruppen auch noch eine C=C-Doppelbindung vorhanden ist, die reduziert werden könnte, ist die Reaktion chemoselektiv. Gleichzeitig wird nur eine von drei möglichen Carbonylgruppen reduziert, d. h. die Reduktion verläuft auch regioselektiv. Schließlich erfolgt die Reduktion so, dass das neu entstehende Chiralitätszentrum mit (S)-Konfiguration entsteht: die Reduktion verläuft diastereoselektiv.

Im Labor wäre dieses Maß an Selektivität nicht leicht zu erreichen. Es ist zwar kein Problem, Carbonylgruppen selektiv gegenüber Alkenen zu reduzieren (z. B. mit NaBH$_4$); die erforderliche Regioselektivität wäre aber bereits wesentlich schwieriger zu erreichen. Eine gewisse Diastereoselektivität wäre zwar aufgrund der chiralen Umgebung im Molekül zu erwarten; für eine hochgradig diastereoselektiv verlaufende Reduktion wäre aber vermutlich ein spezielles Reduktionsmittel oder ein spezieller chiraler Katalysator erforderlich.

b) Das synthetisch hergestellte Cortisonacetat wird nach oraler Verabreichung schnell resorbiert, da es hydrophober ist als das Cortison. Nach der Hydrolyse zu Cortison wird in der Leber daraus das biologisch aktive Cortisol gebildet.

Lösung 343

a) Der obere Fünfring stellt ein Harnstoff-Derivat dar (ein Diamid der Kohlensäure), der untere Ring enthält einen Thioether (= Sulfid).

b) Die Aktivierung kann z. B. durch Überführung in das Carbonsäurechlorid erfolgen. Dieses reagiert dann mit der Aminogruppe von Lysin zum Amid. *In vivo* werden Carboxylatgruppen häufig mit Hilfe von ATP aktiviert, wobei unter Abspaltung von PP$_i$ ein gemischtes Anhydrid aus der Carbonsäure und AMP entsteht.

c) Die Carboxylierung des Biotinyl-Enzyms ist eine nucleophile Additionsreaktion der NH-Gruppe an CO_2. Dieses wird intermediär durch ATP zu Carboxyphosphat aktiviert.

Beim Produkt handelt es sich um ein Carbamat.

Lösung 344

a) Es liegt ein Vollacetal (glykosidische Bindung) sowie ein Schwefelsäureester vor.

Bei der Hydrolyse entstehen Glucose, Schwefelsäure und die 3,4,5-Trihydroxybenzoesäure (Gallussäure).

b) Es muss v. a. mit Regioselektivitätsproblemen gerechnet werden. Die Gallussäure (3,4,5-Trihydroxybenzoesäure) besitzt drei OH-Gruppen, die mit ähnlicher Wahrscheinlichkeit die glykosidische Bindung mit Glucose ausbilden könnten. Die primäre CH_2OH-Gruppe der Glucose ist zwar reaktiver als die übrigen sekundären OH-Gruppen, dennoch ist auch hier die Reaktion ohne zusätzliche Maßnahmen (wie Einführung von Schutzgruppen) kaum regioselektiv zu gestalten.

c) Durch säurekatalysierte Umsetzung mit 1-Propanol entsteht der entsprechende Propylester. Selbstverständlich ist es auch hier möglich, die Carbonsäure zunächst in ein reaktives Carbonsäurederivat zu überführen, um einen vollständigeren Reaktionsablauf zu erreichen. Das Produkt kann im Prinzip zu einem *ortho*-chinoiden System oxidiert werden.

Lösung 345

a) Bei der Reduktion werden zwei Elektronen und zwei Protonen aufgenommen:

b) Bei dem Monomer handelt es sich um Isopren (2-Methyl-1,3-butadien); es ist aus der folgenden Reaktionsgleichung ersichtlich.

c) Zur Initiation der Polymerisation ist ein Startmolekül erforderlich. Dies kann z. B. ein Elektrophil sein, das die Doppelbindung im 2-Methyl-1,3-butadien angreift und dadurch ein positiv geladenes Zwischenprodukt (ein Carbenium-Ion) erzeugt. Als Terminationsreaktion bei einer kationischen Polymerisation kommt allgemein der Verlust eines H^+-Ions oder die Addition eines Nucleophils in Frage.

Lösung 346

a) Die Hydrolyse sollte unter basischen Bedingungen ausgeführt werden, da der letzte Schritt der Esterhydrolyse (Säure-Base-Reaktion zwischen Carbonsäure und Alkoholat-Ion) dann irreversibel verläuft. Anschließend muss das Reaktionsgemisch schwach angesäuert werden, um die freien Carbonsäuren zu erhalten.

b) Durch säurekatalysierte Addition von H_2O an die Δ^{12}-Doppelbindung der Linolsäure entsteht die Ricinolsäure:

Als Nebenprodukte können entstehen:

13-Hydroxy-Δ^9-Octadecensäure, 9- bzw. 10-Hydroxy-Δ^{12}-Octadecensäure sowie

9,12- / 9,13- / 10,12- bzw. 10,13-Dihydroxyoctadecansäure

c) Die Stoffmengenverhältnisse ergeben sich aus den entsprechenden Redoxgleichungen:

$$Br_2 + 2\,I^- \rightleftharpoons 2\,Br^- + I_2$$

$$I_2 + 2\,S_2O_3^{2-} \rightleftharpoons 2\,I^- + S_4O_6^{2-}$$

$$\rightarrow n(Br_2) / n(S_2O_3^{2-}) = 1/2$$

$$\Delta V\,(S_2O_3^{2-}) = 60\ \text{mL} \rightarrow \Delta n = c \cdot \Delta V = 0{,}024\ \text{mol}$$

$$\rightarrow n\,(I_2) = n\,(Br_2)_{\text{addiert}} = \tfrac{1}{2}\,\Delta n\,(S_2O_3^{2-}) = 0{,}012\ \text{mol}$$

$$n\,(\text{Linolsäure}) = 2{,}8\ \text{g} / 280\ \text{g mol}^{-1} = 0{,}010\ \text{mol}$$

Wäre die Reaktion (Addition von Wasser an eine Doppelbindung) gar nicht abgelaufen, wären noch 0,020 mol Doppelbindungen vorhanden; es wären dann 0,020 mol Br_2 addiert worden. Wäre die Reaktion dagegen vollständig zu Ricinolsäure (bzw. den anderen konstitutionsisomeren Hydroxysäuren) abgelaufen, wären nur noch 0,010 mol Doppelbindungen vorhanden. Bezeichnet man mit x die umgesetzte Stoffmenge, so gilt daher:

$$(0{,}010 \text{ mol} - \text{x}) \cdot 2 + \text{x} = 0{,}012 \text{ mol} = n \, (Br_2)_{\text{addiert}}$$

$$0{,}020 \text{ mol} - \text{x} = 0{,}012 \text{ mol} \rightarrow \text{x} = 0{,}0080 \text{ mol}$$

$$\rightarrow \text{Ausbeute} = 0{,}0080 \text{ mol} / 0{,}010 \text{ mol} = 80\,\%$$

Lösung 347

Aus der folgenden Abbildung sind die einzelnen Komponenten ersichtlich, die (*formal!*) unter Abspaltung von zwei Molekülen Wasser zum Pantethein verknüpft werden können.

2,4-Dihydroxy-3,3-dimethylbutansäure   β-Alanin   Cysteamin

Pantethein

Lösung 348

a) Die Verbindung **2**, ein Sulfid, kann durch eine Oxidation in das Sulfoxid **1** überführt werden. Die Verbindungen **4** und **5** sind Konstitutionsisomere; sie unterscheiden sich in der Stellung der Doppelbindung.

b) Die Aminosäure Cystein verfügt über eine nucleophile SH-Gruppe, die durch ein geeignetes Elektrophil (hier ein Allylhalogenid) alkyliert werden kann. Im zweiten Schritt muss dann die unter a) erwähnte Oxidation erfolgen.

Wählt man den pH-Wert so, dass Cystein überwiegend in der zwitterionischen Form vorliegt, so sollte die mögliche Alkylierung der Aminogruppe als Nebenreaktion kaum eine Rolle spielen.

Um im zweiten Schritt eine Oxidation der Aminogruppe zu verhindern, müsste (hier nicht gezeigt) das gereinigte Produkt aus Schritt 1 mit einer geeigneten Schutzgruppe versehen werden (vgl. c), die dann nach erfolgter Oxidation am Schwefel wieder zu entfernen ist.

Schritt 1:

Schritt 2:

c) Verbindung **5** enthält eine Peptidbindung; es handelt sich um das *N*-Glutamyl-Derivat von Deoxyalliin **2**. Im Prinzip muss letzteres also mit Glutaminsäure acyliert werden. Allerdings kann für diese Reaktion nicht einfach Glutaminsäure verwendet werden, da diese bevorzugt im Sinne einer Säure-Base-Reaktion mit der Aminogruppe von **2** reagieren würde. Außerdem sind in der Glutaminsäure zwei Carbonsäuregruppen vorhanden, so dass nicht gewährleistet wäre, dass die richtige Gruppe mit **2** reagiert. Es müssen also, wie stets in der Peptidsynthese, Schutzgruppen verwendet werden.

Diejenige Säuregruppe der Glutaminsäure, die zur Reaktion kommen soll, muss in aktivierter Form vorliegen (z. B. als Säurechlorid oder sogenannter „Aktivester"), die andere Säuregruppe sowie die Aminogruppe müssen geschützt werden, um ihre Teilnahme an der Reaktion zu verhindern. Ein geeignetes Glutaminsäure-Derivat für diese Verknüpfung könnte also z. B. folgendermaßen aussehen:

Benzylester-Schutzgruppe

N-Hydroxysuccinimid "Aktivester"

tert. Butyloxycarbonyl-
= "BOC"-Schutzgruppe

Lösung 349

Die *ortho*-Hydroxygruppe der Zimtsäure ist in einer glykosidischen Bindung mit einem Molekül Glucose verknüpft. Diese Bindung lässt sich durch wässrige Säure hydrolysieren, wobei die *ortho*-Zimtsäure (*E*-3-(2-Hydroxyphenyl)propensäure) entsteht. Damit im folgenden Schritt eine intramolekulare Veresterung zum Lacton stattfinden kann, muss die *ortho*-Zimtsäure aus der *trans*-(*E*) in die *cis*-(*Z*)-Form isomerisiert werden. Diese Reaktion ist im Labor nicht ohne weiteres zu bewerkstelligen, kann aber unter Katalyse entsprechender Enzyme in der Natur ablaufen. Die *Z*-3-(2-Hydroxyphenyl)propensäure kann intramolekular leicht zum entsprechenden Lacton, dem sogenannten Cumarin, reagieren.

trans ⟶ *cis*-
Isomerisierung

Cumarin

Lösung 350

a) Die Verbindung weist in der Seitenkette eine zusätzliche sekundäre Aminogruppe auf, es handelt sich also um eine basische Aminosäure. Ähnlich wie für Ornithin und Lysin ist der isoelektrische Punkt daher im basischen pH-Bereich (bei ca. 9) zu erwarten.

b) Für den Einbau in eine wachsende Peptidkette muss eine Säureamidbindung geknüpft werden. Dafür muss die Peptidkette am C-Terminus in aktivierter Form (z. B. als AMP-Derivat) vorliegen. Erfolgt die Knüpfung der Peptidbindung mit der α-Aminogruppe von β-Methylamino-L-Alanin, so resultiert eine gewöhnliche Peptidbindung. Prinzipiell kann jedoch auch die sekundäre Aminogruppe der Seitenkette unter Bildung einer tertiären Amidgruppe reagieren.

"gewöhnliche Peptidbindung"

+ AMP

"Iso-Peptidbindung"

Lösung 351

a) Reserpin enthält eine tertiäre aliphatische Aminogruppe, die in Wasser schwach basisch reagiert. Da gleichzeitig keine saure Gruppe vorliegt, weist Reserpin insgesamt schwach basische Eigenschaften auf (der pK_B-Wert beträgt 6,6). Im Magen liegt die Verbindung daher überwiegend in protonierter (kationischer) Form vor, die schlechter resorbiert wird als die neutrale Form. Im schwach basischen Milieu des Darms dagegen ist Reserpin vorwiegend unprotoniert, so dass es dort bevorzugt resorbiert wird.

b) Die sekundäre Hydroxygruppe muss mit der entsprechenden Carbonsäure (der 3,4,5-Tri-methoxybenzoesäure, bzw. einem reaktiven Derivat davon, wie dem gezeigten CoA-Derivat) verestert werden. Aus der Carbonsäuregruppe der Reserpsäure muss der Methylester gebildet werden, wozu die Carboxylgruppe ebenfalls am besten zunächst aktiviert wird, z. B. durch Überführung in das Säurechlorid.

Lösung 352

a) Das Thromboxan A_2 enthält die Carbonsäuregruppe der Arachidonsäure, ferner noch die Z-konfigurierte Doppelbindung an C-5. Dagegen ist deren Z-konfigurierte Doppelbindung an C-14 im Thromboxan A_2 zur Position 13 gewandert und weist nun E-Konfiguration auf. Ferner findet man eine sekundäre (allylische) Hydroxygruppe sowie ein bicyclisches Acetal.

b) Die Umwandlung von Thromboxan A_2 in Thromboxan B_2 erfordert die Hydrolyse des Acetals zum Halbacetal. Diese Reaktion verläuft im vorliegenden Fall sehr leicht, da an diesem Acetal ein viergliedriger Ring beteiligt ist, der hohe Ringspannung aufweist. Entsprechend wird bei der Hydrolyse des Acetals diejenige C–O-Bindung gebrochen, die zur Öffnung des Vierrings führt.

Lösung 353

a) Das Myxochromid A enthält zwar zahlreiche Stickstoffatome mit freiem Elektronenpaar; diese sind jedoch alle Bestandteil einer Säureamidbindung, so dass das freie Elektronenpaar mit der Carbonylgruppe konjugiert ist und daher praktisch keine basischen Eigenschaften aufweist. Auch saure Gruppen sind keine vorhanden, so dass sich die Verbindung im Wesentlichen neutral verhält und Säure- bzw. Basenzusatz bei der Extraktion keinen Effekt zeigt.

b) Die beobachtete gelbe Färbung des Pigments weist auf die Absorption der Komplementärfarbe (violett bis blau) hin. Violett-blaues Licht entspricht einem Wellenlängenbereich von 400–450 nm; tatsächlich weist das Absorptionsspektrum ein Maximum bei $\lambda = 411$ nm auf. Diese Absorption ist auf das ausgedehnte konjugierte π-Elektronensystem der Heptaencarbonsäure-Einheit mit sieben C=C-Doppelbindungen zurückzuführen.

c) Der Makrocyclus enthält fünf Amidbindungen und eine Esterbindung; man spricht deshalb auch von einem makrocyclischen „Lactam-Lacton". Man findet die Aminosäuren Isoleucin, Prolin, zweimal Alanin, Glutaminsäure und Threonin. Bei der Glutaminsäure ist die α-Carboxylgruppe zum primären Amid derivatisiert; die Carboxylgruppe der Seitenkette bildet mit der OH-Gruppe der Seitenkette des Threonins eine Estergruppe. Die Aminogruppe des Threonins ist mit der ungesättigten langkettigen Carbonsäure in einer Amidbindung verknüpft.

Lösung 354

Das Glutathion ist ein Tripeptid; seine Sequenz ist γ-Glu–Cys–Gly. Es reagiert mit dem elektrophilen Benzolepoxid im ersten Schritt unter Ringöffnung, katalysiert durch die Glutathion-Transferase. Anschließend werden die beiden Peptidbindungen hydrolytisch gespalten, so dass nur noch das Cystein an den Aromaten gebunden ist. Für die Acetylierung im letzten Schritt wird ein reaktives Derivat der Essigsäure benötigt; der Organismus verwendet hierfür i. A. das Acetyl-CoA.

Lösung 355

Der erste von der Dihydropteroat-Synthetase katalysierte Schritt ist eine nucleophile Substitution mit *p*-Aminobenzoesäure, wobei die Diphosphat-Einheit im Edukt als gute Abgangsgruppe fungiert. Dieser Schritt wird durch Sulfonamide reversibel gehemmt, die vom Enzym anstelle der *p*-Aminobenzoesäure als Substrat akzeptiert werden. Insbesondere beim einfachsten Sulfonamid, dem Sulfanilamid, fällt die strukturelle Ähnlichkeit mit dem korrekten Substrat unmittelbar ins Auge. Es wird anstelle der *p*-Aminobenzoesäure gebunden und blockiert damit deren Bindungsstelle, so dass die Synthese von Dihydropteroat kompetitiv gehemmt wird. Einige Organismen, wie Staphylokokken und Pneumokokken können darauf durch vermehrte Synthese von *p*-Aminobenzosäure reagieren, was bedeutet, dass auch mehr Sulfonamid gegeben werden muss, um noch eine Wirkung zu erzielen. Ein alternativer Mechanismus zur Resistenzentwicklung sind Mutationen, die zu einer Modifikation des Zielenzyms führen, so dass dieses eine geringere Affinität zu Sulfonamiden aufweist.

Im folgenden Schritt muss eine Amidbindung zur Aminosäure L-Glutamat geknüpft werden. Hierfür muss die Carbonsäuregruppe im Dihydropteroat in üblicher Weise zunächst aktiviert werden, z. B. durch Bildung des CoA-Derivats. Der letzte Schritt ist eine Reduktion, katalysiert durch die Dihydrofolat-Reduktase, die als Coenzym und Reduktionsmittel NADPH/H$^+$ verwendet.

Das Enzym Dihydrofolat-Reduktase ist zwar auch in Säugerzellen vorhanden; seine Struktur ist aber hinreichend unterschiedlich, so dass das Bakterienenzym selektiv gehemmt werden kann, z. B. mit Trimethoprim, das häufig zusammen mit Sulfonamiden verabreicht wird.

Aufgabe 356

a) Das Cathin enthält zwei Chiralitätszentren, die beide (*S*)-konfiguriert sind. Die rationelle Bezeichnung lautet (1*S*,2*S*)-2-Amino-1-phenylpropan-1-ol. Das Norephedrin ((1*R*,2*S*)-2-Amino-1-phenylpropan-1-ol) ist an C-1 umgekehrt konfiguriert und somit ein Diastereomer.

b) Durch Ansäuern lässt sich die basische primäre Aminogruppe leicht protonieren; das Ammonium-Ion ist wesentlich polarer und besser löslich.

c) Die Aminogruppe ist ein besseres Nucleophil als die Hydroxygruppe und sollte daher bevorzugt acetyliert werden. Es sollte dabei ein reaktives Essigsäure-Derivat zum Einsatz kommen, wie Essigsäureanhydrid oder Essigsäurechlorid sowie ein tertiäres Amin als Hilfsbase, um freiwerdende Protonen zu binden.

d) Die Endung -on deutet auf eine Ketogruppe hin. Es ist daher plausibel anzunehmen, dass die Hydroxygruppe im Cathin nun in oxidierter Form als Oxogruppe vorliegt. Cathinon besitzt nur noch ein Chiralitätszentrum, ist aber ebenso wie Cathin chiral. Die Substanz wird also optisch aktiv sein; bzl. Drehrichtung und Betrag kann aber keine Aussage getroffen werden.

Lösung 357

a) Die proteinogenen Aminosäuren gehören alle zur L-Reihe und sind – mit Ausnahme von Cystein – (S)-konfiguriert. Homoserin besitzt gegenüber Serin eine zusätzliche Methylengruppe (–CH_2–) in der Seitenkette. Es entsteht aus den beiden gezeigten Verbindungen durch Hydrolyse einerseits der Amidbindung und andererseits des Lactonrings, z. B. aus C6-HSL:

Homoserin

b) Dem 3-Oxo-C8-HSL liegt eine β-Ketosäure zugrunde, die eine Amidbindung mit dem Homoserinlacton gebildet hat. Allgemein zeigen β-Ketocarbonylverbindungen C–H-Acidität an dem mit beiden Carbonylgruppen verbundenen C-Atom, da die entstehende negative Ladung zu beiden Carbonylsauerstoffatomen hin delokalisiert und somit effektiv mesomeriestabilisiert werden kann.

3-Oxo-C8-HSL

Aufgabe 358

a) Es handelt sich um die Aminosäure L-Serin, deren Chiralitätszentrum (*S*)-konfiguriert ist, hier gezeigt in der zwitterionischen Form.

b) Die primäre Aminogruppe im 2-Aminoethanol muss durch vollständige Methylierung in das quartäre Ammoniumsalz überführt werden. Hierfür verwendet der Körper als Methyl-Donor das *S*-Adenosylmethionin; für die Synthese im Labor eignet sich Iodmethan. Im zweiten Schritt, der Acetylierung, wird eine Esterbindung geknüpft. Das typische Acetylierungsmittel ist Acetyl-CoA, ein Thioester, der mit dem CoA-SH eine gute Abgangsgruppe aufweist. Im Labor könnte entsprechend Essigsäurechlorid oder -anhydrid als reaktives Essigsäure-Derivat eingesetzt werden.

Lösung 359

a) Die Esterbindung im Acetylcholin wird leicht hydrolytisch gespalten – im Organismus durch die katalytische Wirkung der Acetylcholinesterase; im Labor säurekatalysiert oder durch Anwesenheit von OH⁻-Ionen.

b) Muscarin weist drei Chiralitätszentren auf; demnach wären insgesamt $2^3 = 8$ Stereoisomere denkbar.

c) Die Synthese von Muscarin ausgehend von der primären Aminogruppe erfordert eine vollständige Methylierung zum quartären Ammonium-Ion, beispielsweise mit Hilfe von Iodmethan (CH₃–I) als Alkylierungsmittel.

Lösung 360

a) Cadaverin ist als Pentan-1,5-diamin zu bezeichnen.

b) Eine basische Hydrolyse führt zur Spaltung der Amidbindung im Piperin, wogegen das Acetal unter diesen Bedingungen stabil ist. Es entsteht das entsprechende Carboxylat-Ion und das sekundäre Amin Piperidin.

Wird Piperin unter sauren Bedingungen hydrolysiert, wird auch das Acetal gespalten. Man erhält das aromatische Diol 5-(3,4-Dihydroxyphenyl)penta-2,4-diensäure, Methanal sowie das protonierte Piperidin:

c) Piperin enthält zwei olefinische C=C-Doppelbindungen, an die Brom elektrophil addiert werden kann, sowie einen durch die Alkoxygruppen aktivierten aromatischen Ring, an dem eine elektrophile aromatische Substitution möglich ist.

Lösung 361

Alginat enthält (neben der L-Guluronsäure) die D-Mannuronsäure, die sich von der D-Mannose ableitet. Die Mannuronsäure-Einheiten sind β-glykosidisch miteinander verknüpft. Mannuronsäure entsteht aus Mannose durch Oxidation der primären Hydroxygruppe an C-6 zur Carbonsäure gemäß folgender Oxidationsteilgleichung:

Lösung 362

Die verschiedenen Umlagerungsreaktionen sind in nachfolgendem Schema durch die Elektronenpfeile veranschaulicht.

Schritt (1) ist eine E1-Eliminierung unter Bildung eines mesomeriestabilisierten Allyl-Kations, das nucleophil unter Cyclisierung angegriffen wird (2). Das gebildete tertiäre Carbenium-Ion stabilisiert sich unter Abspaltung von H^+ zum Alken (3). An das Trien wird an anderer Stelle wieder ein H^+ addiert unter Bildung eines konstitutionsisomeren tertiären Carbenium-Ions (4), das wiederum nucleophil von der Doppelbindung angegriffen wird (zweite Cyclisierung, (5)). Schritt (6) ist eine 1,2-Hydrid-Verschiebung (das H-Atom wandert mit seinem Elektronenpaar zum Nachbar-C). Das neue Carbenium-Ion schließlich unterliegt einem Methyl-Shift (erneut unter Mitnahme des Elektronenpaars, (7)), bevor sich im finalen Schritt das umgelagerte Carbenium-Ion unter Abspaltung von H^+ zum Alken, dem epi-Aristolochen, stabilisiert (8).

Lösung 363

Aus dem Verbrauch an Thiosulfat für die Rücktitration des gebildeten Iods lässt sich aus der Differenz zwischen Probe und Blindprobe auf die addierte Stoffmenge an Brom schließen. Da EPA fünf Doppelbindungen enthält, ist dessen Stoffmenge ein Fünftel der addierten Stoffmenge Br_2.

$\Delta V\,(S_2O_3^{2-}) = V\,(S_2O_3^{2-}, \text{Kapsel}) - V\,(S_2O_3^{2-}, \text{Blindprobe}) = 9,25 - 5,75 \text{ mL} = 3,50 \text{ mL}$

$\rightarrow \Delta n\,(S_2O_3^{2-}) = \Delta V\,(S_2O_3^{2-}) \cdot c\,(S_2O_3^{2-}) = 7,0 \cdot 10^{-5} \text{ mol}$

$\rightarrow n\,(I_2) = n\,(Br_2)_{\text{addiert}} = \tfrac{1}{2}\,\Delta n\,(S_2O_3^{2-}) = 3,50 \cdot 10^{-5} \text{ mol} = 5\,n\,(\text{EPA}).$

$\rightarrow m\,(\text{EPA}) = n\,(\text{EPA}) \cdot M\,(\text{EPA}) = 7,0 \cdot 10^{-6} \text{ mol} \cdot 302 \text{ g/mol} = 2,1 \text{ mg}.$

Der versprochene Gehalt an EPA wird also nicht erreicht.

Lösung 364

a) Die beiden Verbindungen sind Diastereomere, da sie sich in der Konfiguration an einem der drei Chiralitätszentren unterscheiden.

b) Domoinsäure enthält das Strukturgerüst der Aminosäure Prolin. Das α-C-Atom ist (S)-konfiguriert.

c) Das cyclische Carbonsäureanhydrid in **1** muss hydrolysiert, die primäre Alkoholgruppe zur Carbonsäure oxidiert werden. Dies ist z. B. mit CrO_4^{2-}, $Cr_2O_7^{2-}$ oder MnO_4^- als Oxidationsmittel möglich.

Lösung 365

a) Das Chinin weist vier Chiralitätszentren auf (es wären also 16 Stereoisomere möglich). Zwei davon sind (*R*)-, die anderen beiden (*S*)-konfiguriert, s. Abb.

b) Chininon enthält, wie der Name andeutet, anstelle der sekundären Hydroxygruppe eine Ketogruppe (und somit ein Chiralitätszentrum weniger). Wird diese Carbonylgruppe reduziert, z. B. mit NaBH₄, so kann die Übertragung des Hydrid-Ions von beiden Seiten der Carbonylebene aus erfolgen, d. h. das neue Chiralitätszentrum wird zu einem erheblichen Teil die falsche Konfiguration erhalten.

c) Neben der reduzierbaren Carbonylgruppe enthält das Chinin auch noch eine olefinische Doppelbindung. Bei einer katalytischen Hydrierung würde auf jeden Fall auch, wahrscheinlich sogar bevorzugt, die C=C-Doppelbindung hydriert werden.

Lösung 366

Der erste Schritt dieser Synthese wurde bereits in der Aufgabenstellung gezeigt, die Umlagerung des Flavon-Derivats Naringin in das Naringin-Chalkon. Dies ist eine α,β-ungesättigte Carbonylverbindung, die durch eine Aldolkondensation entstehen und in Umkehrung der Bildungsreaktion wieder in zwei Carbonylverbindungen gespalten werden kann („Aldolspaltung"). Eine davon ist der *p*-Hydroxybenzaldehyd.

Nun wird mit dem passenden Aldehyd (3-Hydroxy-4-methoxybenzaldehyd = Isovanillin) wieder das Aldol gebildet und dehydratisiert. Es resultiert das α,β-ungesättigte Neohesperidin-Chalkon, das anschließend in einer katalytischen Hydrierung mit H₂/Pd zum gewünschten Produkt, dem Neohesperidin-DC reduziert werden muss (ohne dabei die Aromaten ebenfalls zu reduzieren).

Naringin-Chalkon

Aldolspaltung

+ H₂O

Aldolkondensation

Neohespiridin-DC

Neohespiridin-Chalkon

Lösung 367

a) In der Galaktosaccharose ist anstelle von Glucose das C-4-Epimer Galaktose α-glykosidisch mit der Fructose verknüpft. Die Cl-Atome befinden sich an C-4 der Galaktose sowie am C-1 und C-6 der Fructose, also ergibt sich die nebenstehende Struktur.

b) Die bittere Octaacetylsaccharose lässt sich recht einfach durch Umsetzung von Saccharose mit einem Überschuss an Essigsäureanhydrid (= Acetanhydrid) als reaktivem Carbonsäurederivat gewinnen (Ac = Acetylrest; CH₃CO–):

4,1´,6´-Trichlor-galaktosaccharose

Lösung 368

a) Anwendung der Prioritätsregeln (→ WK 4) ergibt für beide Chiralitätszentren (*S*)-Konfiguration, wie sie auch in den Aminosäuren, die in Proteinen vorkommen, vorliegt. Die Ausnahme bildet das L-Cystein, das aufgrund der höheren Priorität der Seitenkette (–CH$_2$SH) gegenüber der Carboxylgruppe infolge des Schwefelatoms (*R*)-Konfiguration aufweist.

b) Durch säurekatalysierte Hydrolyse werden die Peptidbindung zwischen den beiden Aminosäuren sowie die Esterbindung gespalten. Es entstehen die beiden proteinogenen Aminosäuren Asparaginsäure und Phenylalanin sowie Methanol.

Lösung 369

a) Bei einer S$_N$2-Substitution mit einem primären Amin ergibt sich allgemein das Problem, dass das Produkt (ein sekundäres Amin) ähnlich reaktiv ist wie das Edukt und somit mit einer mehrfachen Alkylierung zu rechnen ist – so entsteht typischerweise ein Produktgemisch aus sekundärem und tertiärem Amin und dem quartären Ammoniumsalz. Daher ist dieser Weg zur Synthese eines sekundären Amins in den meisten Fällen nicht zu empfehlen.

b) Wesentlich besser geeignet ist ein zweistufiger Prozess, der als reduktive Aminierung bezeichnet wird.

Hierbei setzt man das primäre Amin mit einem Aldehyd (oder einem Keton) zum Imin um, das im Folgeschritt sehr leicht zum sekundären Amin reduziert werden kann. Als (besonders mildes) Reduktionsmittel geeignet ist z. B. das $NaBH_4$-Derivat Natriumtriacetoxyborhydrid ($NaBH(O_2CCH_3)_3$), aber auch $LiAlH_4$ oder katalytische Hydrierung (H_2/Pd) kommen in Frage, sofern keine anderen Gruppen stören.

Lösung 370

a) In dem gezeigten Steviosid handelt es sich bei allen drei Zuckerresten um die β-D-Glucose. Ein Glucosemolekül ist in einer Esterbindung an die Carboxylgruppe des Steviols gebunden; die Disaccharideinheit ist β-glykosidisch mit dem Siebenring verknüpft. Eher ungewöhnlich ist die Verknüpfung zwischen den beiden β-D-Glucosemolekülen – diese sind 1,2-glykosidisch verbunden.

b) Insgesamt liegen drei hydrolysierbare Bindungen vor, zwei glykosidische Bindungen (Acetale) und eine Esterbindung. Da Acetale unter basischen Bedingungen hydrolysestabil sind, lassen sich die zwei glykosidisch gebundenen Zuckerreste nur unter sauren Bedingungen abspalten; dies führt im Fall der Esterbindung allerdings nur zu einem Gleichgewicht. Eine nahezu quantitative Hydrolyse des Esters könnte erfolgen, wenn nach einer Hydrolyse der glykosidischen Bindungen im Sauren die Hydrolyse noch unter basischen Bedingungen fortgeführt würde.

c) An die vom Siebenring im Steviol ausgehende C=C-Doppelbindung kann unter Säurekatalyse Wasser addiert werden. Die Reaktion verläuft dabei bevorzugt (regioselektiv) über das höher substituierte (tertiäre) Carbenium-Ion und liefert den tertiären Alkohol.

Lösung 371

Nach der Protonierung des Epoxids (1) kommt es zur Öffnung des Dreirings unter Bildung des tertiären Carbenium-Ions (2). Dieses geht unter Wanderung des Alkylrestes (1,2-Shift; sogenannte „Pinakol-Umlagerung") unter Ringverkleinerung (3) in ein (stabileres) Oxocarbenium-Ion über, das sich unter Abspaltung des Protons zum Keton stabilisiert (4).

Lösung 372

Es liegt nahe anzunehmen, dass die beiden Bausteine im letzten Schritt unter Ausbildung der Amidbindung reagieren, wofür ein primäres Amin und ein (reaktives) Carbonsäurederivat benötigt werden. Die Aldehydgruppe des Vanillins muss also in eine CH_2–NH_2-Gruppe umgewandelt werden, während die Natur als reaktives Carbonsäurederivat häufig einen Thioester der entsprechenden Carbonsäure mit Coenzym A benutzt. Das primäre Vanillylamin lässt sich durch reduktive Aminierung gewinnen; dabei reagiert die Aldehydgruppe mit Ammoniak zum (instabilen) Imin, das in einem Schritt gleich zum Amin reduziert werden kann, beispielsweise mit dem selektiven Reduktionsmittel Natriumcyanoborhydrid ($NaBH_3CN$).

Lösung 373

Die genannten Geruchskomponenten der Paprika besitzen folgende Strukturen:

Methylsalicylat   2-Heptanthiol   Ethyl-4-methylpentanoat

β-Ionon   (2E,6Z)-Nonadienal   2-Isobutyl-3-methoxypyrazin

Lösung 374

a) Die Komplexität des Strychnins liegt weniger in seinen funktionellen Gruppen als vielmehr in seiner komplizierten 3D-Struktur. Es sind nur vier funktionelle Gruppen vorhanden: das tertiäre Carbonsäureamid, eine tertiäre Aminogruppe, ein Alken und eine Ethergruppe. Dazu gesellen sich sechs Chiralitätszentren, die die in der Abbildung gezeigte absolute Konfiguration aufweisen.

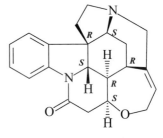

b) Die „Strychnin-Urtinktur" enthält 0,06 mol Strychnin, was – multipliziert mit der Avogadrozahl – etwa $0{,}36 \cdot 10^{23}$ Molekülen entspricht. Eine D1-Potenz entspricht einer 10-fachen Verdünnung; sie enthielte noch $0{,}36 \cdot 10^{22}$ Moleküle.

Die Prozedur muss für eine D30 Potenz 30-mal wiederholt werden; dann verbleiben in einem Liter der D30-Potenz noch $0{,}36 \cdot 10^{-7}$ Moleküle, was in guter Näherung = 0 gesetzt werden kann. Sprich – das Präparat ist damit garantiert wirkstofffrei... Ob sich daraus, z. B. durch irgendeine obskure Art von „Informationsübertragung", eine Wirkung einstellen kann, daran scheiden sich die Geister – vergiften wird man sich mit dieser Hochpotenz zumindest mit aller Wahrscheinlichkeit nicht.

Lösung 375

a) Das gezeigte Nikotinmolekül ist (*S*)-konfiguriert. Die Prioritätsreihenfolge ist gezeigt; aus der Stellung des Wasserstoffs (niedrigste Priorität) nach vorne ergibt sich die (*S*)-Konfiguration.

b) Die (nicht-proteinogene) Aminosäure Ornithin wird zu Butan-1,4-diamin, dem Putrescin, decarboxyliert. Die Aminosäure Methionin wird unter Verbrauch von ATP in den Methyl-Donor *S*-Adenosylmethionin umgewandelt, der seine Methylgruppe dann auf das Putrescin unter Bildung von *N*-Methylputrescin überträgt. Dieses schließlich cyclisiert zum *N*-Methylpyrrolium-Kation, das im finalen Schritt zusammen mit der Pyridin-3-carbonsäure das Nikotin bildet.

c) *N*-Methylmyosmin ist ein cyclisches Iminium-Ion, das sehr leicht zur entsprechenden Carbonylverbindung, dem „Pseudooxynikotin", hydrolysiert wird. Vom Keton sind es dann noch zwei Schritte zum Alken: das Keton wird zum sekundären Alkohol reduziert (im Körper beispielsweise mithilfe des Cofaktors NADPH), anschließend erfolgt die Eliminierung von Wasser zum Alken „Metanikotin".

N-Methylmyosmin   Pseudooxynikotin

Metanikotin

Lösung 376

a) Den pK_S-Werten 3,1 bzw. 8,0 entsprechen die pK_B-Werte von 10,9 bzw. 6,0. Das stärker basische N-Atom (mit dem niedrigeren pK_B-Wert) ist das tertiäre N-Atom im Pyrrolidinring, da das N-Atom hier sp³-hybridisiert ist. Das freie Elektronenpaar im Pyridinring ist zwar nicht am 6π-Elektronensystem des Aromaten beteiligt, sondern befindet sich in einem sp²-Hybridorbital in der Ringebene, liegt aber aufgrund des höheres s-Anteils energetisch tiefer und wird deshalb weniger leicht protoniert.

b) Der Anteil der Neutralform lässt sich über das Stoffmengenverhältnis mithilfe der Henderson-Hasselbalch-Gleichung berechnen. Diese kann durch einige Umformungen auch direkt in einen Ausdruck für den prozentualen Anteil umgewandelt werden. Der Pyridinring liegt bei $pH = 7{,}1$ praktisch vollständig in der unprotonierten Form vor; für die Berechnung ist also der höhere pK_S-Wert 8 einzusetzen:

$$pH = pK_S + \lg \frac{[A]}{[HA^+]} \qquad \text{bzw.} \qquad \alpha_A\,[\%] = \frac{K_S \cdot 100}{K_S + [H^+]}$$

Mit der Henderson-Hasselbalch-Gleichung erhält man für das Verhältnis

$$\frac{[A]}{[HA^+]} = 10^{(pH - pK_S)} = 10^{-0,9} = 0{,}126$$

Für den Anteil von $[A]$ folgt dann:

$$\frac{[A]}{[A] + [HA^+]} = \frac{0{,}126}{0{,}126 + 1} = 0{,}112 = 11{,}2\,\%$$

c) Die folgenden Produkte entstehen (u. a.) beim Abbau von Nikotin:

Nikotin → Cotinin →

Cotinin-*N*-glucuronid + Cotinin-*N'*-Oxid + 3'-Hydroxycotinin

Lösung 377

a) Das unter Ausbildung der glykosidischen Bindung mit Glucose gebildete Glucosid des Vanillins ist gut wasserlöslich und weist als stark polare Substanz nur einen sehr geringen Dampfdruck auf, so dass nur sehr wenige Moleküle in den Gaszustand gelangen.

b) Der biotechnologische Syntheseprozess ist anhand der Beschreibung relativ leicht nachzuvollziehen und ist in der nachfolgenden Skizze gezeigt.

Coniferin → H_2O / Glucosidase → Coniferylalkohol

Coniferylalkohol-Dehydrogenase → Coniferylaldehyd → Coniferylaldehyd-Dehydrogenase → Ferulasäure

HSCoA, ATP; –AMP, PP_i / Feruloyl-CoA-Synthetase → Feruloyl-CoA → H_2O; –Acetyl-CoA / Enoyl-CoA-Hydratase → Vanillin

Lösung 378

a) Gezeigt ist zunächst die Isomerisierung von Isopentenyldiphosphat zum Dimethylallyl-diphosphat, bei der sich die Position der Doppelbindung verschiebt. Die Abspaltung von PP_i aus Dimethylallyldiphosphat ergibt ein mesomeriestabilisiertes Carbenium-Ion, das in einer S_N1-artigen Reaktion im zweiten Schritt von der nucleophilen Doppelbindung des Isopente-nyldiphosphats angegriffen wird. Unter Abspaltung von H^+ entsteht das Geranyldiphosphat.

b) Die Eliminierung des Diphosphats zusammen mit H^+ führt direkt zum Myrcen. Die Wie-deranlagerung des Protons liefert unter Ringschluss ein tertiäres Carbenium-Ion, das durch H_2O abgefangen werden kann. Nach Abspaltung von H^+ resultiert daraus das α-Terpinol.

Lösung 379

a) Die beiden *o*-ständigen Hydroxygruppen können leicht in ein cyclisches Vollacetal bzw. Vollketal umgewandelt werden. Hierbei bildet sich ein Fünfring, was i. A. recht leicht erfolgt, während für die anderen Hydroxygruppen die Bildung eines cyclischen Acetals aus geometrischen Gründen nicht begünstigt ist. Die Reaktion zum Acetal (bzw. Ketal, falls ein Keton eingesetzt wird) erfordert eine Carbonylverbindung (z. B. Aceton) sowie Säurekatalyse.

b) Die Umwandlung einer Hydroxygruppe in einen Benzylether kann durch eine Ethersynthese nach Williamson erfolgen, eine typische S_N2-Reaktion. Dabei wird die nur schwach nucleophile Hydroxygruppe mit einer starken Base in einem polar aprotischen Lösungsmittel wie z. B. Dimethylformamid (DMF) in das stärker nucleophile Anion überführt, das mit dem Benzylhalogenid zum Benzylether reagiert. In gleicher Weise erfolgt auch die Einführung der Methylcarboxymethylgruppe durch eine S_N2-Reaktion; hier fungiert der α-Brom-substituierte Ester als Elektrophil mit Bromid als guter Abgangsgruppe. Auf das Problem, diese Reaktionen möglichst selektiv an der gewünschten Hydroxygruppe durchzuführen, sei an dieser Stelle nicht näher eingegangen.

Lösung 380

Die Umlagerung ist etwas leichter zu erkennen, wenn wir das Edukt schon mal in die richtige Form falten. Man erkennt dann leicht, wo protoniert werden muss, damit im folgenden Schritt der Ringschluss erfolgen kann. Das hierbei entstehende Carbenium-Ion stabilisiert sich dann unter Wiederfreisetzung des als Katalysator dienenden Protons zum Dienon β-Ionen.

Kapitel 15

Lösungen –
Streifzüge durch Pharmakologie und Toxikologie

Lösung 381

a) Im Zuge einer Säure-Base-Reaktion ist nur das entsprechende Salz entstanden.

b) In Abwesenheit eines aciden Protons und mit Acetat als guter Abgangsgruppe (grün) verläuft die gewünschte Reaktion mit guter Ausbeute. Die NH_2-Gruppe ist ein stärkeres Nucleophil als die OH-Gruppe und reagiert daher bevorzugt. Die Zugabe eines tertiären Amins wie Pyridin stellt sicher, dass nicht ein Teil des Edukts durch freiwerdende Essigsäure protoniert wird, was die Ausbeute verringern würde.

c) 4-Aminophenol: $M = 109$ g/mol; Paracetamol: $M = 151$ g/mol

n (4-Aminophenol) $= 2{,}0 \cdot 10^6$ g $/ 109$ g mol$^{-1} = 18{,}4 \cdot 10^3$ mol

Bei einer Ausbeute von 86 % entstehen $0{,}86 \cdot 18{,}4 \cdot 10^3$ mol $= 15{,}8 \cdot 10^3$ mol Paracetamol.

m (Paracetamol) $= n$ (P.) $\cdot M$ (P.) $= 15{,}8 \cdot 10^3$ mol $\cdot 151$ g mol$^{-1} = 2{,}38 \cdot 10^3$ kg.

d) Die theoretische Maximalausbeute beträgt $18{,}4 \cdot 10^3$ mol $\cdot 151$ g mol$^{-1} = 2{,}77 \cdot 10^3$ kg.
Die erhaltenen $2{,}90 \cdot 10^3$ kg sind demnach nicht rein, sondern beispielsweise durch anhaftende Lösungsmittelreste verunreinigt.

Lösung 382

a) Permethrin ist ein Ester und kann demnach in basischer Lösung hydrolysiert werden. Dabei entsteht das Anion der Carbonsäure und der 3-Phenoxybenzylalkohol. Dieser wird im zweiten Schritt zur 3-Phenoxybenzoesäure oxidiert.

© Der/die Autor(en), exklusiv lizenziert durch
Springer-Verlag GmbH, DE, ein Teil von Springer Nature 2021
R. Hutterer, *Fit in Organik*, Studienbücher Chemie,
https://doi.org/10.1007/978-3-662-64603-8_15

Permethrin

3-Phenoxybenzoesäure

b) Glucuronsäure entsteht aus Glucose durch vollständige Oxidation der primären Alkohol-gruppe der Glucose. Sie kann (in aktivierter Form als UDP-Glucuronsäure) mit dem Phen-oxybenzylalkohol unter Ausbildung einer glykosidischen Bindung und Abspaltung von Was-ser reagieren.

c) Es findet sich eine Carbonsäure (bzw. Carboxylat-Gruppe) sowie ein zweifach chlorsubsti-tuiertes Alken.

Lösung 383

a) Es entstehen die beiden gezeigten Verbindungen:

Die beiden sekundären Hydroxygruppen im Lovostatin werden jeweils zur Ketogruppe oxidiert, die primäre OH-Gruppe im Mevalonat zur Carbonsäure.

b) Es bildet sich ein cyclischer Ester (Lacton):

c) An ein Mol Lovostatin werden (in Anwesenheit eines Katalysators) zwei Mol H_2 addiert. 1,50 mmol addieren demnach 3,0 mmol $\rightarrow$ $m(H_2) = 3{,}0$ mmol $\cdot$ 2,016 g/mol $= 6{,}05$ mg.

Lösung 384

a) Es handelt sich um eine Acylierungsreaktion mit einem reaktiven Derivat der Pentansäure (Valeriansäure).

b) Betamethason enthält zusätzlich zur tertiären OH-Gruppe an C-17 eine primäre (an C-21) und eine sekundäre Hydroxygruppe an C-11 (rot), die ebenso leicht oder sogar bevorzugt acyliert würden.

c) Es handelt sich um den zweifach negativ geladenen Phosphorsäureester und um den Essigsäureester.

Betamethason-21-dinatriumphosphat   Betamethason-21-acetat

Lösung 385

a) Die Verbindung enthält einen β-Lactamring. Dieser ist aber, anders als bei den Penicillinen und Cephalosporinen, nicht mit einem weiteren Ring anelliert. Da das freie Elektronenpaar des Stickstoffs in der Amidgruppe delokalisiert ist, weist es praktisch keine basischen Eigenschaften auf. Für die phenolische OH-Gruppe ist – im Gegensatz zur sekundären OH-Gruppe – schwach saures Verhalten zu erwarten, so dass das Ezetimid insgesamt (ziemlich schwach) sauer reagieren sollte.

b) Ezetimib enthält eine sekundäre Hydroxygruppe, die im Gegensatz zur phenolischen OH-Gruppe oxidiert werden kann. Dabei geht ein Chiralitätszentrum verloren und es entsteht eine Ketogruppe.

Lösung 386

a) Primidon weist zwei Carbonsäureamidgruppen auf. Da sie sich in einer Ringstruktur befinden, kann man auch von einem Bis-Lactam sprechen. Durch die zusätzliche Carbonylguppe im Phenobarbital existiert hier ein C-Atom in der höchstmöglichen Oxidationsstufe +4, so dass man von einem Diacyl-substituierten Harnstoff sprechen könnte. Durch Verknüpfung der beiden NH-Gruppen mit nicht nur einer, sondern zwei Carbonylgruppen erhält man zweimal die Struktur eines Imids (anstelle eines Amids, wie im Primidon).

Carbonsäureamide verhalten sich in wässriger Lösung praktisch neutral, da das Elektronenpaar aufgrund der Konjugation mit der Carbonylgruppe delokalisiert ist, und damit kaum für die Bindung eines Protons zur Verfügung steht. In der Imidstruktur des Phenobarbitals ist dieser Effekt noch ausgeprägter; hier ist das freie Elektronenpaar gleichzeitig mit zwei Carbonylgruppen konjugiert. Dies führt dazu, dass Imide nicht nur keine basischen, sondern sogar (schwach) saure Eigenschaften aufweisen, d. h. das H-Atom am Stickstoff kann unter Bildung des entsprechenden Anions (das sehr gut mesomeriestabilisiert ist) abgespalten werden. Daher rührt auch die Bezeichnung „Barbitursäure" für das dem Phenobarbital zugrundeliegende Ringsystem her.

b) Die Bildung von Phenobarbital aus Primidon ist eine Oxidation.

Lösung 387

a) Die Oxidation des Schwefels erhöht die Oxidationszahl um vier Einheiten:

b) Als Amin wird 2-Aminopyridin benötigt.

c) Es soll eine Amidbindung mit 2-Aminopyridin ausgebildet werden. Die Carbonsäure (Oxidationsprodukt aus a) liegt aber nicht als reaktives Derivat (z. B. Carbonsäurechlorid oder Carbonsäureanhydrid) vor; daher kommt es mit dem Amin nur zur Säure-Base-Reaktion.

Lösung 388

a) Die Prioritäten der Substituenten, die zur Klassifizierung als (S)-Enantiomer führen, sind durch die Nummerierung gezeigt.

b) Die Verbindung besitzt eine Carbonsäuregruppe. Wie auch für andere einfache Carbonsäuren empfiehlt sich daher die Umsetzung mit einem chiralen Amin (z. B. mit (R)-Konfiguration) zu einem diastereomeren Salz (S,R, bzw. R,R). Anschließend erfolgt die Trennung der Diastereomeren aufgrund ihrer unterschiedlichen physikalischen Eigenschaften. Im letzten Schritt muss (S)-Levofloxacin aus dem Salz durch Zugabe von Säure freigesetzt und isoliert werden.

c) Aufgrund der Doppelbindung im Ring (roter Pfeil) ist die üblicherweise im Zuge der Decarboxylierung von β-Ketosäuren auftretende Enolform hier nicht möglich, so dass die Reaktion nicht über den energetisch günstigen sechsgliedrigen Übergangszustand verlaufen kann (Abb. oben rechts).

Lösung 389

a) Bei den Microcystinen handelt es sich um cyclische Heptapeptide. Es liegen sieben hydrolysierbare Peptidbindungen vor (→ Pfeile), deren Spaltung die entsprechenden Aminosäuren freisetzt.

b) Die Verbindung besitzt zwei saure Carboxylgruppen, die bei physiologischen pH-Werten praktisch vollständig deprotoniert vorliegen. Da keine positiv geladenen basischen Aminogruppen vorhanden sind, besitzt das Molekül also zwei negative Ladungen und wandert daher zur Anode.

Lösung 390

a)

b) Die Verbindung reagiert mit Bromwasser im Sinne einer elektrophilen Addition an die Doppelbindung. Dabei tritt Entfärbung der zugegebenen Brom-Lösung ein, bis alle Doppelbindungen abgesättigt sind. Gezeigt ist nur die Bildung eines der beiden entstehenden Stereoisomere.

c) Bei einer milden Oxidation der Verbindung wird die sekundäre Hydroxygruppe zur Keto-gruppe oxidiert. Da das C-Atom, das die Hydroxygruppe trägt, ein Chiralitätszentrum ist, ver-ringert sich die Anzahl der Chiralitätszentren durch die Oxidation.

Lösung 391

a) Die beiden hydrolysierbaren Gruppen im Aflatoxin sind die cyclische Estergruppe (Lacton) und das Vollacetal. Dabei entsteht u. a. ein Enol, das leicht zum entsprechenden Aldehyd tautomerisiert. Die Methoxygruppe im Aflatoxin wird nur unter sehr speziellen Bedingungen hydrolysiert. Ochratoxin A enthält ebenfalls eine cyclische Estergruppe und eine Amidbin-dung, die beide hydrolysiert werden können.

b) Guanin (**1**) greift mit dem Stickstoff an Position 7 (N-7) am elektrophilen C-Atom des gespannten Dreirings an. Es handelt sich um eine nucleophile Substitution am gesättigten C-Atom. Gleiches gilt für den Angriff durch die nucleophile SH-Gruppe des Glutathions (**2**).

Lösung 392

a) Es muss eine säurekatalysierte (z. B. in Anwesenheit von H_2SO_4) Addition von Wasser an die exocyclische Doppelbindung erfolgen. Als Alternative bietet sich die Oxymercurierung-Demercurierung an, die unter milderen Bedingungen verläuft und ebenfalls überwiegend den tertiären Alkohol ergibt.

Methacyclin   Oxytetracyclin

b) Die Hydratisierung der exocyclischen Doppelbindung kann anstelle des tertiären Alkohols auch den primären Alkohol liefern. Allerdings bildet sich bevorzugt das tertiäre Carbenium-Ion, das zum gewünschten Oxytetracyclin führt. Als weitere Nebenreaktionen kämen eine Addition an die enolischen Doppelbindungen oder die – unter schwach sauren Bedingungen – sehr langsame Hydrolyse des Carbonsäureamids in Frage.

Nebenprodukt (via 1° Carbenium-Ion)

Lösung 393

a) / b) Die Zuordnungen sind aus der rechts gezeigten Abbildung ersichtlich. Die sp^2-hybridisierten Stickstoffe im Pyridin- und im Pyrimidinring sind ebenso wie die an den Aromaten gebundene sekundäre Aminogruppe schwach basisch ($\oplus$).

Die beiden aliphatischen N-Atome im Piperazinring sind demgegenüber deutlich stärker basisch ($\star$), da keine Delokalisation des freien Elektronenpaars möglich ist.

Der Amidstickstoff weist aufgrund der Delokalisation des freien Elektronenpaars in der Amidbindung praktisch keine basischen Eigenschaften auf ($\ominus$).

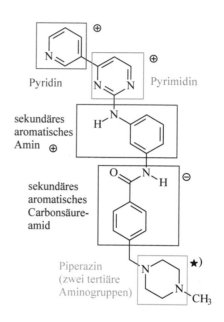

Lösung 394

a) Es sind drei Chiralitätszentren vorhanden, in der folgenden Gleichung mit einem Stern gekennzeichnet.

b) Verbindung **2** ist ein Hydrat und spaltet (in Umkehrung seiner Bildungsreaktion via Addition von Wasser an die Carbonylgruppe) leicht Wasser ab. Es entsteht 2-Methylpropanal.

Lösung 395

a) Ja. Das dem aromatischen Ring benachbarte C-Atom ($\star$) ist ein Chiralitätszentrum.

b) Es sind drei acetylierbare (nucleophile) Gruppen vorhanden (–NHR, –NH$_2$, –OH). Demnach können drei einfach-, drei zweifach- und ein dreifach acetyliertes Produkt (nachfolgende Reaktionsgleichung) entstehen.

Lösung 396

a) Die Verbindung besitzt, wie der Ausschnitt unten zeigt, (S)-Konfiguration.

b) Durch Reduktion der Carbonylgruppe entsteht ein neues Chiralitätszentrum mit (R)- oder (S)-Konfiguration; entsprechend verdoppelt sich die Anzahl möglicher Stereoisomere.

c)

- Elektrophile Addition an ein Alken

- Elektrophile aromatische Substitution

d) Zearalenon sollte leichter eine elektrophile aromatische Substitution eingehen als Benzol. Dies ist auf den starken +M-Effekt der phenolischen OH-Gruppen am Aromaten zurückzuführen, die das Zwischenprodukt (σ-Komplex) stabilisieren.

e) Aufgrund des aktivierten Aromaten kommt es neben der Addition an die olefinische Doppelbindung zur aromatischen Substitution. Daher werden pro Mol Zearalenon (bei vollständigem Reaktionsverlauf) drei Mol Brom verbraucht.

f) Die Stoffmengenverhältnisse ergeben sich aus den entsprechenden Redoxgleichungen:

$$Br_2 + 2\,I^- \rightleftharpoons 2\,Br^- + I_2$$

$$I_2 + 2\,S_2O_3^{2-} \rightleftharpoons 2\,I^- + S_4O_6^{2-}$$

$$\rightarrow n(Br_2)\,/\,n(S_2O_3^{2-}) = 1\,/\,2$$

$$\Delta V(S_2O_3^{2-}) = 6{,}0\ \text{mL} \rightarrow \Delta n = c \cdot \Delta V = 1{,}2 \cdot 10^{-4}\ \text{mol}$$

$$\rightarrow n(I_2) = n(Br_2)_{\text{addiert}} = \tfrac{1}{2}\,\Delta n(S_2O_3^{2-}) = 6{,}0 \cdot 10^{-5}\ \text{mol}$$

$$n(\text{Zearalenon}) = 1/3\ n(Br_2)_{\text{addiert}} = 2{,}0 \cdot 10^{-5}\ \text{mol}$$

$$\rightarrow c(\text{Zearalenon}) = n(\text{Zearalenon})\,/\,V = 2{,}0 \cdot 10^{-5}\ \text{mol}\,/\,0{,}025\ \text{L} = 0{,}80\ \text{mmol/L}$$

Lösung 397

Im ersten Schritt handelt es sich um eine katalytische Hydrierung der Doppelbindung, bei der allerdings darauf geachtet werden muss, dass der aromatische Ring erhalten bleibt und nicht ebenfalls reduziert wird. Im zweiten Schritt wird die sekundäre OH-Gruppe zur Ketogruppe oxidiert. Die Summenformel des Produkts ist identisch mit der von Morphin, es handelt sich also um Konstitutionsisomere.

Anschließend wird die phenolische OH-Gruppe methyliert; es handelt sich um eine S_N2-Reaktion. Ein gutes Methylierungsmittel ist Iodmethan (Methyliodid, CH_3I), da das Iodid eine sehr gute Abgangsgruppe bildet.

Für die (zweifache) Acetylierung von Morphin zu Heroin kann beispielsweise Essigsäureanhydrid verwendet werden; als Nebenprodukt entsteht dabei Essigsäure.

Morphin

Dihydromorphin

Hydromorphon

H₂ / Kat

Ox.

AE_N   2   (acetic anhydride structure)

I—CH₃   S_N2

Heroin

+ 2 CH₃COOH

Hydrocodon

+ HI

Lösung 398

a) Das Isosorbid-5-mononitrat weist eine freie Hydroxygruppe auf und ist somit wesentlich polarer (weniger lipophil). Damit ist es weniger membrangängig, was einen verzögerten Wirkungseintritt bedingt, während es beim akuten Anfall auf eine rasche Wirkung ankommt.

b) Es handelt sich offensichtlich um eine Hydrolyse, bei der der Ester der Salpetersäure gespalten wird. Da Wasser nur ein schwaches Nucleophil ist, muss ebenso wie bei der Hydrolyse von Carbonsäureestern die Reaktion unter Säurekatalyse ($\rightarrow$ Protonierung am Sauerstoff erhöht die Elektrophilie des Stickstoffs und schafft eine bessere Abgangsgruppe) oder im Basischen ($\rightarrow$ OH⁻ als besseres Nucleophil) erfolgen. Im Körper wird die Reaktion durch eine Reduktase (Glutathion-Nitrat-Reduktase) katalysiert; so dass salpetrige Säure gebildet wird, die leicht unter Freisetzung von NO zerfällt.

c) Bei der Kopplung von Isosorbid-5-mononitrat an Glucuronsäure wird eine glykosidische Bindung (Acetal) gebildet. Es handelt sich um eine typische Biotransformation, die (aufgrund der zahlreichen OH-Gruppen der Glucuronsäure) zu hydrophilen, leicht ausscheidbaren Konjugaten führt. Die Glucuronsäure muss dafür in aktivierter Form vorliegen, i. A. als UDP-Glucuronsäure mit UDP als guter Abgangsgruppe.

Lösung 399

a) Für die reduktive Spaltung der Azogruppe in zwei Aminogruppen müssen vier Elektronen und vier Protonen aufgenommen werden.

b) Beim Versuch einer Acetylierung der OH-Gruppe von 5-Aminosalicylsäure würde bevorzugt zunächst die stärker nucleophile Aminogruppe acetyliert.

c) Sulfonamide werden analog wie Carbonsäureamide hydrolytisch in Anwesenheit starker Säuren oder Basen gespalten. In basischer Lösung erhält man das Anion der Sulfonsäure sowie das aromatische Amin 2-Aminopyridin.

Lösung 400

Bevor eine Bildung des Imins durch intramolekularen Ringschluss erfolgen kann, ist eine (enzymatische) Oxidation der sekundären Hydroxy- zur Ketogruppe erforderlich, für die entsprechende Regioselektivität erforderlich wäre. Durch nucleophilen Angriff der Aminogruppe könnte es dann zur Ausbildung des ungesättigten heterocyclischen Dreirings (Aziridin) kommen, bevor schließlich der primäre Alkohol an C-1 zur Säure oxidiert und diese mit Methanol verestert wird.

Lösung 401

a) Die Verbindung besitzt zwei Chiralitätszentren (an die jeweils eine OH-Gruppe gebunden ist). Beide sind (R)-konfiguriert. Zwei Chiralitätszentren ermöglichen $2^2 = 4$ Stereoisomere.

b) Eine der beiden (nucleophilen) OH-Gruppen reagiert zunächst mit Methanal zum Halbacetal. Anschließend erfolgt säurekatalysiert die Abspaltung von Wasser und der intramolekulare Angriff der zweiten OH-Gruppe unter Ausbildung des cyclischen Acetals.

c) Die Acetalbildung ist in saurer Lösung reversibel. Will man die Amidbindung spalten und soll das Acetal dabei erhalten bleiben, muss die Hydrolyse im Basischen erfolgen. Die Amidbindung lässt sich dann unter Freisetzung von Aminobenzol (Anilin) hydrolysieren; daneben entsteht die Dicarbonsäure aus **2** in der dianionischen Form.

Lösung 402

a) Propranolol enthält ein Chiralitätszentrum (das C-Atom des sekundären Alkohols, ✶), kann also in Form von zwei Enantiomeren auftreten. Es ist somit erforderlich zu untersuchen, ob und inwiefern sich beide Enantiomere in ihrer Wirkung auf den Organismus unterscheiden. Tatsächlich wirkt (S)-Propranolol blutdrucksenkend, (R)-Propranolol besitzt dagegen anti-kontrazeptive (!) Wirkung.

b) Es handelt sich um die Einführung einer Hydroxygruppe am Aromaten, also um eine Oxidation:

Diese Reaktion ist im Labor (auf nicht-enzymatischem Weg) nicht ohne Weiteres durchzuführen. Behandelt man Propranolol mit einem Oxidationsmittel, wie z. B. $Cr_2O_7^{2-}$, so werden bevorzugt der sekundäre Alkohol bzw. das sekundäre Amin oxidiert. Die Einführung einer OH-Gruppe in Aromaten erfordert spezielle Reaktionen. Zudem kommen verschiedene Ringpositionen für die Hydroxylierung in Frage, was das Problem weiter erschwert.

c) Glucuronsäure ist ein Oxidationsprodukt von Glucose, bei der die primäre OH-Gruppe an C-6 zur Carbonsäure oxidiert wurde. Durch die glykosidische Bindung von Propranolol an Glucuronsäure wird die Polarität und damit die Wasserlöslichkeit des Konjugats erheblich verbessert und dadurch die Ausscheidung mit dem Harn erleichtert. Im Folgenden ist die Bildung einer O-glykosidischen Bindung mit der sekundären OH-Gruppe formuliert; es könnte aber auch eine N-glykosidische Bindung mit der sekundären Aminogruppe entstehen. Im Organismus erfolgt die Kopplung mit UDP-Glucuronsäure, die UDP als gute Abgangsgruppe trägt.

Lösung 403

a) Es werden zwei Esterbindungen hydrolytisch gespalten. Das Produkt Morphin besitzt eine phenolische und eine alkoholische Hydroxygruppe; beide kommen für die Bildung einer glykosidischen Bindung in Frage. *In vivo* wird auch die Bildung beider Glucuronide (durch Reaktion mit aktivierter UDP-Glucuronsäure) beobachtet, wobei das gezeigte Morphin-3-glucuronid gegenüber dem Morphin-6-glucuronid überwiegt.

Heroin   6-Acetylmorphin   Morphin

Morphin-3-glucuronid
(Hauptmetabolit)

b) Das Problem dieser Reaktion besteht darin, dass im Morphin drei nucleophile Gruppen anwesend sind, von denen die tertiäre Aminogruppe das beste Nucleophil darstellt. Es können also verschiedene Methylderivate entstehen, die anschließend separiert werden müssten. Das Codein ist nur eines der möglichen Produkte.

Codein

Lösung 404

a) Nach den Prioritätsregeln hat am linken C-Atom der Doppelbindung der obere (substituier-te) Phenylring höhere Priorität. Am rechten C-Atom ist es ebenfalls der Phenylrest, dem ge-genüber dem Ethylrest die höhere Priorität zu geben ist. Damit stehen beide Substituenten höherer Priorität auf der gleichen Seite der Doppelbindung; diese ist daher Z-konfiguriert.

b) Die Wasserlöslichkeit der Verbindung ist ziemlich gering. Polaren Charakter besitzt im Wesentlichen die tertiäre Aminogruppe und in geringem Maße die Etherfunktion. Dem steht ein großer unpolarer Molekülanteil entgegen. Im sauren pH-Bereich wird die Aminogruppe protoniert; durch die positive Ladung im Molekül wird die Wasserlöslichkeit etwas verbessert werden.

c) Eine Addition von Wasser an die C=C-Doppelbindung liefert unabhängig von der Regiose-lektivität einen tertiären Alkohol und erzeugt zwei Chiralitätszentren. Aufgrund des +M-Effekts der Alkoxygruppe könnte das obere Produkt leicht bevorzugt sein.

Lösung 405

a) Indinavir enthält zwei aliphatische tertiäre N-Atome (im Sechsring), welche auch die höchste Basizität aufweisen (pK_B-Werte ca. 3–4). Der Pyridinring enthält ein tertiäres aromatisches N-Atom; hier ist das freie Elektronenpaar in einem sp^2-Hybridorbital lokalisiert. Aufgrund des höheren s-Anteils dieses Orbitals (→ niedrigere Energie) wird das freie Elektronenpaar weniger bereitwillig für die Bindung eines Protons zur Verfügung gestellt, so dass dieses N-Atom schwächer basisch ist. Die beiden restlichen N-Atome sind Teil einer Amidbindung und weisen aufgrund der effektiven Mesomeriestabilisierung des freien Elektronenpaars praktisch keine basischen Eigenschaften auf.

b) Es finden sich zwei sekundäre Hydroxygruppen, die leicht zu Ketogruppen oxidiert werden können. Beide C-Atome, welche OH-Gruppen tragen, sind chiral; durch eine Oxidation gehen somit zwei Chiralitätszentren verloren. Da die Anzahl möglicher Stereoisomere gleich 2^n ist (n = Anzahl an Chiralitätszentren), führt der Verlust von zwei Chiralitätszentren zu einer Reduktion möglicher Stereoisomere auf ein Viertel der ursprünglichen Zahl.

c) Es sind zwei unter drastischen Bedingungen hydrolysierbare Amidbindungen vorhanden. Als Produkte unter stark sauren Bedingungen entstehen daher eine Dicarbonsäure sowie zwei Amine in der protonierten Form.

Lösung 406

Durch eine milde Oxidation wird die sekundäre Alkoholgruppe oxidiert; dabei geht ein Chiralitätszentrum (★) verloren. Durch die basische Hydrolyse werden die beiden Estergruppen gespalten; aus dem Lacton entsteht dabei ein Enol, das zum Aldehyd tautomerisieren kann.

Dadurch entsteht ein neues Chiralitätszentrum (★), so dass deren Gesamtzahl sowie die Anzahl möglicher Stereoisomere unverändert bleibt. Die ebenfalls mögliche Hydrolyse des cyclischen Ethers (Epoxide sind als Spezialfall cyclischer Ether aufgrund ihrer hohen Ringspannung ebenfalls leicht zu öffnen) bleibt hier der Übersichtlichkeit halber unberücksichtigt.

Wird erst hydrolysiert und anschließend oxidiert, erhält man durch die Hydrolyse zusätzliche oxidierbare Gruppen: den Aldehyd (nach Tautomerisierung des Enols) und eine weitere sekundäre Hydroxygruppe. Diese beiden Gruppen werden ebenfalls oxidiert, so dass am Ende ein höher oxidiertes Produkt resultiert, das aufgrund der Oxidation der OH-Gruppe zum Keton ein weiteres Chiralitätszentrum verloren hat. Dadurch sind insgesamt zwei Chiralitätszentren (★) verloren gegangen, ein neues (★) ist hinzugekommen, so dass sich die Anzahl möglicher Stereoisomere auf die Hälfte reduziert.

Lösung 407

a) Die primäre und eine der sekundären Hydroxygruppen im Nivalenol müssten acetyliert werden. Die große Schwierigkeit wäre dabei in der Praxis, die zweite sekundäre OH-Gruppe am Fünfring vor der Veresterung zu schützen, bzw. im Falle einer Reaktion die Acylgruppe wieder selektiv abzuspalten.

Außerdem muss die Ketogruppe (möglichst stereoselektiv!) zum Alkohol reduziert und anschließend mit einem entsprechenden Carbonsäurederivat der 3-Methylbutansäure acyliert werden. Da hierbei ein anderer Säurerest eingeführt werden muss, wäre es sinnvoll, die Reduktion erst nach der Acetylierung der beiden anderen OH-Gruppen durchzuführen. Die erwähnten Probleme zeigen, dass es sich hierbei sicherlich in erster Linie um eine „Papiersynthese" handelt, die so in der Praxis kaum erfolgreich wäre.

b) Da beide Verbindungen eine C=C-Doppelbindung aufweisen, könnte man an eine Bestimmung nach der Iodzahl-Methode denken. Man setzt die Probe und eine Blindprobe mit einem Überschuss Brom-Lösung um; nicht addiertes Brom wird anschließend mit Iodid reduziert und die gebildete äquivalente Stoffmenge an Iod durch Rücktitration mit Thiosulfat-Lösung bestimmt.

Die Stoffmengenverhältnisse ergeben sich aus den entsprechenden Redoxgleichungen:

$$Br_2 + 2 I^- \rightleftharpoons 2 Br^- + I_2$$

$$I_2 + 2 S_2O_3^{2-} \rightleftharpoons 2 I^- + S_4O_6^{2-}$$

$$\rightarrow n(Br_2) / n(S_2O_3^{2-}) = 1 / 2$$

Aus der Differenz des Verbrauchs an Thiosulfat für beide Proben kann anschließend auf die Stoffmenge an addiertem Brom und damit auf die Stoffmenge an Doppelbindungen geschlossen werden. Da beide gezeigten Verbindungen genau eine C=C-Doppelbindung enthalten (die vermutlich sehr ähnliche Reaktivität aufweisen), ließe sich auf diese Weise nur die Gesamtstoffmenge beider Verbindungen ermitteln.

c) Im Nivalenol ist eine primäre Hydroxygruppe vorhanden, die im T2-Toxin fehlt. Unterwirft man daher ein Gemisch beider Verbindungen einer Oxidation, z. B. mit $K_2Cr_2O_7$ in saurer Lösung, so wird die primäre OH-Gruppe zur Carbonsäure oxidiert. Da das T2-Toxin keine saure Gruppe aufweist, ließe sich durch eine acidimetrische Titration mit NaOH-Lösung selektiv die Stoffmenge an Nivalenol in einem Gemisch beider Verbindungen ermitteln. Die gleichzeitige Oxidation der sekundären OH-Gruppen spielt dabei keine Rolle.

Lösung 408

a) Es handelt sich um ein cyclisches tertiäres Carbonsäureamid (Lactam) und um ein Imin (Schiff'sche Base).

b) Die im Zuge der Metabolisierung von Diazepam entstehenden Verbindungen sind im Folgenden gezeigt. Durch die Oxidation von Nordazepam wird die Hydroxygruppe eingeführt, die für die anschließende Glykosylierung mit UDP-Glucuronsäure benötigt wird.

Diazepam   Nordazepam   Oxazepam

Glucuronidierung

UDP

Oxazepam

Glucuronsäure-konjugierter Metabolit (inaktiv)

Lösung 409

a) Das Naltrexon ist offensichtlich ein tertiäres Amin, das zu einem quartären Ammoniumsalz methyliert werden muss. Typische Reagenzien für eine solche Umsetzung sind Brom- oder Iodmethan oder Dimethylsulfat, z. B.

$$+ \quad H_3C-Br \quad \xrightarrow{S_N2}$$

b) Die Bildung eines Schwefelsäureesters (eines Sulfats) kann an den beiden Hydroxygruppen erfolgen:

oder

Durch die geladene Sulfatgruppe wird die Verbindung deutlich hydrophiler, was die Ausscheidbarkeit aus dem Körper i. A. erleichtert.

Lösung 410

a) Für die enzymatische Aktivität der Cyclooxygenase-1 ist ein reaktiver Serinrest im aktiven Zentrum verantwortlich, der die Acetylgruppe der Acetylsalicylsäure nucleophil angreift und dadurch acetyliert wird:

b) Die Summenformel des Acetylsalicylsäure-Anions ist $C_9H_7O_4$, entsprechend einer molaren Masse von 179 g/mol. Die molare Masse des Wirkstoffs Calciumbis-(acetylsalicylat) zusammen mit einem Mol Harnstoff errechnet sich zu 458 g/mol. Beträgt die Masse des Wirkstoffs in der Brausetablette 100 mg, wird daraus eine Masse an Acetylsalicylsäure-Anion von

$358/458 \cdot 100$ mg $= 78$ mg freigesetzt.

Lösung 411

a) Im Prinzip enthält das Lipstatin mehrere elektrophile Gruppen, die durch den reaktiven Serinrest angegriffen werden könnten. Aufgrund des gespannten Vierrings ist der β-Lacton-ring jedoch deutlich reaktiver als die zweite Estergruppe im Molekül. Die geringste Reaktivität ist für die N-Formylgruppe (ein Säureamid) zu erwarten. Es kommt also zu einem nucleophilen Angriff des Serinrests im aktiven Zentrum der Lipase auf das Carbonyl-C-Atom des β-Lactons unter Ringöffnung und irreversibler Acylierung des Enzyms.

b) Lipstatin enthält die Aminosäure L-Leucin; sie ist mit der Hydroxygruppe der langen Alkylkette verestert. Zusätzlich ist die Aminogruppe formyliert, d. h. sie liegt als Amid der Methansäure (Ameisensäure) vor.

c) Lipstatin enthält zwei olefinische cis-Doppelbindungen, die zum Tetrahydrolipstatin hydriert werden können. Dafür wird neben Wasserstoff auch ein Katalysator benötigt, da die Hydrierung zwar exergon ist, aber unkatalysiert nur extrem langsam verläuft. In Frage kommen z. B. sogenanntes Raney-Nickel oder fein verteiltes Platin.

$+\ 2\ H_2$

Raney-Ni
oder Pt

Lösung 412

Die Nähe des nucleophilen Stickstoffs im Mechlorethamin (Stickstoff-Lost) ermöglicht einen intramolekularen nucleophilen Angriff auf das positivierte (elektrophile) C-Atom, das als Abgangsgruppe das Cl-Atom trägt. Dabei entsteht als reaktives Intermediat das Aziridinium-Ion, das leicht durch Nucleophile wie das N-7-Atom der Base Guanin in der DNA angegriffen wird. Da noch eine zweite Chlorethylgruppe vorhanden ist, kann sich diese Reaktionssequenz wiederholen; es entsteht erneut ein Aziridinium-Ion, das von einer zweiten nucleophilen Base eines weiteren DNA-Strangs angegriffen werden kann, so dass es zur kovalenten Quervernetzung der Stränge kommt.

Aziridinium-Ion
(Elektrophil)

Lösung 413

a) Die Chloressigsäure muss zunächst zum entsprechenden Säurechlorid aktiviert werden, welches dann mit 2,6-Dimethylanilin unter Ausbildung einer Amidbindung reagiert. Das entstehende HCl kann durch Einsatz eines tertiären Amins als Hilfsbase abgefangen werden. Im letzten Schritt erfolgt dann eine S_N2-Substitution durch Diethylamin zum gewünschten Produkt.

Denkbar erscheint statt dem Einsatz von Chloressigsäure auch die Verwendung der Aminosäure Glycin, die nach Aktivierung eine Amidbindung ausbilden kann. Anschließend müsste dann die primäre Aminogruppe im Produkt durch nucleophile Substitution, z. B. mit Iodethan, in das tertiäre Amin überführt werden.

b) Der Stickstoff in der Amidbindung weist aufgrund der Mesomeriestabilisierung des freien Elektronenpaars praktisch keine basischen Eigenschaften auf; somit bezieht sich der angegebene pK_S-Wert auf die konjugierte Säure des tertiären Amins, das entsprechende Ammonium-Ion. Geht man vom physiologischen pH-Wert 7,4 aus, lässt sich leicht mit Hilfe der Henderson-Hasselbalch-Gleichung berechnen, welcher Anteil des Lidocains in neutraler, also nicht-protonierter Form, vorliegen sollte. Da die Zellmembran im Inneren sehr hydrophob ist, kann der Anteil der Lidocainmoleküle, der geladen vorliegt, die Membran kaum durchdringen. Die Berechnung zeigt aber, dass ca. ein Viertel in der ungeladenen, membrangängigen Form vorliegen sollte.

c) Der langsamere Wirkungseintritt könnte auf eine schlechtere Membrangängigkeit hindeuten. Der pK_S-Wert der konjugierten Säure von Bupivacain beträgt 8,1 und ist damit etwas größer als von Lidocain, d. h. der Anteil, der in der unprotonierten (membrangängigen) Form vorliegt, ist geringer. Auch der sterisch anspruchsvollere Butyl-substituierte Piperidinring könnte zu einer langsameren Membranpermeation beitragen.

Im Gegensatz zum Lidocain besitzt das Bipuvacain ein Chiralitätszentrum, liegt also als Paar von Enantiomeren vor. In der Praxis wird die Substanz als Racemat eingesetzt.

Lösung 414

Die drei in Frage kommenden H-Atome (β-ständig zur quartären Ammoniumgruppe) unterscheiden sich in ihrer Acidität. Am acidesten (und damit am leichtesten abspaltbar) ist aufgrund des elektronenziehenden Effekts der Estergruppe dasjenige H-Atom, das sich am α-C-Atom der Estergruppe befindet.

Daher verläuft die Hofmann-Eliminierung bevorzugt wie nachfolgend gezeigt unter Abstraktion des blau hervorgehobenen Wasserstoffs zu zwei Molekülen Laudanosin und 1,5-Pentandioldiacrylat.

Bei der alternativen Spaltung durch eine Esterase bleibt die quartäre Ammoniumverbindung erhalten; die Verbindung ist aber nicht mehr aktiv.

Lösung 415

a) Das C-Atom **1** weist (R)-Konfiguration auf; C-Atom **2** ist (S)-konfiguriert.

b) Im Makrocyclus wie in den beiden Zuckerresten ist jeweils eine sekundäre Hydroxygruppe (markiert) an ein Chiralitätszentrum gebunden; diese würden bei Behandlung mit saurer $Cr_2O_7^{2-}$-Lösung zu Ketogruppen oxidiert. Es gingen also drei Chiralitätszentren verloren.

c) Die beiden Zuckerreste lassen sich durch saure Hydrolyse vom Makrocyclus abspalten. Dabei wird auch der Makrocyclus (= Lacton) geöffnet (Hydrolyse). Dies ist eine Gleichgewichtsreaktion; ein Teil der Moleküle wird also in der Lactonform erhalten bleiben. Bei einer basischen Hydrolyse des Lactons blieben die glykosidischen Bindungen erhalten.

Lösung 416

a) Die beiden mit **1** und **2** bezeichneten Stickstoffatome sind Bestandteil des (aromatischen) Imidazolrings. Dabei ist das freie Elektronenpaar von **1** Teil des aromatischen π-Elektronensystems. Eine Protonierung an diesem Elektronenpaar würde also den aromatischen Charakter zerstören und ist daher energetisch ungünstig; entsprechend weist dieses N-Atom praktisch keine basischen Eigenschaften auf. Dagegen befindet sich das freie Elektronenpaar von **2** in der Ringebene in einem sp^2-Hybridorbital; es überlappt somit nicht mit dem aromatischen π-Elektronensystems und steht daher für eine Protonierung zur Verfügung (vgl. die aromatische Aminosäure Histidin mit $pK_S \approx 6$ für die protonierte Form des Imidazolrings). Die N-Atome **3 – 5** gehören zur mesomeriestabilisierten Guanidinogruppe, die hier an allen drei N-Atomen substituiert vorliegt. Während eine Protonierung an **3** bzw. **4** die Mesomerie stört und damit ungünstig ist, weist **5** relativ stark basische Eigenschaften auf, da die positive Ladung über das ganze Guanidinsystem delokalisiert werden kann. Das Stickstoffatom **6** ist Bestandteil der Cyanogruppe; es weist praktisch keine basischen Eigenschaften auf. Das freie Elektronenpaar befindet sich hier in einem energetisch relativ tief liegenden sp-Hybridorbital.

b) Bei der Oxidation zum Sulfoxid nimmt die Oxidationszahl am Schwefel um zwei Einheiten zu. Man erhält somit:

Lösung 417

a) Benzol wird im Körper mit Hilfe von Cytochrom P450 und Sauerstoff zum Benzolepoxid oxidiert. Dieses kann durch Wasser zum *trans*-Diol geöffnet werden, welches nach weiterer Oxidation Catechol bildet, das wesentlich besser wasserlöslich und leichter ausscheidbar ist.

b) Das reaktive Benzolepoxid kann jedoch statt von Wasser auch durch andere Nucleophile angegriffen und geöffnet werden. So reagieren die heterocyclischen Basen in der DNA (z. B. Guanin; s.u.) auf diese Weise. Die gebildeten Addukte stören die Doppelhelix-Struktur der DNA; es kommt zu Mutationen.

Lösung 418

a) Das gewünschte Enantiomer (2*R*,5*S*) lässt sich z. B. wie nebenstehend gezeigt darstellen. Höchste Priorität am C-2 besitzt der Schwefel, gefolgt von Sauerstoff und dem CH₂OH-Rest. Am C-5 hat der Sauerstoff erste Priorität, gefolgt vom Stickstoff und Kohlenstoff. Das Lamivudin ist ein Cytidin-Derivat.

b) Lamivudin weist eine schwach basische Aminogruppe auf. Durch Umsetzung mit einer chiralen Säure entsteht ein Paar von Diastereomeren, die unterschiedliche physikalische Eigenschaften (z. B. Löslichkeit, Schmelzpunkt) aufweisen und daher getrennt werden können. Anschließend wird aus dem Salz das (−)-Lamivudin wieder freigesetzt. Als chirale Säure kann z. B. die (2*R*,3*R*)-Weinsäure (2,3-Dihydroxybutandisäure) verwendet werden.

Lösung 419

a) Der reaktive Serinrest fungiert als Nucleophil und greift das elektrophile Phosphoratom an. Das *p*-Nitrophenolat ist eine relativ schwache Base und daher eine recht gute Abgangsgruppe; es wird daher bevorzugt gegenüber einem der beiden Ethoxyreste abgespalten und anschließend protoniert.

b) Oxime entstehen in einer Reaktion analog zur Bildung von Iminen durch nucleophilen Angriff von Hydroxylamin ($H_2N–OH$) auf eine Carbonylgruppe eines Aldehyds oder eines Ketons. Als Edukt für die Synthese von Pralidoxim bietet sich also die Verbindung Pyridin-2-carbaldehyd an. Zunächst wird in einer typischen S_N2-Reaktion der Stickstoff des Pyridins zur quartären Ammoniumverbindung methyliert; anschließend reagiert die elektrophile Aldehydgruppe mit Hydroxylamin als Nucleophil unter Abspaltung von Wasser zum Oxim.

c) Die Reaktivierung der Acetylcholinesterase kann nach I.B. Wilson, der Pralidoxim in die Therapie eingeführt hat, folgendermaßen interpretiert werden: Durch die Bindung des quartären Stickstoffatoms an das anionische Zentrum der Acetylcholinesterase (das normalerweise mit der quartären Ammoniumgruppe des Acetylcholins in Wechselwirkung tritt) gelangt die reaktivierende Gruppe in eine günstige Position zum blockierten esteratischen Zentrum. Es folgt der nucleophile Angriff des Oxims bzw. des Oxim-Anions auf das positivierte Phosphoratom, das an das Serin gebunden ist. Unter Bildung eines Oximphosphats wird die Esterbindung gelöst und das Enzym somit reaktiviert (Entgiftung). Allerdings erfolgt die Übertragung des Phosphorylrests auf die Oximgruppe nur bis zu einem Gleichgewicht.

blockiertes Enzym   reaktiviertes Enzym

Lösung 420

a) Der aromatische Grundkörper ist das Pyridin; in der Isonicotinsäure ist die Carboxylgruppe an Position 4 (*para*) gebunden (in der Nicotinsäure an Position 3). Isoniazid ist das Hydrazin-Derivat der Isonicotinsäure; es kann demnach als Pyridin-4-carbonsäurehydrazid bezeichnet werden. Bei der Umwandlung in die Isonicotinsäure (Pyridin-4-carbonsäure) muss demnach die Amidbindung hydrolysiert werden; es wird Hydrazin (H_2N-NH_2) frei.

Die beiden benachbarten N-Atome im Hydrazin weisen noch je ein freies Elektronenpaar auf. Da sich diese beiden freien Paare abstoßen, ist die N–N-Bindung (mittlere Bindungsenergie ca. 160 kJ/mol) im Vergleich zu einer C–C-Bindung (mittlere Bindungsenergie ca. 350 kJ/mol) ziemlich schwach.

Isoniazid   Isonicotinsäure   Hydrazin
(Pyridin-4-carbon-   (Pyridin-4-carbonsäure)
säurehydrazid)

b) Glycin ist eine Aminosäure; zur Konjugation mit der Isonicotinsäure muss also eine Amidbindung ausgebildet werden. Dafür muss die Säure zunächst aktiviert werden. In der Zelle wird die Säure dafür mit ATP zum gemischten Carbonsäure-Phosphorsäure-Anhydrid (Acyl-AMP) umgesetzt, welches mit Coenzym A zum Acyl-CoA reagiert. Dieser Thioester wird dann mit der Aminogruppe des Glycins zum Glycin-Konjugat verknüpft.

Lösung 421

Die kurze Wirkungsdauer von Procain kommt durch die Esterbindung zustande, welche (vergleichsweise) rasch hydrolysiert wird. Der Einsatz einer weniger reaktiven Amidbindung im Lidocain anstelle des Esters verringert die Neigung zur Hydrolyse. Desweiteren tragen die beiden o-Methylgruppen am aromatischen Ring zu einer Abschirmung der Carbonylgruppe gegenüber einem nucleophilen Angriff durch ein Nucleophil oder ein Enzym bei. Diese Kombination aus sterischen und elektronischen Einflüssen erklärt die Bezeichnung „stereoelektronische Modifikation" und führt zu der verlängerten Wirkungsdauer von Lidocain im Vergleich zu Procain.

Lösung 422

a) Prontosil® enthält eine Azogruppe, in der die beiden N-Atome die Oxidationszahl -1 aufweisen. Sie werden durch Aufnahme von jeweils zwei Elektronen zu primären Aminogruppen (Oxidationszahl -3) reduziert. NADPH/H$^+$ fungiert als Zwei-Elektronendonor und wird zu NADP$^+$ oxidiert.

Red: ... $+ 4 e^{\ominus} + 4 H^{\oplus} \longrightarrow$ ...

Ox: $NADPH + H^{\oplus} \longrightarrow NADP^{\oplus} + 2 e^{\ominus} + 2 H^{\oplus}$ $\big| \cdot 2$

Redox: ... $+ 2\,NADPH + 2\,H^{\oplus} \longrightarrow$ ... $+ 2\,NADP^{\oplus}$

b) Die Acetylierung im Körper erfolgt mit Acetyl-CoA als Acylierungsmittel:

... $+ HSCoA$

Sulfadiazin enthält anstelle des Thiazolrings einen Pyrimidinring. Der Grund für die verbesserte Löslichkeit ist die dadurch erhöhte Acidität des H-Atoms der Sulfonamidgruppe. Im Sulfathiazol bzw. dessen Metabolit ist sein pK_S-Wert zu hoch, als dass es beim pH-Wert des Blutes in signifikantem Maß dissoziieren könnte. Der Pyrimidinring weist durch die beiden Stickstoffatome einen stärkeren Elektronenzug auf und erhöht die Acidität der NH-Gruppe durch Stabilisierung des resultierenden Anions. Daher liegen das Sulfadiazin und sein Metabolit beim pH-Wert des Blutes teilweise dissoziiert vor; beide Verbindungen sind damit wesentlich besser wasserlöslich und weniger toxisch.

$pK_S = 6{,}48$ $\xrightleftharpoons{H_2O}$ $H^{\oplus} +$ ...

c) Die Succinyleinheit im Succinylsulfathiazol enthält eine saure Carboxylgruppe, was dazu führt, dass das Pro-Drug unter den schwach alkalischen Bedingungen im Darm dissoziiert vorliegt und eine negative Ladung trägt. Daher wird es kaum durch die Darmmucosa hindurch in den Blutstrom aufgenommen (geladene Verbindungen sind i. A. schlecht membrangängig) und verbleibt somit im Darmlumen, wo es langsam durch enzymatische Hydrolyse in die aktive Verbindung umgewandelt wird.

Lösung 423

a) Das tertiäre Amid ist Bestandteil eines bicyclischen Ringsystems mit einem stark gespannten Vierring (β-Lactam). Aufgrund der Ringspannung sind β-Lactame deutlich reaktiver gegenüber Nucleophilen als offenkettige Amide. Durch hydrolytische Spaltung wird die Ringspannung aufgehoben, was eine zusätzliche Triebkraft für die Reaktion liefert. Ein gewöhnliches Amid ist zudem mesomeriestabilisiert; die C–N-Bindung besitzt erheblichen Doppelbindungscharakter. Diese mesomere Grenzstruktur spielt für das bicyclische Ringsystem kaum eine Rolle, weil durch eine Doppelbindung im Ring (bzw. steigenden Doppelbindungscharakter der C–N-Bindung) die Ringspannung noch größer würde.

größere Ringspannung

b) Anstelle der Phenylessigsäure im Penicillin G muss die Phenoxyessigsäure mit der 6-Aminopenicillansäure verknüpft werden. Dazu muss die Carbonsäure zunächst in ein reaktives Derivat, z. B. ein Säurechlorid, überführt werden. Für die Bildung der Amidbindung wird ein tertiäres Amin als Hilfsbase zugesetzt, um die freiwerdenden Protonen zu binden.

c) β-Lactamasen verfügen über einen reaktiven Serinrest im aktiven Zentrum, der den β-Lactamring nucleophil angreift und öffnet. Eine Strategie zur Gewinnung sogenannter Penicillinase-fester Penicilline beruht darauf, durch sterisch anspruchsvolle Acylreste den Zugang der Lactamase zum β-Lactamring zu behindern.

Methicillin war das erste Penicillinase-feste Penicillin mit einer schmalen Bandbreite in der Therapie. Es wurde von der britischen Pharmafirma Beecham im Jahre 1959 entwickelt. Im Gegensatz zum Benzylpenicillin (Penicillin G) ist der β-Lactamring durch die beiden *ortho*-ständigen Methoxygruppen sterisch abgeschirmt, so dass er schlechter durch Penicillinasen gespalten und inaktiviert werden kann.

Methicillin ist inzwischen nicht mehr im Handel. An seiner Stelle werden Oxacillin, Dicloxacillin und Flucloxacillin verwendet.

Lösung 424

a)

b) Die Herstellung eines sekundären Amins aus einem primären Amin durch eine S_N2-Substitution ist problematisch, da das Produkt mindestens ebenso reaktiv ist, wie das primäre Amin, und es daher zu einer weiteren Alkylierung unter Bildung eines tertiären Amins und sogar eines quartären Ammoniumsalzes kommt. Die Entstehung eines komplexen Produktgemisches ist kaum zu vermeiden und schmälert die Ausbeute an gewünschtem Produkt, dem sekundären Amin.

c) Die beschriebene Reaktion ist eine „reduktive Aminierung". Dabei wird das primäre Amin (hier: Methanamin) mit der entsprechenden Carbonylverbindung (hier: 1-Phenylpropanon) zum Imin umgesetzt, das anschließend leicht zum (sekundären) Amin reduziert werden kann.

Lösung 425

a) Gegenüber einfachen Aminen ist die Basizität von Stickstoffatomen stark verringert, wenn das Elektronenpaar am N-Atom entweder durch Mesomerie delokalisiert werden kann oder Teil eines aromatischen π-Elektronensystems ist. Die Basizität sinkt ferner mit zunehmendem s-Anteil des Hybridorbitals, in dem sich das Elektronenpaar befindet, d. h. in der Reihenfolge $sp^3 > sp^2 > sp$. Nur dasjenige N-Atom, das die Hydroxyethylgruppe trägt, ist sp^3-hybridisiert und steht in keiner Wechselwirkung mit dem π-System. Es wird daher am leichtesten protoniert.

b) Dasatinib enthält eine Amidgruppe, die sich unter i. A. drastischen Bedingungen hydrolysieren lässt. Bei einer basischen Hydrolyse erhielte man ein Carboxylat-Ion (rechter Molekülteil), sowie ein Anilin-Derivat, die Verbindung 2-Chlor-6-methylanilin (= 2-Chlor-6-methylaminobenzen).

Lösung 426

a) Δ^9-Tetrahydrocannabinol besitzt eine olefinische Doppelbindung, an die Brom elektrophil addiert werden kann, sowie einen (elektronenreichen) aromatischen Ring, an dem eine elektrophile aromatische Substitution mit Brom möglich ist. Da zwei Gruppen mit +M-Effekt am Ring vorhanden sind, ist zu erwarten, dass die Substitution leicht und mit einem Überschuss an Br_2 an den beiden freien Positionen (o- bzw. p-ständig zu den Sauerstoffen) erfolgen wird.

+ Diastereomer

b) Die absolute Konfiguration an den beiden Chiralitätszentren ist (R).

c) Im Phospholipid liegt die Carbonsäure (Arachidonsäure) als Ester gebunden an Glycerol vor und lässt sich daraus durch Hydrolyse (enzymatisch / basisch oder auch säurekatalysiert) freisetzen.

Dabei entsteht je nach (pH)-Bedingungen die freie Säure oder das Carboxylat-Ion, die beide für die Bildung einer Amidbindung aktiviert werden müssen. Dies kann durch Überführung in das Säurechlorid (z. B. mit $SOCl_2$) oder (im Organismus) durch Bildung eines gemischten Anhydrids (unter Einsatz von ATP) erfolgen. Das reaktive Arachidonsäure-Derivat wird dann mit dem entsprechenden Amin (2-Aminoethanol) in Anwesenheit eines tertiären Amins (als Hilfsbase) zum gewünschten Produkt Anandamid umgesetzt. Anstelle eines tertiären Amins kann auch ein entsprechender Überschuss an Aminoethanol eingesetzt werden, um die entstehenden H^+-Ionen zu binden.

Lösung 427

a) Für die Herstellung von Norethisteron muss eine C–C-Bindung zur Ethinylgruppe geknüpft werden. Dies gelingt durch nucleophilen Angriff eines Carbanions auf eine Carbonylgruppe, die sich durch Oxidation des sekundären Alkohols am Fünfring erhalten lässt.

Da allerdings das 19-Nortestosteron bereits eine Carbonylgruppe enthält, ist es zweckmäßig, diese in einem ersten Schritt als Acetal zu schützen, um Probleme mit der Regioselektivität beim Angriff des Ethinyl-Anions zu umgehen. Letzteres lässt sich aus Ethin mit einer sehr starken Base wie z. B. NaNH₂ gewinnen. In wässriger Säure wird nach Knüpfung der C–C-Bindung das entstandene Alkoholat-Ion protoniert und gleichzeitig die Schutzgruppe entfernt. Im letzten Schritt muss die Hydroxygruppe dann noch acetyliert werden, z. B. durch Umsetzung mit Acetanhydrid.

$$HC{\equiv}CH \;+\; Na\ddot{N}H_2 \longrightarrow HC{\equiv}C\!:^{\ominus} \;+\; NH_3 \;+\; Na^{\oplus}$$

b) Die Umwandlung von Ethinylestradiol in Mestranol erfordert nur die Umwandlung des aromatischen Alkohols in den Methylether. Dazu wird die phenolische OH-Gruppe zweckmäßigerweise zum stärker nucleophilen Phenolat-Ion deprotoniert und dieses anschließend mit einem Methyl-Donor wie Iodmethan (CH₃I) als Elektrophil umgesetzt. Dies entspricht der sogenannten Williamson'schen Ethersynthese, die eine S_N2-Substitution darstellt.

Lösung 428

Der Additions-Eliminierungs-Mechanismus beginnt mit der nucleophilen Addition von Wasser an das C-Atom des Harnstoffs. Da Wasser ein recht schwaches Nucleophil darstellt, ist es nicht überraschend, dass die Halbwertszeit dieser Reaktion ziemlich lang ist. Im zweiten Schritt wird aus dem tetraedrischen Intermediat Ammoniak abgespalten; es bildet sich die Carbamidsäure. Umgekehrt ist aber auch die Eliminierung von Ammoniak im ersten Schritt sehr langsam; dabei entsteht die Cyansäure, die dann Wasser zur Carbamidsäure addiert. Die in beiden Fällen gebildete Carbamidsäure zerfällt anschließend zu CO_2 und Ammoniak.

Lösung 429

a) Sauerstoffhaltige funktionelle Gruppen sind reichlich vorhanden:

Omeprazol

Amoxicillin

Clarithromycin

b) Entscheidend für die Wirksamkeit des Amoxicillins ist die tertiäre Amidgruppe, die aufgrund der Ringspannung im β-Lactamring ungewöhnlich reaktiv ist. Sie wird vom Serinrest im aktiven Zentrum des Enzyms Transpeptidase angegriffen. Dadurch wird dieses Enzym, das für die Quervernetzung der Peptidoglycanketten der bakteriellen Zellwand zuständig ist, irreversibel durch Ausbildung einer kovalenten Bindung zwischen aktivem Serinrest der Transpeptidase und dem Penicillin-Derivat gehemmt.

c) Berücksichtigt man, dass die Hydrolyse von Ethern nur unter recht speziellen Bedingungen stattfindet, bleiben als hydrolysierbare Gruppen der Carbonsäureester (der den Makrocyclus bildet), sowie die beiden Acetale. Letztere können nur unter sauren Bedingungen gespalten werden und sind im Basischen stabil. Ester lassen sich dagegen sowohl sauer als auch basisch hydrolysieren. Dabei kommt es im Sauren zur Einstellung eines Gleichgewichts, während unter basischen Bedingungen der letzte Schritt (ein Protonentransfer) irreversibel verläuft, so dass für die Esterhydrolyse i. A. basische Bedingungen vorzuziehen sind.

Aufgabe 430

a) Thalidomid enthält neben dem aromatischen Benzolring zweimal die funktionelle Imidgruppe, d. h. ein N-Atom, das zweifach acyliert ist. Da das Elektronenpaar am Stickstoff durch die benachbarten Carbonylgruppen sehr gut mesomeriestabilisiert ist, haben Imide i. A. keine basischen Eigenschaften. Ein am Stickstoff gebundenes H-Atom reagiert vielmehr sogar schwach sauer, wiederum aufgrund der effektiven Mesomeriestabilisierung der durch Deprotonierung entstehenden negativen Ladung.

b) In vielen Fällen erlaubt es der Einsatz enantiomerenreiner Verbindungen tatsächlich, unter Umständen unerwünschte Eigenschaften des anderen („falschen") Enantiomers zu verhindern. Im vorliegenden Fall aber racemisiert die vorliegende (S)-Form des Thalidomids in Lösung aufgrund des schwach aciden H-Atoms am Chiralitätszentrum ziemlich rasch, so dass die Bildung des unerwünschten Stereoisomers nicht zu vermeiden ist. Eine Verabreichung von reinem (nicht teratogenen) (R)-Thalidomid hätte also das Unglück nicht verhindert.

c) Man spricht von Racematspaltung und setzt dabei ein Enantiomerenpaar mit einem reinen Enantiomer zu einem Paar von Diastereomeren um, die aufgrund ihrer inhärent unterschiedlichen physikalischen und chemischen Eigenschaften voneinander getrennt werden können, vgl. Lösung 418. Anschließend muss das gewünschte Enantiomer aus der diastereomeren Adduktverbindung wieder freigesetzt werden.

Sachverzeichnis

A

N

Printed in the United States
by Baker & Taylor Publisher Services